国家出版基金项目
NATIONAL PUBLICATION FOUNDATION

Supported by Key Project for the Development of State Facilities and Information Infrastructure for Science and Technology: National Specimen Information Infrastructure (2005DKA21401)
The Thirteenth Five-Year Plan for National Important Books Publication Project
国家科技基础条件平台：标本资源共享平台建设项目（2005DKA21401）资助
“十三五”国家重点图书出版规划项目

Type Specimens in China National Herbarium (PE)

Volume 14

ANGIOSPERMAE(11)

中国国家植物标本馆（PE）模式标本集

第14卷

被子植物门（11）

Institute of Botany, Chinese Academy of Sciences Edit
The editors of this volume LIN Qi, YANG Zhirong, LIN Yun and ZHANG Xiaobing

中国科学院植物研究所　编

本卷主编　林　祁　杨志荣　林　云　张小冰

河南科学技术出版社
Henan Science and Technology Press

图书在版编目（CIP）数据

中国国家植物标本馆（PE）模式标本集. 第14卷，被子植物门. 11：英汉对照/中国科学院植物研究所编；林祁等本卷主编. —郑州：河南科学技术出版社，2017.6

ISBN 978-7-5349-8513-3

Ⅰ. ①中… Ⅱ. ①中… ②林… Ⅲ. ①植物—标本—中国—图集 ②被子植物—标本—中国—图集 Ⅳ. ①Q94-34

中国版本图书馆CIP数据核字（2017）第020920号

The editors of this volume LIN Qi, YANG Zhirong, LIN Yun and ZHANG Xiaobing

Edited by BAN Qin, CHEN Shurong, CHEN Yali, DU Yufen, FU Lianzhong, GAO Dai, HE Shanshan, JING Xuan, LIN Qi, LIN Yun, LIU Wenqun, MA Xintang, WANG Mingqiong, WANG Zhongtao, WU Huibing, YANG Zhirong, YUN Yingxia, ZHANG Xiaobing, ZHAO Huijuan

(Names are arranged in alphabetical order)

主　编　林　祁　杨志荣　林　云　张小冰

编著者（以姓氏拼音为序）

班　勤　陈淑荣　陈雅丽　杜玉芬　傅连中　高　玳　何珊珊　敬　璇　林　祁　林　云

刘文群　马欣堂　王明琼　王忠涛　吴慧冰　杨志荣　云映霞　张小冰　赵慧娟

生物中国总策划：周本庆

出版发行：河南科学技术出版社

地址：郑州市经五路66号　邮编：450002

电话：（0371）65737028　65788613

网址：www.hnstp.cn

策划编辑：周本庆　杨秀芳

责任编辑：田　伟

责任校对：丁秀荣

整体设计：张　伟

责任印制：张艳芳

印　　刷：北京盛通印刷股份有限公司

经　　销：全国新华书店

幅面尺寸：240 mm × 345 mm　印张：77.5　字数：250千字

版　　次：2017年6月第1版　2017年6月第1次印刷

定　　价：1 500.00元

Introduction

Predecessors of China National Herbarium (abbreviated code PE), Institute of Botany, Chinese Academy of Sciences are the Herbarium, Department of Botany, the Fan Memorial Institute of Biology, Peiping (1928), as well as the Herbarium, Institute of Botany, the National Academy of Peiping (1929). Now PE has developed into the largest herbarium in Asia. The current collections contain more than 2 650 000 specimens in the herbarium, including mosses, ferns, seed plants, seed collections and plant fossil samples. Among them, there are about 20 000 type specimens (holotype, isotype, lectotype, isolectotype, neotype, isoneotype, epitype, isoepitype, syntype, isosyntype, paratype, isoparatype).

Type specimens in this book were produced by selecting the most important type specimen deposited at PE under the same scientific name (species, subspecies, variety and form), and then they were also reviewed and scanned. After compilation, ***Type Specimens in China National Herbarium (PE)*** which consists of 14 volumes is completed.

Type Specimens in China National Herbarium (PE) includes 7 451 type specimens, comprising 4 356 holotypes, 2 203 isotypes, 319 lectotypes, 8 isolectotypes, 3 neotypes, 3 isoepitypes, 27 syntypes, 94 isosyntypes, 279 paratypes, 170 isoparatypes, and belonging to 194 families, 1 134 genera, 6 159 species, 66 subspecies, 1 114 varieties and 122 forms. The taxa are arranged by family according to the system of ***Flora Bryophytorum Sinicorum*** and ***Flora Reipublicae Popularis Sinicae***. Infra-family taxa are alphabetized by genera, species, subspecies, varieties and forms. The explanation of each taxon is listed in the figure caption with Chinese name, scientific name, original publication, nature of specimen (holotype/ isotype/ lectotype/ isolectotype/ neotype/ isoneotype/ epitype/ isoepitype/ syntype/ isosyntype/ paratype/ isoparatype), type locality (country/ province/ county/ mountain if present), altitude, collection date, collector and collection number. The collector and type locality in this book follow ***Index Herbariorum Sinicorum*** (L. K. Fu, 1993) and ***Gazetteer of China—An Index to the Atlas of the People's Republic of China*** (Chinese Academy of Surveying & Mapping, 1997) respectively.

This book is a very important work for researching and identifying Chinese plants. It could also be used as a reference by plant taxonomists and people from botanic research institutions, educational institutions and production departments at home and abroad.

Volume 14 of ***Type Specimens in China National Herbarium (PE)*** includes 577 type specimens from Oleaceae to Compositae (Asteraceae), comprising 344 holotypes, 185 isotypes, 11 lectotypes, 1 neotype, 1 syntype, 2 isosyntypes, 20 paratypes, 13 isoparatypes, and belonging to 12 families, 129 genera, 497 species, 3 subspecies, 72 varieties and 5 forms.

Greatest thanks to Prof. Li Liangqing and Prof. Zhang Xianchun, curators of China National Herbarium (PE), for their support and help throughout the publication of the book.

LIN Qi

February 2016

前　言

中国科学院植物研究所国家植物标本馆（缩写代号 PE）的前身是 1928 年成立的北平静生生物调查所植物标本室和 1929 年成立的北平研究院植物研究所标本室，现已发展为亚洲最大的植物标本馆，目前馆藏植物标本 265 万余份，包括苔藓植物标本、蕨类植物标本、种子植物标本、种子标本和植物化石标本，其中模式标本近 2 万份（含主模式、等模式、后选模式、等后选模式、新模式、等新模式、附加模式、等附加模式、合模式、等合模式、副模式、等副模式）。

书中所收录的模式标本是在同一学名下（种、亚种、变种、变型）遴选出一份最重要的馆藏模式标本，经整理并扫描后编撰而成《中国国家植物标本馆（PE）模式标本集》（共 14 卷）。

全书共收有模式标本 7 451 份，含 4 356 份主模式、2 203 份等模式、319 份后选模式、8 份等后选模式、3 份新模式、3 份等附加模式、27 份合模式、94 份等合模式、279 份副模式、170 份等副模式，隶属于 194 科、1 134 属、6 159 种、66 亚种、1 114 变种和 122 变型。书中各科依据《中国苔藓志》及《中国植物志》系统排列，属、种、亚种、变种、变型的名称按字母顺序排列。每张扫描模式标本相片的图注解释均标注中名、学名、原始文献、模式类型（主模式、等模式、后选模式、等后选模式、新模式、等新模式、附加模式、等附加模式、合模式、等合模式、副模式、等副模式）、采集地点（国名、省名、县名、山名）、海拔、采集时间（年月日）、采集人和采集号。本书中的采集人根据《中国植物标本馆索引》(傅立国，1993) 书写，采集地根据《中国地名录—中华人民共和国地图集地名索引》（国家测绘局地名研究所，1997）书写。

本书是一部研究与鉴定中国植物的重要著作，可供国内外植物分类学者及有关植物学科研、教学和生产部门人员参考。

第 14 卷包括被子植物门木犀科至菊科的模式标本，共 577 份，含 344 份主模式、185 份等模式、11 份后选模式、1 份新模式、1 份合模式、2 份等合模式、20 份副模式、13 份等副模式，隶属于 12 科、129 属、497 种、3 亚种、72 变种和 5 变型。

感谢中国国家植物标本馆（PE）馆长李良千研究员和张宪春研究员在本书编撰过程中给予的支持和帮助。

林　祁

2016 年 2 月

Contents
目　录

Oleaceae

木犀科

muxike

华流苏 ***Chionanthus chinensis*** Maxim. in Bull. Acad. Imp. Sci. St.-Pétersbourg 20: 430. 1874. **Lectotype** (designated by Yun Lin & al. in Bull. Bot. Res., Harbin 35: 809. 2015.): China. Pekin (=Beijing), 1847-06-??, Tatarinow s. n.

锈毛白蜡树 ***Fraxinus ferrugnea*** Lingelsh. in Engler, Bot. Jahrb. 40: 212. 1907. **Isotype:** China. Yunnan: Simao, alt. 1 730 m, A. Henry 11864A.

大叶白蜡树 ***Fraxinus hopeiensis*** Tang in Bull. Fan Mem. Inst. Biol. 2: 101. 1931. **Holotype:** China. Hebei: Miaofengshan, H. F. Chow 40239.

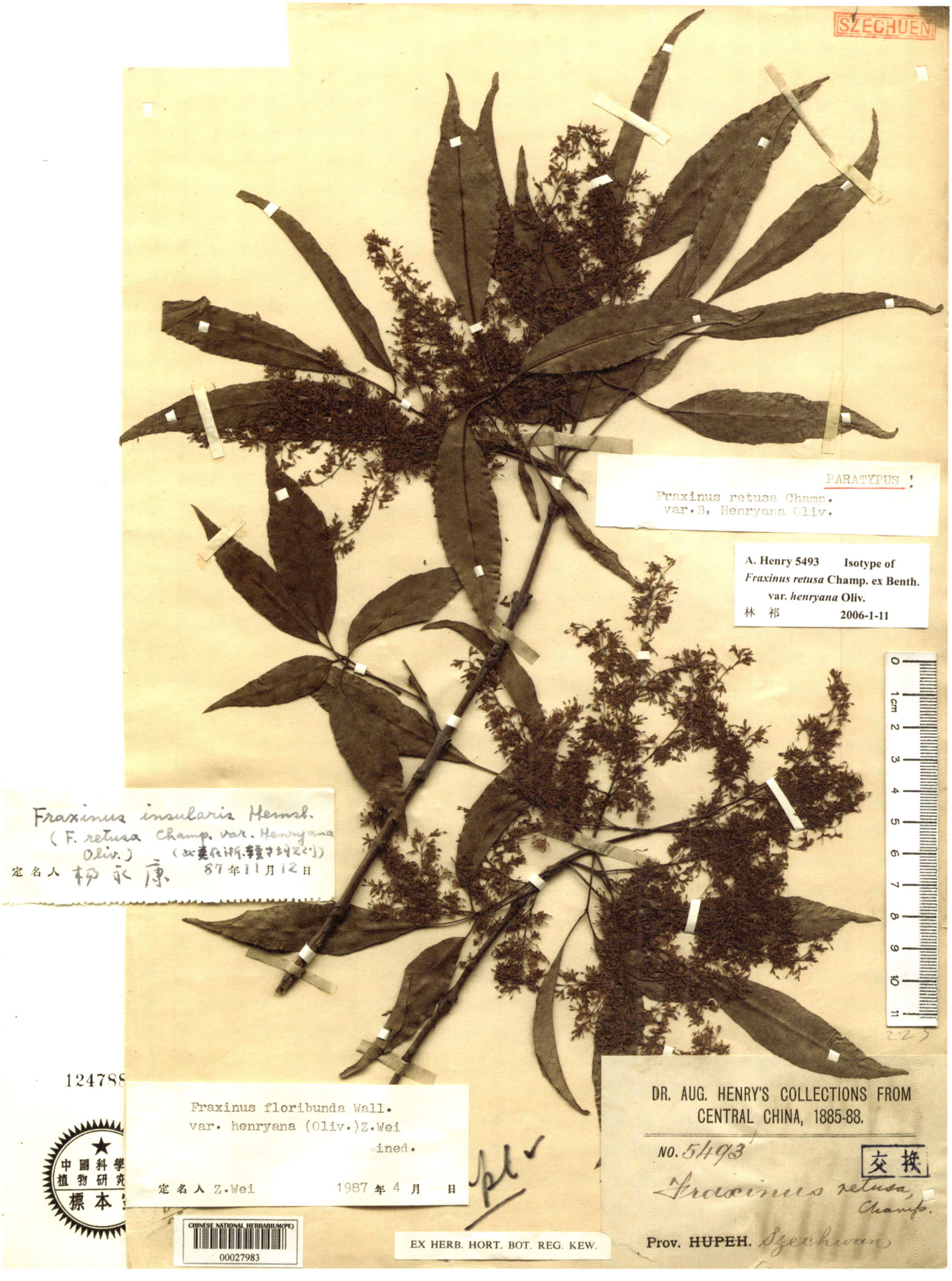

湖北苦枥木 ***Fraxinus retusa*** Champ. ex Benth. var. ***henryana*** Oliv. in Hook. Icon. Pl. 10: pl. 1930. 1890. **Isotype:** China. Chongqing: Wushan, A. Henry 5493.

黄连叶白蜡树 ***Fraxinus retusifoliolata*** Feng ex P. Y. Bai in Acta Bot. Yunnan. 5: 177, f. 1. 1983. **Isotype:** China. Yunnan: Luquan, alt. 1 950 m, 1952-06-09, P. I Mao 1179.

三叶白蜡树 ***Fraxinus trifoliolata*** W. W. Smith in Notes Roy. Bot. Gard. Edinburgh 9: 106. 1916. **Lectotype** (designated by Yun Lin & al. in Bull. Bot. Res., Harbin 35: 810. 2015.): China. Yunnan: Lijiang, Yengkou, 2 700~3 000 m, 1914-06-??, G. Forrest 12501.

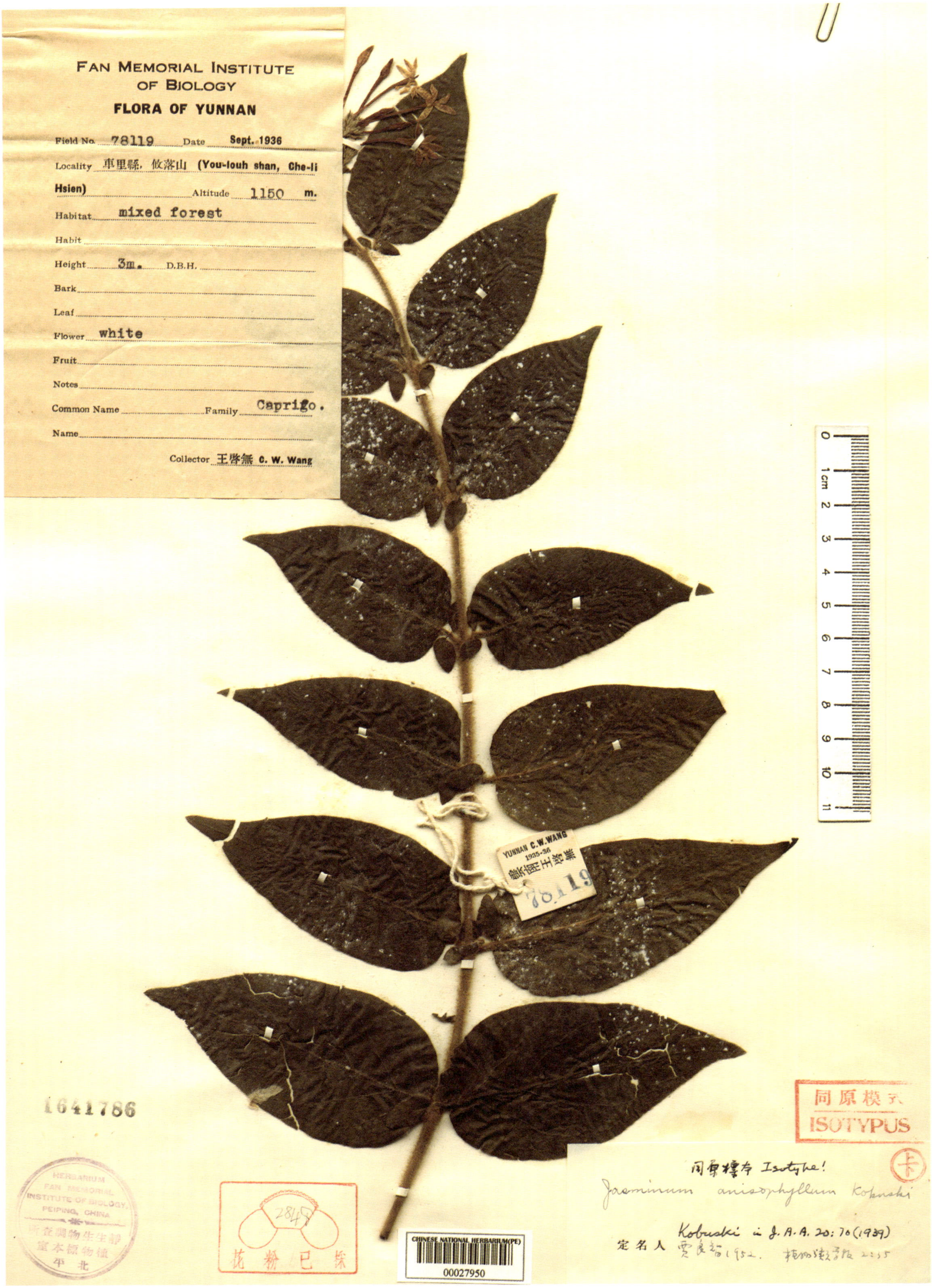

异叶清香藤 ***Jasminum anisophyllum*** Kobuski in Journ. Arn. Arb. 20: 70. 1939. **Isotype:** China. Yunnan: Cheli (=Jinghong), alt. 1 150 m, 1936-09-??, C. W. Wang 78119.

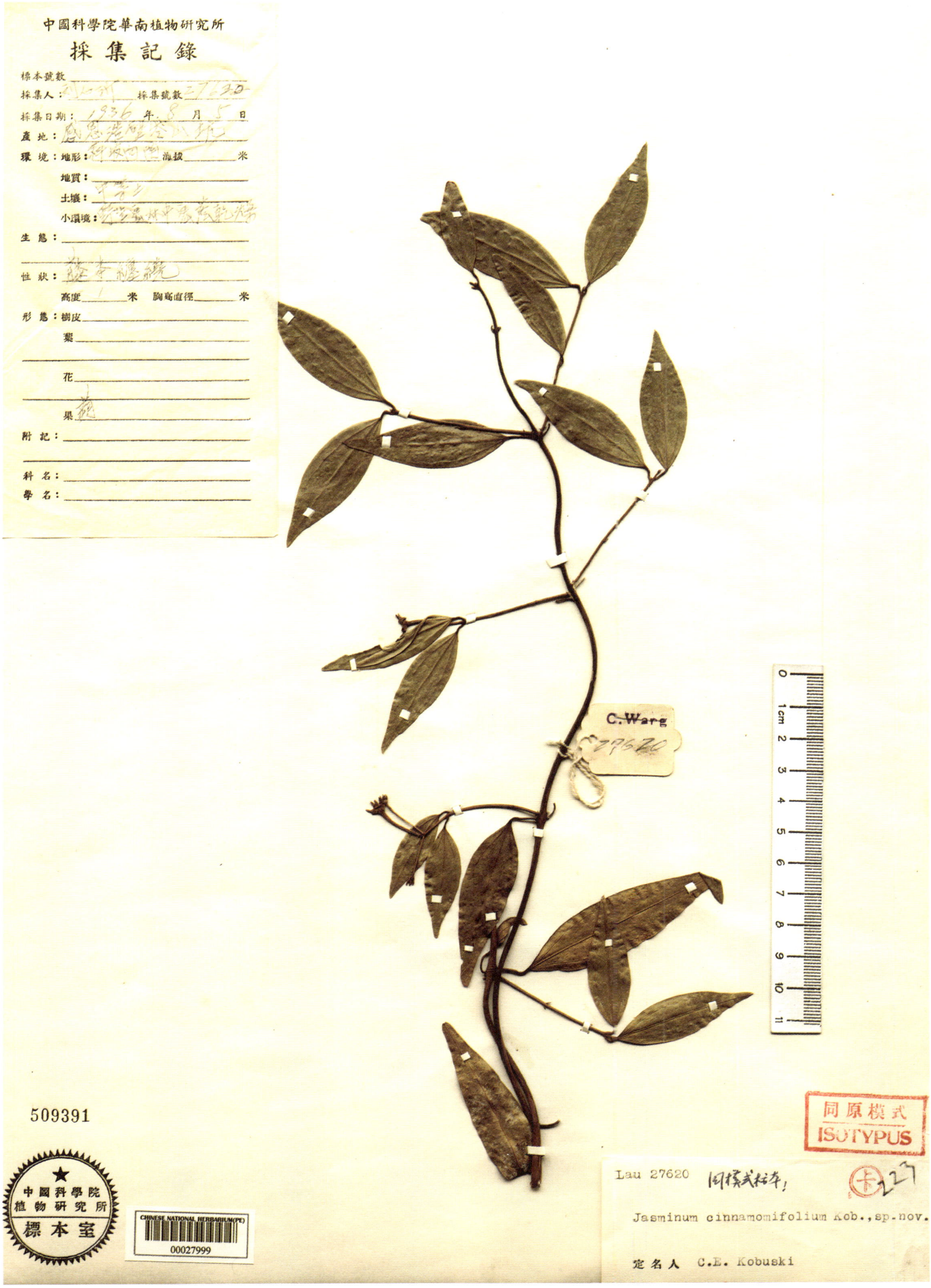

樟叶素馨 ***Jasminum cinnamomifolium*** Kobuski in Journ. Arn. Arb. 20: 64. 1939. **Isotype:** China. Hainan: Ganen (=Dongfang), 1936-08-05, S. K. Lau 27620.

腋花樟叶素馨 ***Jasminum cinnamomifolium*** Kobuski var. ***axillare*** Kobuski in Journ. Arn. Arb. 20: 66. 1939. **Isotype:** China. Yunnan: Zhenkang, alt. 1 600 m, 1936-03-??, C. W. Wang 72261.

福氏素馨 ***Jasminum forrestianum*** Kobuski in Journ. Arn. Arb. 20: 71. 1939. **Isoparatype:** China. Yunnan: Longling, alt. 1 800 m, 1934-04-11, H. T. Tsai 55745.

具毛素方花 ***Jasminum officinale*** Linn. var. ***piliferum*** P. Y. Bai in Acta Bot. Yunnan. 1(1): 155, f. 5: 5-7. 1979. **Isotype:** China. Xizang: Zayü, alt. 2 650 m, 1973-06-18, Qinghai-Xizang Exped. 73-209.

大叶素馨 ***Jasminum robustifolium*** Kobuski in Journ. Arn. Arb. 20: 69. 1939. **Isotype:** China. Yunnan: Cangyuan, allt. 1 200 m, 1936-04-??, C. W. Wang 73304.

心叶素馨 ***Jasminum seguini*** Lévl.var. ***cordatulum*** Merr. & Chun ex L. C. Chia in Acta Phytotax. Sin. 2(1): 43, f. 5. 1952. **Isotype:** China. Hainan: Ganen (=Dongfang), 1933-09-08, H. Y. Liang 62960.

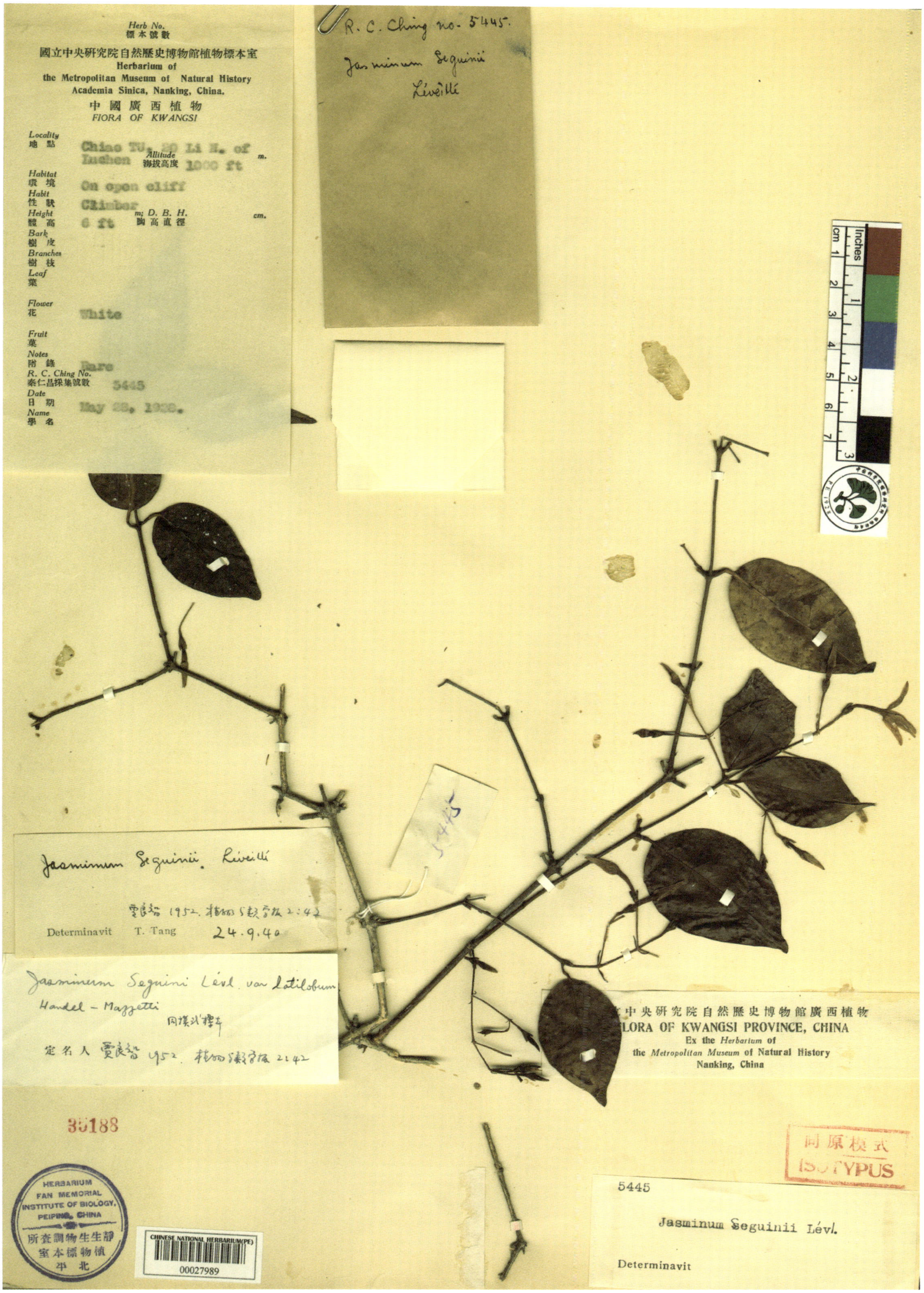

宽瓣茉莉 ***Jasminum seguinii*** Lévl. var. ***latilobum*** Hand.-Mazz. in Sinensia 7(5): 620. 1936. **Isotype:** China. Guangxi: Luocheng, alt. 330 m, 1928-05-28, R. C. Ching 5445.

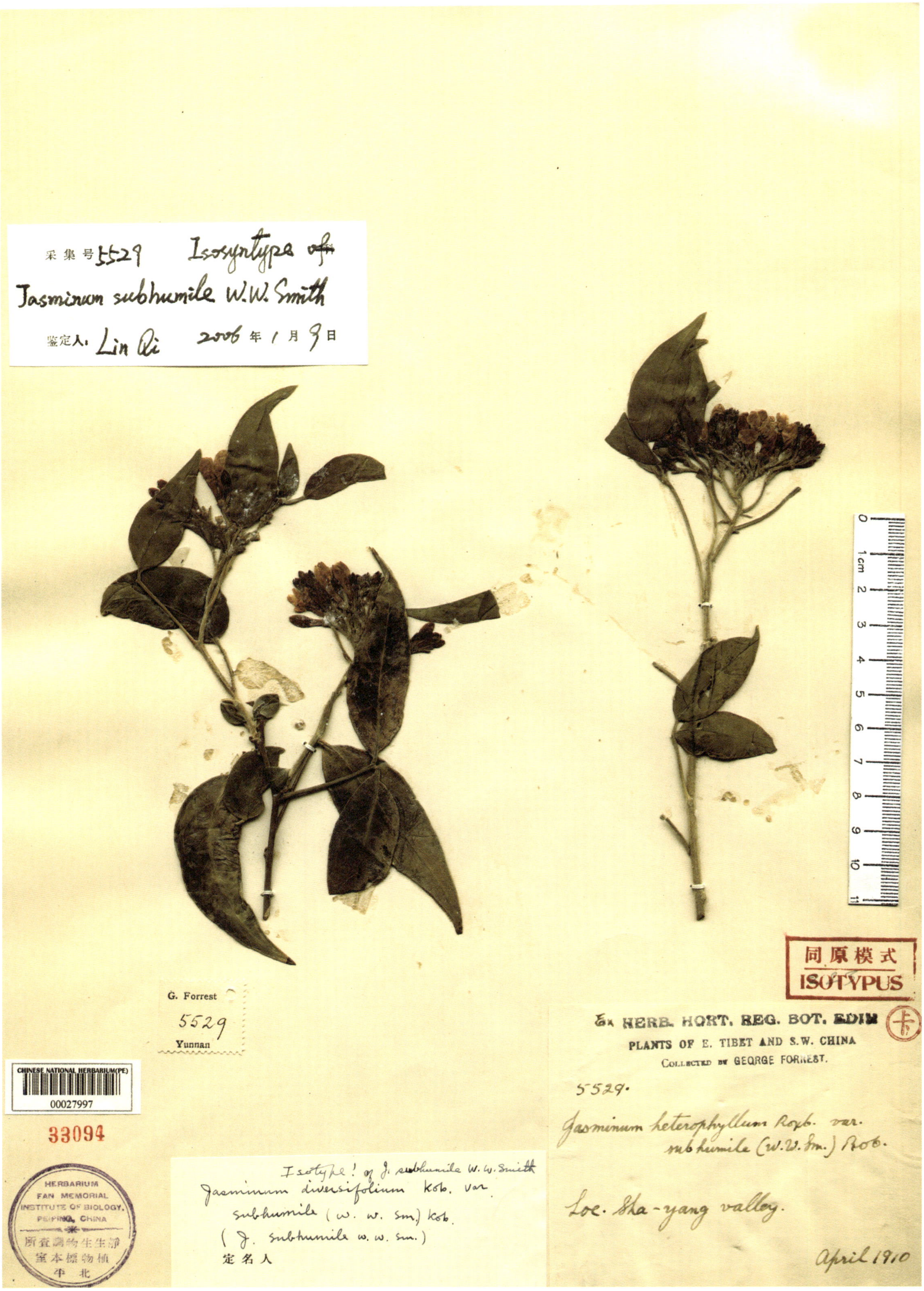

滇素馨 ***Jasminum subhumile*** W. W. Smith in Notes Roy. Bot. Gard. Edinburgh 8: 127. 1913. **Lectotype** (designated by Yun Lin & al. in Bull. Bot. Res., Harbin 35: 810. 2015.): China. Yunnan: Baoshan, Sha-yang, alt. 2 000 m, 1910-04-??, G. Forrest 5529.

腺叶素馨 ***Jasminum wangii*** Kobuski in Journ. Arn. Arb. 20: 69. 1939. **Isotype:** China. Yunnan: Cheli (=Jinghong), alt. 900 m, 1936-09-??, C. W. Wang 79673.

西藏素馨 ***Jasminum xizangense*** B. M. Miao in Acta Phytotax. Sin. 20: 113, f. 1. 1982. **Holotype:** China. Xizang: Lhasa, alt. 4 034 m, 1965-08-19, Y. T. Zhang & K. Y. Lang 2034.

云贵女贞 ***Ligustrum yunguiense*** B. M. Miao in Acta Phytotax. Sin. 26: 241. 1988. **Paratype:** China. Yunnan: Yiliang, alt. 1 550 m, 1972-09-21, NE Yunnan. Exped. 892.

云南李榄 ***Linociera yunnanensis*** H. T. Chang in Acta Sci. Nat. Univ. Sunyatseni 1982(2): 1. 1982. **Holotype:** China. Yunnan: Shunning (= Fengqing), alt. 1 900 m, 1938-06-28, T. T. Yu 16545.

密花木犀榄 ***Olea densiflora*** H. L. Li in Journ. Arn. Arb. 25: 314. 1944. **Isoparatype:** China. Yunnan: Zhenyue (=Mengla), alt. 850 m, 1936-11-??, C. W. Wang 80702.

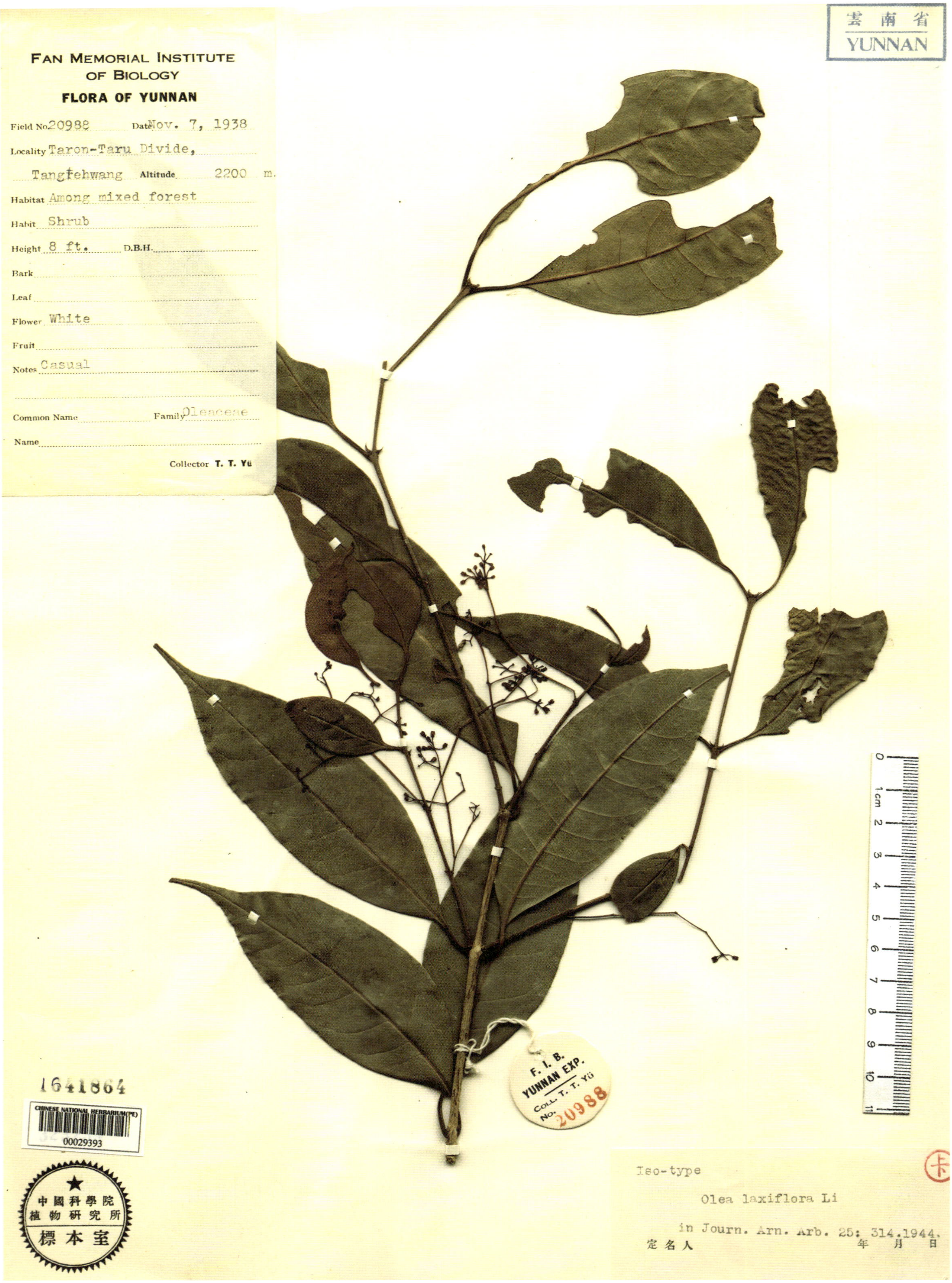

疏花木犀榄 ***Olea laxiflora*** H. L. Li in Journ. Arn. Arb. 25: 314. 1944. **Isotype:** China. Yunnan: Taron-Taru Divide, alt. 2 200 m, 1938-11-07, T. T. Yu 20988.

竹叶木犀 ***Osmanthus bambusifolius*** H. T. Chang in Acta Sci. Nat. Uni. Sunyatseni 1982(2): 13. 1982. **Holotype:** China. Yunnan: Gongshan, alt. 1 700 m, 1940-09-28, K. M. Feng 8078.

短柄木犀 ***Osmanthus brevipetiolatus*** H. T. Chang in Acta Sci. Nat. Univ. Sunyatseni 1982(2): 12. 1982. **Holotype:** China. Sichuan: Mianning, alt. 2 600 m, 1960-05-17, S. Jiang & al. 5751.

筒果木犀 ***Osmanthus cylindricus*** H. T. Chang in Acta Sci. Nat. Univ. Sunyatseni 1982(2): 9. 1982. **Holotype:** China. Hubei: Lichuan, 1951-10-28, L. Y. Tai & Z. H. Chien 1687.

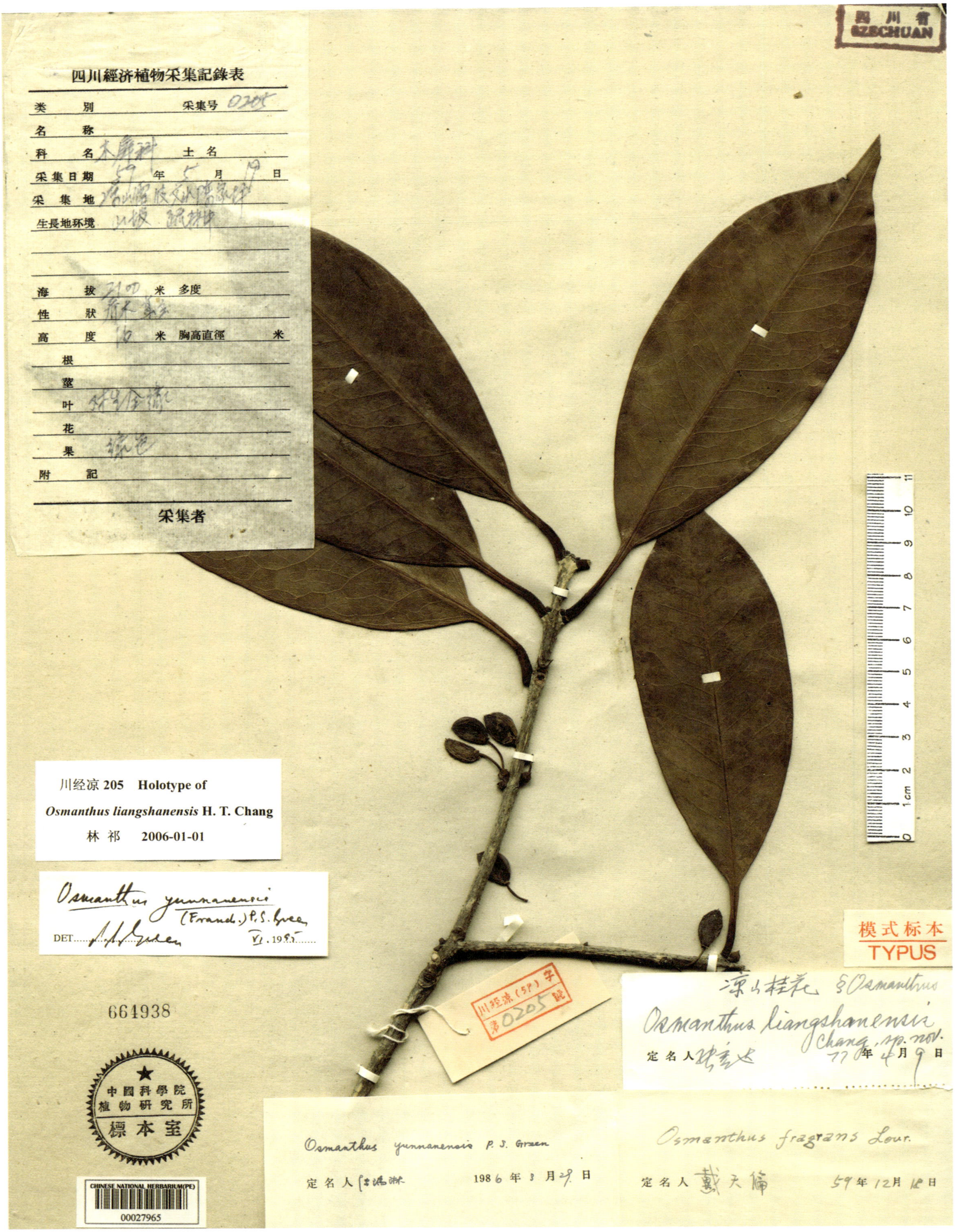

凉山木犀 ***Osmanthus liangshanensis*** H. T. Chang in Acta Sci. Nat. Univ. Sunyatseni 1982(2): 13. 1982. **Holotype:** China. Sichuan: Leibo, alt. 2 100 m, 1959-05-19, Sichuan Econ. Pl. Exped., Liangshan Sect. 0205.

长果木犀 ***Osmanthus longicarpus*** H. T. Chang in Acta Sci. Nat. Univ. Sunyatseni 1982(2): 8. 1982. **Holotype:** China. Yunnan: Yanshan, alt. 1 100 m, 1939-11-16, C. W. Wang 85017.

长叶木犀 ***Osmanthus longissimus*** H. T. Chang in Acta Sci. Nat. Univ. Sunyatseni 1982(2): 6. 1982. **Holotype:** China. Jiangxi: Anfu, Wugongshan, alt. 600 m, 1954-05-10, Jiangxi Exped. Bot. Inst. Acad. Sin 436.

厚叶木犀 ***Osmanthus marginatus*** (Champ. ex Benth.) Hemsl. var. ***pachyphyllus*** H. T. Chang ex B. Q. Xu, Y. F. Deng & G. Hao in J. Trop. & Subtrop. Bot. 13(5): 451. 2005. **Holotype:** China. Fujian: Wuyishan, M. J. Wang 3464.

大果木犀 ***Osmanthus maximus*** H. T. Chang in Acta Sci. Nat. Univ. Sunyatseni 1982(2): 8. 1982. **Holotype:** China. Yunnan: Malipo, alt. 1 200~1 500 m, 1947-11-09, K. M. Feng 13110.

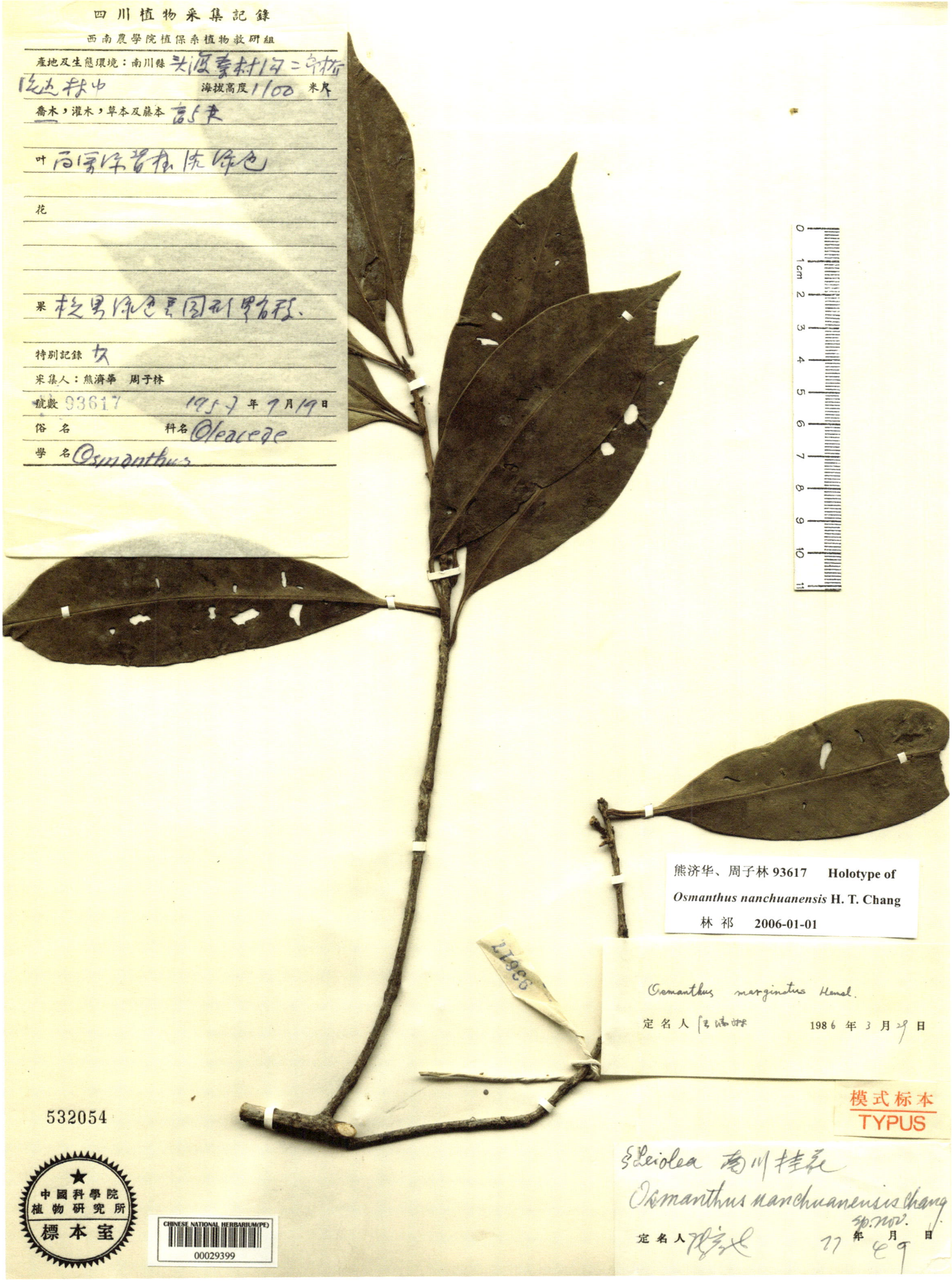

南川木犀 ***Osmanthus nanchuanensis*** H. T. Chang in Acta Sci. Nat. Univ. Sunyatseni 1982(2): 10. 1982. **Holotype:** China. Chongqing: Nanchuan, alt. 1 100 m, 1957-09-19, Z. H. Xiong & Z. L. Chou 93617.

裸轴木犀 ***Osmanthus nudirhachis*** H. T. Chang in Acta Sci. Nat. Univ. Sunyatseni 1982(2): 10. 1982. **Holotype:** China. Yunnan: Xichou, alt. 1 500～1 700 m, 1947-09-02, K. M. Feng 11585.

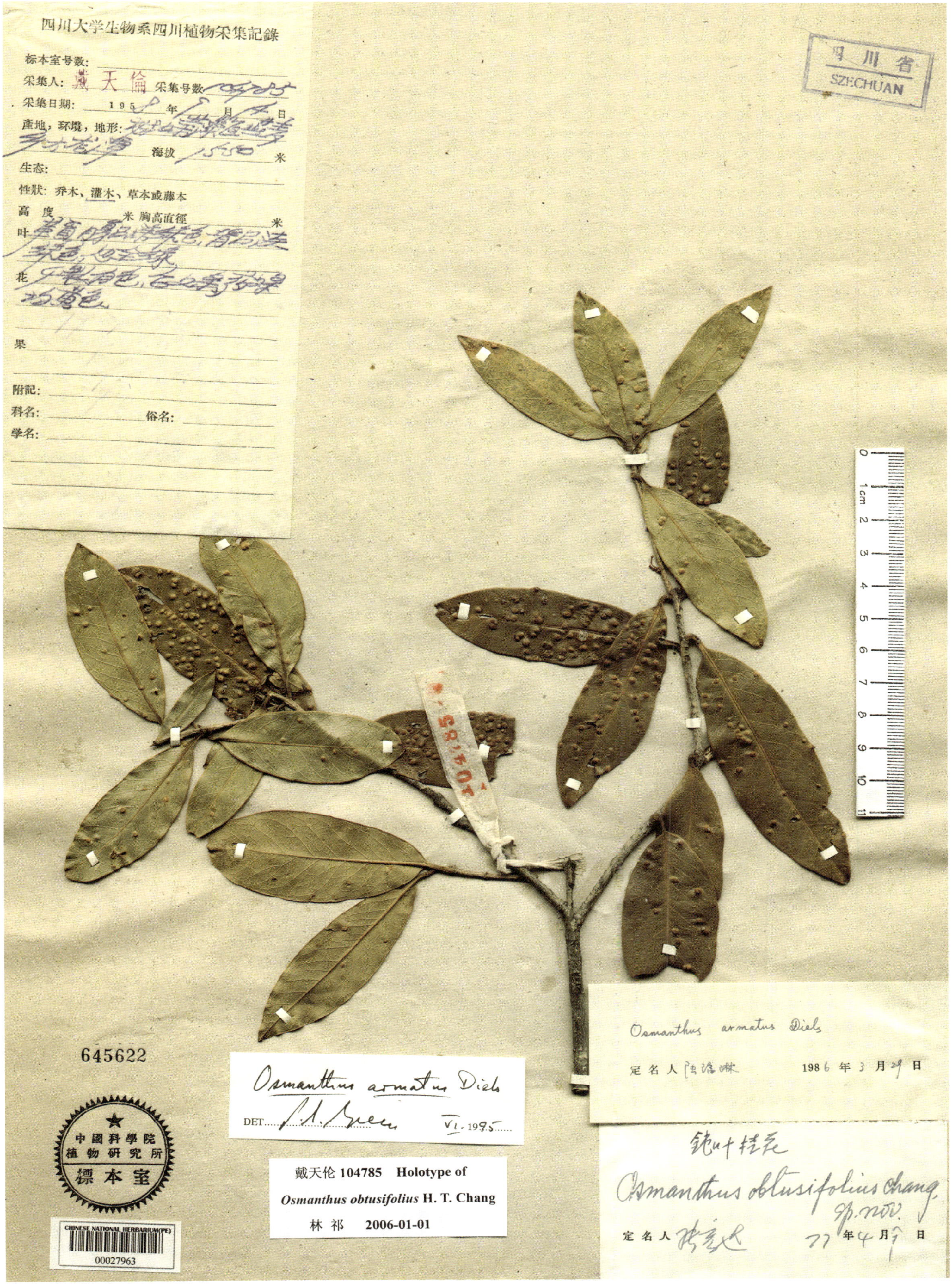

钝叶木犀 ***Osmanthus obtusifolius*** H. T. Chang in Acta Sci. Nat. Univ. Sunyatseni 1982(2): 12. 1982. **Holotype**: China. Chongqing: Chengkou, alt. 1 550 m, 1958-09-14, T. L. Dai 104785.

毛柄木犀 ***Osmanthus pubipedicellatus*** L. C. Chia ex H. T. Chang in Acta Sci. Nat. Univ. Sunyatseni 1982(2): 15. 1982. **Isotype:** China. Guangdong: Dapu, 1932-09-(08-29), W. T. Tsang 21629.

坛花木犀 ***Osmanthus urceolatus*** P. S. Green in Notes Roy. Bot. Gard. Edinburgh 22(5): 527, pl. 19. 1958. **Isotype:** China. Hubei: Enshih (= Enshi), 1934-10-26, H. C. Chow 1793.

Bignoniaceae

紫葳科

ziweike

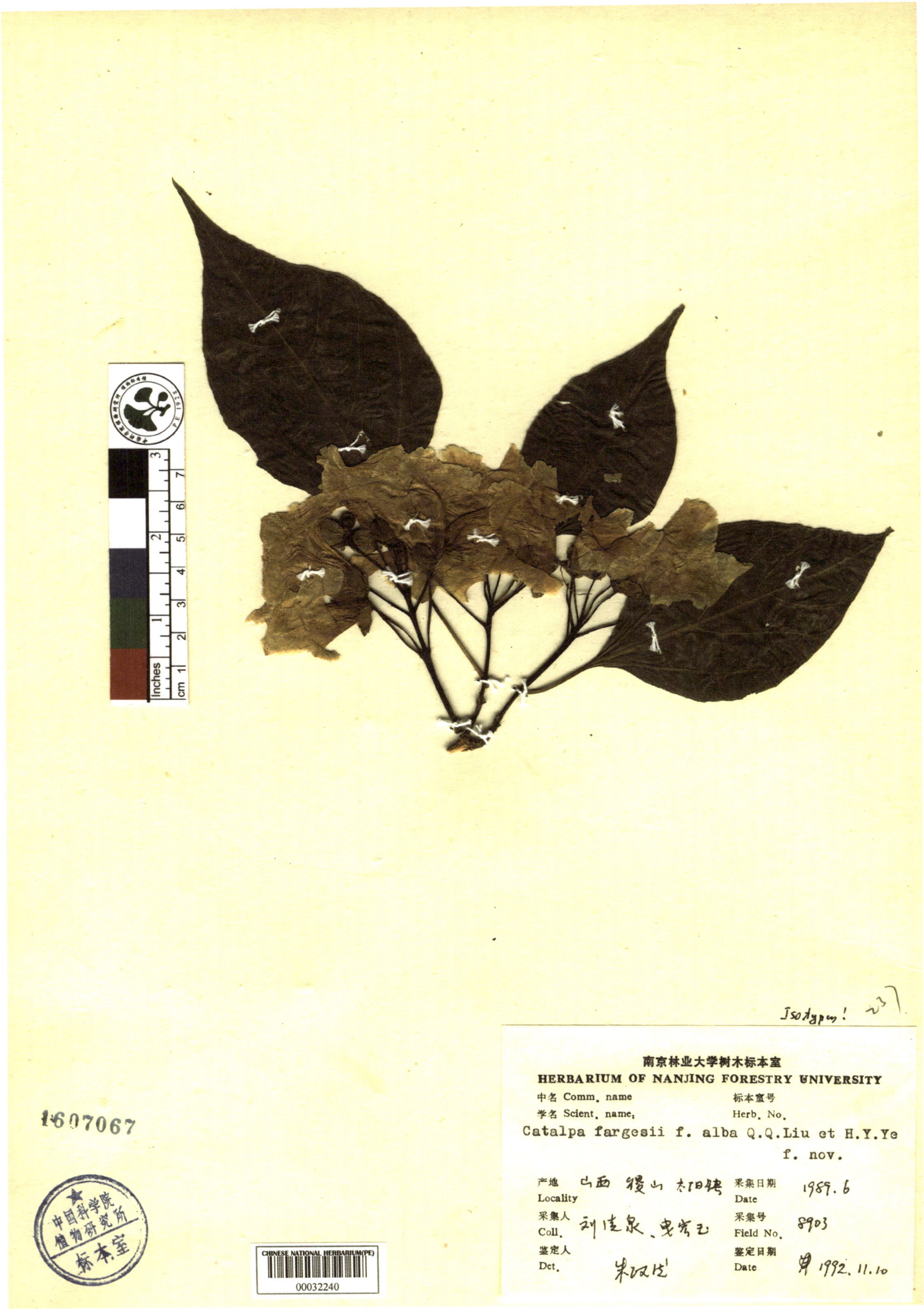

白花灰楸 ***Catalpa fargesii*** Bur. f. ***alba*** Q. Q. Liu & H. Y. Ye in Bull. Bot. Res., Harbin 13(3): 221. 1993. **Isotype:** China. Shanxi: Jishan, 1989-06-??, Q. Q. Liu & H. Y. Ye 8903.

聚叶角蒿 ***Incarvillea potaninii*** Batal. in Acta Hort. Petrop. 11(16): 492. 1891. **Isosyntype:** Mongolia. Gobi, G. N. Potanin s. n.

滇菜豆树 ***Radermachera yunnanensis*** C. Y. Wu & W. C. Yin, Fl. Yunnan. 2: 712, pl. 197: 5. 1979. **Paratype:** China. Yunnan: Jingdong, alt. 1 420 m, 1939-10-17, M. K. Li 0670.

Orobanchaceae

列当科

liedangke

弯管列当 ***Cistanche feddeana*** Hao in Repert. Spec. Nov. Regni Veg. 35: 222. 1934. **Holotype:** China. Sichuan: Chaohua (= Guangyuan), alt. 450 m, 1930-05-25, K. S. Hao 282.

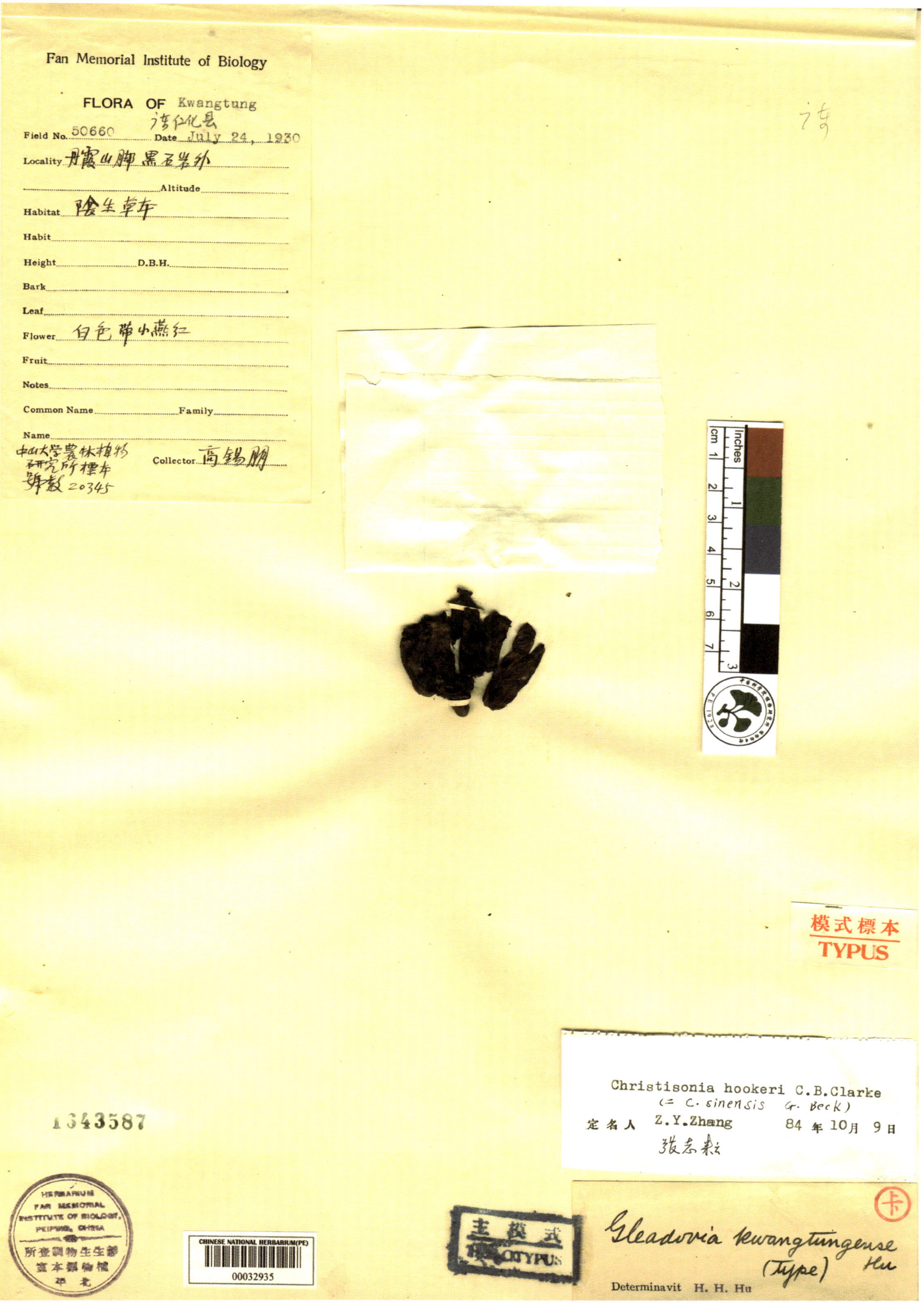

广东蔗寄生 ***Gleadovia kwangtungense*** Hu in Sunyatsenia 4(1-2): 7, f. 1. 1939. **Holotype:** China. Guangdong: Renhua, 1930-07-24, S. P. Ko 50660.

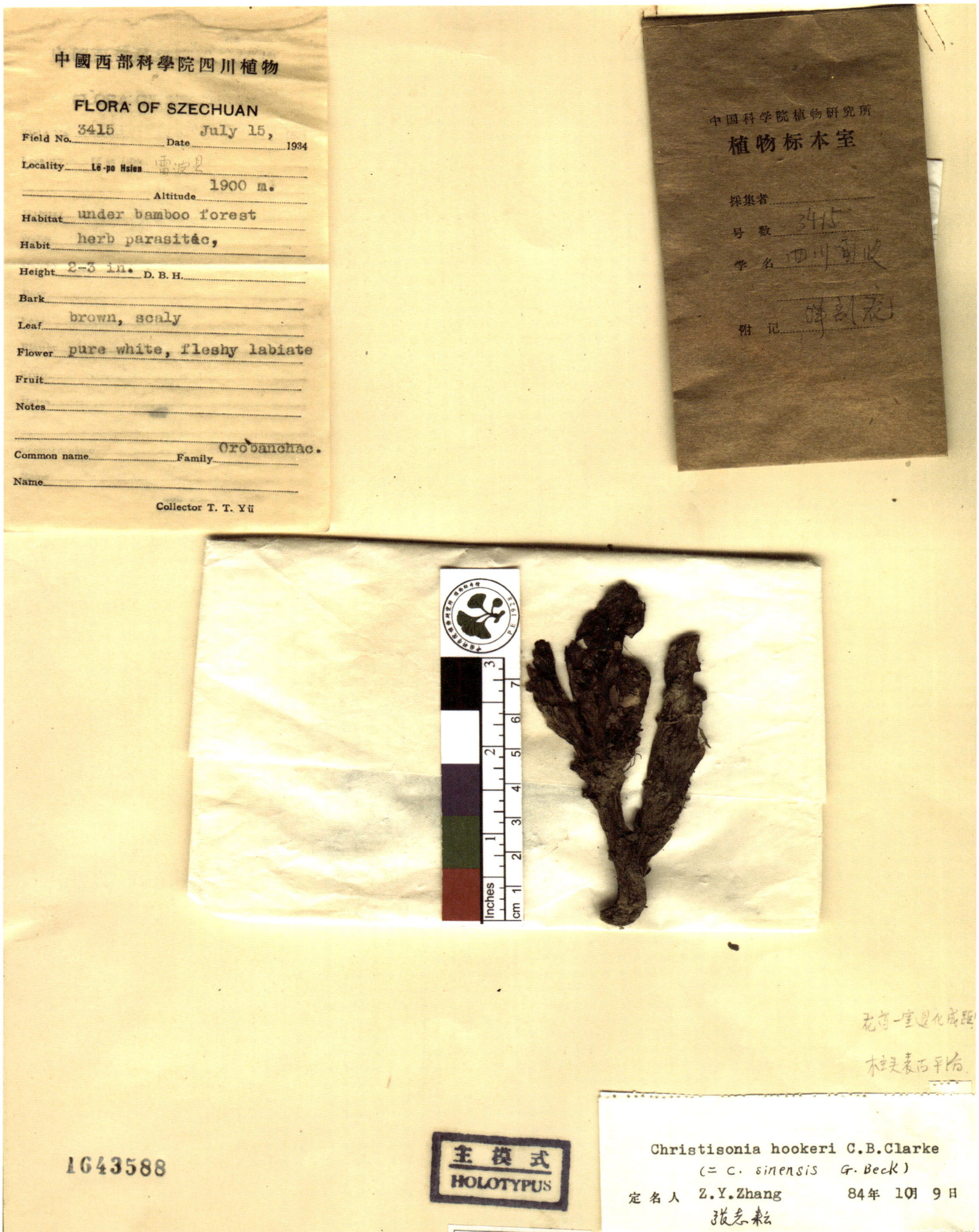

雷波蔗寄生 ***Gleadovia lepoense*** Hu in Sunyatsenia 4(1-2): 6, pl. 3. 1939. **Holotype:** China. Sichuan: Leipo, alt. 1 900 m, 1934-07-15, T. T. Yu 3415.

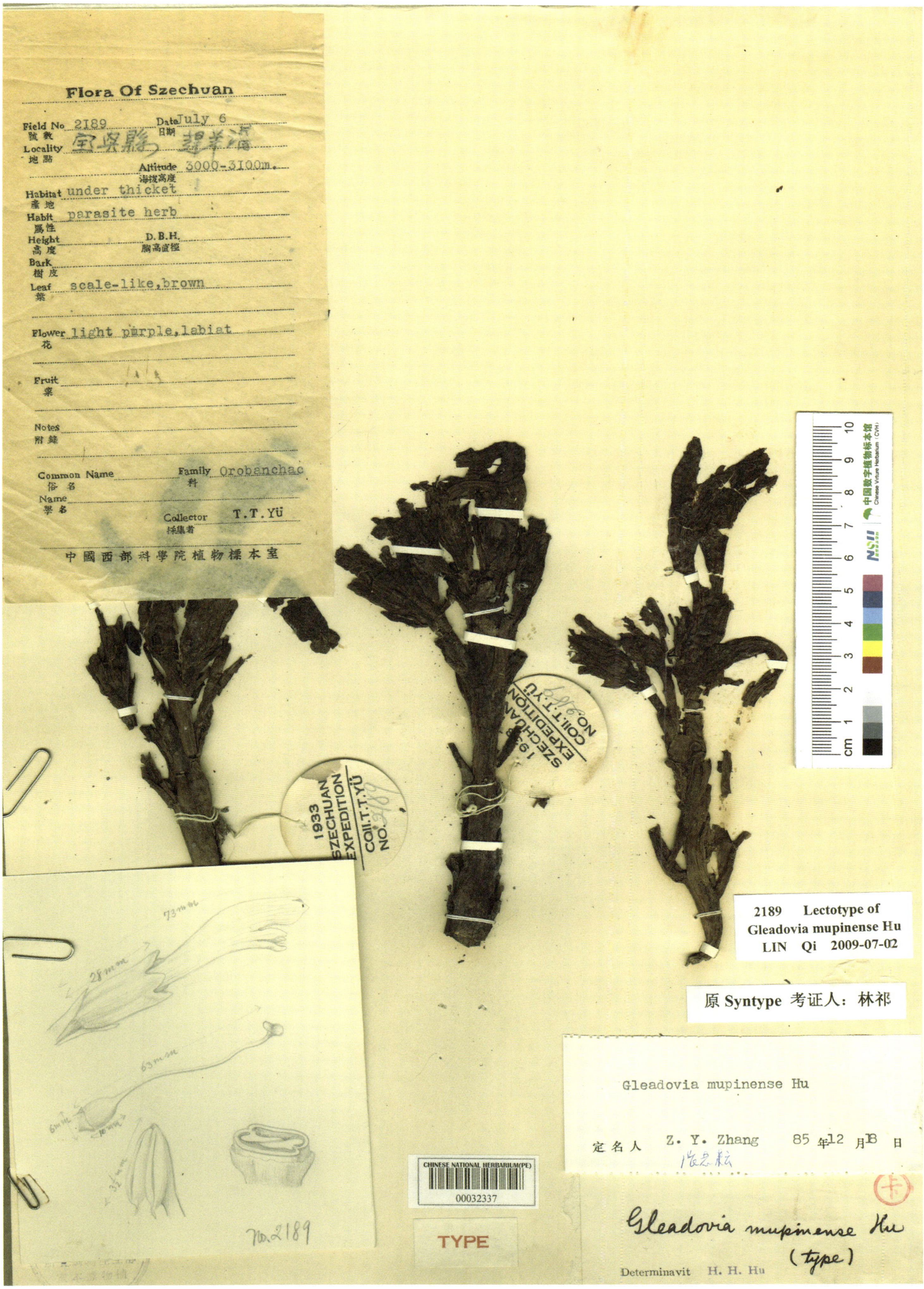

宝兴蔗寄生 ***Gleadovia mupinense*** Hu in Sunyatsenia 4(1-2): 2, pl. 1. 1939. **Lectotype** (designated by Q. Lin & Z. R. Yang in Bull. Bot. Res., Harbin 30: 129. 2010.): China. Sichuan: Baoxing, alt. 3 000~3 100 m, 1933-07-06, T. T. Yu 2189.

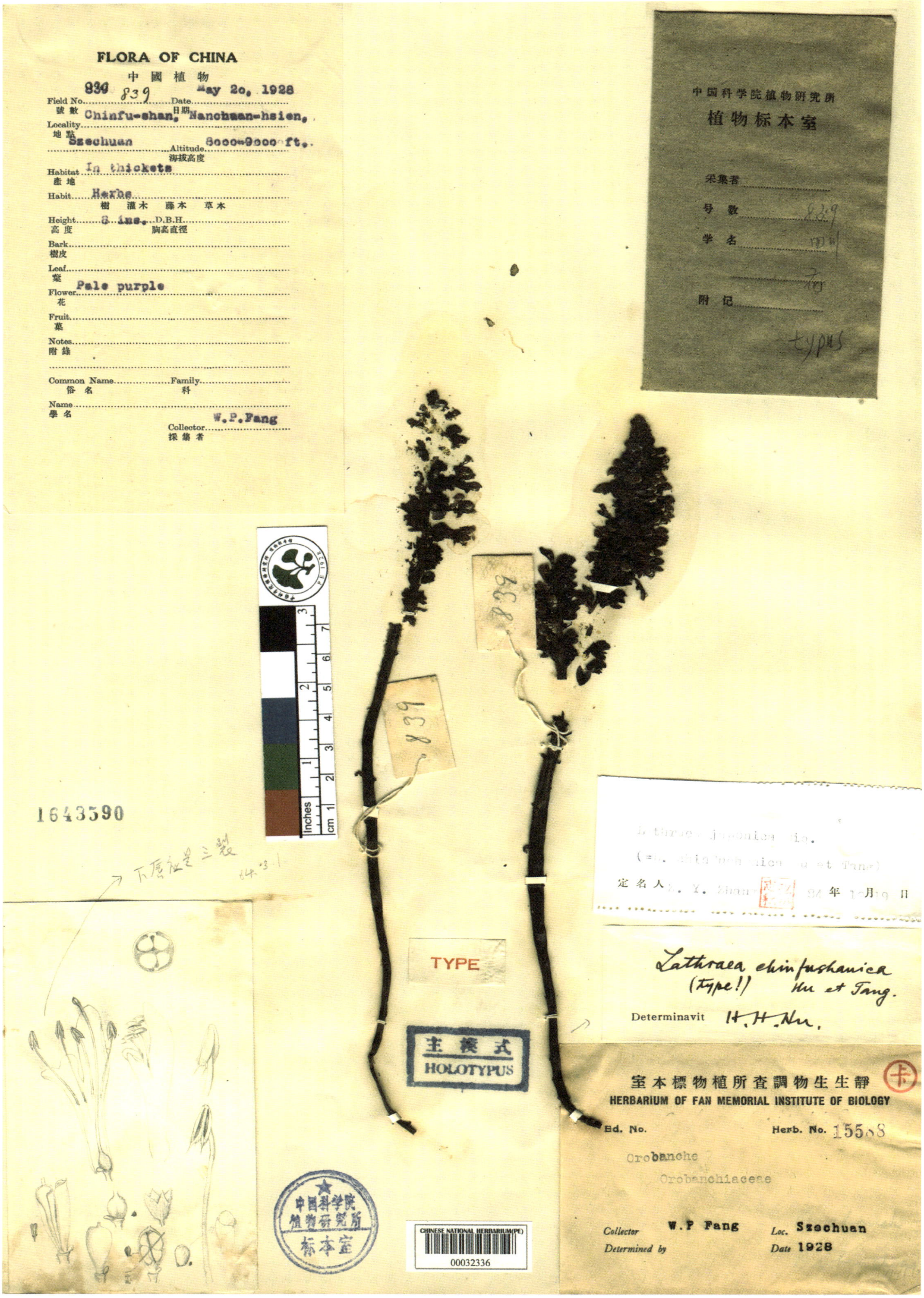

金佛山拉悉利草 ***Lathraea chinfushanica*** Hu & Tang in Bull. Fan Mem. Ins. Biol., Bot. 5(6): 315. 1934. **Holotype:** China. Sichuan: Nanchuan, Jinfushan, alt. 2 660~3 000 m, 1928-05-20, W. P. Fang 839.

豆列当 ***Mannagettaea labiata*** H. Smith in Acta Hort. Gothob. 8(6): 137, f. 3. 1933. **Isotype:** China. Sichuan: Hsioeh-shan, alt. 3 600 m, 1922-08-07, H. Smith 4012.

宝兴列当 ***Orobanche mupinensis*** Hu in Bull. Fan Mem. Ins. Biol., Bot. Ser. 9(4): 202. 1939. **Holotype:** China. Sichuan: Baoxing, alt. 2 100 m, 1933-07-08, T. H. Tu 4368.

Gesneriaceae

苦苣苔科

kujutaike

长尖芒毛苣苔 ***Aeschynanthus acuminatissimus*** W. T. Wang in Acta Phytotax. Sin. 13(2): 64. 1975. **Holotype:** China. Yunnan: Xichou, alt. 1 500 m, 1964-08-04, Z. Y. Zhang 64-46.

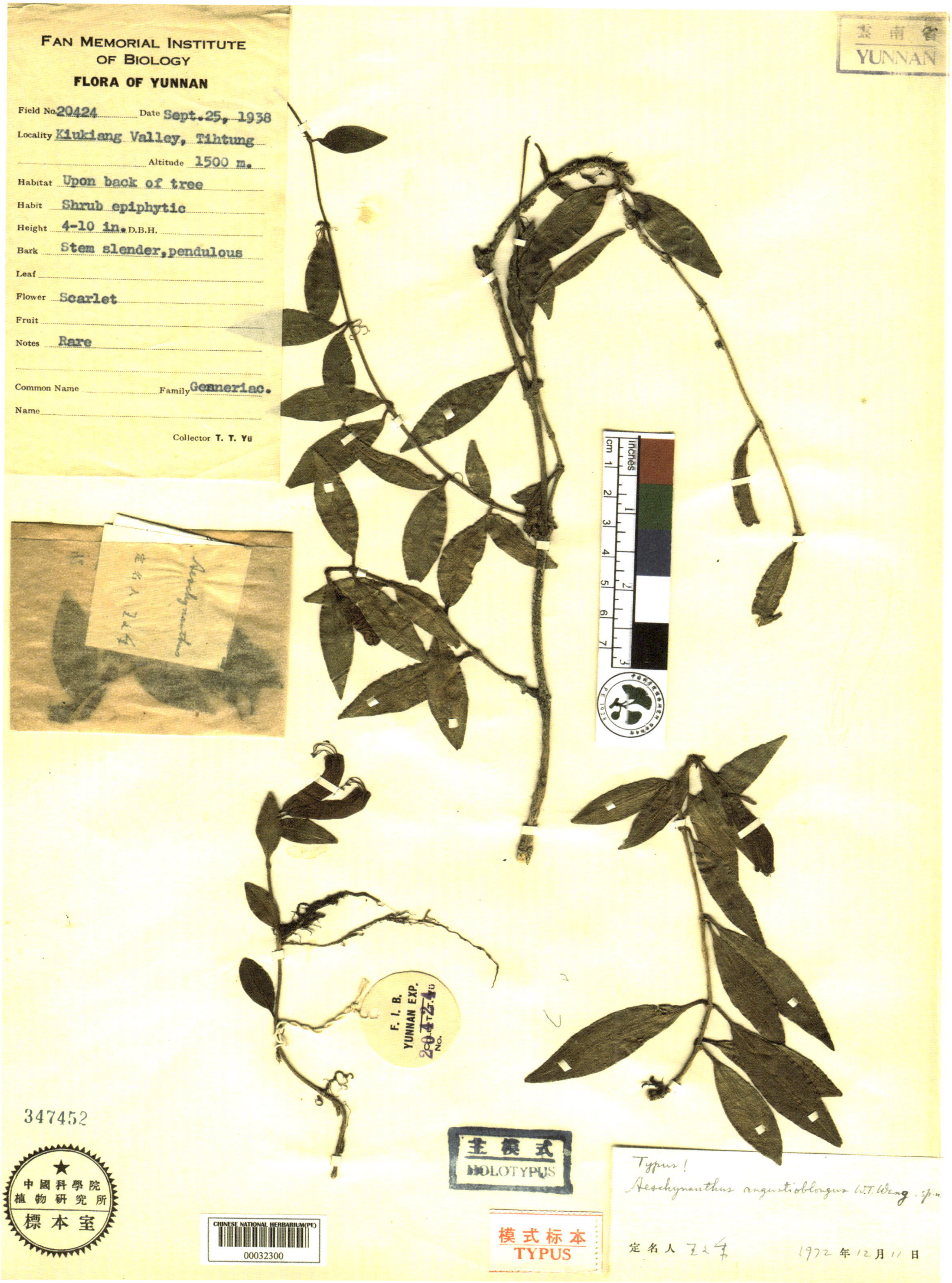

狭矩叶芒毛苣苔 ***Aeschynanthus angustioblongus*** W. T. Wang in Acta Phytotax. Sin. 13(2): 64. 1975. **Holotype:** China. Yunnan: Gongshan, alt. 1 500 m, 1938-09-25, T. T. Yu 20424.

滇南芒毛苣苔 ***Aeschynanthus austroyunnanensis*** W. T. Wang in Acta Phytotax. Sin. 13(2): 63. 1975. **Holotype:** China. Yunnan: Cheli (=Jinghong), alt. 800 m, 1936-10-??, C. W. Wang 79443.

黄棕芒毛苣苔 ***Aeschynanthus bracteatus*** Wall. & DC. var. ***orientalis*** W. T. Wang in Bull. Bot. Res., Harbin 2(2): 147. 1982. **Holotype:** China. Yunnan: Pingbian, alt. 1 200 m, 1934-05-19, H. T. Tsai 55232.

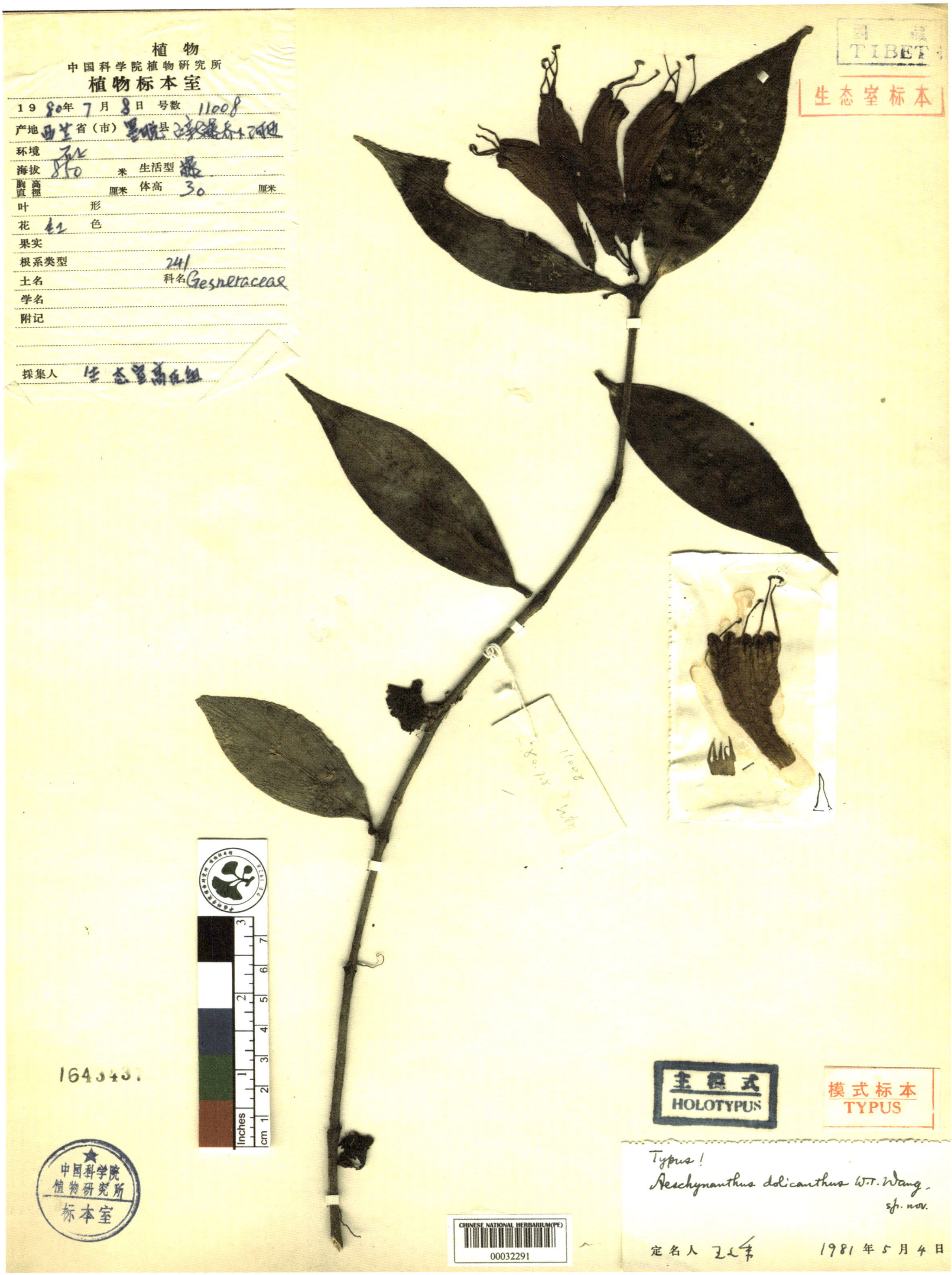

长花芒毛苣苔 ***Aeschynanthus dolicanthus*** W. T. Wang in Bull. Bot. Res., Harbin 2(4): 58, photo. 8. 1982. **Holotype:** China. Xizang: Mêdog, alt. 850 m, 1980-07-08, W. L. Chen & B. S. Li 11008.

广西芒毛苣苔 ***Aeschynanthus guangxiensis*** Chun ex W. T. Wang & K. Y. Pan in Bull. Bot. Res., Harbin 2(2): 146. 1982. **Isotype:** China. Guangxi: Donglan, alt. 488 m, 1928-07-27, R. C. Ching 6557.

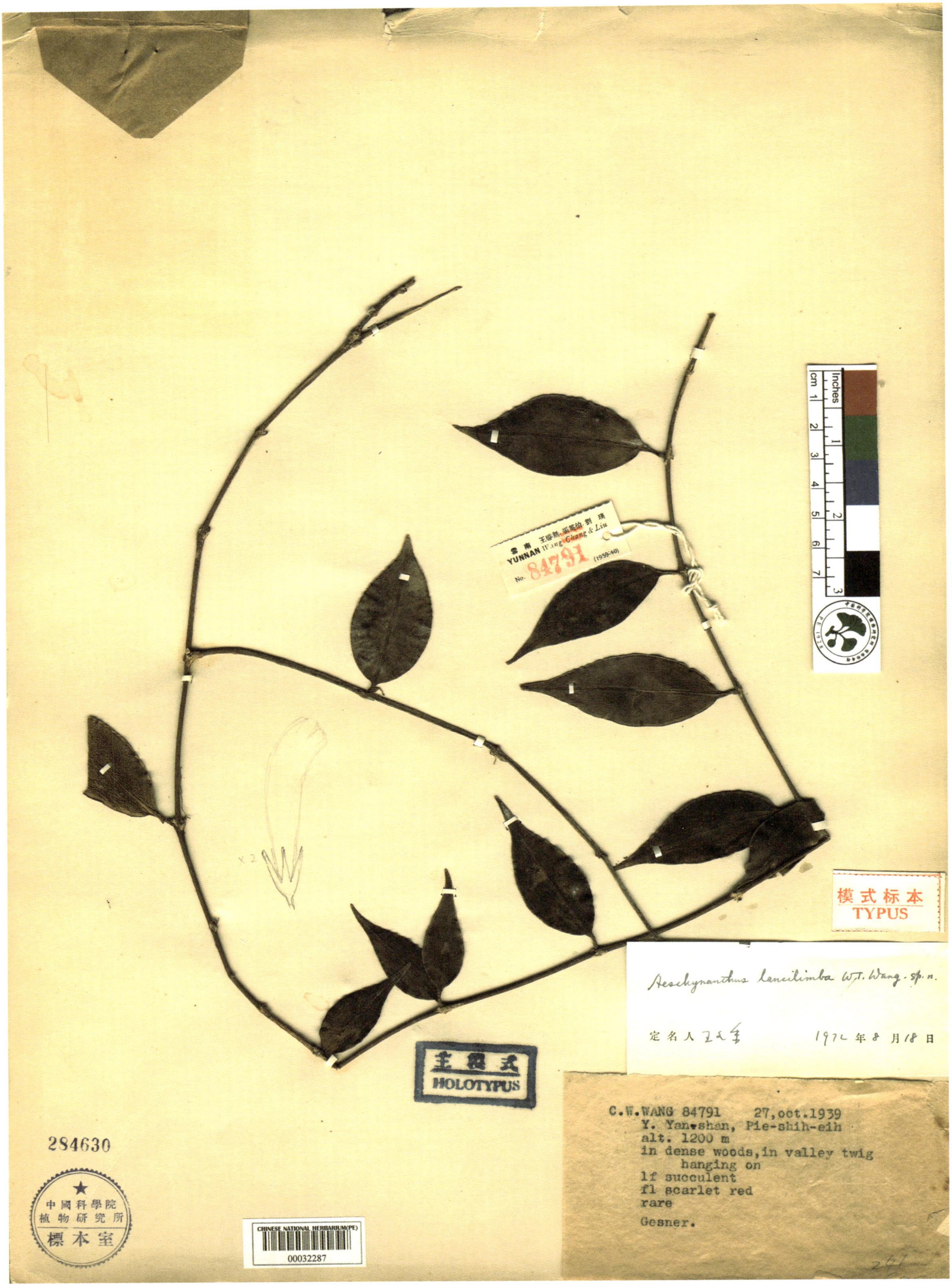

披针叶芒毛苣苔 ***Aeschynanthus lancilimbus*** W. T. Wang in Acta Phytotax. Sin. 13(2): 64. 1975. **Holotype:** China. Yunnan: Yanshan, alt. 1 200 m, 1939-10-27, C. W. Wang 84791.

毛花芒毛苣苔 ***Aeschynanthus lasianthus*** W. T. Wang in Acta Phytotax. Sin. 13(2): 63. 1975. **Holotype:** China. Yunnan: Gongshan, alt. 2 300~2 600 m, 1940-09-01, K. M. Feng 7282.

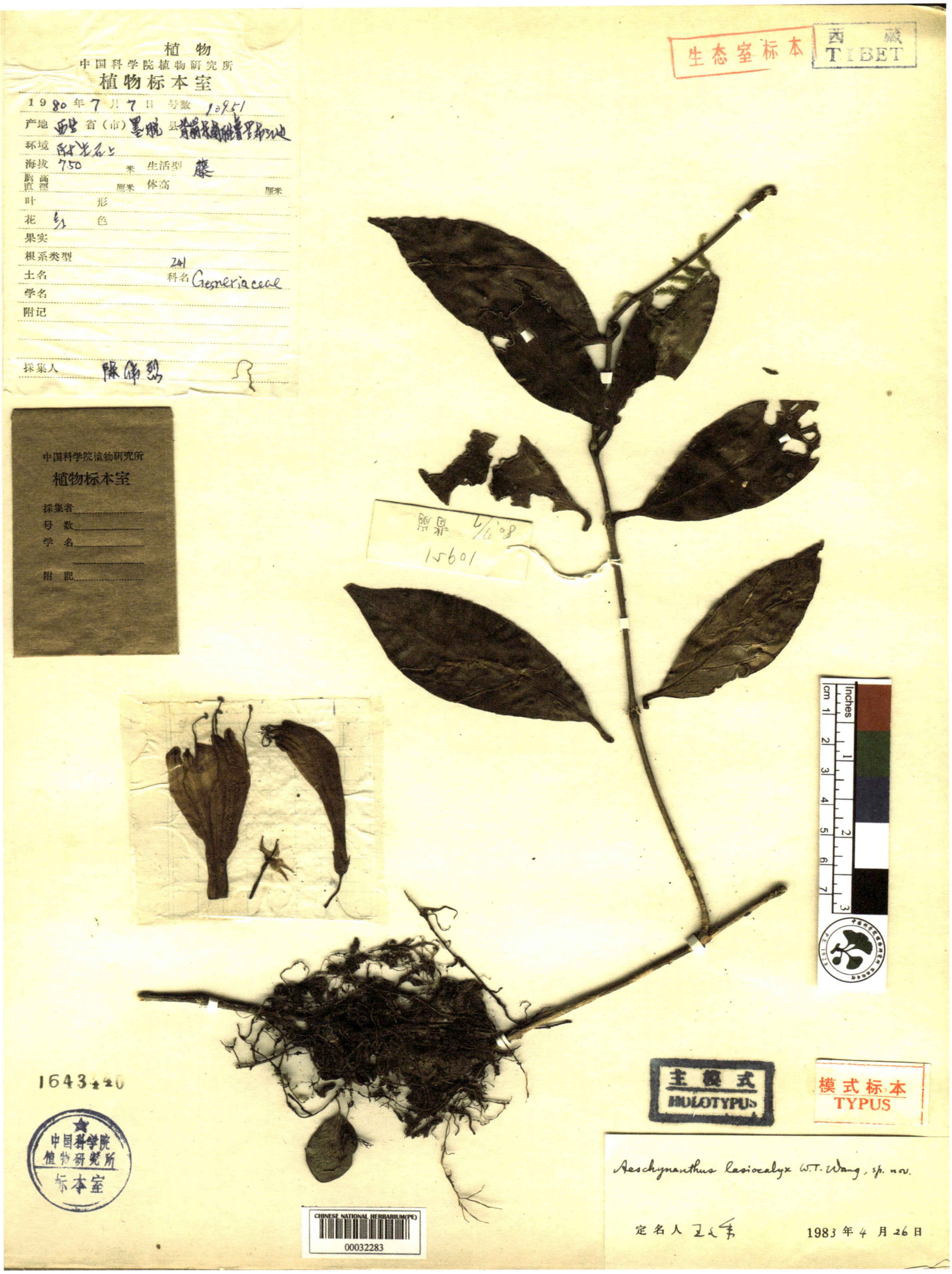

毛萼芒毛苣苔 ***Aeschynanthus lasiocalyx*** W. T. Wang in Bull. Bot. Res., Harbin 4(1): 29. 1984. **Holotype:** China. Xizang: Mêdog, alt. 750 m, 1980-07-07, W. L. Chen 10951.

狭叶芒毛苣苔 ***Aeschynanthus linearifolius*** C. E. C. Fisch. var. ***angustissimus*** W. T. Wang in Acta Phytotax. Sin. 17(1): 110, f. 1(2). 1979. **Holotype:** China. Xizang: Mêdog, alt. 2 250 m, 1974-08-03, Qinghai-Xizang Exped. 3948.

长萼芒毛苣苔 ***Aeschynanthus longicalyx*** H. W. Li in Acta Bot. Yunnan. 5(1): 36, f. 3. 1983. **Isotype:** China. Yunnan: Pingbian, alt. 800 m, 1954-09-19, K. M. Feng 4574.

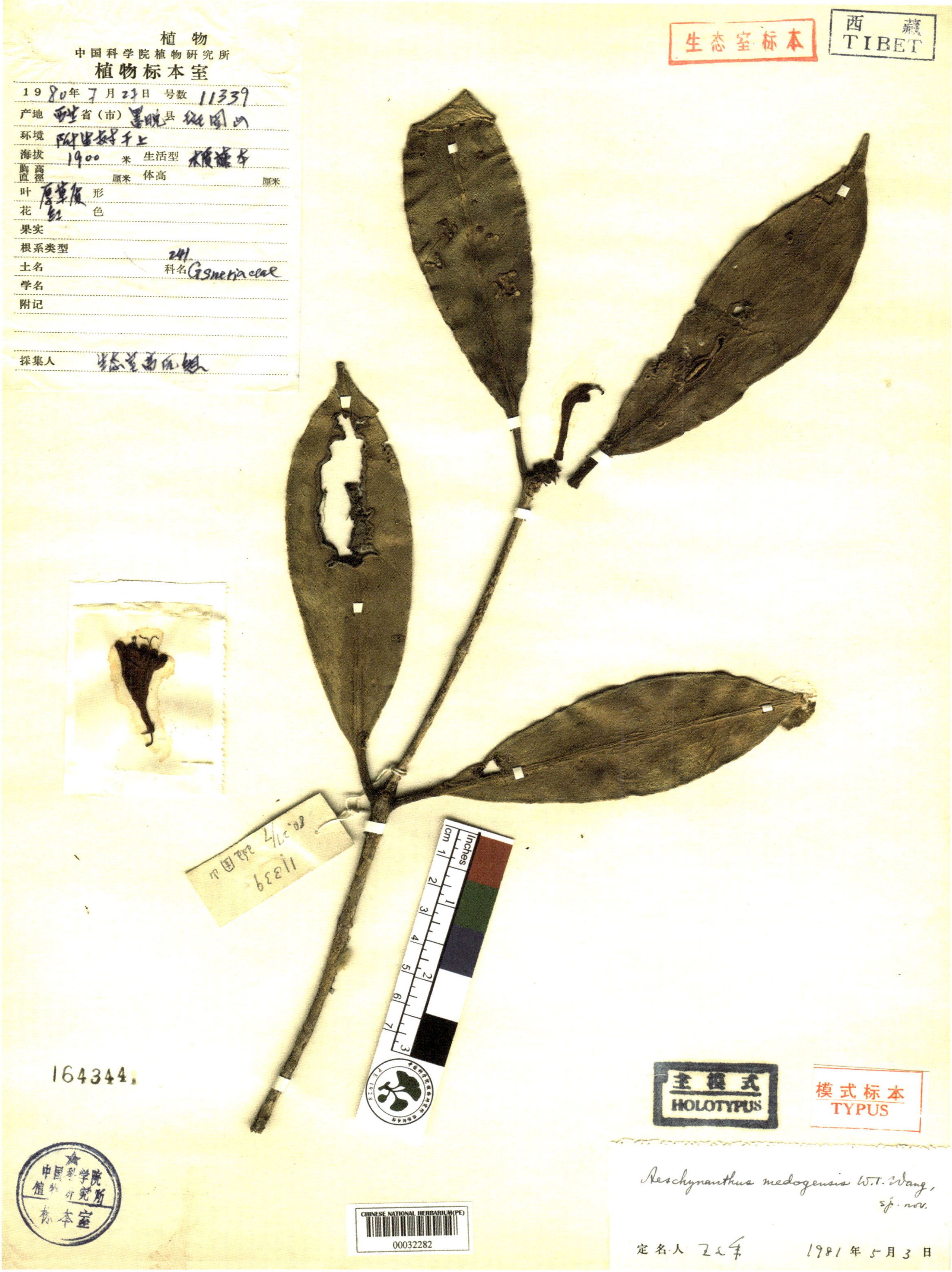

墨脱芒毛苣苔 ***Aeschynanthus medogensis*** W. T. Wang in Bull. Bot. Res., Harbin 2(4): 59. 1982. **Holotype:** China. Xizang: Mêdog, alt. 1 900 m, 1980-07-27, W. L. Chen & B. S. Li 11339.

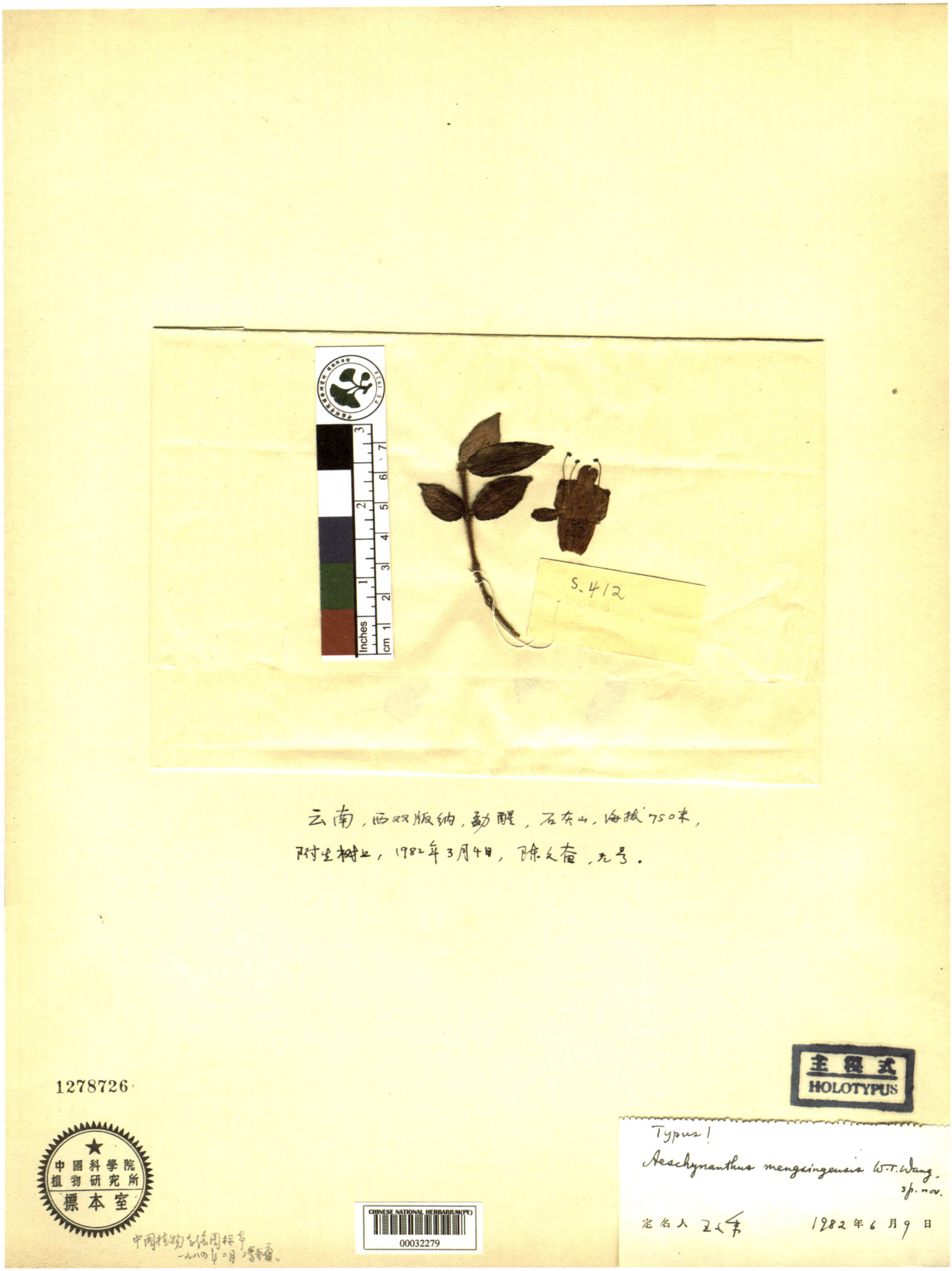

勐醒芒毛苣苔 ***Aeschynanthus mengxingensis*** W. T. Wang in Bull. Bot. Res., Harbin 4(1): 27. 1984. **Holotype:** China. Yunnan: Mengla, Mengxing, alt. 750 m, 1982-03-04, W. F. Chen s. n.

粗毛芒毛苣苔 ***Aeschynanthus pachytrichus*** W. T. Wang in Acta Bot. Yunnan. 6(1): 24, f. 4: 4-6. 1984. **Isotype:** China. Yunnan: Yingjiang, alt. 1 000 m, 1980-08-28, Lab. Geobot. Univ. Yunnan Exped. (Pl. epiph.) 14.

尾叶芒毛苣苔 ***Aeschynanthus stenosepalus*** Anthony in Notes Roy. Bot. Gard. Edinburgh 18: 191. 1934. **Isotype:** Upper Burma. Precise locality not known, alt. 2 135~2 440 m, 1924-07-??, G. Forrest 24773.

筒花芒毛苣苔 ***Aeschynanthus tubulosus*** Anthony var. ***angustilobus*** Anthony in Notes Roy. Bot. Gard. Edinburgh 18: 192. 1934. **Isotype:** China. Yunnan: Lincang, alt. 2 135 m, 1925-08-??, G. Forrest 27161.

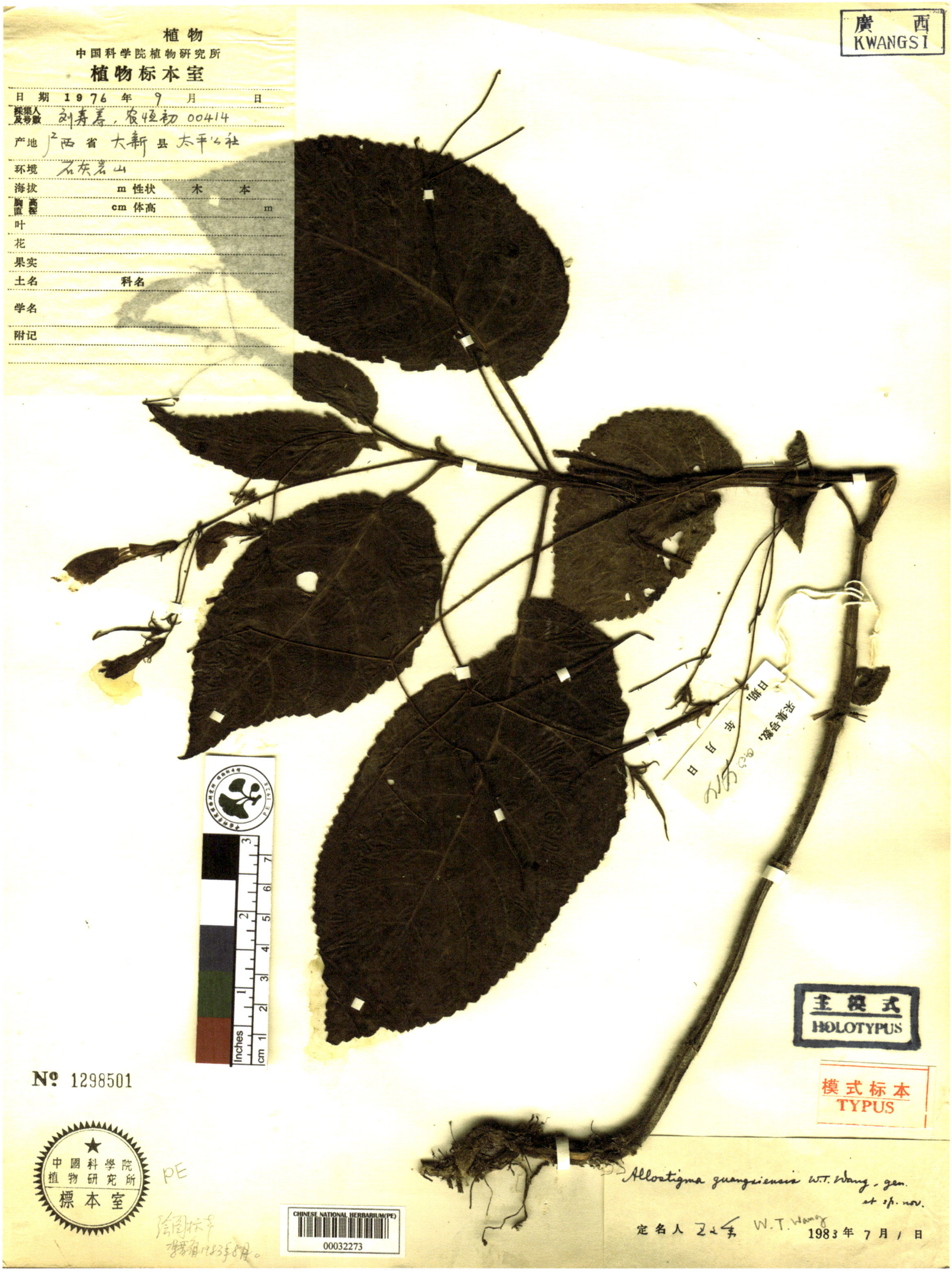

异片苣苔 ***Allostigma guangxiense*** W. T. Wang in Acta Phytotax. Sin. 22(3): 187, f. 1. 1984. **Holotype:** China. Guangxi: Daxin, 1976-09-??, S. Y. Liou & H. C. Nong 00414.

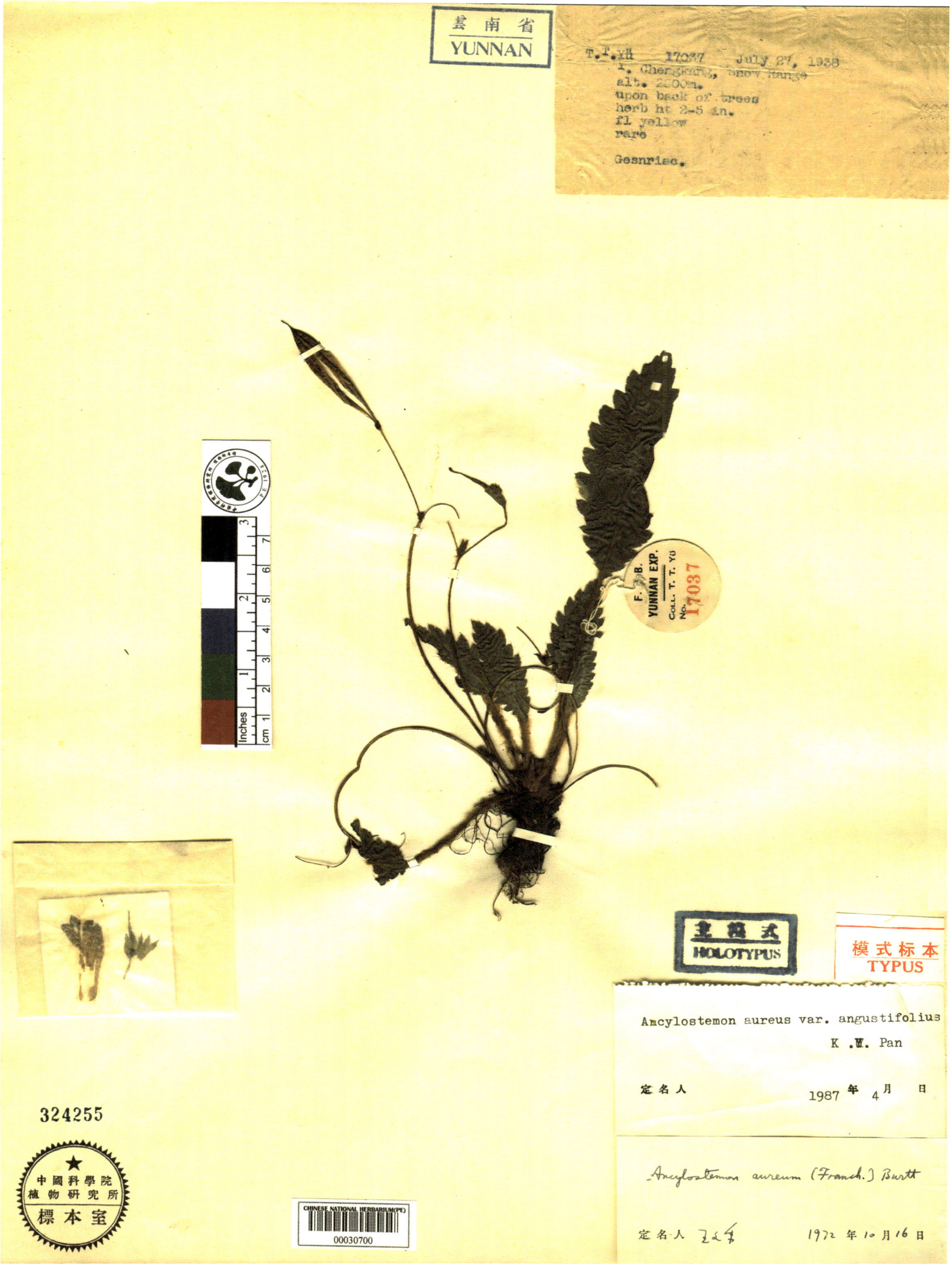

窄叶直瓣苣苔 ***Ancylostemon aureus*** (Franch.) Burtt var. ***angustifolius*** K. Y. Pan in Acta Phytotax. Sin. 26(6): 434. 1988.

Holotype: China. Yunnan: Zhengkang, alt. 2 800 m, 1938-07-27, T. T. Yu 17037.

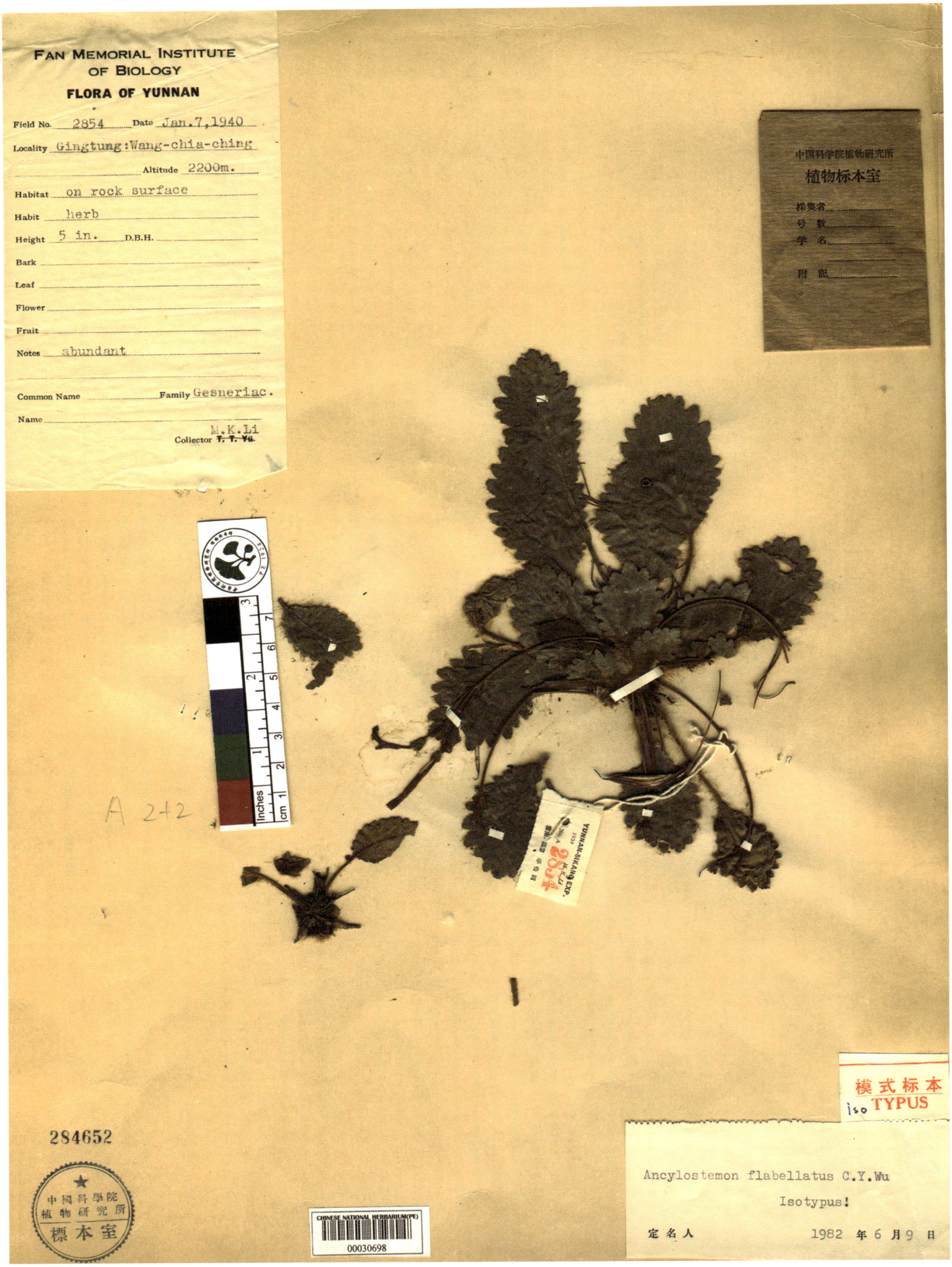

扇叶直瓣苣苔 ***Ancylostemon flabellatus*** C. Y. Wu in Bull. Bot. Res., Harbin 3(2): 16, photo. 8. 1983. **Isotype:** China. Yunnan: Jingdong, alt. 2 200 m, 1940-01-07, M. K. Li 2854.

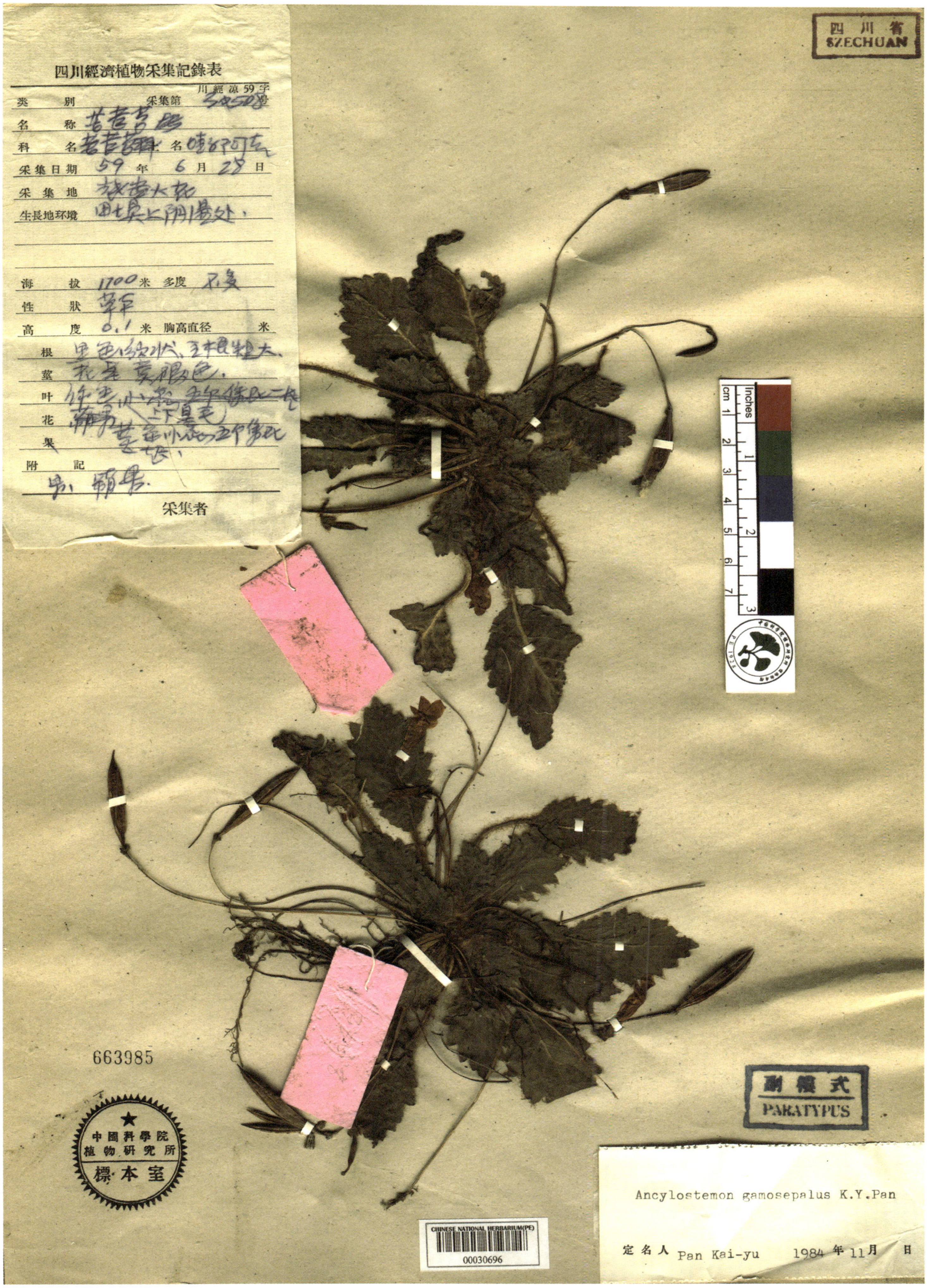

黄花直瓣苣苔 ***Ancylostemon gamosepalus*** K. Y. Pan in Acta Phytotax. Sin. 26(6): 434, f. 5: 1-5. 1988. **Paratype:** China. Sichuan: Hanyuan, alt. 1 700 m, 1959-06-28, Sichuan Econ. Pl. Exped. (Liang) 3508.

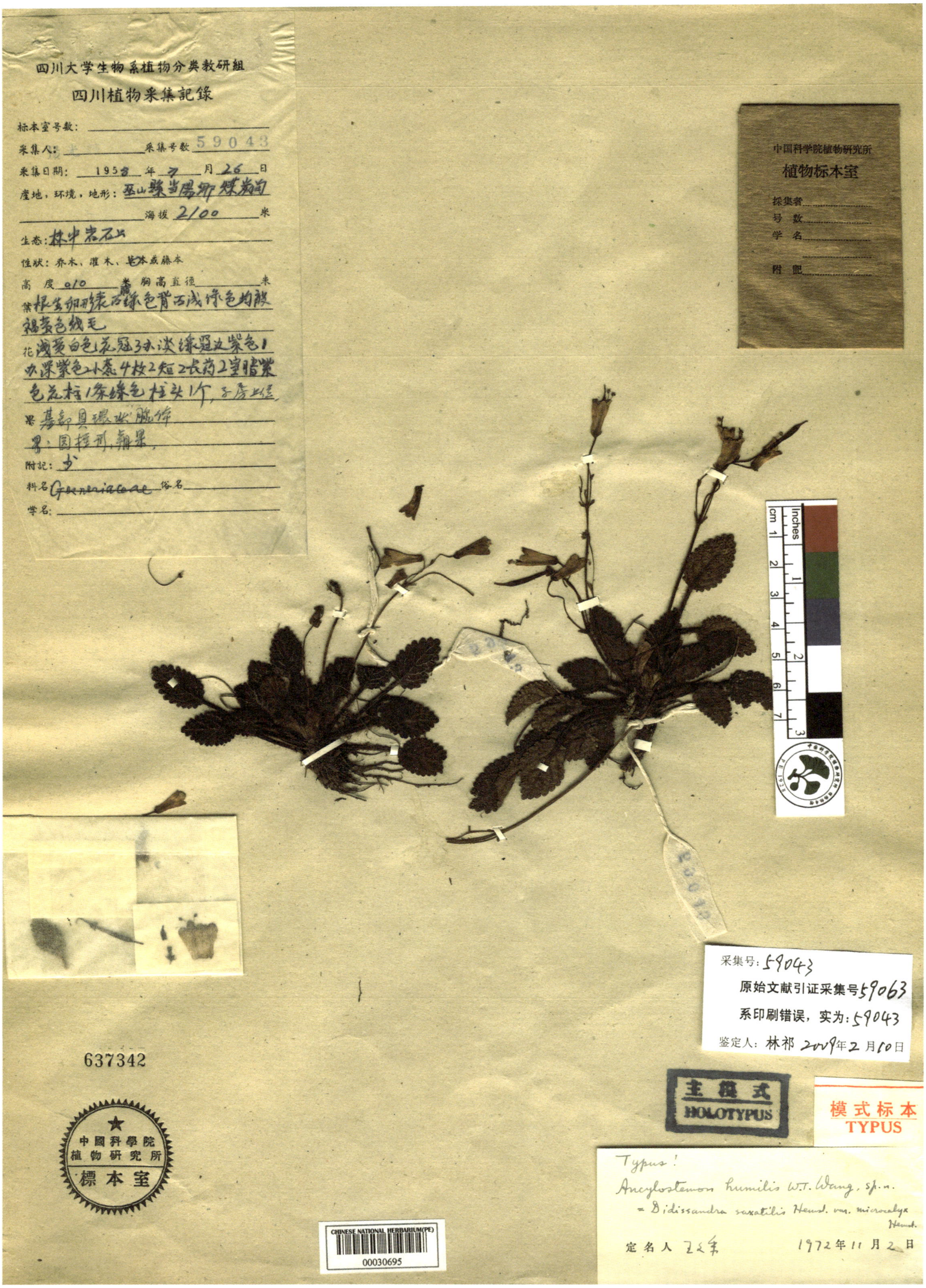

矮直瓣苣苔 ***Ancylostemon humilis*** W. T. Wang in Acta Phytotax. Sin. 13(3): 100, pl. 15: 6. 1975. **Holotype:** China. Chongqing: Wushan, alt. 2 100 m, 1958-07-26, G. H. Yang 59043.

峨眉直瓣苣苔 ***Ancylostemon mairei*** (Lévl.) Craib var. ***emeiensis*** K. Y. Pan in Acta Phytotax. Sin. 26(6): 434. 1988.
Holotype: China. Sichuan: Emei, Emeishan, 1952-06-21, H. L. Tsiang & S. S. Chang 31227.

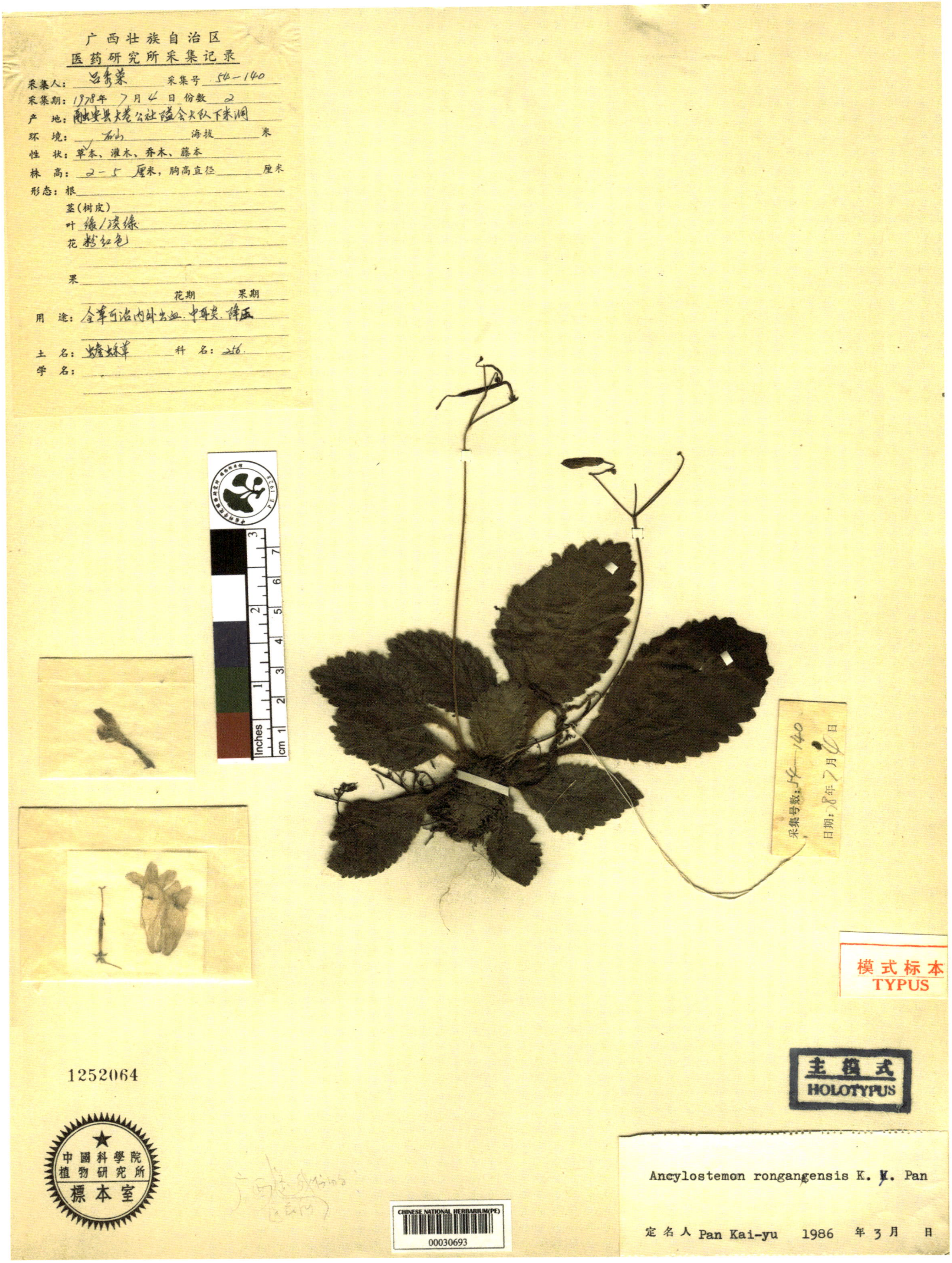

融安直瓣苣苔 ***Ancylostemon ronganensis*** K. Y. Pan in Acta Phytotax. Sin. 26(6): 436, f. 6. 1988. **Holotype:** China. Guangxi: Rongan, 1978-07-04, X. R. Lu 54-140.

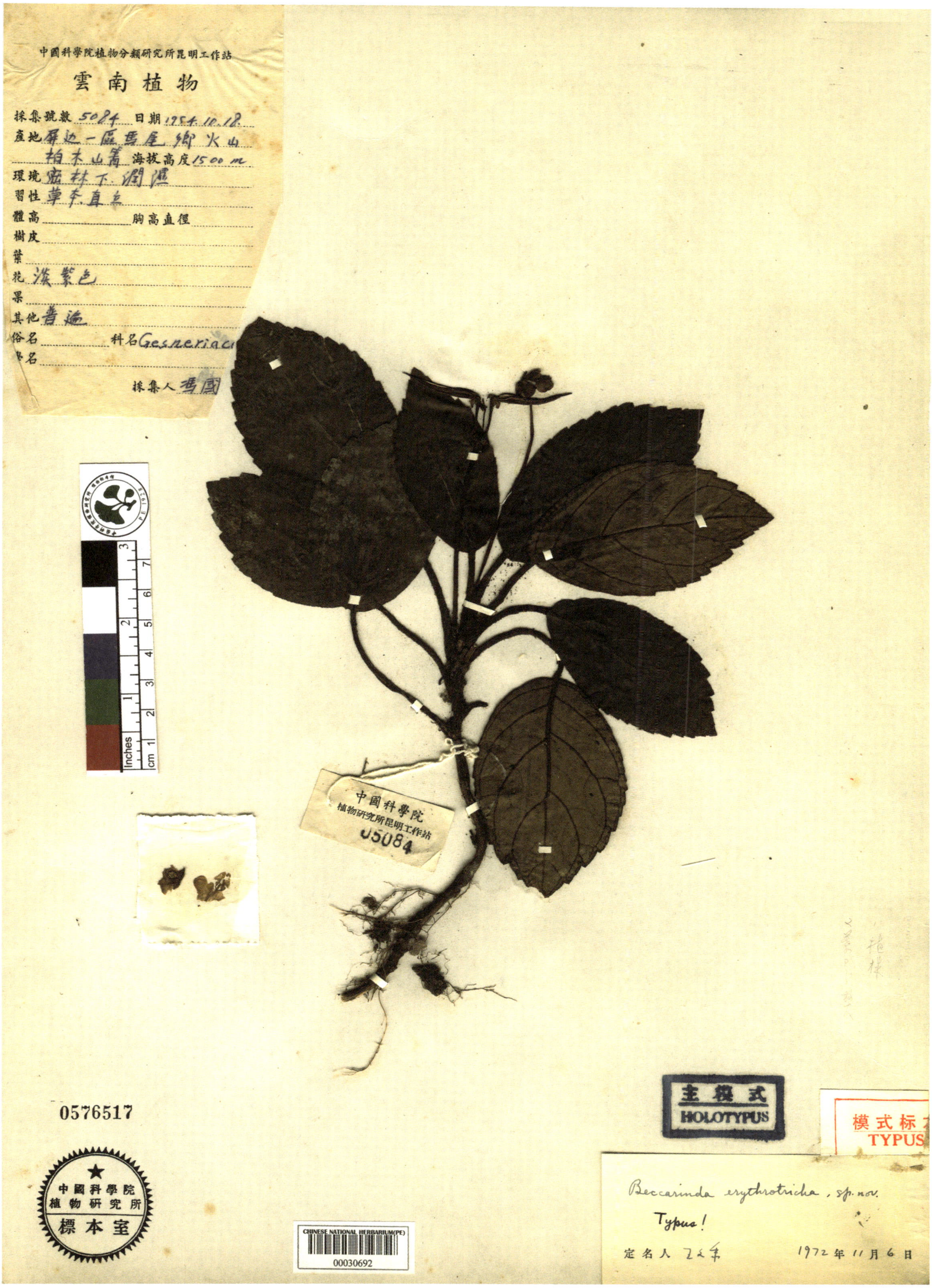

红毛横蒴苣苔 ***Beccarinda erythrotricha*** W. T. Wang in Bull. Bot. Res., Harbin 2(2): 121, photo. 1. 1982. **Holotype:** China. Yunnan: Pingbian, alt. 1 500 m, 1954-10-18, K. M. Feng 05084.

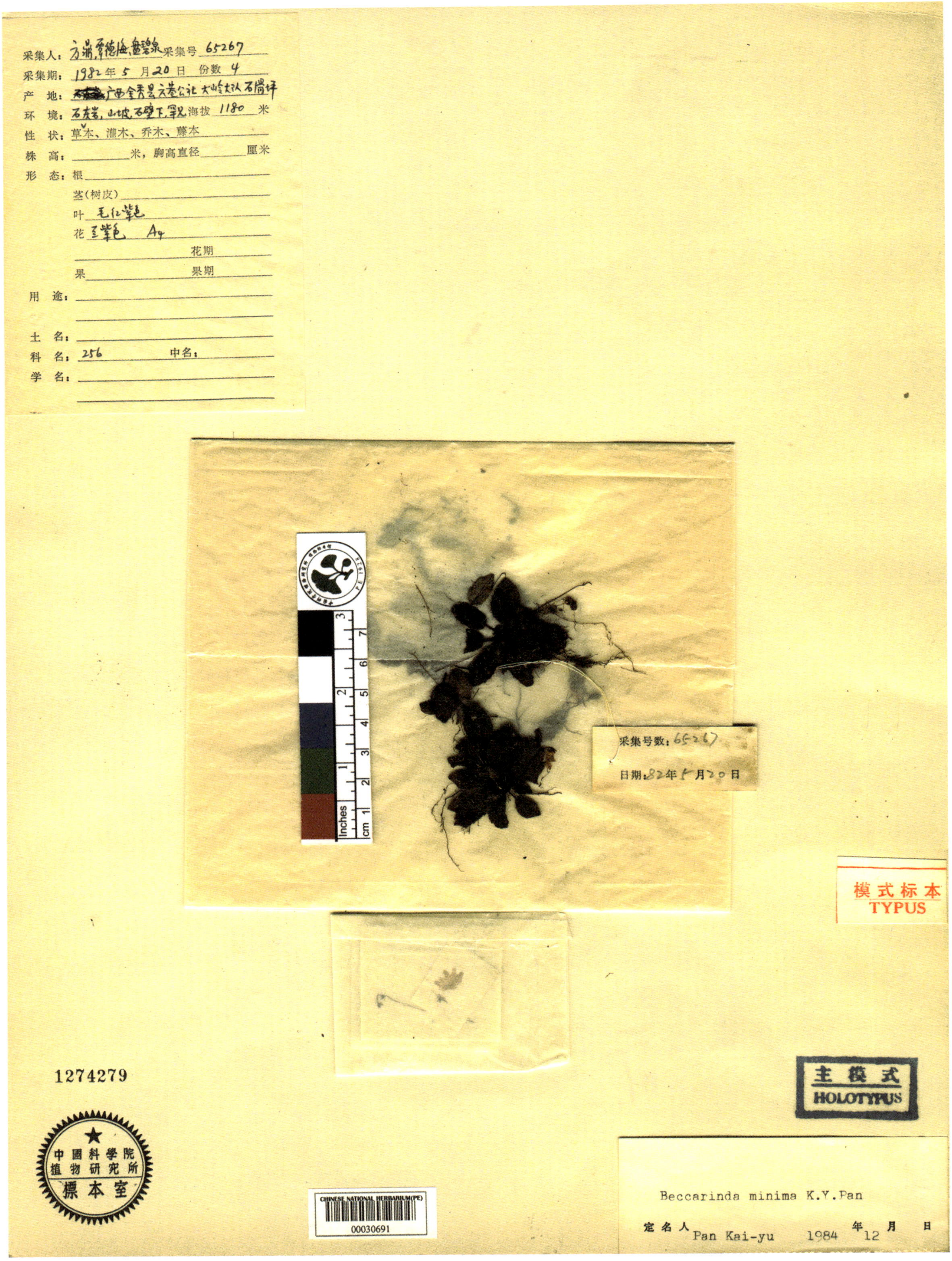

小横蒴苣苔 ***Beccarinda minima*** K. Y. Pan in Acta Phytotax. Sin. 26(6): 437, f. 7. 1988. **Holotype:** China. Guangxi: Jinxiu, alt. 1 180 m, 1982-05-20, D. Fang & D. H. Qin & B. Q. Pan 65267.

安徽旋蒴苣苔 ***Boea densihispidula*** S. B. Zhou & X. H. Guo in Acta Phytotax. Sin. 29(5): 477, f. 1. 1991. **Isotype:** China. Anhui: Guichi, 1989-08-08, X. F. Zhou 89053.

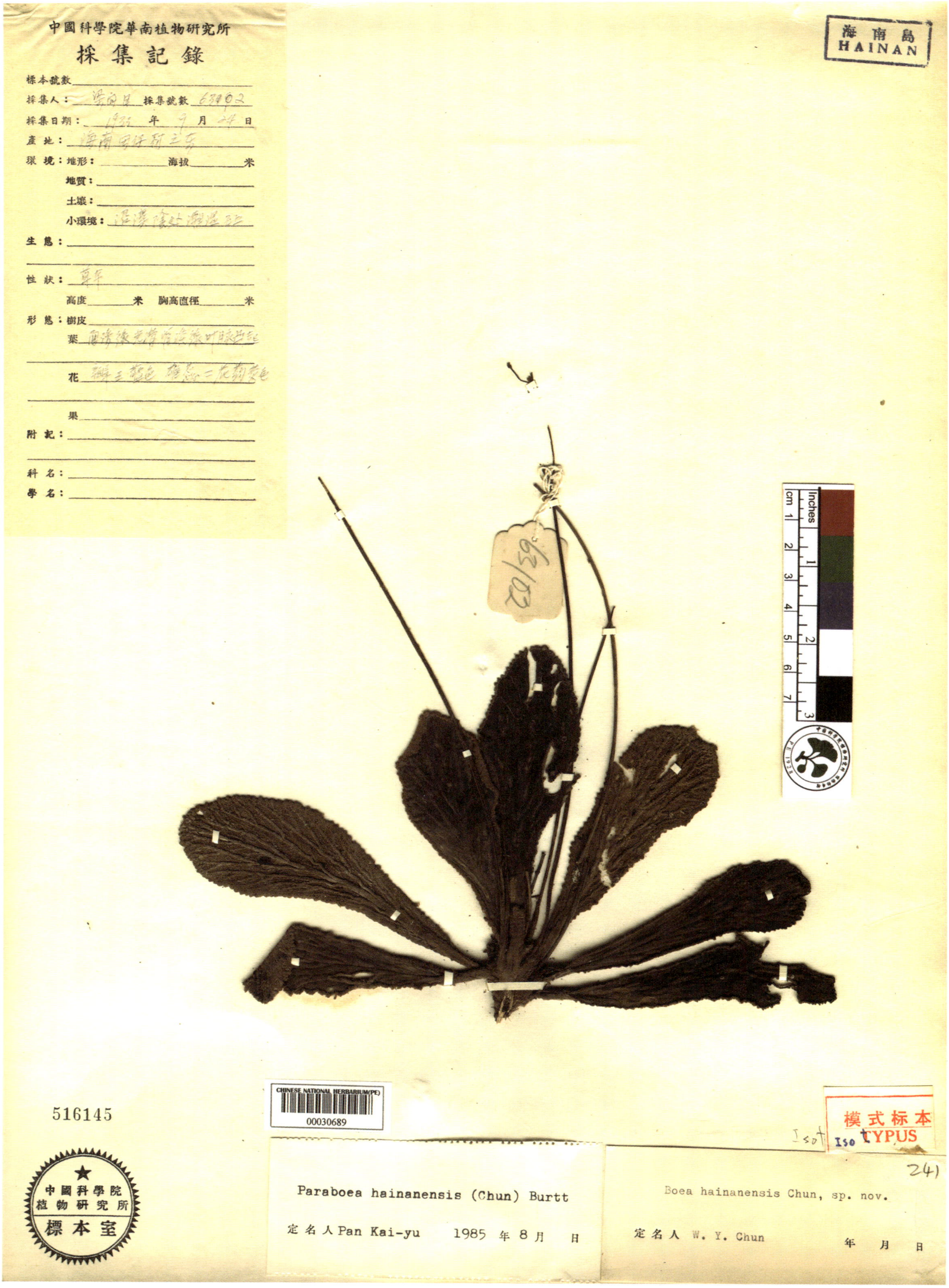

海南旋蒴苣苔 ***Boea hainanensis*** Chun, Fl. Hainan. 3: 526, 588, f. 903. 1974. **Isotype:** China. Hainan: Dongfang, 1933-09-24, H. Y. Liang 63102.

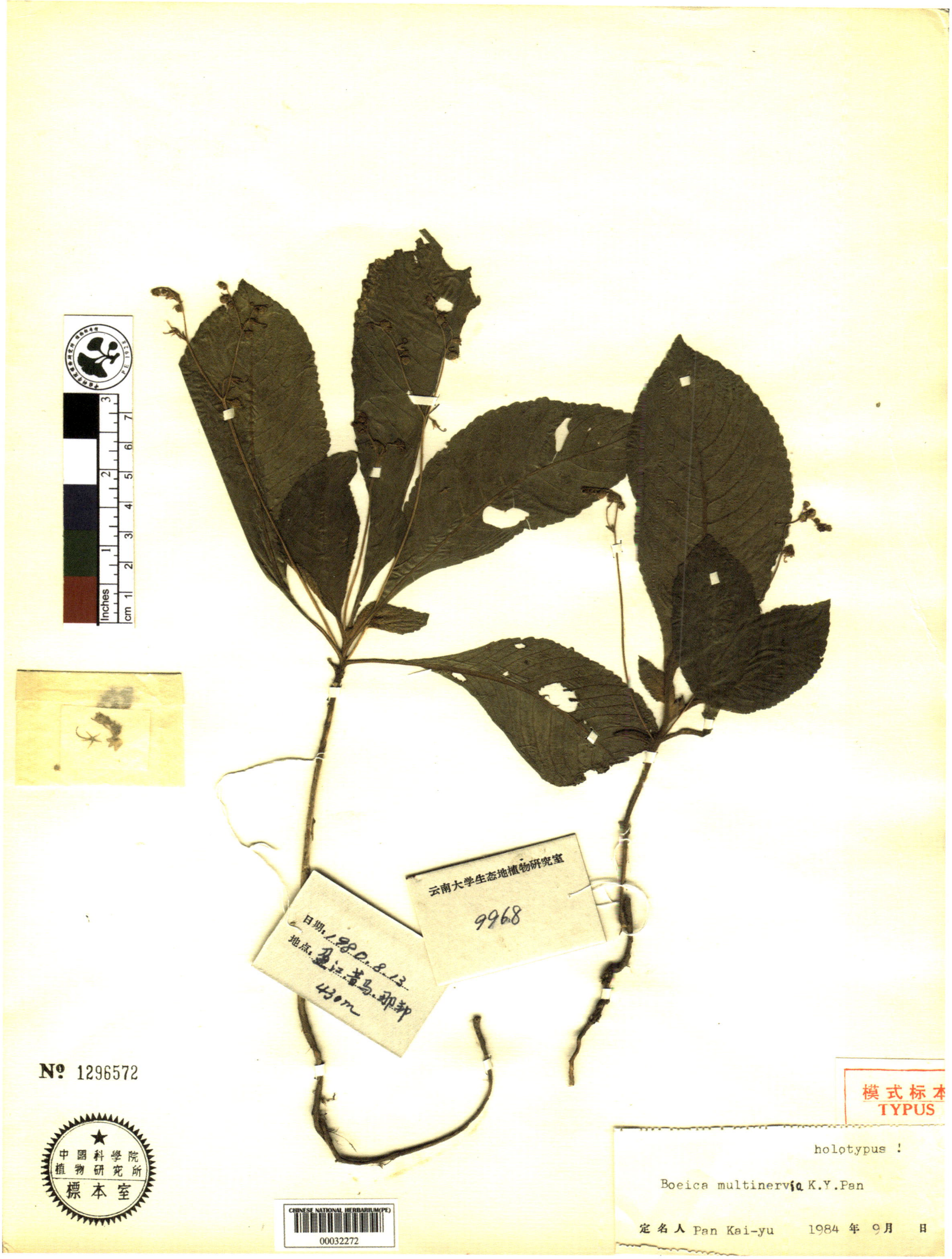

多脉短筒苣苔 ***Boeica multinervia*** K. Y. Pan in Acta Phytotax. Sin. 26(6): 439, f. 9. 1988. **Holotype:** China. Yunnan: Yingjiang, alt. 430 m, 1980-08-13, W Yunnan Exped. 9968.

翼柱苣苔 ***Boeicopsis yunnanensis*** H. W. Li in Acta Bot. Yunnan. 4(3): 245, f. 2. 1982. **Isotype:** China. Yunnan: Maguan, alt. 1 300 m, 1956-06-12, Sino-Russia Yunnan Exped. 3808.

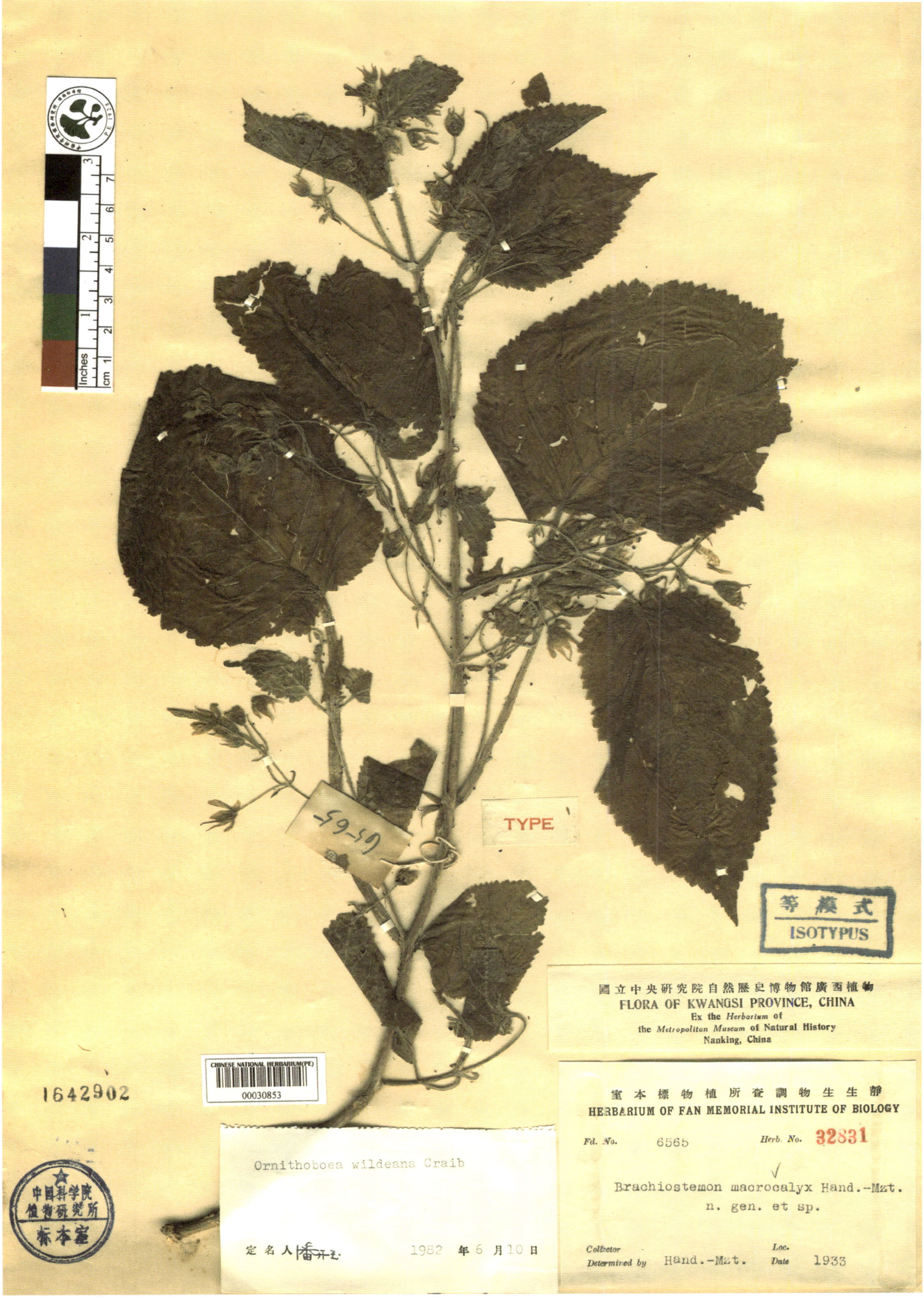

大萼喜鹊苣苔 ***Brachiostemon macrocalyx*** Hand.-Mazz. in Sinensia 5: 10, f 1. 1934. **Isotype:** China. Guangxi: Pu-hi, Tang-han, alt. 730 m, 1928-07-27, R. C. Ching 6565.

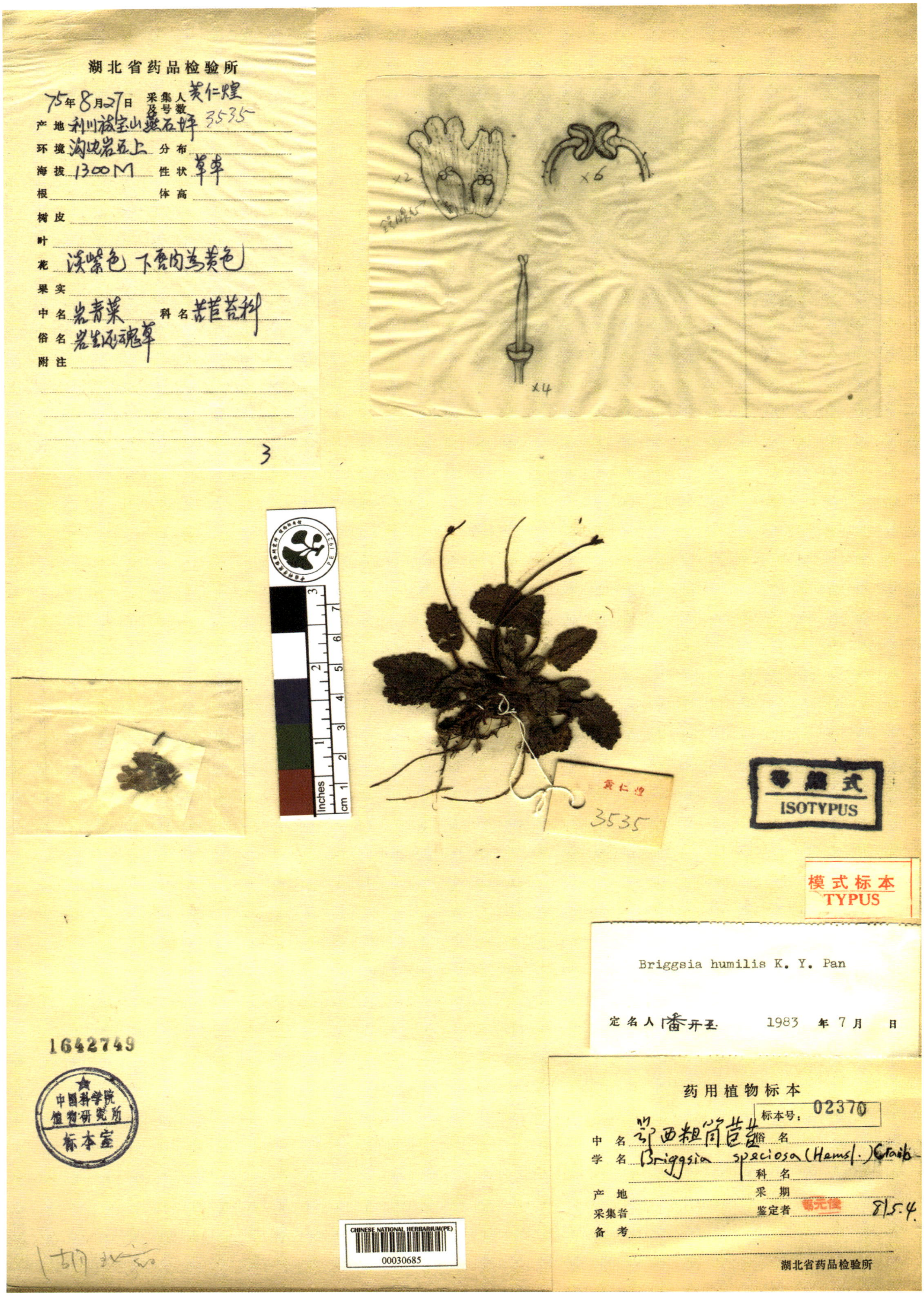

小粗筒苣苔 ***Briggsia humilis*** K. Y. Pan in Acta Phytotax. Sin. 26(6): 453, f. 3: 6-9. 1988. **Isotype:** China. Hubei: Lichuan, alt. 1 300 m, 1975-08-27, G. R. Huang 3535.

长茎粗筒苣苔 ***Briggsia longicaulis*** W. T. Wang & K. Y. Pan in Acta Phytotax. Sin. 26(6): 450, f. 1. 1988. **Holotype:** China. Sichuan: Butuo, alt. 2 500 m, 1959-08-24, Sichuan Econ. Pl. Exped. (Liang) 5836.

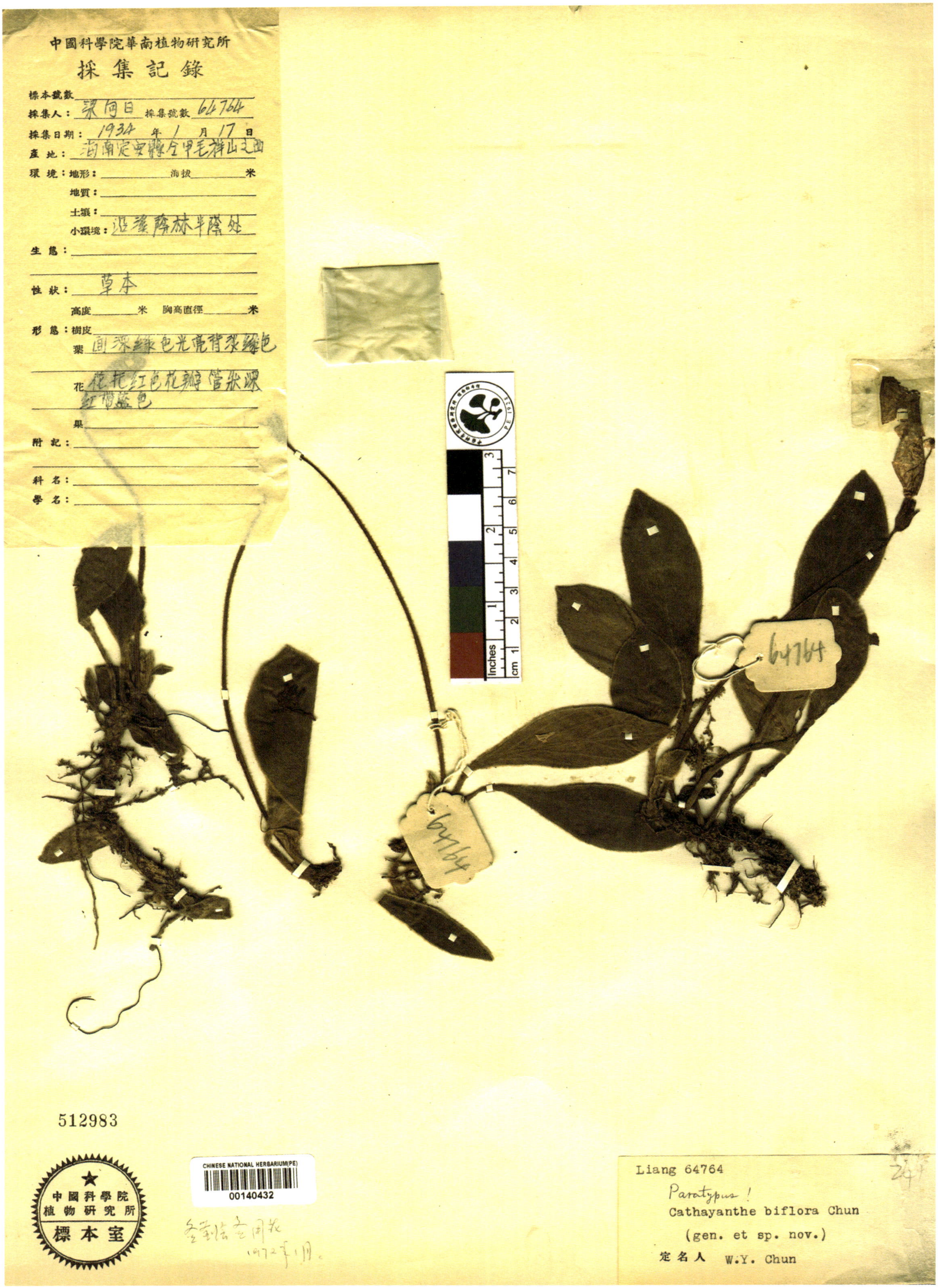

扁蒴苣苔 ***Cathayanthe biflora*** Chun in Sunyatsenia 6: 283, pl. 47. 1946. **Paratype:** China. Hainan: Dingan, 1934-01-17, H. Y. Liang 64764.

小花后蕊苣苔 ***Chirita acaulis*** Merr. in Lingnan Sci. Journ. 13(1): 47. 1934. **Isosyntype:** China. Guangdong: Zengcheng, 1932-04-25, W. T. Tsang 20331.

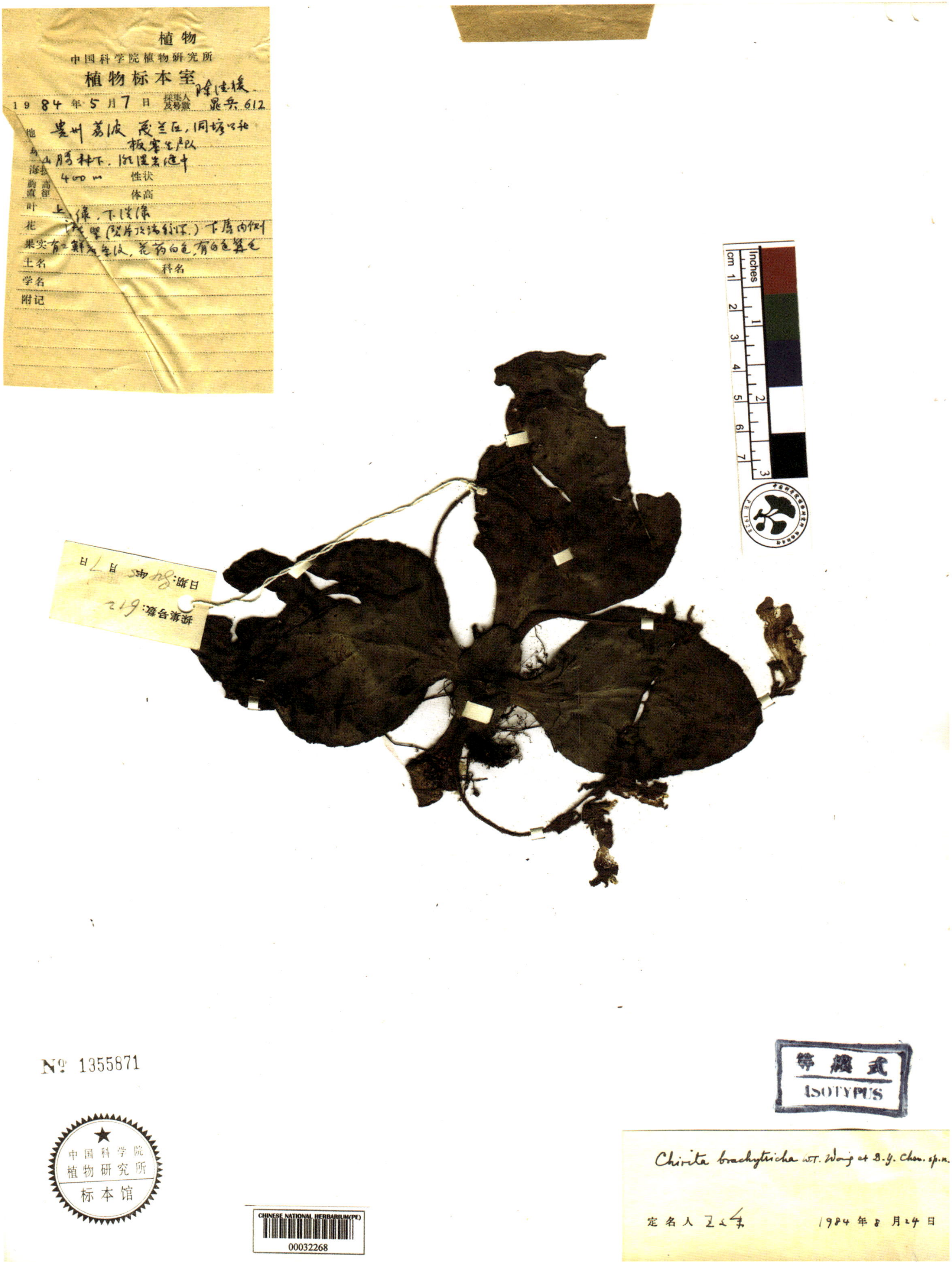

短毛唇柱苣苔 ***Chirita brachytricha*** W. T. Wang & D. Y. Chen in Bull. Bot. Res., Harbin 5(3): 54, pl. 3: 4-6. 1985.
Isotype: China. Guizhou: Libo, alt. 400 m, 1984-05-07, D. Y. Chen & B. Zhao 612.

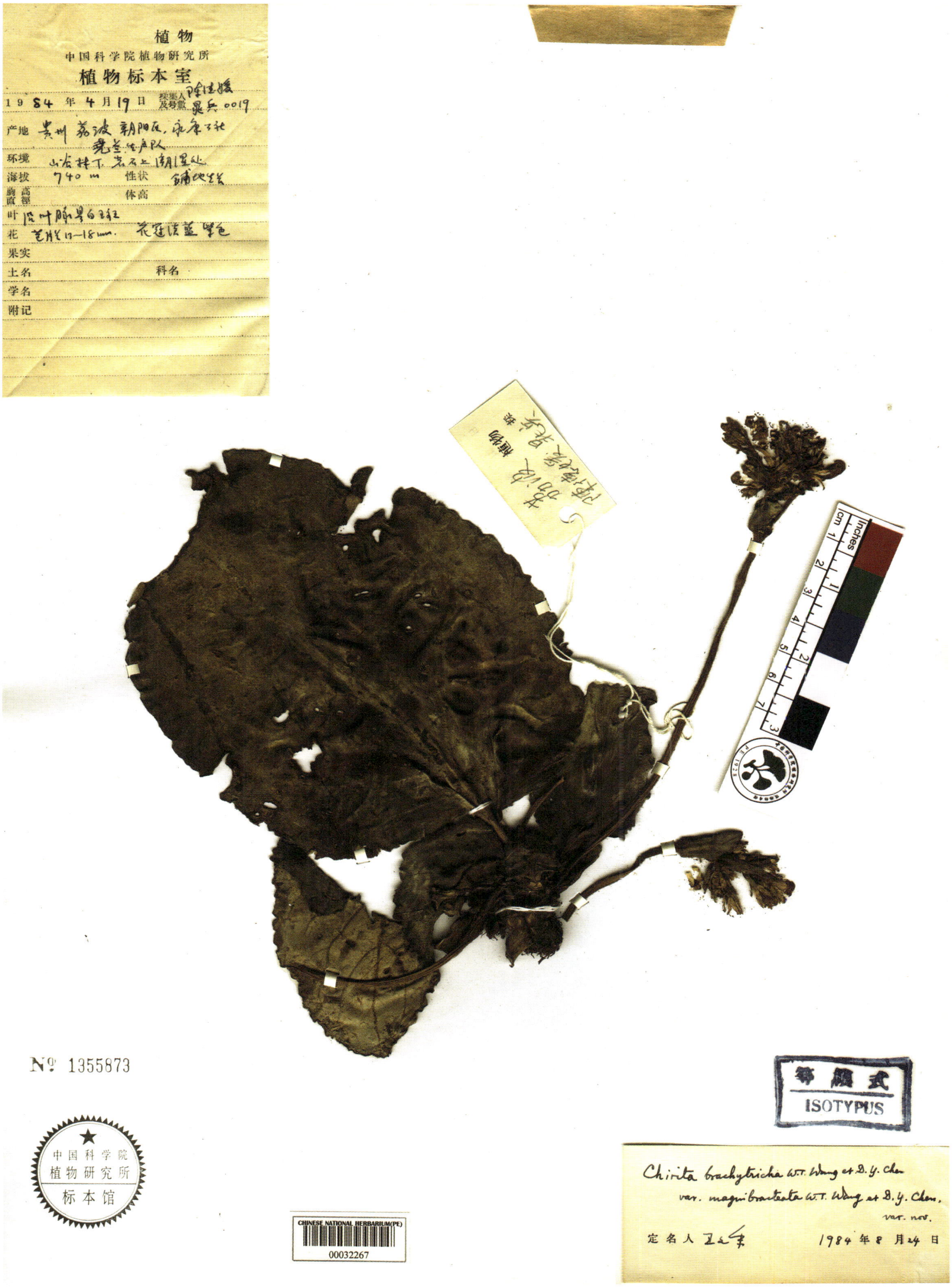

大苞短毛唇柱苣苔 ***Chirita brachytricha*** W. T. Wang & D. Y. Chen var. ***magnibracteata*** W. T. Wang & D. Y. Chen in Bull. Bot. Res., Harbin 5(3): 55. 1985. **Isotype:** China. Guizhou: Libo, alt. 740 m, 1984-04-19, D. Y. Chen & B. Zhao 0019.

褐毛唇柱苣苔 ***Chirita brunnea*** W. T. Wang in Bull. Bot. Res., Harbin 3(4): 48, pl.1: 12-14. 1983. **Isotype:** Vietnam. Tongking, 1965-02-28, Sino-Vietnamese Exped. 2679.

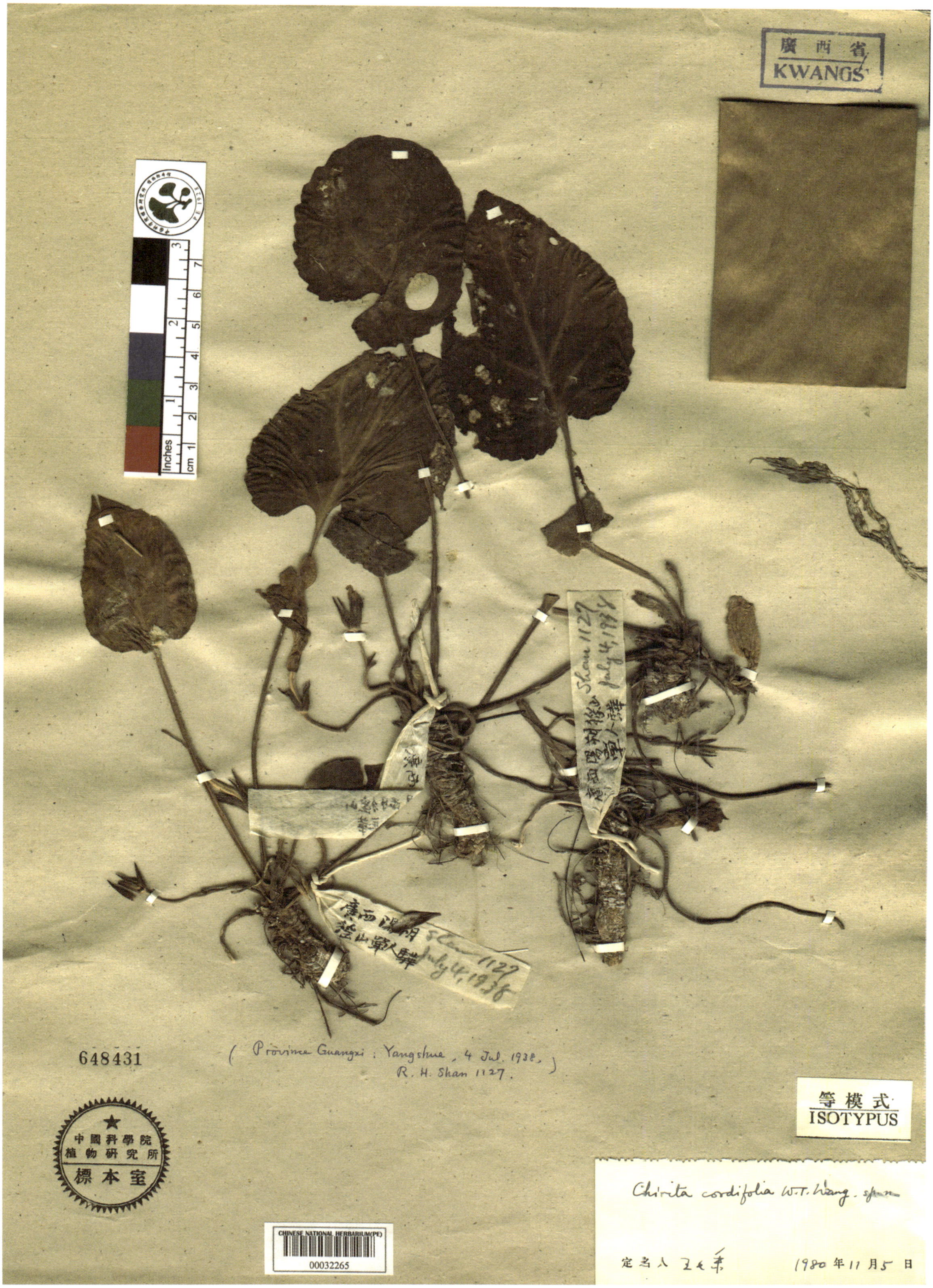

心叶唇柱苣苔 ***Chirita cordifolia*** W. T. Wang in Bull. Bot. Res., Harbin 1(4): 51, photo. 6. 1981. **Isotype:** China. Guangxi: Yangshuo, alt. 200 m, 1938-07-04, R. H. Shan 1127.

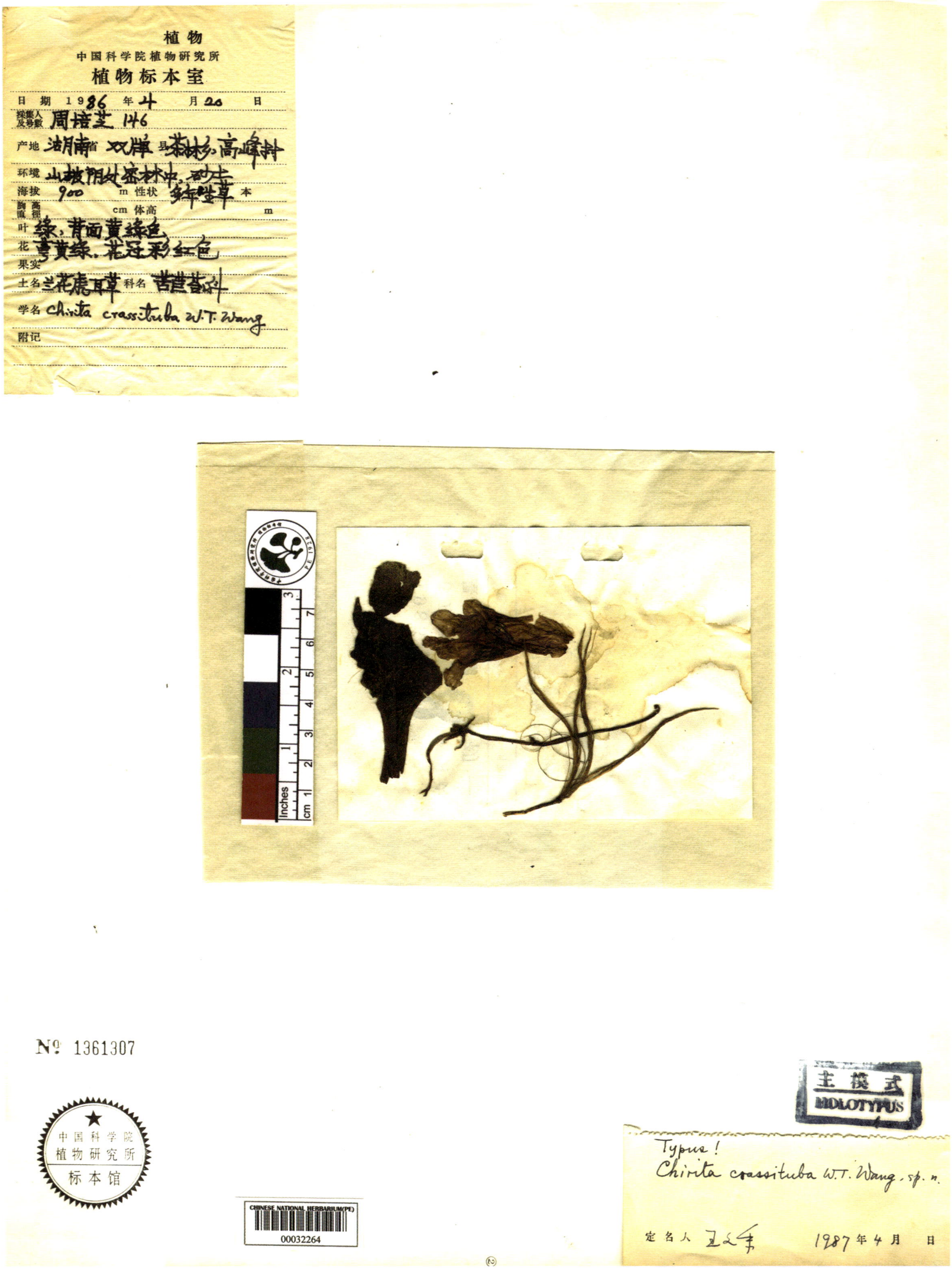

粗筒唇柱苣苔 ***Chirita crassituba*** W. T. Wang in Bull. Bot. Res., Harbin 9(4): 24, f. 1. 1989. **Holotype:** China. Hunan: Shuangpai, alt. 900 m, 1986-04-20, P. Z. Zhou 146.

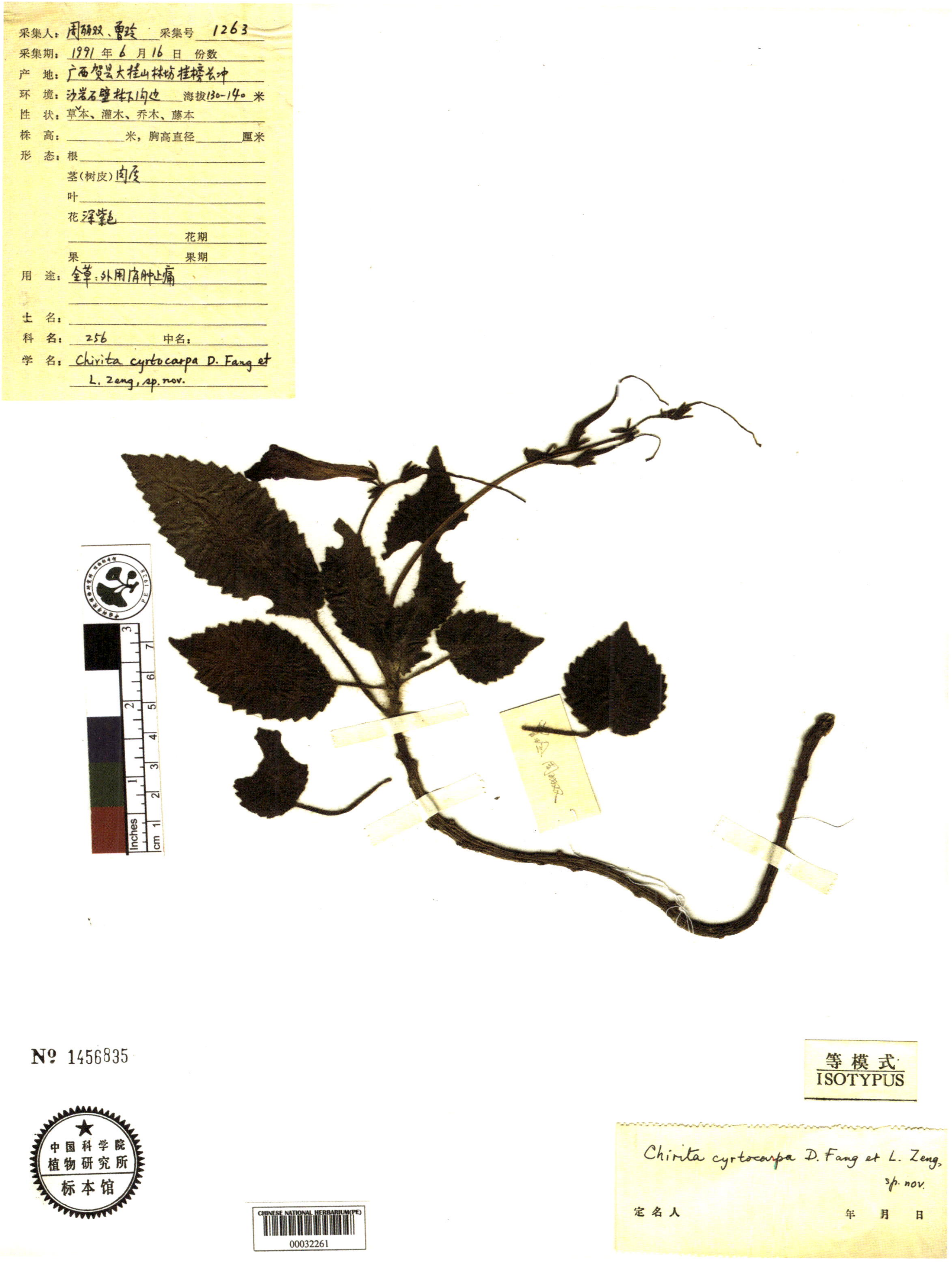

弯果唇柱苣苔 *Chirita cyrtocarpa* D. Fang & L. Zeng in Acta Phytotax. Sin. 31(5): 468, f. 2: 4-7. 1993. **Isotype:** China. Guangxi: Hezhou, alt. 130~140 m, 1991-06-16, L. S. Zhou & L. Zeng 1263.

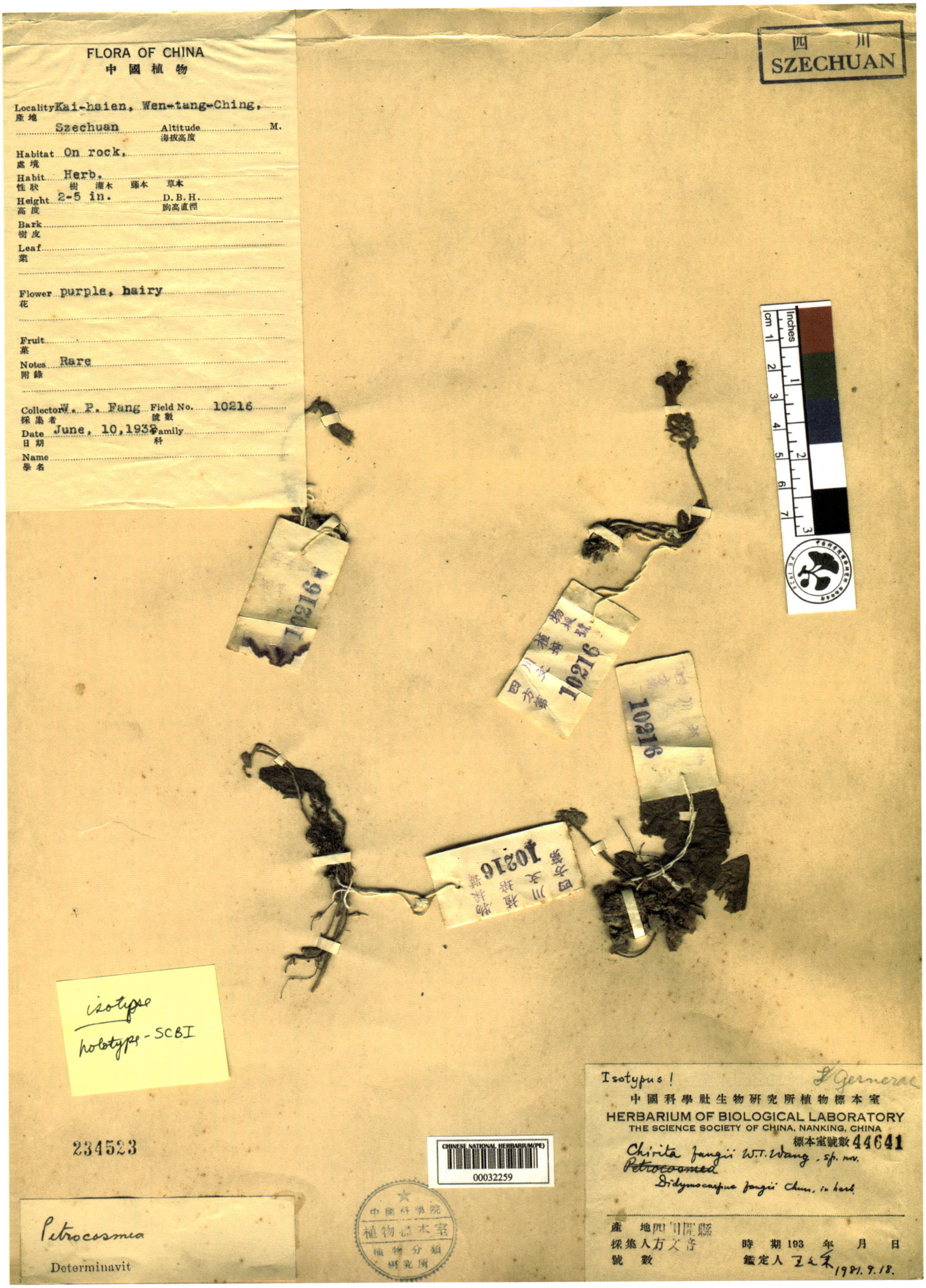

方氏唇柱苣苔 ***Chirita fangii*** W. T. Wang in Bull. Bot. Res., Harbin 2(4): 51. 1982. **Isotype:** China. Sichuan: Kai Xian, 1932-06-10, W. P. Fang 10216.

簇花唇柱苣苔 ***Chirita fasciculiflora*** W. T. Wang in Bull. Bot. Res., Harbin 2(2): 139. 1982. **Holotype:** China. Yunnan: Nan-Chiao (= Menghai), alt. 1 450 m, 1936-06-??, C. W. Wang 75397.

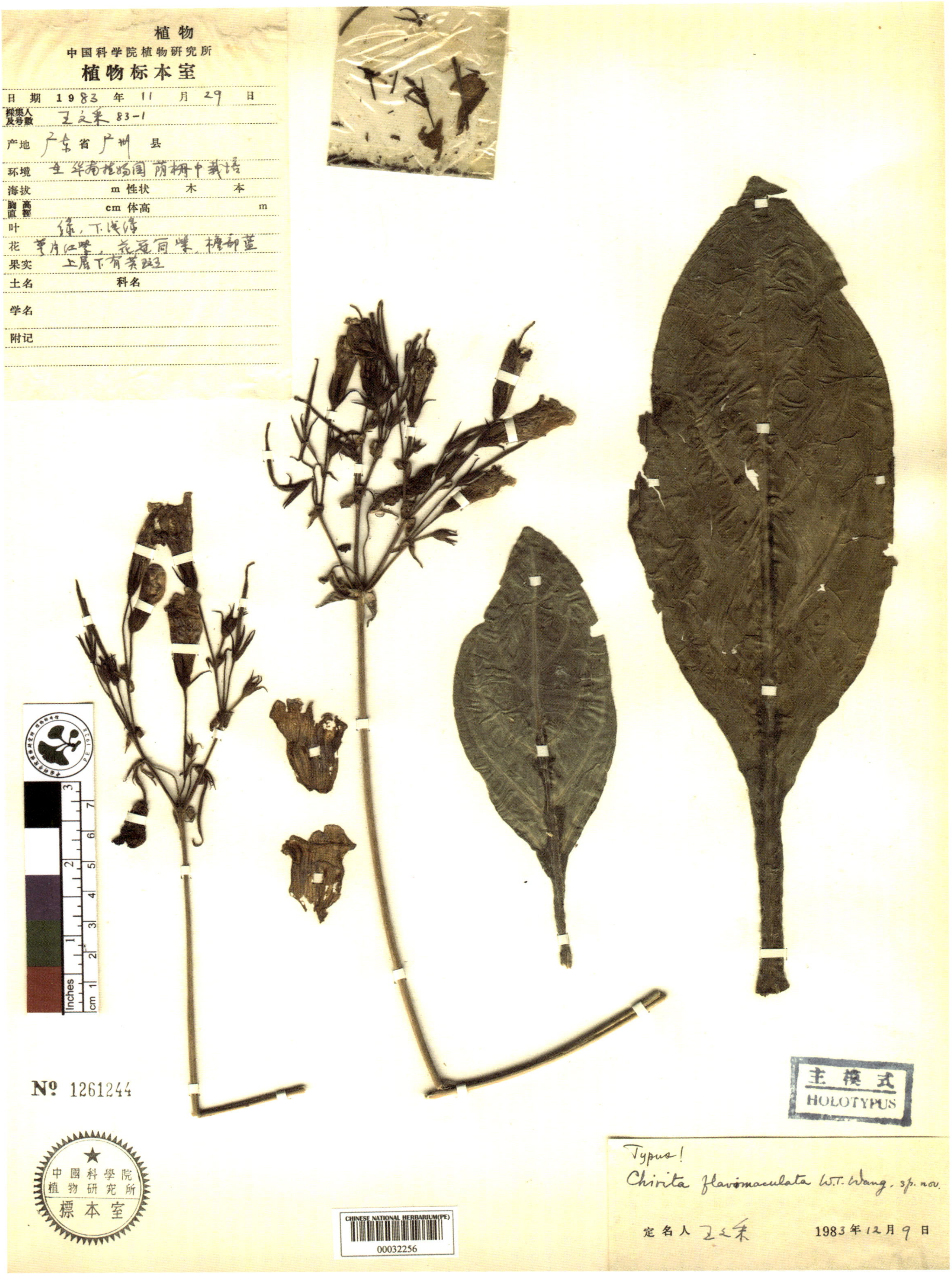

黄斑唇柱苣苔 ***Chirita flavimaculata*** W. T. Wang in Bull. Bot. Res., Harbin 5(3): 40, pl. 1: 1-5. 1985. **Holotype:** China. Guangdong: Guangzhou, cultivated, 1983-11-29, W. T. Wang 83-1.

少毛唇柱苣苔 ***Chirita glabrescens*** W. T. Wang & D. Y. Chen in Bull. Bot. Res., Harbin 5(3): 57. 1985. **Isotype:** China. Guizhou: Libo, alt. 850 m, 1984-05-04, D. Y. Chen & B. Zhao 688.

大齿唇柱苣苔 ***Chirita grandidentata*** W. T. Wang in Acta Phytotax. Sin. 13(3): 104, pl. 16, f. 11. 1975. **Holotype:** China. Yunnan: Nan-Chiao (= Menghai), alt. 1 250 m, 1936-06-??, C. W. Wang 75354.

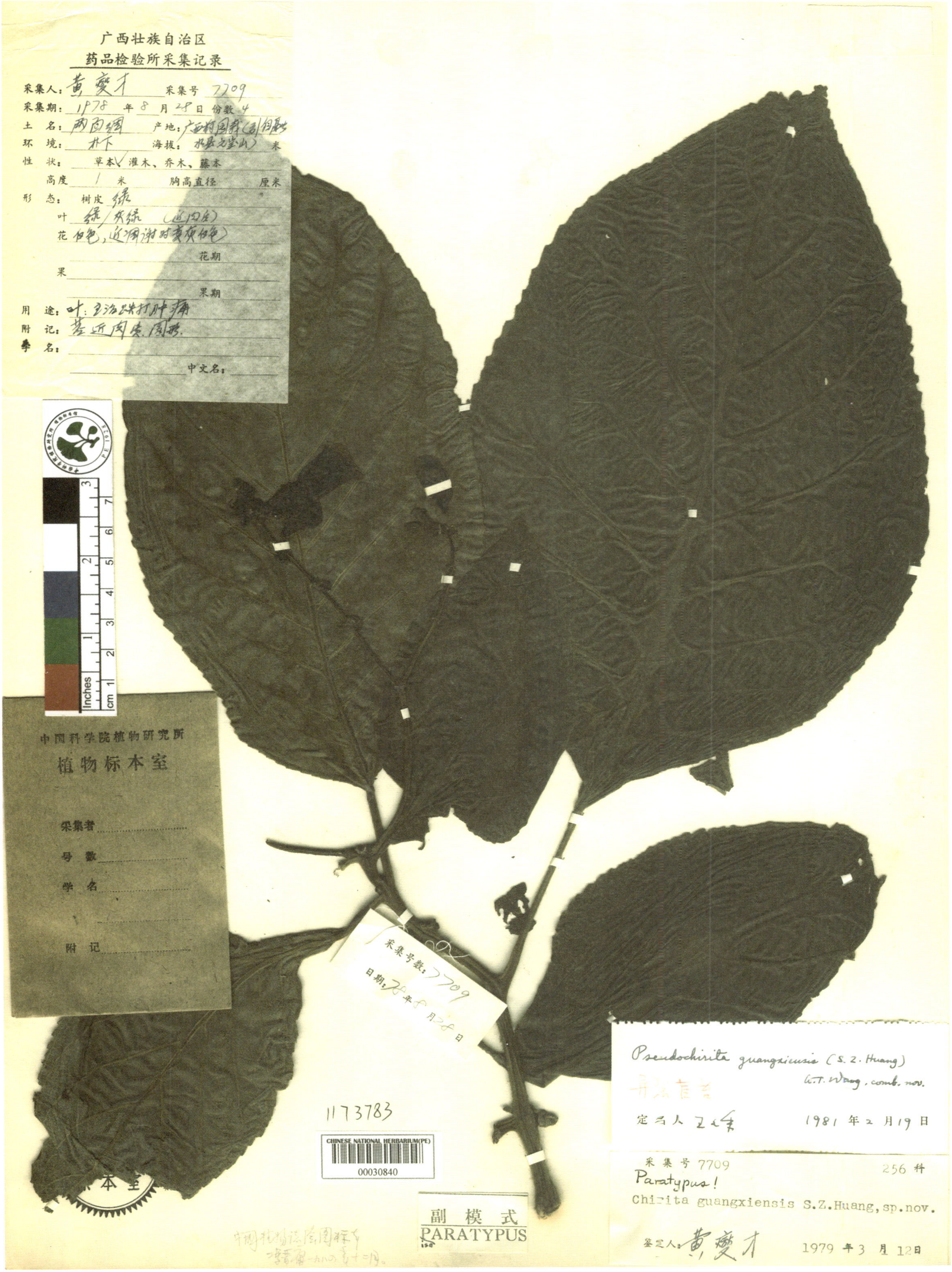

广西唇柱苣苔 ***Chirita guangxiensis*** S. Z. Huang in Acta Bot. Yunnan. 2(1): 102, pl. 1. 1980. **Paratype:** China. Guangxi: Nanning, 1978-08-28, S. Z. Huang 7709.

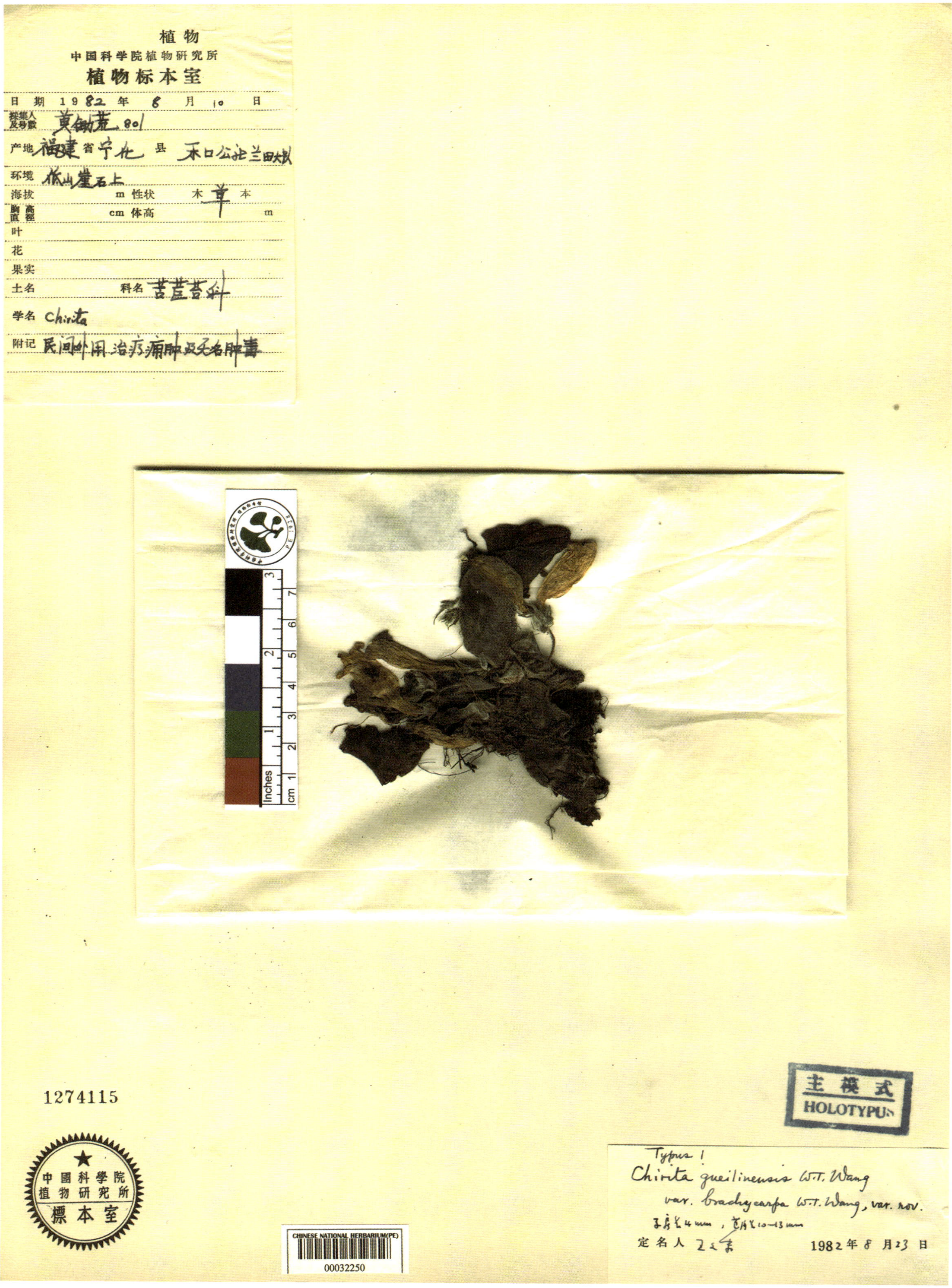

宁化唇柱苣苔 ***Chirita gueilinensis*** W. T. Wang var. ***brachycarpa*** W. T. Wang in Bull. Bot. Res., Harbin 4(1): 15. 1984.
Holotype: China. Fujian: Ninghua, 1982-08-10, C. H. Huang 801.

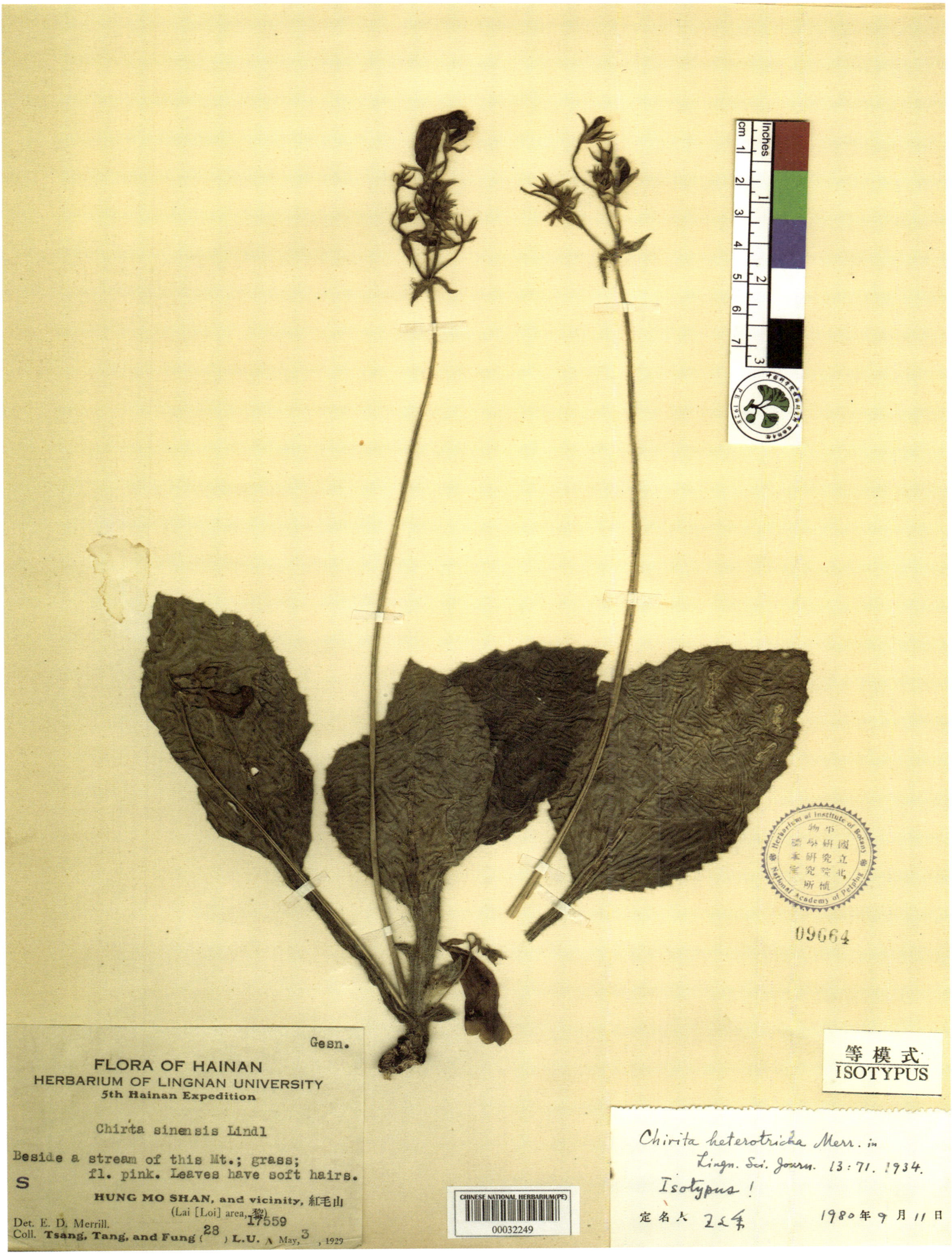

烟叶唇柱苣苔 ***Chirita heterotricha*** Merr. in Lingnan Sci. Journ. 13: 71. 1934. **Isotype:** China. Hainan: Hongmaoshan, 1929-05-03, W. T. Tsang & Tang & Fung 17559.

合苞唇柱苣苔 ***Chirita infundibuliformis*** W. T. Wang in Acta Phytotax. Sin. 17(1): 111, f. 1: 1. 1979. **Holotype:** China. Xizang: Mêdog, alt. 1 700 m, 1974-08-20, Qinghai-Xizang Exped. 4437.

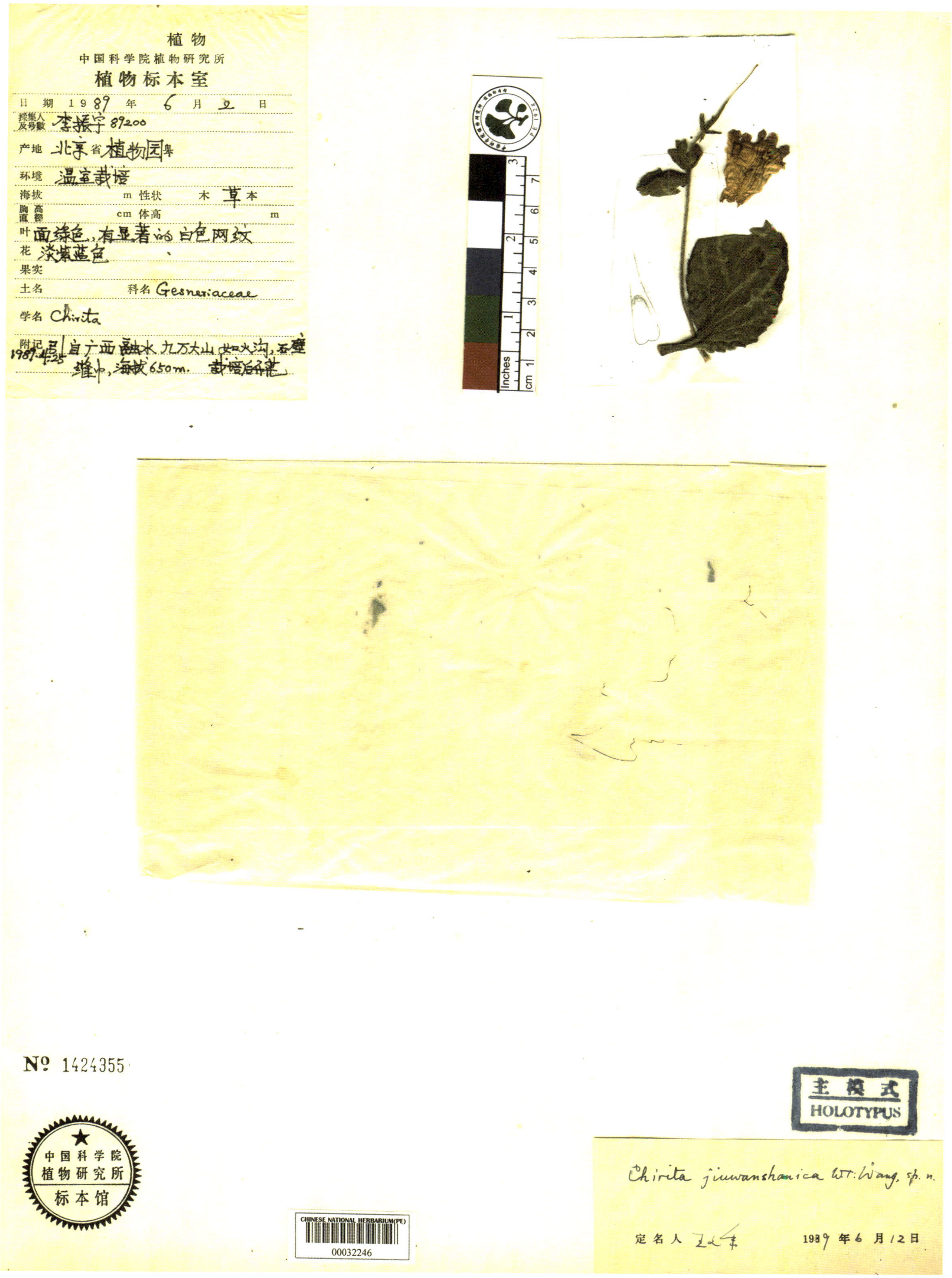

九万山唇柱苣苔 ***Chirita jiuwanshanica*** W. T. Wang in Guihaia 12(4): 294, f. 1: 4-6. 1992. **Holotype:** China. Guangxi: Rongshui, Jiuwanshan, alt. 650 m, 1989-06-02, Z. Y. Li 89200.

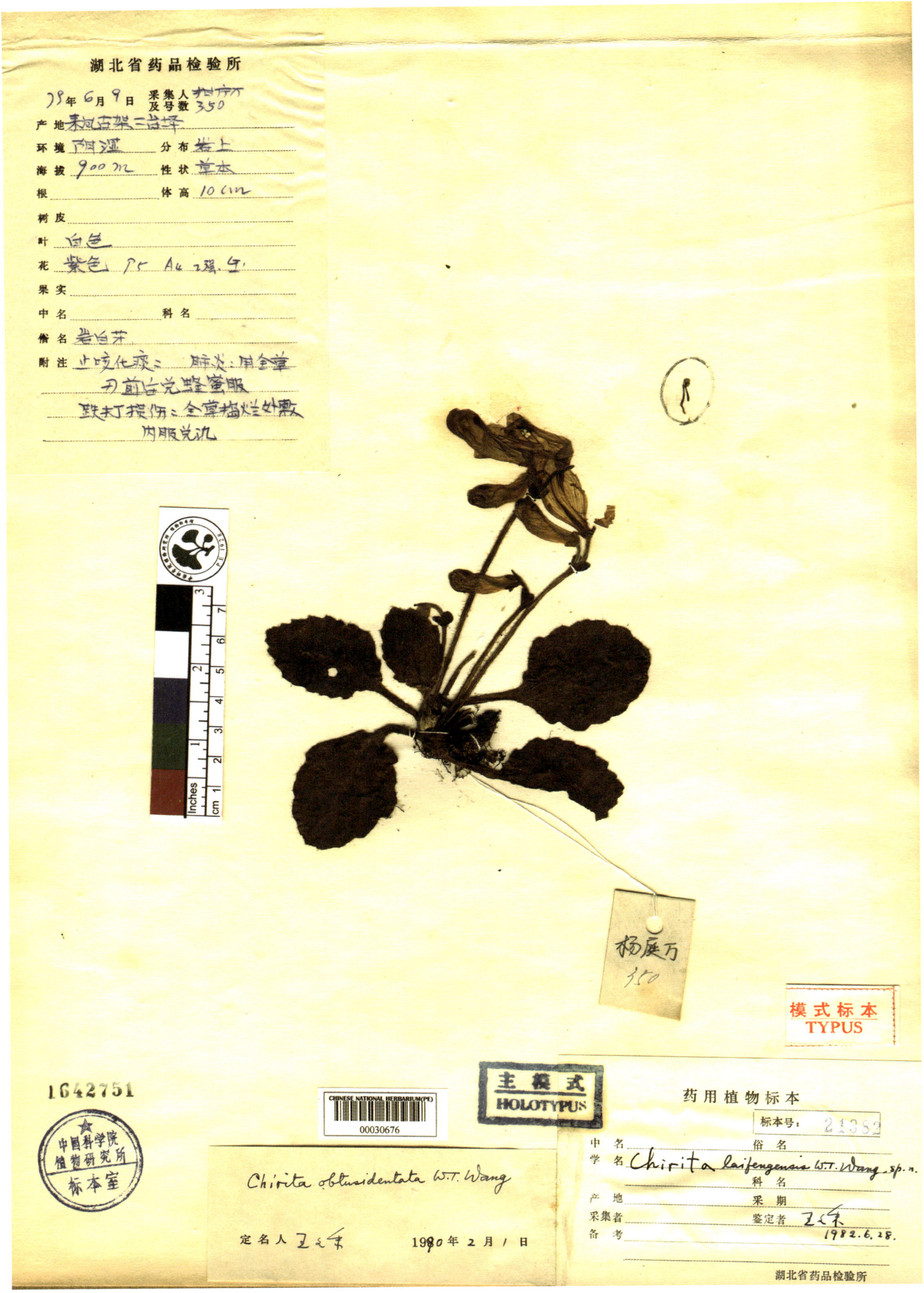

来凤唇柱苣苔 ***Chirita laifengensis*** W. T. Wang in Bull. Bot. Res., Harbin 4(1): 17, f. 2: 6-8. 1984. **Holotype:** China. Hubei: Laifeng, alt. 900 m, 1979-06-09, T. W. Yang 350.

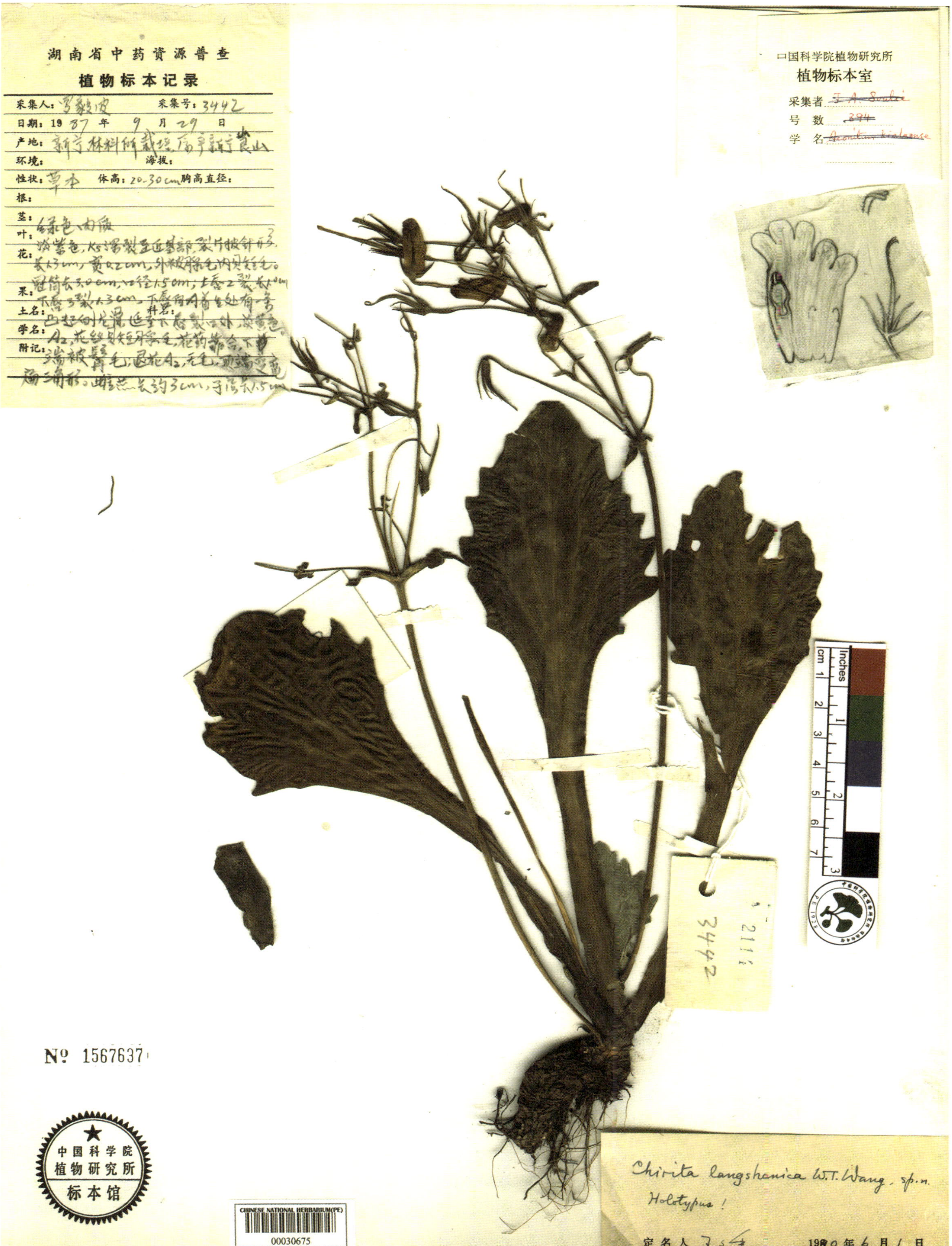

崀山唇柱苣苔 ***Chirita langshanica*** W. T. Wang in Guihaia 12(4): 293, f. 2: 1-3. 1992. **Holotype:** China. Hunan: Xinning, 1987-09-29, Y. B. Luo 3442.

宽脉唇柱苣苔 ***Chirita latinervis*** W. T. Wang in Bull. Bot. Res., Harbin 9(4): 21, f. 1. 1989. **Holotype:** China. Hunan: Xinning, alt. 270 m, 1985-08-16, Y. B. Luo 3149.

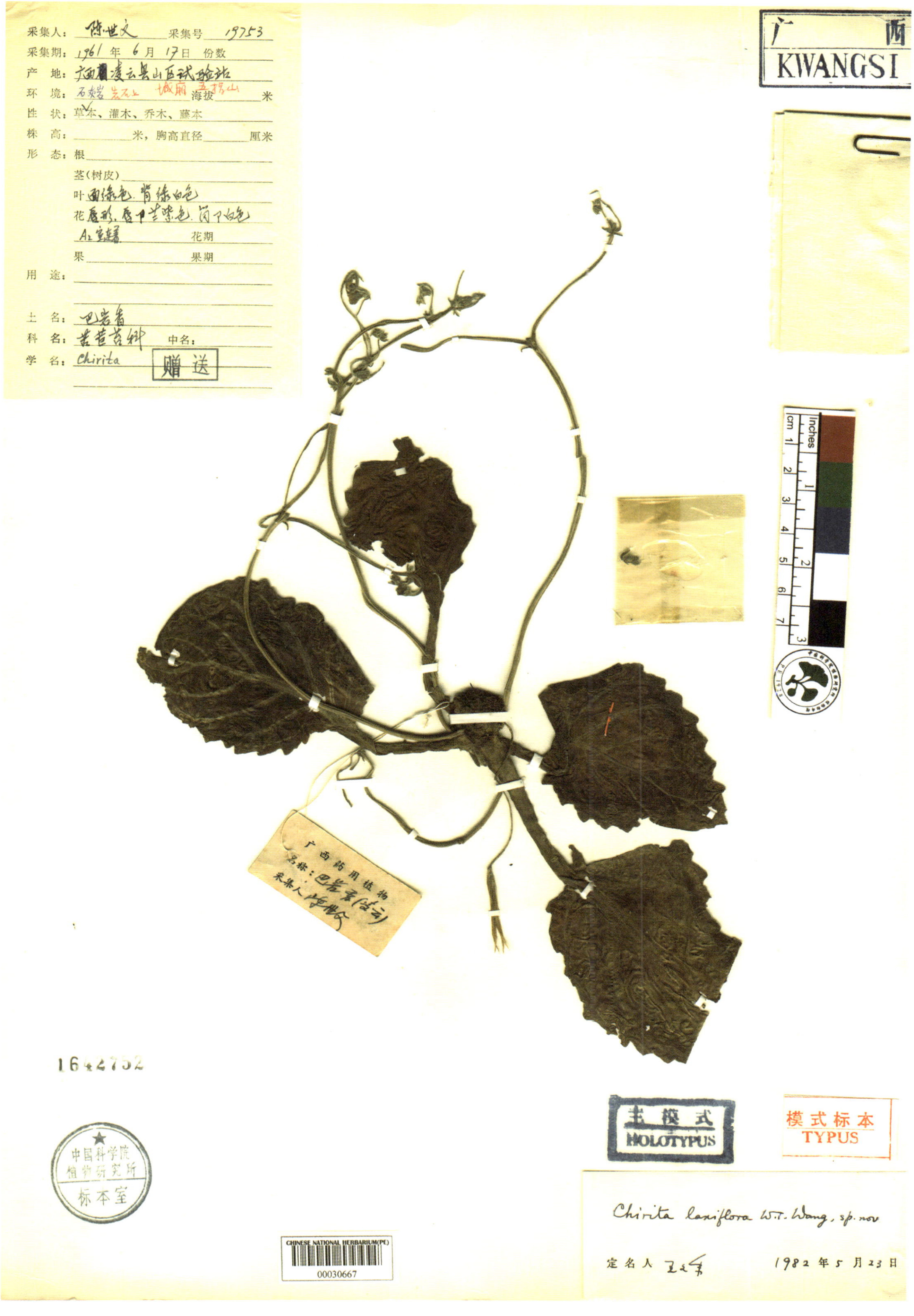

疏花唇柱苣苔 ***Chirita laxiflora*** W. T. Wang in Bull. Bot. Res., Harbin 4(1): 21, pl. 3: 1-2. 1984. **Holotype:** China. Guangxi: Lingyun, 1961-06-17, S. W. Chen 19753.

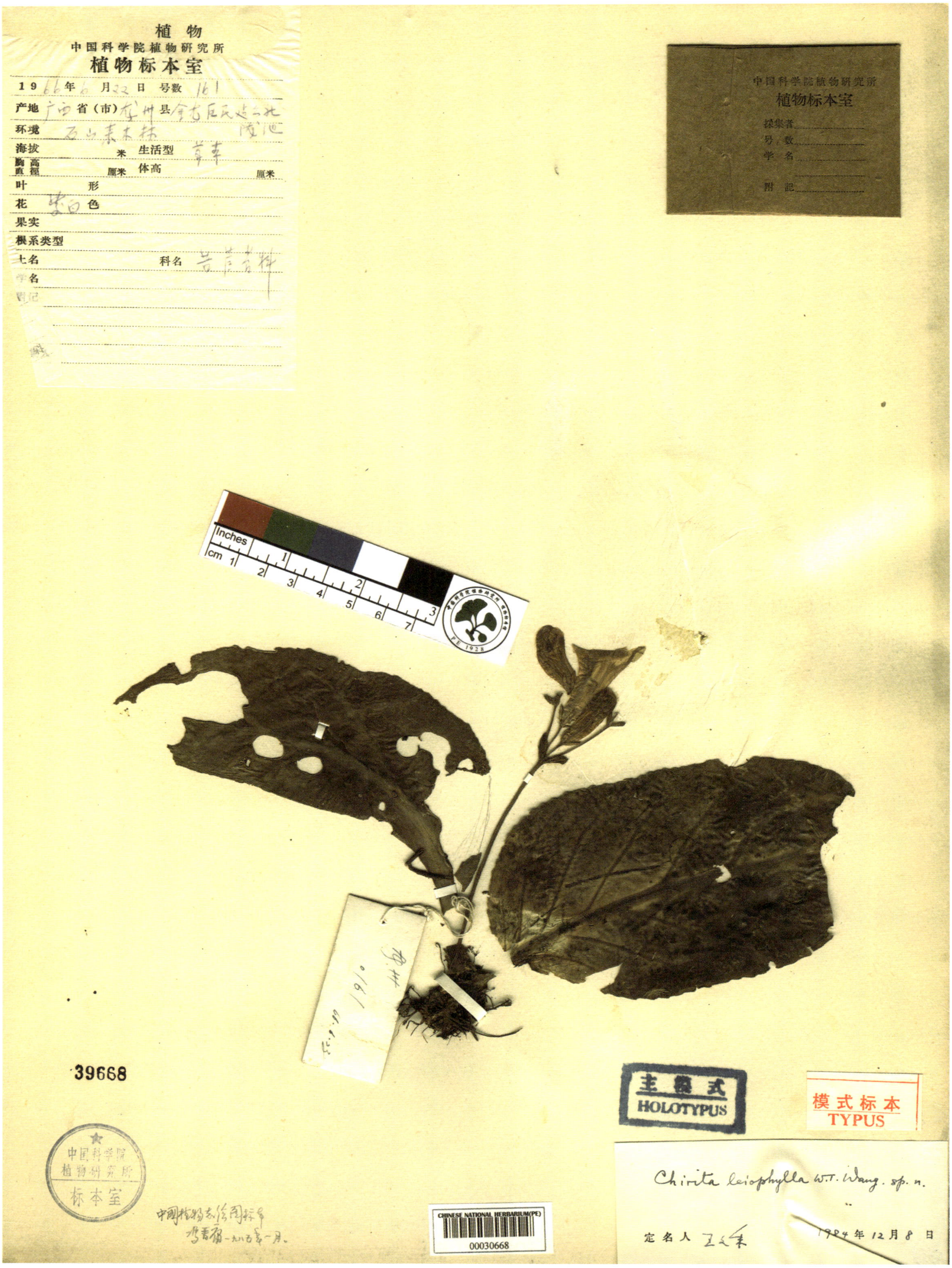

光叶唇柱苣苔 ***Chirita leiophylla*** W. T. Wang in Guihaia 6(3): 159, f. 1: 4-7. 1986. **Holotype:** China. Guangxi: Longzhou, 1966-06-22, Anonymous 161.

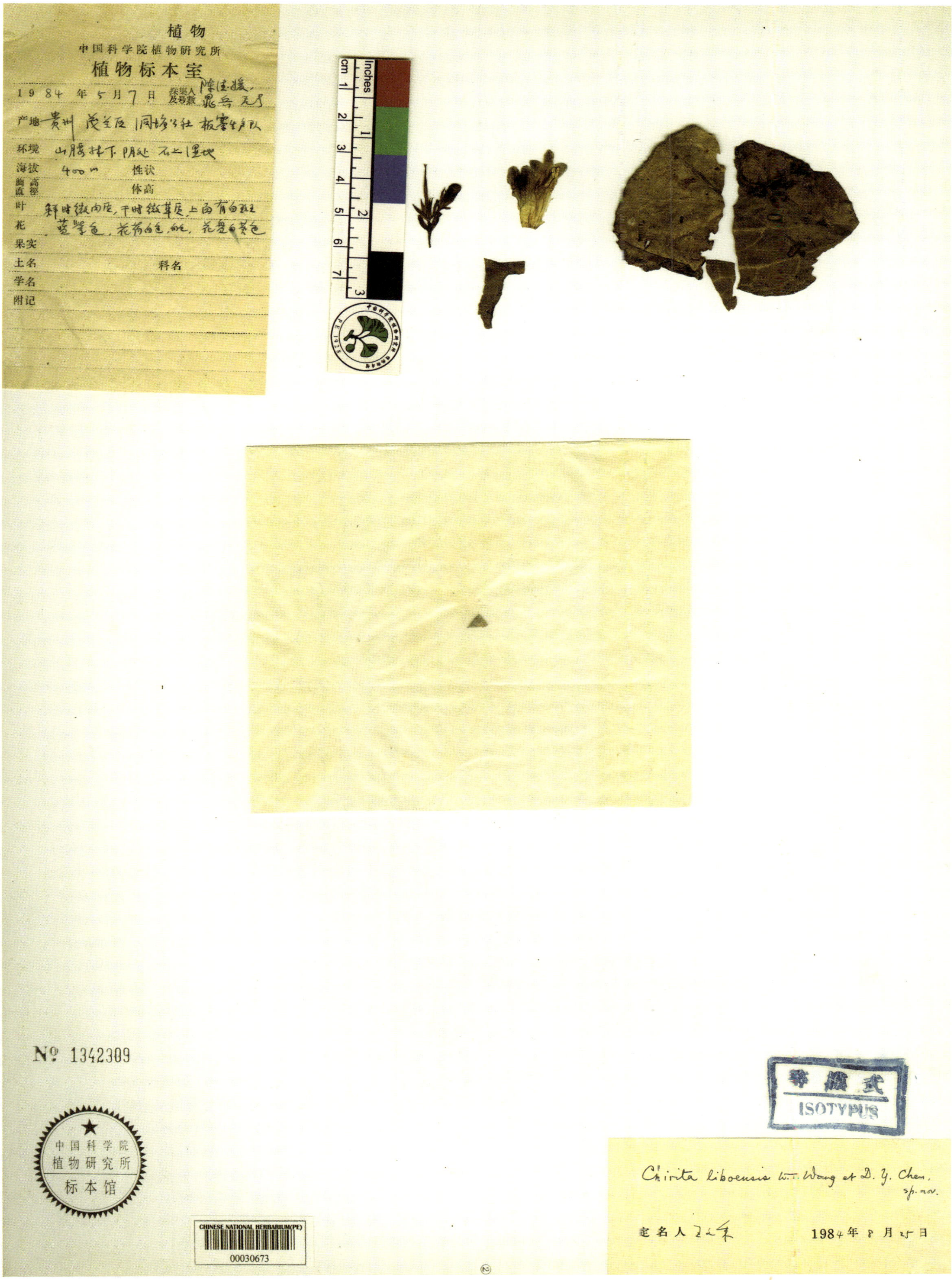

荔波唇柱苣苔 ***Chirita liboensis*** W. T. Wang & D. Y. Chen in Bull. Bot. Res., Harbin 5(3): 56, f. 3: 1-3. 1985. **Isotype:** China. Guizhou: Libo, alt. 400 m, 1984-05-07, D. Y. Chen & B. Zhao s. n.

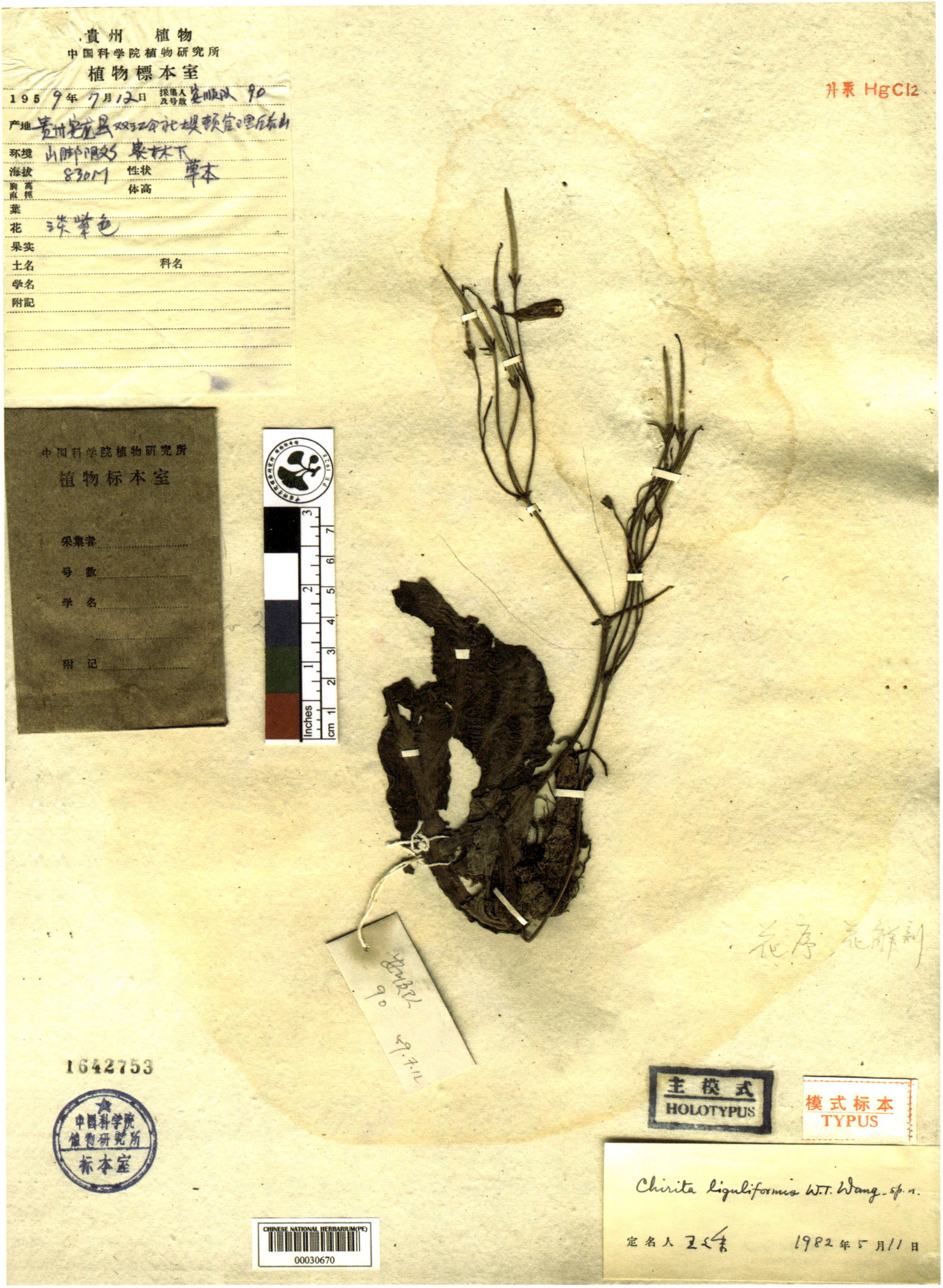

舌柱唇柱苣苔 ***Chirita liguliformis*** W. T. Wang in Bull. Bot. Res., Harbin 4(1): 20, f. 3: 3-4. 1984. **Holotype:** China. Guizhou: Anlong, alt. 830 m, 1959-07-12, Anshun Exped. 90.

零陵唇柱苣苔 ***Chirita linglingensis*** W. T. Wang in Bull. Bot. Res., Harbin 1(4): 42, photo. 1. 1981. **Isotype:** China. Hunan: Lingling, Yangmingshan, alt. 300 m, 1942-04-06, S. H. Chun 419.

弄岗唇柱苣苔 ***Chirita longgangensis*** W. T. Wang in Guihaia 2(4): 171. 1982. **Isotype:** China. Guangxi: Longzhou, alt. 320 m, 1979-10-09, J. Y. Lian 11004.

红药 ***Chirita longgangensis*** W. T. Wang var. ***hongyao*** S. Z. Huang in Guihaia 2(4): 173. 1982. **Isotype:** China. Guangxi: Tiandeng, 1981-12-01, W. Y. Xie & D. A. Lu 81-019.

长梗唇柱苣苔 ***Chirita longipedunculata*** W. T. Wang in Acta Phytotax. Sin. 13(3): 104, pl. 16, f. 9. 1975. **Holotype:** China. Yunnan: Pingbian, alt. 1 700 m, 1939-10-15, C. W. Wang 82505.

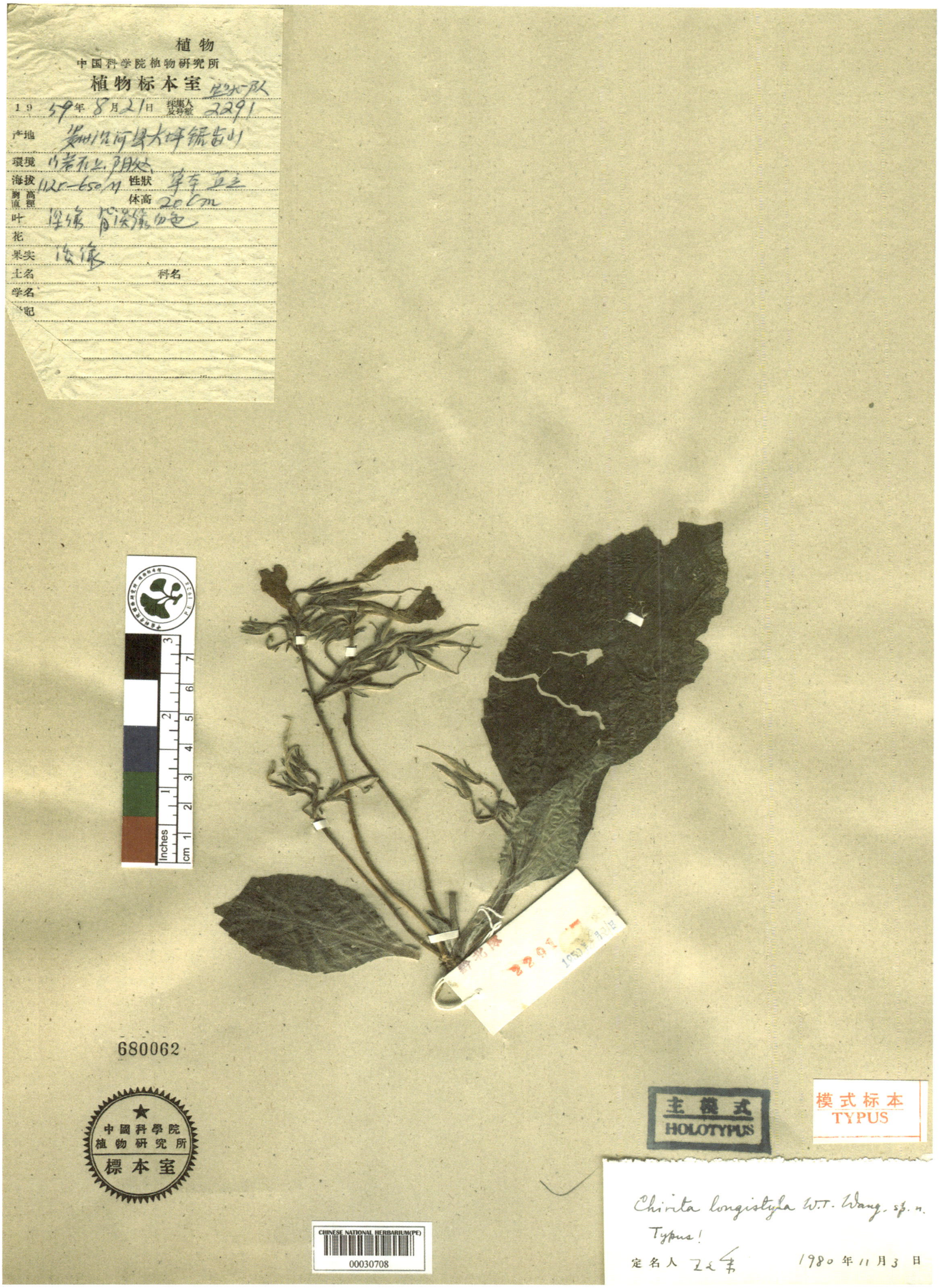

长柱唇柱苣苔 ***Chirita longistyla*** W. T. Wang in Bull. Bot. Res., Harbin 1(4): 48. 1981. **Holotype:** China. Guizhou: Yanhe, alt. 650~1 120 m, 1959-08-21, N Guizhou Exped. 2291.

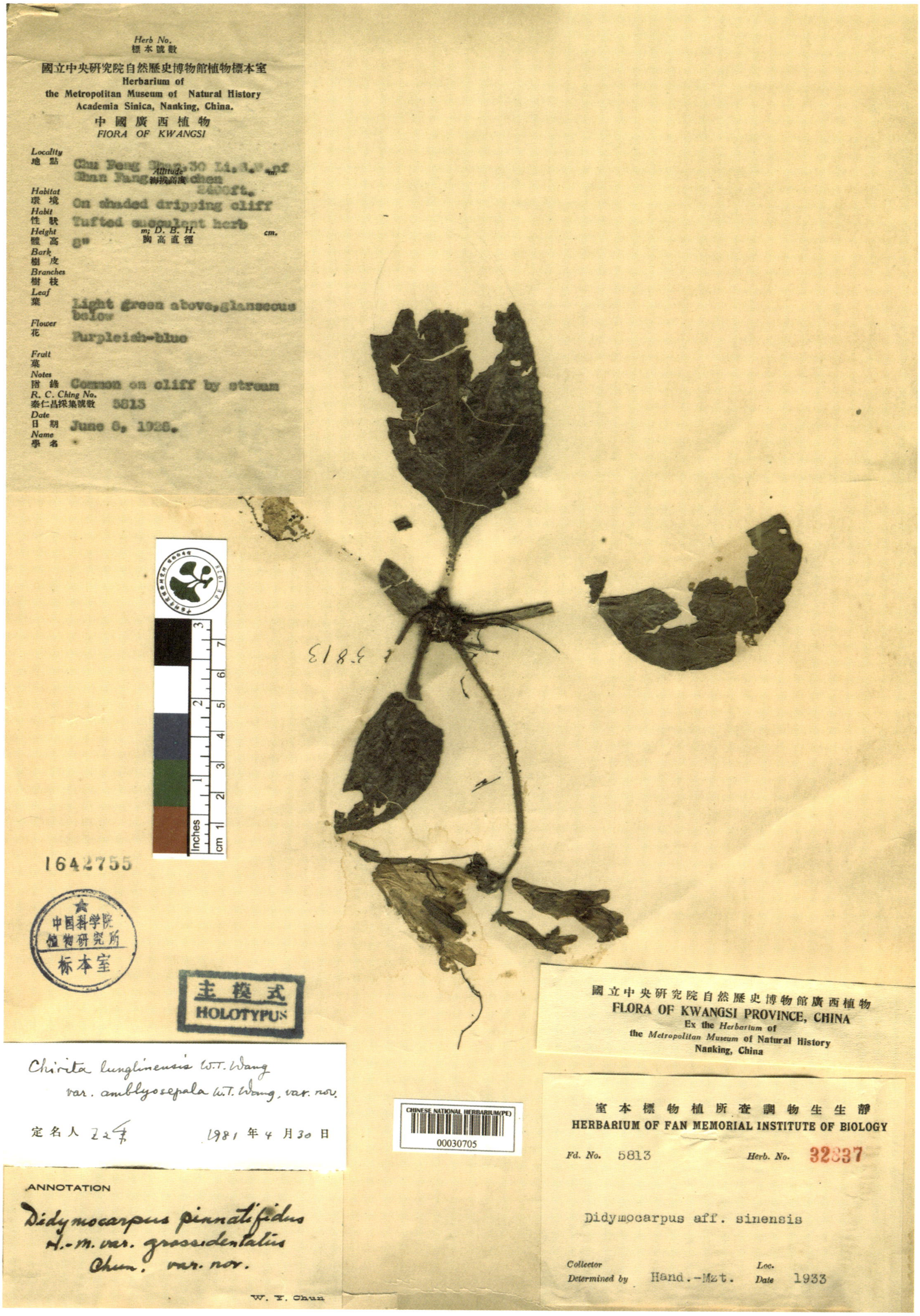

钝萼唇柱苣苔 ***Chirita lunglinensis*** W. T. Wang var. ***amblyosepala*** W. T. Wang in Bull. Bot. Res., Harbin 2(4): 48. 1982. **Holotype:** China. Guangxi: Luocheng, alt. 732 m, 1928-06-08, R. C. Ching 5813.

黄花牛耳朵 ***Chirita lutea*** Yan Liu & Y. G. Wei in Journ. Wuhan Bot. Res. 22(5): 391, f. 1. 2004. **Isotype:** China. Guangxi: Hezhou, alt. 600 m, 2004-07-25, Yan Liu & al. L1043.

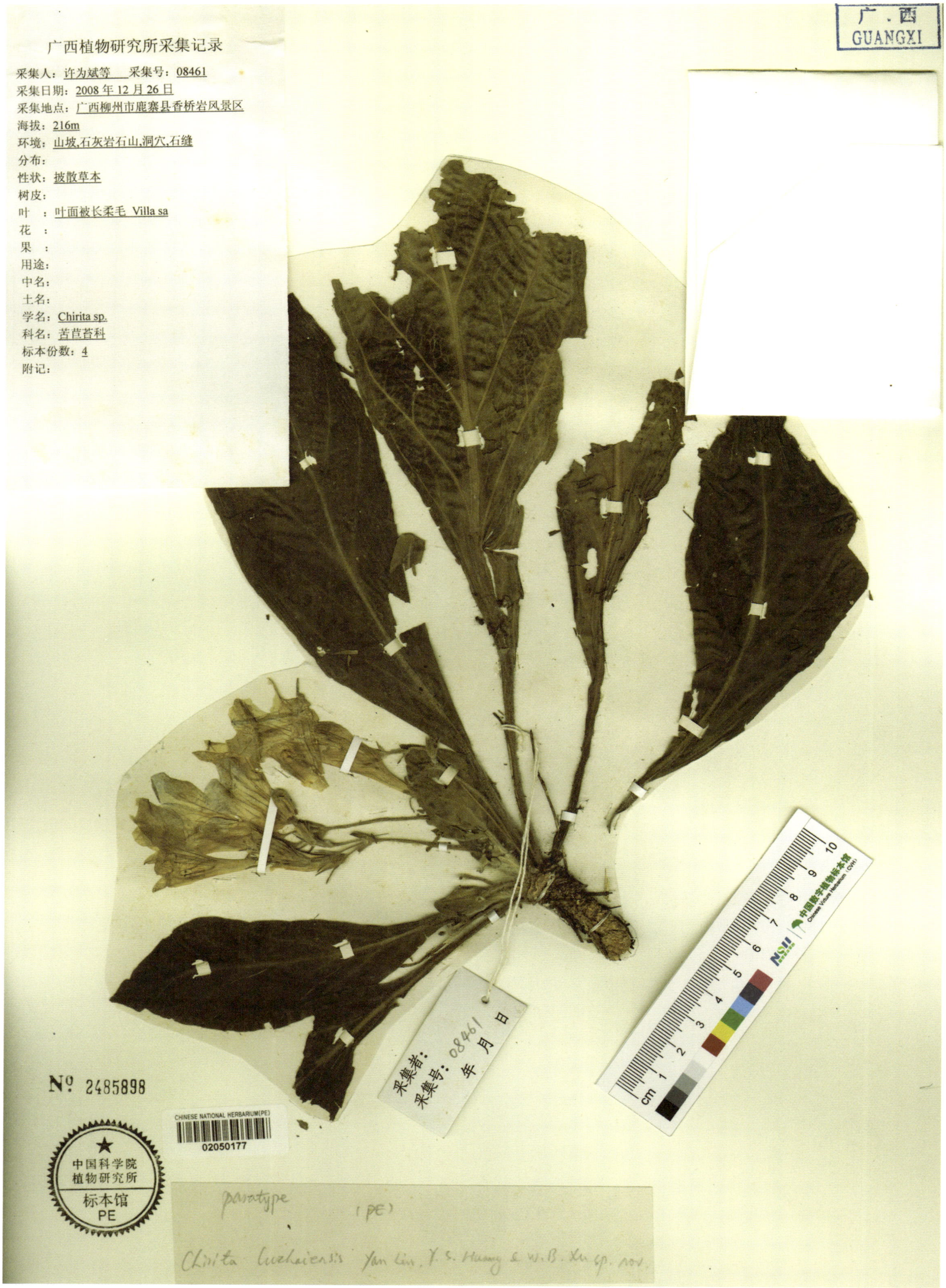

鹿寨唇柱苣苔 ***Chirita luzhaiensis*** Yan Liu, Y. S. Huang & W. B. Xu in J. Trop. & Subtrop. Bot. 18(2): 137, f. 1. 2010.

Paratype: China. Guangxi: Liuzhou, alt. 216 m, 2008-12-26, W. B. Xu & al. 08461.

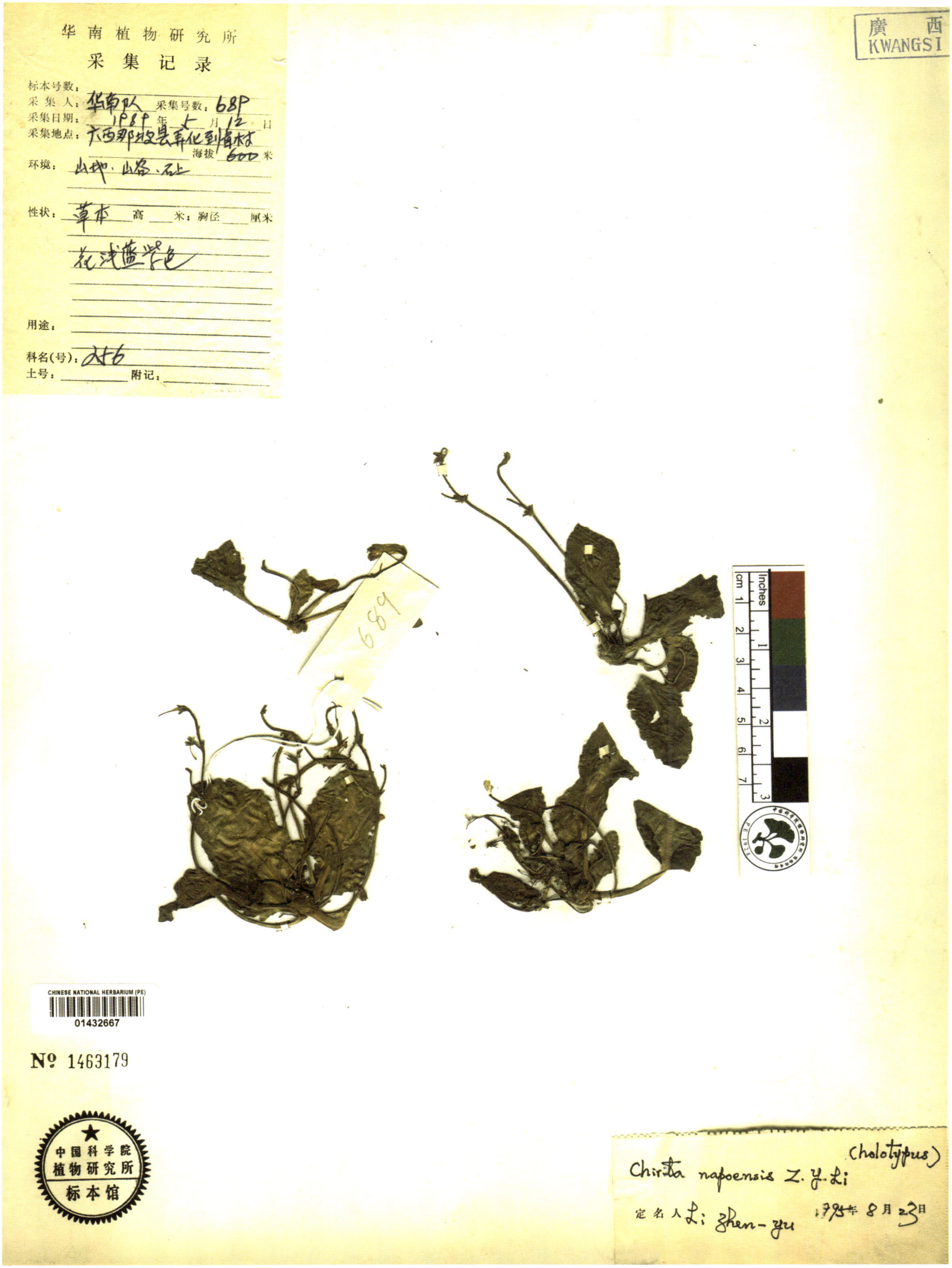

那坡唇柱苣苔 ***Chirita napoensis*** Z. Y. Li in A. L. Weitzman & al., Novon 7(4): 424. 1997. **Holotype:** China. Guangxi: Napo, alt. 600 m, 1989-05-12, S China Exped. 689.

钝齿唇柱苣苔 ***Chirita obtusidentata*** W. T. Wang in Bull. Bot. Res., Harbin 1(4): 57. 1981. **Holotype:** China. Guizhou: Fanjingshan, alt. 1 000 m, 1959-06-06, N Guizhou Exped. 0997.

条叶唇柱苣苔 ***Chirita ophiopogoides*** D. Fang & W. T. Wang ex W. T. Wang in Bull. Bot. Res., Harbin 1(4): 68, photo. 13. 1981. **Isotype:** China. Guangxi: Fusui, alt. 160 m, 1980-04-12, D. Fang & Z. Q. Chen 72069.

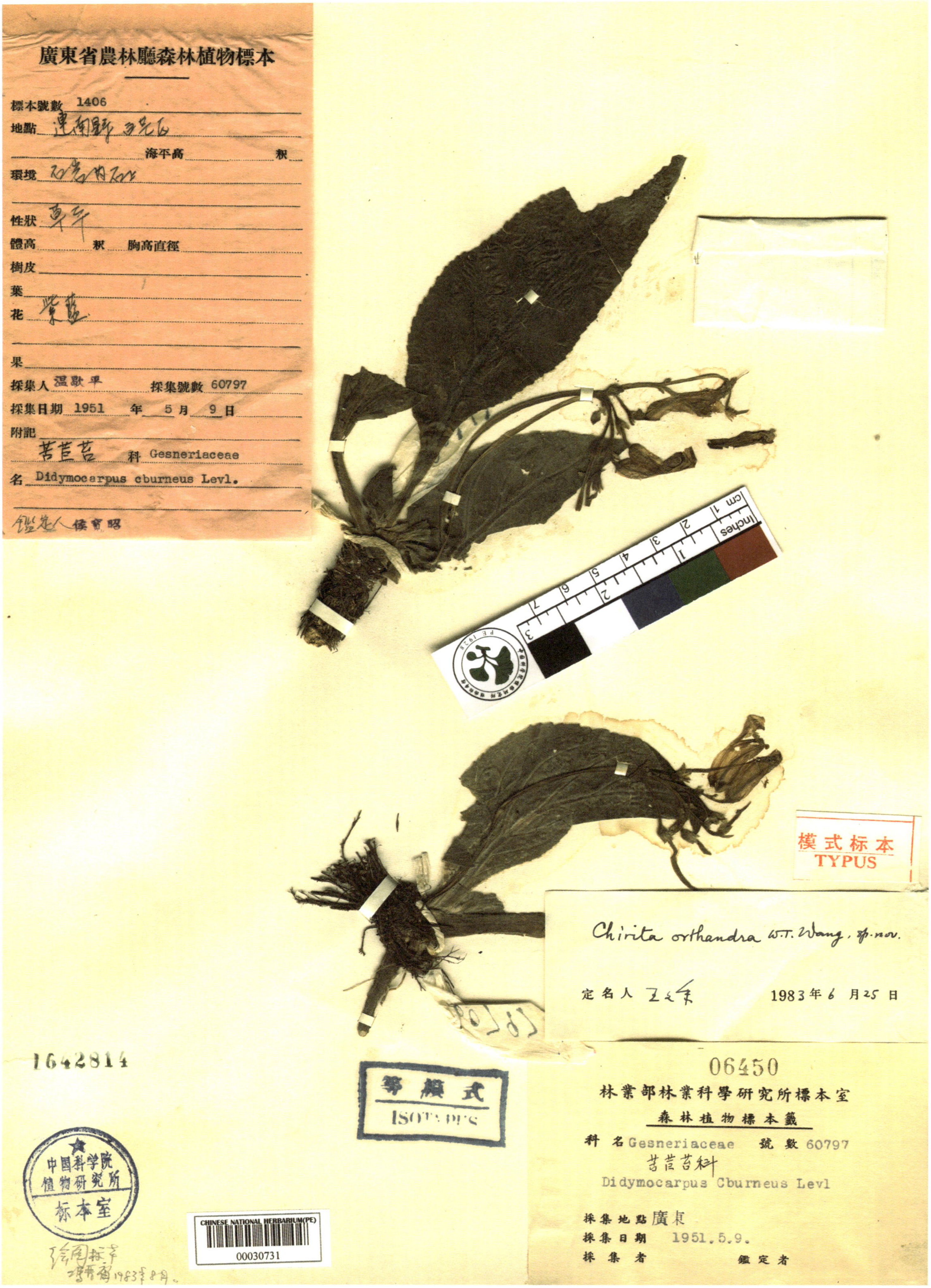

直蕊唇柱苣苔 ***Chirita orthandra*** W. T. Wang in Bull. Bot. Res., Harbin 5(3): 42, pl. 2: 2-3. 1985. **Isotype:** China. Guangdong: Liannan, 1951-05-09, X. P. Wen 60797.

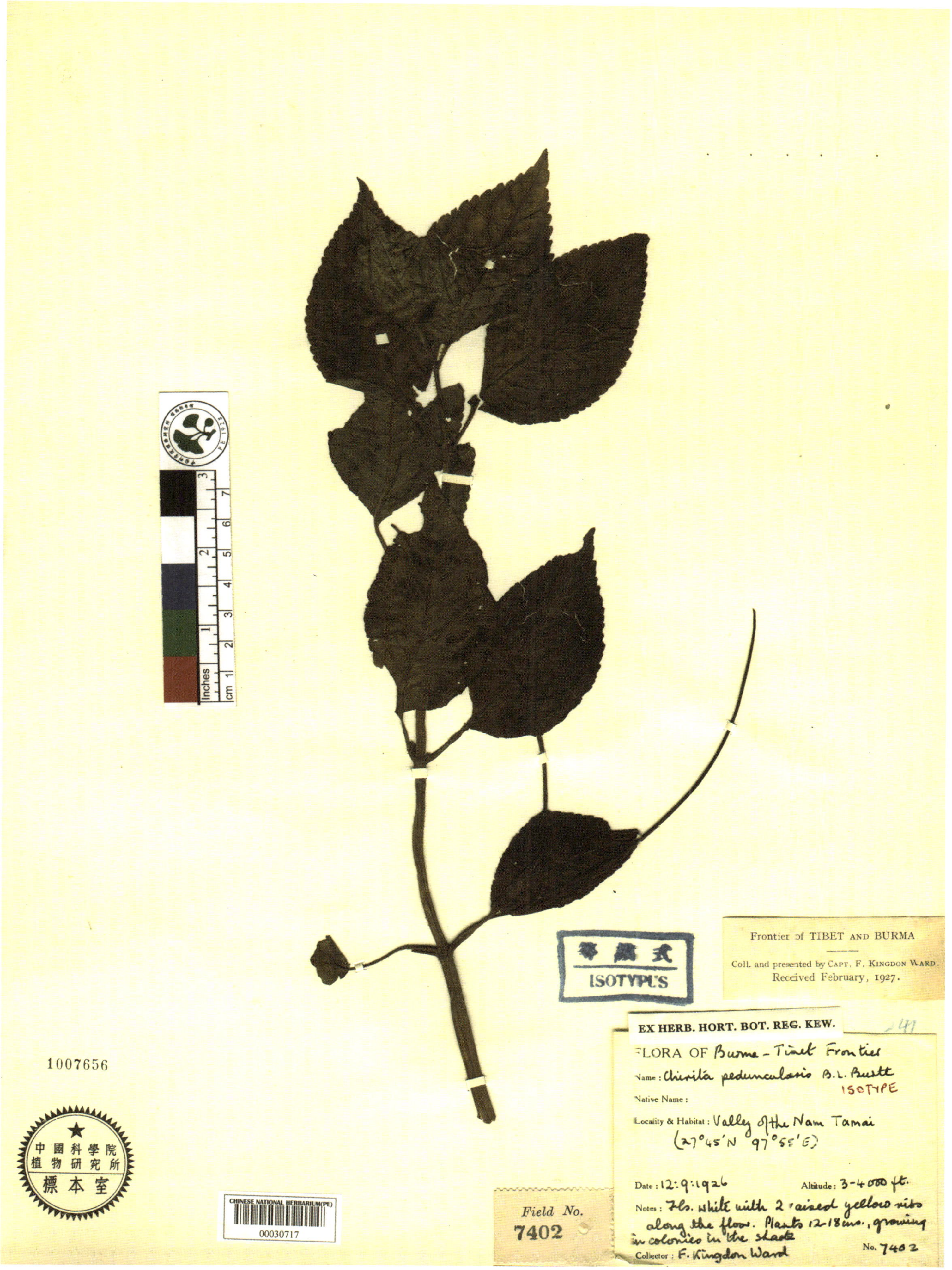

花序梗唇柱苣苔 ***Chirita peduncularis*** B. L. Burtt in Notes Roy. Bot. Gard. Edinburgh 26(3): 265. 1965. **Isotype:** Myanmar. Valley of the Nam Tamai, alt. 315~1 220 m, 1926-09-12, F. Kingdon Ward 7402.

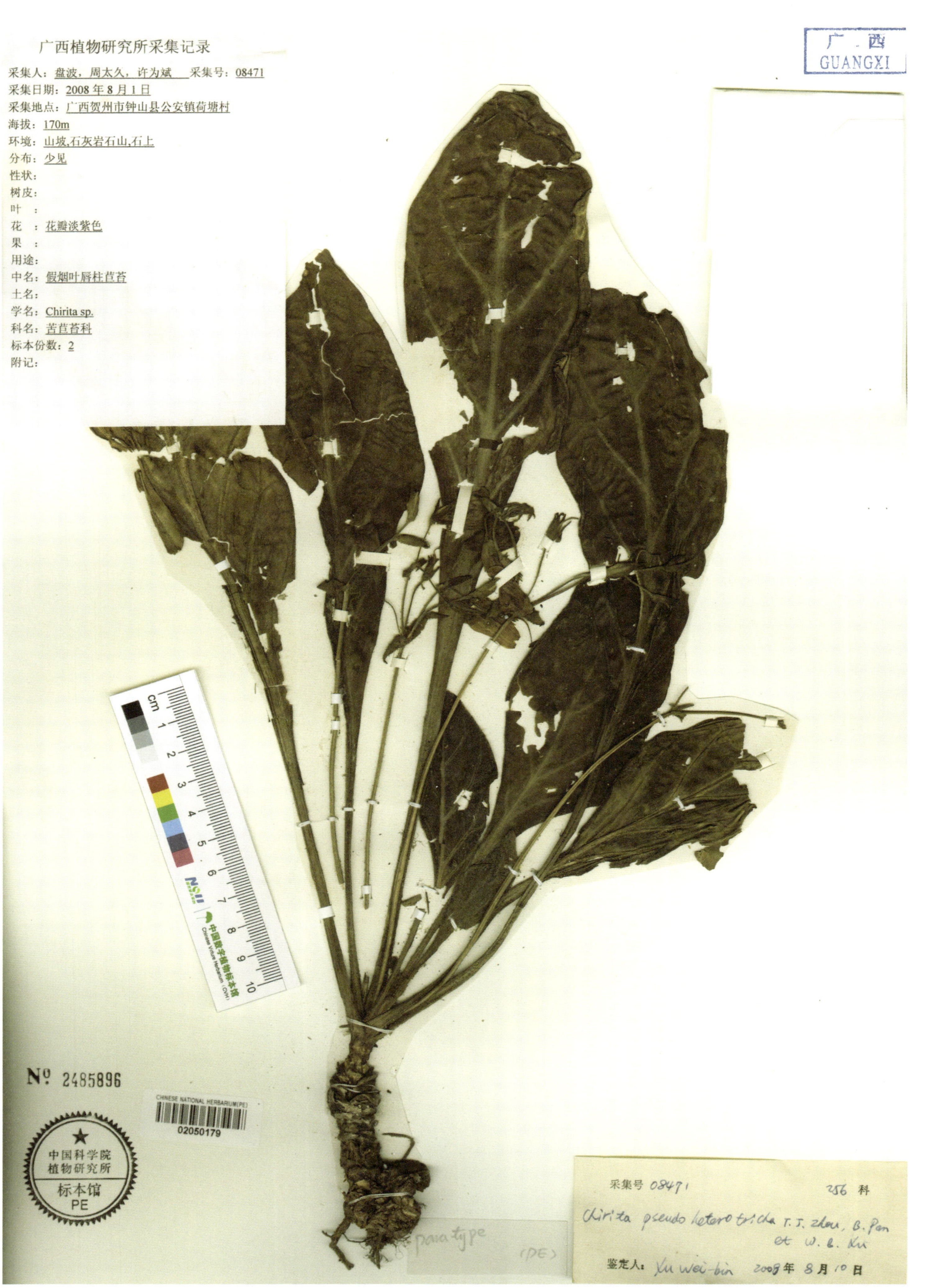

假烟叶唇柱苣苔 ***Chirita pseudoheterotricha*** T. J. Zhou, B. Pan & W. B. Xu in J. Trop. & Subtrop. Bot. 17(6): 596, f. 1. 2009. **Paratype:** China. Guangxi: Zhongshan alt. 170 m, 2008-08-01, B. Pan, T. J. Zhou & W. B. Xu 08471.

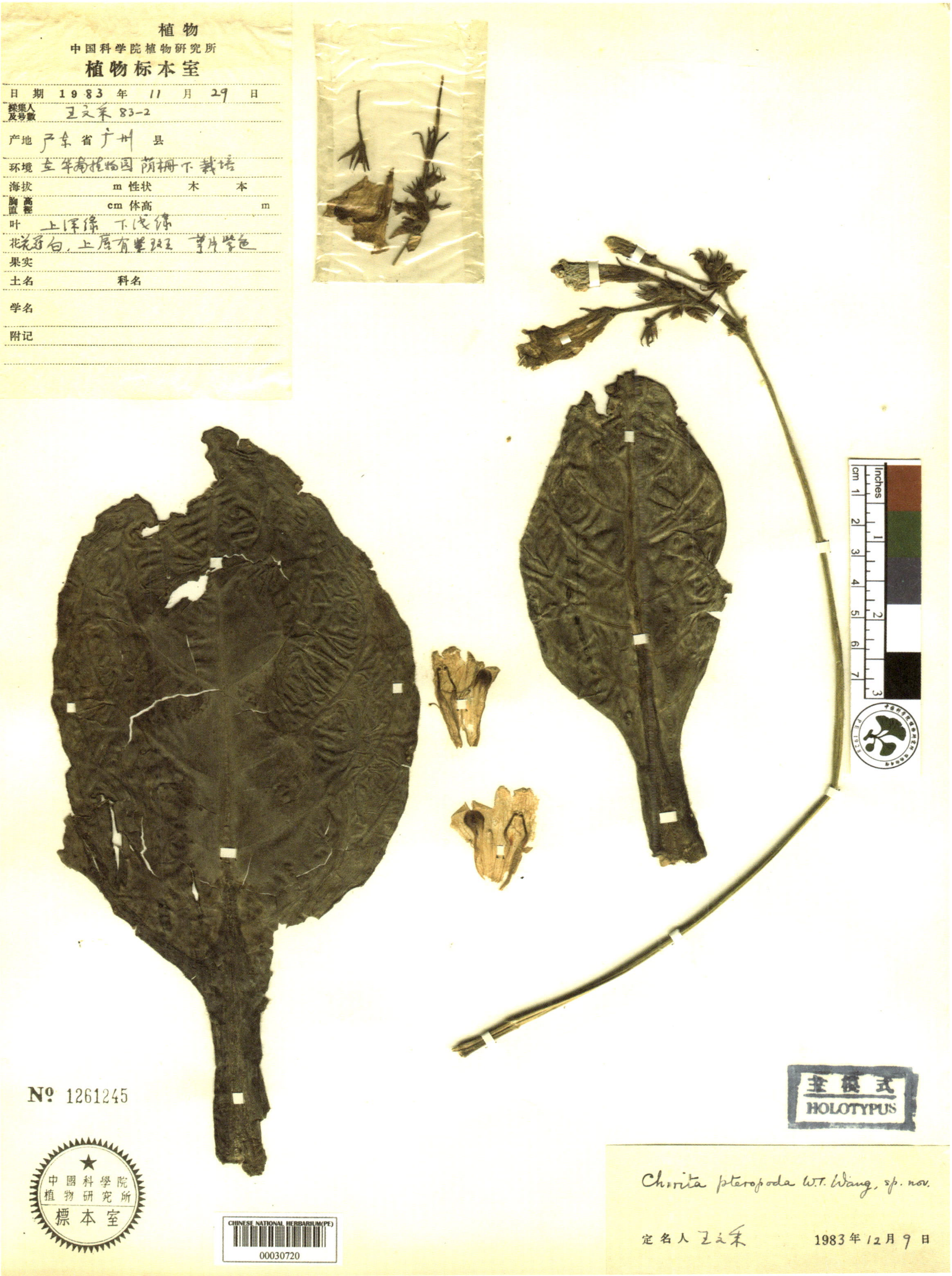

翅柄唇柱苣苔 ***Chirita pteropoda*** W. T. Wang in Bull. Bot. Res., Harbin 5(3): 51, pl. 1: 6-10. **Holotype:** China. Guangdong: Guangzhou, cultivated, 1983-11-29, W. T. Wang 83-2.

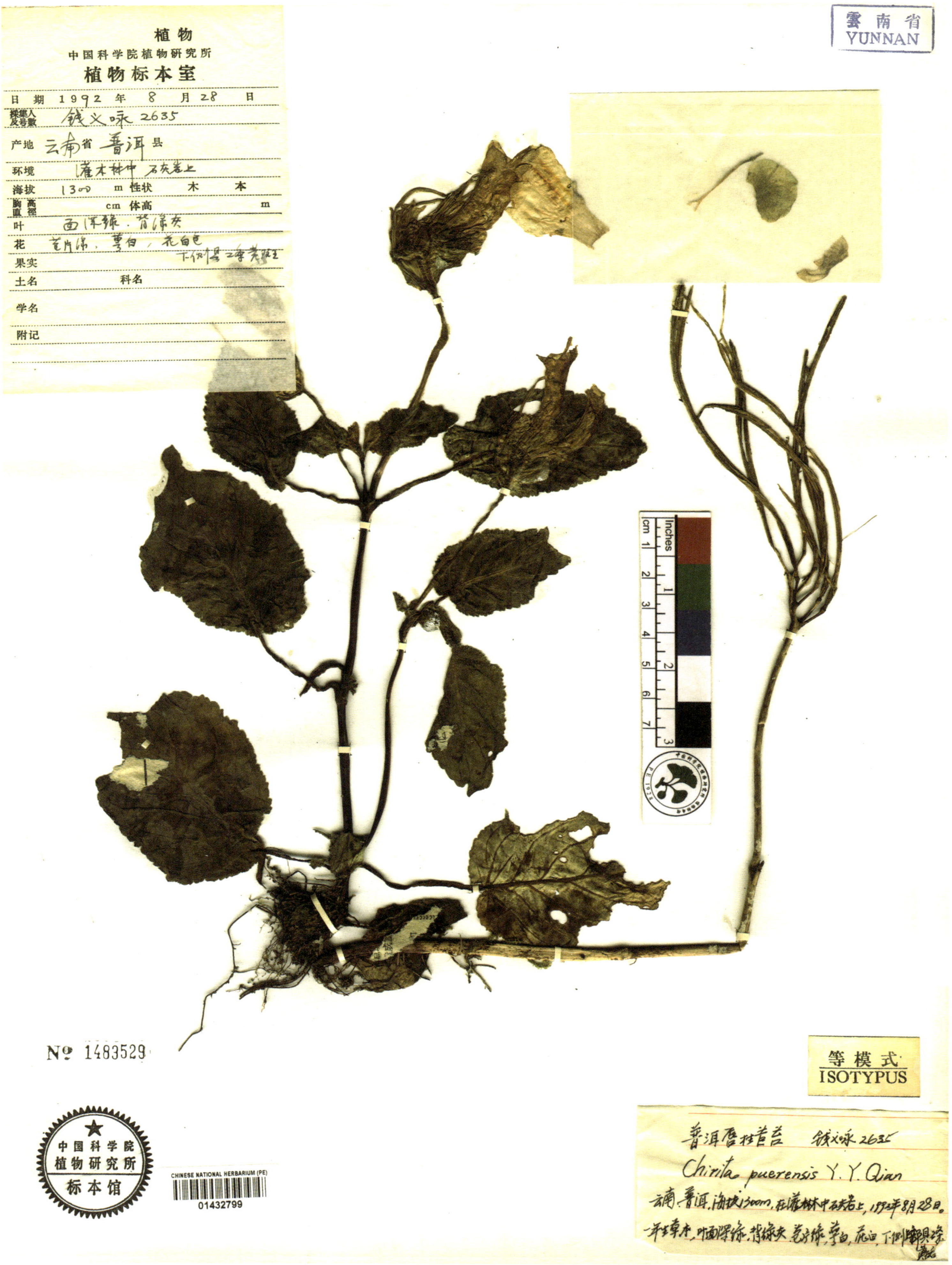

普洱唇柱苣苔 ***Chirita puerensis*** Y. Y. Qian in Acta Phytotax. Sin. 34(2): 216, f. 1. 1996. **Isotype:** China. Yunnan: Puer, alt. 1 300 m, 1992-08-28, Y. Y. Qian 2635.

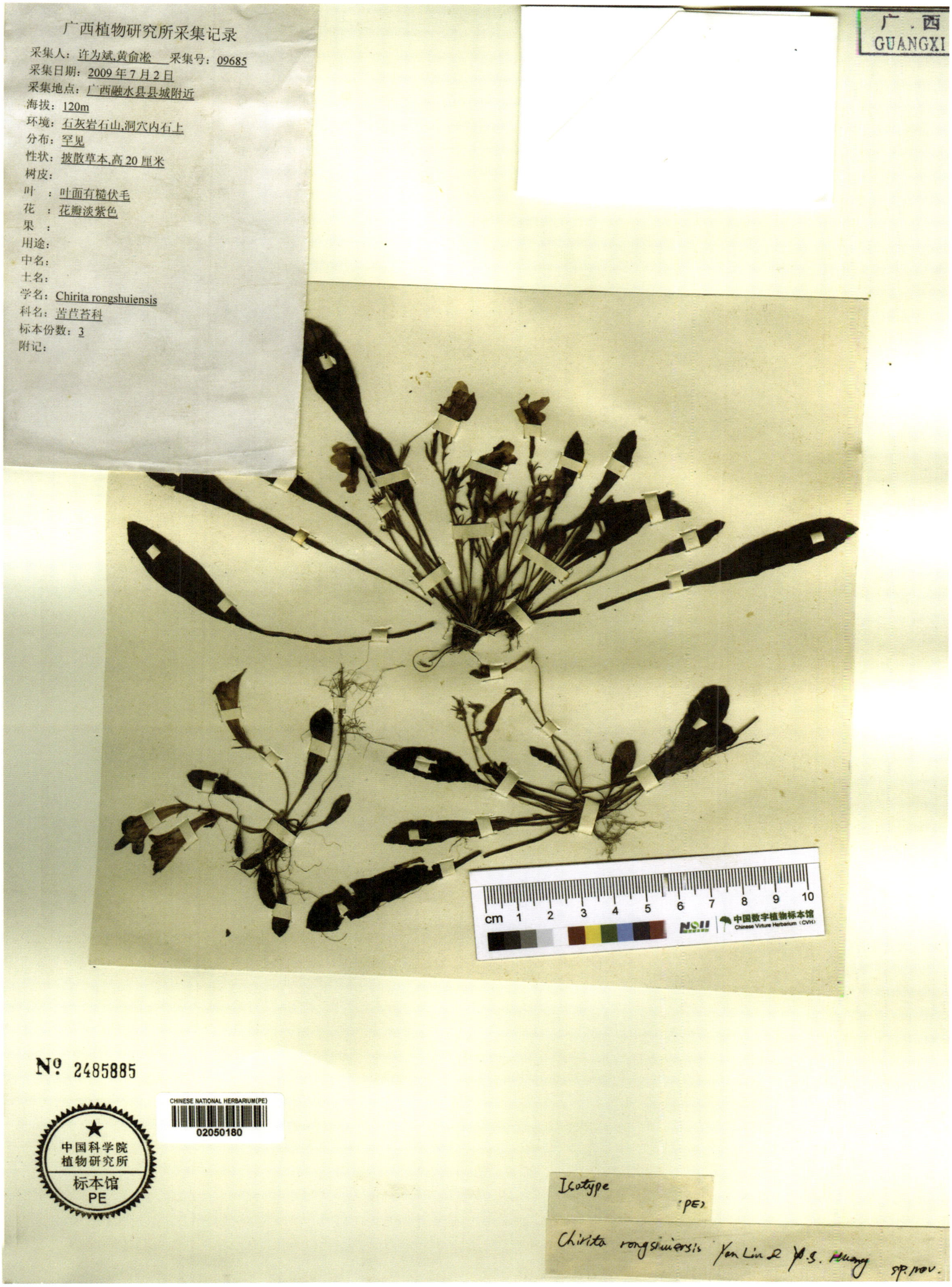

融水唇柱苣苔 ***Chirita rongshuiensis*** Yan Liu & Y. S. Huang in Taiwania 56(1): 54, f. 1 & 2 A-F. 2011. **Isotype:** China. Guangxi: Rongshui, alt. 120 m, 2009-07-02, W. B. Xu & Y. S. Huang 09685.

寿城唇柱苣苔 ***Chirita shouchengensis*** Z. Y. Li in A. L. Weitzman & al., Novon 7(4): 426. 1997. **Holotype:** China. Guangxi: Liuzhou, cultivated, from Yongfu, alt. 250 m, 1993-05-10, S. Xiong 93-1.

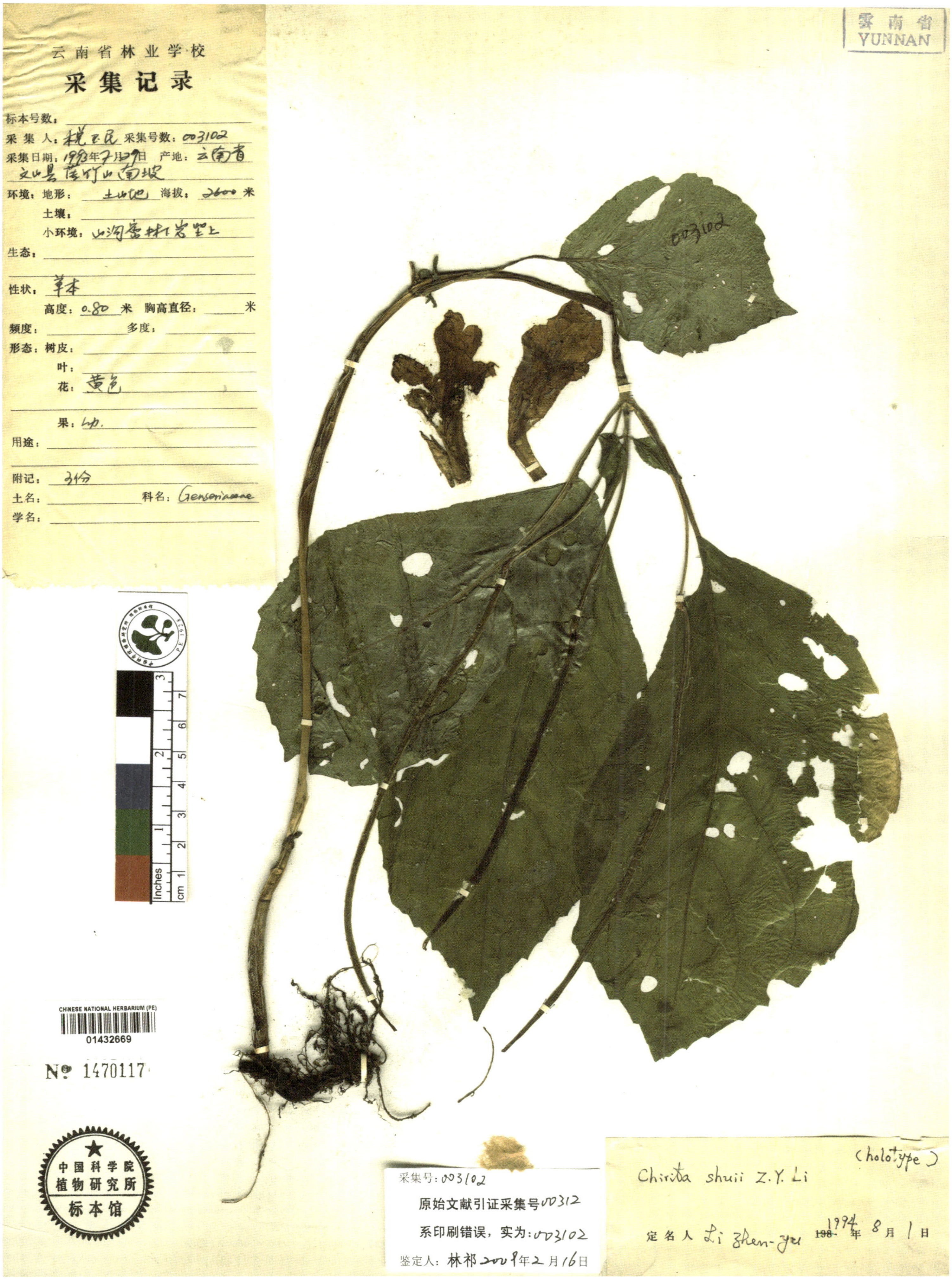

税氏唇柱苣苔 *Chirita shuii* Z. Y. Li in A. L. Weitzman & al., Novon 7(4): 427. 1997. **Holotype:** China. Yunnan: Wenshan, alt. 2 600 m, 1993-07-29, Y. M. Shui 003102.

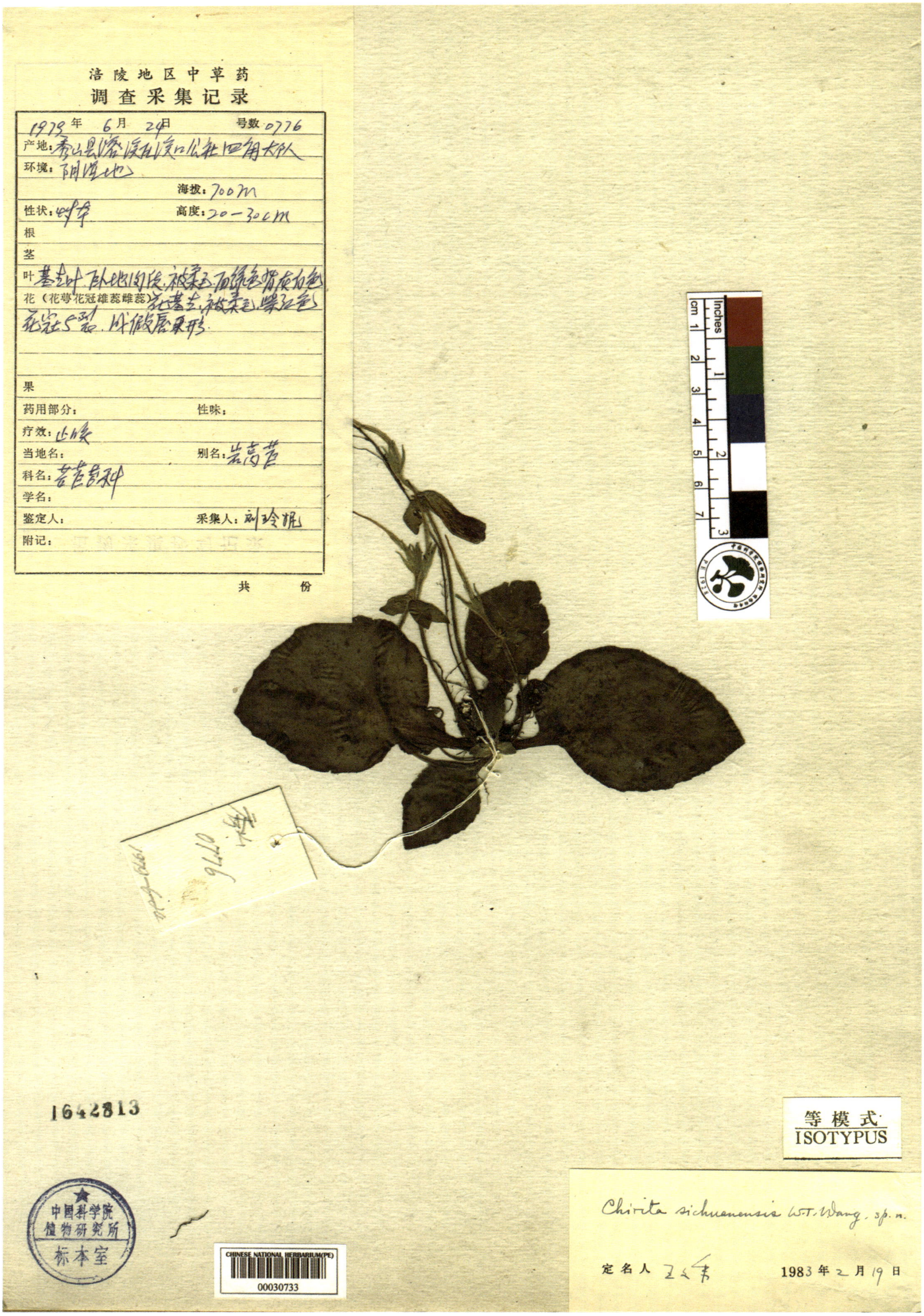

四川唇柱苣苔 *Chirita sichuanensis* W. T. Wang in Bull. Bot. Res., Harbin 4(1): 16, pl. 1: 7-9. 1984. **Isotype:** China. Chongqing: Xiushan, alt. 700 m, 1979-06-24, Xiushan Exped. 776.

斯氏唇柱苣苔 ***Chirita skogiana*** Z. Y. Li in A. L. Weitzman & al., Novon 7(4): 427. 1997. **Holotype:** China. Gansu: Wen Xian, alt. 900 m, 1992-04-18, H. N. Qin 270.

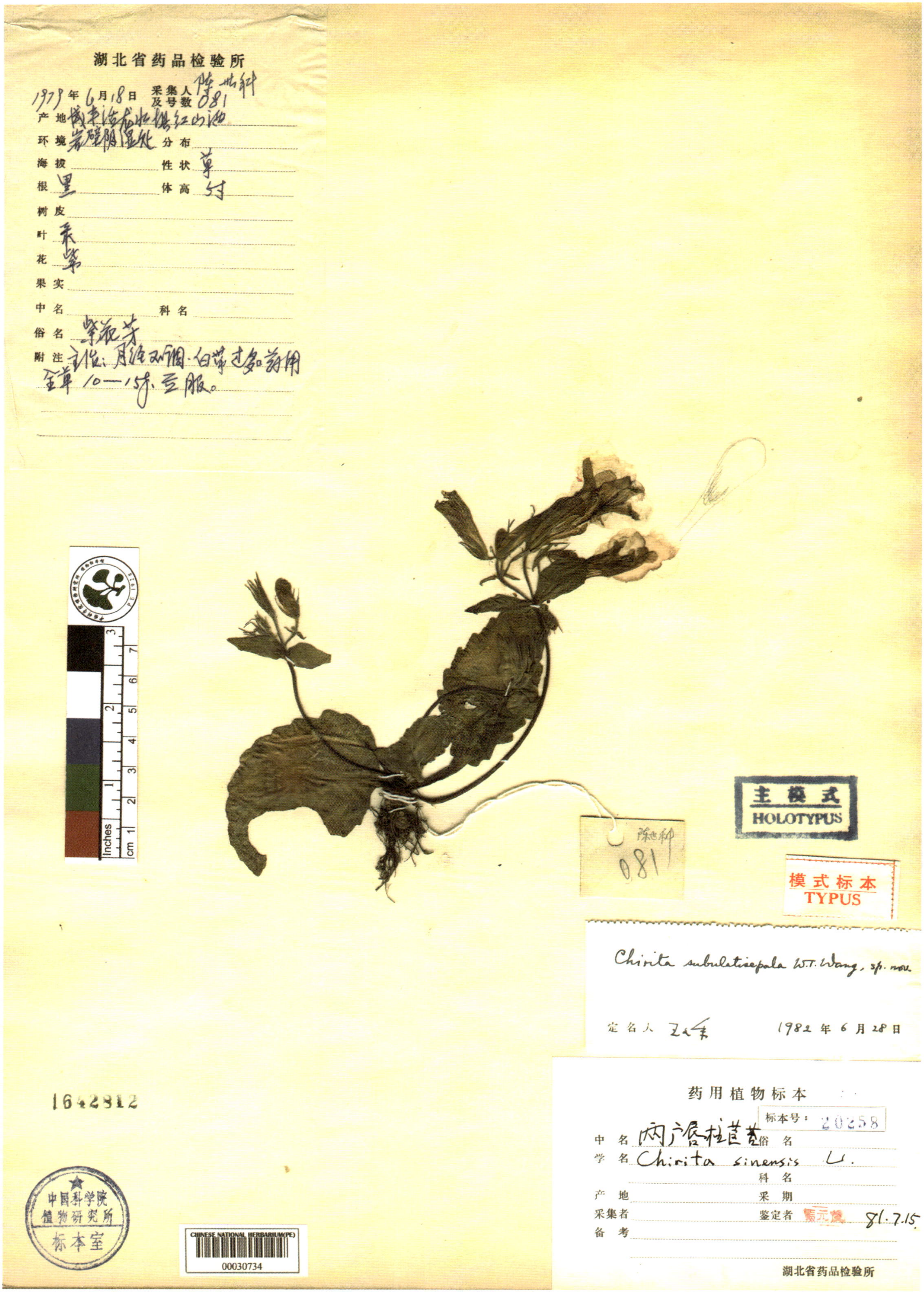

钻萼唇柱苣苔 ***Chirita subulatisepala*** W. T. Wang in Bull. Bot. Res., Harbin 4(1): 18, pl: 1-3. 1984. **Holotype:** China. Hubei: Xianfeng, 1979-06-18, S. K. Chen 081.

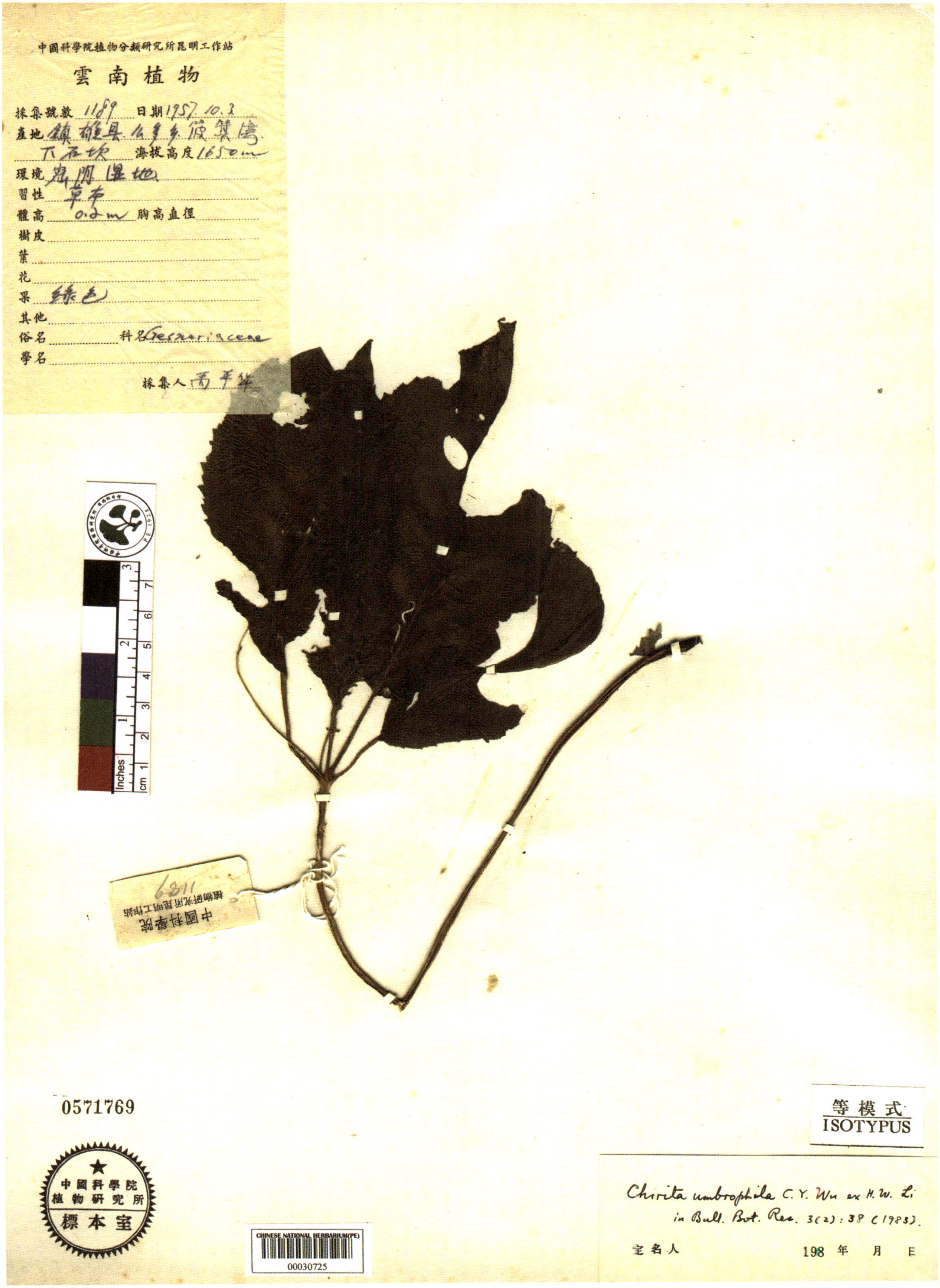

喜荫唇柱苣苔 ***Chirita umbrophila*** C. Y. Wu ex H. W. Li in Bull. Bot. Res., Harbin 3(2): 38, photo. 19. 1983. **Isotype:** China. Yunnan: Zhenxiong, alt. 1 650 m, 1957-10-03, P. H. Yu 1189.

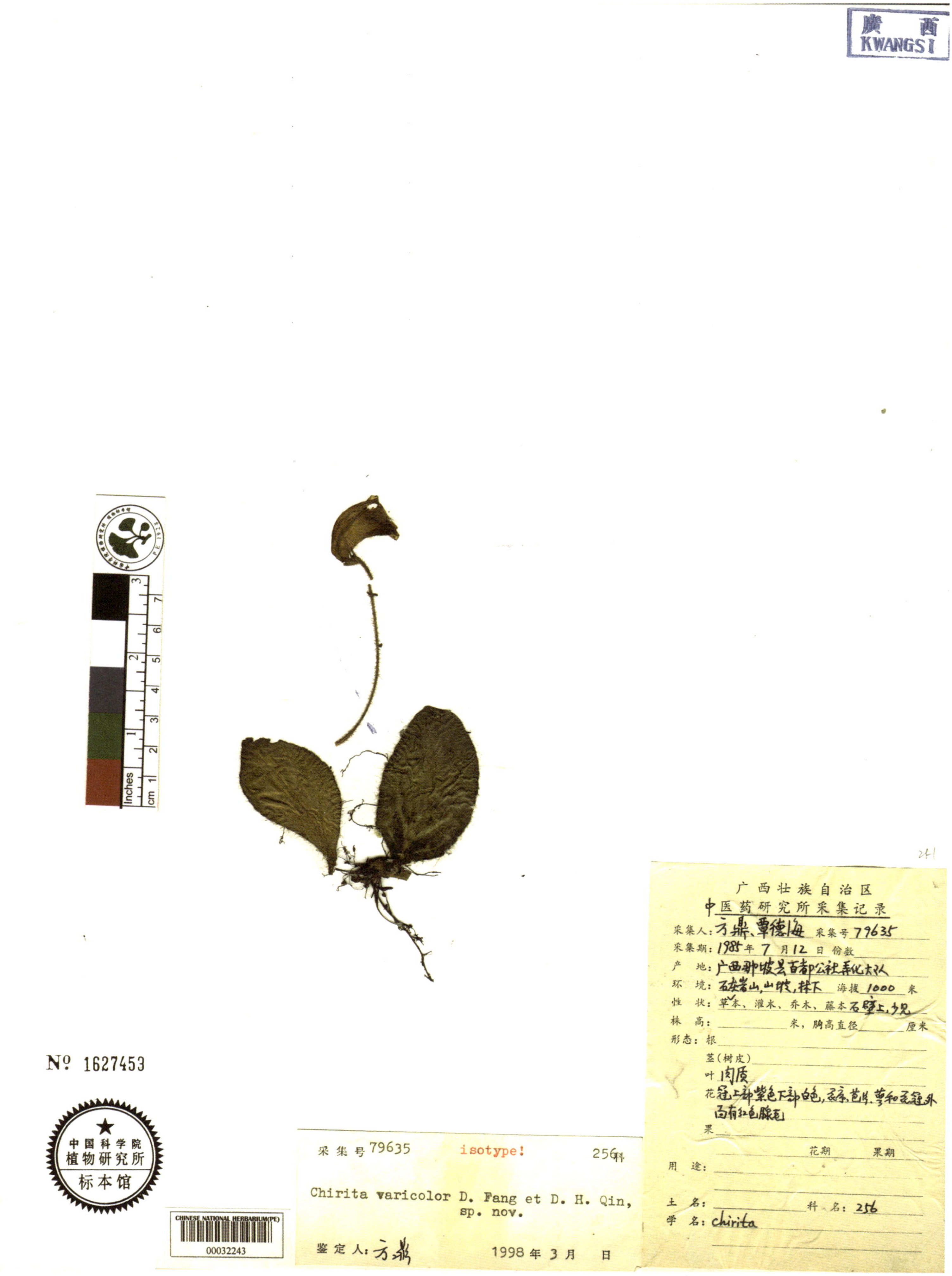

变色唇柱苣苔 ***Chirita varicolor*** D. Fang & D. H. Qin in Acta Phytotax. Sin. 37(6): 591, f. 1: 1-2. 1999. **Isotype:** China. Guangxi: Napo, alt. 1 000 m, 1985-07-12, D. Fang & D. H. Qin 79635.

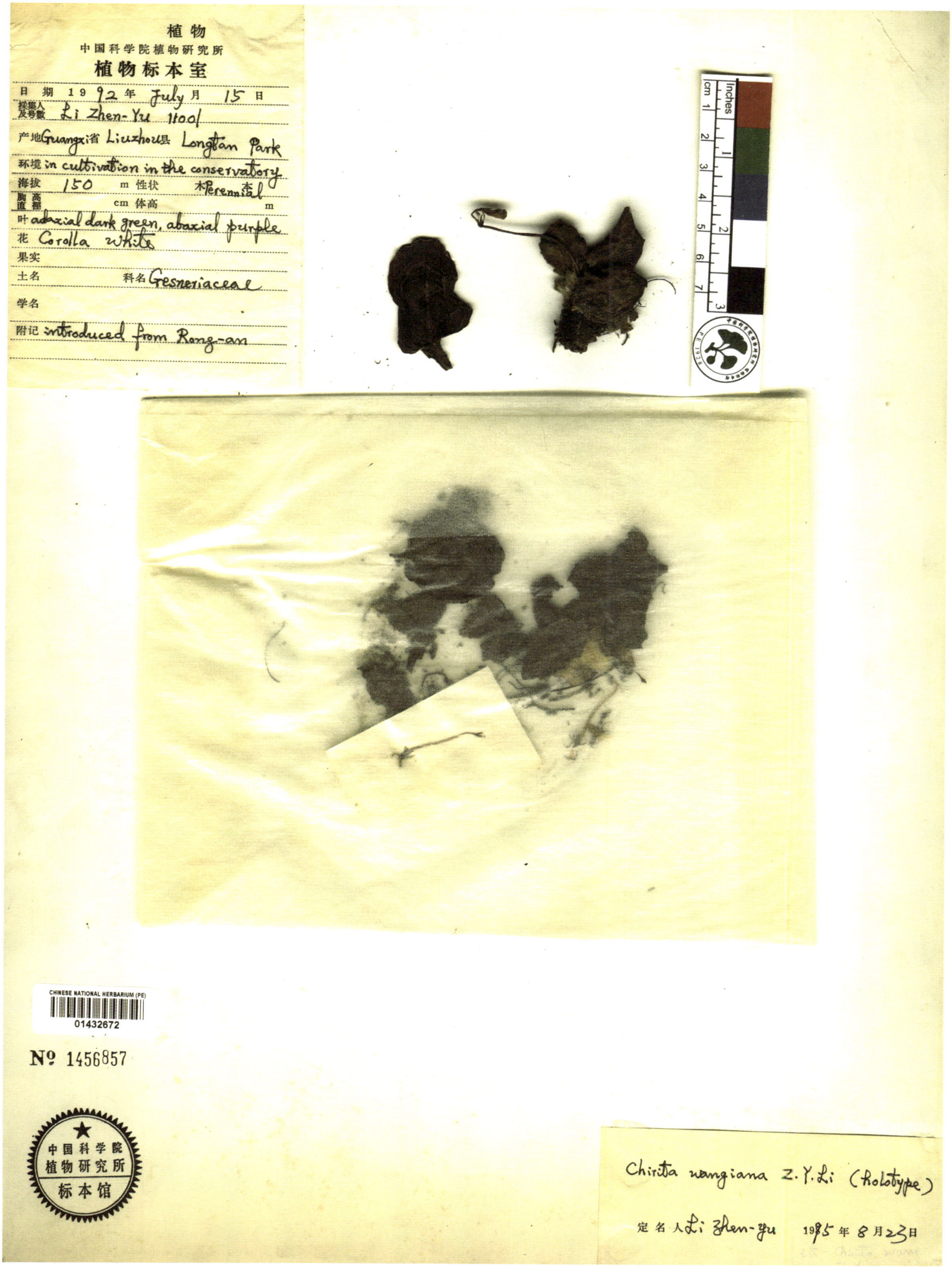

王氏唇柱苣苔 ***Chirita wangiana*** Z. Y. Li in A. L. Weitzman & al., Novon 7(4): 428. 1997. **Holotype:** China. Guangxi: Liuzhou, cultivated, from Rongan, alt. 150 m, 1992-07-15, Z. Y. Li 11001.

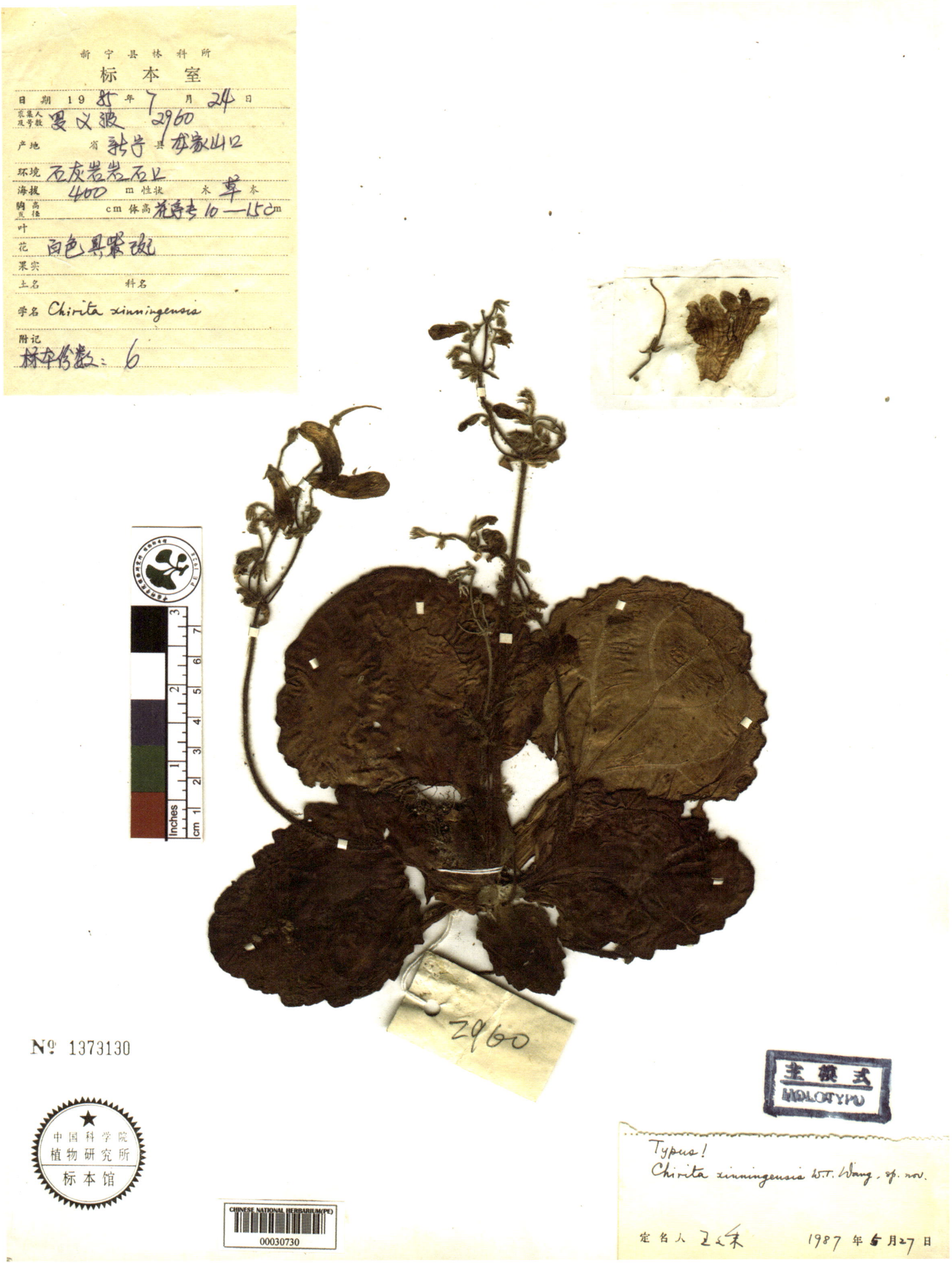

新宁唇柱苣苔 ***Chirita xinningensis*** W. T. Wang in Bull. Bot. Res., Harbin 9(4): 22, pl. 2. 1989. **Holotype:** China. Hunan: Xinning, alt. 400 m, 1985-07-24, Y. B. Luo 2960.

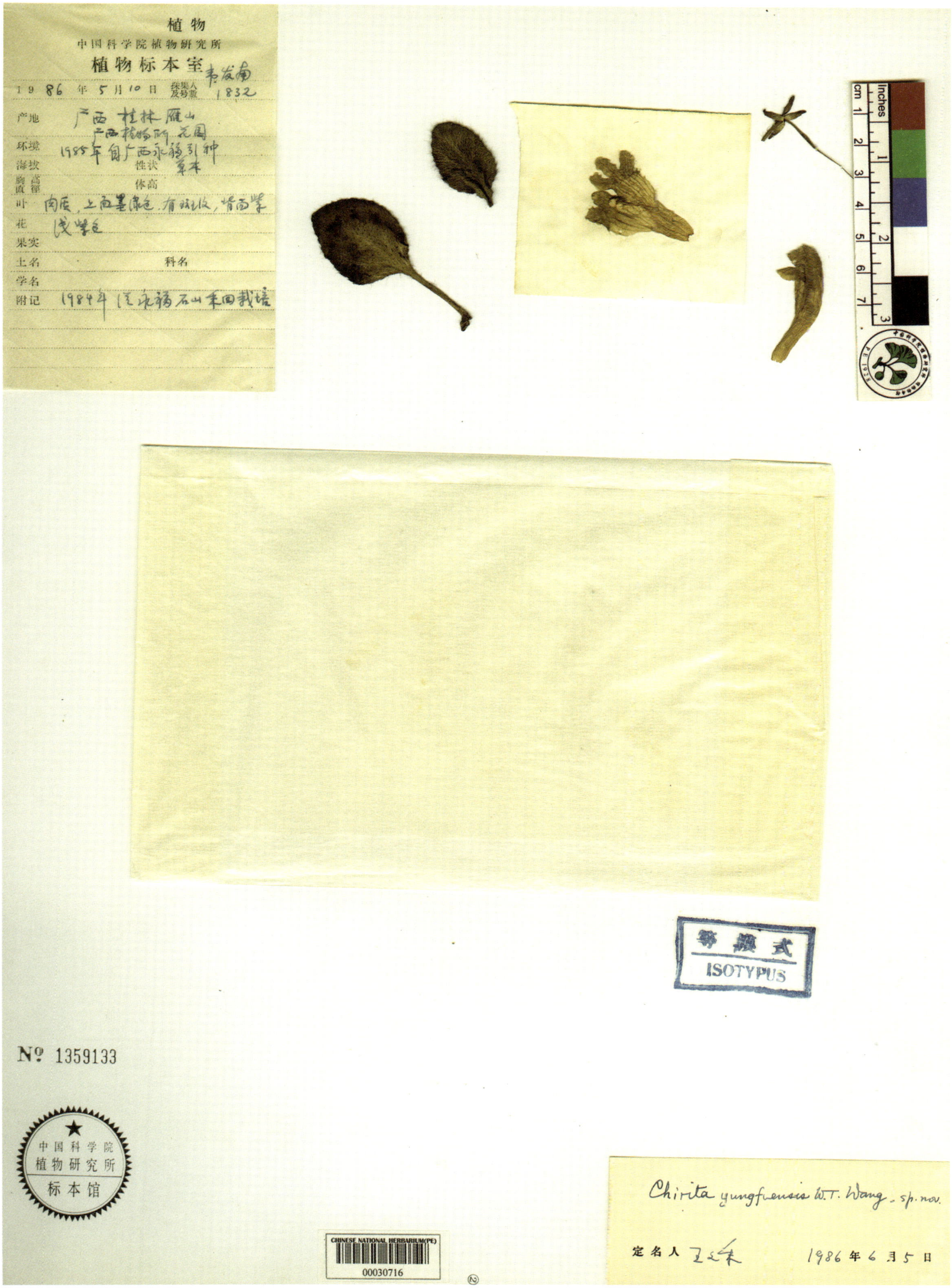

永福唇柱苣苔 ***Chirita yungfuensis*** W. T. Wang in Guihaia 7(2): 125, f. 1987 **Isotype:** China. Guangxi: Guilin, cultivated, from Yongfu, 1986-05-10, F. N. Wei 1832.

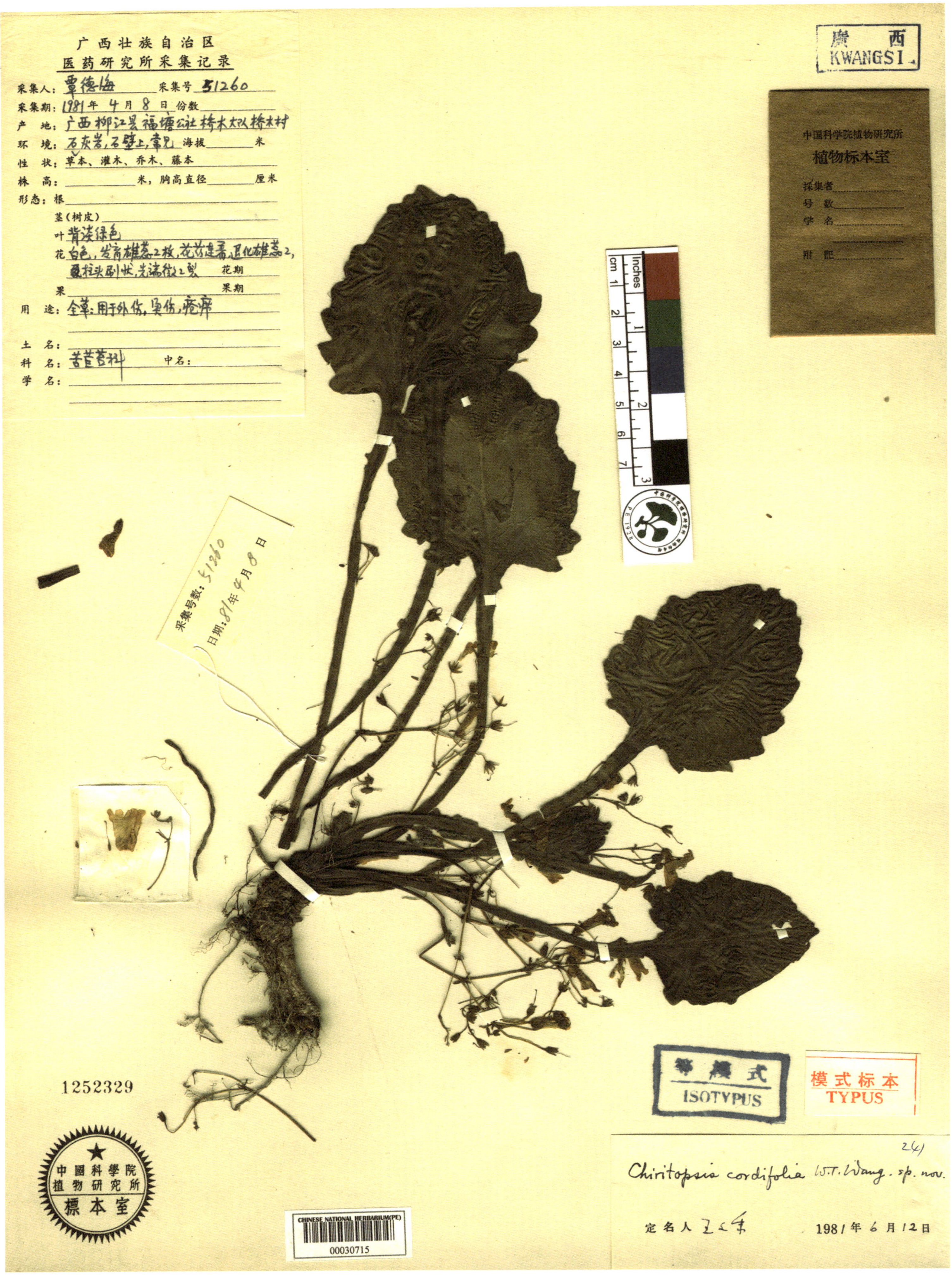

心叶小花苣苔 ***Chiritopsis cordifolia*** D. Fang & W. T. Wang in Bull. Bot. Res., Harbin 2(4): 54. 1982. **Isotype:** China. Guangxi: Liujiang, 1981-04-08, D. H. Qin 51260.

紫腺小花苣苔 ***Chiritopsis glandulosa*** D. Fang & L. Zeng & D. H. Qin in Acta Phytotax. Sin. 31(5): 470, f. 1: 5-8. 1993. **Isotype:** China. Guangxi: Pingle, alt. 200~250 m, 1991-06-18, L. S. Zhou & L. Zeng 1297.

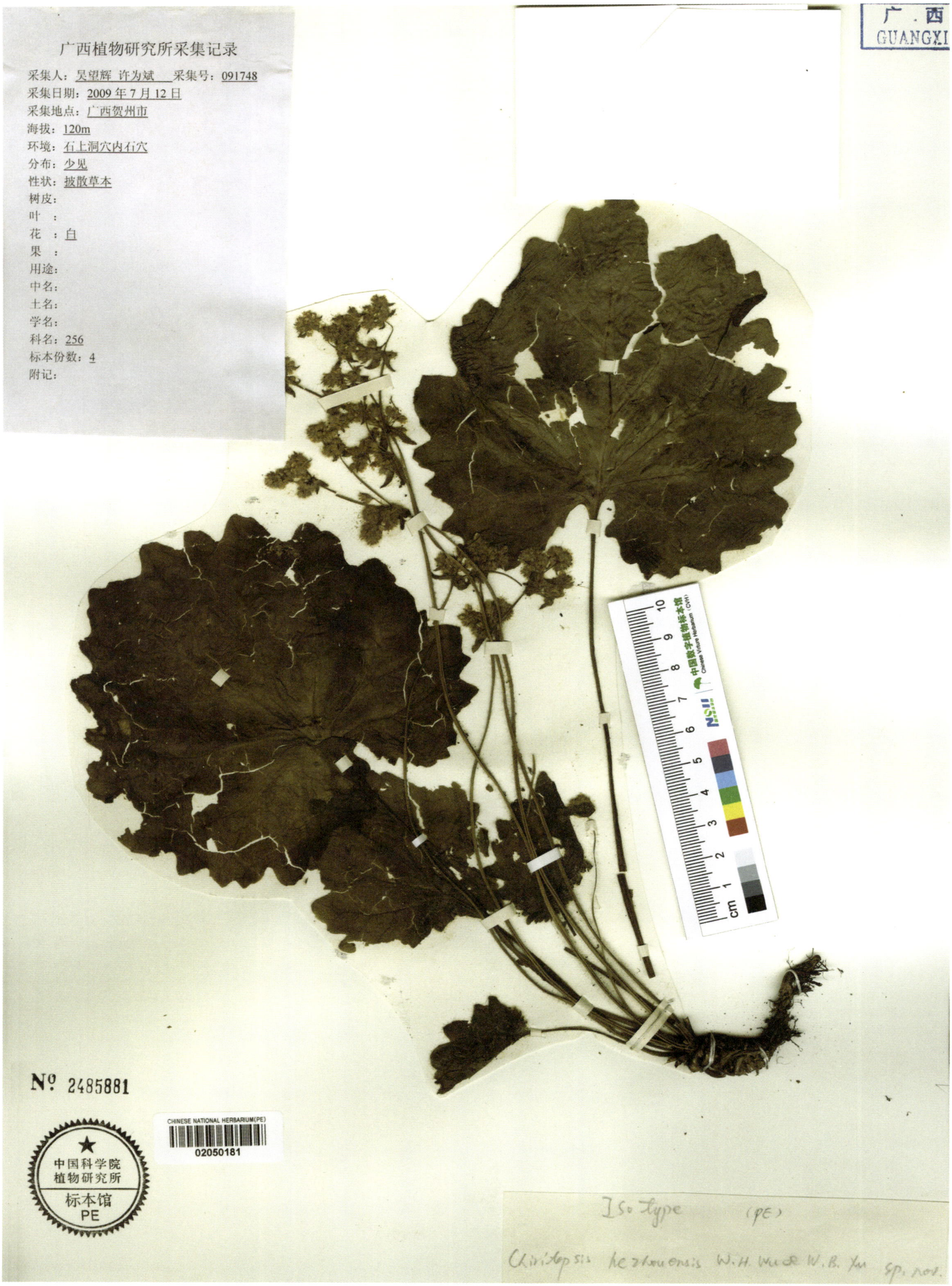

贺州小花苣苔 ***Chiritopsis hezhouensis*** W. H. Wu & W. B. Xu in Taiwania 56(2): 132, f. 1 & 2. 2011. **Isotype:** China. Guangxi: Hezhou, alt. 120 m, 2009-07-12, W. H. Wu & W. B. Xu 091748.

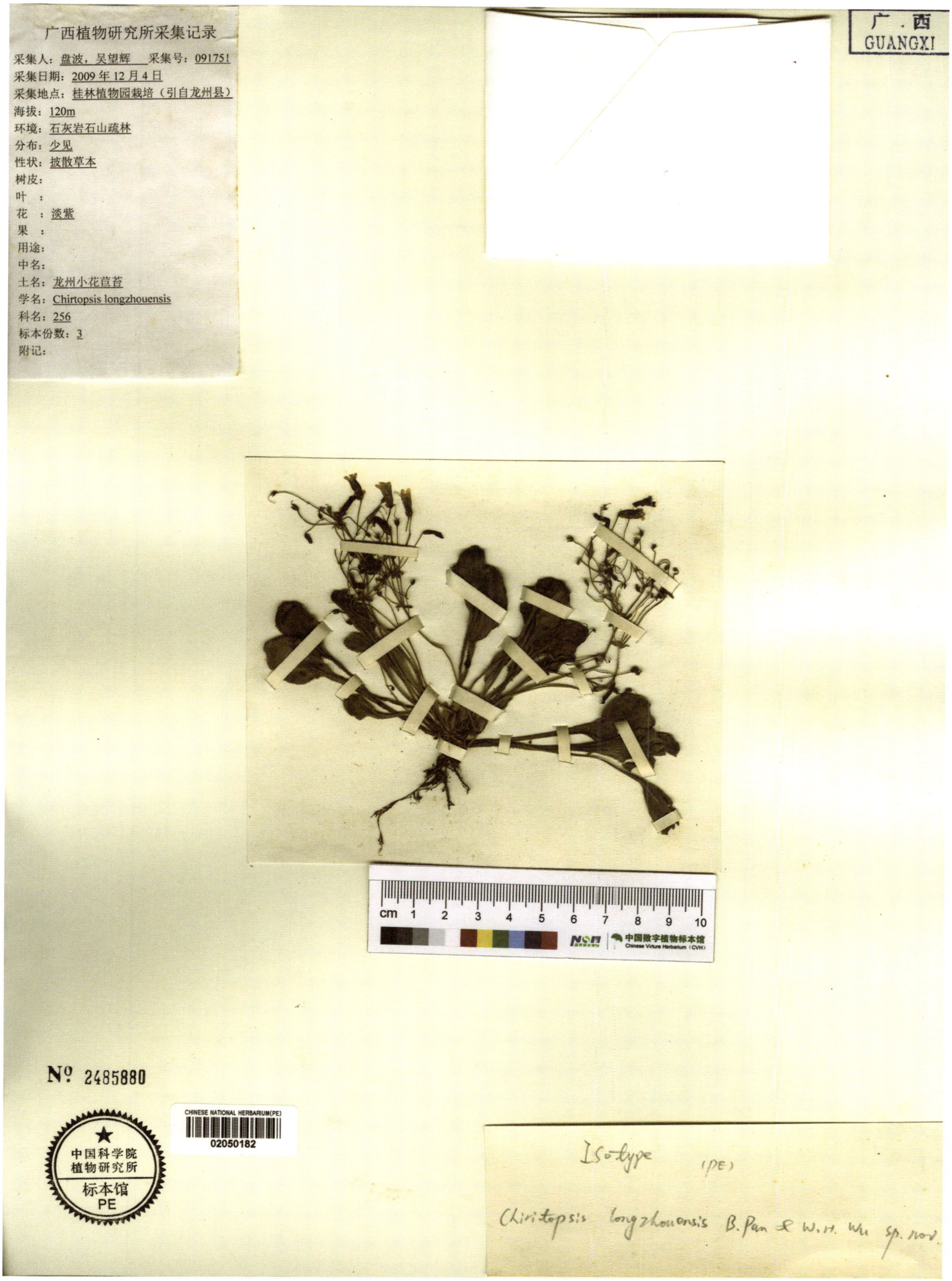

龙州小花苣苔 ***Chiritopsis longzhouensis*** B. Pan & W. H. Wu in Taiwania 55(4): 370, f. 1 & 2. 2010. **Isotype:** China. Guangxi: cultivated in Guilin, introduced from Longzhou, alt.120 m, 2009-12-04, B. Pan & W. H. Wu 091751.

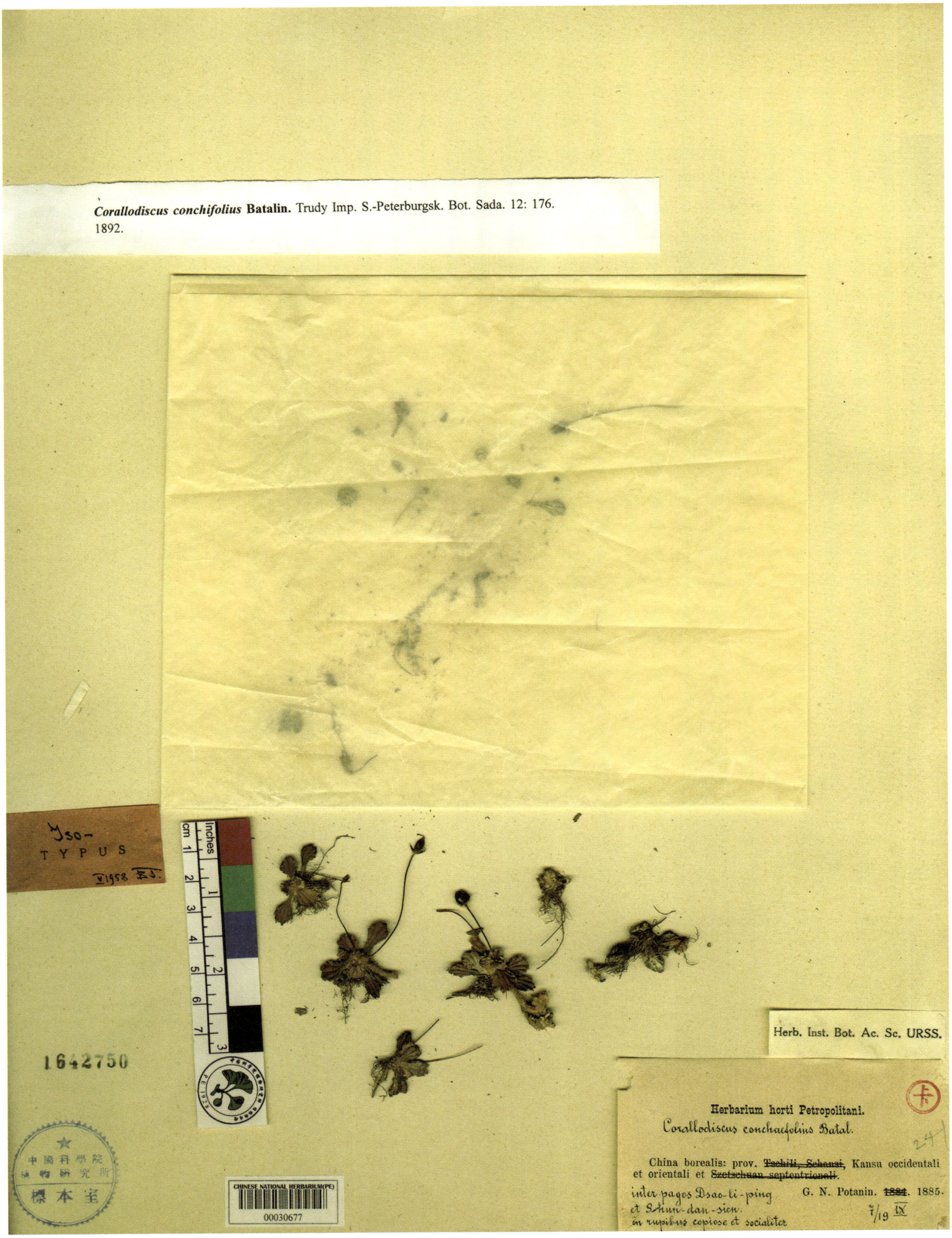

小石花 ***Corallodiscus conchifolius*** Batalin in Trudy Imp. S.-Peterburgsk. Bot. Sada. 12: 176. 1892. **Isotype:** China. Gansu: Precise locality not known, 1885-09-(07-19), G. N. Potanin s. n.

石花 ***Corallodiscus flabellatus*** (Craib) Burtt var. ***leiocalyx*** W. T. Wang in Acta Phytctax. Sin. 13(3): 99. 1975. **Holotype:** China. Xizang: Bomi, alt. 2 200 m, 1965-07-19, T. S. Ying & D. Y. Hong 650649.

锈毛石花 ***Corallodiscus flabellatus*** (Craib) Burtt var. ***puberulus*** K. Y. Pan in Acta Phytotax. Sin. 26(6): 437. 1988.

Holotype: China. Yunnan: Zhongdian(=Shangri-La), alt. 3 000 m, 1937-07-28, T. T. Yu 12487.

江西全唇苣苔 ***Deinocheilos jiangxiense*** W. T. Wang in Guihaia 6(1-2): 4, pl. 2. 1986. **Isotype:** China. Jiangxi: Xunwu, alt. 1 200 m, 1959-07-11, Class. 1961 Fac. Biol. Coll. Norm. Jiangxi s. n.

全唇苣苔 ***Deinocheilos sichuanense*** W. T. Wang in Guihaia 6(1-2): 2, pl. 1. 1986. **Isotype:** China. Chongqing: Wuxi, 1973-08-21, Wang, Zheng & Long 73w821.

灰毛粗筒苣苔 ***Didissandra agnesiae*** Forrest in Notes Roy. Bot. Gard., Edinburgh 8: 334. 1915. **Isotype:** China. Yunnan: Yongsheng, alt. 2 745~3 050 m, 1914-07-??, G. Forrest 12829.

泡状珊瑚苣苔 ***Didissandra bullata*** Craib in Notes Roy. Bot. Gard., Edinburgh 11: 240. 1919. **Isotype:** China. Yunnan: Dongchuan, alt. 2 600 m, ????-(07-08)-??, E. E. Maire s. n.

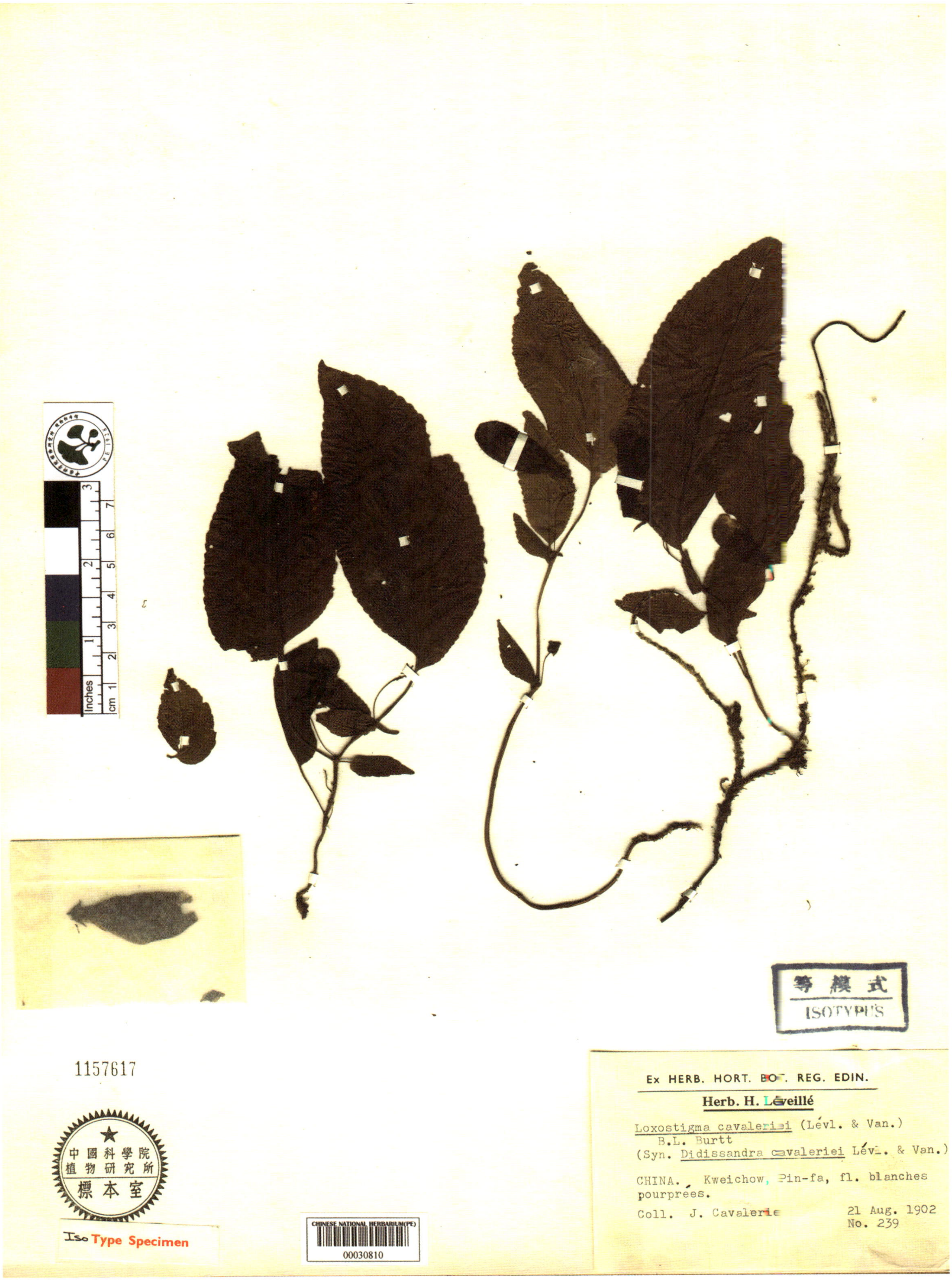

滇黔紫花苣苔 ***Didissandra cavaleriei*** Lévl. & Van. in Compt. Rend. Assoc. Françe Avancem. Sci. 34: 425. 1906. **Isotype:** China. Guizhou: Pin-fa (= Guiding), 1902-08-21, J. Cavalerie 239.

小石花 ***Didissandra forrestii*** Anthony in Notes Roy. Bot. Gard. Edinburgh 18: 195. 1934. **Isotype:** China. Yunnan: Shangri-La, alt. 3 355 m, 1914-08-??, G. Forrest 13181.

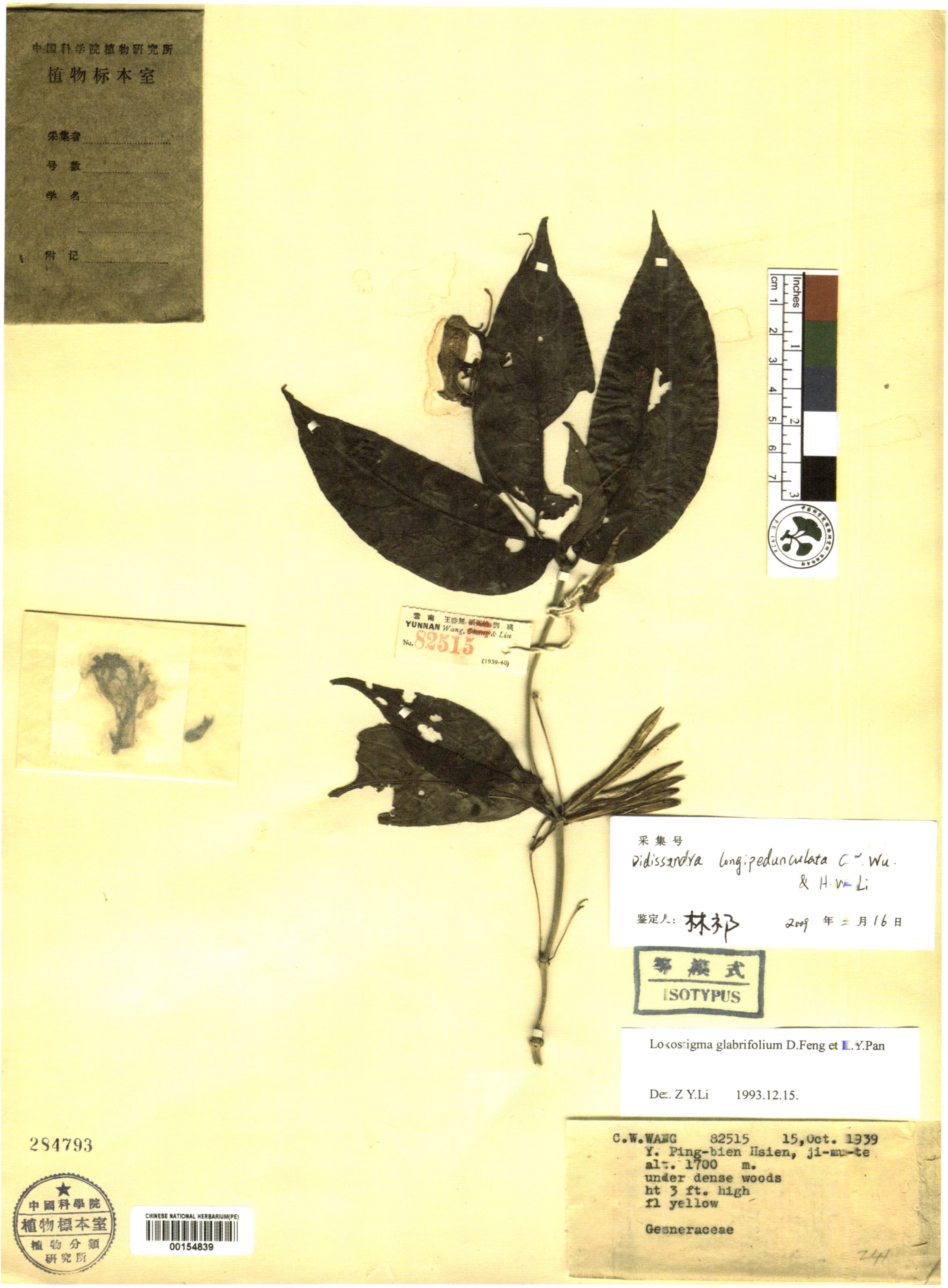

长梗对蕊苣苔 ***Didissandra longipedunculata*** C. Y. Wu ex H. W. Li in Bull. Bot. Res., Harbin 3(2): 17, photo. 9. 1983.
Isotype: China. Yunnan: Pingbian, alt. 1 700 m, 1939-10-15, C. W. Wang 82515.

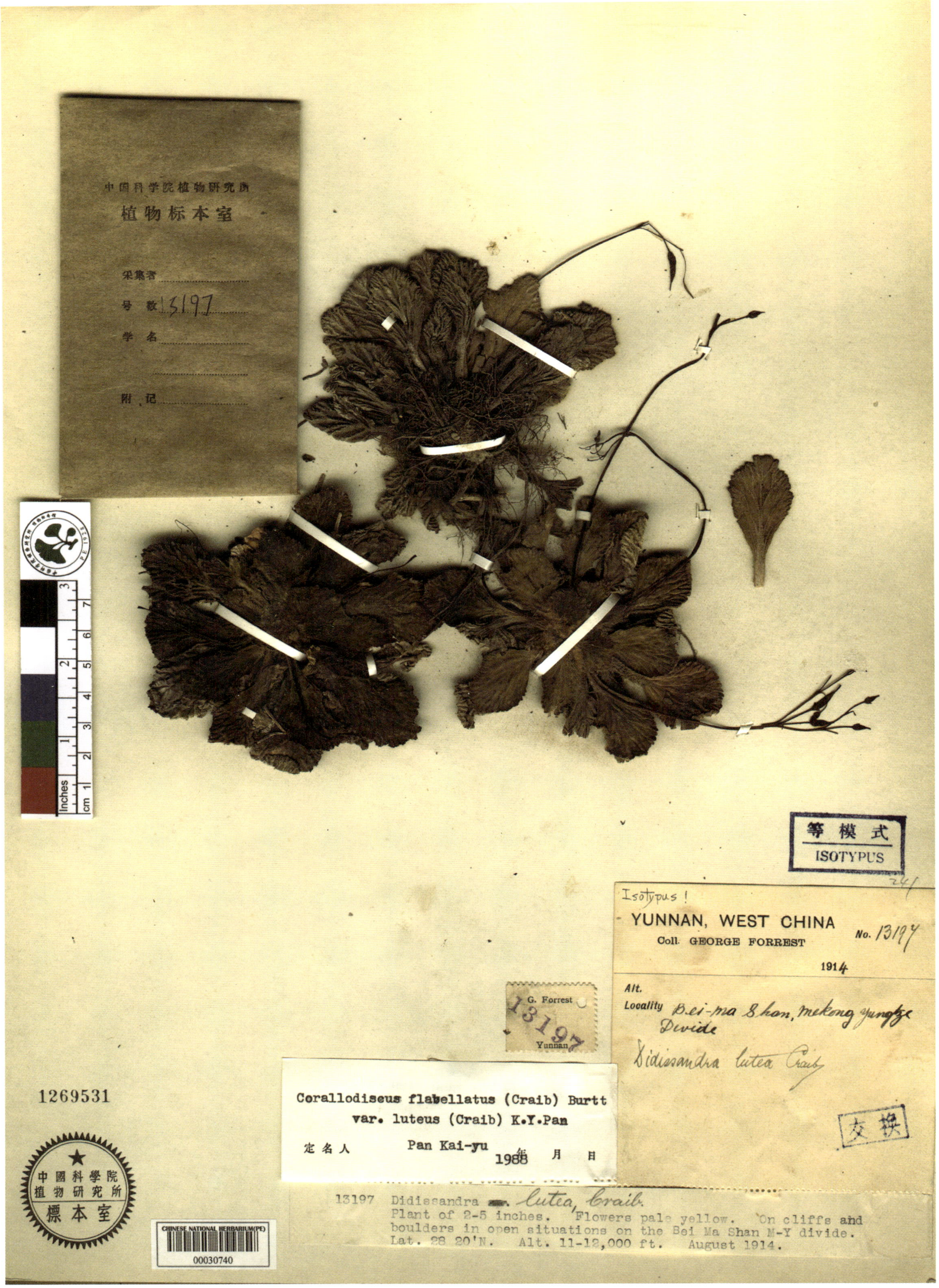

黄花石花 ***Didissandra lutea*** Craib in Notes Roy. Bot. Gard. Edinburgh 11: 246. 1919. **Isotype:** China. Yunnan: Dêqên, alt. 3 355~3 660 m, 1914-08-??, G. Forrest 13197.

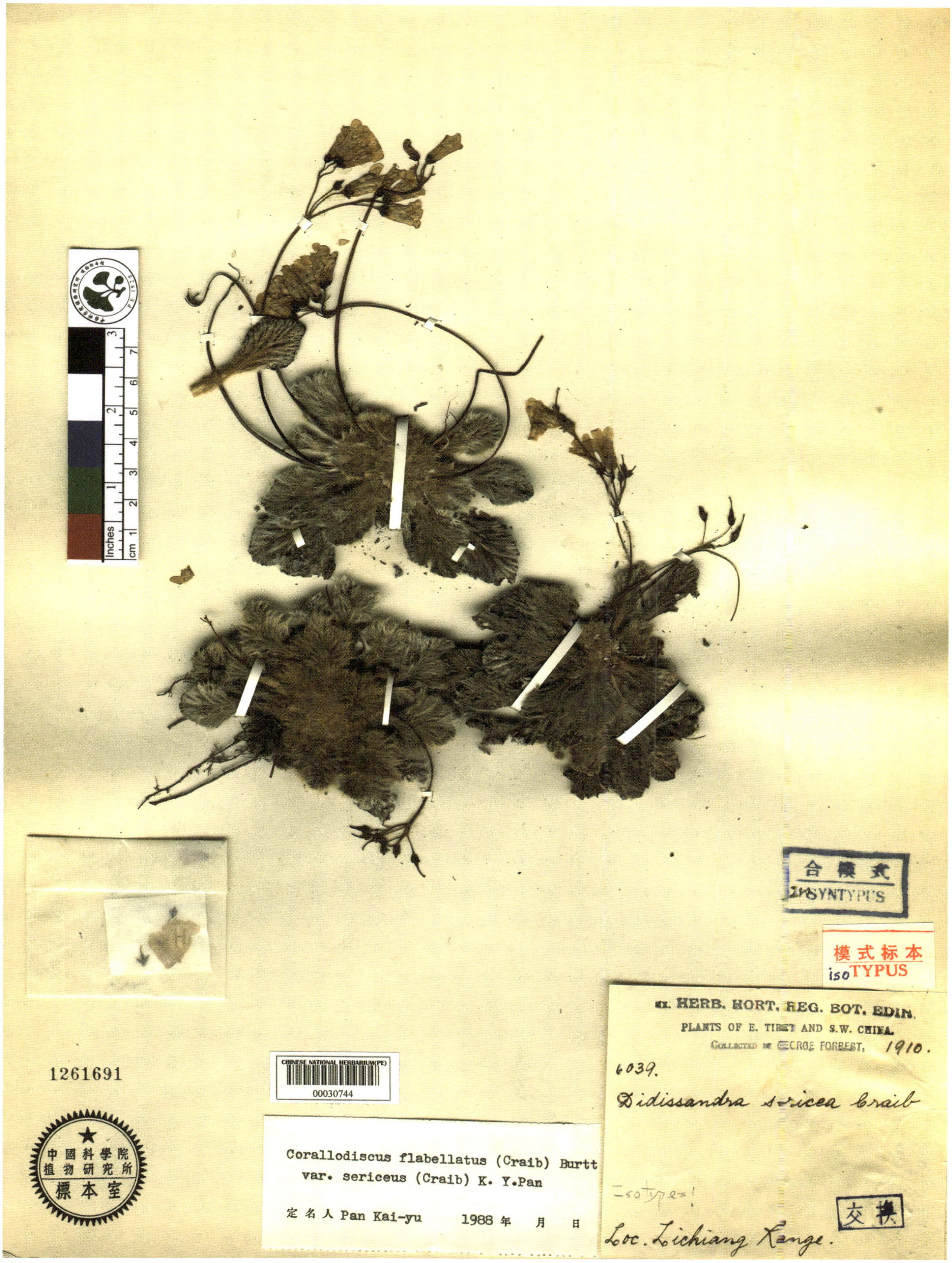

绢毛石花 ***Didissandra sericea*** Craib in Notes Roy. Bot. Gard. Edinburgh 11: 248. 1919. **Isotype:** China. Yunnan: Lijiang, alt. 3 050~3 660 m, 1910-??-??, G. Forrest 6039.

大理珊瑚苣苔 ***Didissandra taliensis*** Craib in Notes Roy. Bot. Gard. Edinburgh 11: 249. 1919. **Isotype:** China. Yunnan: Dali, alt. 3 050 m, 1913-??-??, G. Forrest 11536.

华氏长蒴苣苔 ***Didymocarpus hwaianus*** S. Y. Hu in Journ. Arn. Arb. 61: 88. 1980. **Isotype:** China. Hubei: Lichuan, alt. 1 037 m, 1948-09-12, W. C. Cheng & C. T. Hwa 923.

短茎长蒴苣苔 ***Didymocarpus margaritae*** W. W. Smith in Notes Roy. Bot. Gard. Edinburgh 5: 151, pl. 105. 1912.
Isotype: China. Yunnan: Simao, alt. 1 525 m, A. Henry 12380 B.

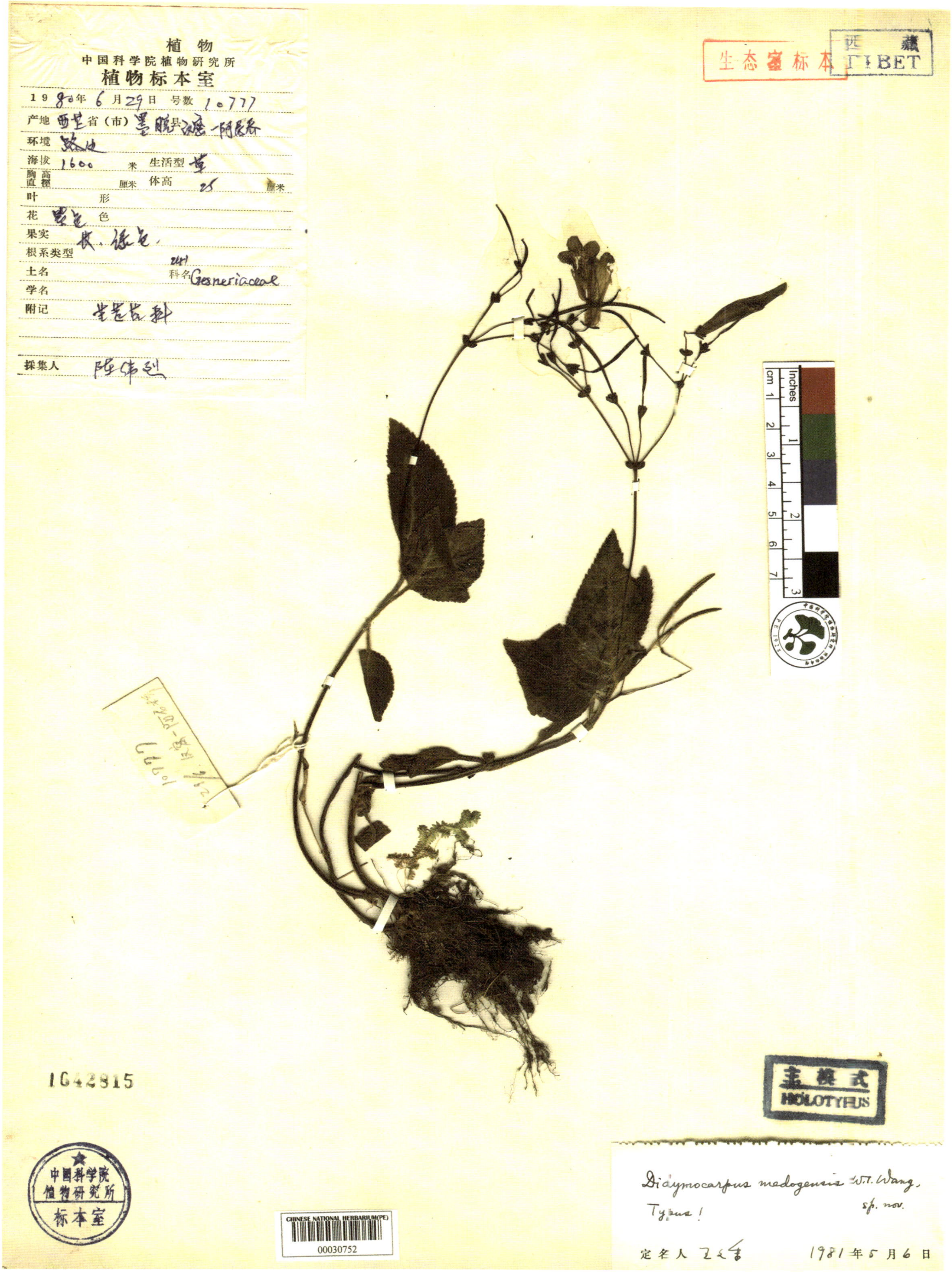

墨脱长蒴苣苔 ***Didymocarpus medogensis*** W. T. Wang in Bull. Bot. Res., Harbin 2(4): 41, photo. 3. 1982. **Holotype:** China. Xizang: Mêdog, alt. 1 600 m, 1980-06-29, W. L .Chen 10777.

柔毛长蒴苣苔 ***Didymocarpus mollifolius*** W. T. Wang in Acta Bot. Yunnan. 6(1): 21, f. 4: 1-3. 1984. **Isotype:** China. Yunnan: Zhenkang, alt. 950 m, 1979-09-13, Z. H. Hu & al. 7900323.

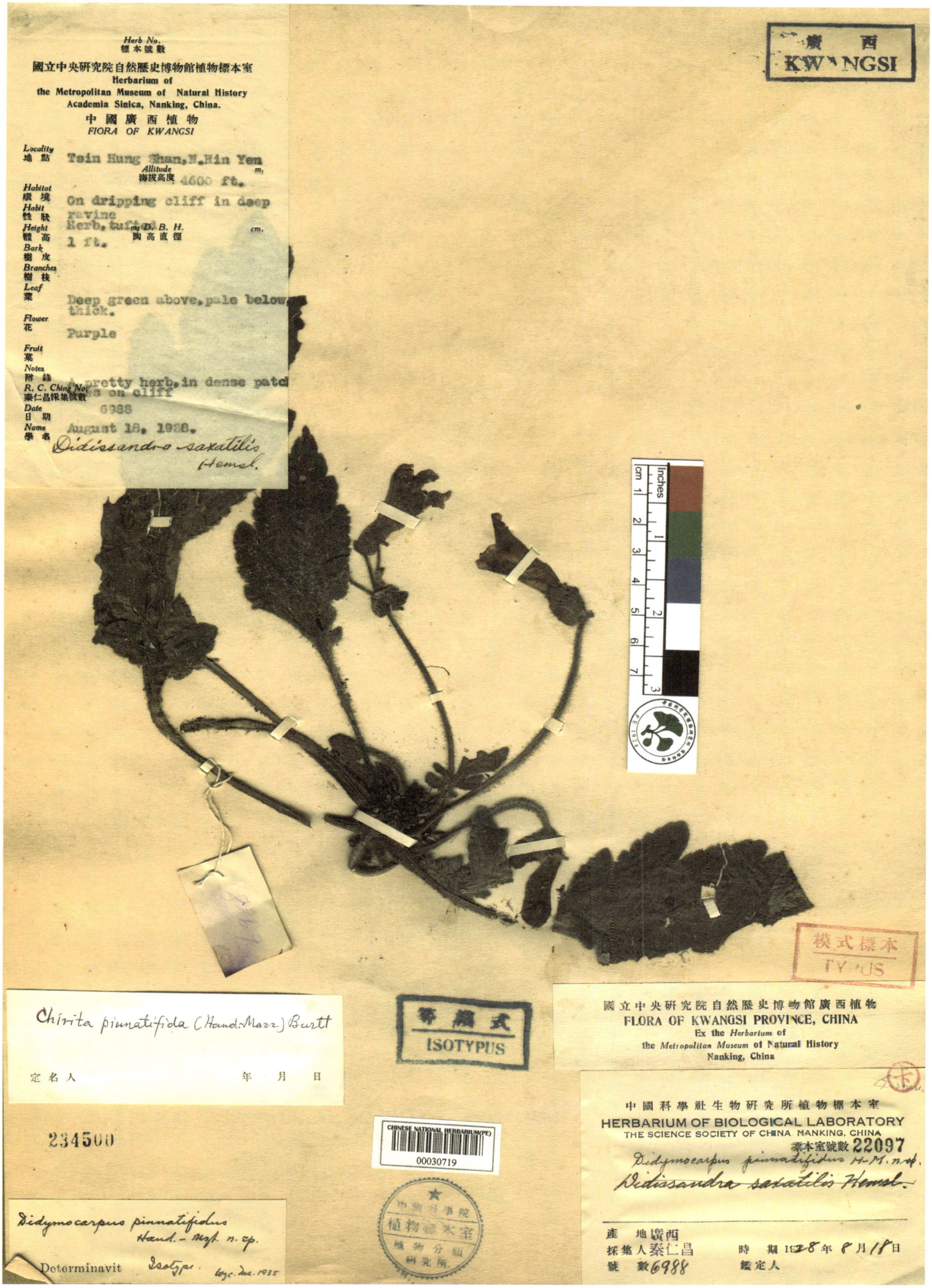

羽裂唇柱苣苔 ***Didymocarpus pinnatifidus*** Hand.-Mazz. in Sinensia 5: 8. 1934. **Isotype:** China. Guangxi: Lingyun, alt. 1 403 m, 1928-08-18, R. C. Ching 6988.

片马长蒴苣苔 ***Didymocarpus praeteritus*** Burtt & Davidson in Notes Roy. Bot. Gard. Edinburgh 21(4): 213. 1954.
Isoparatype: China. Yunnan: Pianma, alt. 2 135 m, 1925-06-??, G. Forrest 26841.

报春长蒴苣苔 ***Didymocarpus primulinus*** W. T. Wang in Acta Phytotax. Sin. 13(3): 105, pl. 16, f. 12. 1975. **Holotype:** China. Hunan: Qianyang, Xuefengshan, 1954-??-??, Z.T. Lee 1891.

凤庆长蒴苣苔 ***Didymocarpus pseudomengtze*** W. T. Wang in Acta Bot. Yunnan. 6(1): 19. 1984. **Holotype:** China. Yunnan: Shunning (=Fengqing), alt. 2 700 m, 1938-07-10, T. T. Yu 16659.

肾叶长蒴苣苔 ***Didymocarpus reniformis*** W. T. Wang in Bull. Bot. Res., Harbin 2(2): 134. 1982. **Isotype:** China. Hunan: Yongxing, 1959-06-??, D. Y. Zhou 74.

迭裂长蒴苣苔 ***Didymocarpus salviaeflorus*** Chum in Sunyatsenia 6: 294. 1946. **Isotype:** China. Zhejiang: Lishui, 1927-04-19, K. K. Tsoong 288.

疏毛长蒴苣苔 ***Didymocarpus stenanthos*** Clarke var. ***pilosellus*** W. T. Wang in Bull. Bot. Res., Harbin 2(2): 132. 1982.
Holotype: China. Guizhou: Shibing, 1959-07-01, S Guizhou Exped. 2477.

镇康长蒴苣苔 ***Didymocarpus zhenkangensis*** W. T. Wang in Bull. Bot. Res., Harbin 2(2): 131. 1982. **Holotype:** China. Yunnan: Zhenkang, alt. 2 500 m, 1938-07-22, T. T. Yu 16886.

珠峰长蒴苣苔 ***Didymocarpus zhufengensis*** W. T. Wang in Bull. Bot. Res., Harbin 4(1): 13, pl. 1: 5-6. 1984. **Holotype:** China. Xizang: Zhumulangmafeng, alt. 2 850 m, 1959-06-22, Zhumulongma. Exped. 448.

折毛圆筒苣苔 ***Gyrocheilos retrotrichum*** W. T. Wang in Bull. Bot. Res., Harbin 1(3): 34, pl. 2: 8-10, pl. 5: 2. 1981.
Isotype: China. Guangdong: Xinyi, 1931-03-26, S. P. Ko 51222.

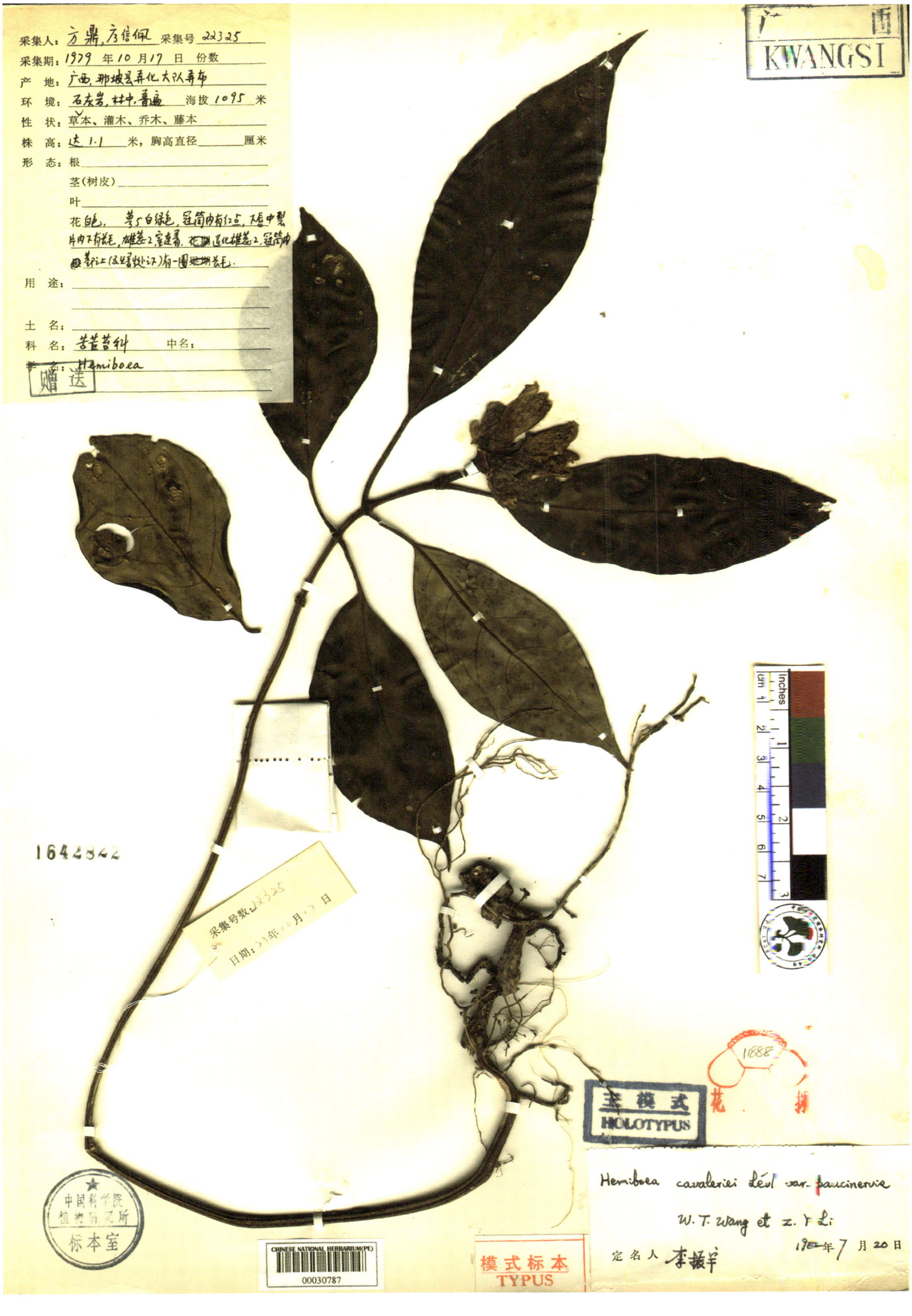

疏脉半蒴苣苔 ***Hemiboea cavaleriei*** Lévl. var. ***paucinervis*** W. T. Wang & Z. Y. Li in Acta Phytotax. Sin. 21(2): 194, f. 1: 1-3. 1983. **Holotype:** China. Guangxi: Napo, alt. 1 095 m, 1979-10-17, D. Fang & S. P. Liao 22325.

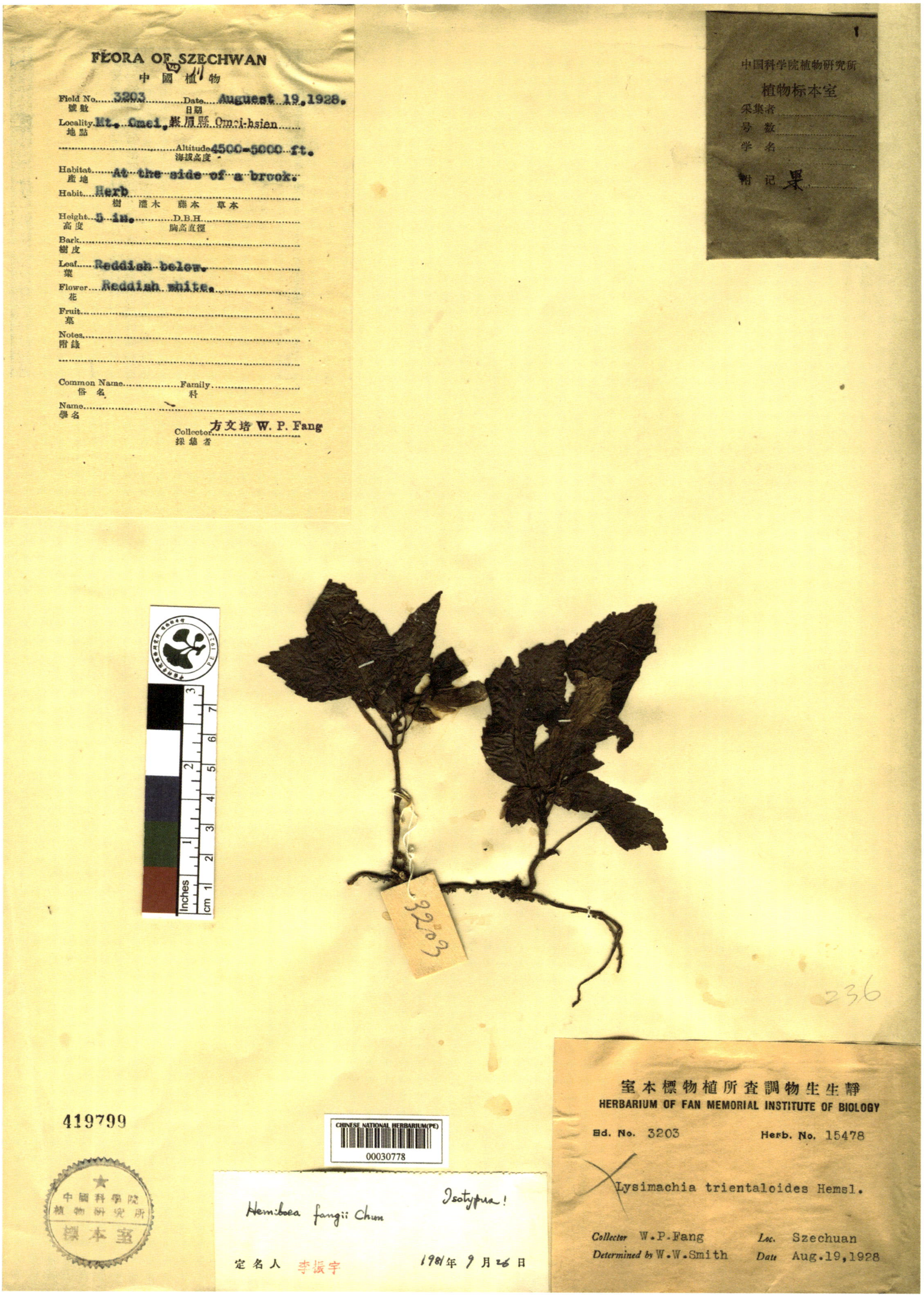

齿叶半蒴苣苔 ***Hemiboea fangii*** Chun ex Z. Y. Li in Acta Phytotax. Sin. 21(2): 197, f. 1: 8-11. 1983. **Isotype:** China. Sichuan: Emei, Emeishan, alt. 1 373~1 525 m, 1928-08-19, W. P. Fang 3203.

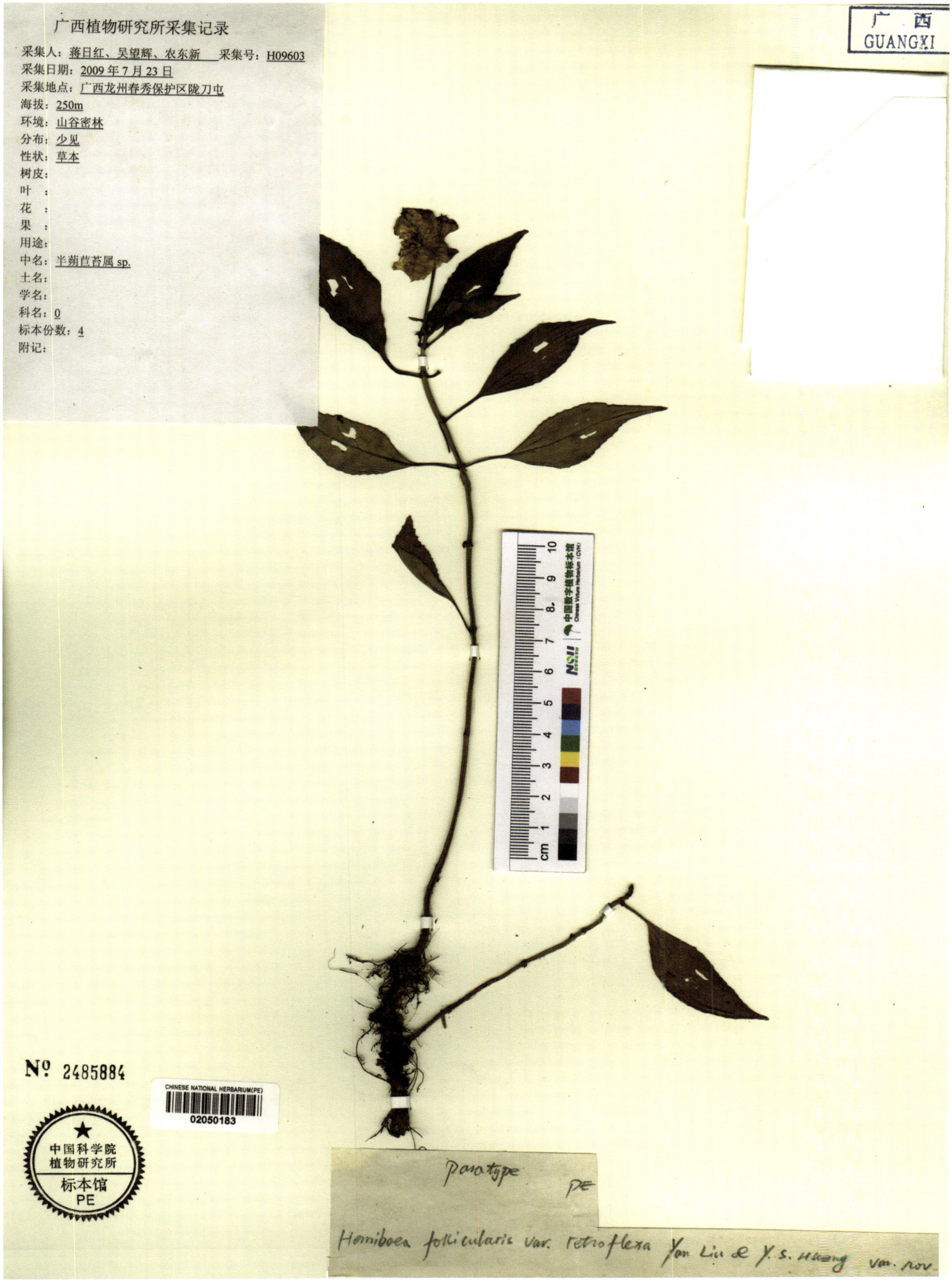

卷瓣半蒴苣苔 ***Hemiboea follicularis*** C. B. Clarke var. ***retroflexa*** Yan Liu & Y. S. Huang in Taiwania 56(3): 240, f. 1 & 2 A-D. 2011. **Paratype:** China. Guangxi: Longzhou, alt. 250 m, 2009-07-23, R. H. Jiang, W. H. Wu & D. X. Nong H09603.

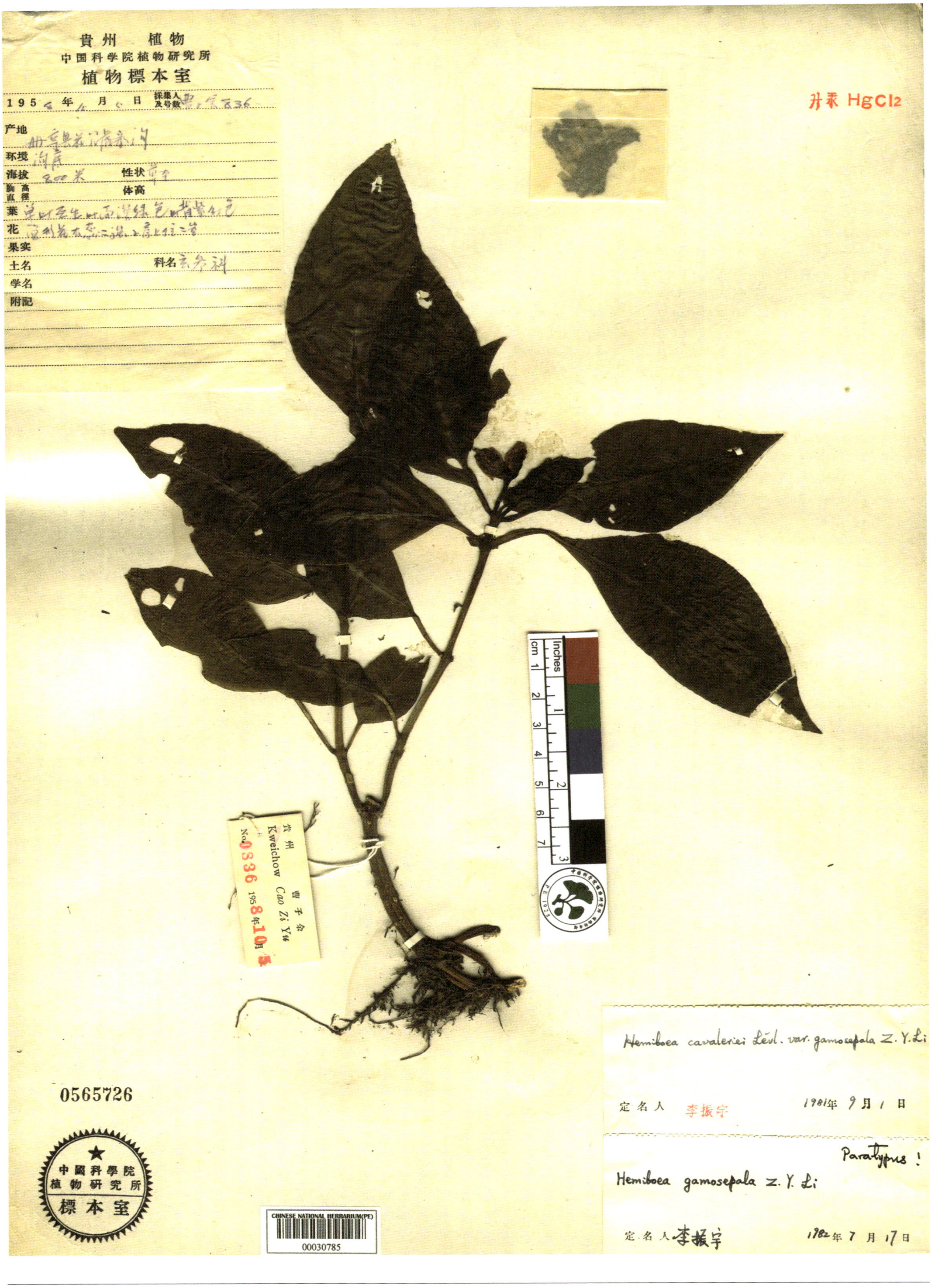

合萼半蒴苣苔 ***Hemiboea gamosepala*** Z. Y. Li in Acta Phytotax. Sin. 21(2): 202. 1983. **Paratype:** China. Guizhou: Ceheng, alt. 800 m, 1958-10-05, Z. Y. Cao 836.

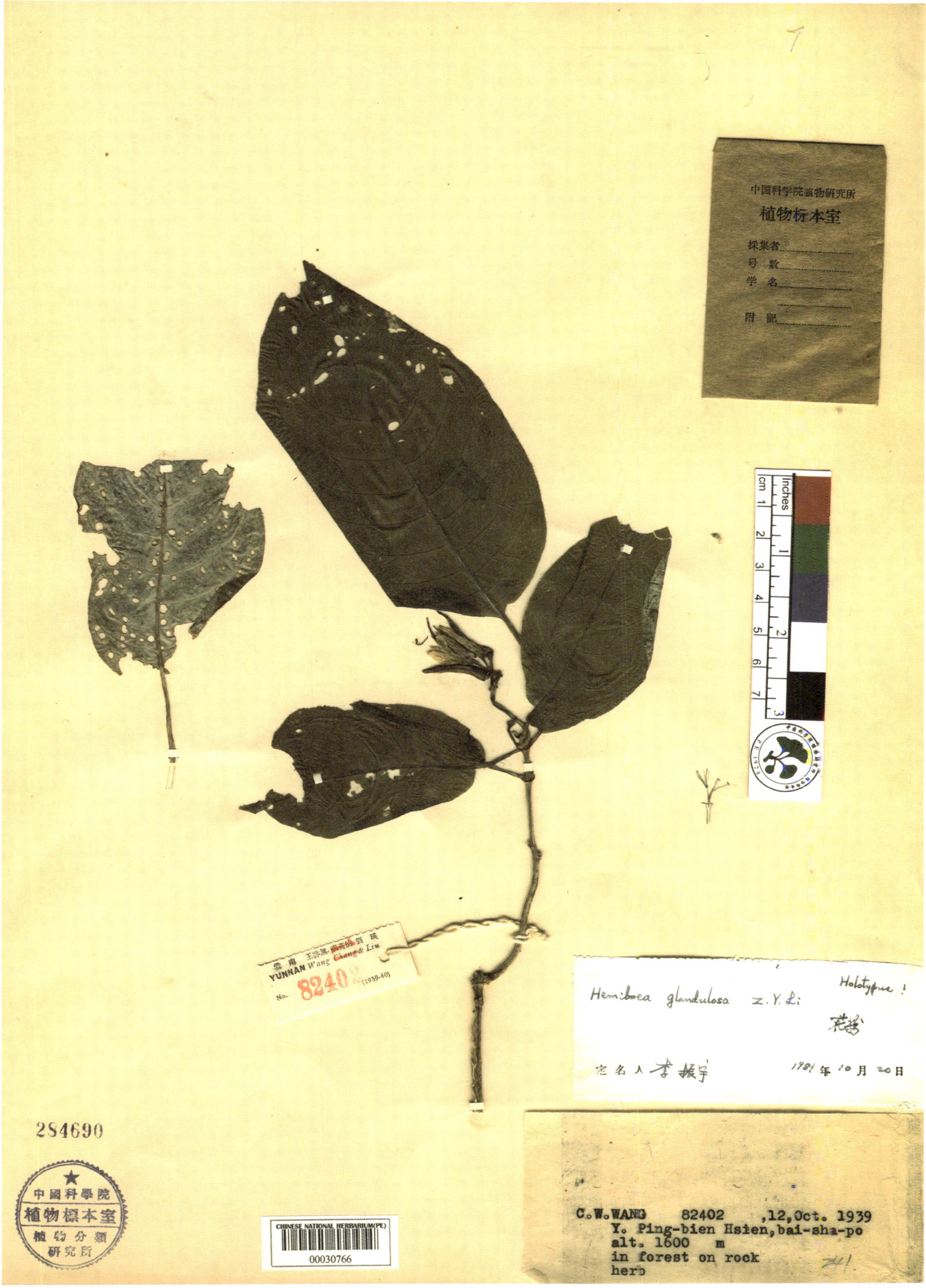

腺萼半蒴苣苔 ***Hemiboea glandulosa*** Z. Y. Li in Acta Phytotax. Sin. 21(2): 199, f. 3: 1-3. 1983. **Holotype:** China. Yunnan: Pingbian, alt. 1 600 m, 1939-10-12, C. W. Wang 82402.

毛苞半蒴苣苔 ***Hemiboea gracilis*** Franch. var. ***pilobracteata*** Z. Y. Li in Acta Phytotax. Sin. 21(2): 198. 1983. **Holotype:** China. Guizhou: Kaili, Leigongshan, 1959-09-01, S Guizhou Exped. 3867.

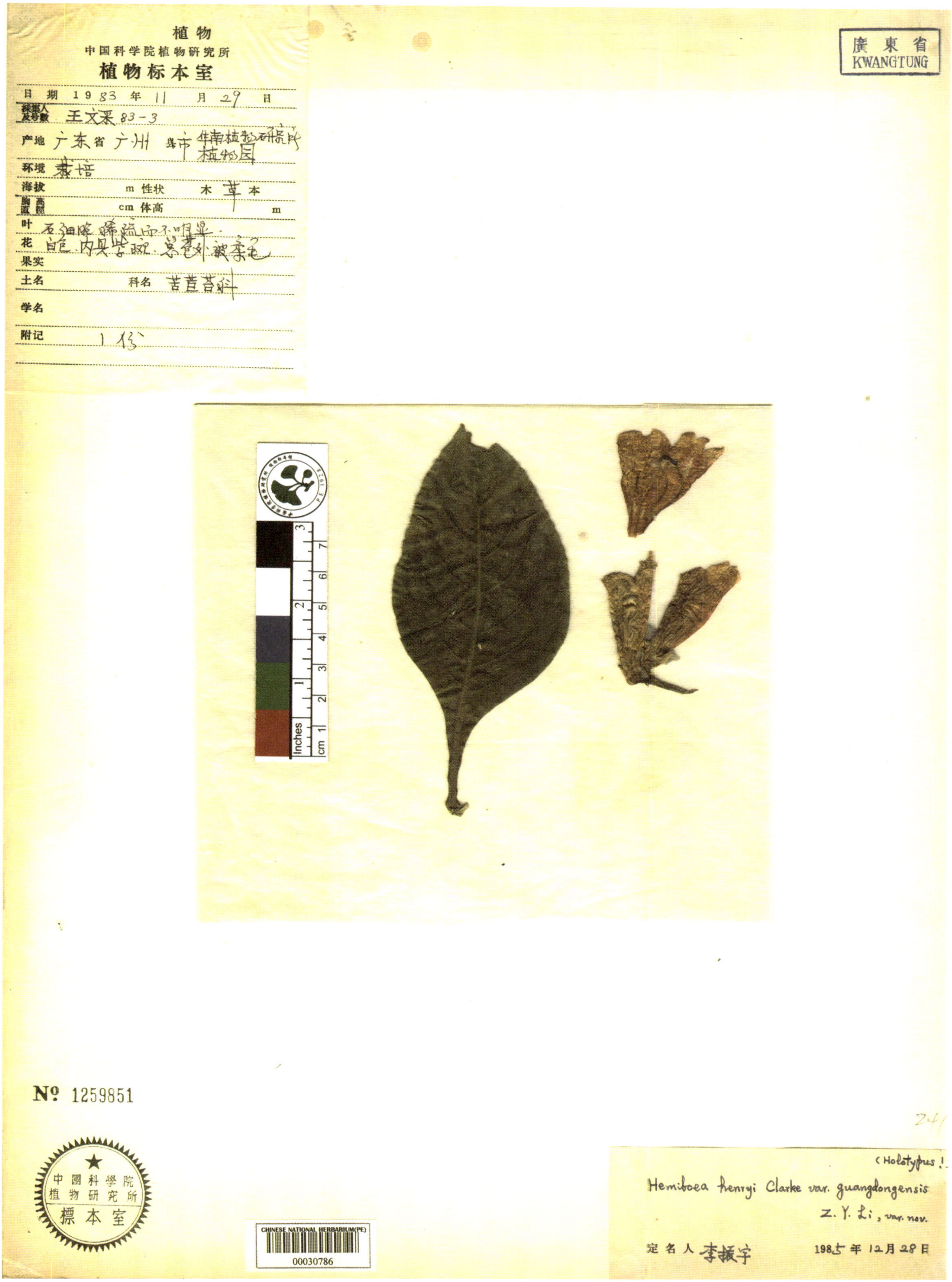

广东半蒴苣苔 ***Hemiboea henryi*** Clarke var. ***guandongensis*** Z. Y. Li in Acta Phytotax. Sin. 25(3): 225. 1987. **Holotype:** China. Guangdong: Guangzhou, cultivated, 1983-11-29, W. T. Wang 83-3.

柔毛半蒴苣苔 ***Hemiboea mollifolia*** W. T. Wang in Bull. Bot. Res., Harbin 2(2): 129. 1982. **Holotype:** China. Hubei: Laifeng, 1958-08-13, H. J. Li 4976.

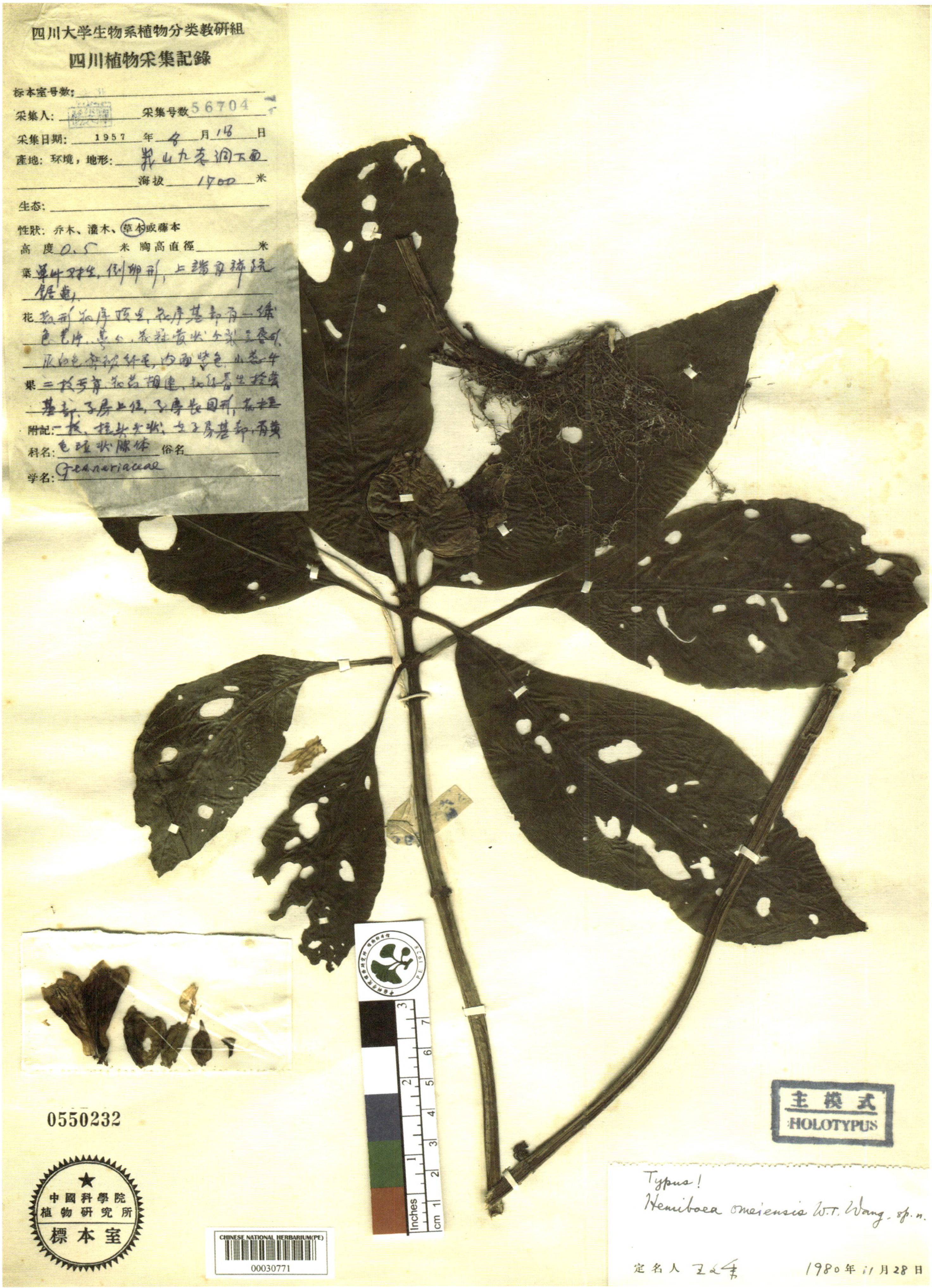

峨眉半蒴苣苔 ***Hemiboea omeiensis*** W. T. Wang in Bull. Bot. Res., Harbin 2(2): 127. 1982. **Holotype:** China. Sichuan: Emei, Emeishan, alt. 1 700 m, 1957-08-18, G. H. Yang 56704.

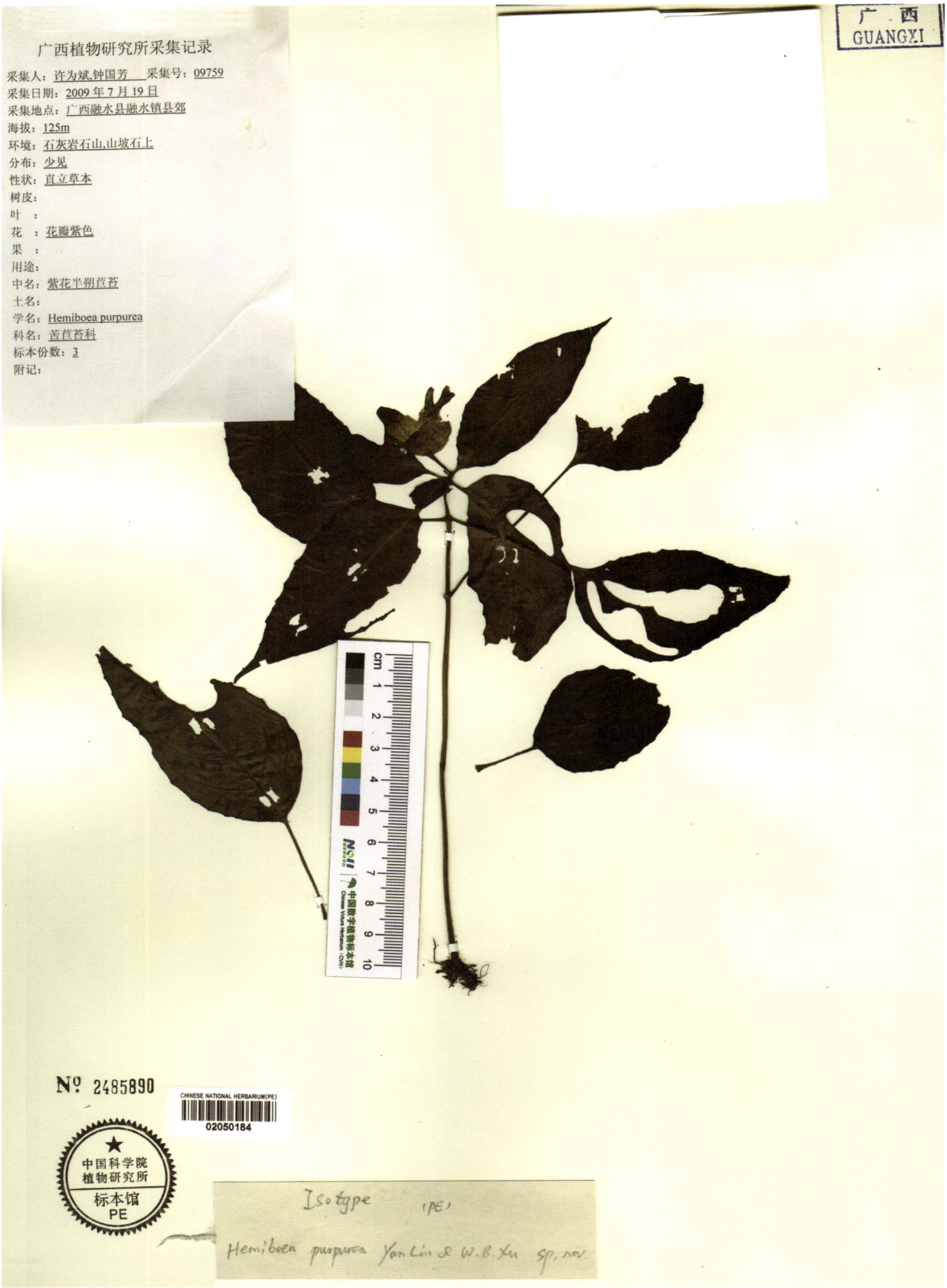

紫花半蒴苣苔 ***Hemiboea purpurea*** Yan Liu & W. B. Xu in Nordic J. Bot. 28(3): 313, f. 1, 2 A-E. 2010. **Isotype:** China. Guangxi: Rongshui, alt. 125 m, 2009-07-19, W. B. Xu & G. F. Zhong 09759.

江西半蒴苣苔 ***Hemiboea subacaulis*** Hand.-Mazz. var. ***jiangxiensis*** Z. Y. Li in Acta Phytotax. Sin. 21(2): 199. 1983.

Isotype: China. Jiangxi: Suichuan, alt. 900 m, 1963-09-29, J. S. Yue & al. 4394.

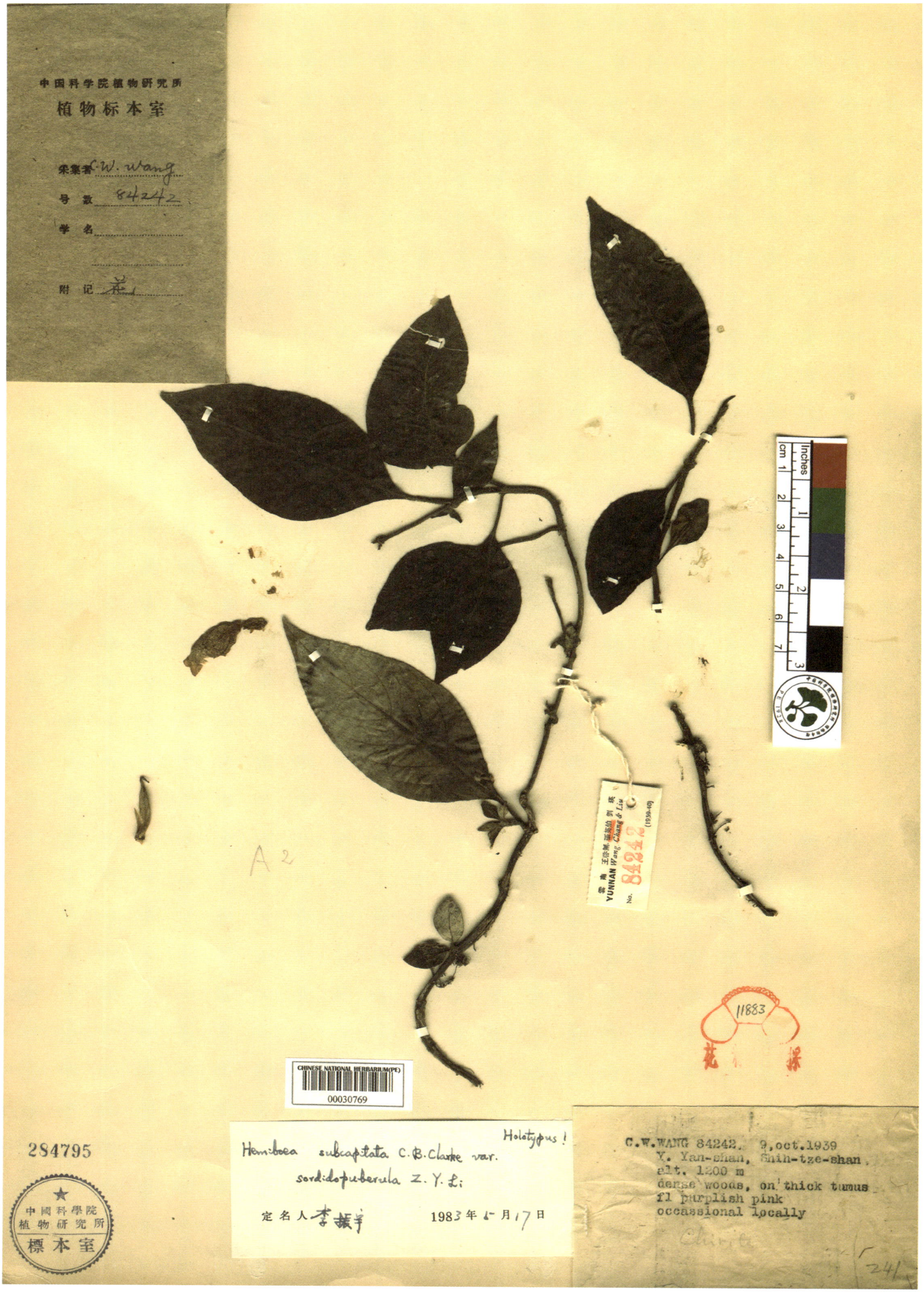

污毛降龙草 ***Hemiboea subcapitata*** Clarke var. ***sordidopuberula*** Z. Y. Li in Acta Phytotax. Sin. 25(3): 224. 1987.
Holotype: China. Yunnan: Yanshan, alt. 1 200 m, 1939-10-09, C. W. Wang 84242.

王氏半蒴苣苔 ***Hemiboea wangiana*** Z. Y. Li in A. L. Weitzman & al., Novon 7(4): 429. 1997. **Holotype:** China. Yunnan: Gejiu, alt. 280 m, 1993-12-24, Y. M. Shui 004004.

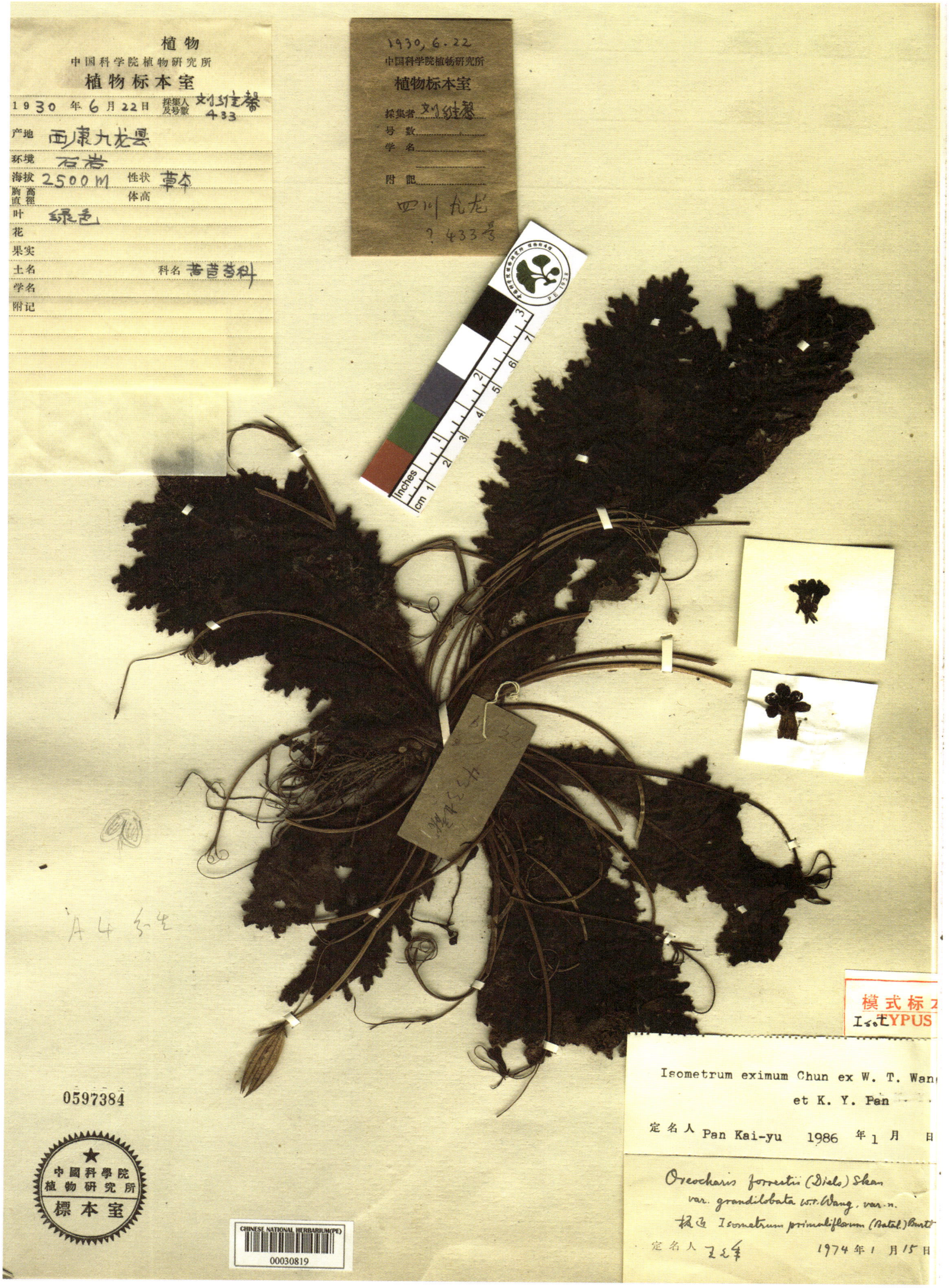

多裂金盏苣苔 ***Isometrum eximium*** Chun ex K. Y. Pan in Acta Phytotax. Sin. 26(6): 432, f. 4. 1988. **Isotype:** China. Sichuan: Jiulong, alt. 2 500 m, 1930-06-22, W. X. Liu 433.

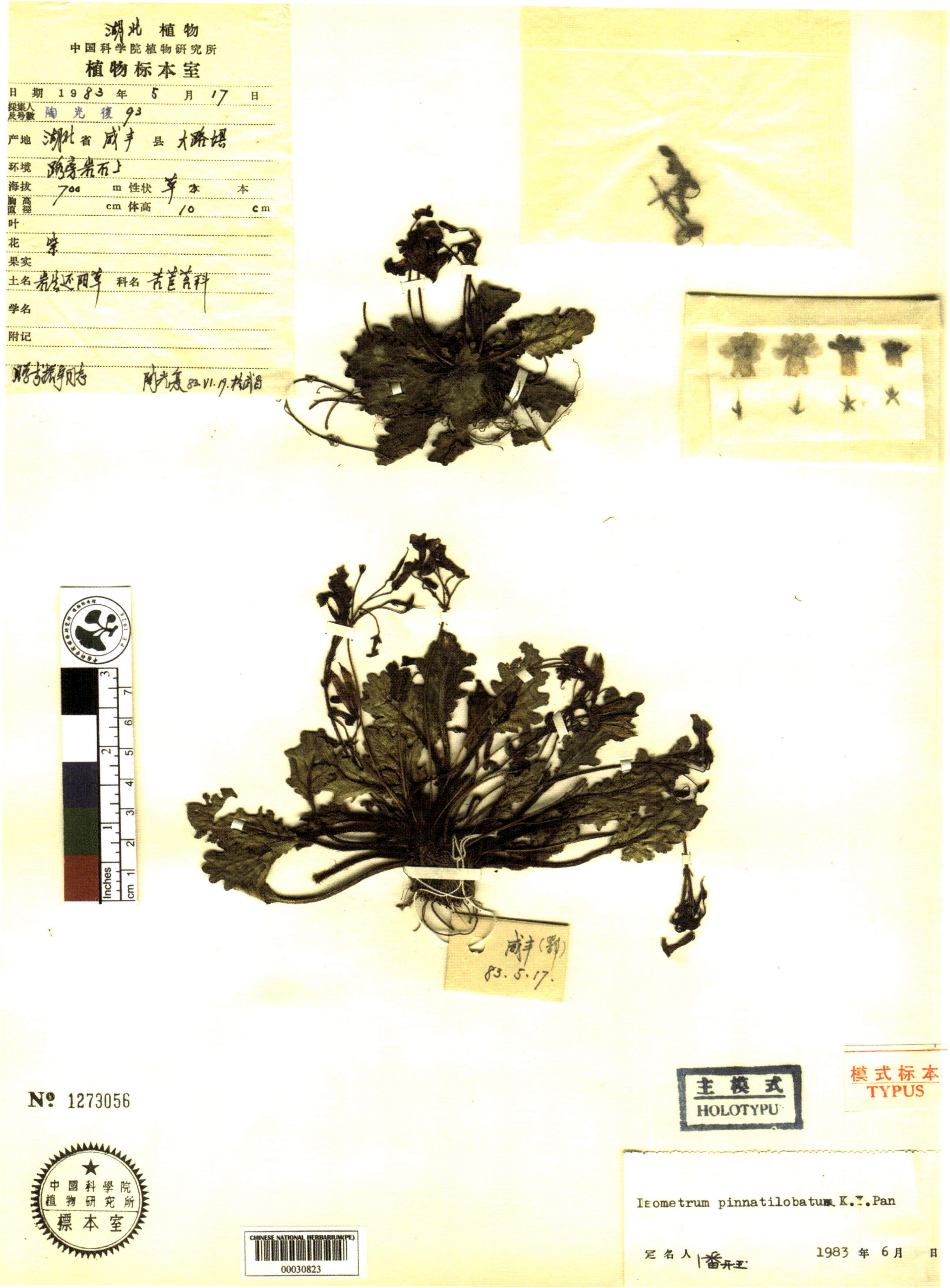

裂叶金盏苣苔 ***Isometrum pinnatilobatum*** K. Y. Pan in Acta Bot. Yunnan. 8(1): 34, f. 2: 1-4. 1986. **Holotype:** China. Hubei: Xianfeng, alt. 700 m, 1983-05-17, G. F. Tao 93.

四川金盏苣苔 ***Isometrum sichuanicum*** K. Y. Pan in Acta Bot. Yunnan. 8(1): 33, f. 3: 5-7. 1986. **Isotype:** China. Sichuan: Maowen, 1952-06-25, Z He 12955.

柔毛金盏苣苔 ***Isometrum villosum*** K. Y. Pan in Acta Bot. Yunnan. 8(1): 31, f. 3: 1-4. 1986. **Holotype:** China. Chongqing: Shizhu, alt. 600 m, 1979-04-19, S. X. Tan 0117.

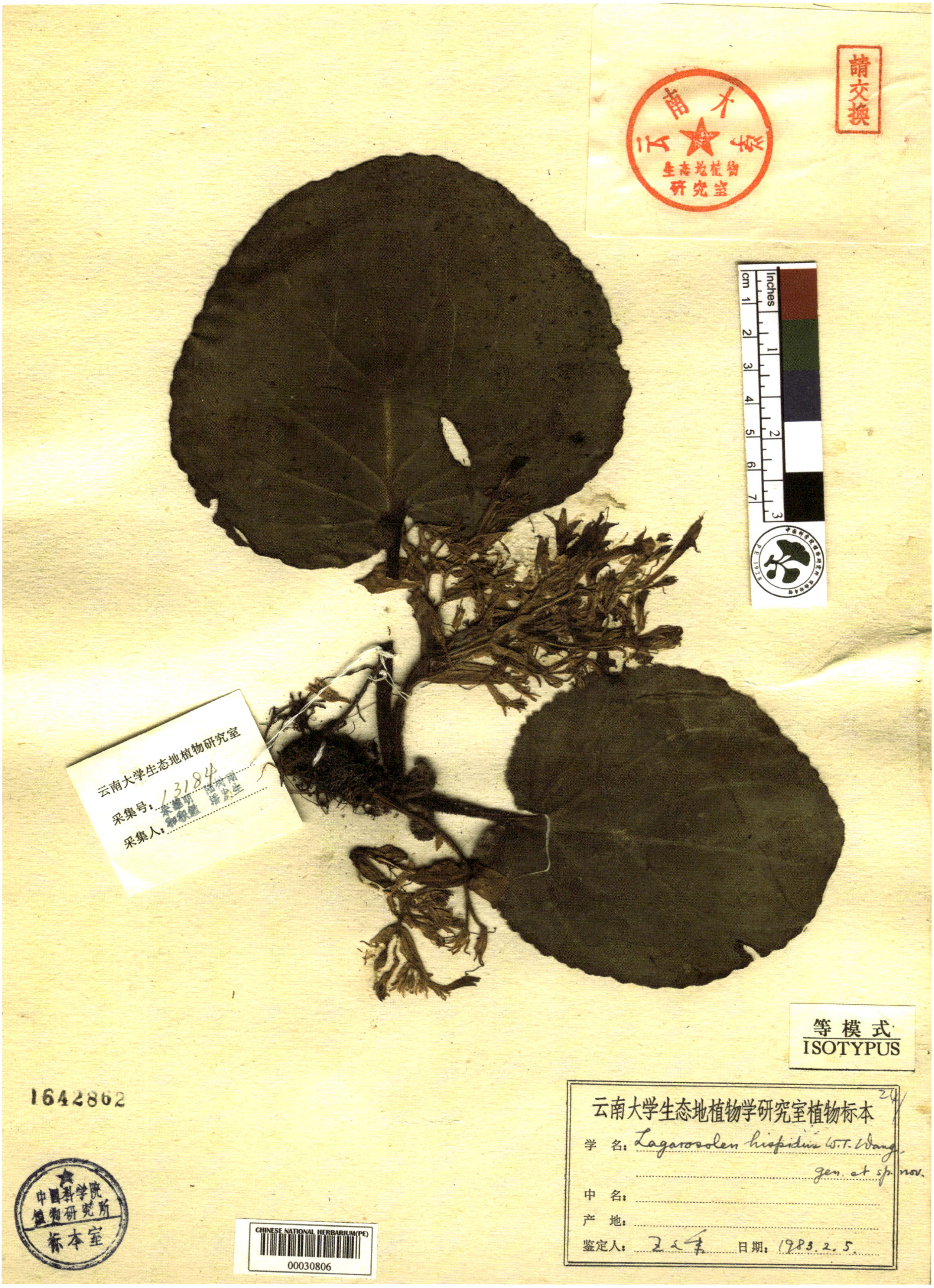

细筒苣苔 ***Lagarosolen hispidus*** W. T. Wang in Acta Bot. Yunnan. 6(1): 12, f. 1. 1984. **Isotype:** China. Yunnan: Xichou, alt. 1 500 m, 1981-08-11, W. M. Chu & al. 13184.

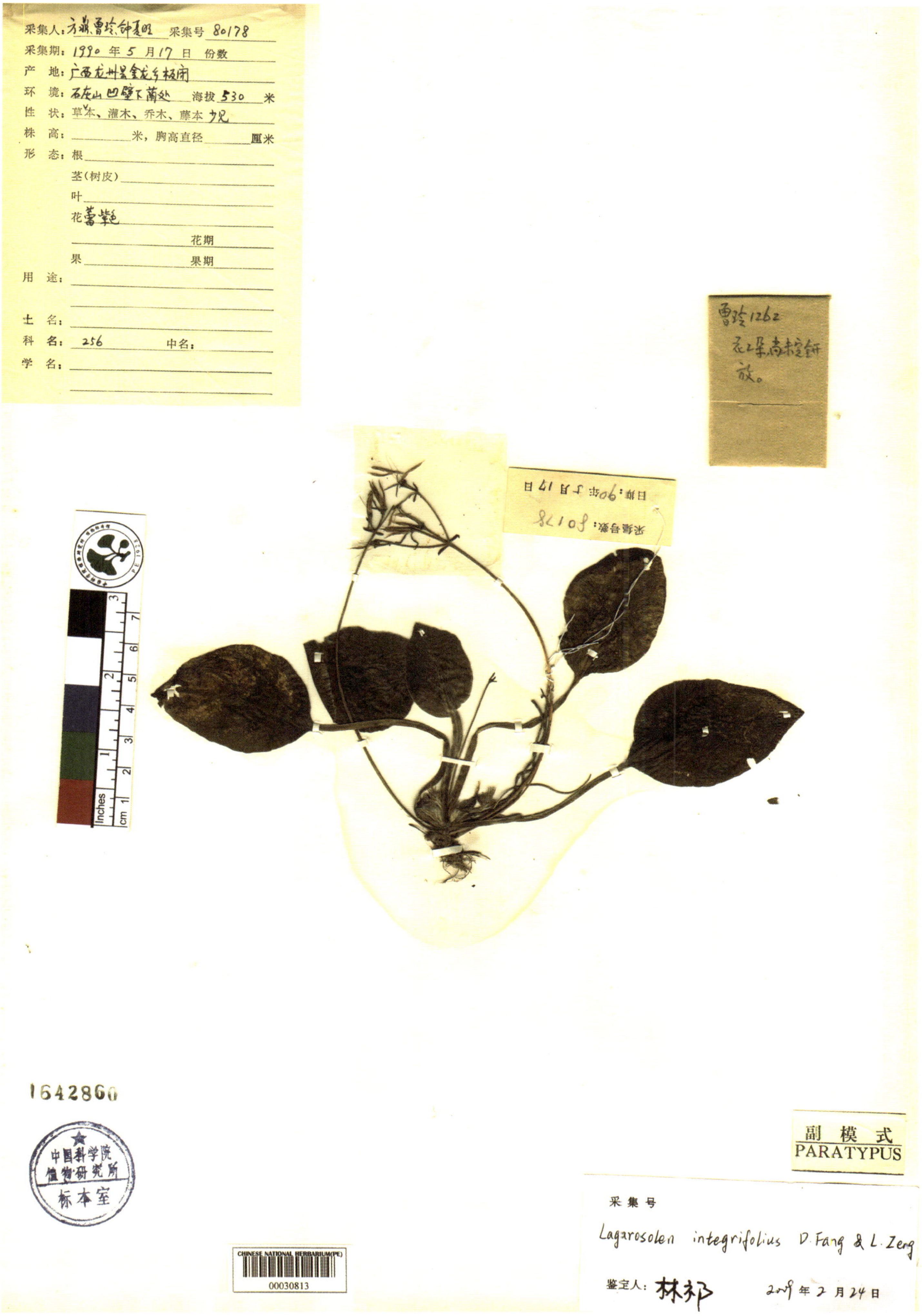

全缘叶细筒苣苔 ***Lagarosolen integrifolius*** D. Fang & L. Zeng in Acta Phytotax. Sin. 31(5): 463, f. 1: 1-4. 1993. **Paratype:** China. Guangxi: Longzhou, alt. 530 m, 1990-05-17, D. Fang , L. Zeng & X. M. Zhong 80178.

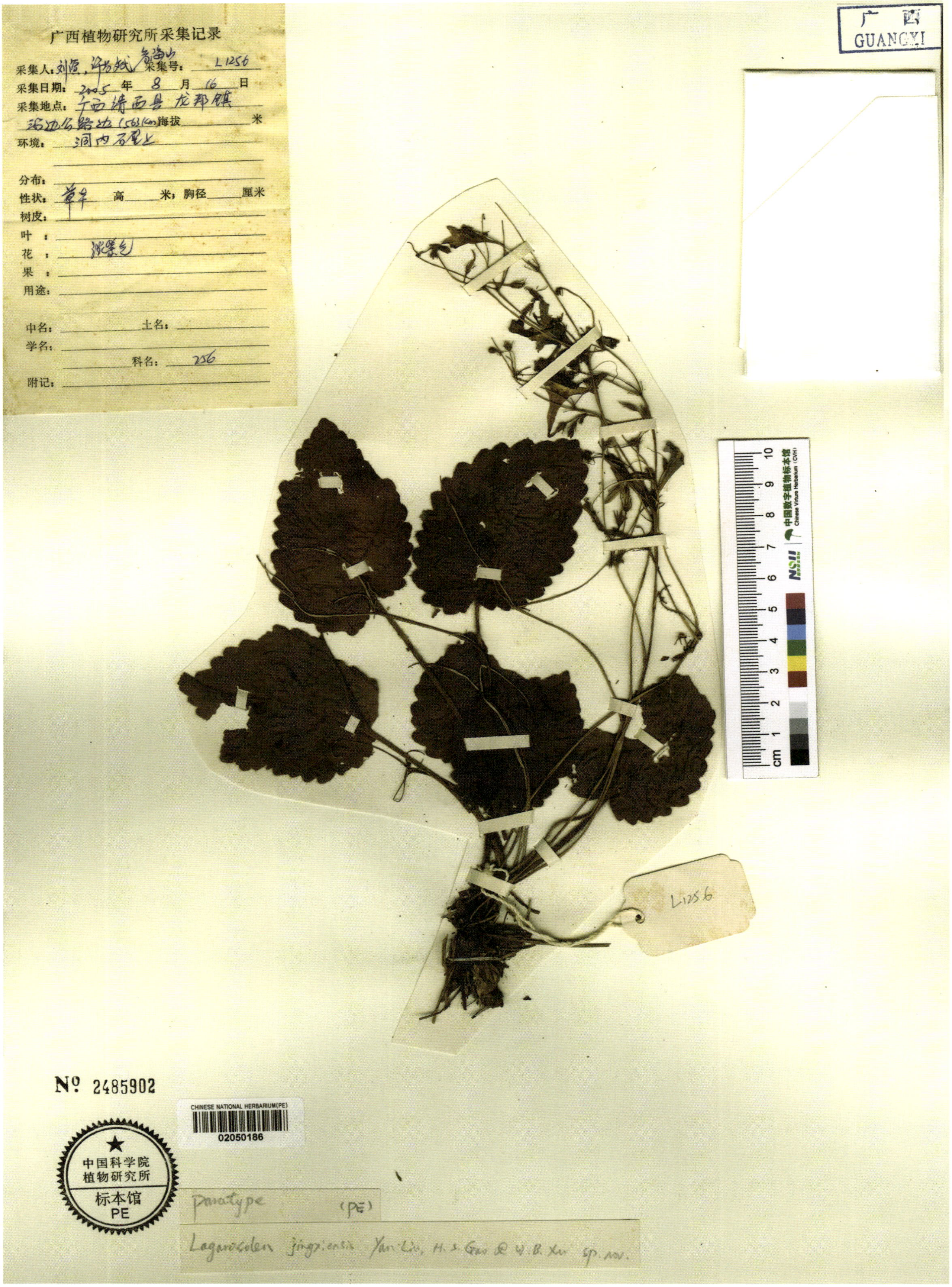

靖西细筒苣苔 ***Lagarosolen jingxiensis*** Yan Liu, H. S. Gao & W. B. Xu in J. Trop. & Subtrop. Bot. 16(3): 274, f. 1. 2008.
Paratype: China. Guangxi: Jingxi, 2005-08-16, Y. Liu, W. B. Xu & H. S. Gao L1256.

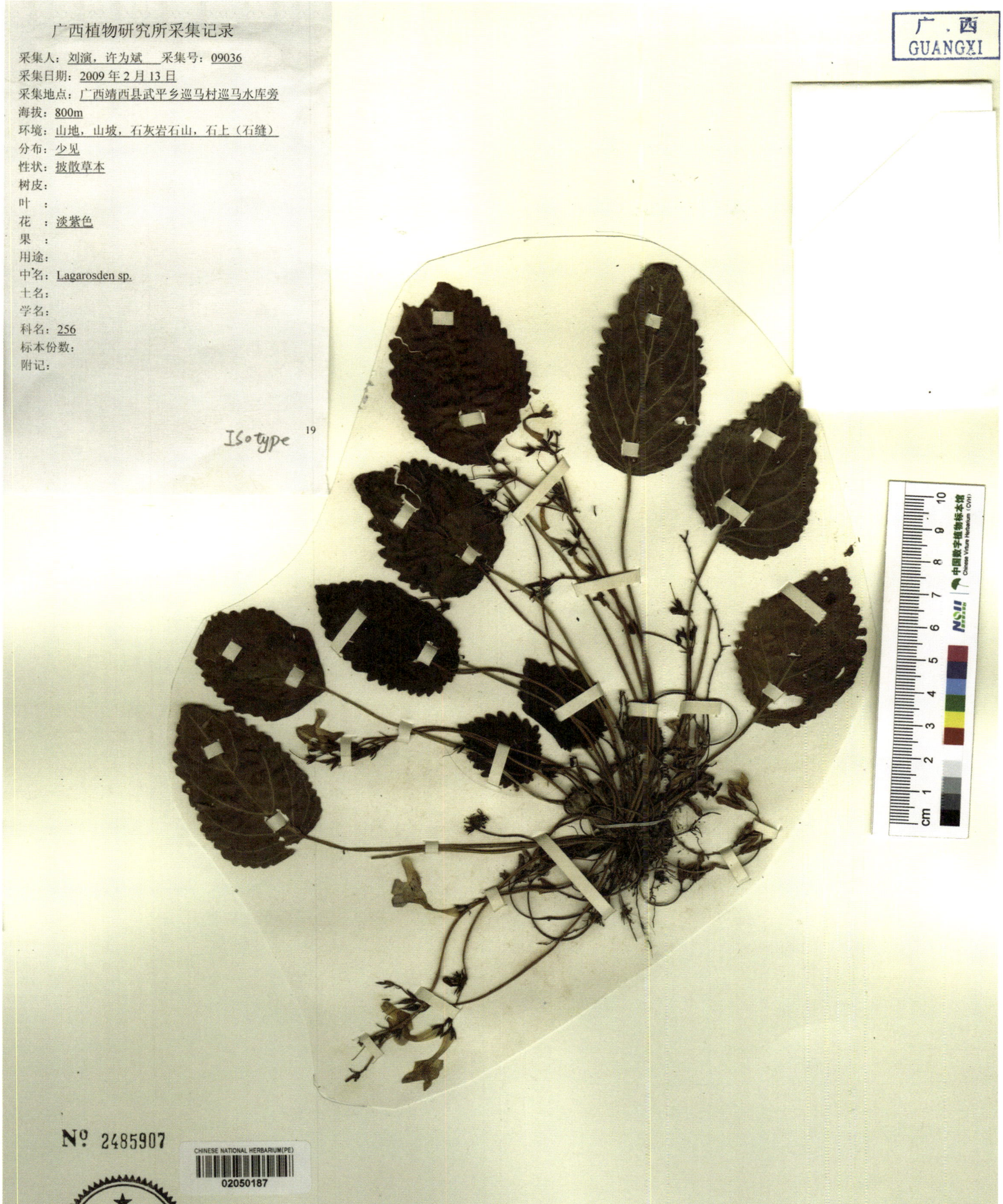

陆氏细筒苣苔 ***Lagarosolen lui*** Yan Liu & W. B. Xu in J. Wuhan Bot. Res. 28(1): 7, f. 1. 2010. **Isotype:** China. Guangxi: Jingxi, alt. 800 m, 2009-02-13, Y. Liu & W. B. Xu 09036.

凹柱苣苔 ***Litostigma coriaceifolium*** Y. G. Wei, F. Wen & M. Möller in Edinburgh Journ. Bot. 67(1): 179, f. 1, 3A-C, 4. 2010. **Isotype:** China. Guizhou: Xingyi, 2007-04-24, Y. G. Wei & F. Wen 0101.

齿萼紫花苣苔 ***Loxostigma fimbrisepalum*** K. Y. Pan in Bull. Bot. Res., Harbin 2(2): 143. 1982. **Paratype:** China. Yunnan: Malipo, alt. 1 400~1 600 m, 1947-11-06, K. M. Feng 12924.

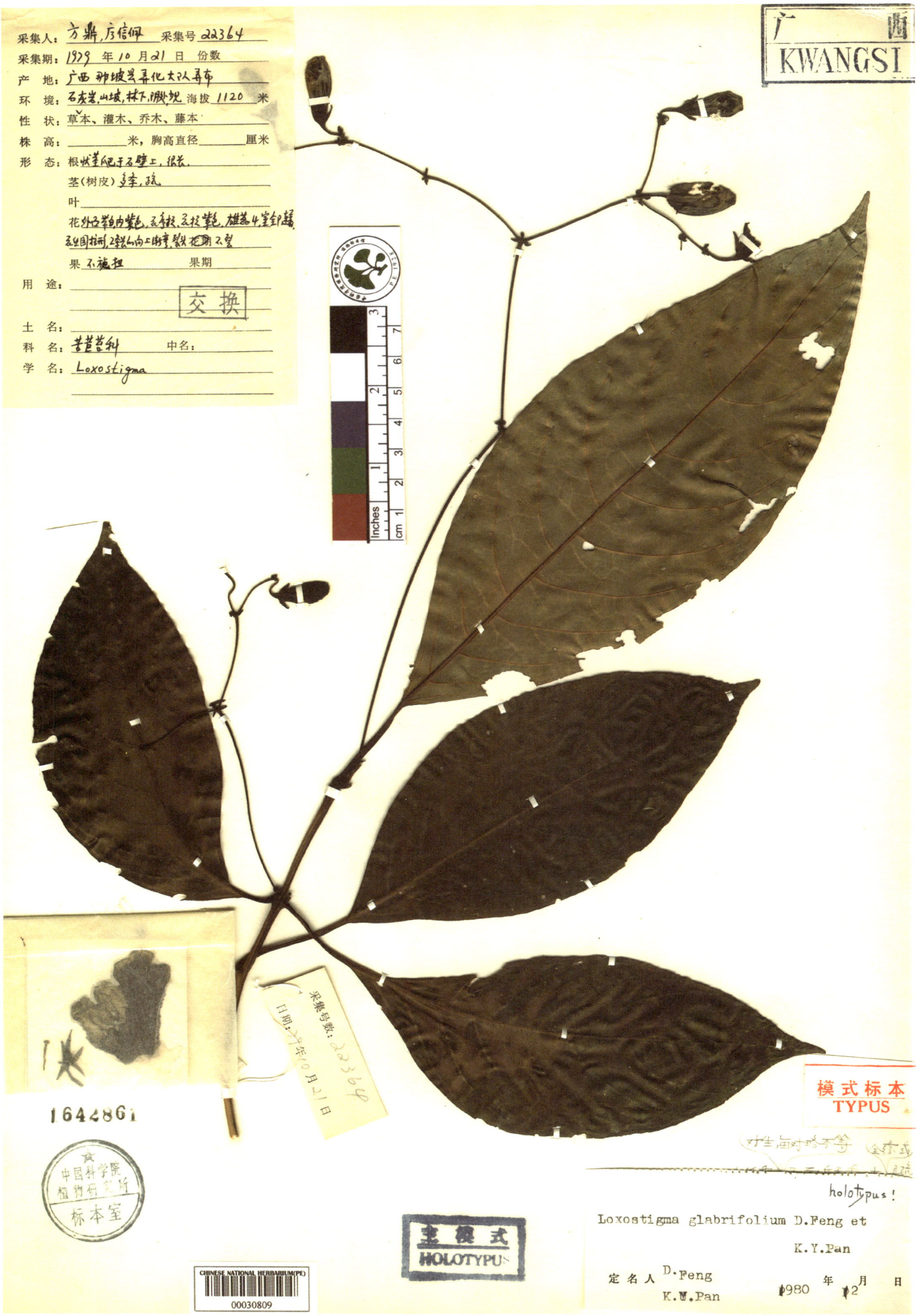

光叶紫花苣苔 ***Loxostigma glabrifolium*** D. Fang & K. Y. Pan ex W. T. Wang & K. Y. Pan in Bull. Bot. Res., Harbin 2(2): 140. 1982. **Holotype:** China. Guangxi: Napo, alt. 1 120 m, 1979-10-21, D. Fang & X. P. Liao 22364.

桂黔吊石苣苔 ***Lysiontus aeschynanthoides*** W. T. Wang in Guihaia 3(4): 265, pl. 4: 7-9. 1983. **Paratype:** China. Guangxi: Nanning, cultivated, from Shanglin, 1981-06-19, D. Fang & D. H. Qin 79441.

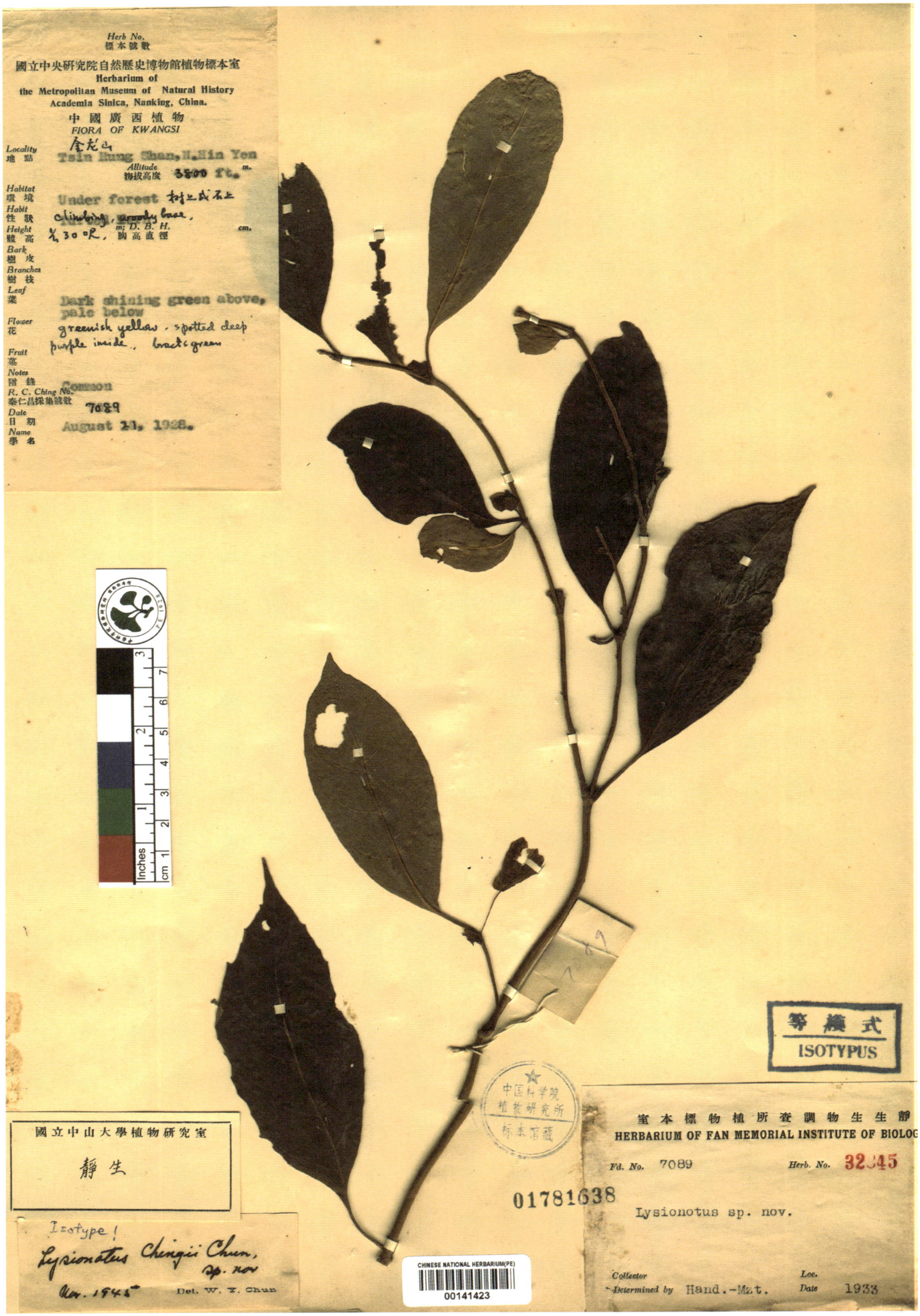

攀缘吊石苣苔 ***Lysionotus chingii*** Chun ex W. T. Wang in Guihaia 3(4): 279, f. 4: 1-6. 1983. **Isotype:** China. Guangxi: Lingyun, alt. 1 160 m, 1928-08-21, R. C. Ching 7089.

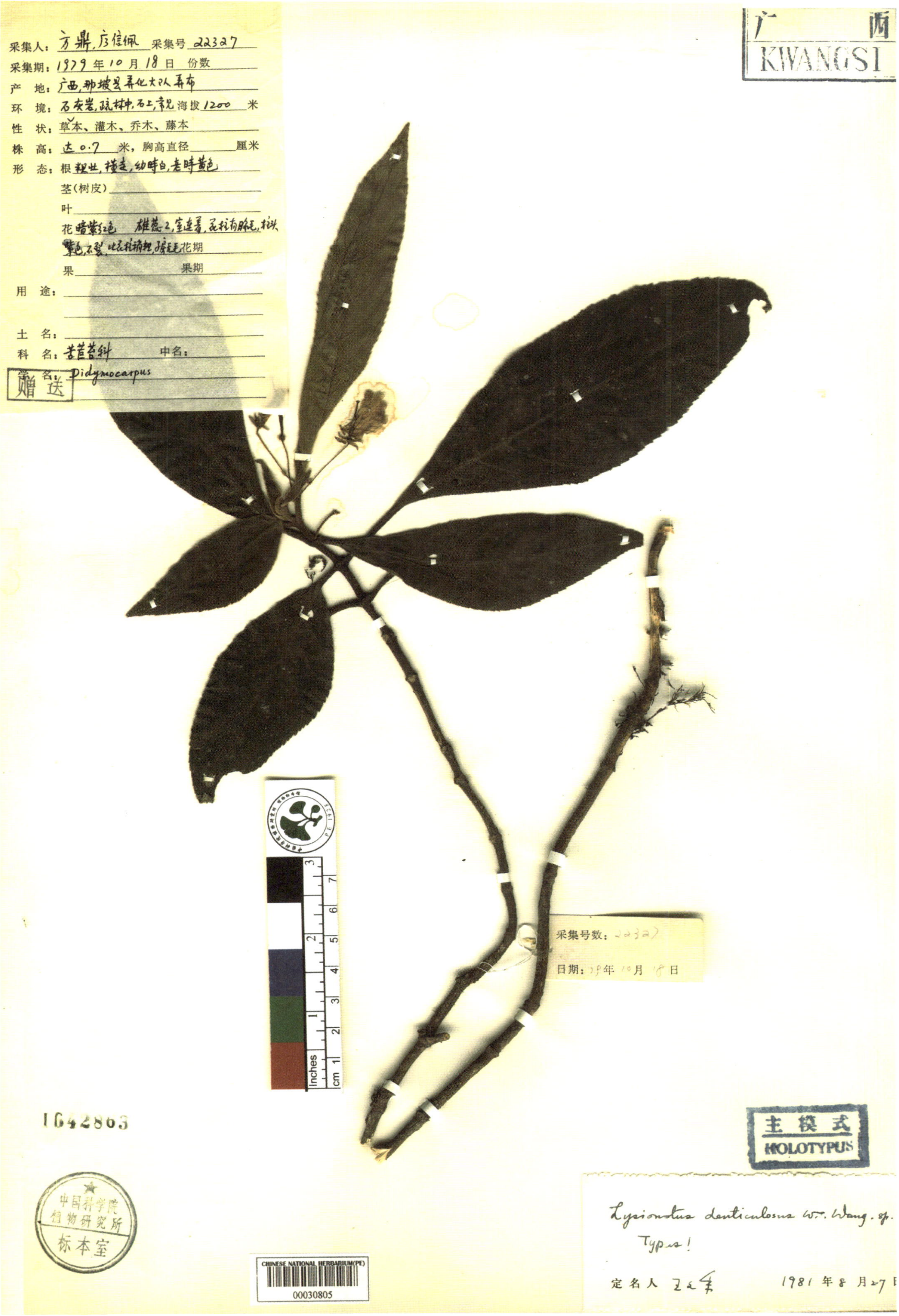

多齿吊石苣苔 ***Lysionotus denticulosus*** W. T. Wang in Guihaia 3(4): 264, f. 2: 10. 1983. **Holotype:** China. Guangxi: Napo, alt. 1 200 m, 1979-10-18, D. Fang & X. P. Liao 22327.

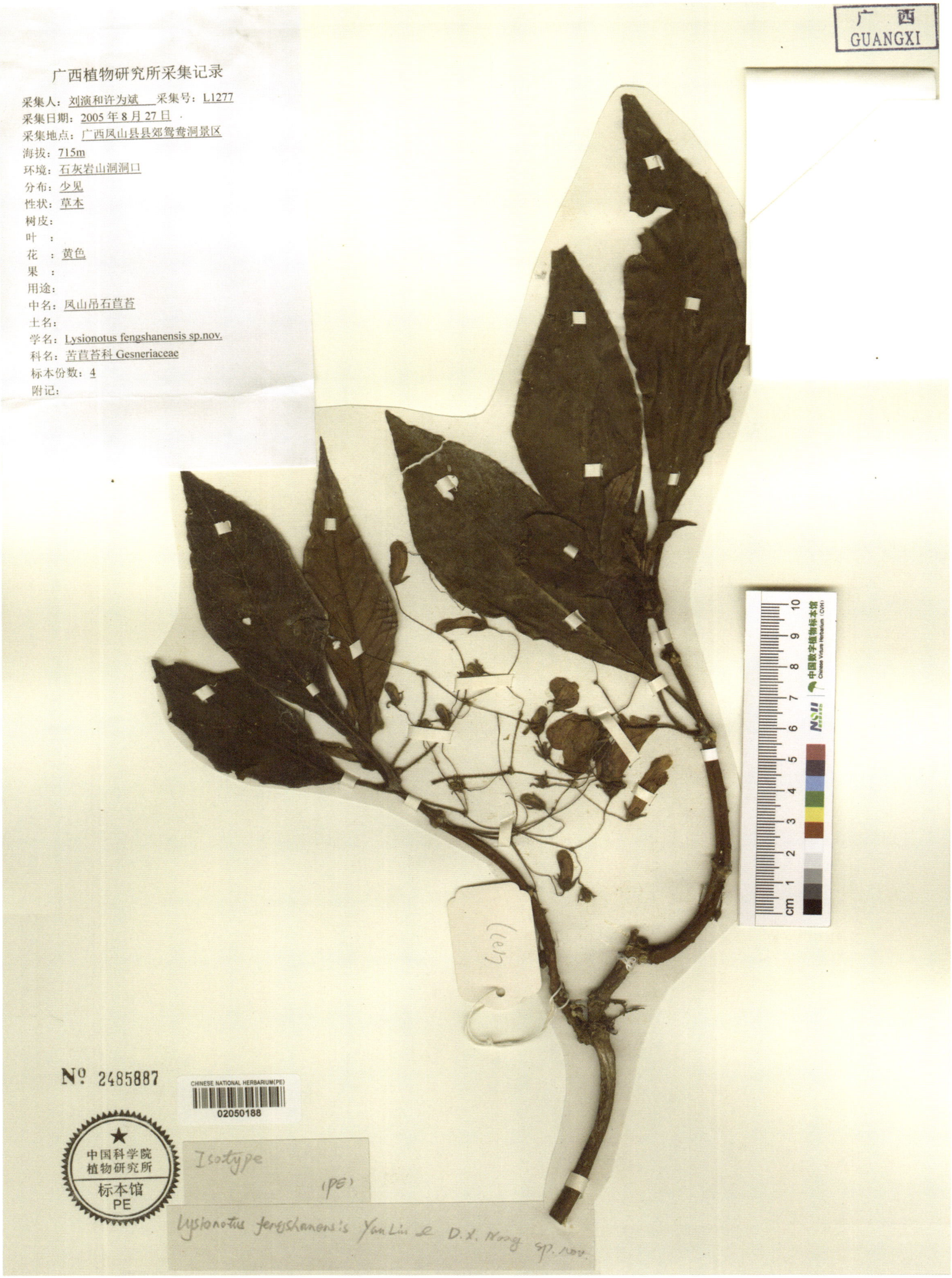

凤城吊石苣苔 ***Lysionotus fengshanensis*** Yan Liu & D. X. Nong in Nordic J. Bot. 28(6): 720, f. 1, 2A-D. 2010. **Isotype:** China. Guangxi: Fengshan, alt. 715 m, 2005-08-27, Y. Liu & W. B. Xu L1277.

合萼吊石苣苔 *Lysionotus gamosepalus* W. T. Wang in Guihaia 3(4): 278, f. 4: 10-15. 1983. **Holotype:** China. Xizang: Mêdog, alt. 1 200 m, 1980-06-29, W. L. Chen 10754.

海南吊石苣苔 ***Lysionotus hainanensis*** Merr. & Chun in Sunyatsenia 2: 321, f. 45. 1935. **Isotype:** China. Hainan: Qiongzhong, Wuzhishan, alt. 1 300 m, 1932-10-26, N. K. Chun 44171.

龙胜吊石苣苔 ***Lysionotus heterophyllus*** Franch. var. ***lasianthus*** W. T. Wang in Guihaia 3(4): 267. 1983. **Isotype:** China. Guangxi: Longsheng, alt. 1 070 m, 1955-07-20, Guangfu. For. Exped. 00690.

毛叶吊石苣苔 ***Lysionotus heterophyllus*** Franch. var. ***mollis*** W. T. Wang in Acta Phytotax. Sin. 13(2): 69. 1975. **Holotype:** China. Sichuan: Emei, Emeishan, alt. 1 700 m, 1935-07-26, T. H. Tu 512.

广西吊石苣苔 ***Lysionotus kwangsiensis*** W. T. Wang in Acta Phytotax. Sin. 13(2): 68. 1975. **Holotype:** China. Guangxi: Rongshui, alt. 1 360 m, 1958-07-21, S. H. Chun 15021.

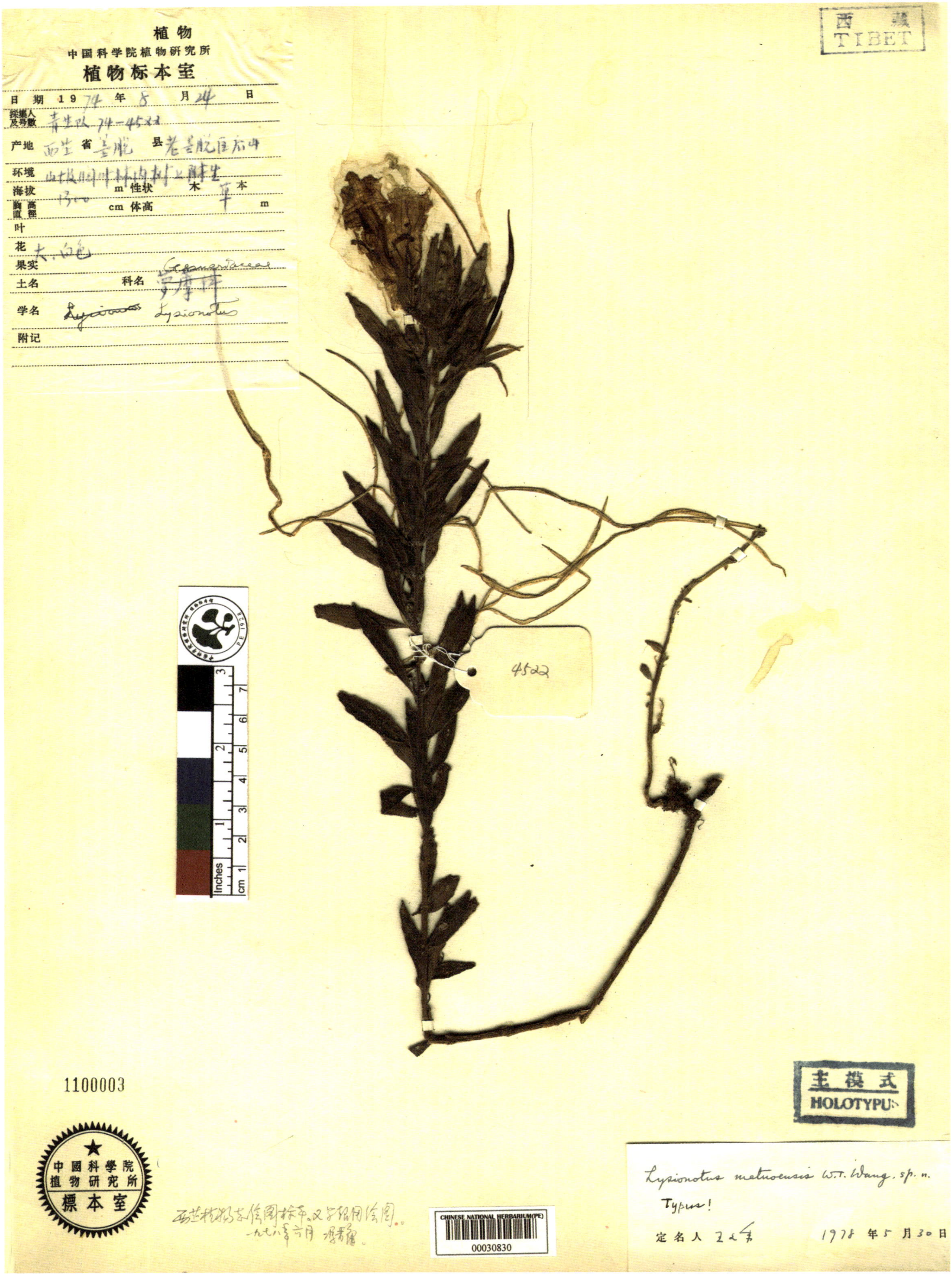

墨脱吊石苣苔 ***Lysionotus metuoensis*** W. T. Wang in Acta Phytotax. Sin. 17(1): 110, f. 1: 3. 1979. **Holotype:** China. Xizang: Mêdog, alt. 1 300 m, 1974-08-24, Qinghai-Xizang Exped. 74-4522.

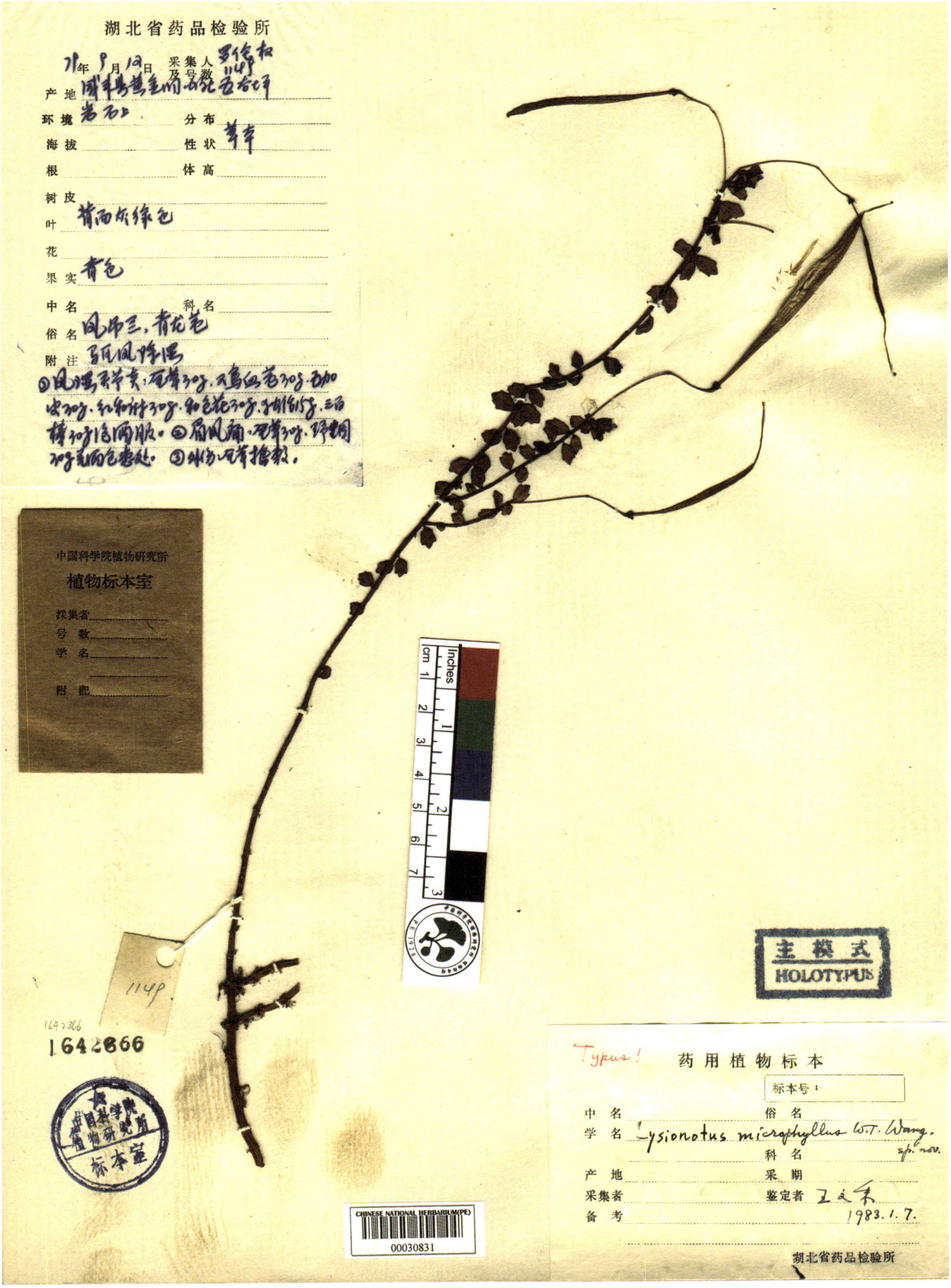

小叶吊石苣苔 ***Lysionotus microphyllus*** W. T. Wang in Guihaia 3(4): 270, f. 1: 3-4. 1983. **Holotype:** China. Hubei: Xianfeng, 1979-09-12, L. Q. Luo 1149.

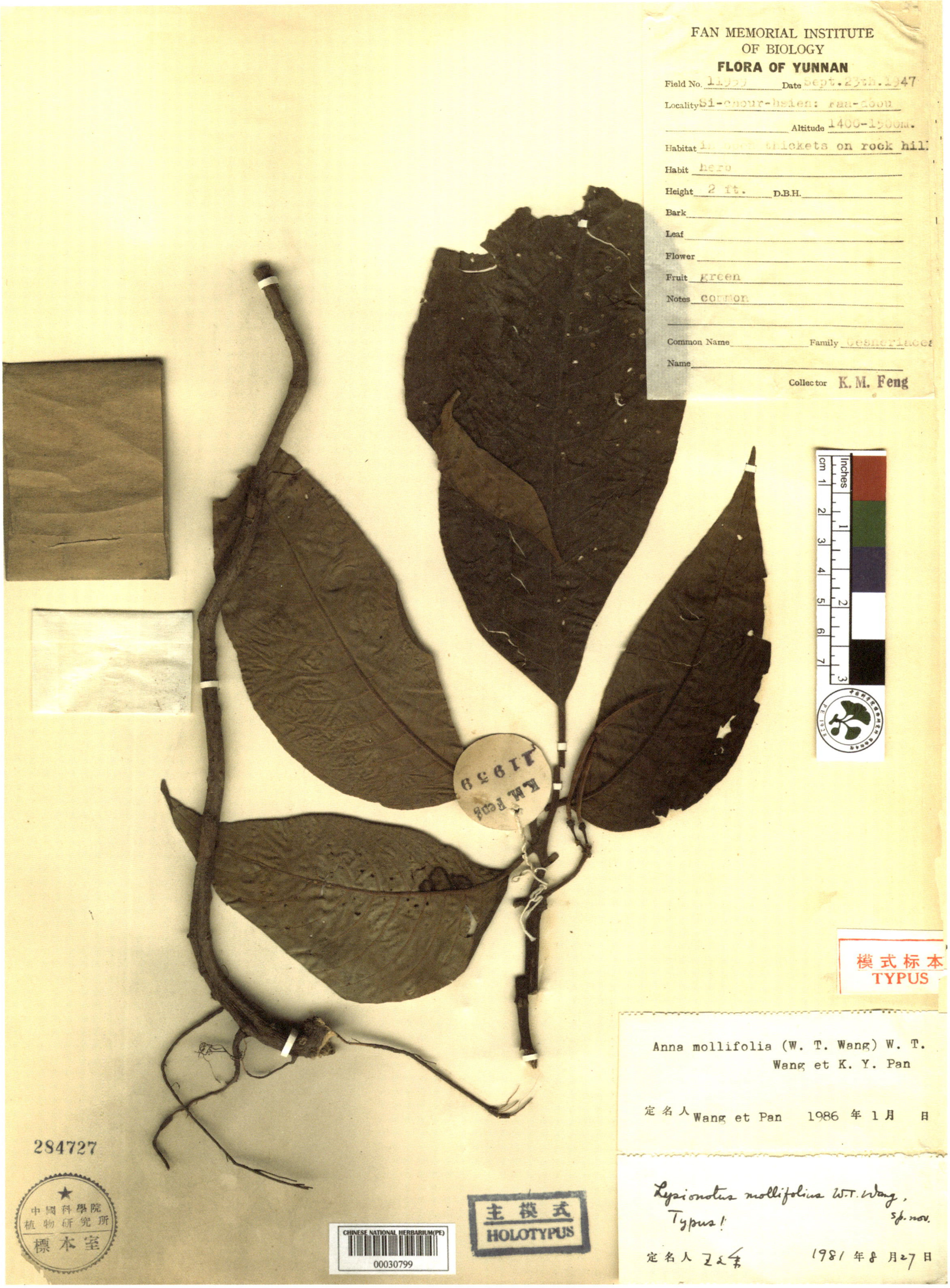

软叶吊石苣苔 ***Lysionotus mollifolius*** W. T. Wang in Guihaia 3(4): 262. 1983. **Holotype:** China. Yunnan: Xichou, alt. 1 400~1 500 m, 1947-09-23, K. M. Feng 11959.

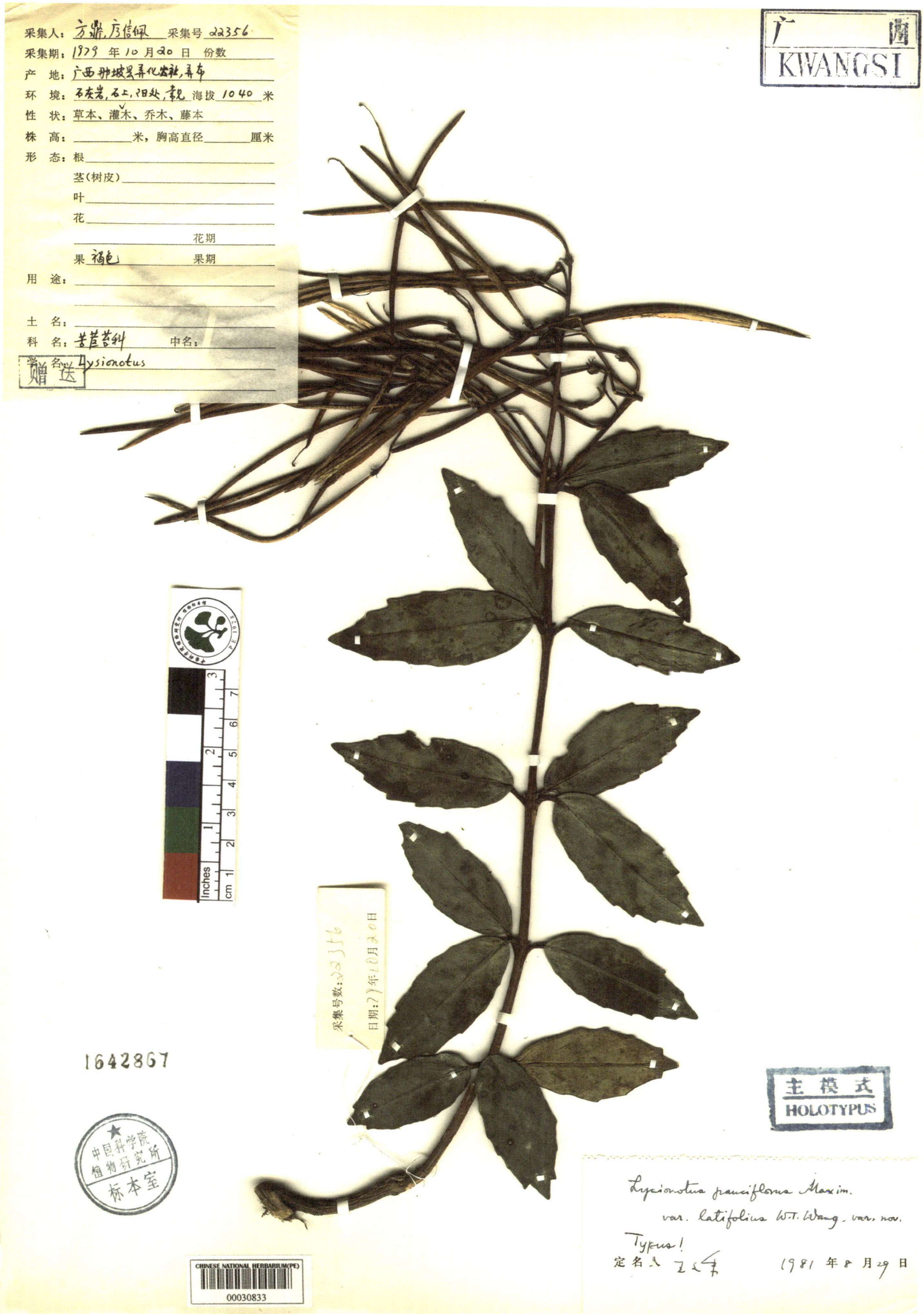

宽叶吊石苣苔 ***Lysionotus pauciflorus*** Maxim. var. ***latifolius*** W. T. Wang in Guihaia 3(4): 275. 1983. **Holotype:** China. Guangxi: Napo, alt. 1 040 m, 1979-10-20, D. Fang & X. P. Liao 22356.

桑植吊石苣苔 *Lysionotus sangzhiensis* W. T. Wang in Guihaia 6(3): 164, f. 2: 1-4. 1986. **Isotype:** China. Hunan: Sangzhi, alt. 1 381 m, 1983-08-07, Hunan-Guizhou Exped. 3305.

单座苣苔 ***Metabriggsia ovalifolia*** W. T. Wang in Guihaia 3(1): 2. 1983. **Isotype:** China. Guangxi: Napo, 1979-10-20, D. Fang & X. P. Liao 22343.

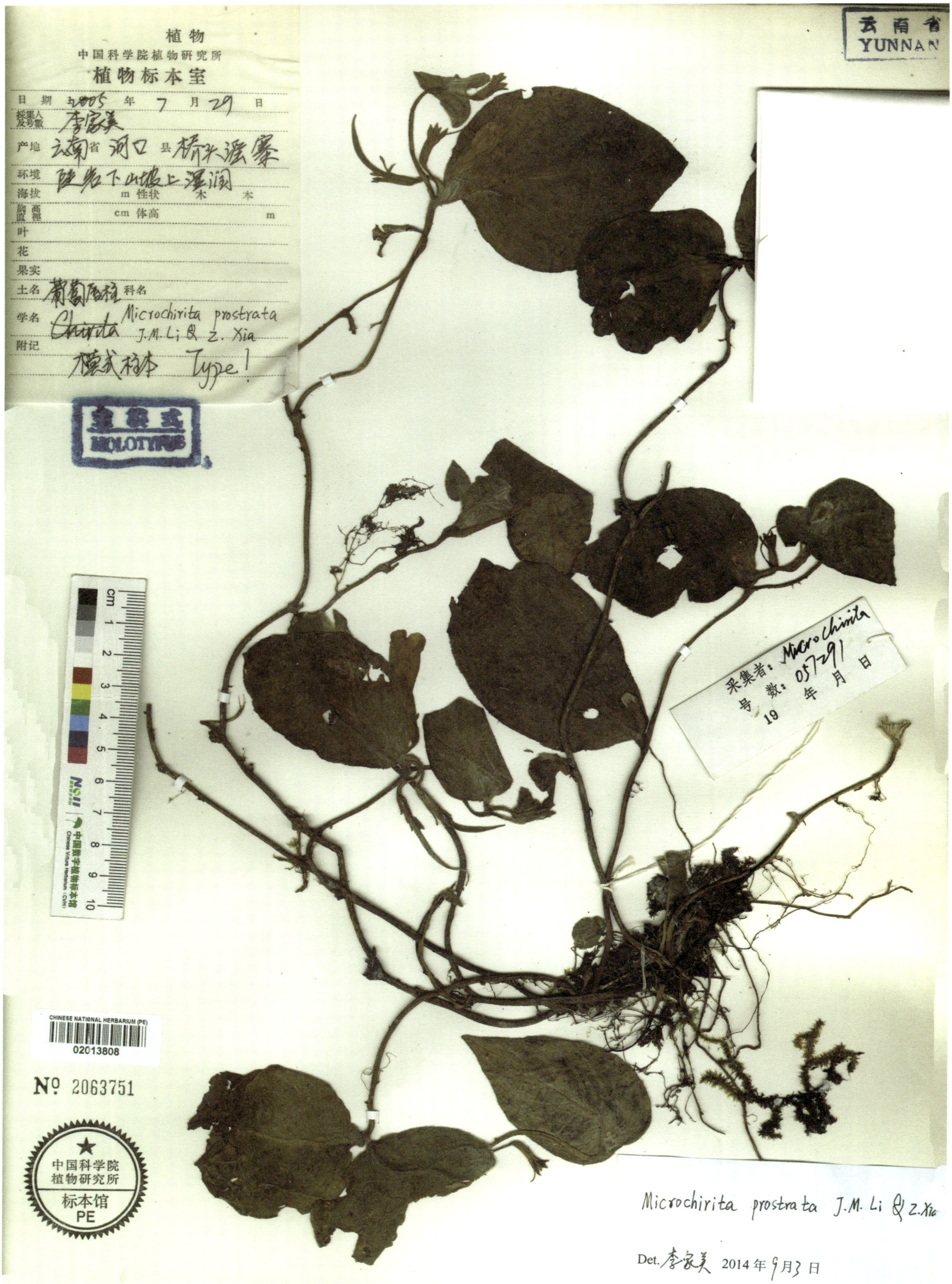

匍匐钩序苣苔 ***Microchirita prostrata*** J. M. Li & Z. Xia in J. Syst. Evol. 50(6): 576. 2012. **Holotype:** China. Yunnan: Hekou, alt. 200 m, 2005-07-29, J. M. Li 057291.

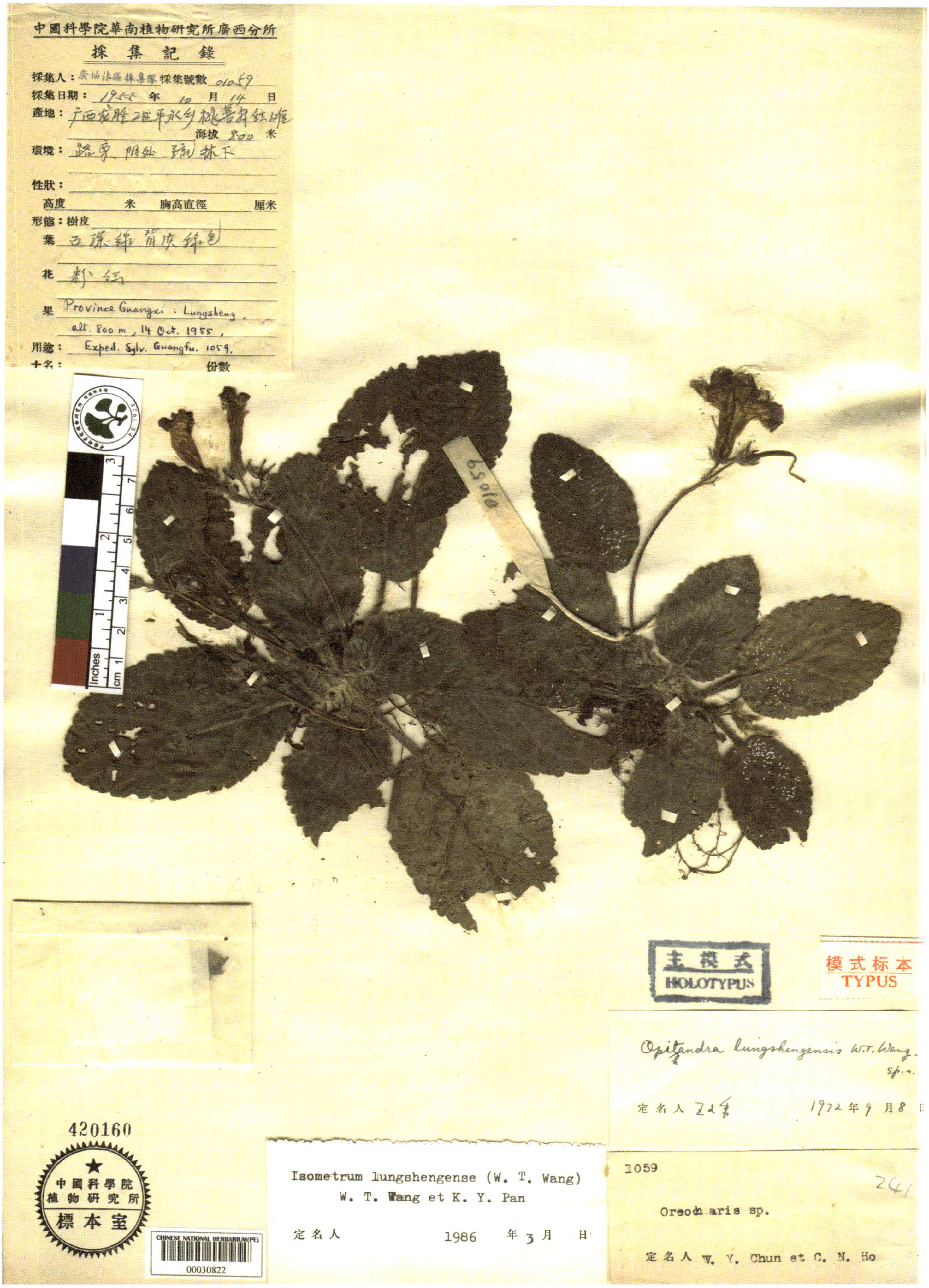

龙胜后蕊苣苔 ***Opitandra lungshengensis*** W. T. Wang in Acta Phytotax. Sin. 13(3): 102. 1975. **Holotype:** China. Guangxi: Longsheng, alt. 800 m, 1955-10-14, Guangfu For. Exped. 01059.

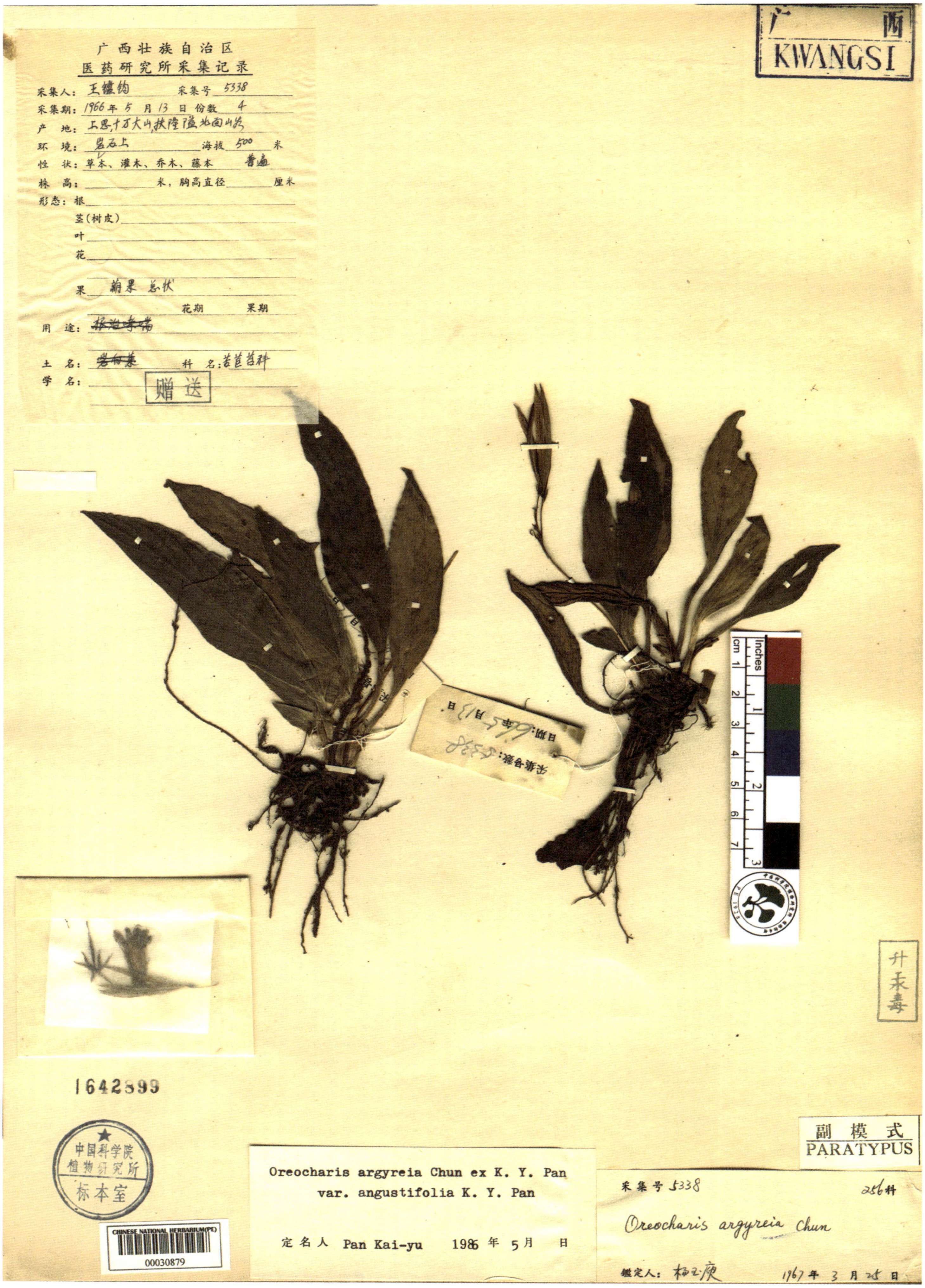

窄叶马铃苣苔 ***Oreocharis argyreia*** Chun var. ***angustifolia*** K. Y. Pan in Acta Phytotax. Sin. 25(4): 285. 1987. **Paratype:** China. Guangxi: Shangsi, alt. 500 m, 1966-05-13, J. J. Wang 5338.

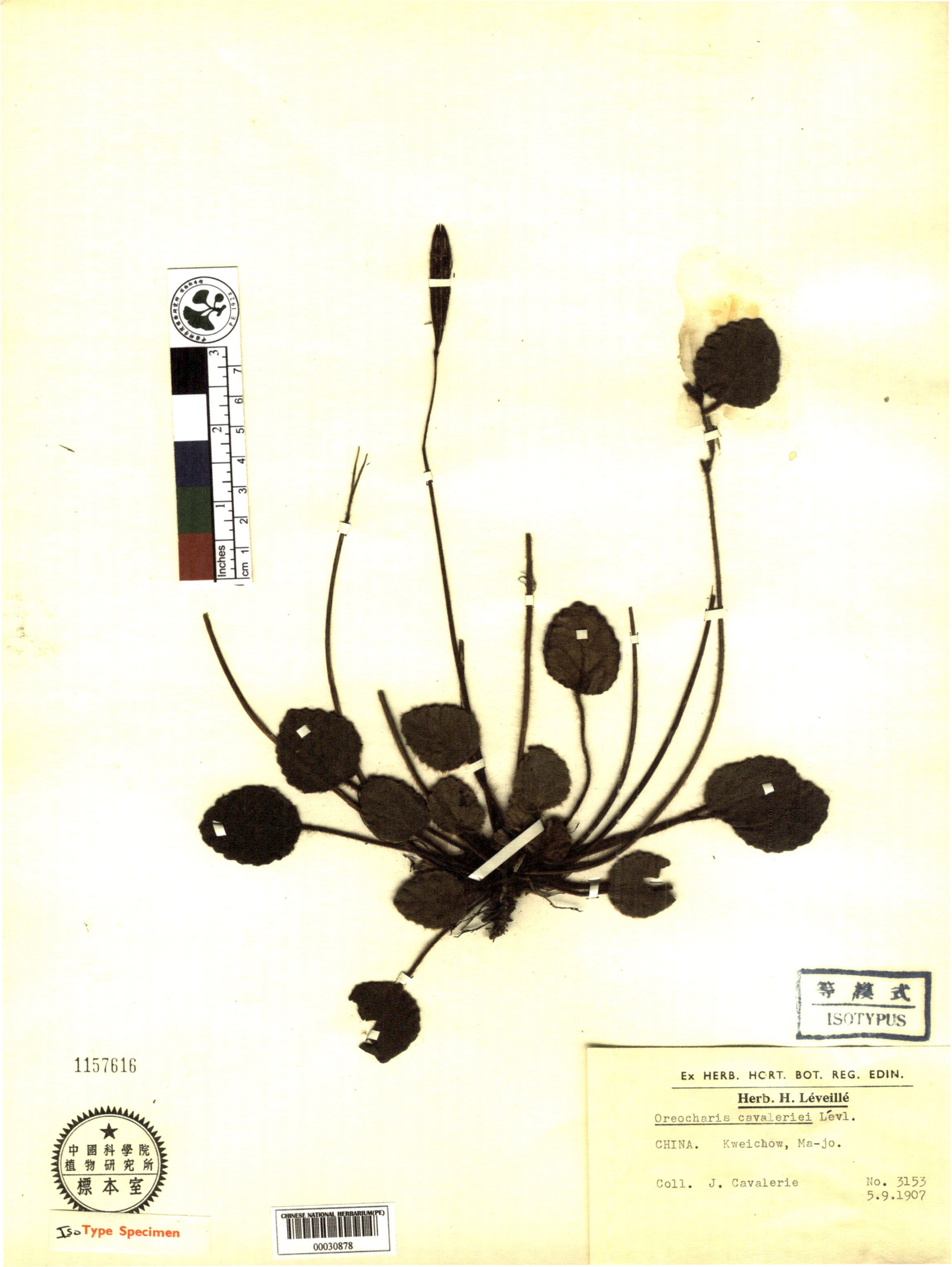

贵州马铃苣苔 ***Oreocharis cavaleriei*** Lévl. in Repert. Spec. Nov. Regni Veg. 7: 258. 1909. **Isotype:** China. Guizhou: Longli, 1907-09-05, J. Cavalerie 3153.

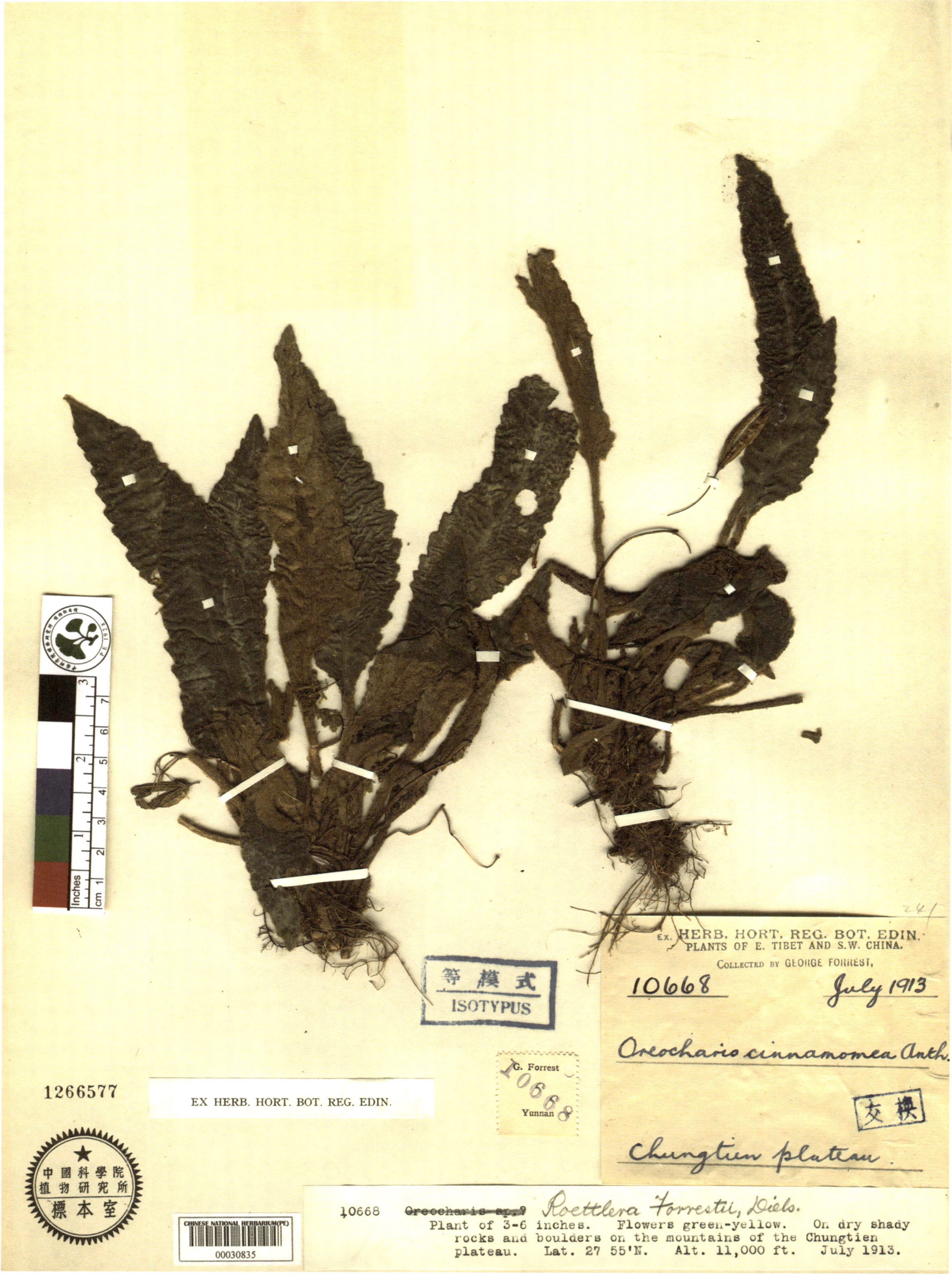

肉色马铃苣苔 ***Oreocharis cinnamomea*** Anthony in Notes Roy. Bot. Gard. Edinburgh 18: 200. 1934. **Isotype:** China. Yunnan: Shangri-La, alt. 3 355 m, 1913-07-??, G. Forrest 10668.

卵心叶马铃苣苔 ***Oreocharis cordato-ovata*** C. Y. Wu in Bull. Bot. Res., Harbin 3(2): 7, photo. 4. 1983. **Isotype:** China. Yunnan: Xichou, alt. 1 400~1 500 m, 1947-08-29, K. M. Feng 11432.

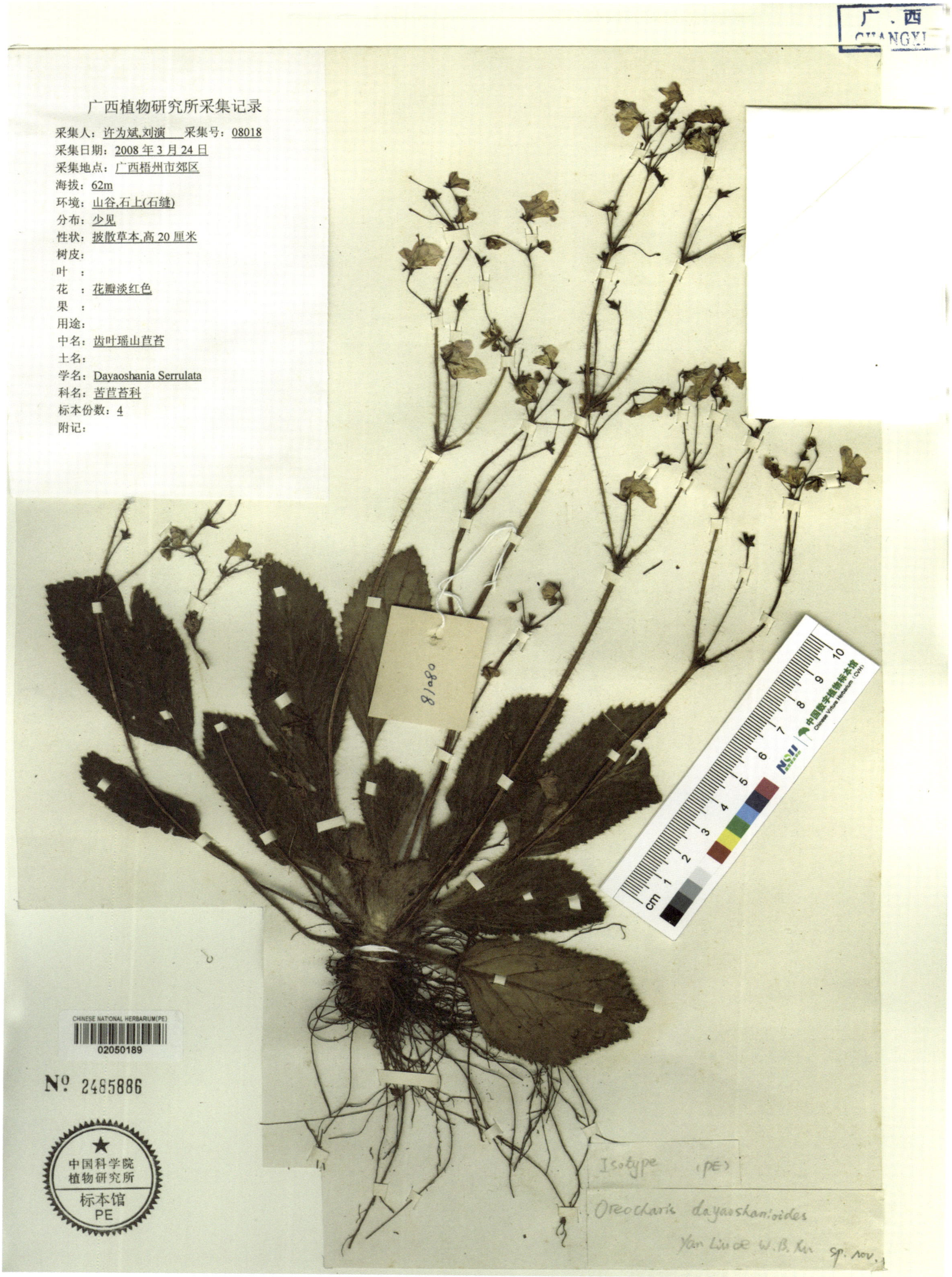

齿叶瑶山苣苔 ***Oreocharis dayaoshanioides*** Yan Liu & W. B. Xu in Bot. Stud. 53: 396, f. 2 & 3. 2012. **Isotype:** China. Guangxi: Wuzhou, alt. 62 m, 2008-03-24, W. B. Xu & Y. Liu 08018.

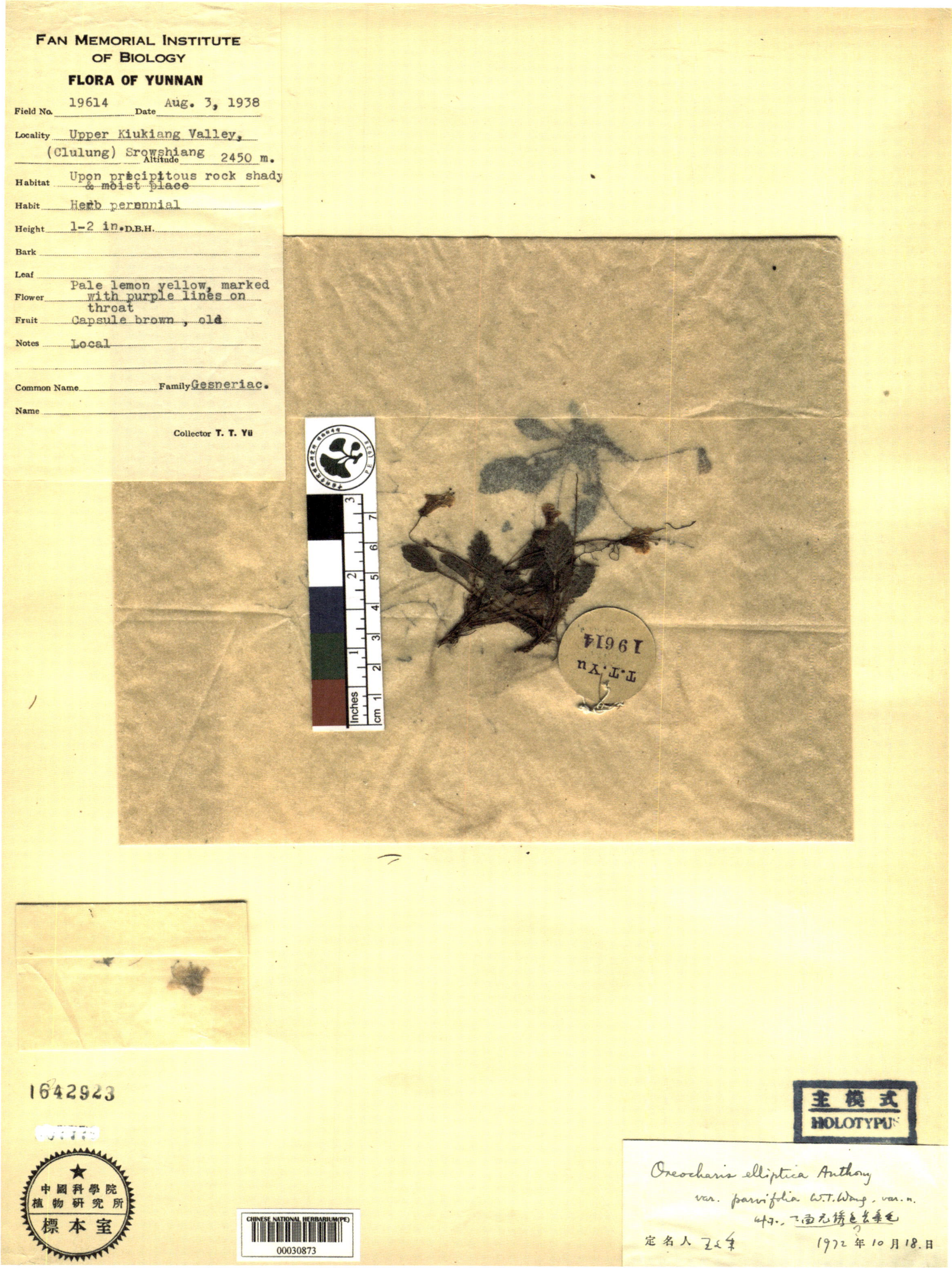

小叶马铃苣苔 ***Oreocharis elliptica*** Anthony var. ***parvifolia*** W. T. Wang & K. Y. Pan ex K. Y. Pan in Acta Phytotax. Sin. 25(4): 282. 1987. **Holotype:** China. Yunnan: Gongshan, alt. 2 450 m, 1938-08-03, T. T. Yu 19614.

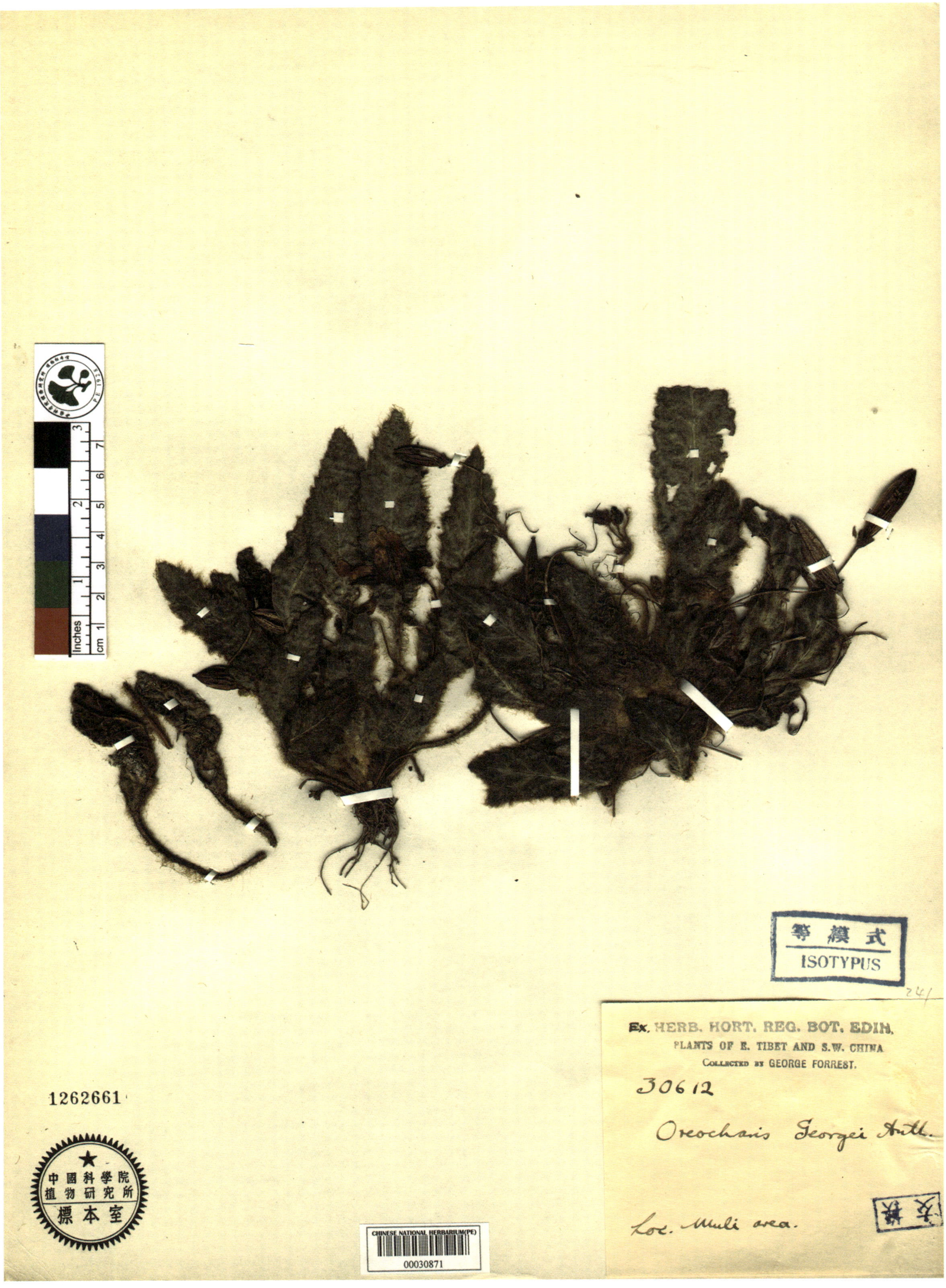

剑川马铃苣苔 ***Oreocharis georgei*** Anthony in Notes Roy. Bot. Gard. Edinburgh 18: 202. 1934. **Isotype:** China. Sichuan: Muli, 1931-??-??, G. Forrest 30612.

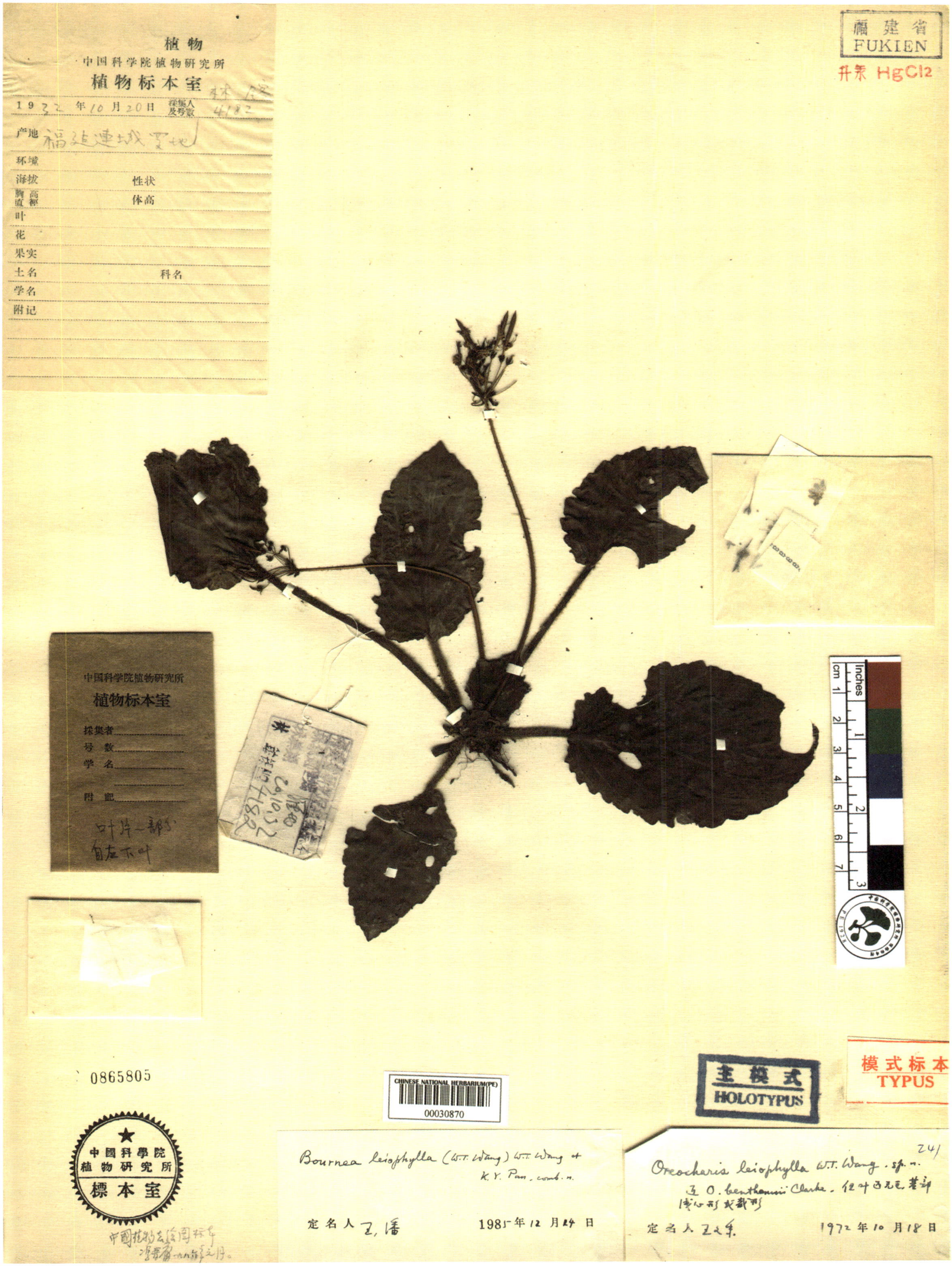

光叶石上莲 ***Oreocharis leiophylla*** W. T. Wang in Acta Phytotax. Sin. 13(3): 99. 1975. **Holotype:** China. Fujian: Liancheng, 1932-10-20, Y. Ling 4182.

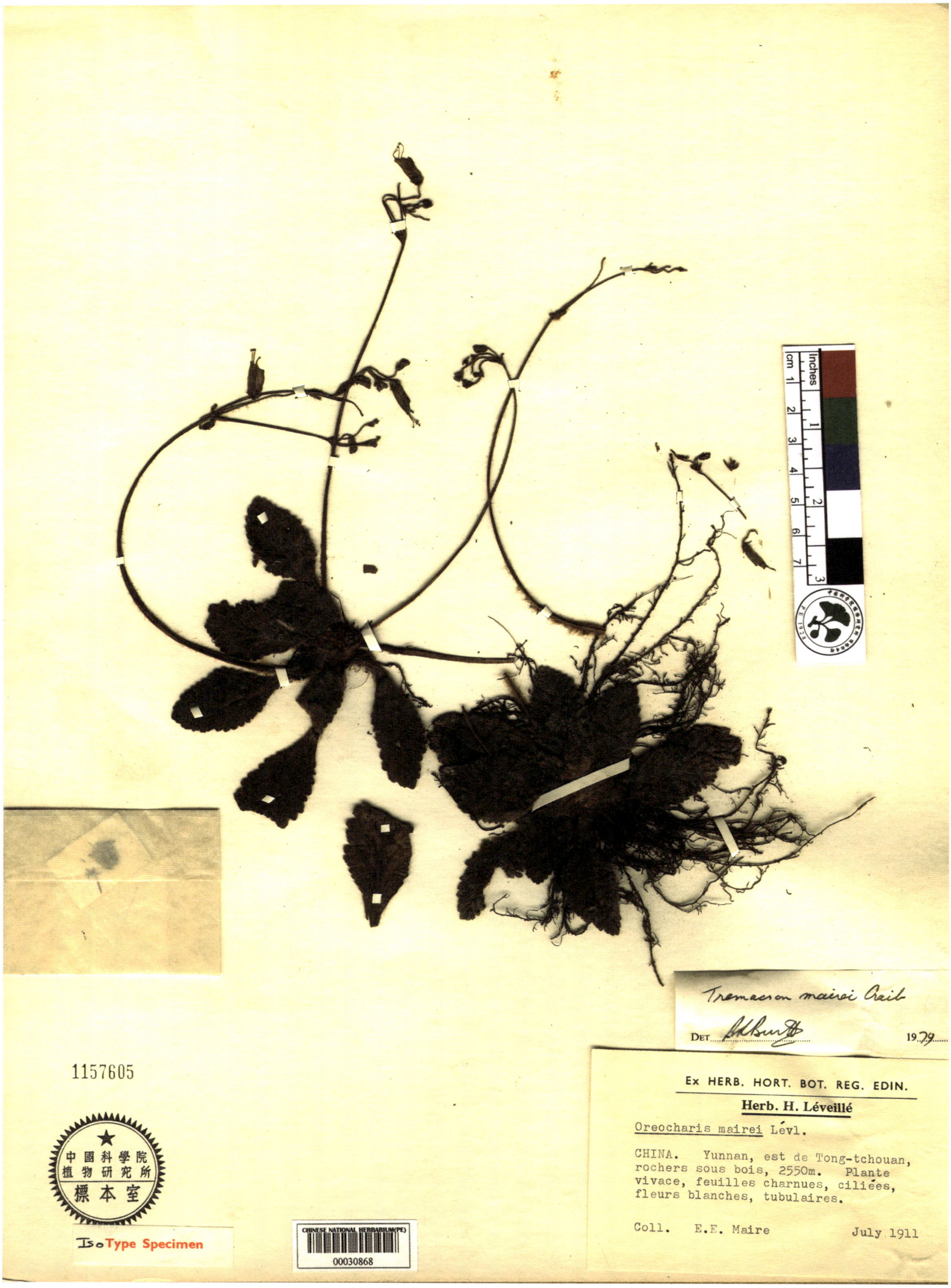

东川短檐苣苔 ***Oreocharis mairei*** Lévl. in Repert. Spec. Nov. Regni Veg. 11: 301. 1912. **Isotype:** China. Yunnan: Dongchuan, alt. 2 550 m, 1911-07-??, E. E. Maire s. n.

湖南马铃苣苔 ***Oreocharis nemoralis*** Chun in Sunyatsenia 6: 288. 1946. **Isotype:** China. Hunan: Precise locality not known, Fuchingshan, 1930-??-??, K. C. Ho 171.

斜叶马铃苣苔 ***Oreocharis oblique*** C. Y. Wu ex H. W. Li in Bull. Bot. Res., Harbin 3(2): 6, photo. 3. 1983. **Isotype:** China. Yunnan: Maguan, alt. 1 400~1 600 m, 1947-12-07, K. M. Feng 13680.

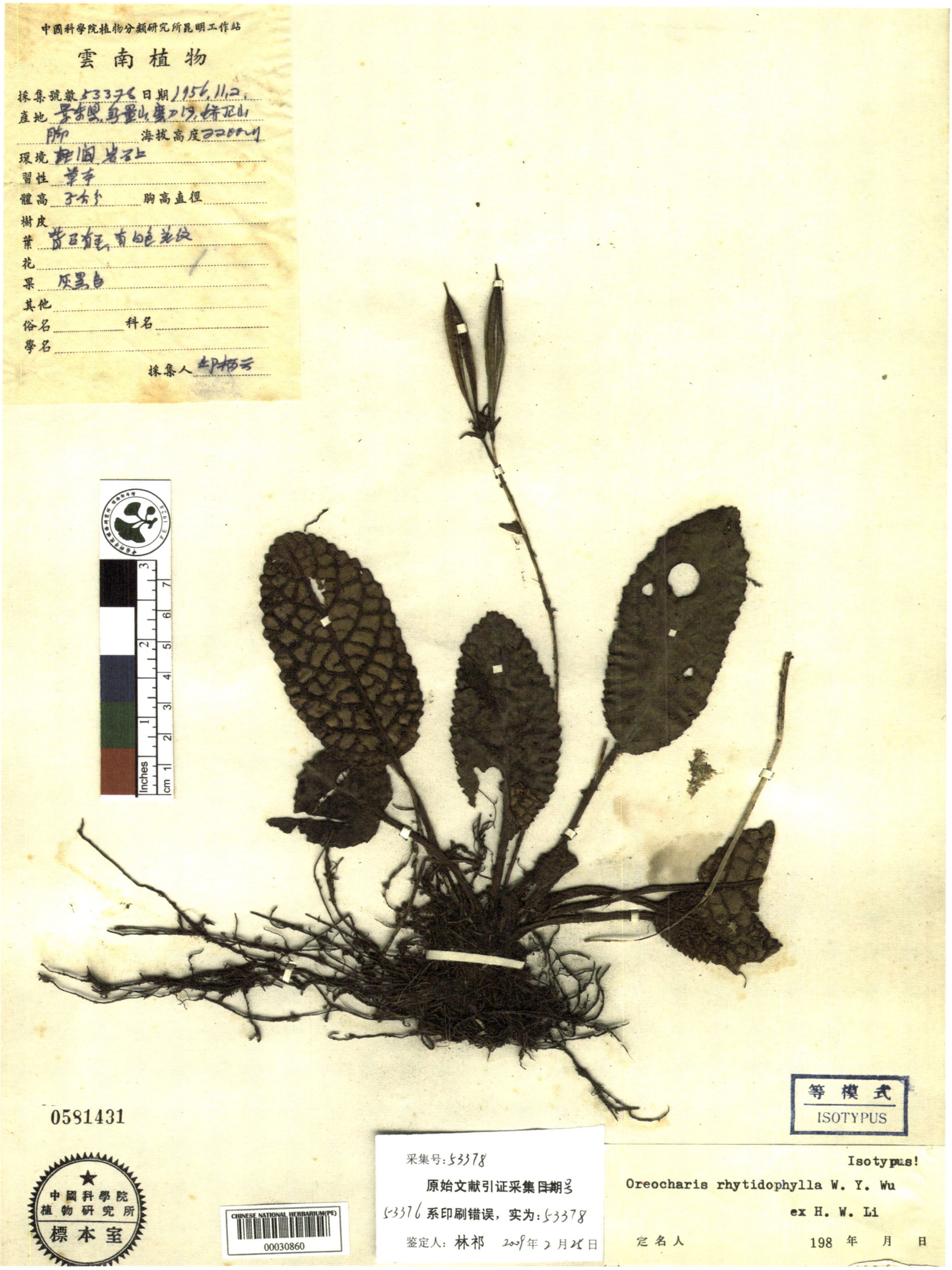

网叶马铃苣苔 ***Oreocharis rhytidophylla*** C. Y. Wu ex H. W. Li in Bull. Bot. Res., Harbin 3(2): 9, photo. 5. 1983.
Isotype: China. Yunnan: Jingdong, alt. 2 200 m, 1956-11-02, B. Y. Qiu 53378.

圆叶马铃苣苔 ***Oreocharis rotundifolia*** K. Y. Pan in Acta Phytotax. Sin. 25(4): 280, f. 2: 1-3. 1987. **Holotype:** China. Yunnan: Pingbian, alt. 2 100 m, 1939-10-16, C. W. Wang 82577.

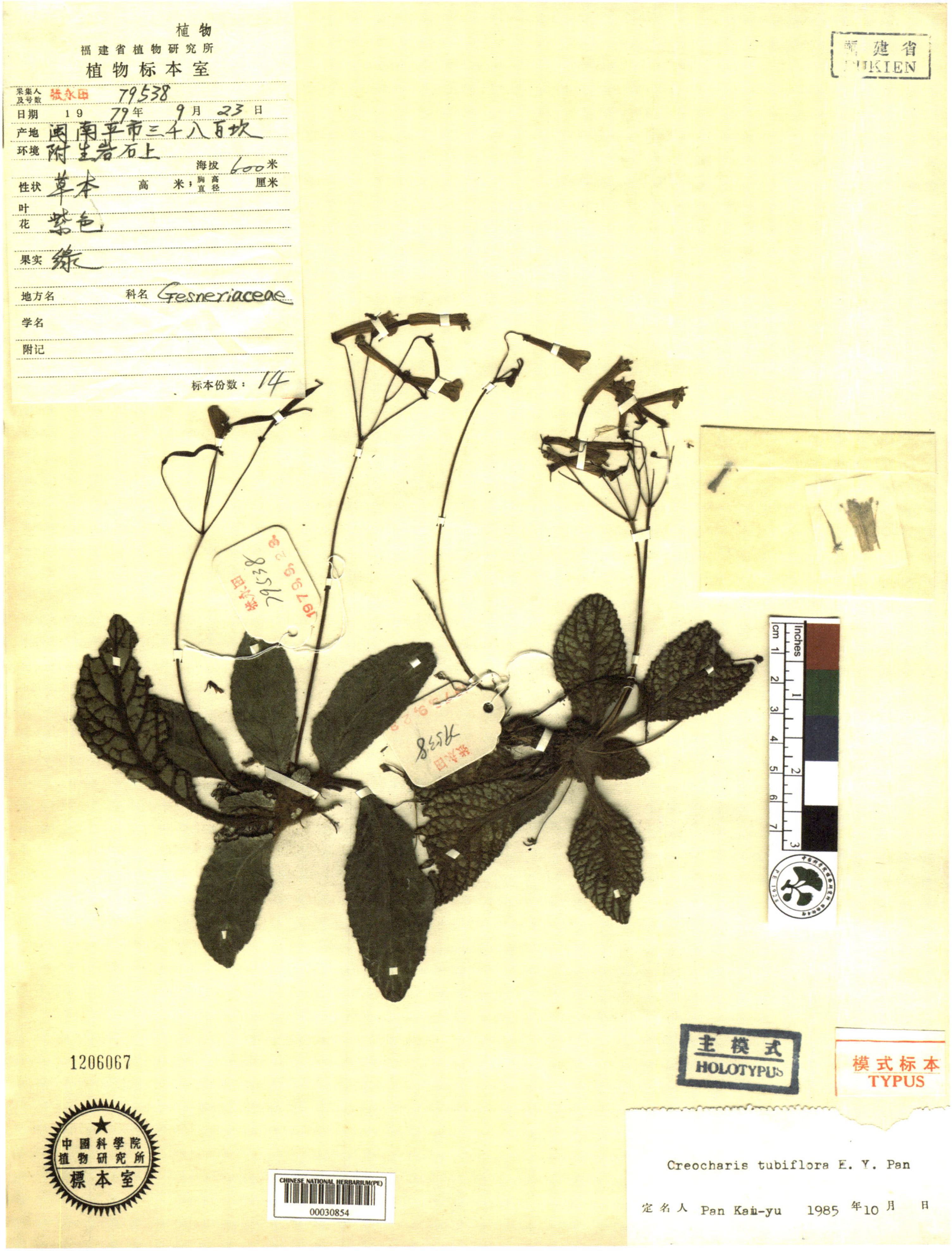

管花苣苔 ***Oreocharis tubiflora*** K. Y. Pan in Acta Phytotax. Sin. 25(4): 287, f. 5. 1987. **Holotype:** China. Fujian: Nanping, alt. 600 m, 1979-09-23, Y. T. Chang 79538.

湘桂马铃苣苔 ***Oreocharis xiangguiensis*** W. T. Wang & K. Y. Pan ex K. Y. Pan in Acta Phytotax. Sin. 25(4): 285, f. 4. 1987. **Holotype:** China. Hunan: Dongan, 1948-09-17, Y. Liu 00737.

滇桂蛛毛苣苔 ***Paraboea barbatipes*** K. Y. Pan in Acta Phytotax. Sin. 26(6): 441, f. 10. 1988. **Holotype:** China. Guangxi: Napo, alt. 1 260 m, 1981-04-23, D. Fang & al. 22417.

棒萼蛛毛苣苔 ***Paraboea clavisepala*** D. Fang & D. H. Qin in Acta Phytotax. Sin. 33(6): 602, f. 1: 1-4. 1995. **Isotype:** China. Guangxi: Napo, alt. 800 m, 1985-07-11, D. Fang & D. H. Qin 79619.

垂花蛛毛苣苔 ***Paraboea nutans*** D. Fang & D. H. Qin in Acta Phytotax. Sin. 33(6): 604, 2. 2: 1-5. 1995. **Isotype:** China. Guangxi: Napo, alt. 900 m, 1985-07-12, D. Fang & D. H. Qin 79634.

盾叶蛛毛苣苔 ***Paraboea peltifolia*** D. Fang & L. Zeng in Acta Phytotax. Sin. 33(6): 606, f. 2: 6-9. 1995. **Isotype:** China. Guangxi: Mashan, alt. 340~360 m, 1993-03-26, D. Fang & L. Zeng 31379.

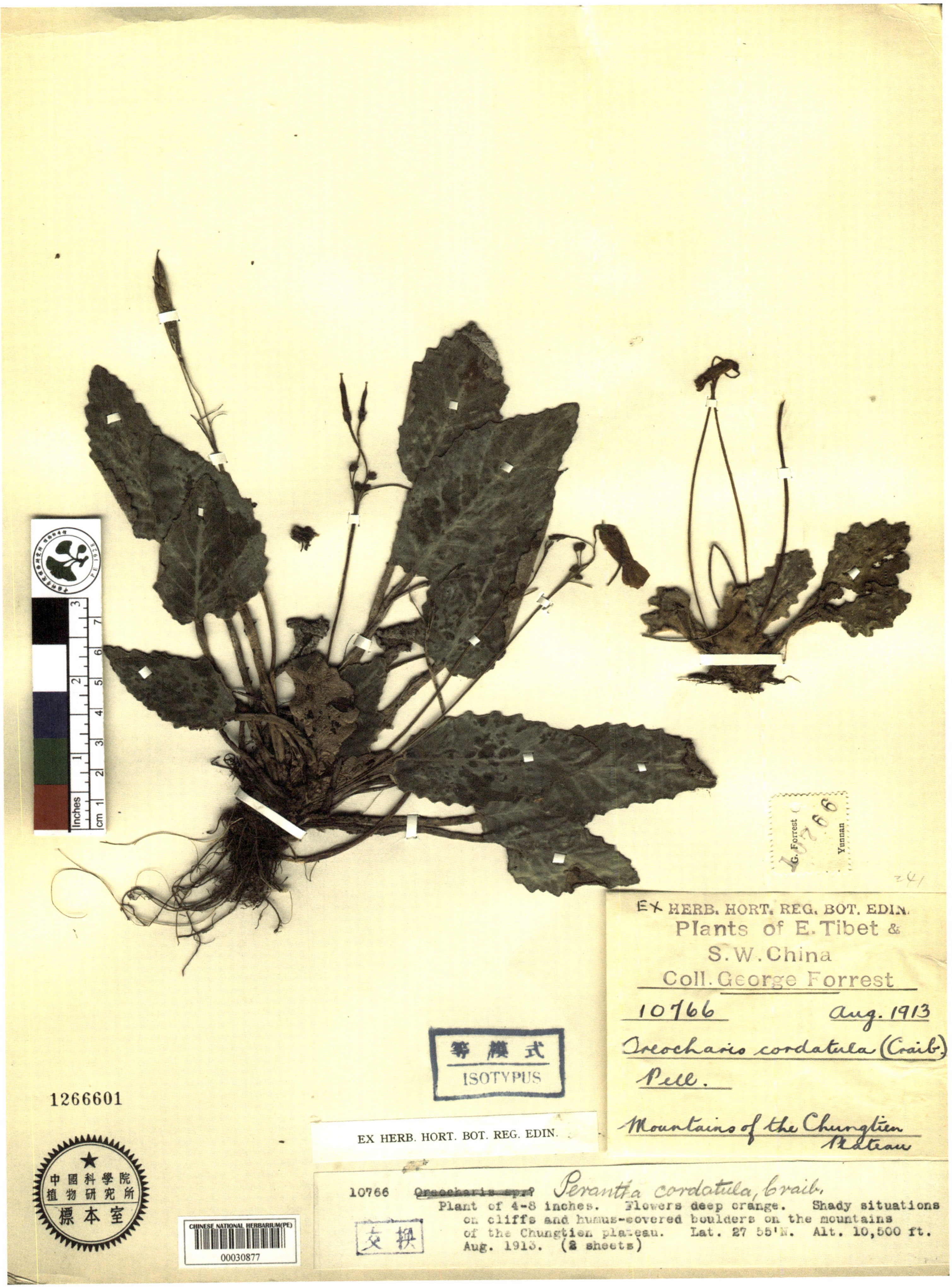

心叶马铃苣苔 ***Perantha cordatula*** Craib in Notes Roy. Bot. Gard. Edinburgh 10: 214. 1918. **Isotype:** China. Yunnan: Shangri-La, alt. 3 203 m, 1913-08-??, G. Forrest 10766.

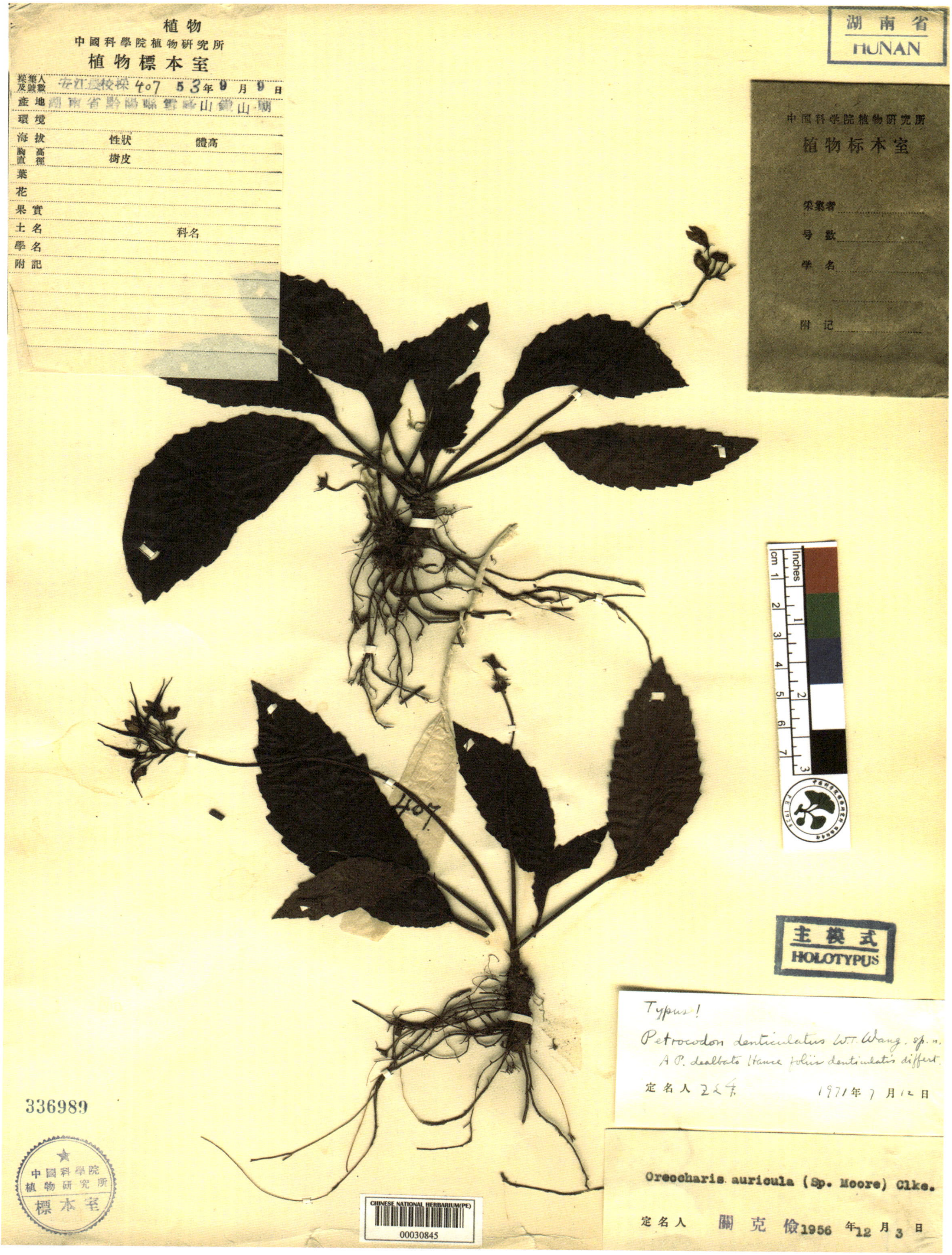

齿缘石山苣苔 ***Petrocodon denticulatus*** W. T. Wang in Acta Phytotax. Sin. 13(3): 101, pl. 15, f. 7. 1975. **Holotype:** China. Hunan: Qianyang, 1953-09-09, Anjiang Agricultural School Exped. 407.

锈色石山苣苔 ***Petrocodon ferrugineus*** Y. G. Wei in Novon 17: 135, f. 1. 2007. **Isotype:** China. Guangxi: Xincheng, alt. 250 m, 2004-07-15, Y. G. Wei & C. Cui 0402.

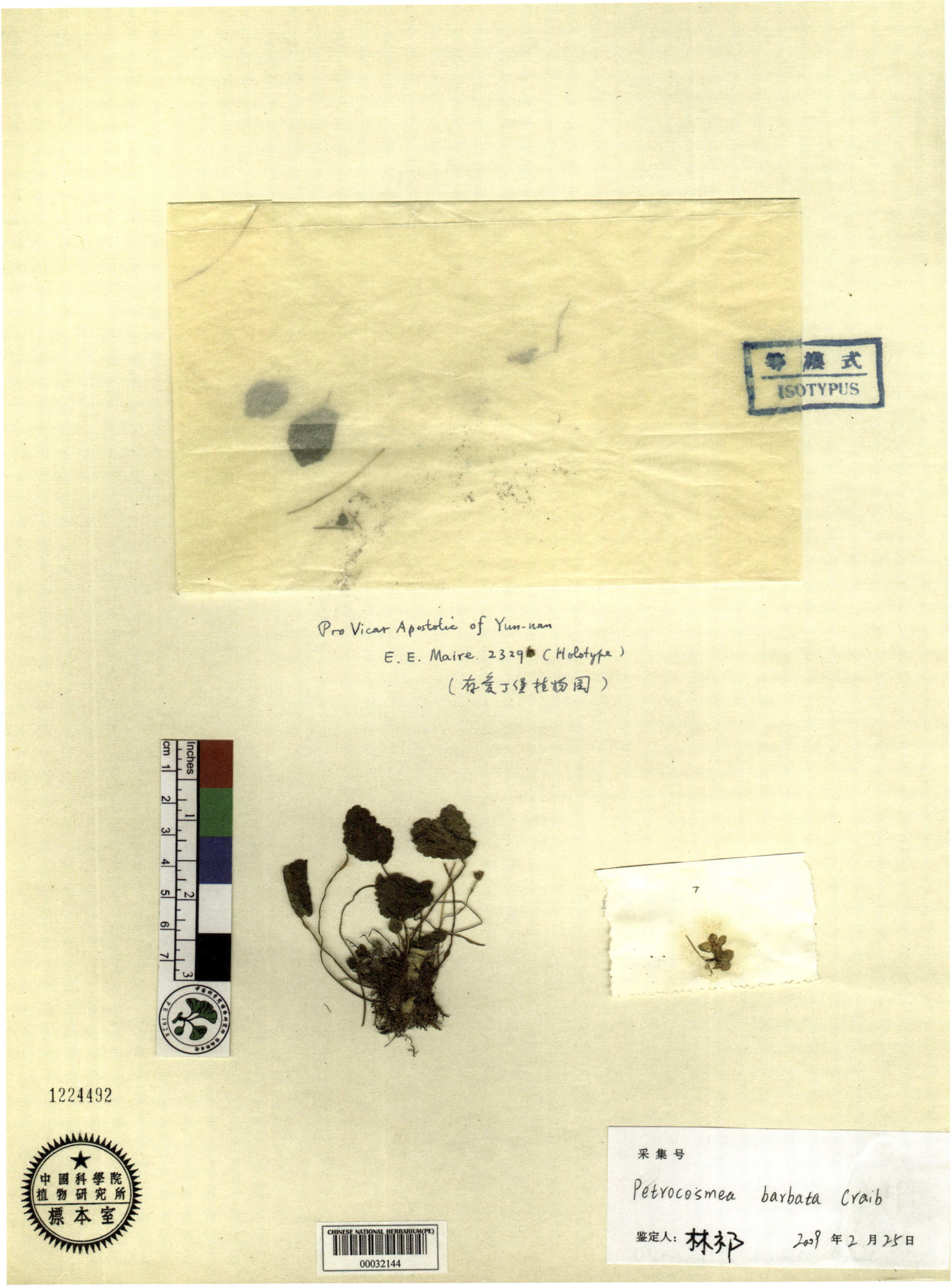

髯毛石蝴蝶 ***Petrocosmea barbata*** Craib in Notes Roy. Bot. Gard. Edinburgh 11: 273. 1919. **Isotype:** China. Yunnan: Kunming, E. E. Maire 2329.

汇药石蝴蝶 ***Petrocosmea confluens*** W. T. Wang in Bull. Bot. Res., Harbin 4(1): 9, pl. 2: 9-11. 1984. **Holotype:** China. Guizhou: Wangmo, alt. 1 340 m, 1960-04-27, Z. S. Zhang & Y. T. Chang 1385.

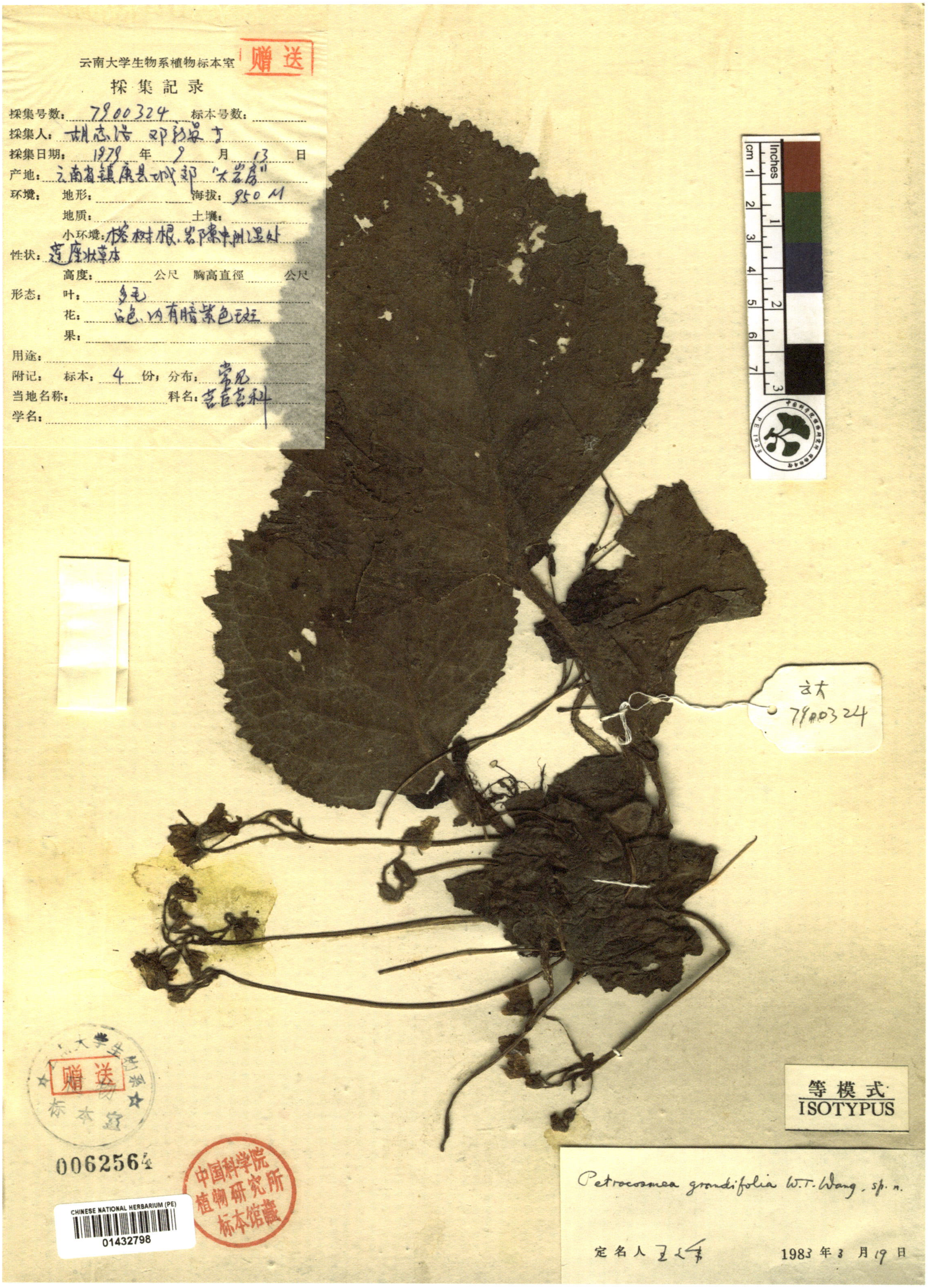

大叶石蝴蝶 ***Petrocosmea grandifolia*** W. T. Wang in Acta Bot. Yunnan. 7(1): 63, f. 6: 1-4. 1985. **Isotype:** China. Yunnan: Zhenkang, alt. 950 m, 1979-09-13, Z. H. Hu & al. 7900324.

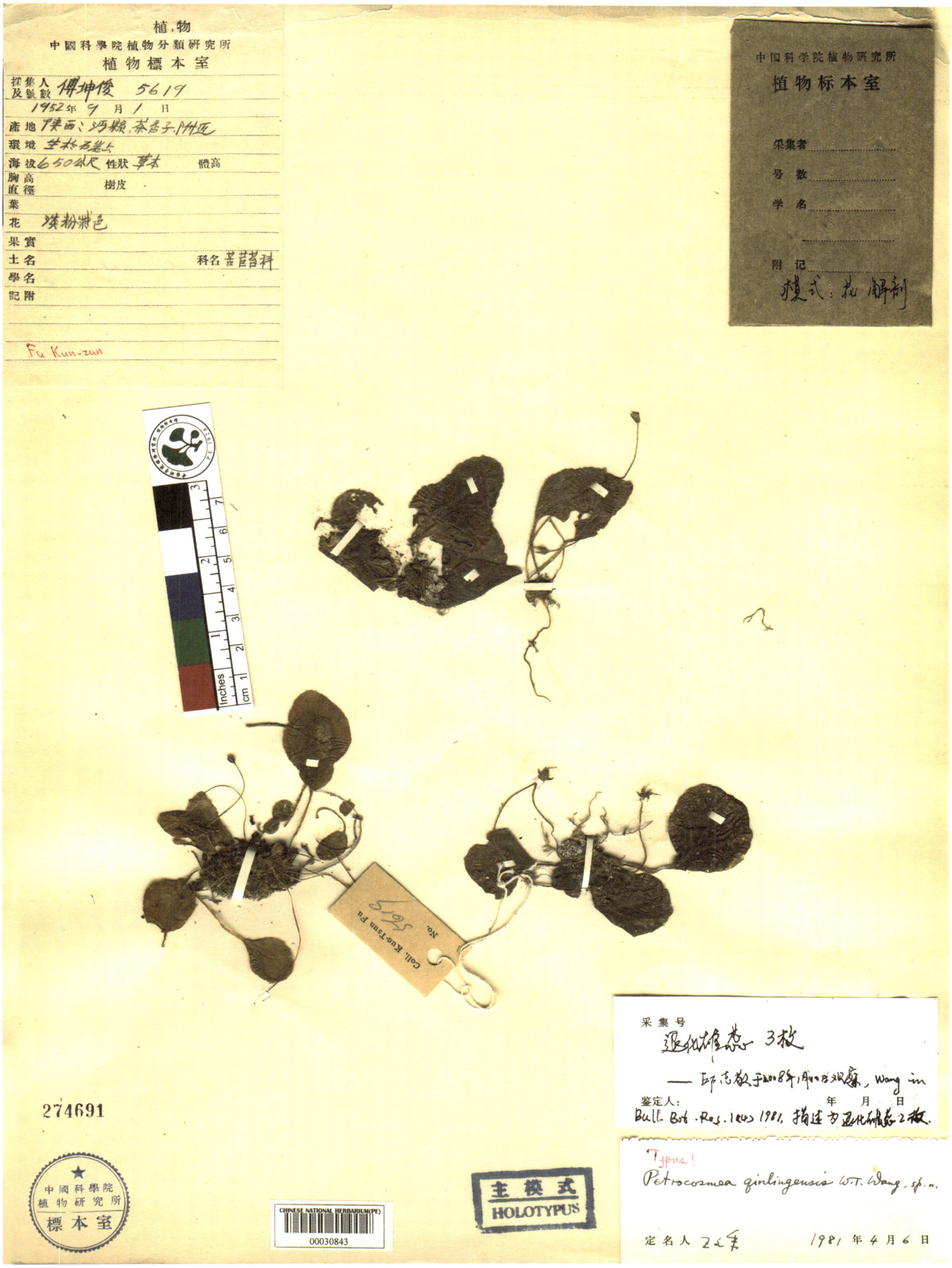

秦岭石蝴蝶 ***Petrocosmea qinlingensis*** W. T. Wang in Bull. Bot. Res., Harbin 1(4) 36. 1981. **Holotype:** China. Shaanxi: Mian Xian, alt. 650 m, 1952-09-01, K. T. Fu 5619.

丝毛石蝴蝶 ***Petrocosmea sericea*** C. Y. Wu ex H. W. Li in Bull. Bot. Res., Harbin 3(2): 21, photo. 11. 1983. **Isotype:** China. Yunnan: Pingbian, alt. 1 700 m, 1939-10-15, C. W. Wang 82482.

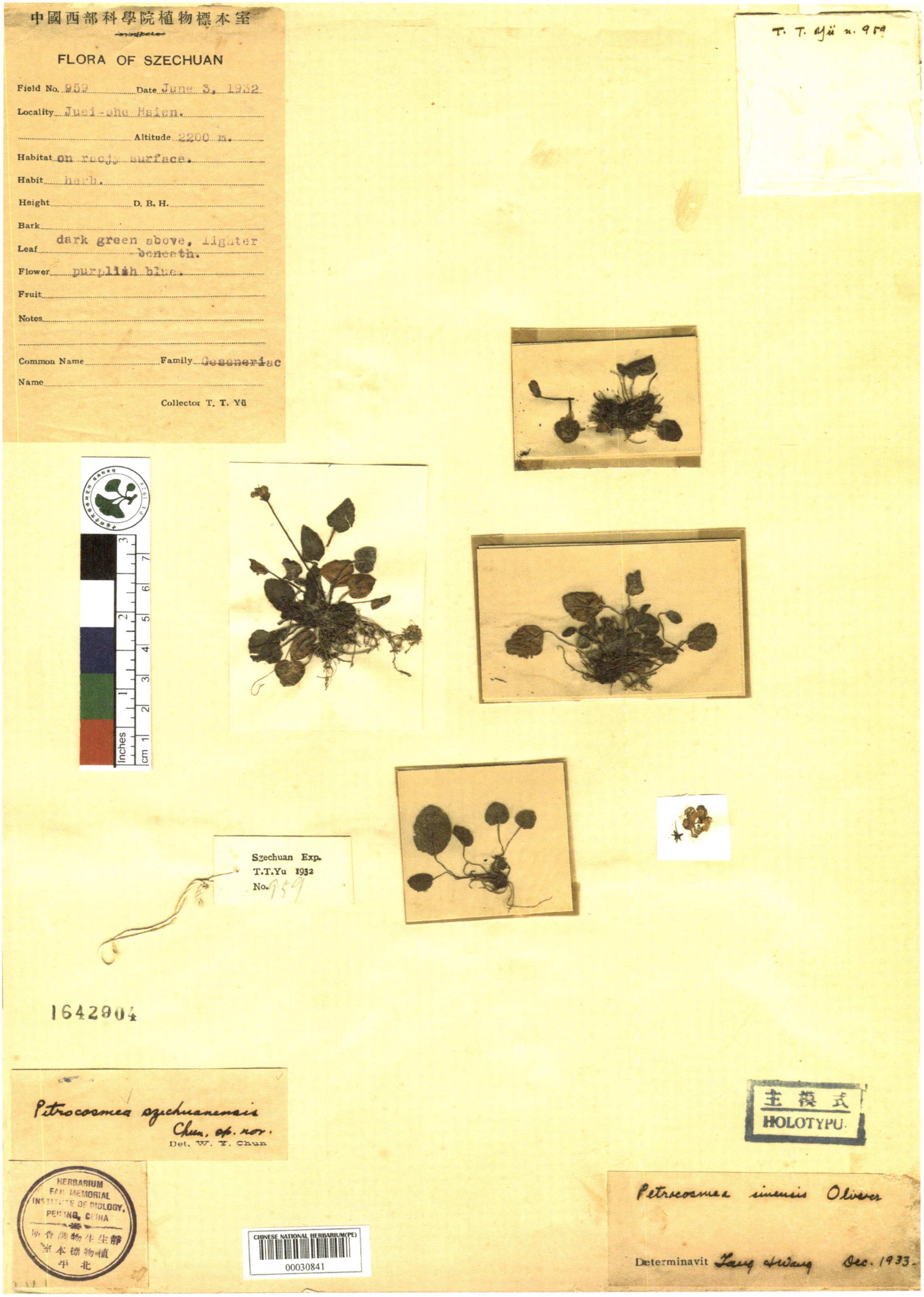

四川石蝴蝶 ***Petrocosmea sichuanensis*** Chun ex W. T. Wang in Bull. Bot. Res., Harbin 4(1): 10. 1984. **Holotype:** China. Sichuan: Yuexi, alt. 2 200 m, 1932-06-03, T. T. Yu 959.

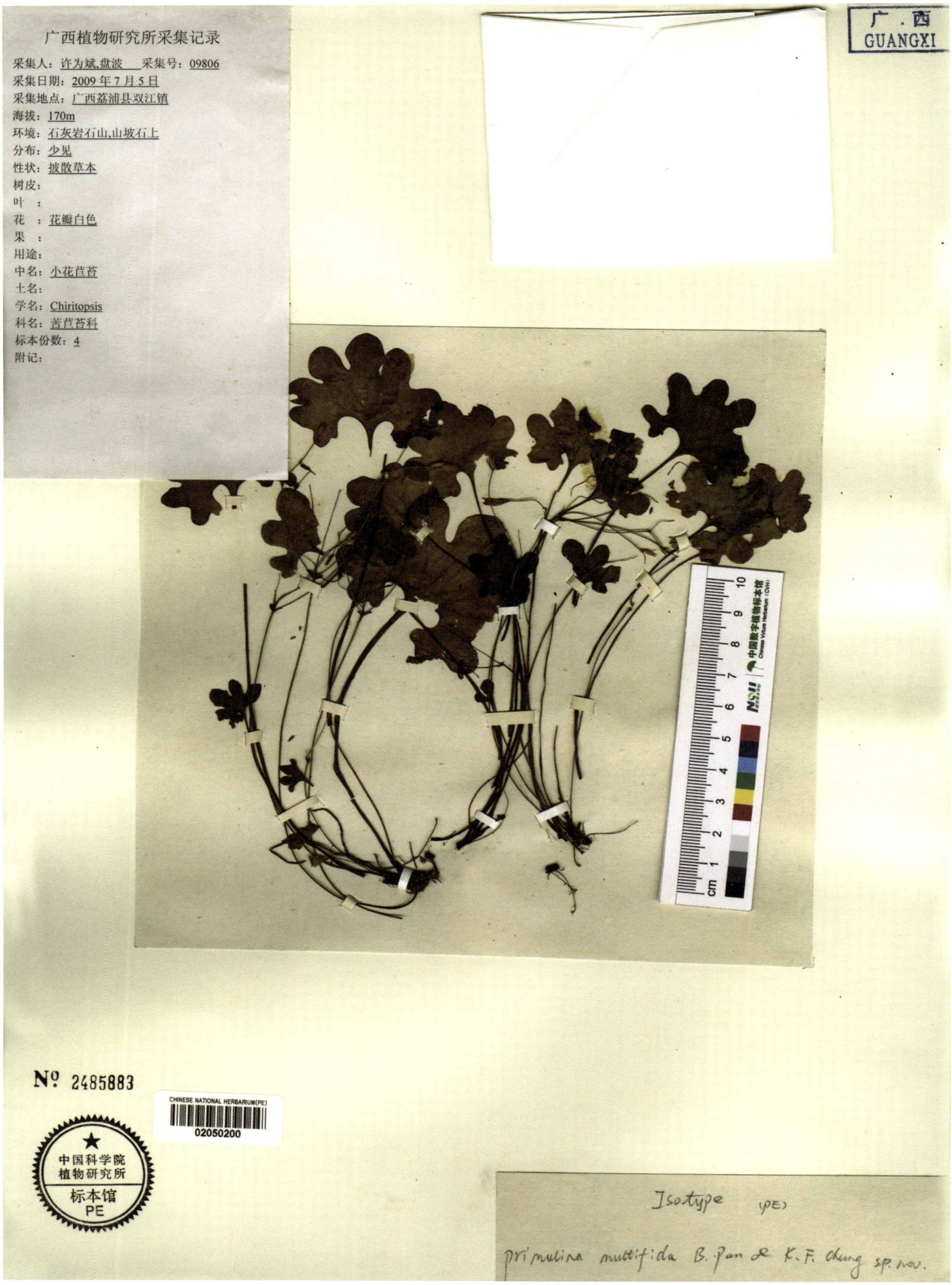

多裂小花苣苔 ***Primulina multifida*** B. Pan & K. F. Chung in Bot. Stud. 53: 170, f. 5 & 6. 2012. **Isotype:** China. Guangxi: Lipu, alt.170 m, 2009-07-05, W. B. Xu & B. Pan 09806.

假密毛小花苣苔 ***Primulina pseudomollifolia*** W. B. Xu & Yan Liu in Bot. Stud. 53: 167, f. 2 & 3. 2012. **Isotype:** China. Guangxi: Rongshui, alt. 112 m, 2009-07-19, W. B. Xu & G. F. Zhong 09757.

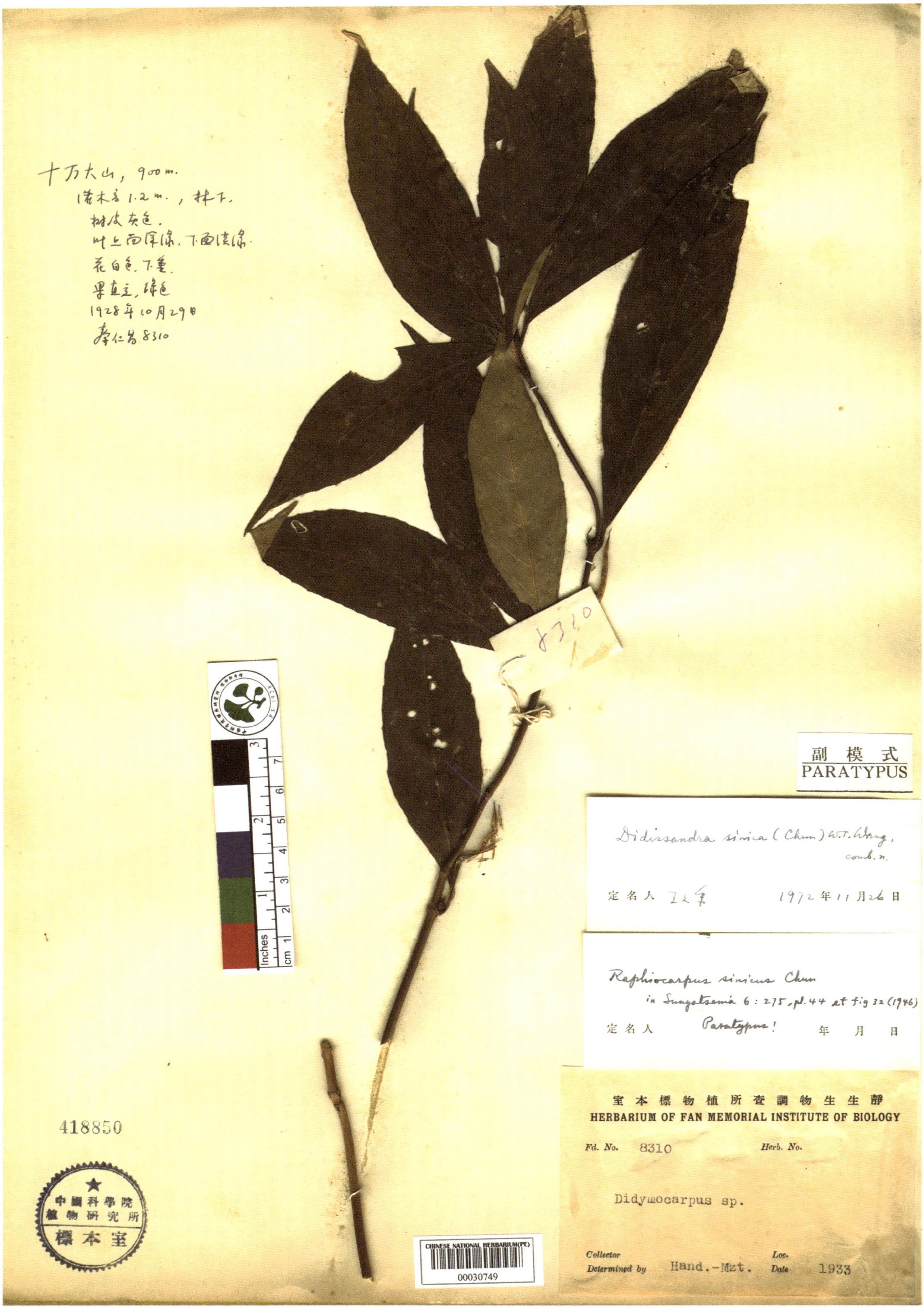

无毛漏斗苣苔 ***Raphiocarpus sinicus*** in Sunyatsenia 6: 275, pl. 44. 1946. **Paratype:** China. Guangxi: Shiwandashan, alt. 900 m, 1928-10-29, R. C. Ching 8310.

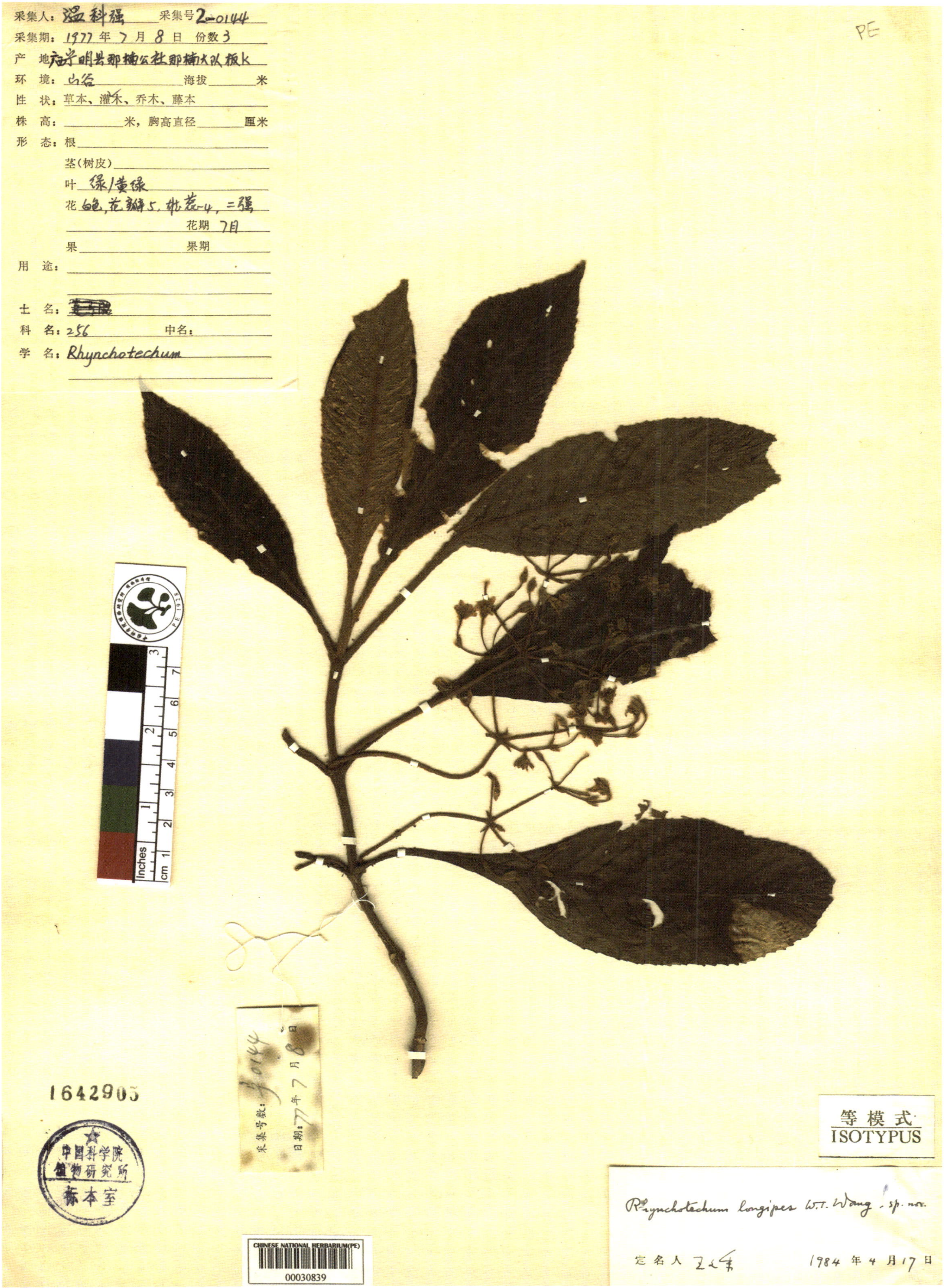

长梗线柱苣苔 ***Rhynchotechum longipes*** W. T. Wang in Guihaia 4(3): 187, f. 1984. **Isotype:** China. Guangxi: Ningming, 1977-07-08, K. Q. Wen 2-0144.

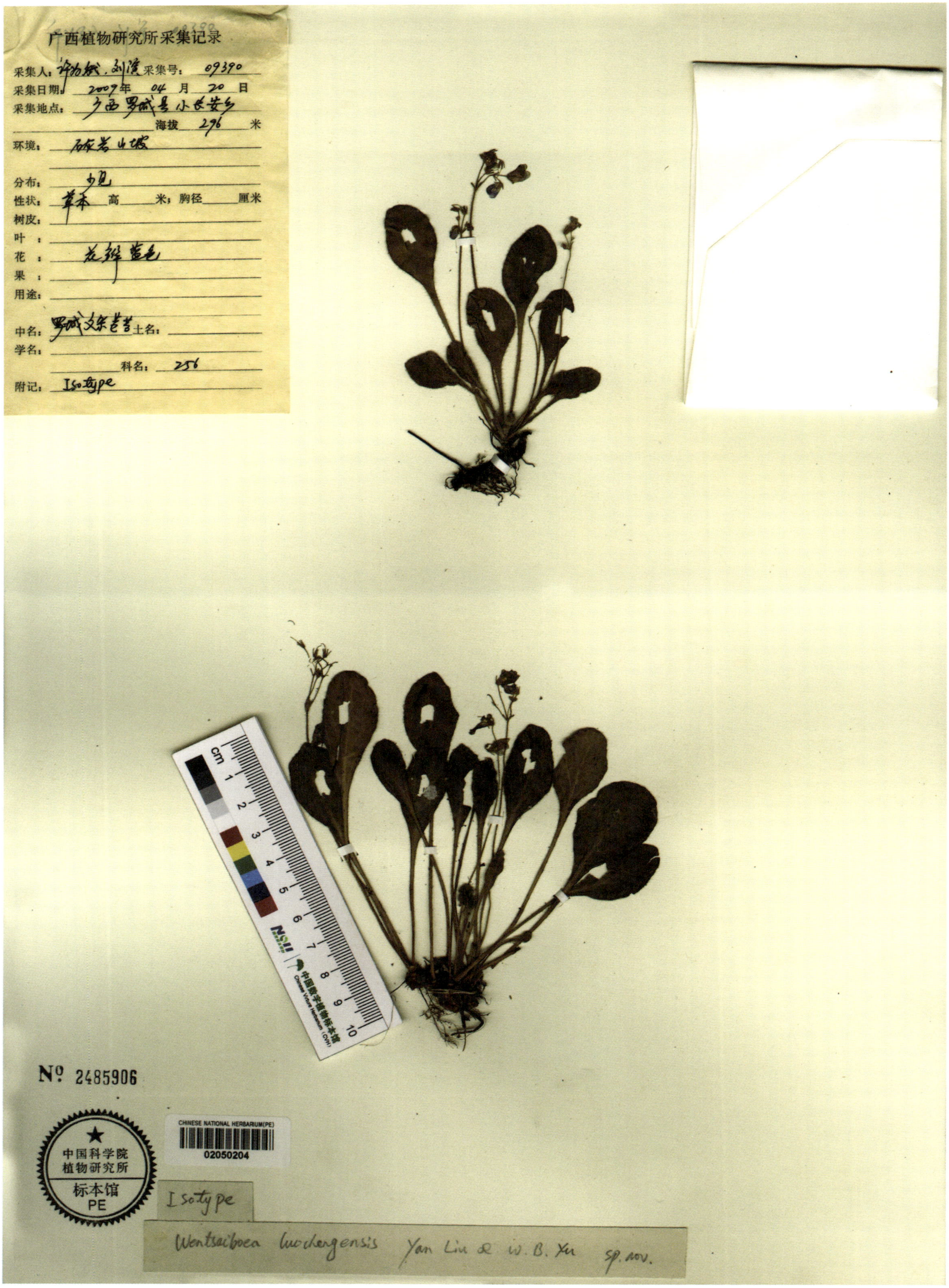

罗城文采苣苔 ***Wentsaiboea luochengensis*** Yan Liu & W. B. Xu in Nordic J. Bot. 28(6): 743, f. 5, 3A-D. 2010. **Isotype:** China. Guangxi: Luocheng, alt. 296 m, 2009-04-20, W. B. Xu & Y. Liu 09390.

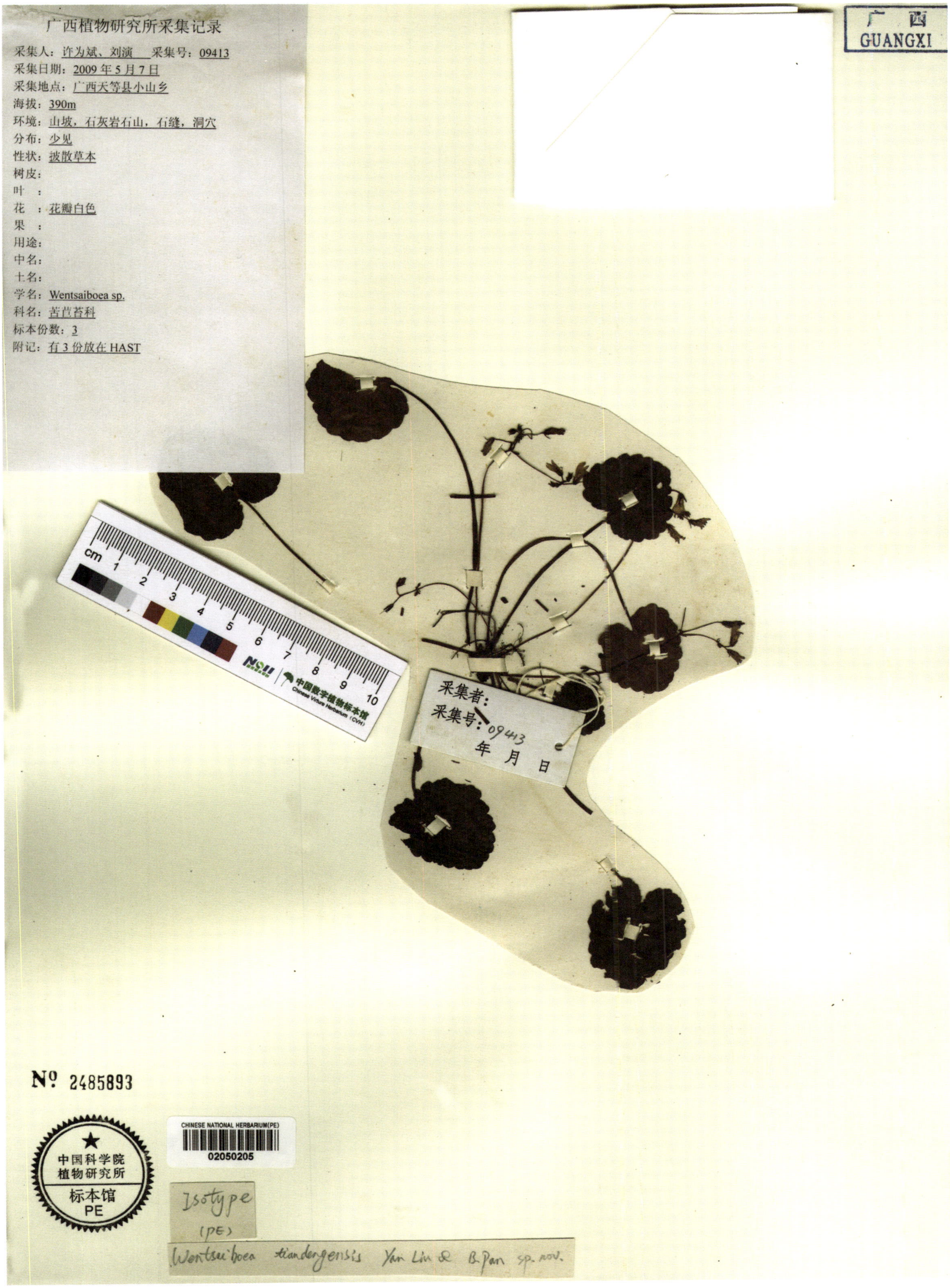

天等文采苣苔 ***Wentsaiboea tiandengensis*** Yan Liu & B. Pan in Nordic J. Bot. 28(6): 739, f. 2, 3E-G. 2010. **Isotype:** China. Guangxi: Tiandeng, alt. 390 m, 2009-05-07, W. B. Xu & Y. Liu 09413.

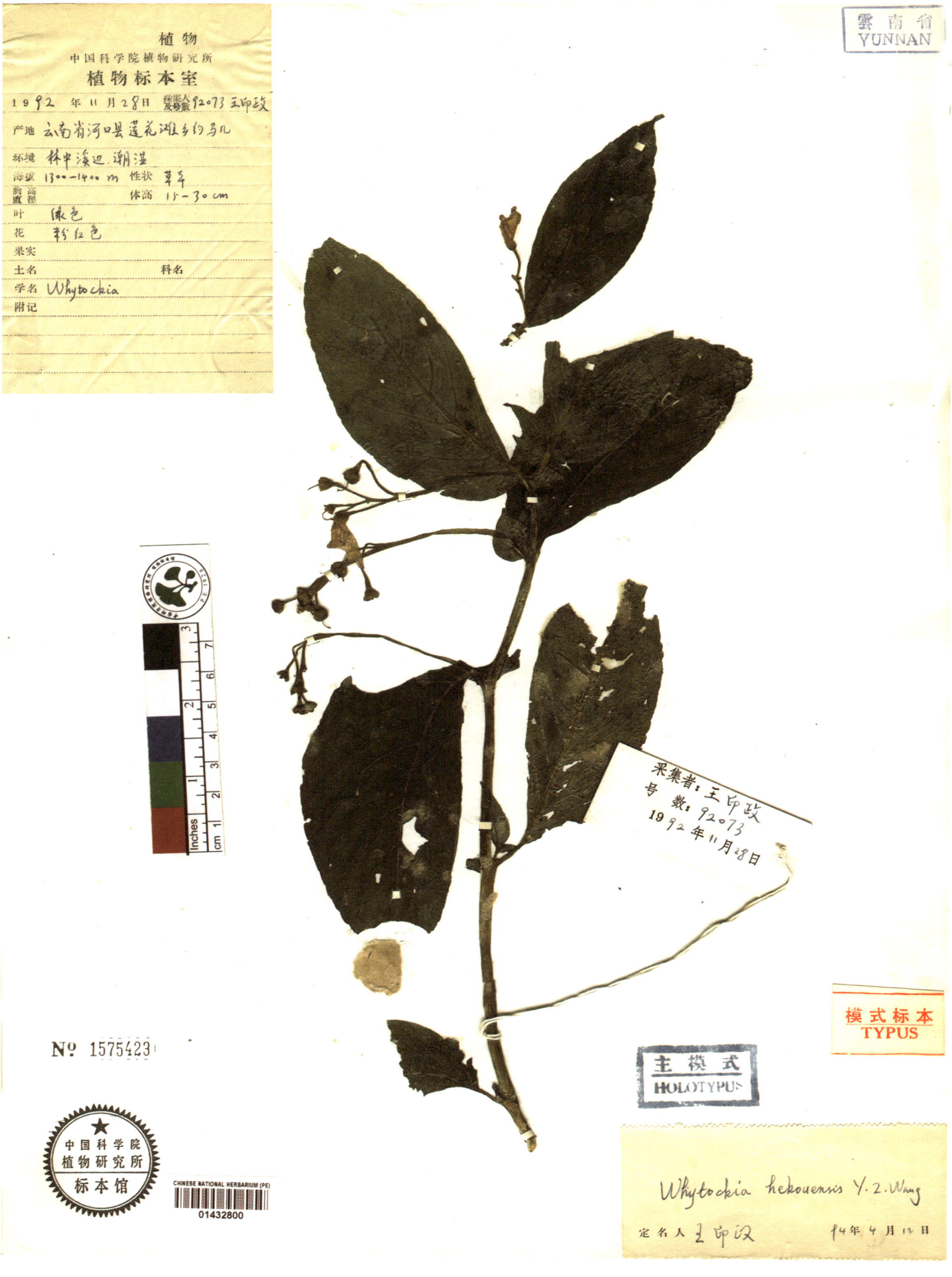

河口异叶苣苔 ***Whytockia hekouensis*** Y. Z. Wang in Acta Phytotax. Sin. 33(3): 300, f. 1: 9-16. 1995. **Holotype:** China. Yunnan: Hekou, alt. 1 300~1 400 m, 1992-11-28, Y. Z. Wang 92073.

紫红异叶苣苔 ***Whytockia purpurascens*** Y. Z. Wang in Acta Phytotax. Sin. 33(3): 297, f. 1: 1-8. 1995. **Holotype:** China. Yunnan: Hekou, alt. 1 300 m, 1993-08-08, Y. Z. Wang 93021.

Acanthaceae

爵床科

juechuangke

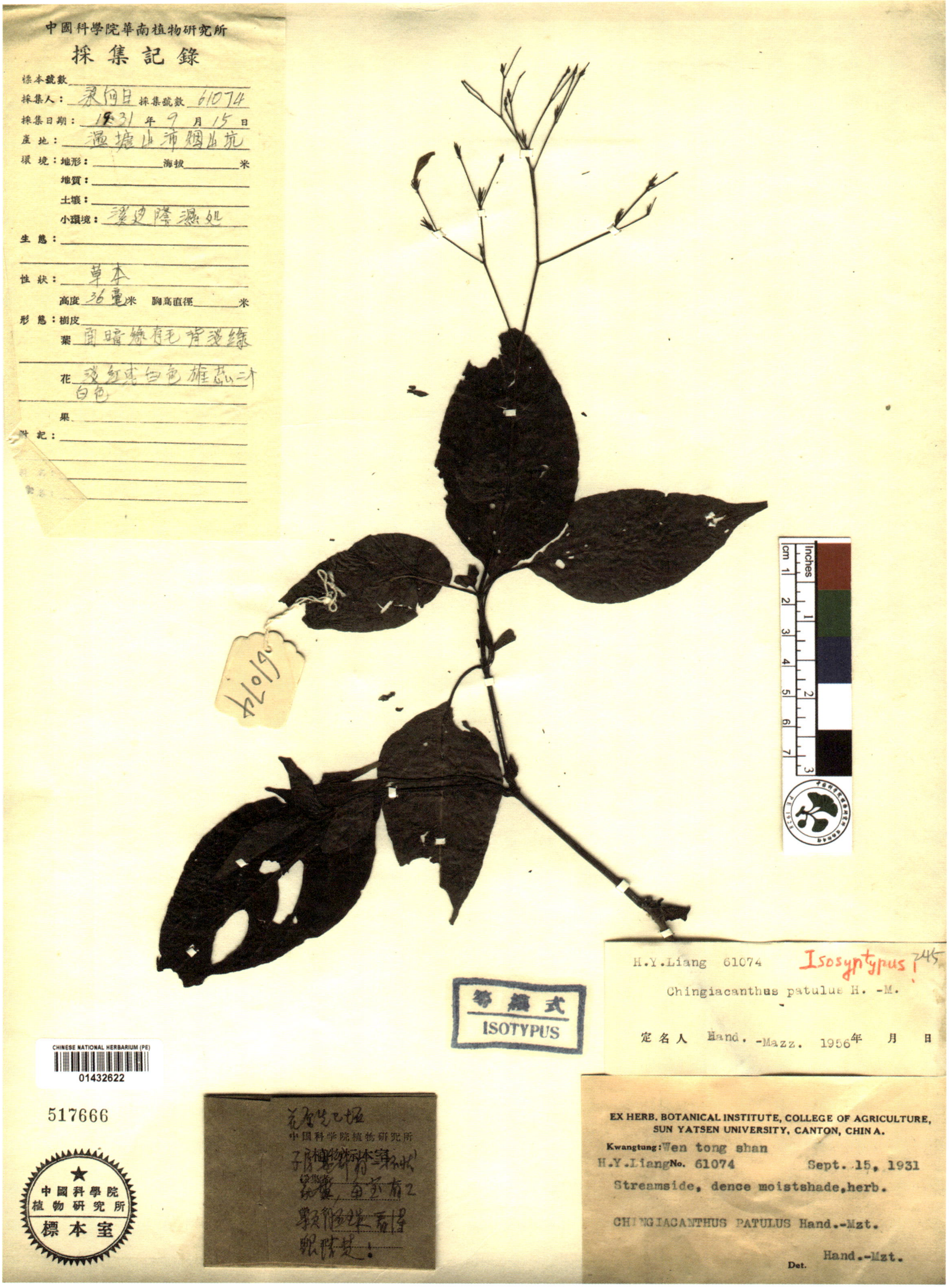

叉序草 ***Chingiacanthus patulus*** Hand.-Mazz. in Sinensia 5(1-2): 11. 1934. **Isotype:** China. Guangdong: Yingde, Wentangshan, 1931-09-15, H. Y. Liang 61074.

岸生半柱花 ***Hemigraphis fluviatilis*** C. B. Clarke ex W. W. Smith in Notes Roy. Bot. Gard. Edinburgh 10(49-50): 182. 1918. **Isotype:** China. Yunnan: Honghe, A. Henry 9535.

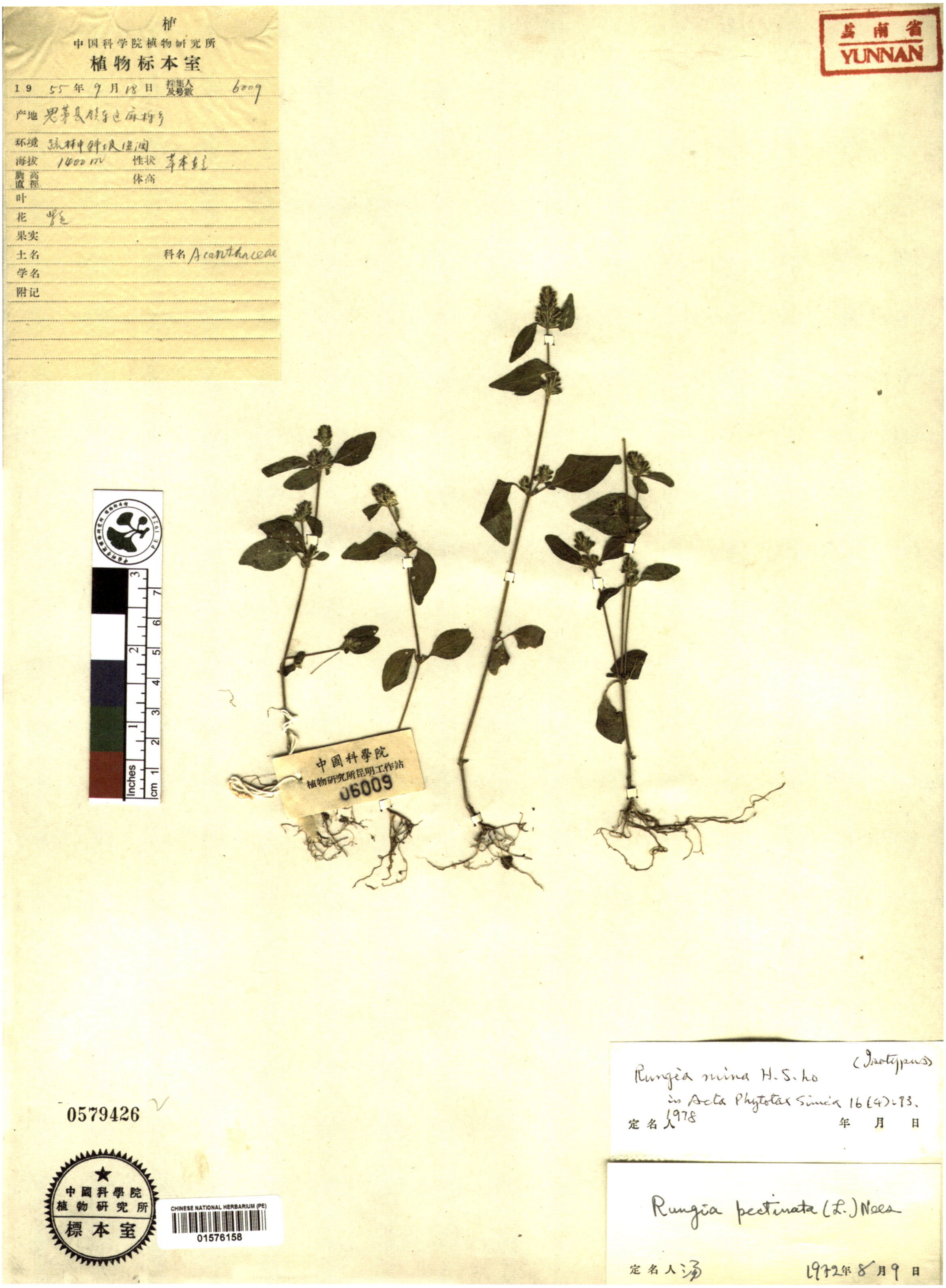

矮孩儿草 ***Rungia mina*** H. S. Lo in Acta Phytotax. Sin. 16(4): 93. 1978. **Isotype:** China. Yunnan: Simao, alt. 1 400 m, 1955-09-18, Kunming Exped. 06009.

密序马蓝 ***Strobilanthes congesta*** Terao in Notes Roy. Bot. Edinburgh 40(1): 153. 1982. **Isoparatype:** China. Yunnan: Gongshan, alt. 1 600 m, 1938-08-20, T. T. Yu 19923.

澜沧马蓝 ***Strobilanthes mekongensis*** W. W. Smith in Notes Roy. Bot. Gard. Edinburgh 10(49-50): 195. 1918. **Isotype:** China. Yunnan: Weixi, Mekong valley, alt. 1 830 m, 1914-07-??, G. Forrest 12882.

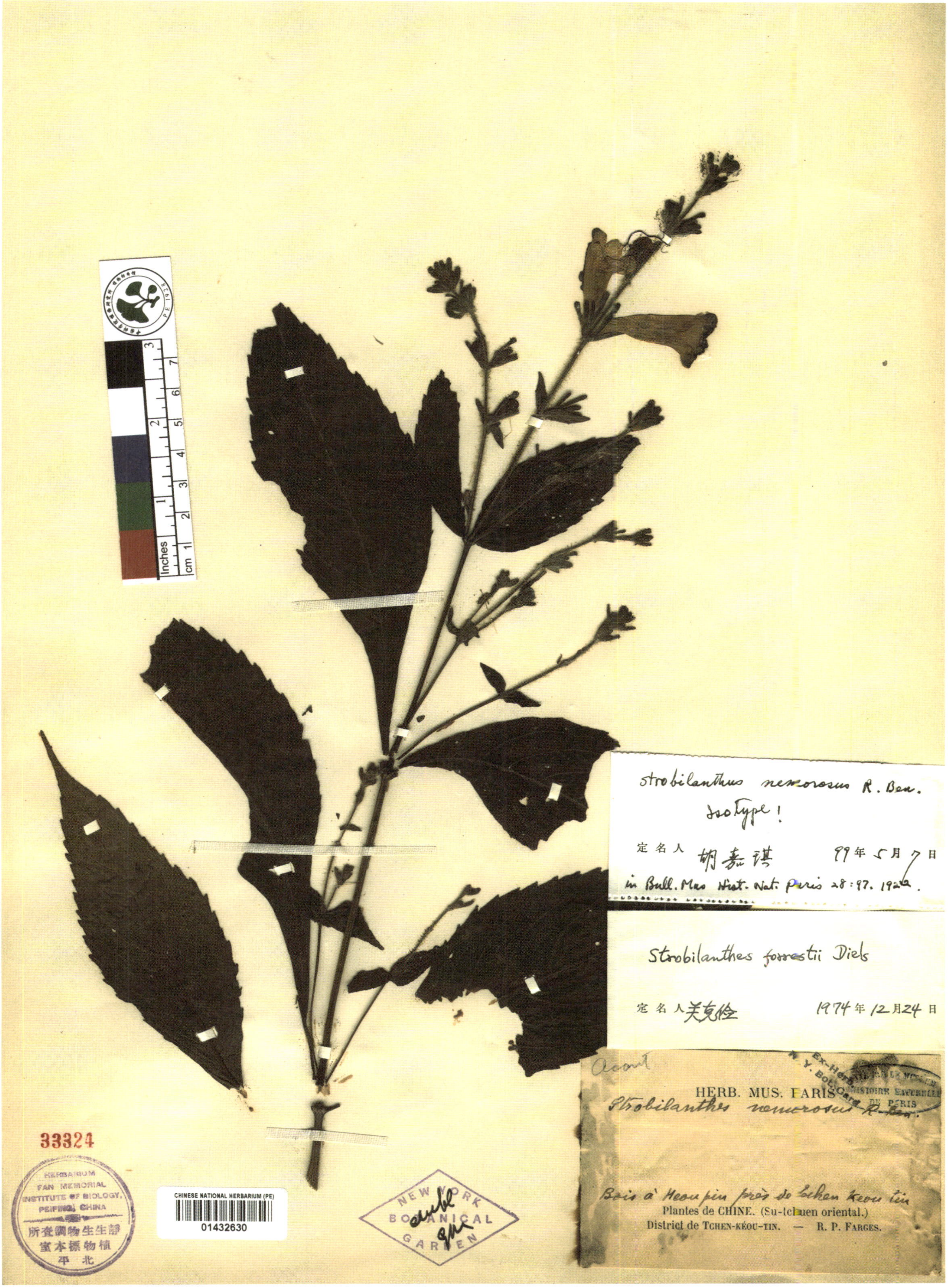

森林马蓝 ***Strobilanthes nemorosus*** R. Ben in Bull. Mus. Nation. Hist. Nat. 28: 97. 1922. **Isotype:** China. Chongqing: Chengkou, alt. 1 600 m, 1897-??-??, R. P. Farges 1408.

松林叉花草 ***Strobilanthes pinetorum*** W. W. Smith in Notes Roy. Bot. Gard. Edinburgh 10(49-50): 197. 1918. **Isotype:** China. Yunnan: Tengchong, alt. 1 830 m, 1912-06-??, G. Forrest 8385.

Rubiaceae

茜草科

qiancaoke

中华尖药花 ***Acranthera sinensis*** C. Y. Wu in Acta Phytotax. Sin. 6(3): 295, pl. 55: 24. 1957. **Paratype:** China. Yunnan: Pingbian, alt. 1 500 m, Sino-Russia Yunnan Exped. 3572.

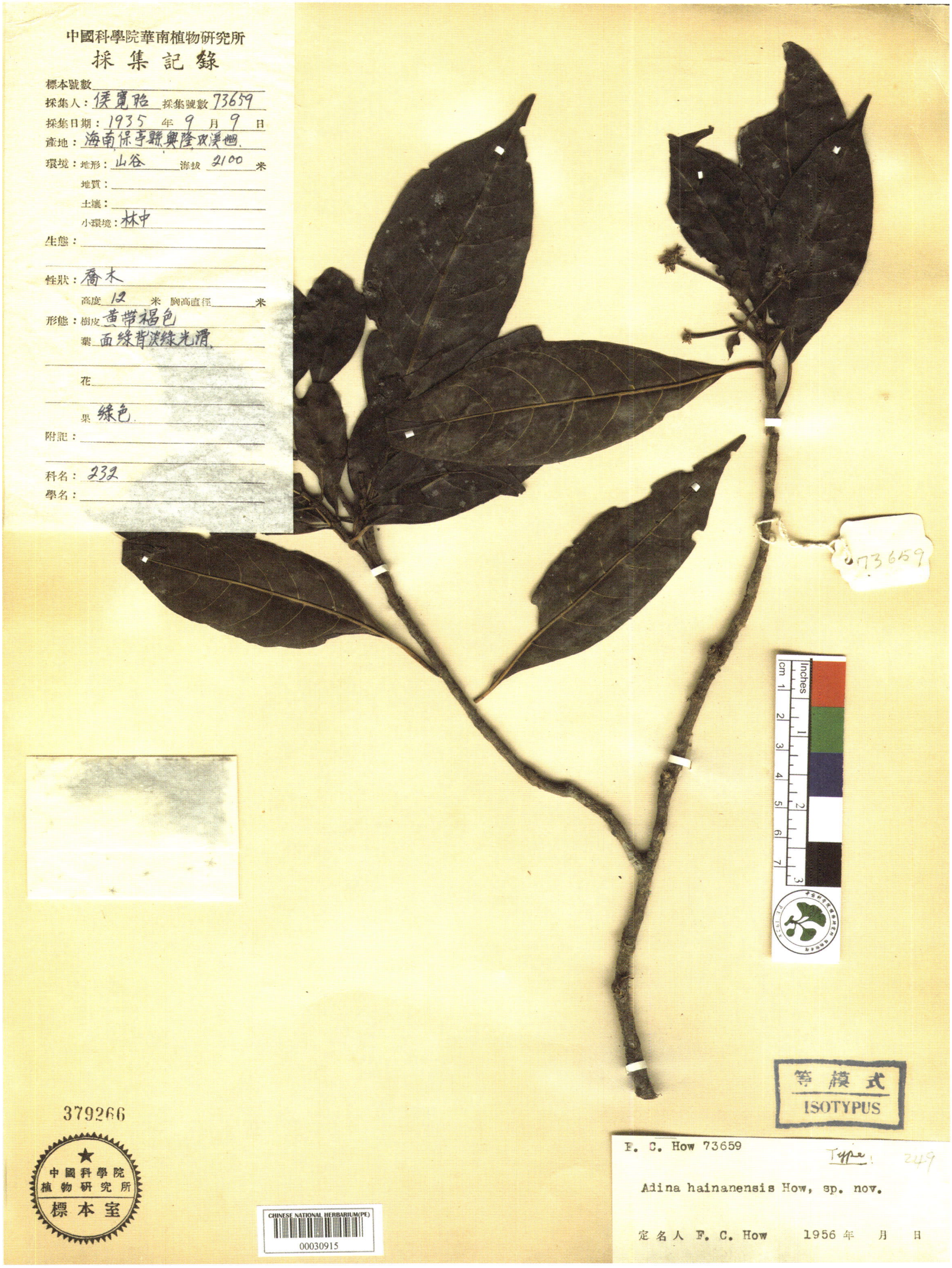

海南水团花 ***Adina hainanensis*** How in Sunyatsenia 6(3-4): 240, f. 29. 1946. **Isotype:** China. Hainan: Baoting, alt. 640 m, 1935-09-09, F. C. How 73659.

无毛团花 ***Anthocephalus indicus*** A. Rich. var. ***glabrescens*** H. L. Li in J. Arnold Arb. 25(3): 318. 1944. **Isotype:** China. Yunnan: Cheli (=Jinghong), alt. 1 000 m, 1936-09-??, C. W. Wang 78648.

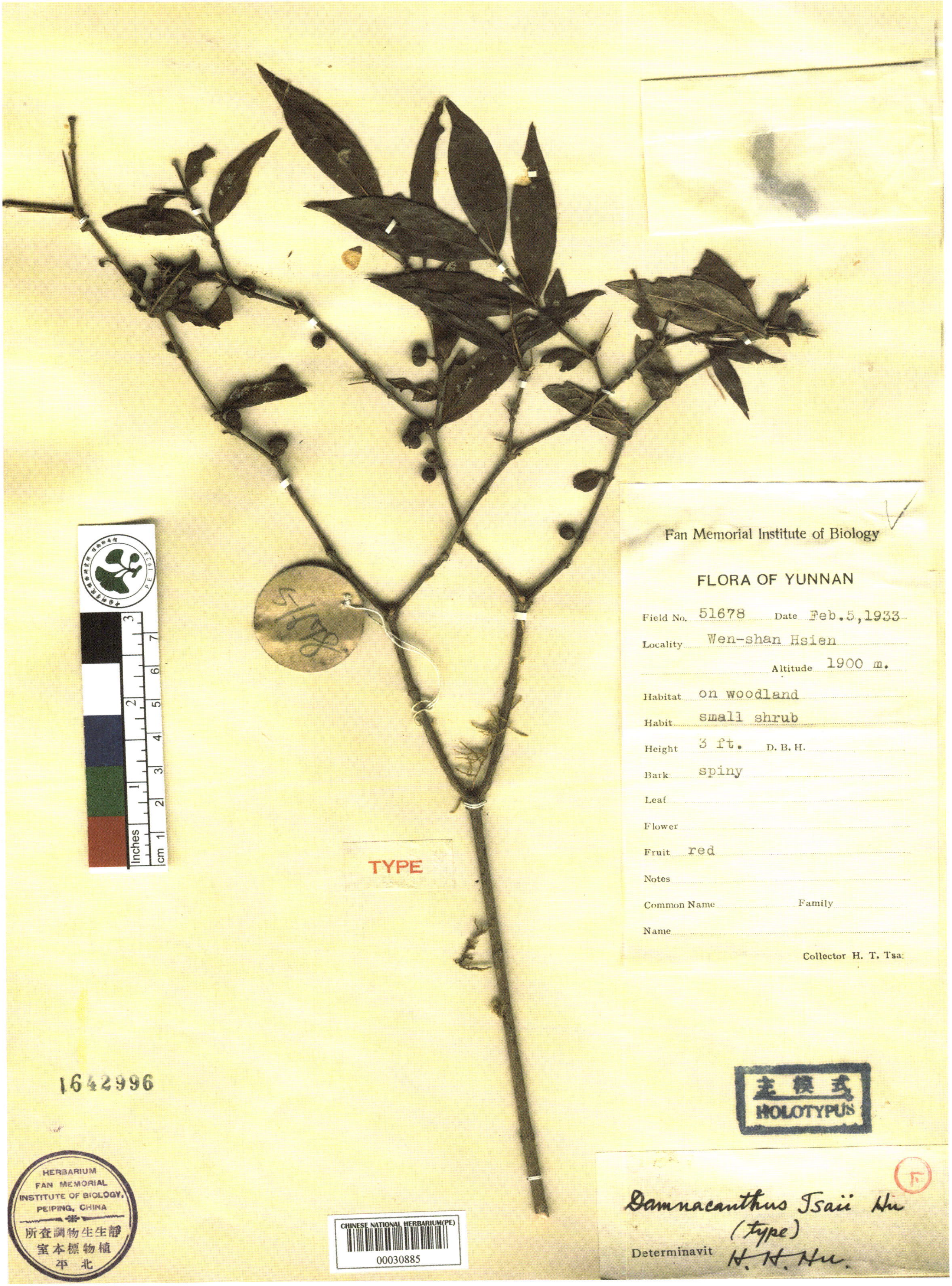

西南虎刺 ***Damnacanthus tsaii*** Hu in Bull. Fan Men. Inst. Biol., Bot. 6(4): 178. 1935. **Holotype:** China. Yunnan: Wenshan, alt. 1 900 m, 1933-02-05, H. T. Tsai 51678.

大众耳草 ***Hedyotis communis*** W. C. Ko, Fl. Hainan. 3: 301, 579, f. 735. 1974. **Isotype:** China. Hainan: Dongfang, Hainan Exped. 00224.

长花轴耳草 ***Hedyotis exserta*** Merr. in Lingnan Sci. J. 13(1): 72. 1934. **Isotype:** China. Hainan: Lingshui, 1932-05-(03-20), H. Fung 20253B.

偏脉耳草 ***Hedyotis obliquinervis*** Merr. in Lingnan Sci. J. 14(1): 56. 1935. **Isotype:** China. Hainan: Ngai (=Sanya), 1932-08-28, S. K. Lau 452.

广东粗叶木 ***Lasianthus kwangtungensis*** Merr. in Lingnan Sci. J. 7: 323. 1929. **Isotype:** China. Hongkong: Bride Valley, 1928-04-03, Y. Tsiang 55.

榄绿粗叶木 ***Lasianthus lancilimbus*** Merr. in Lingnan Sci. J. 13(1): 50, pl. 8. 1934. **Isotype:** China. Guangdong: Zengcheng, 1932-05-21, W. T. Tsang 20293.

八脉粗叶木 ***Lasianthus octonervius*** Hand.-Mazz. in Sinensia 5(1-2): 14. 1934. **Isotype:** China. Guangxi: Baise, alt. 900 m, 1928-09-13, R. C. Ching 7382.

狭尖叶粗叶木 ***Lasianthus tenuicaudatus*** Merr. in Lingnan Sci. J. 7: 324. 1929. **Isotype:** China. Guangdong: Zhaoqing, Dinghushan, 1928-07-05, Y. Tsiang 822.

琼梅 ***Meyna hainanensis*** Merr. in Lingnan Sci. J. 14(1): 57. 1935. **Isotype:** China. Hainan: Ngai (=Sanya), 1932-07-11, S. K. Lau 238.

海南玉叶金花 ***Mussaenda hainanensis*** Merr. in Lingnan Sci. J. 14(1): 57. 1935. **Isotype:** China. Hainan: Lingshui, 1932-04-26, H. V. Swa 2.

延翅蛇根草 ***Ophiorrhiza alatiflora*** H. S. Lo in Bull. Bot. Res. Harbin 10(2): 62, f. 22. 1990. **Isoparatype:** China. Yunnan: Pingbian, Sino-Russia Yunnan Exped. 3525.

毛脉蛇根草 ***Ophiorrhiza alatiflora*** H. S. Lo var. ***trichoneura*** H. S. Lo in Bull. Bot. Res., Harbin 10(2): 63. 1990.
Isoparatype: China. Yunnan: Hekou, Sino-Russia Yunnan Exped. 2312.

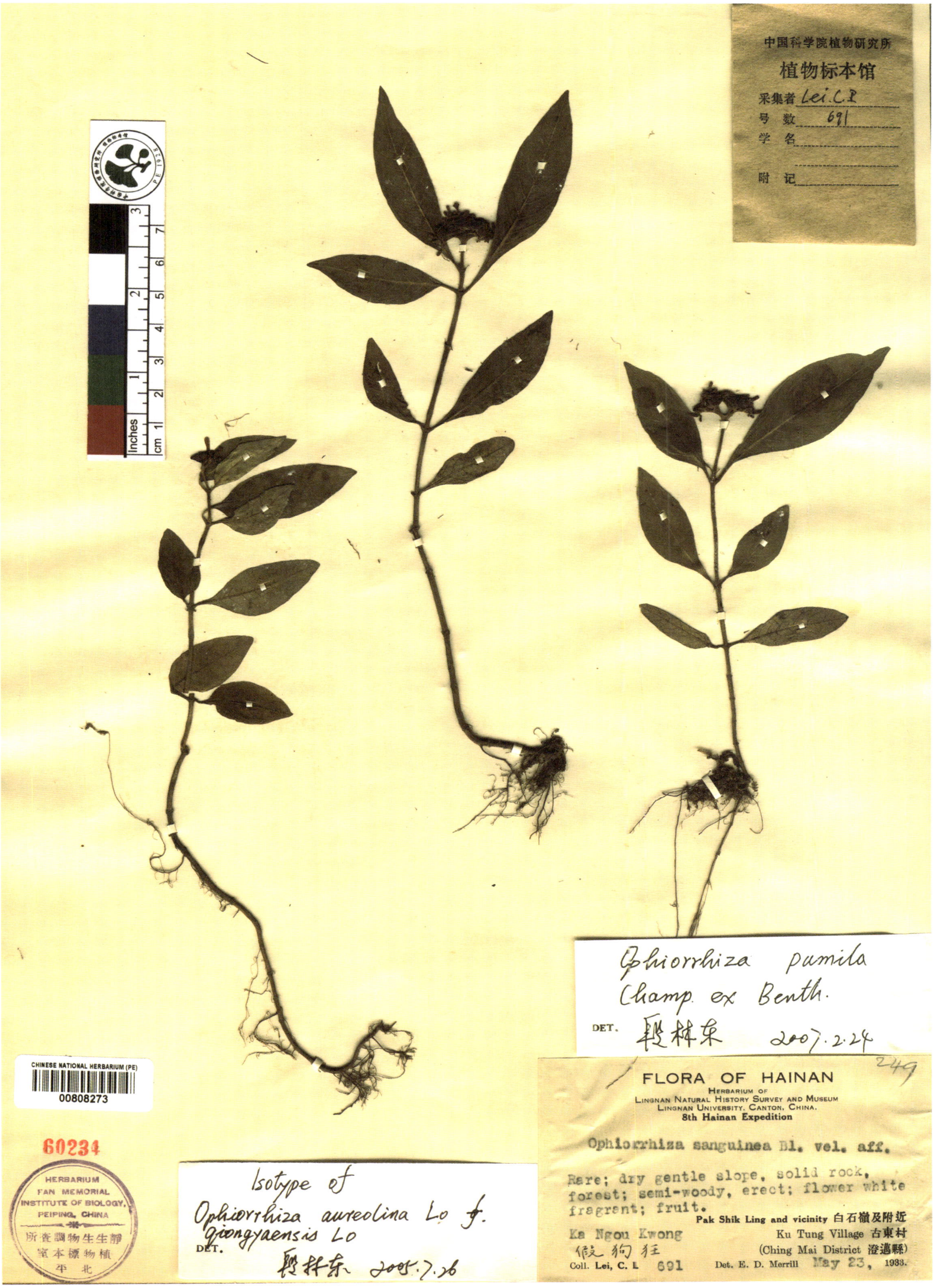

琼崖蛇根草 ***Ophiorrhiza aureolina*** H. S. Lo f. ***qiongyaensis*** H. S. Lo in Bull. Bot. Res., Harbin 10(2): 36. 1990.
Isotype: China. Hainan: Chengmai, 1933-05-23, C. I. Lei 691.

灰叶蛇根草 ***Ophiorrhiza cana*** H. S. Lo in Bull. Bot. Res., Harbin 10(2): 20. 1990. **Isotype:** China. Yunnan: Precise locality not known, Sino-Russia Yunnan Exped. 370.

中华蛇根草 ***Ophiorrhiza chinensis*** H. S. Lo in Bull. Bot. Res., Harbin 10(2): 70, f. 24. 1990. **Isoparatype:** China. Hunan: Wugang, alt.950 m, 1963-09-26, L. H. Liu & G. Z. He 15975.

峨眉蛇根草 ***Ophiorrhiza chinensis*** H. S. Lo f. ***emeiensis*** H. S. Lo in Bull. Bot. Res., Harbin 10(2): 74. 1990. **Isotype:** China. Sichuan: Emei, Emeishan, alt. 1 300 m, 1957-04-23, G. H. Yang 54183.

大苞蛇根草 ***Ophiorrhiza grandibracteolata*** How ex H. S. Lo in Bull. Bot. Res., Harbin 10(2): 43, f. 11. 1990. **Isoparatype:** China. Yunnan: Xichou, 1943-11-??, C. P. Tsien 656.

海南蛇根草 ***Ophiorrhiza hainanensis*** Y. C. Tseng, Fl. Hainan. 3: 311, 582, f. 739. 1974. **Isoparatype:** China. Hainan: Baoting, 1954-??-??, Hainan Exped. 915A.

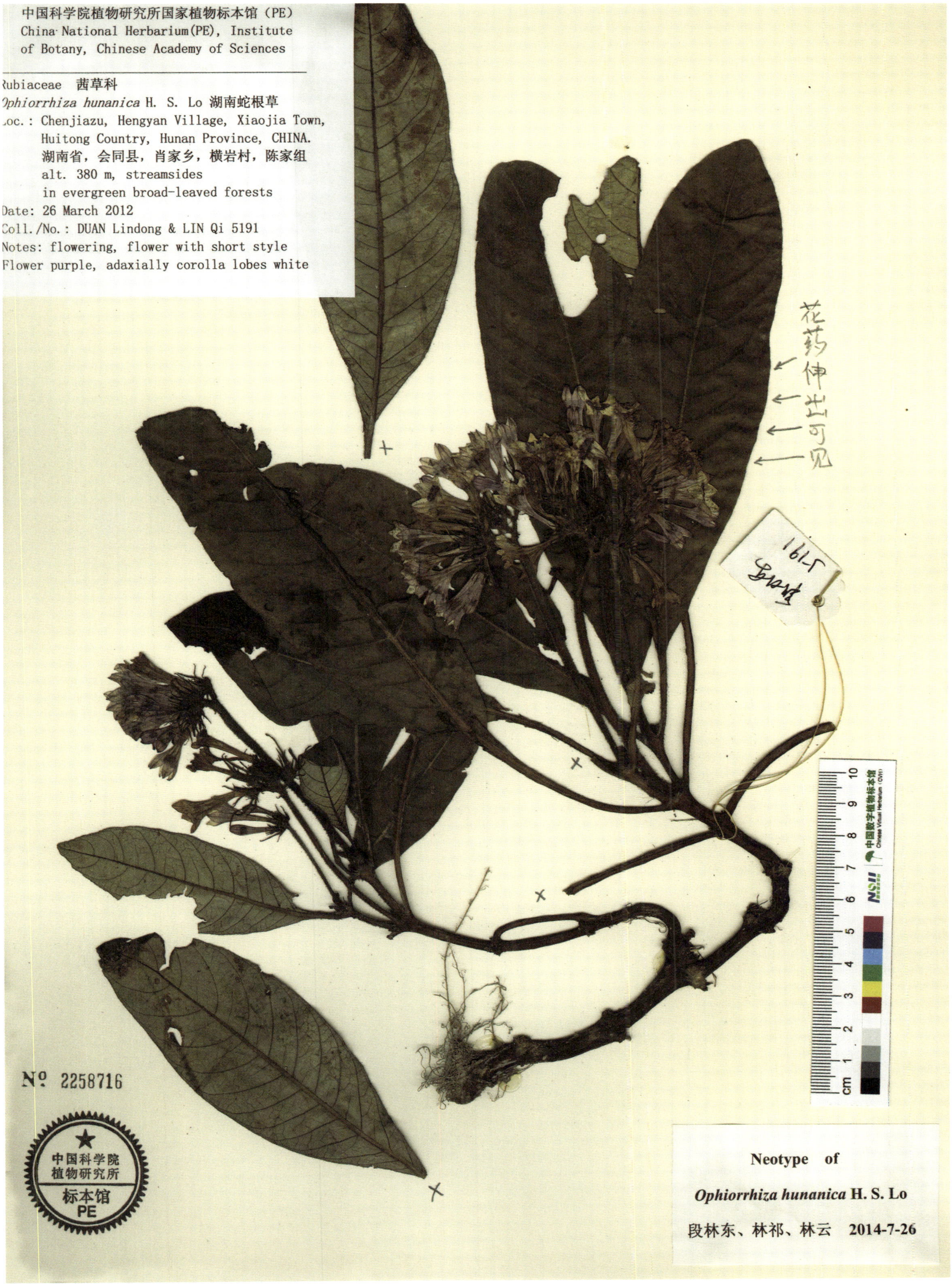

湖南蛇根草 ***Ophiorrhiza hunanica*** H. S. Lo in Bull. Bot. Res., Harbin 10(2): 24. 1990. **Neotype** (designated by L. D. Duan, Yun Lin & Q. Lin in Bangladesh J. Plant Taxon. 21: 193. 2014.): China. Hunan: Huitong, alt. 380 m, 2012-03-26, L. D. Duan & Q. Lin 5191.

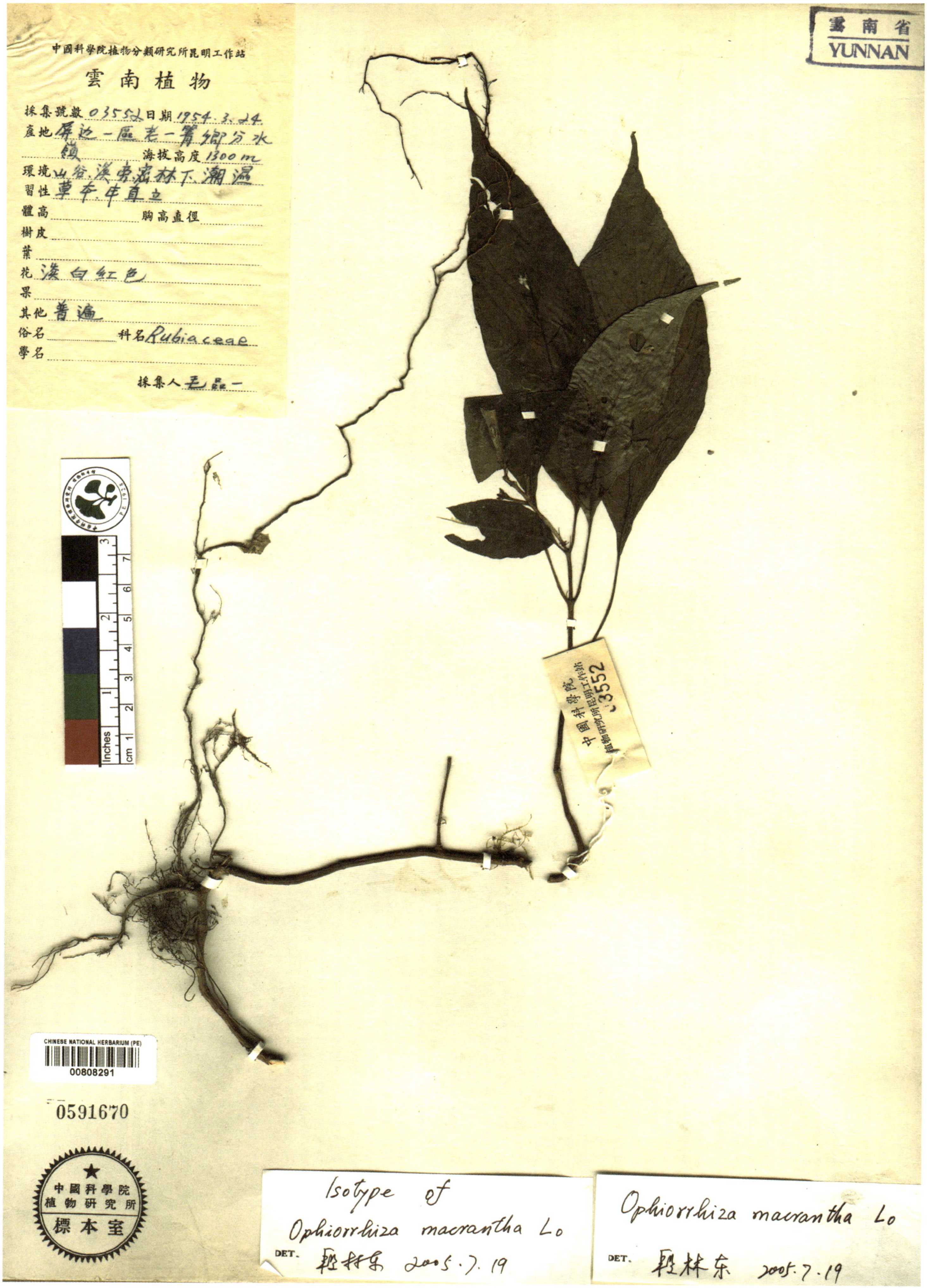

大花蛇根草 ***Ophiorrhiza macrantha*** H. S. Lo in Bull. Bot. Res., Harbin 10(2): 28, f. 7. 1990. **Isotype:** China. Yunnan: Pingbian, alt. 1 300 m, 1954-03-24, P. I Mao 03552.

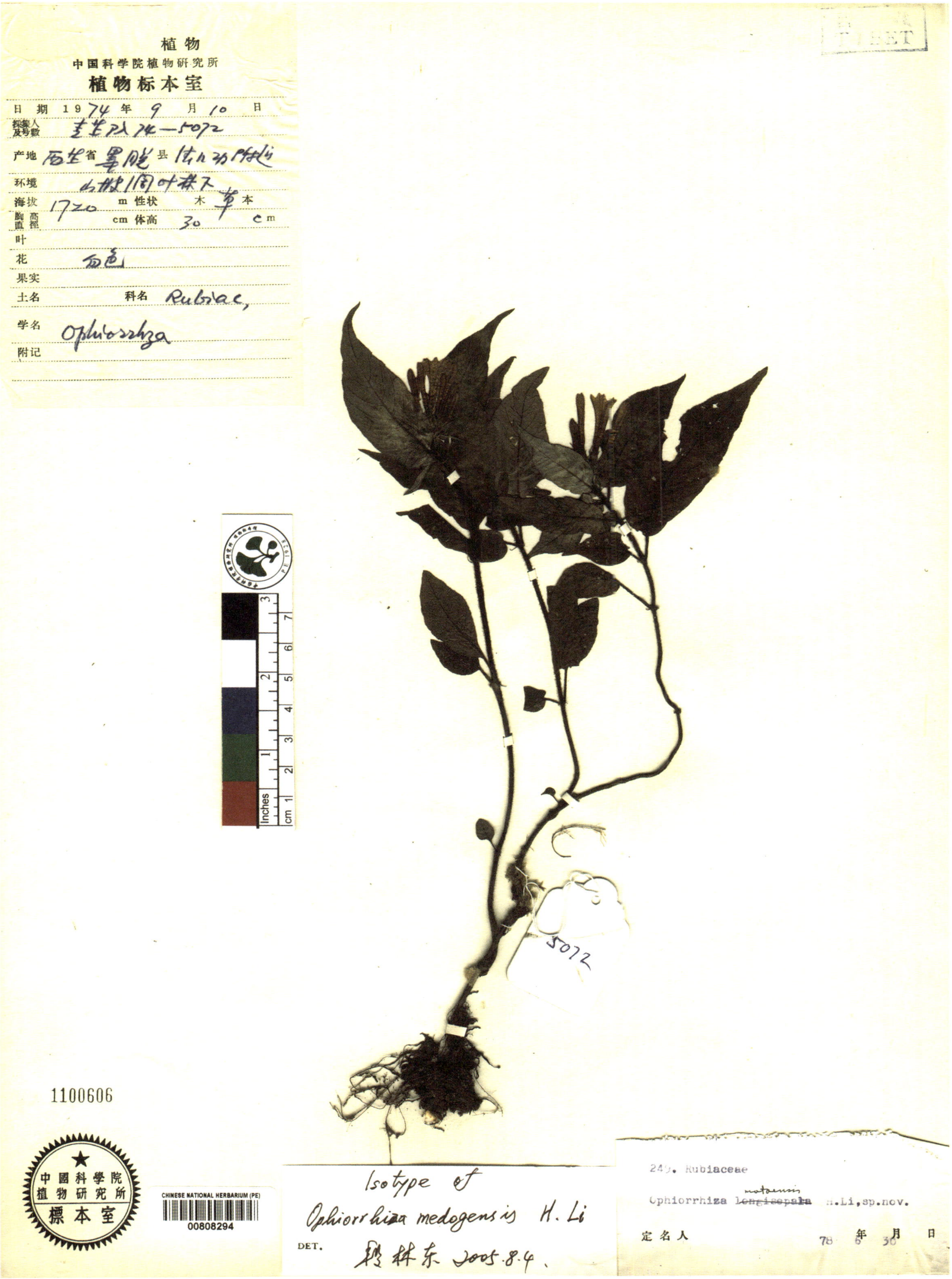

长萼蛇根草 ***Ophiorrhiza medogensis*** H. Li in Acta Phytotax. Sin. 18(1): 116, f. 1: 1-6. 1980. **Isotype:** China. Xizang: Mêdog, alt. 1 720 m, 1974-09-10, Qinghai-Xizang Exped. 74-5072.

圆锥蛇根草 ***Ophiorrhiza paniculiformis*** H. S. Lo in Bull. Bot. Res., Harbin 10(2): 78. 1990. **Isotype:** China. Yunnan: Maguan, alt. 1 700 m, 1933-03-01, H. T. Tsai 51855.

屏边蛇根草 ***Ophiorrhiza pingbienensis*** H. S. Lo in Bull. Bot. Res., Harbin 10(2): 20, f. 4. 1990. **Isoparatype:** China. Yunnan: Pingbian, 1956-??-??, Sino-Russia Yunnan Exped. 3751.

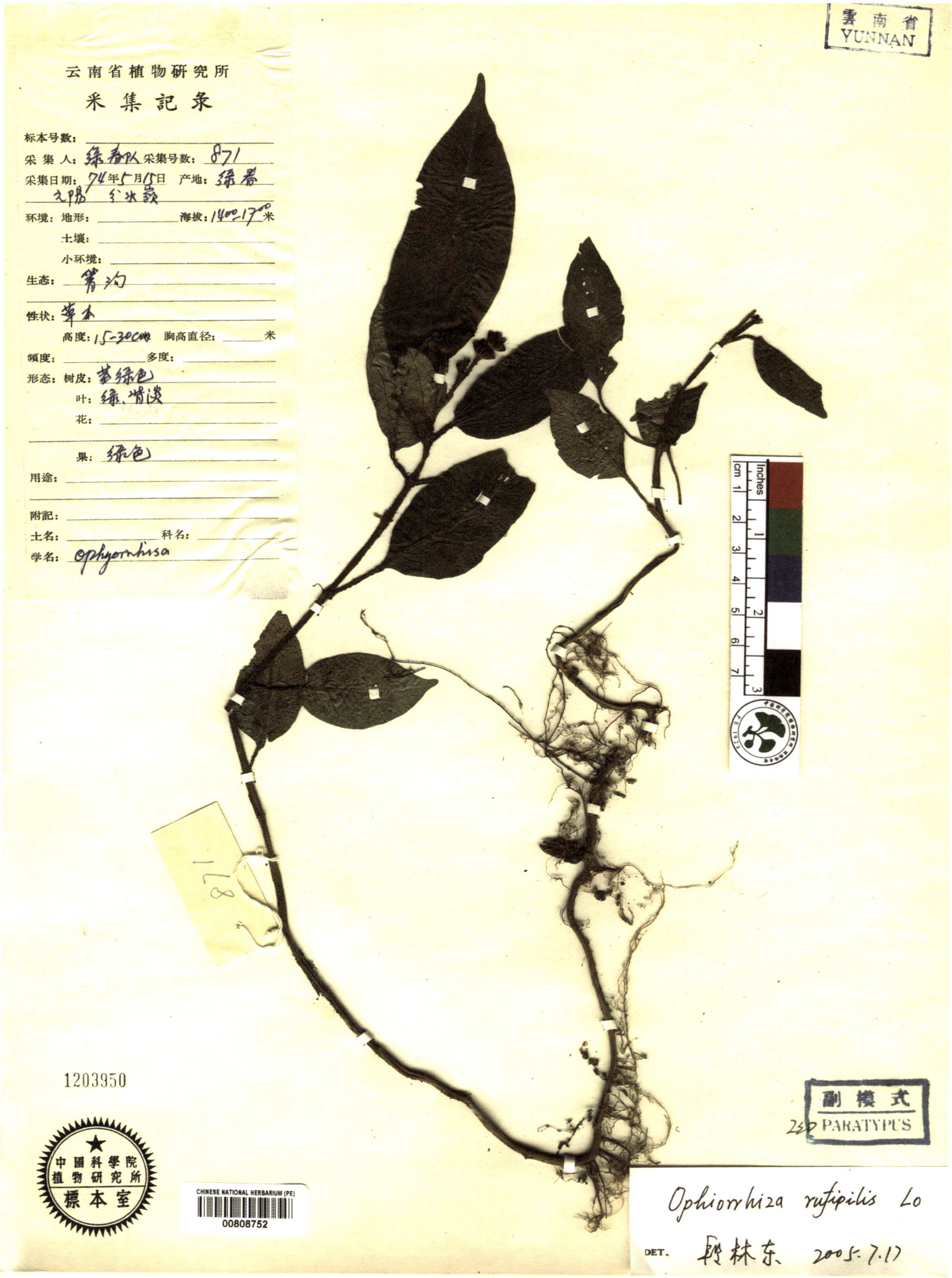

红毛蛇根草 ***Ophiorrhiza rufipilis*** H. S. Lo in Bull. Bot. Res., Harbin 10(2): 17, f. 3. 1990. **Isoparatype:** China. Yunnan: Luchun, alt. 1 400~1 700 m, 1974-05-15, Luchun Exped. 871.

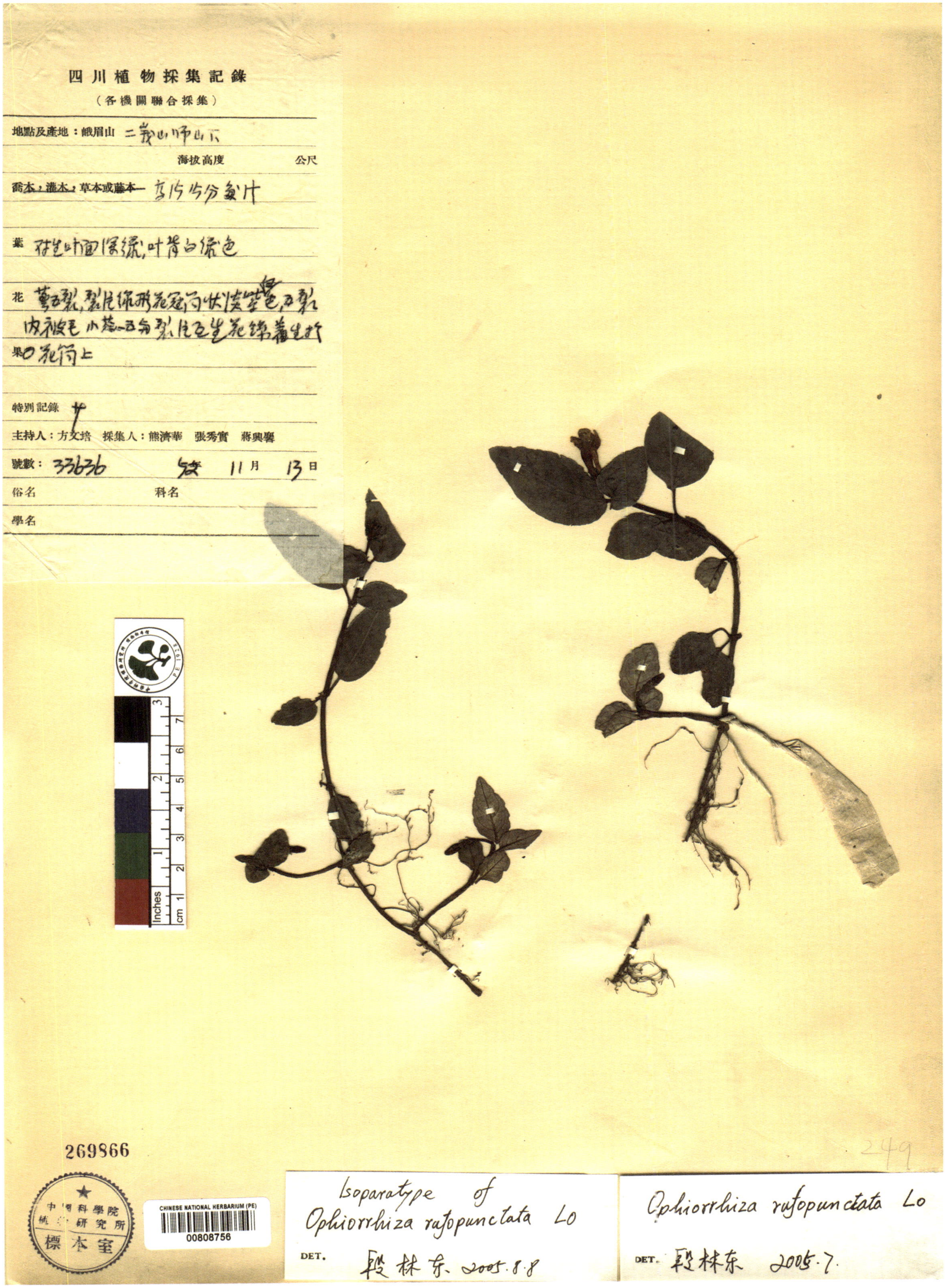

红腺蛇根草 ***Ophiorrhiza rufopunctata*** H. S. Lo in Bull. Bot. Res., Harbin 10(2): 15, f. 1. 1990. **Isoparatype:** China. Sichuan: Emei, Emeishan, 1952-11-13, J. H. Xiong, S. S. Chang & H. L. Tsiang 33536.

辐状彼茜 ***Pittoniotis rotata*** C. M. Taylor in Novon 20(3): 359, f. 2E-G. 2010. **Isotype:** Ecuador. Pichincha: Reserva Floristica-Ecologica, alt. 1 800~2 200 m, 1985-08-27, J. Jaime. Jaramillo & V. Zak 8164.

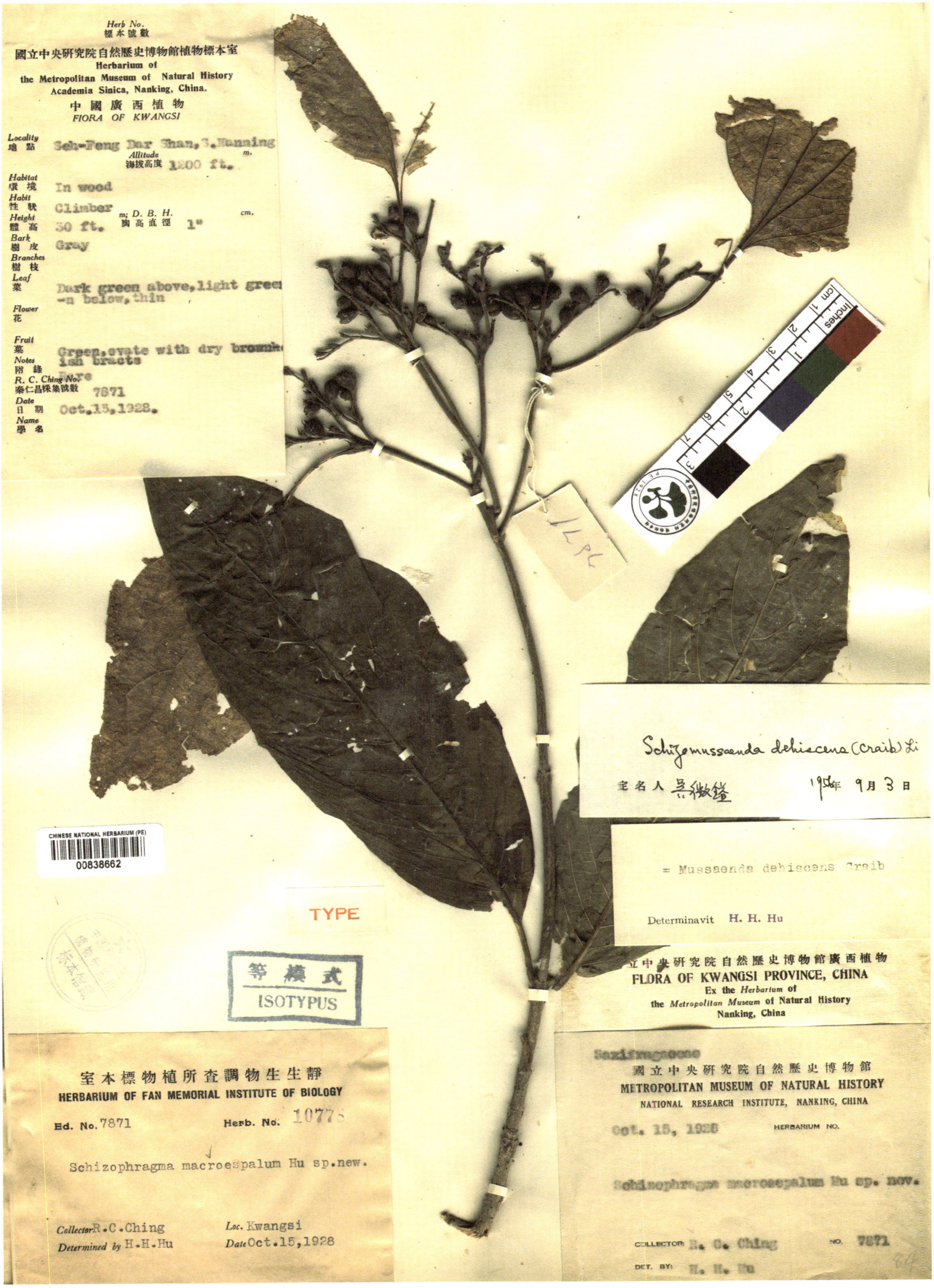

大萼裂果金花 ***Schizophragma macrosepalum*** Hu in J. Arnold Arb. 11(1): 48. 1930. **Isotype:** China. Guangxi: Nanning, alt. 366 m, 1928-10-15, R. C. Ching 7871.

粘毛螺序草 ***Spiradiclis tomentosa*** D. Fang & D. H. Qin in Bull. Bot. Res., Harbin 13(4): 330, f. 1: 1-4. 1993. **Isotype:** China. Guangxi: Fengshan, alt. 500 m, 1992-04-20, D. H. Qin 30574.

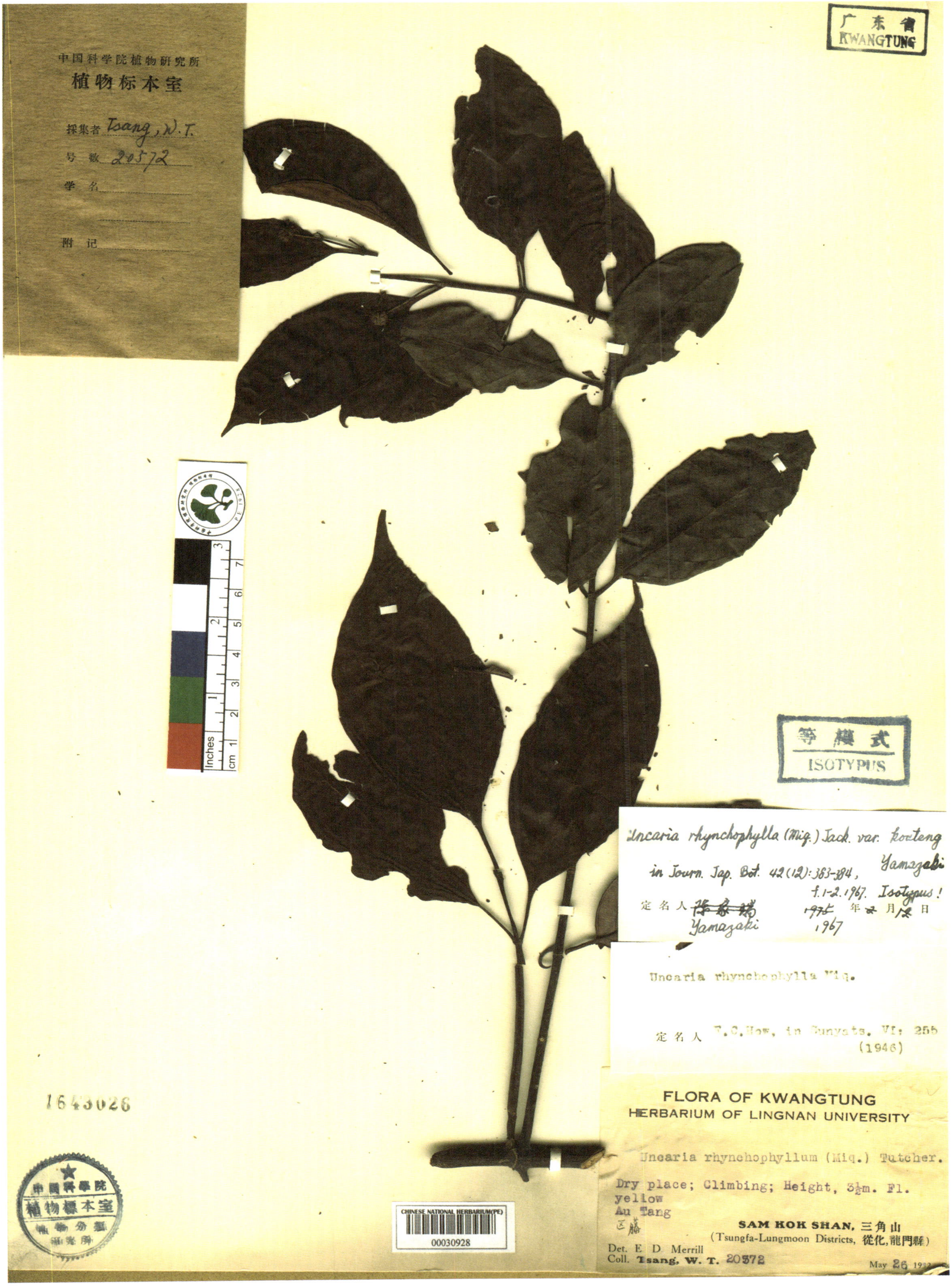

广东钩藤 ***Uncaria rhynchophylla*** (Miq.) Miq. ex Havil. var. ***kouteng*** Yamazaki in J. Japan. Bot. 42: 384. 1967. **Isotype:** China. Guangdong: Conghua, 1932-05-26, W. T. Tsang 20572.

Caprifoliaceae

忍冬科

rendongke

安徽六道木 ***Abelia anhwensis*** Nakai in J. Jap. Bot. 13(8): 557, f. 2. 1937. **Isotype:** China. Anhui: Huangshan, 1933-10-16, W. C. Cheng 3982.

双盾木 ***Dipelta floribunda*** Maxim. in Bull. Acad. Imp. Sci. St.-Pétersb. 24(1): 51. 1877. **Isotype:** China. Shaanxi: Hanzhong, 1875-03-28, Piasezky s. n.

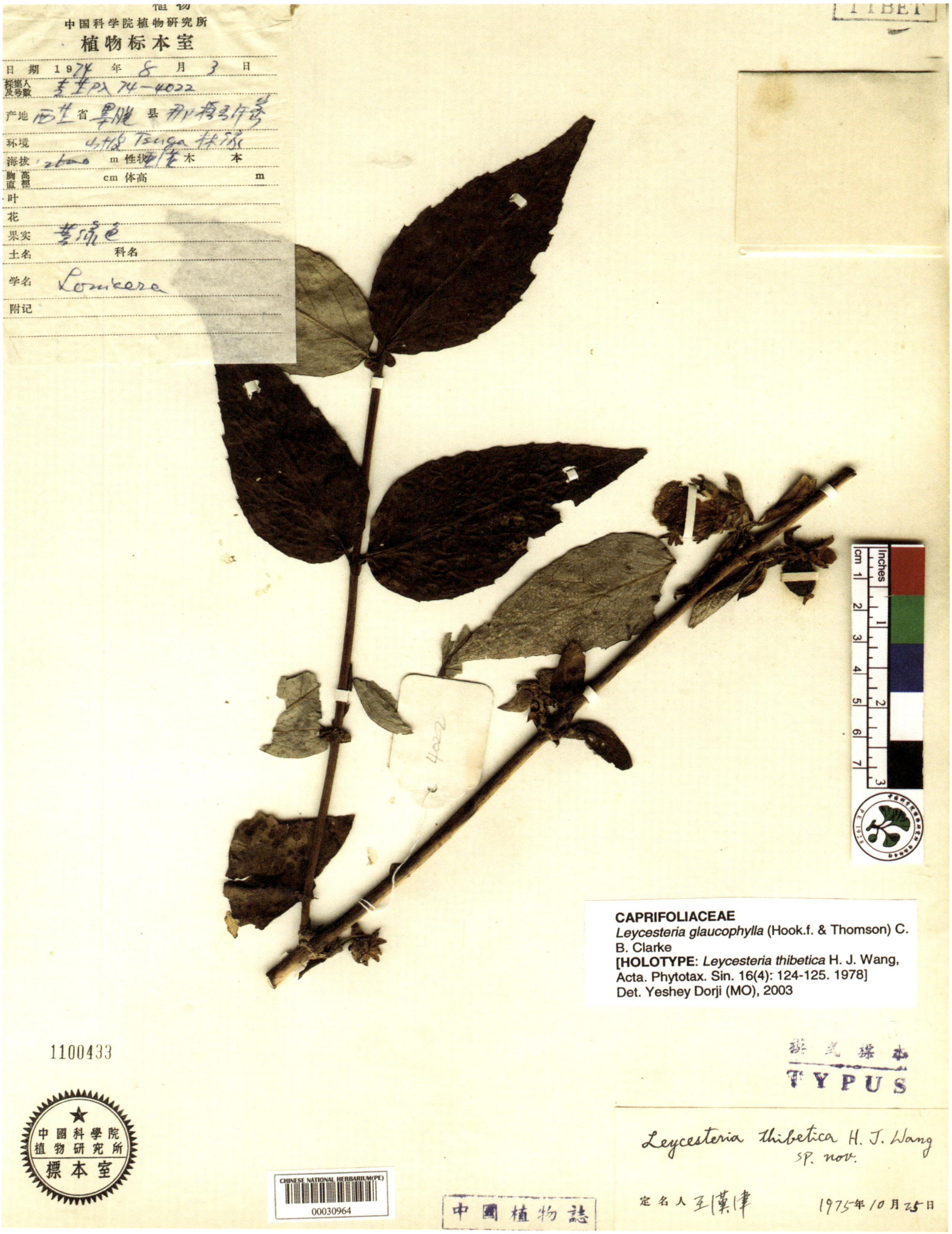

西藏风吹箫 ***Leycesteria thibetica*** H. J. Wang in Acta Phytotax. Sin. 16(4): 124, f. 1. 1978. **Holotype:** China. Xizang: Mêdog, alt. 2 600 m, 1974-08-03, Qinghai-Xizang Exped. 74-4022.

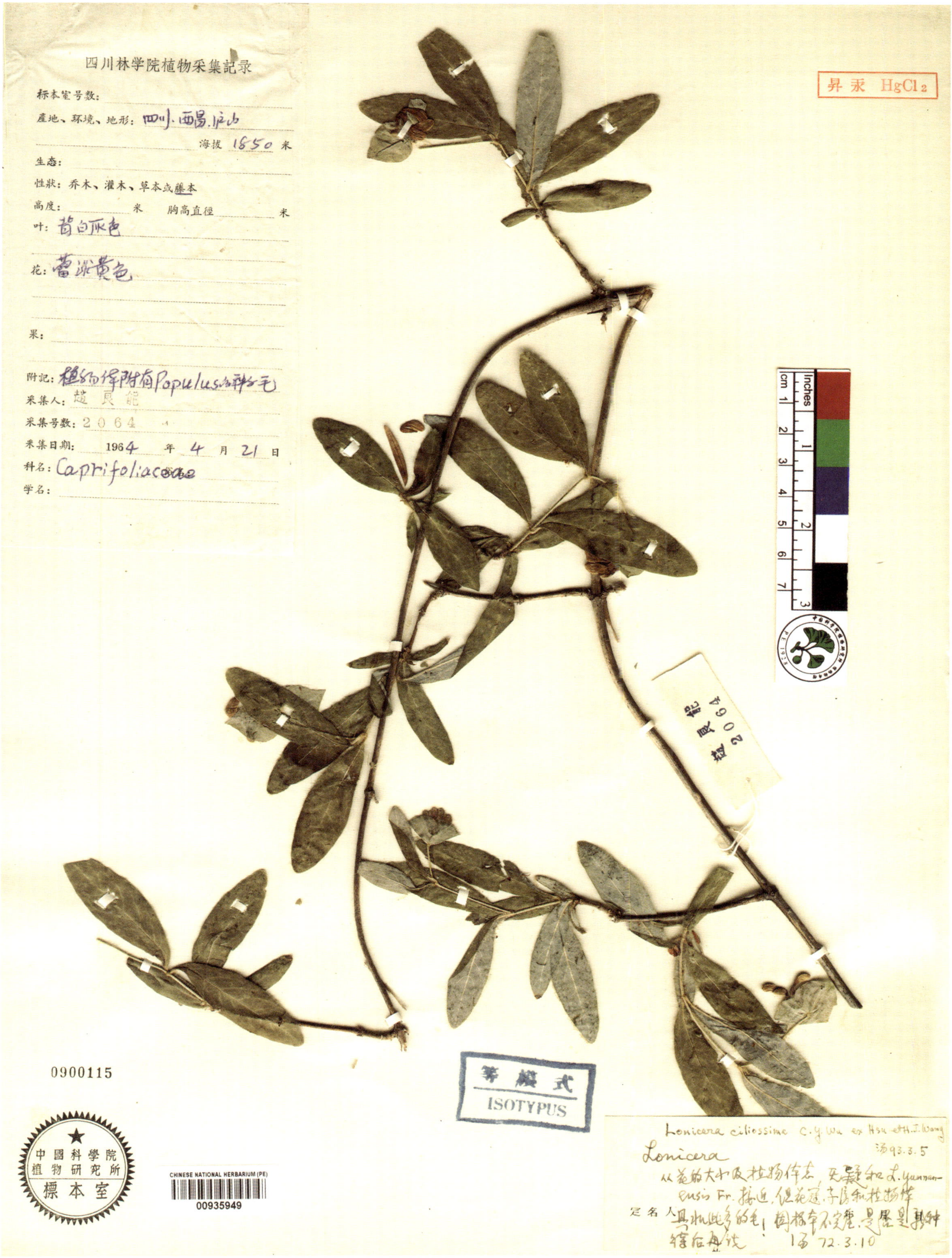

长睫毛忍冬 ***Lonicera ciliosissima*** C. Y. Wu ex P. S. Hsu & H. J. Wang in Acta Phytotax. Sin. 17(4): 83, f. 12. 1979.
Isotype: China. Sichuan: Xichang, alt. 1 850 m, 1964-04-21, L. N. Zhao 2064.

钟花忍冬 ***Lonicera codonantha*** Rehd. in J. Arnodl Arb. 22(4): 578. 1941. **Isotype:** China. Yunnan: Zhenkang, alt. 3 500 m, 1938-08-04, T. T. Yu 17188.

方氏忍冬 ***Lonicera fangii*** Chien in Sunyatsenia 4(3-4): 133, pl. 33. 1940. **Holotype:** China. Sichuan: Wanyuan, 1932-05-12, W. P. Fang 10269.

锈毛忍冬 ***Lonicera fulva*** Merr. in Lingnan Sci. J. 13(1): 51. 1934. **Isotype:** China. Guangdong: Conghua, 1932-05-31, W. T. Tsang 20622.

黄褐毛忍冬 ***Lonicera fulvotomentosa*** P. S. Hsu & S. C. Cheng in Acta Phytotax. Sin. 17(4): 80, f. 8. 1979. **Holotype:** China. Guizhou: Anlong, alt. 850 m, 1960-06-15, Z. S.Zhang & Y. T. Chang 5317.

具腺忍冬 ***Lonicera glandulifera*** Chien in Sunyatsenis 4(3-4): 135, pl. 34. 1940. **Isotype:** China. Sichuan: Jiulong, 1939-06-06, K. Y. Yao 3815.

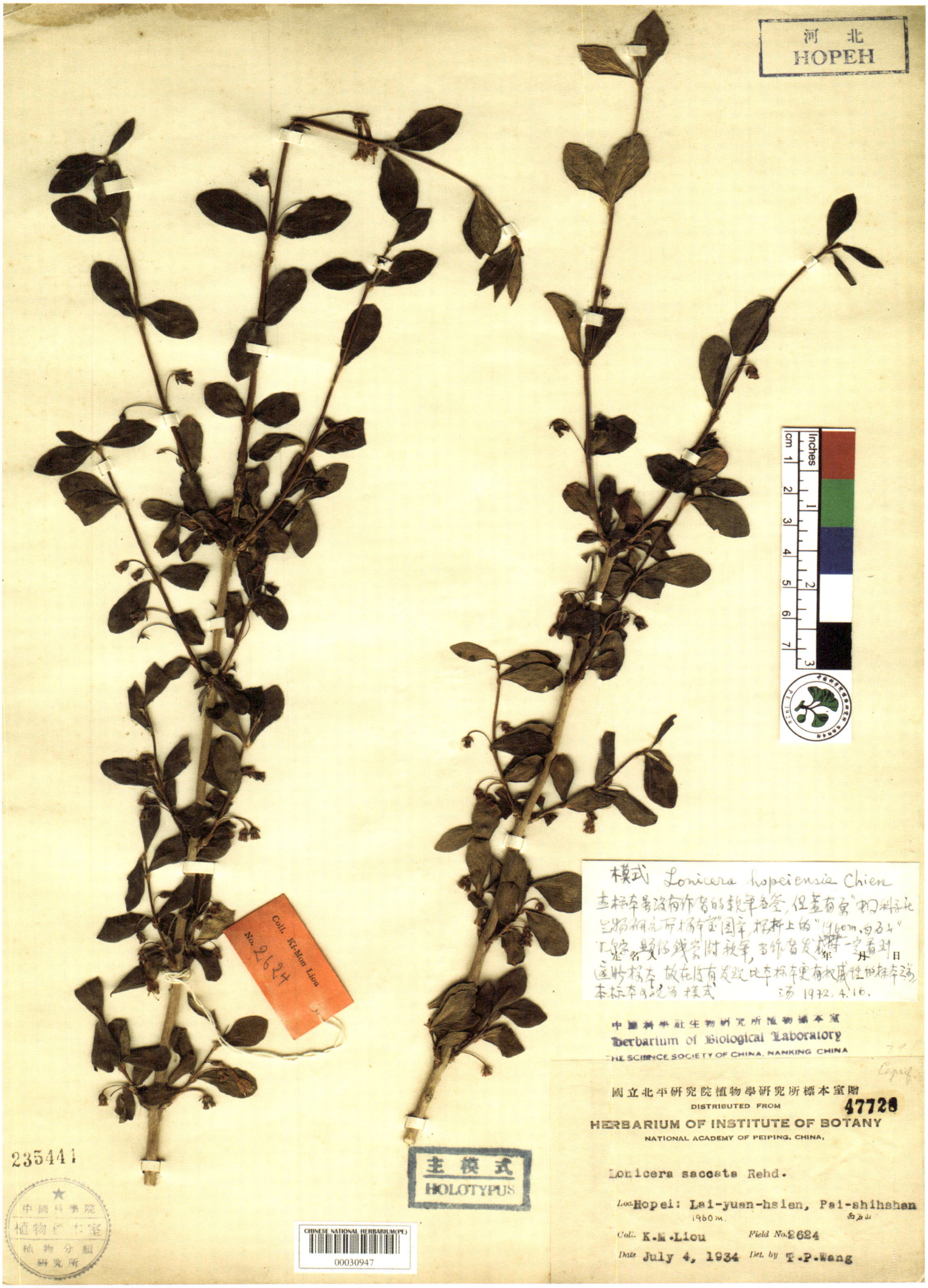

河北忍冬 ***Lonicera hopeiensis*** Chien in Sunyatsenia 4(3-4): 137, pl. 35. 1940. **Holotype:** China. Hebei: Laiyuan, 1934-07-04, K. M. Liou 2624.

吉隆忍冬 ***Lonicera jilongensis*** P. S. Hsu & H. J. Wang in Acta Phytotax. Sin. 17(4): 76, f. 2. 1979. **Isotype:** China. Xizang: Gyirong, alt. 4 150 m, 1972-06-29, Xizang Med. Herb. Exped. 700.

五台忍冬 ***Lonicera kungeana*** K. S. Hao in Contr. Inst. Bot., Nat. Acad. Peiping 1: 98. 1932, & in 2: 392. 1934. **Holotype:** China. Hebei: Yu Xian, Xiaowutaishan. alt. 1 400 m, 1930-06-01, H. W. Kung 203

光枝柳叶忍冬 ***Lonicera lanceolata*** Wall. var. ***glabra*** Chien ex P. S. Hsu & H. J. Wang in Acta Phytotax. Sin. 17(4): 77. 1979. **Isotype:** China. Sichuan: Ebian, 1939-07-27, C. W. Yao 4287.

圆叶忍冬 ***Lonicera myrtillus*** Hook. f. & Thoms. var. ***cyclophylla*** Rehd. in J. Arnold Arb. 22(4): 579. 1941. **Isotype:** China. Yunnan: Gongshan, alt. 3 000 m, 1938-09-03, T. T. Yu 20056.

红脉忍冬 ***Lonicera nervosa*** Maxim. in Bull. Acad. Imp. Sci. St.-Pétersb. 24(1): 39. 1877. **Isotype:** China. Gansu: Terra Tangutorum, 1872-08-24, N. M. Przewalski s. n.

丁香叶忍冬 ***Lonicera oblata*** Hao ex P. S. Hsu & H. J. Wang in Acta Phytotax. Sin. 17(4): 77, f. 3. 1979. **Holotype:** China. Hebei: Neiqiu, alt. 1 200 m, 1950-07-19, Y. Liu 13121.

光秃忍冬 ***Lonicera saccata*** Rehd. f. ***calva*** Rehd. in J. Arnold Arb. 11(2): 168. 1930. **Isotype:** China. Chongqing: Nanchuan, alt. 2 440~2 745 m, 1928-05-20, W. P. Fang 845.

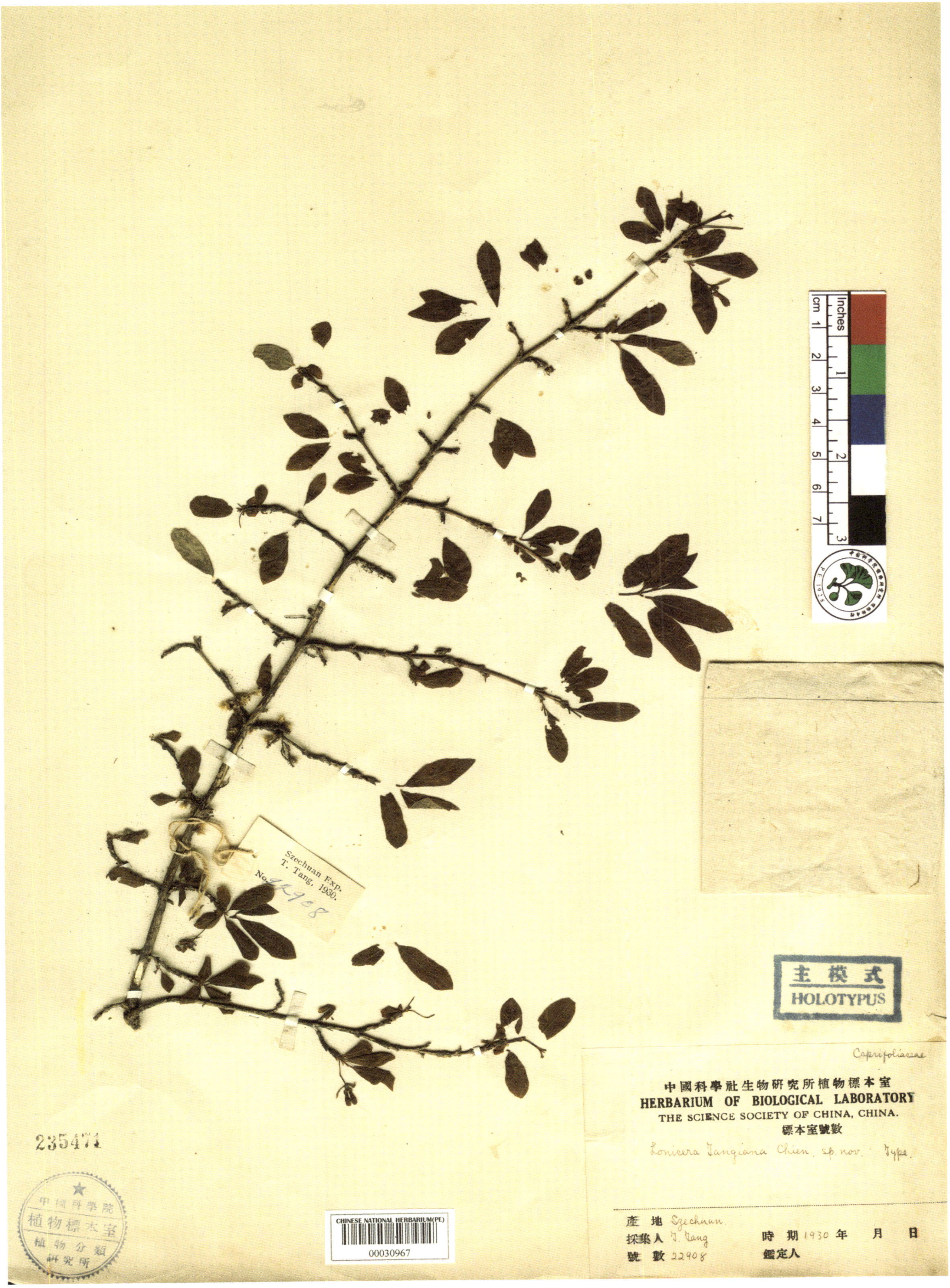

毛果袋花忍冬 ***Lonicera tangiana*** Chien in Sunyatsenia 4(3-4): 139, pl. 36. 1940. **Holotype:** China. Sichuan: Precise locality not known, 1930-??-??, T. Tang 22908.

赤水忍冬 ***Lonicera tricalysioides*** C. Y. Wu ex P. S. Hsu & H. J. Wang in Acta Phytotax. Sin. 17(4): 77, f. 4. 1979.
Isotype: China. Guizhou: Chishui, alt. 850 m, 1959-09-13, Bijie Exped. 1221.

秦氏荚蒾 ***Viburnum chingii*** P. S. Hsu in Acta Phytotax. Sin. 11(1): 68, pl. 10. 1966. **Isotype:** China. Yunnan: Yangbi, 1940-04-23, R. C. Ching 22347.

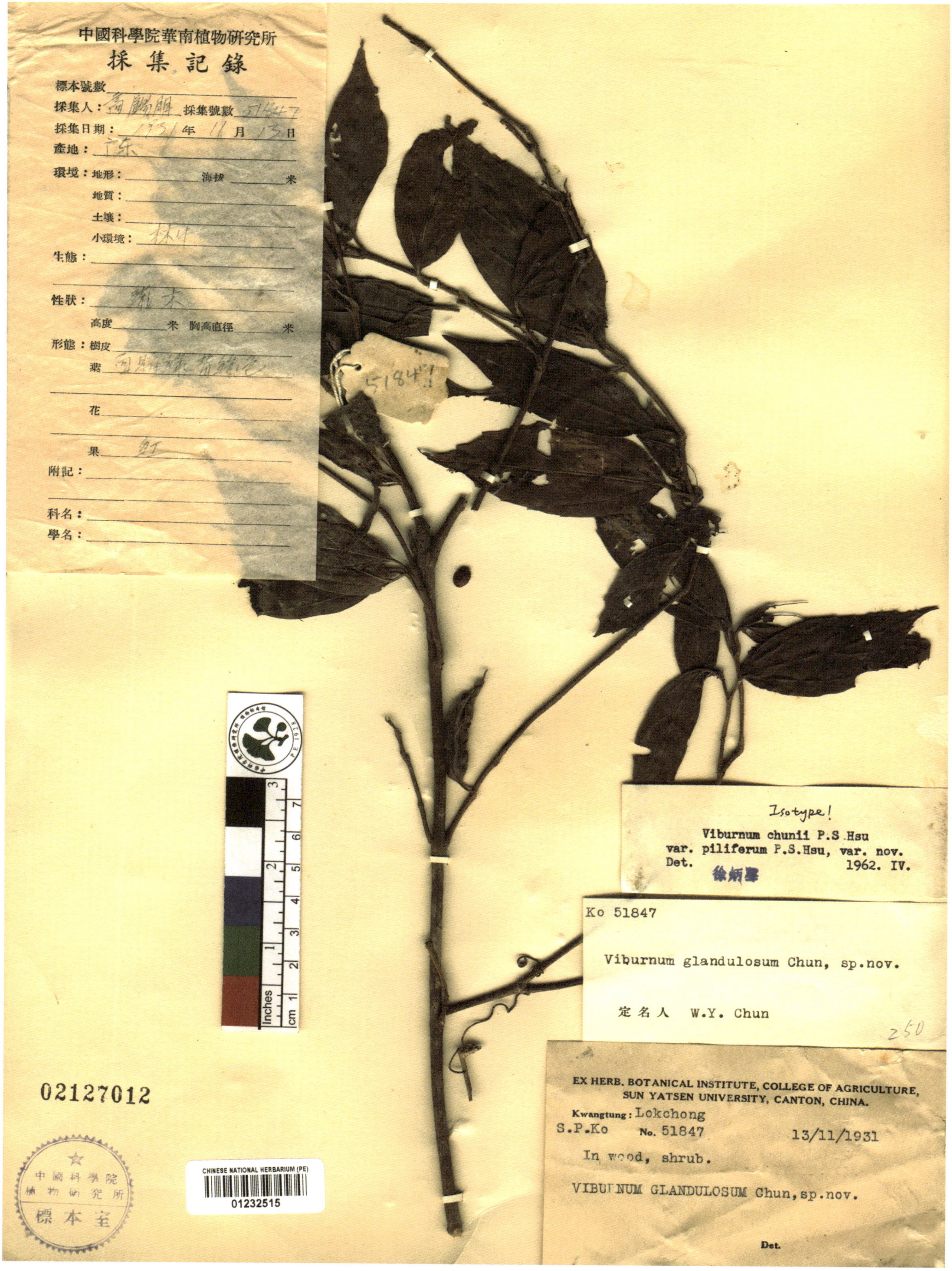

具毛陈氏荚蒾 ***Viburnum chunii*** P. S. Hsu var. ***piliferum*** P. S. Hsu in Acta Phytotax. Sin. 11(1): 83. 1966; S. Y. Jin, Catal. Type Specimens (Corm.) Herb. China 187. 1994. **Isotype:** China. Guangdong: Lechang, 1931-11-13, S. P. Ko 51847.

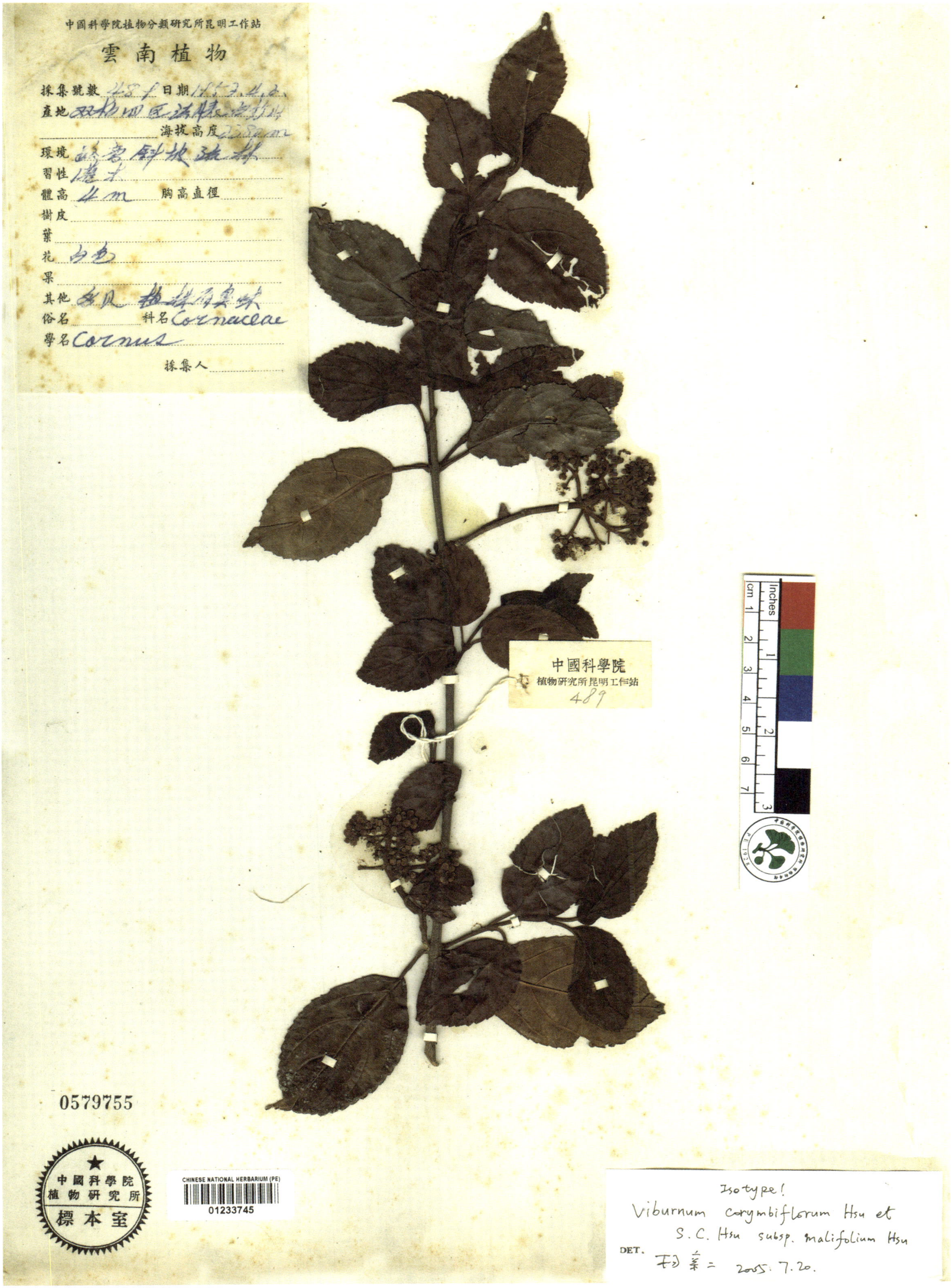

苹果叶荚蒾 ***Viburnum corymbiflorum*** P. S. Hsu & S. C. Hsu subsp. ***malifolium*** P. S. Hsu in Acta Phytotax. Sin. 11(1): 74. 1966. **Isotype:** China. Yunnan: Shuangbai, alt. 2 380 m, 1952-04-02, Kunming Station 489.

大叶荚蒾 ***Viburnum dilatatum*** Thunb. var. ***macrophyllum*** P. S. Hsu in Acta Phytotax. Sin. 11(1): 78. 1966. **Isotype:** China. Hunan: Nanyue, Hengshan, 1943-05-24, S. C. Chun 3242.

短筒荚蒾 ***Viburnum erubescens*** Wall. var. ***brevitubum*** P. S. Hsu in Acta Phytotax. Sin. 11(1): 67. 1966. **Holotype:** China. Hubei: Xingshan, alt. 1 680 m, 1957-05-27, Y. Liu 494.

小红荚蒾 ***Viburnum erubescens*** Wall. var. ***parvum*** P. S. Hsu & S. C. Hsu in Acta Phytotax. Sin. 13(1): 111. 1975.
Holotype: China. Yunnan: Yangbi, 1940-05-20, R. C. Ching 22499.

光萼荚蒾 ***Viburnum formosanum*** (Hance) Hayata subsp. ***leiogynum*** P. S. Hsu in Acta Phytotax. Sin. 11(1): 81, pl. 15. 1966. **Holotype:** China. Zhejiang: Yunhe, 1930-05-10, K. K. Tsoong D. 62.

黄褐绒毛荚蒾 ***Viburnum fulvotomentosum*** P. S. Hsu in Acta Phytotax. Sin. 11(1): 79. 1966. **Holotype:** China. Jiangxi: Lushan, M. J. Wang 1542.

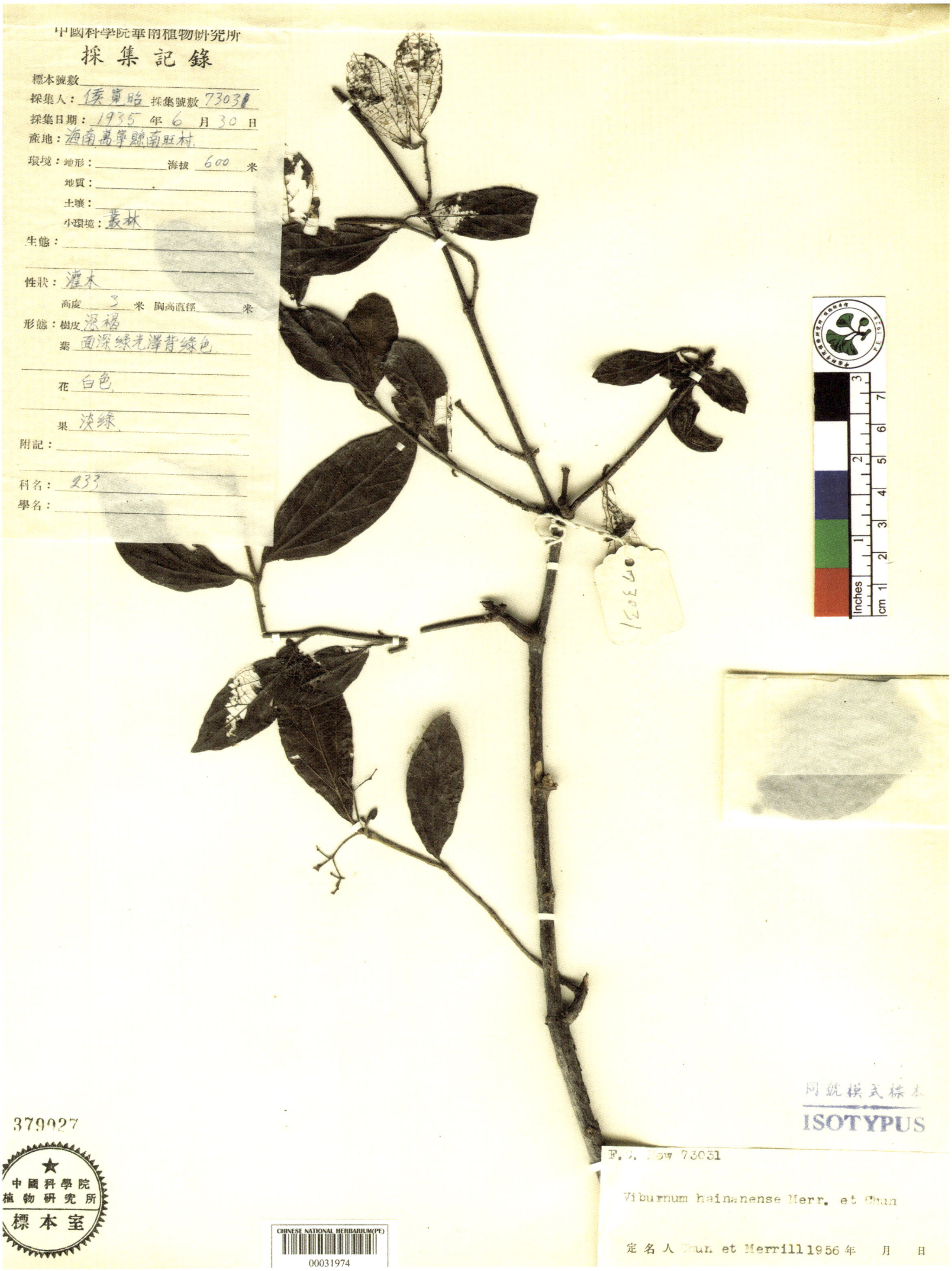

海南荚蒾 ***Viburnum hainanense*** Merr. & Chun in Sunyatsenia. 5(1-3): 193. 1940. **Isotype:** China. Hainan: Wanning, alt. 600 m, 1935-06-30, F. C. How 73031.

披针叶荚蒾 ***Viburnum lancifolium*** P. S. Hsu in Acta Phytotax. Sin. 11(1): 81, pl. 16. 1966; S. Y. Jin, Catal. Type Specimens (Corm.) Herb. China 188. 1994. **Holotype:** China. Jiangxi: Lichuan, alt. 200 m, 1957-10-02, M. J. Wang & al. 2057.

光果荚蒾 ***Viburnum leiocarpum*** P. S. Hsu in Acta Phytotax. Sin. 11(1): 76. 1966. **Paratype:** China. Yunnan: Mengzi, T. N. Liou 018692.

斑点光果荚蒾 ***Viburnum leiocarpum*** P. S. Hsu var. ***punctatum*** P. S. Hsu in Acta Phytotax. Sin. 11(1): 77. 1966. **Isotype:** China. Yunnan: Pingbian, alt. 1 500 m, 1934-07-15, H. T. Tsai 62656.

长圆荚蒾 ***Viburnum oblongum*** P. S. Hsu in Acta Phytotax. Sin. 11(1): 71. 1966; S. Y. Jin, Catal. Type Specimens (Corm.) Herb. China 189. 1994. **Isotype:** China. Yunnan: Weixi, 1940-11-05, K. M. Feng 8729.

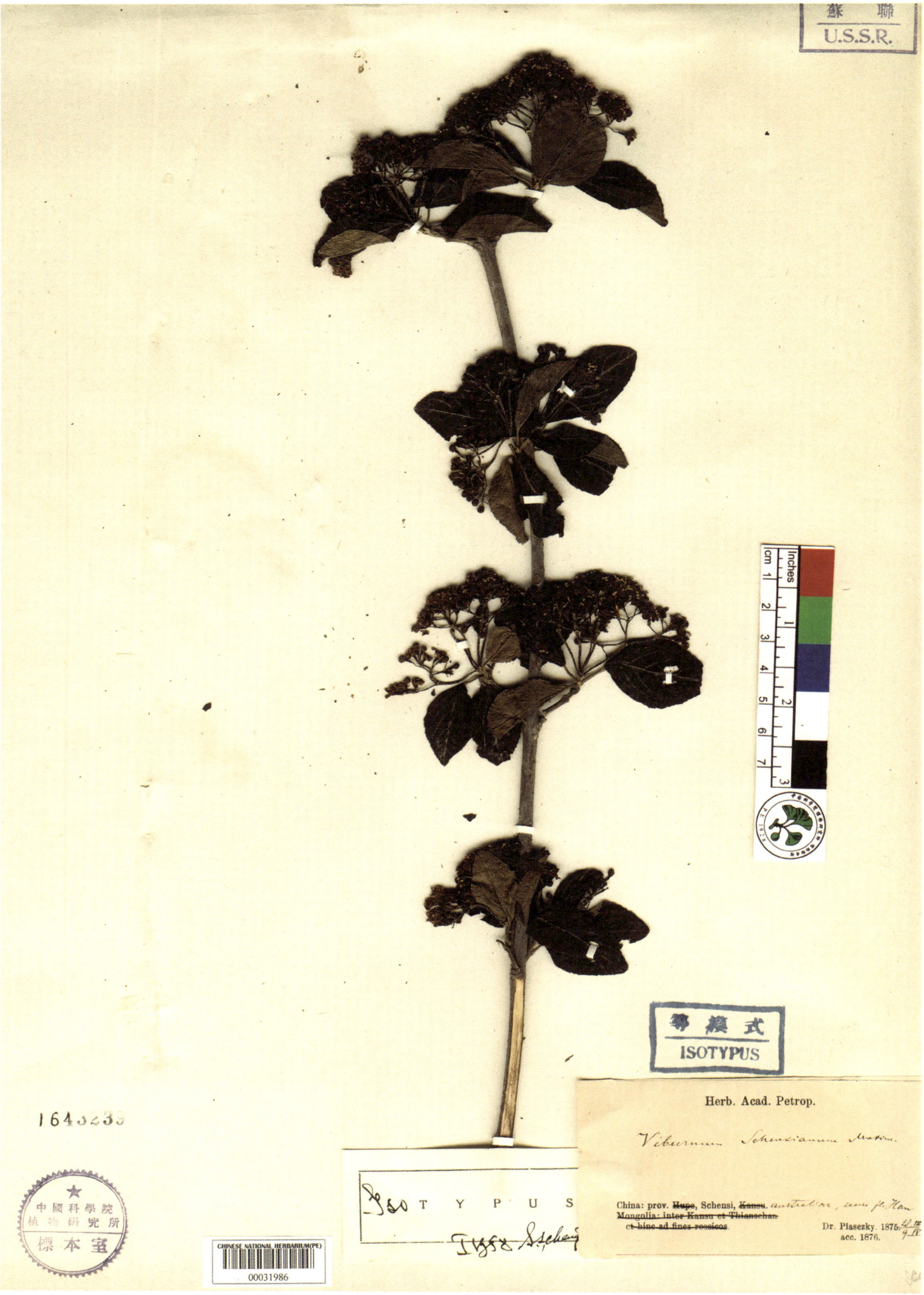

陕西荚蒾 ***Viburnum schensianum*** Maxim. in Bull. Acad. Imp. Sci. St.-Pétersb. 26(3): 480. 1880. **Isotype:** China. Shaanxi: S Shaanxi, Precise locality not known, 1875-03-28, Piasezky s. n.

横脉荚蒾 ***Viburnum trabeculosum*** C. Y. Wu ex P. S. Hsu in Acta Phytotax. Sin. 17(2): 79, f. 1. 1979. **Isotype:** China. Yunnan: Jinping, alt. 200 m, 1956-05-09, Sino-Russia Yunnan Exped. 1142.

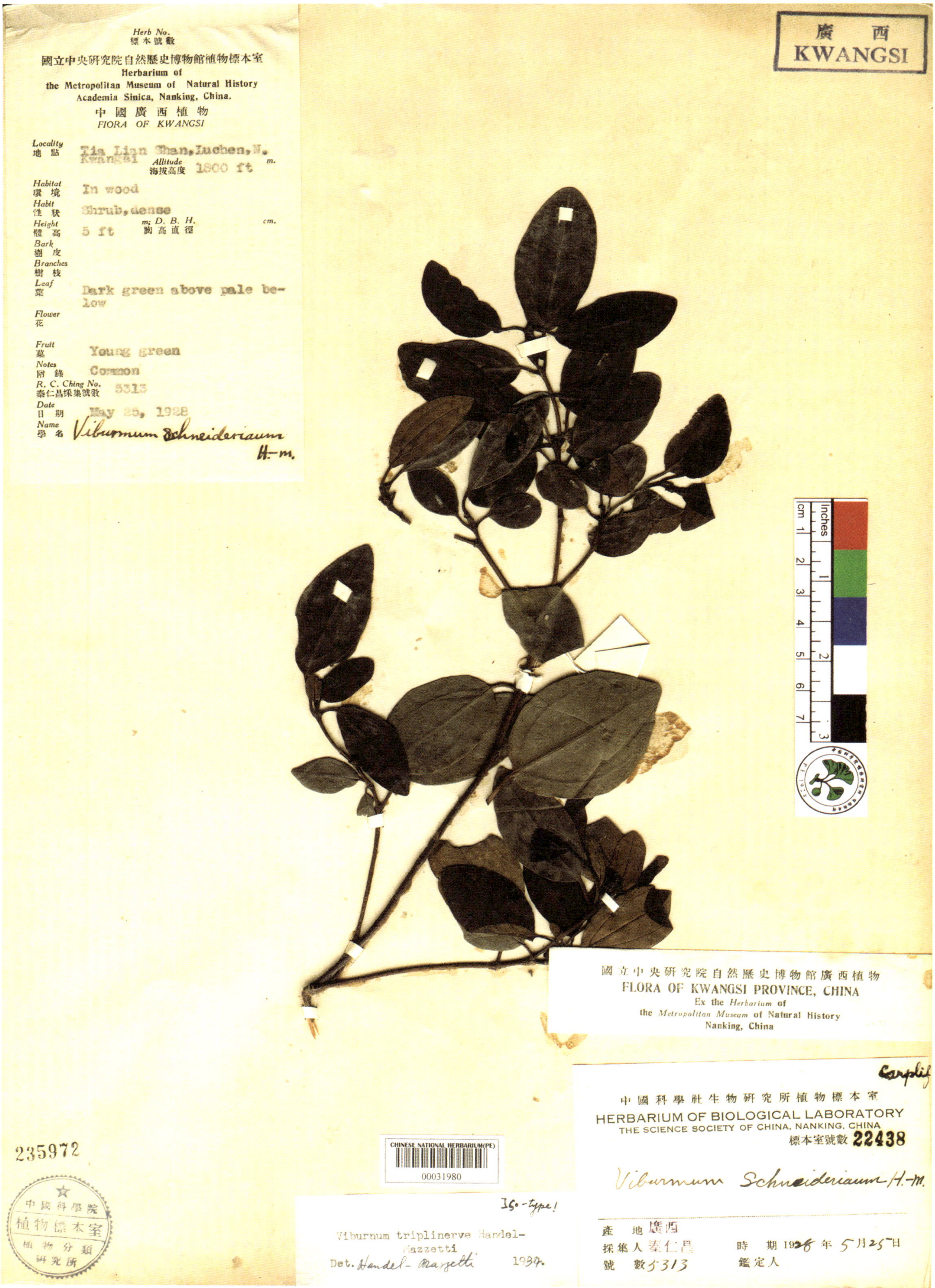

三脉叶荚蒾 ***Viburnum triplinerve*** Hand.-Mazz. in Sinensia. 5(1-2): 15. 1934. **Isotype:** China. Guangxi: Luocheng, alt. 549 m, 1928-05-25, R. C. Ching 5313.

管花荚蒾 ***Viburnum tubulosum*** P. S. Hsu in Acta Phytotax. Sin. 11(1): 70, pl. 11. 1966. **Paratype:** China. Guangxi: Xingan, 1953-06-03, Guangxi Exped. 2475.

Valerianaceae

败酱科

baijiangke

鞭枝缬草 ***Valeriana flagellifera*** Batal. in Acta Horti Petrop. 13(2): 374. 1894. **Isotype:** China. Gansu: Tangut, mudshik, alt. 3 508 m, 1880-06-09, N. M. Przewalski 334.

横断山缬草 ***Valeriana henduanensis*** D. Y. Hong in Acta Phytotax. Sin. 30(4): 373, f. 2. 1992. **Holotype:** China. Sichuan: Muli, alt. 3 650 m, 1937-06-21, T. T. Yu 6542.

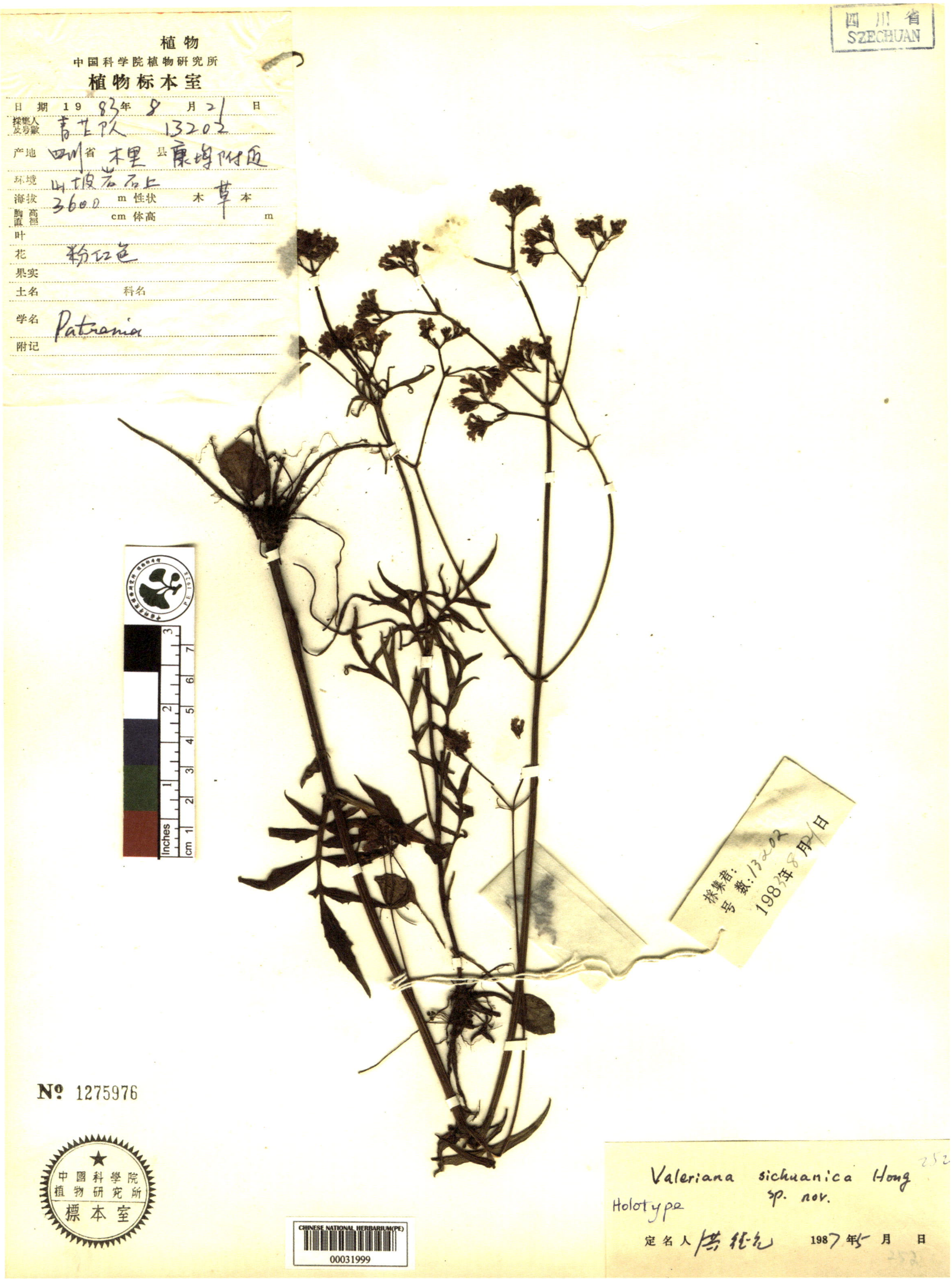

川缬草 ***Valeriana sichuanica*** D. Y. Hong in Acta Phytotax. Sin. 30(4): 371, f. 1. 1992. **Holotype:** China. Sichuan: Muli, alt. 3 600 m, 1983-08-21, Qinghai-Xizang Exped. 13202.

Dipsacaceae

川续断科

chuanxuduanke

天目续断 ***Dipsacus tianmuensis*** C. Y. Cheng & Z. T. Yin in Acta Phytotax. Sin. 23(4): 306, f. 5. 1985. **Holotype:** China. Zhejiang: Tianmushan, 1935-08-28, H. Migo 0325674.

青海刺参 ***Morina kokonorica*** K. S. Hao in Repert. Spec. Nov. Regni Veg. 40: 215. 1936. **Holotype:** China. Qinghai: Qinghai Lake, alt. 3 800 m, 1930-09-12, Hopkinson 1268.

Cucurbitaceae

葫芦科

huluke

云南盒子草 ***Actinostemma tenerum*** Griff. var. ***yunnanense*** A. M. Lu & Z. Y. Zhang in Bull. Bot. Res., Harbin 4(2): 127. 1984. **Holotype:** China. Yunnan: Dali, 1919-09-08, Anonymous 2471.

波裂叶刺儿瓜 ***Bolbostemma biglandulosum*** (Hemsl.) Franquet var. ***sinuato-lobulatum*** C. Y. Wu in Acta Phytotax. Sin. 6(2): 238. 1957. **Holotype:** China. Yunnan: Lijiang, 1939-09-15, C. Y. Zhao 21671.

白脉绞股蓝 ***Gynostemma pallidinerve*** Z. Zhang in Acta Phytotax. Sin. 29(4): 370, f. 1. 1991. **Holotype:** China. Anhui: She Xian, alt. 840~900 m, 1986-10-02, Z. Zhang 0140.

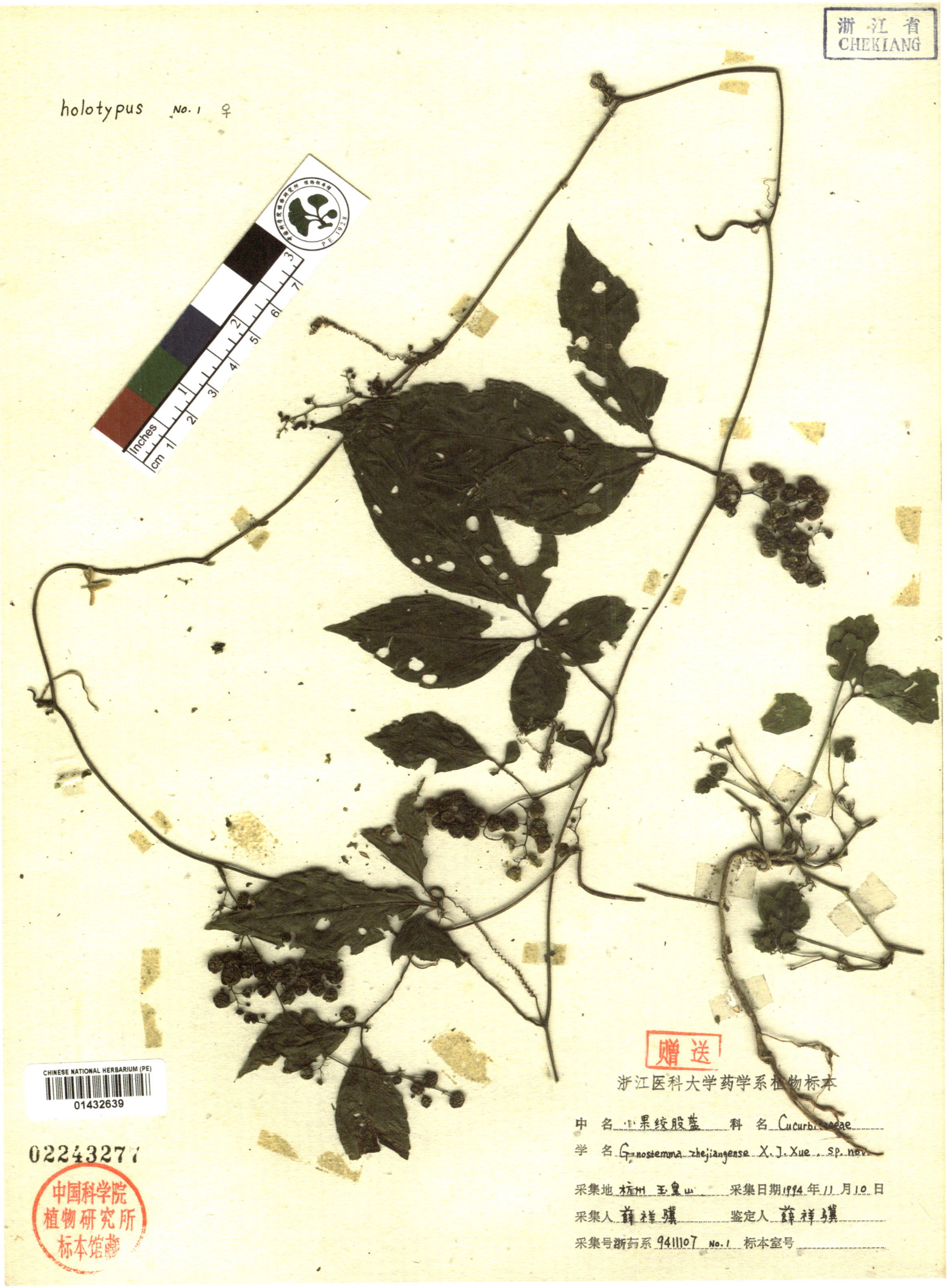

小果绞股蓝 ***Gynostemma zhejiangense*** X. J. Xue in Bull. Bot. Res., Harbin 15(4): 447. 1995. **Holotype:** China. Zhejiang: Hangzhou, alt. 190 m, 1994-11-10, X. J. Xue 9411107.

宁南雪胆 ***Hemsleya chinensis*** Cogn. ex Forbes & Hemsl. var. ***ningnanensis*** L. T. Shen & W. J. Chang in Acta Phytotax. Sin. 21(2): 185. 1983. **Holotype:** China. Sichuan: Ningnan, 1978-06-19, Ningnan Med. Herb. Exped. 0210.

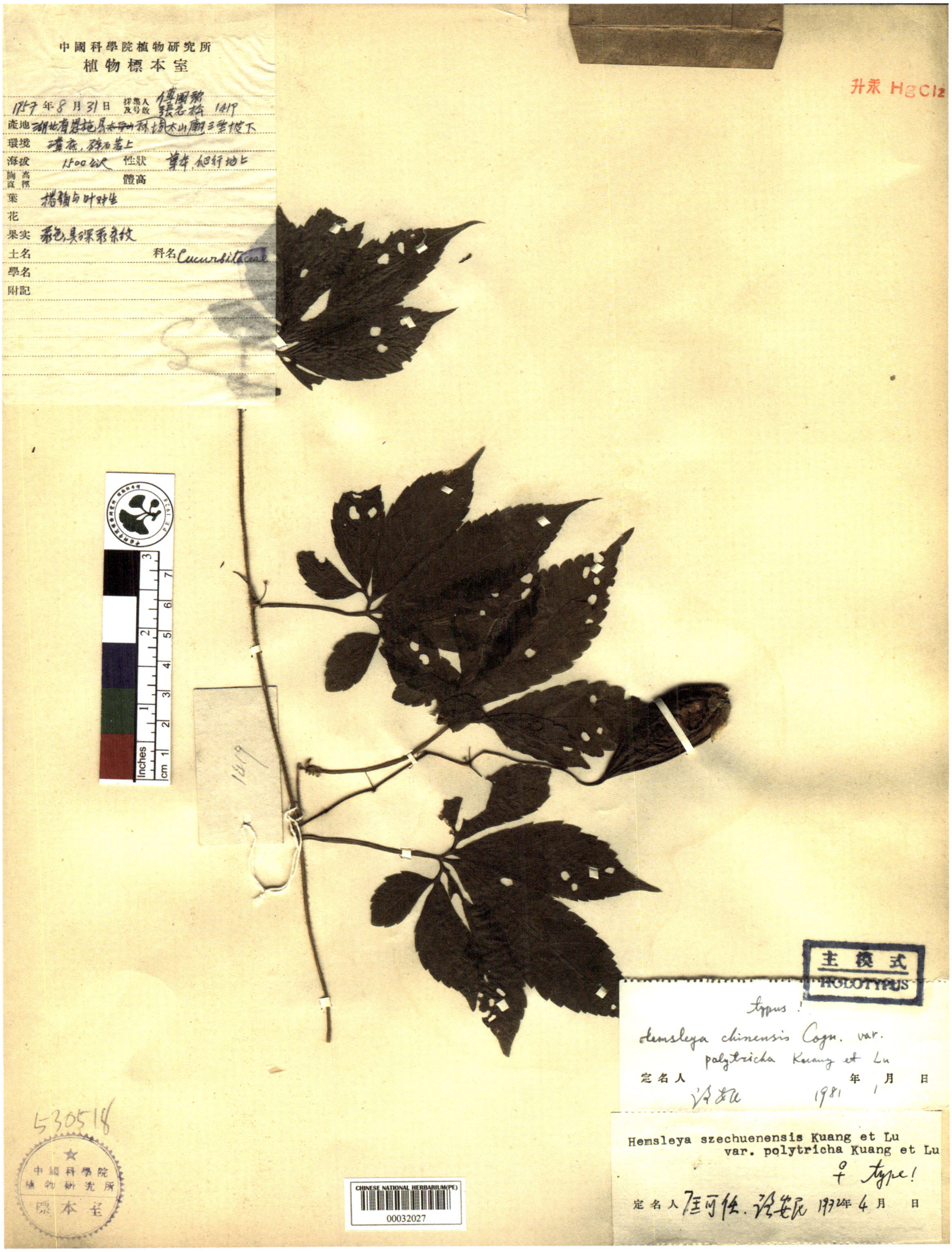

毛雪胆 ***Hemsleya chinensis*** Cogn. ex Forbes & Hemsl. var. ***palytricha*** Kuang & A. M. Lu in Acta Phytotax. Sin. 20(1): 90. 1982. **Holotype:** China. Hubei: Enshi, alt. 1 500 m, 1957-08-31, G. X. Fu & Z. S. Zhang 1419.

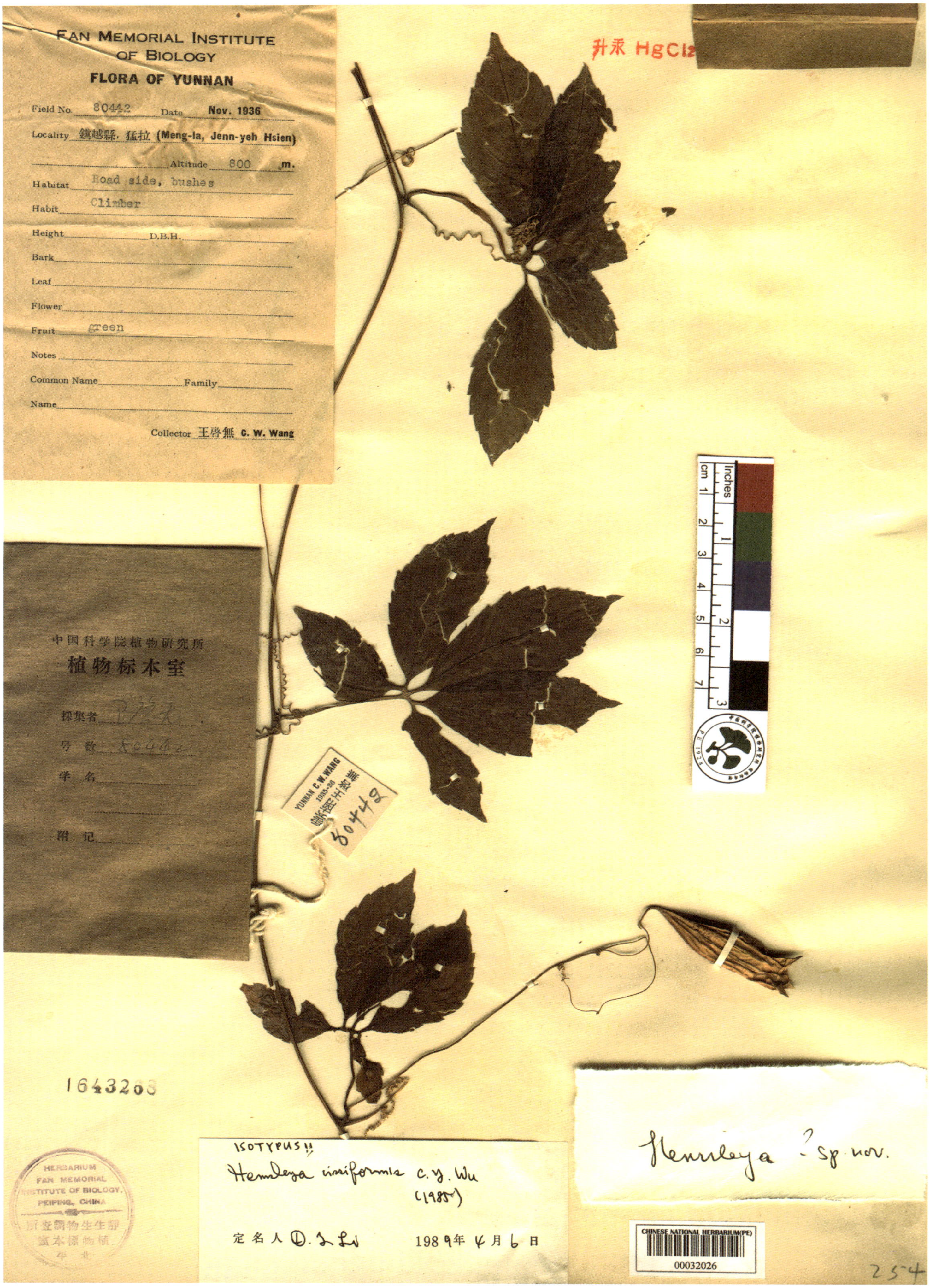

滇南雪胆 ***Hemsleya cissiformis*** C. Y. Wu in Acta Phytotax. Sin. 23(2): 125. 1985. **Isotype:** China. Yunnan: Jenn-yeh (=Mengla), alt. 800 m, 1936-11-??, C. W. Wang 80442.

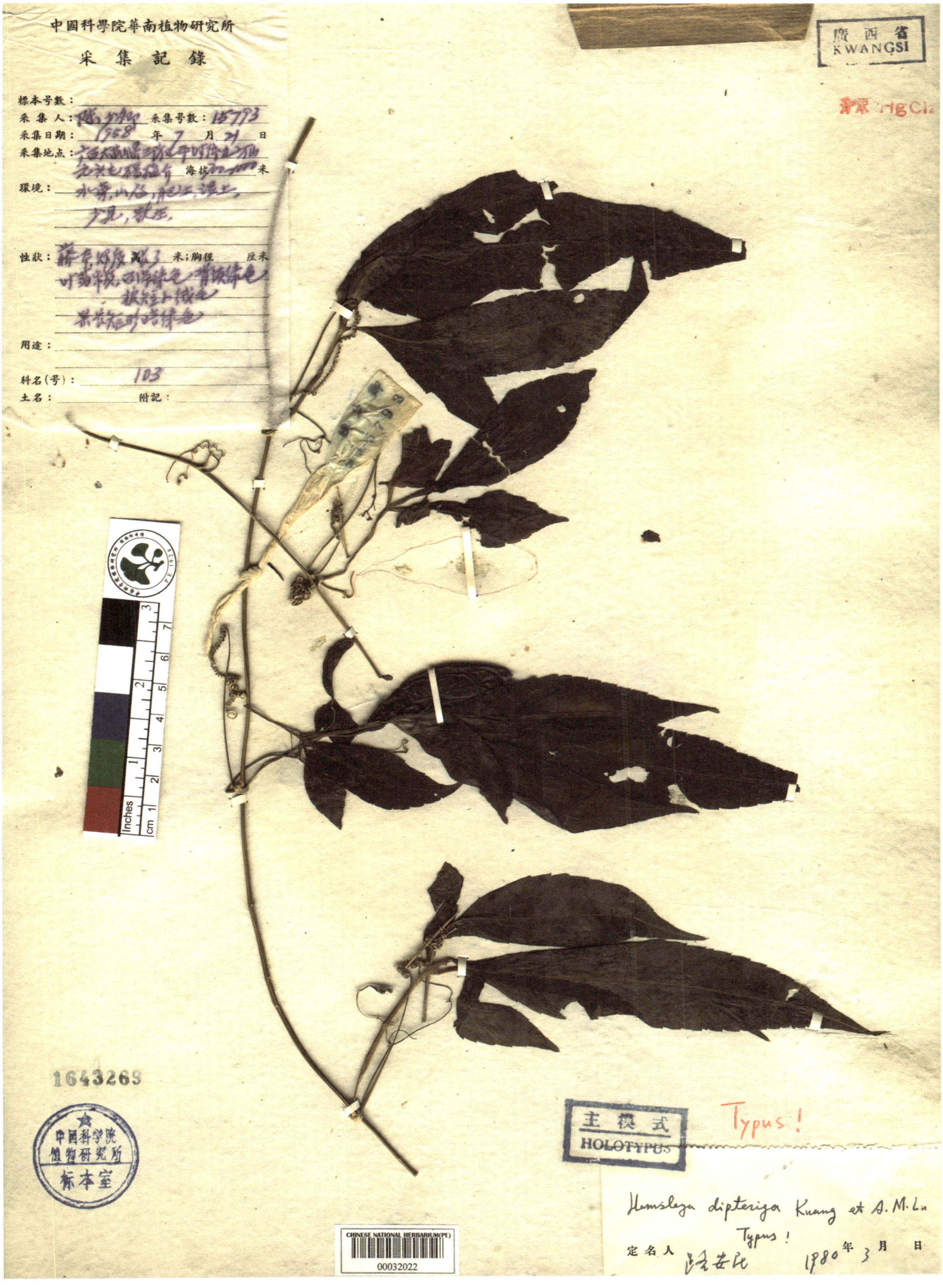

翼蛇莲 ***Hemsleya diptesiga*** Kuang & A. M. Lu in Acta Phytotax. Sin. 20(1): 83. f. 1: 9-14. 1982. **Holotype:** China. Guangxi: Damiaoshan (=Rongshui), alt. 700~1 000 m, 1958-07-21, S. H. Chun 15793.

长果雪胆 ***Hemsleya dolichocarpa*** W. J. Chang in Acta Phytotax. Sin. 21(2): 190, f. 4: 1-5. 1983. **Holotype:** China. Sichuan: Peng Xian, 1977-09-19, W. J. Chang & J. D. Liu 77-14-8.

独龙江雪胆 ***Hemsleya dulongjiangensis*** C. Y. Wu in Acta Phytotax. Sin. 23(2): 134. 1985. **Isotype:** China. Yunnan: Gongshan, Dulongjiang, alt. 1 400 m, 1938-09-21, T. T. Yu 20394.

峨眉雪胆 ***Hemsleya emeiensis*** L. T. Shen & W. J. Chang in Acta Phytotax. Sin. 21(2): 191, f. 4: 6-10. 1983. **Holotype:** China. Sichuan: Emei, Emeishan, 1979-09-09, W. J. Chang & Y. S. Yang 79-9-2.

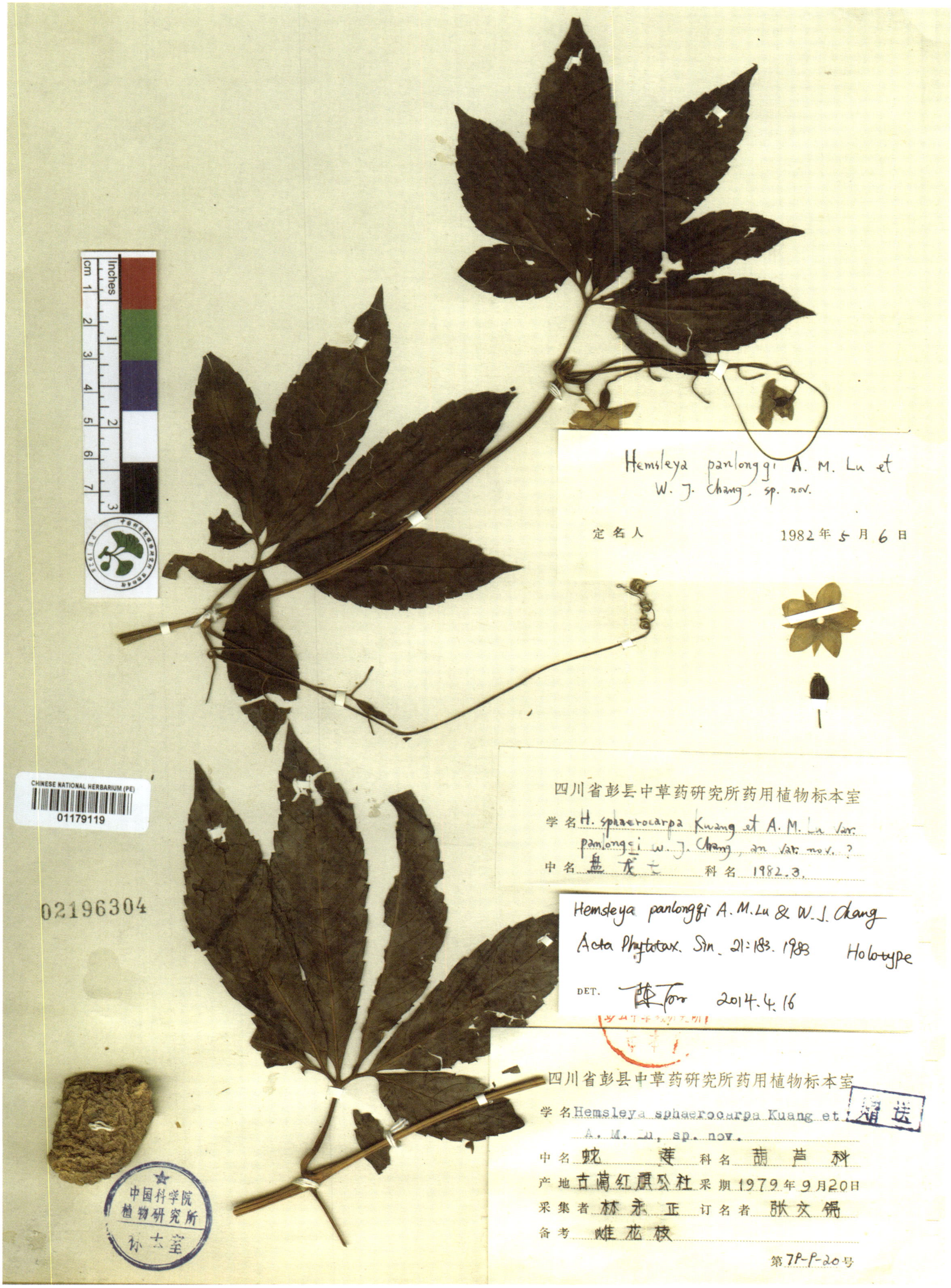

盘龙七 ***Hemsleya panlongqi*** A. M. Lu & W. J. Chang in Acta Phytotax. Sin. 21(2): 183, f. 1: 6-7. 1983. **Holotype:** China. Sichuan: Gulin, 1979-09-20, Y. Z. Lin 79-9-20.

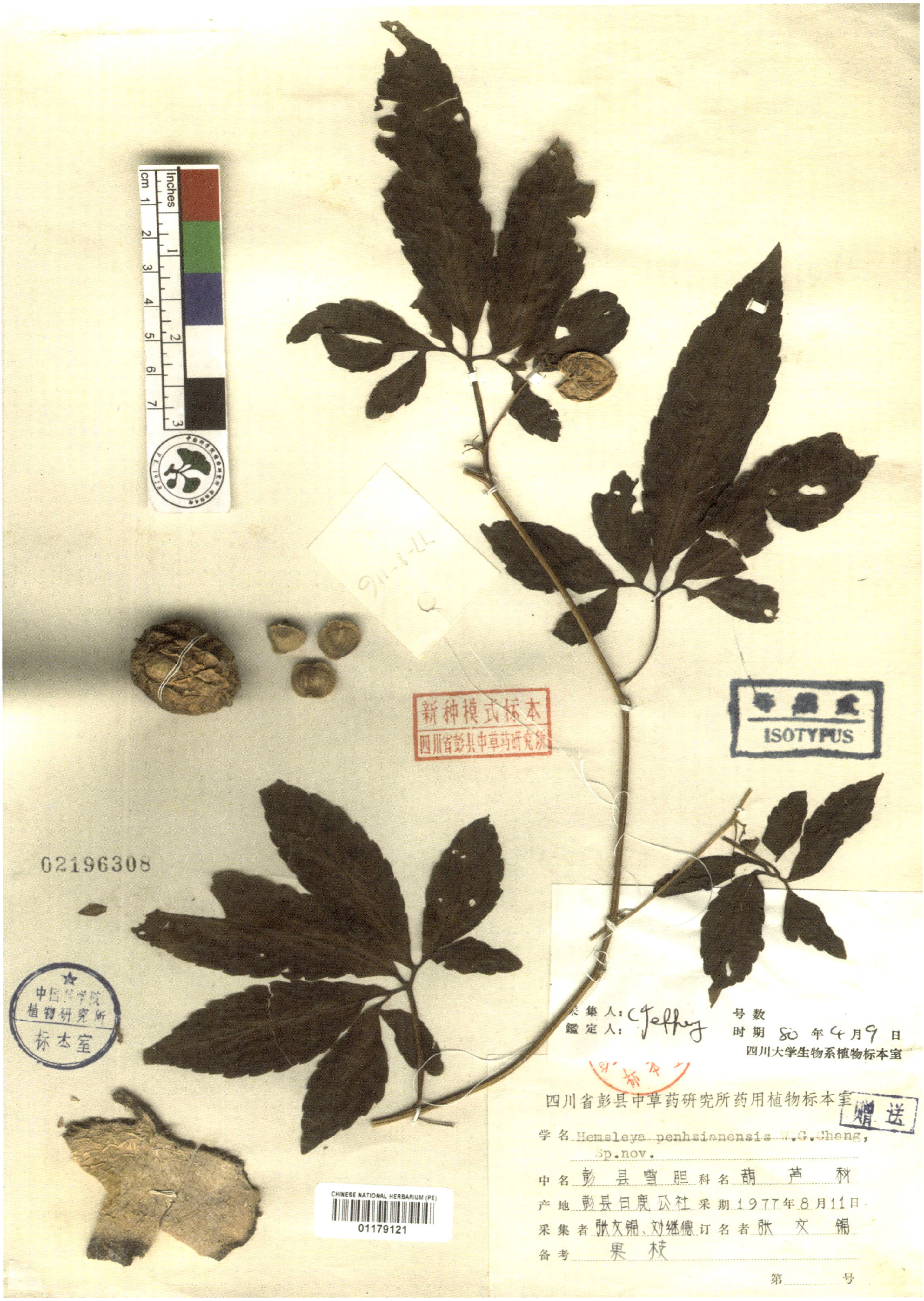

彭县雪胆 ***Hemsleya pengxianensis*** W. J. Chang in Acta Phytotax. Sin. 17(4): 97, f. 1. 1979. **Holotype:** China. Sichuan: Peng Xian, alt. 1 500 m, 1977-08-11, W. J. Chang & J. D. Liu 77-8-116.

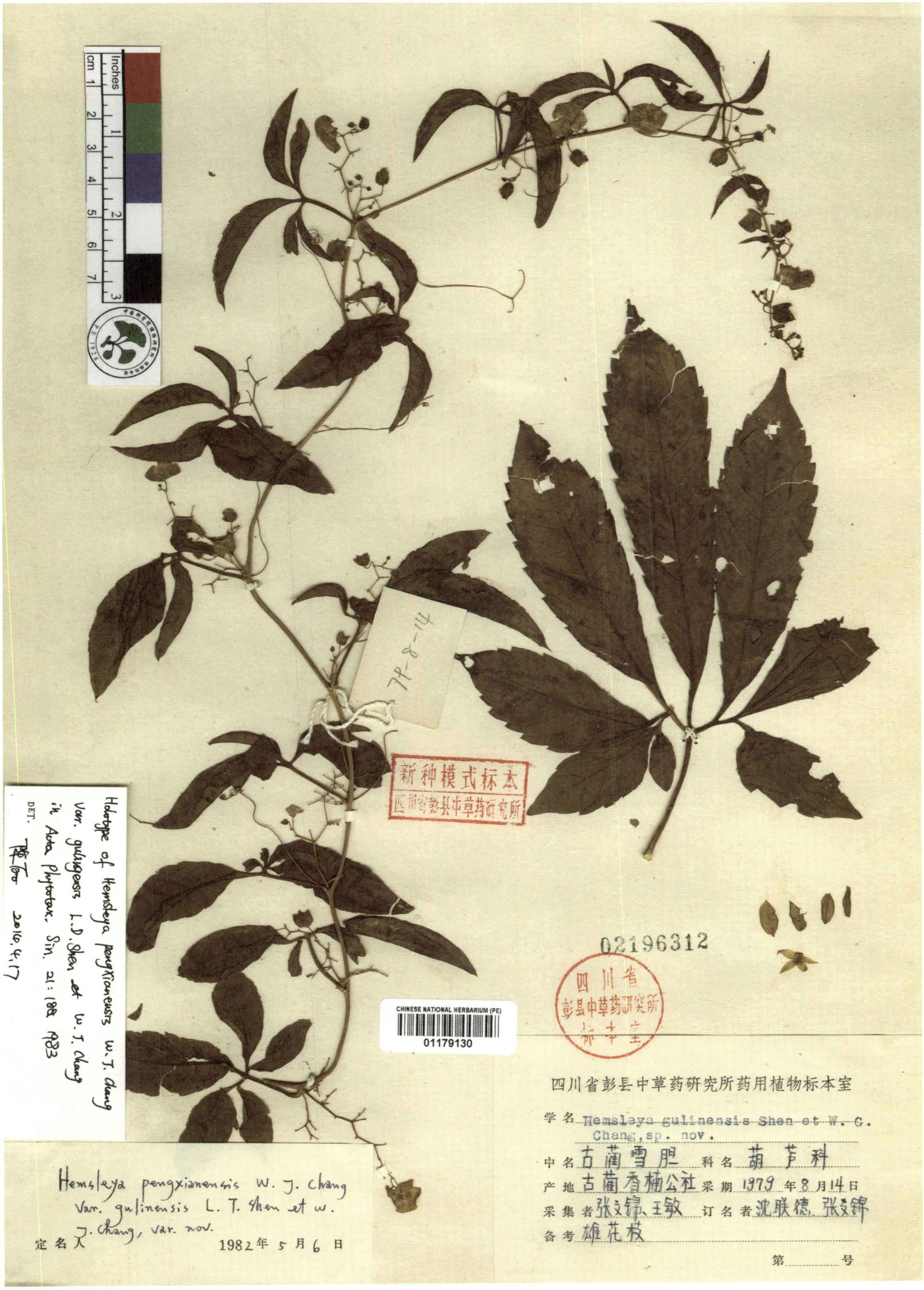

古蔺雪胆 ***Hemsleya pengxianensis*** W. J. Chang var. ***gulinensis*** L. T. Shen & W. J. Chang in Acta Phytotax. Sin. 21(2): 188, f. 3: 6-8. 1983. **Holotype:** China. Sichuan: Gulin, 1979-08-14, W. J. Chang & M. Wang 79-8-14.

金佛山雪胆 ***Hemsleya pengxianensis*** W. J. Chang var. ***jinfushanensis*** L. T. Shen & W. J. Chang in Acta Phytotax. Sin. 21(2): 190, f. 3: 11-12. 1983. **Holotype:** China. Chongqing: Nanchuan, Jinfoshan, alt. 1 800 m, 1979-08-24, X. L. Zhou, W. J. Chang & M. Wang 79-8-7.

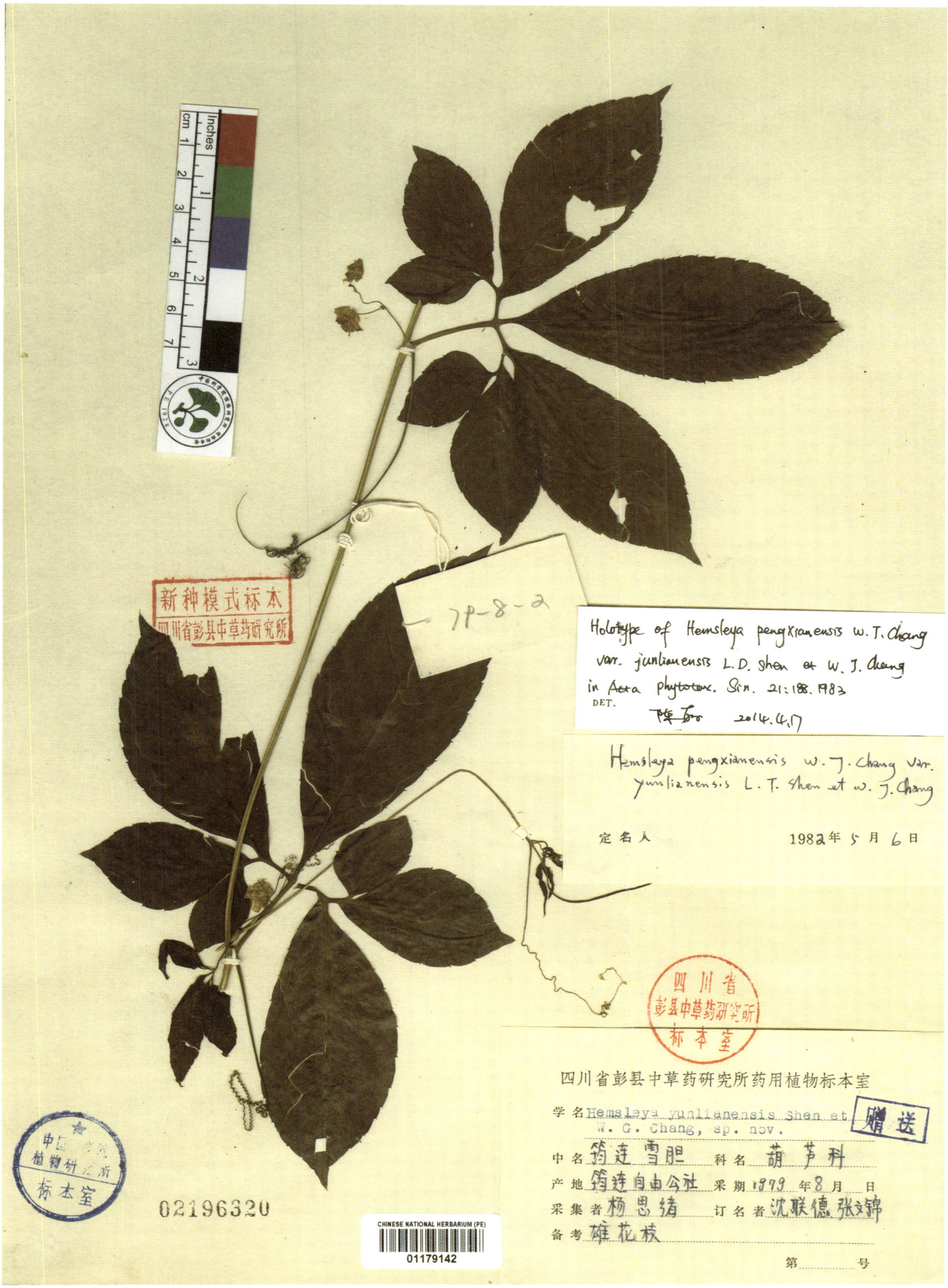

筠连雪胆 ***Hemsleya pengxianensis*** W. J. Chang var. ***junlianensis*** L. T. Shen & W. J. Chang in Acta Phytotax. Sin. 21(2): 188. 1983. **Holotype:** China. Sichuan: Junlian, 1979-08-??, S. X. Yang 79-8-2.

多果雪胆 ***Hemsleya pengxianensis*** W. J. Chang var. ***polycarpa*** L. T. Shen & W. J. Chang in Acta Phytotax. Sin. 21(2): 188, f. 3: 9-10. 1983. **Holotype:** China. Chongqing: Nanchuan, Jinfoshan, alt. 1 500 m, 1979-08-21, X. L. Zhou, W. J. Chang & M. Wang 79-8-4.

蛇莲 ***Hemsleya sphaerocarpa*** Kuang & A. M. Lu in Acta Phytotax. Sin. 20(1): 87, f. 1: 1-8. 1982. **Holotype:** China. Guizhou: Rongjiang, 1959-08-07, S Guizhou Exped. 03365.

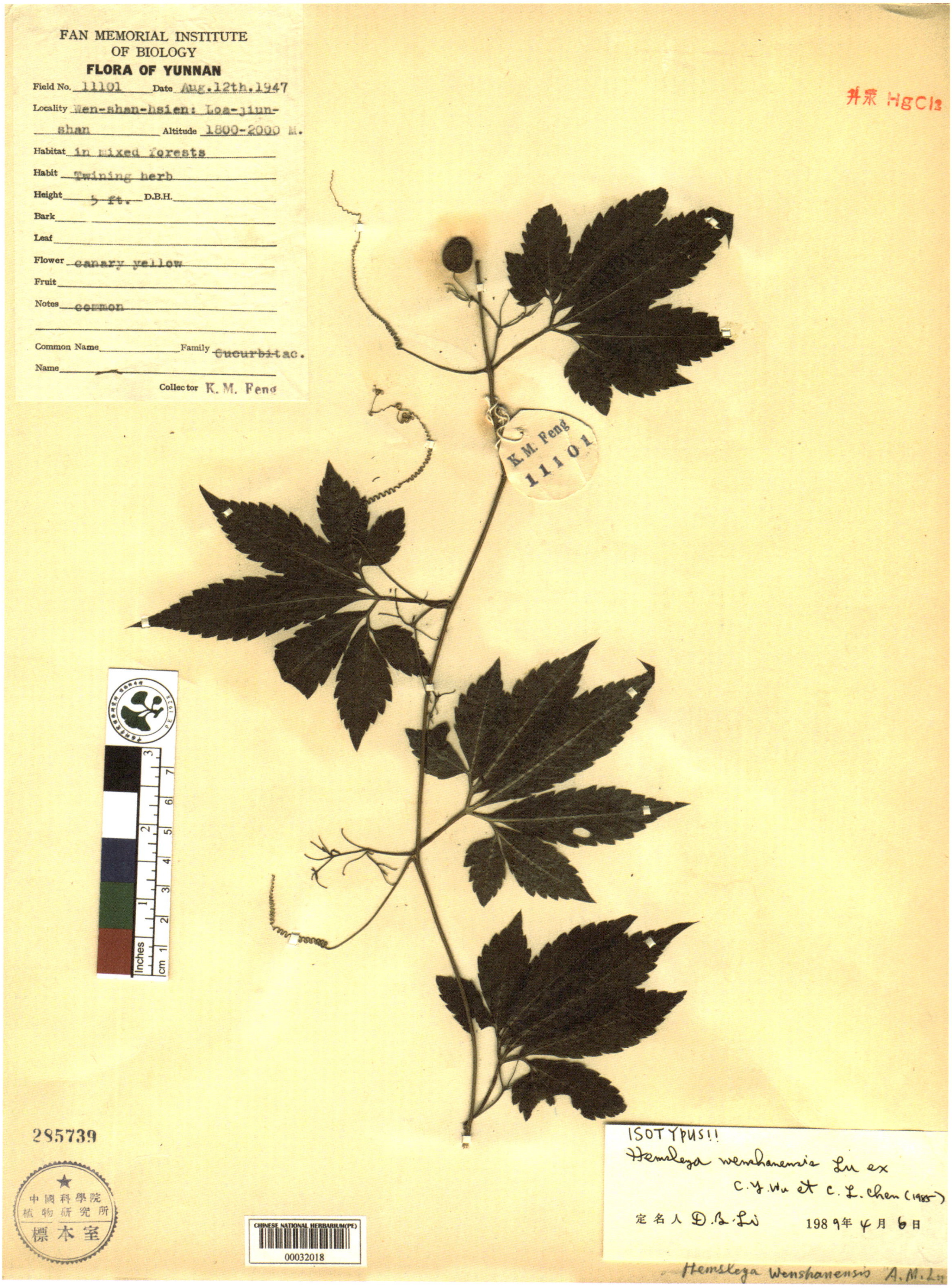

文山雪胆 ***Hemsleya wenshanensis*** A. M. Lu ex C. Y. Wu & C. L. Chen in Acta Phytotax. Sin. 23(2): 130, f. 2: 7-8. 1985. **Isotype:** China. Yunnan: Wenshan, alt. 1 800~2 000 m, 1947-08-12, K. M. Feng 11101.

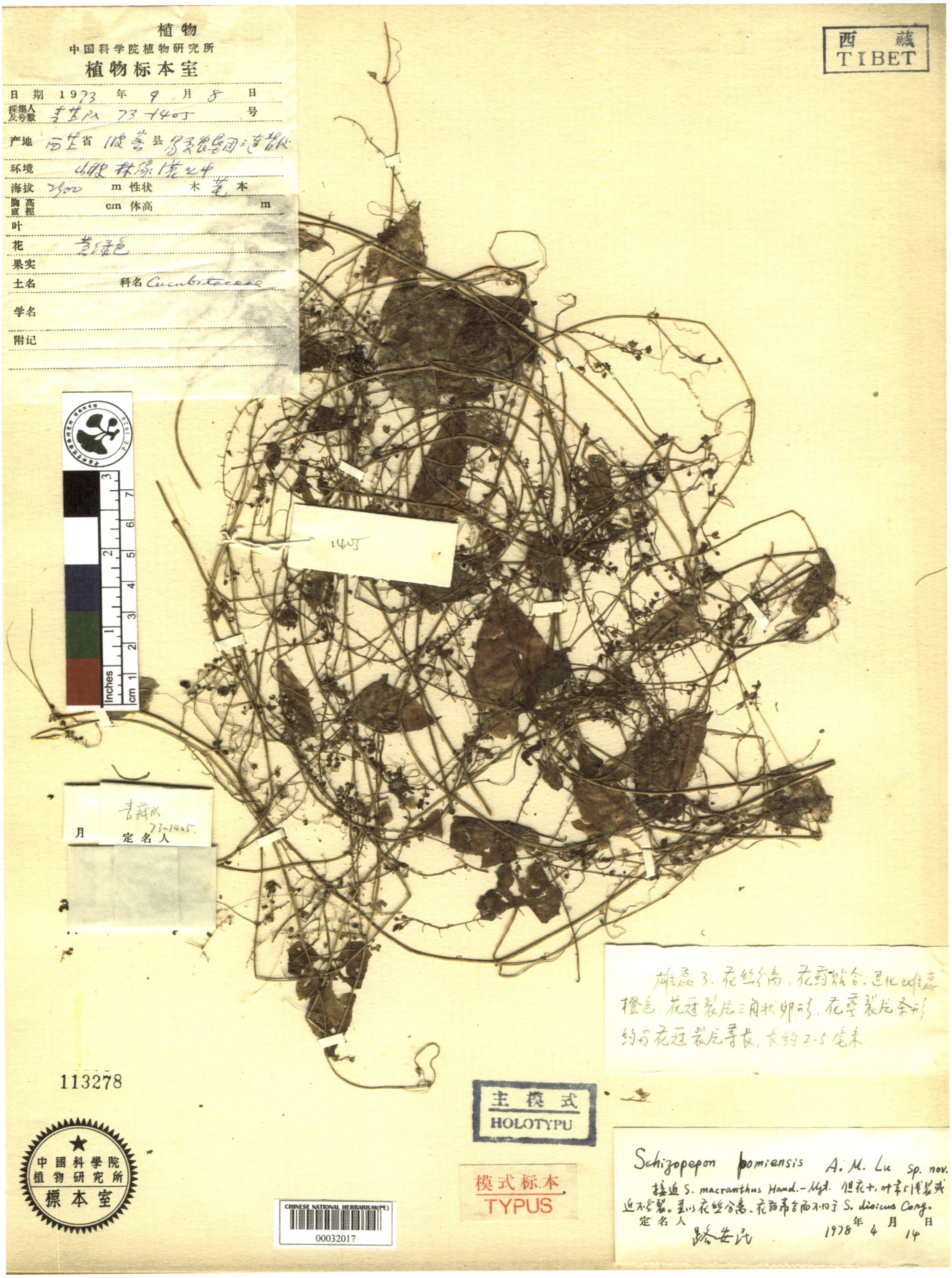

波密裂瓜 ***Schizopepon bomiensis*** A. M. Lu & Z. Y. Zhang in Acta Phytotax. S n. 18(3): 385, f. 1. 1980. **Holotype:** China. Xizang: Bomi, alt. 2 300 m, 1973-09-08, Qinghai-Xizang Exped. 73-1405.

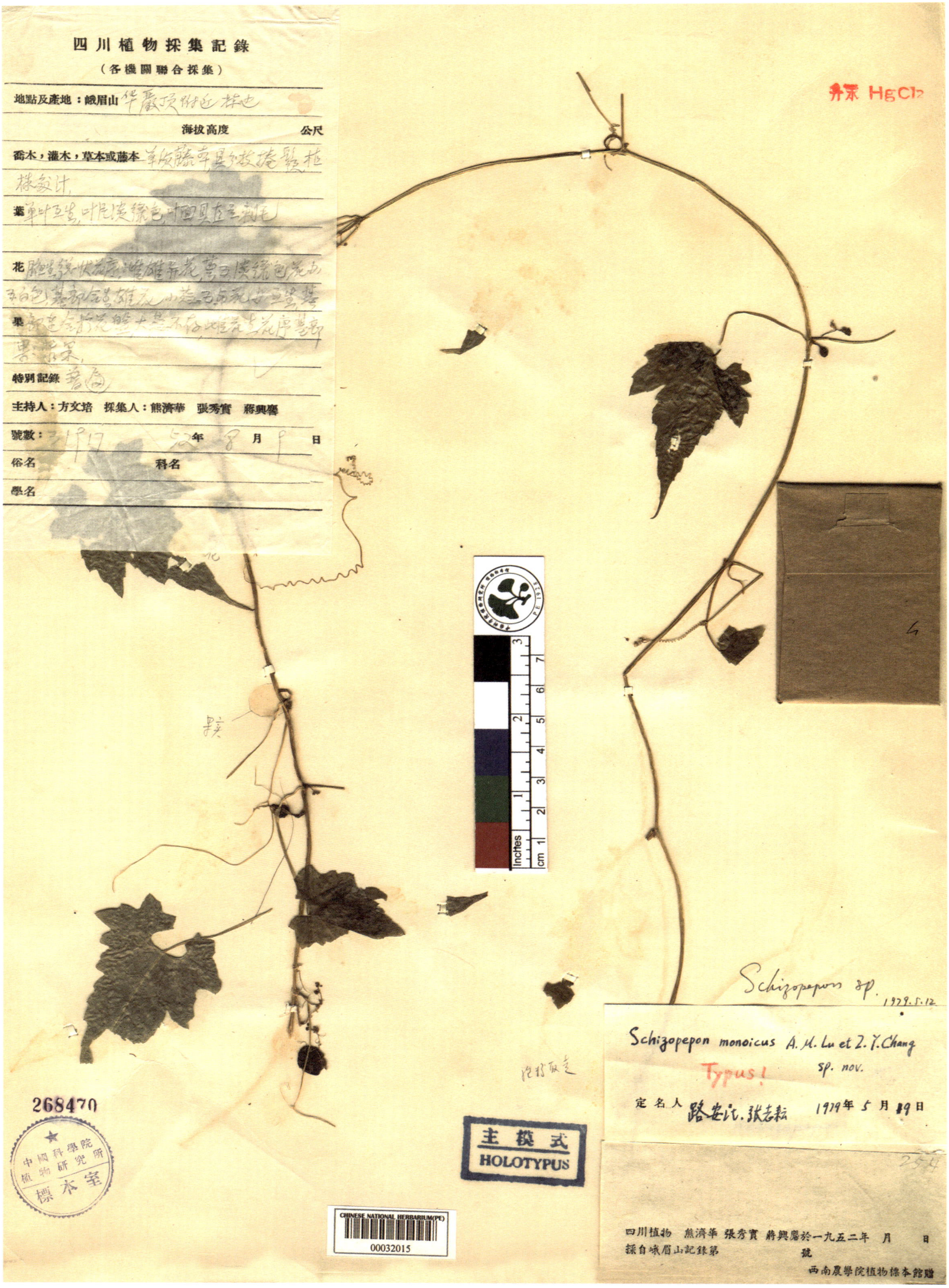

峨眉裂瓜 ***Schizopepon monoicus*** A. M. Lu & Z. Y. Chang in Acta Phytotax. Sin. 23(2): 112, f. 1: 1-4. 1985. **Holotype:** China. Sichuan: Emei, Emeishan, 1952-08-09, C. H. Hsiung, S. S. Chang & H. L. Tsiang 31917.

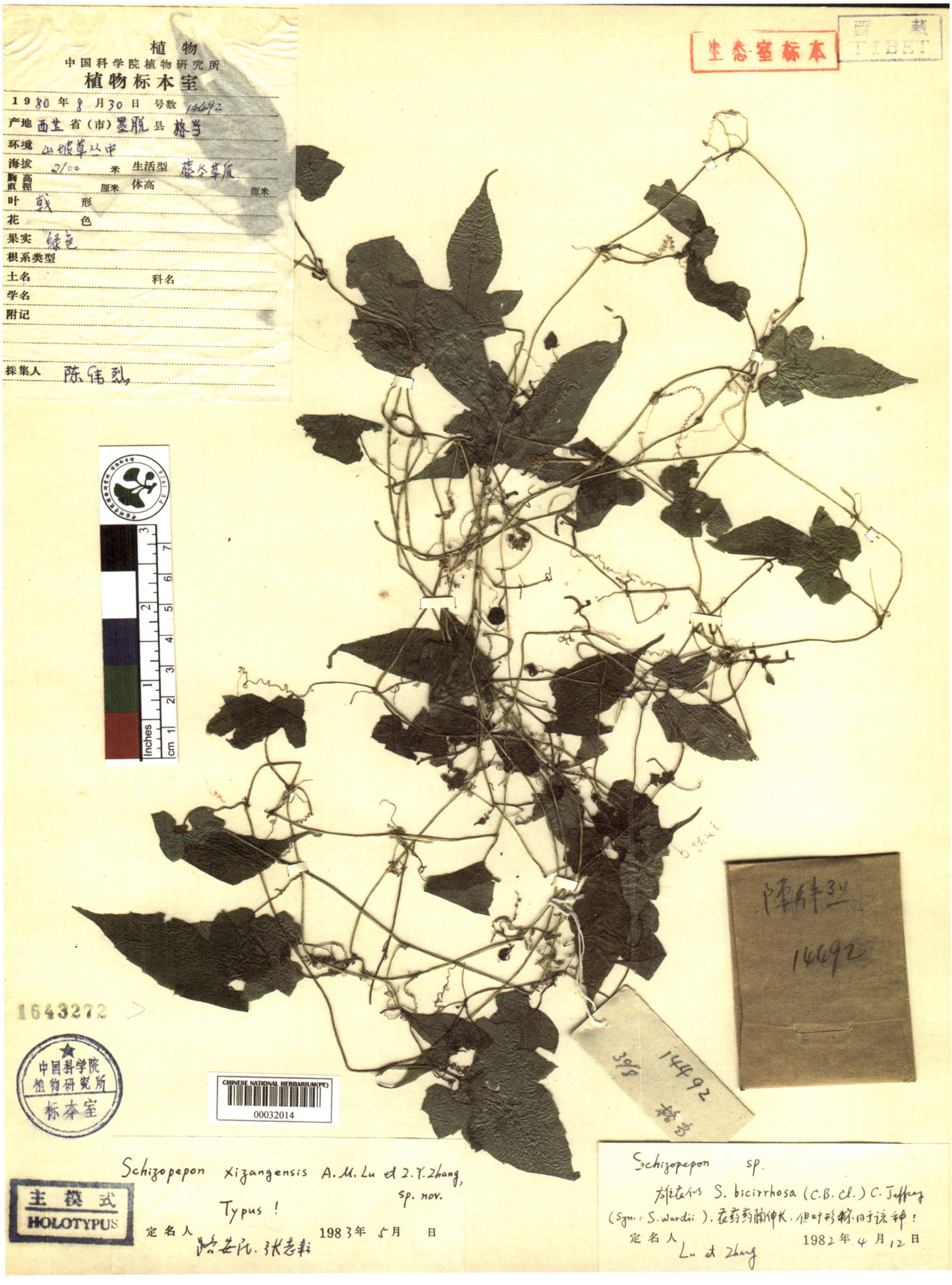

西藏裂瓜 ***Schizopepon xizangensis*** A. M. Lu & Z. Y. Zhang in Acta Phytotax. Sin. 23(2): 116, f. 2: 8-10. 1985. **Holotype:** China. Xizang: Mêdog, alt. 2 100 m, 1980-08-30, W. L. Chen 14492.

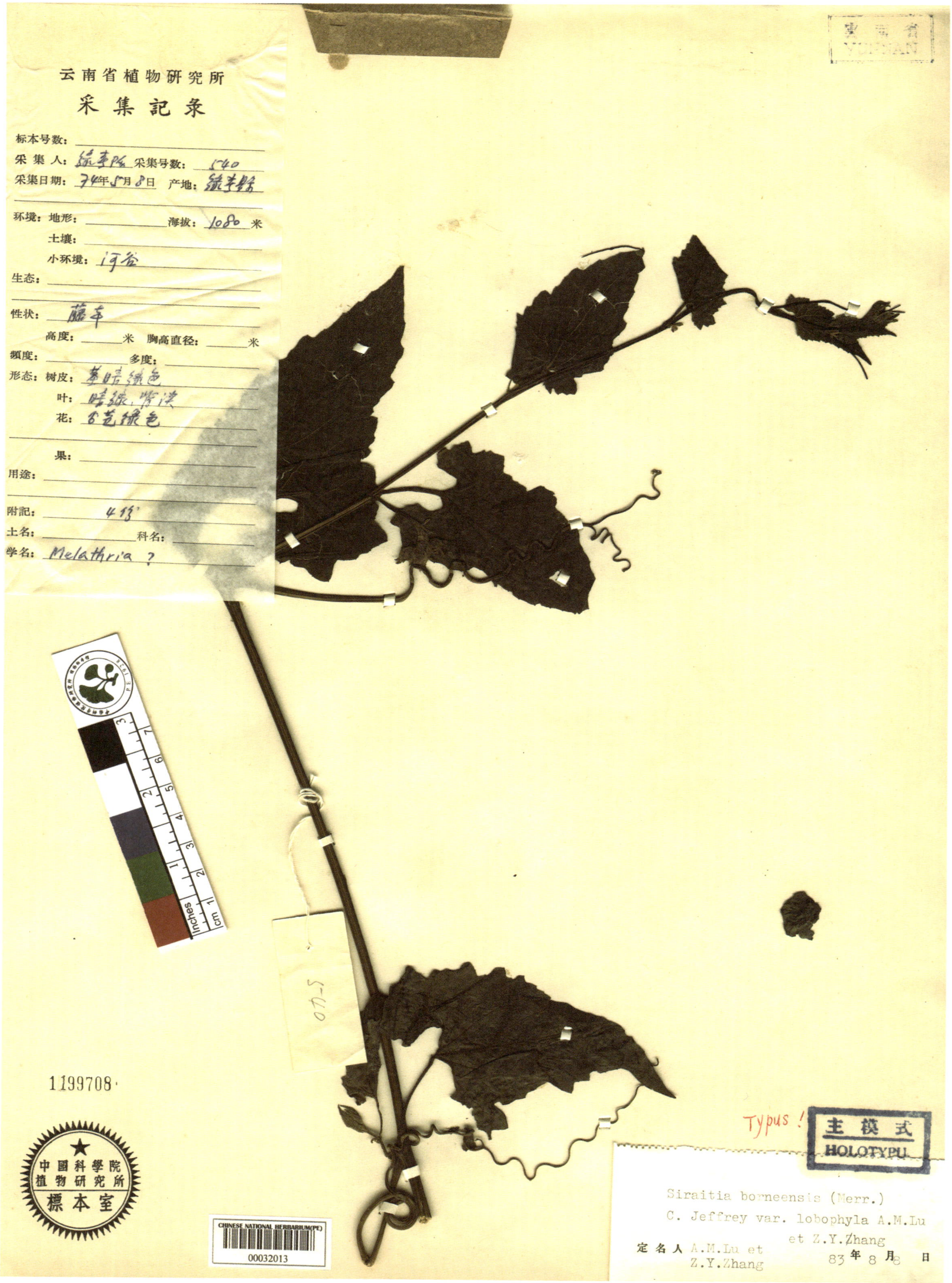

裂叶罗汉果 ***Siraitia borneensis*** (Merr.) C. Jeffrey var. ***lobophylla*** A. M. Lu & Z. Y. Zhang in Guihaia 4(1): 31. 1984.
Holotype: China. Yunnan: Luchun, alt. 1 080 m, 1974-05-08, Luchun Exped. 540.

灰赤爬 ***Thladiantha cinerascens*** C. Y. Wu ex A. M. Lu & Z. Y. Zhang in Bull. Bot. Res., Harbin 2(1-2): 90, f. 3: 7-11. 1981. **Holotype:** China. Yunnan: Zhongdian (=Shangri-La), alt. 2 200 m, 1937-05-14, T. T. Yu 11275.

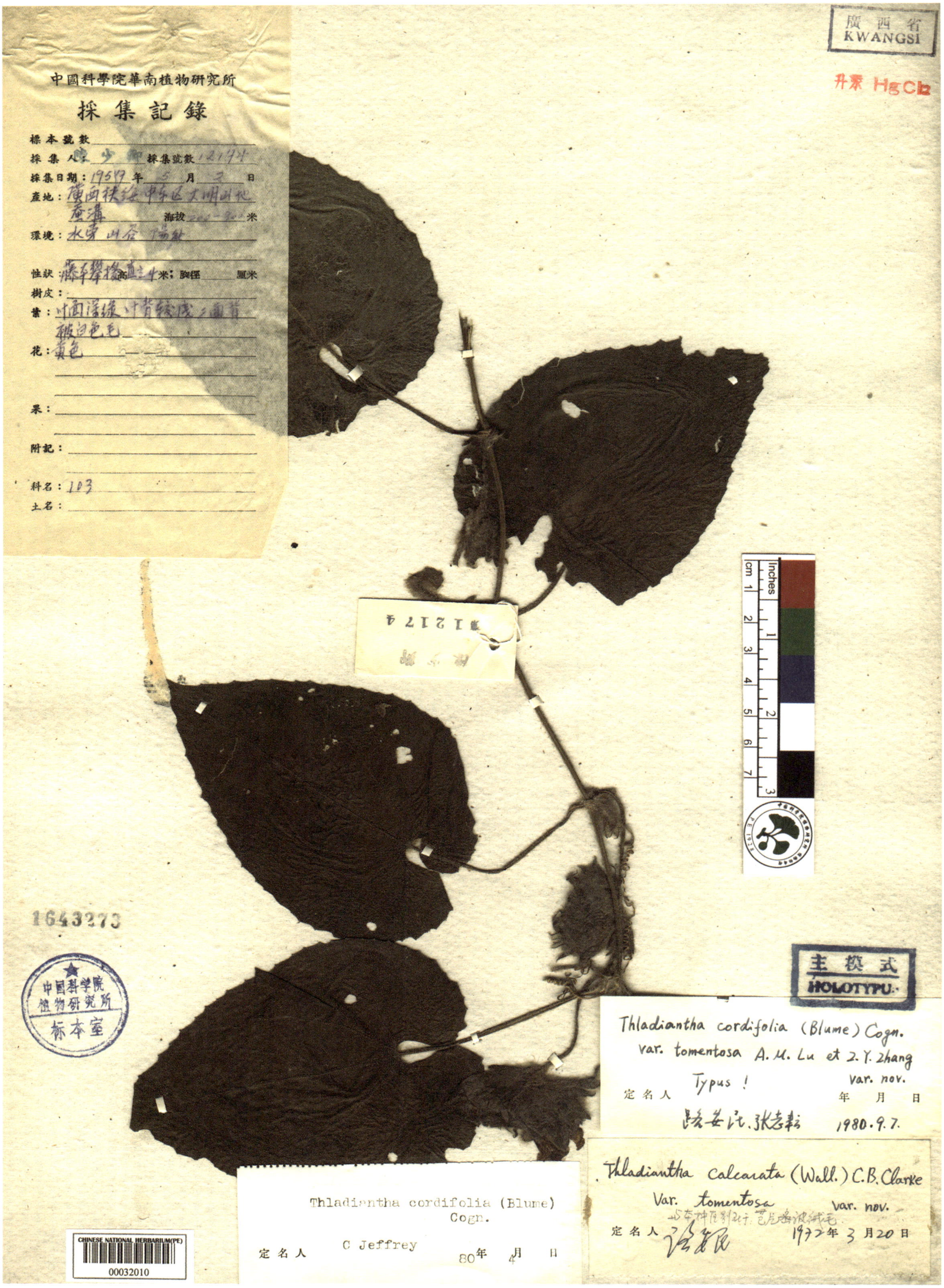

茸毛赤爬 ***Thladiantha cordifolia*** (Bl.) Cogn. var. ***tomentosa*** A. M. Lu & Z. Y. Zhang in Bull. Bot. Res., Harbin 2(1-2): 70. 1981. **Holotype:** China. Guangxi: Fusui, alt. 200~300 m, 1957-05-02, S. H. Chun 12174.

球果赤瓟 ***Thladiantha globicarpa*** A. M. Lu & Z. Y. Zhang in Bull. Bot. Res., Harbin 2(1-2): 70, f. 1: 1-9. 1981

Holotype: China. Guangxi: Damiaoshan (=Rongshui), alt. 550 m, 1958-07-10, S. E. Chun 14824.

丽江赤瓟 ***Thladiantha lijiangensis*** A. M. Lu & Z. Y. Zhang in Bull. Bot. Res., Harbin 2(1-2): 88, f. 2: 1-7. 1981.
Holotype: China. Yunnan: Zhongdian (=Shangri-La), T. T. Yu 15485.

木里赤瓟 ***Thladiantha lijiangensis*** A. M. Lu & Z. Y. Zhang var. ***latisepala*** A. M. Lu & Z. Y. Zhang in Bull. Bot. Res., Harbin 2(1-2): 90. 1981. **Holotype:** China. Sichuan: Muli, alt. 2 600 m, 1937-05-22, T. T. Yu 5548.

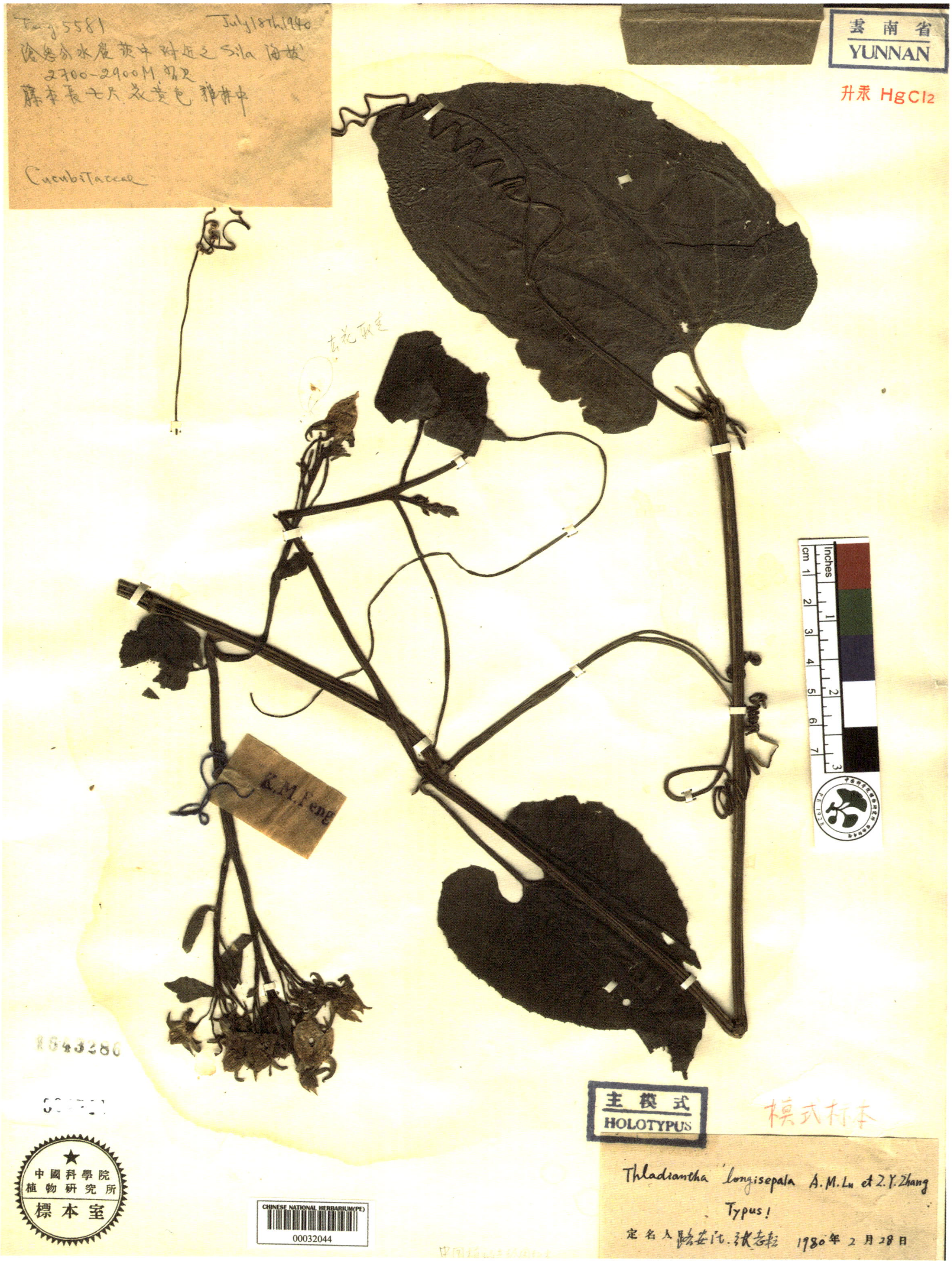

长萼赤爮 ***Thladiantha longisepala*** C. Y. Wu ex A. M. Lu & Z. Y. Zhang in Bull. Bot. Res., Harbin 2(1-2): 86, f. 2: 8-9. 1981. **Holotype:** China. Yunnan: Dêqên, alt. 2 700~2 900 m, 1940-07-18, K. M. Feng 5581.

西固赤爬 ***Thladiantha nudiflora*** Hemsl. var. ***bracteata*** A. M. Lu & Z. Y. Zhang in Bull. Bot. Res., Harbin 2(1-2): 84. 1981. **Holotype:** China. Gansu: Xigu, alt. 1 800 m, 1951-07-10, T. P. Wang 14271.

刚毛赤爬 ***Thladiantha setispina*** A. M. Lu & Z. Y. Zhang in Bull. Bot. Res., Harbin 2(1-2): 87, f. 3: 1-6. 1981.
Holotype: China. Sichuan: Kangding, 1951-08-08, W. K. Hu & Z. He 10688.

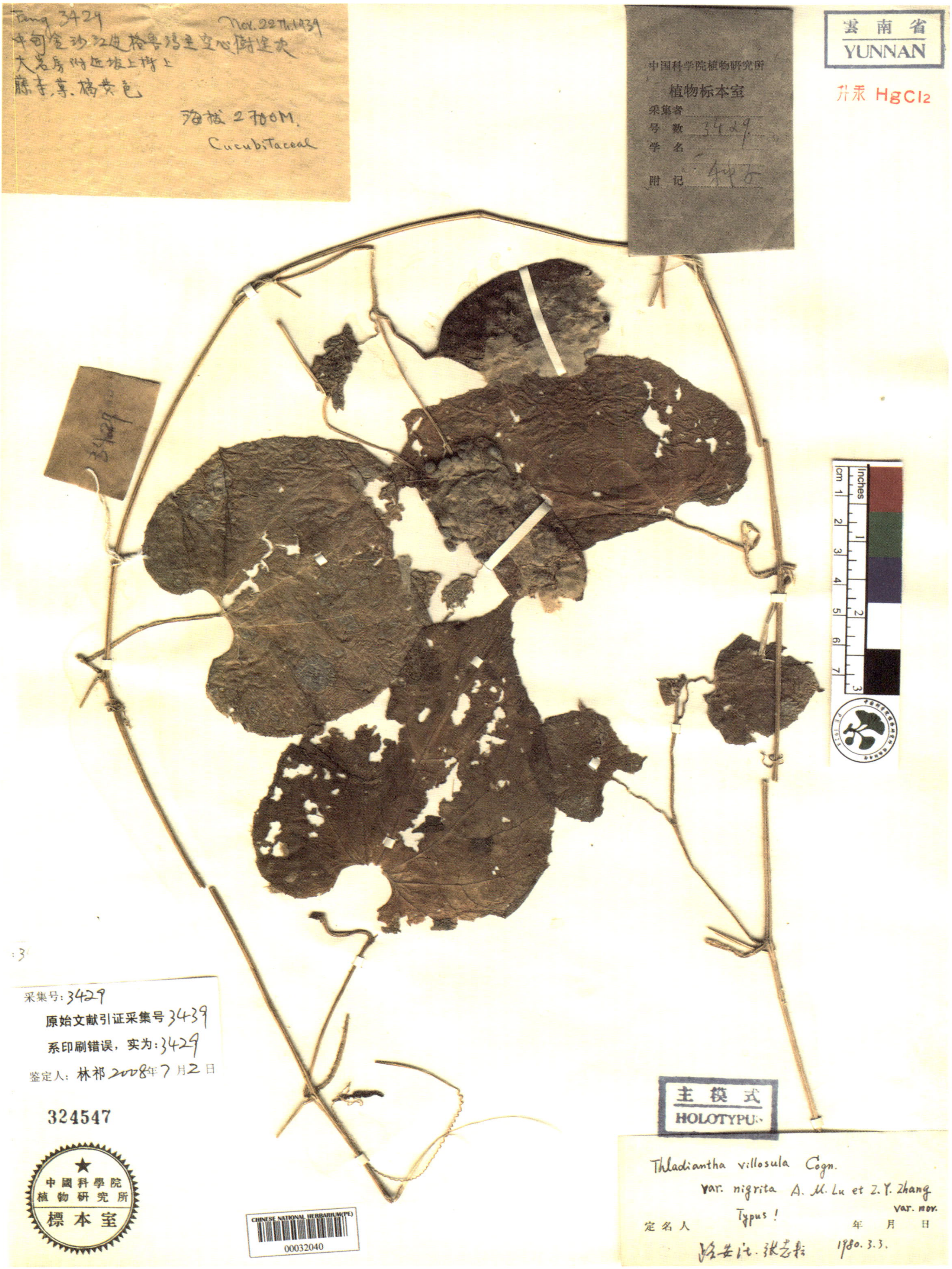

黑子赤爬 ***Thladiantha villosula*** Cogn. var. ***nigrita*** A. M. Lu & Z. Y. Zhang in Bull. Bot. Res., Harbin 2(1-2): 78. 1981.
Holotype: China. Yunnan: Zhongdian (=Shangri-La), alt. 2 700 m, 1939-11-22, K. M. Feng 3429.

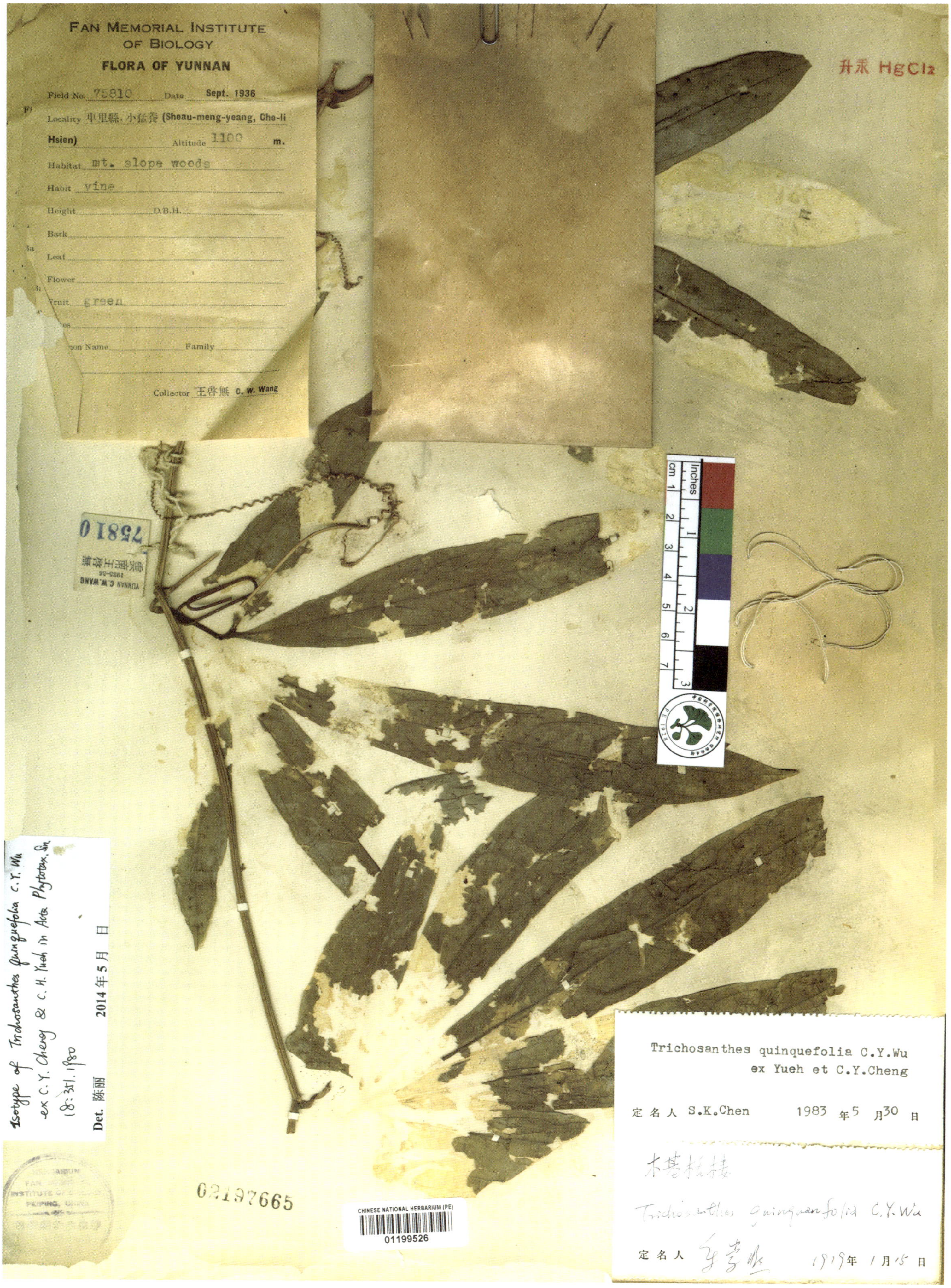

木基栝楼 ***Trichosanthes quinquefolia*** C. Y. Wu ex C. H. Yueh & C. Y. Cheng in Acta Phytotax. Sin. 18(3): 351, f. 7, pl. 6: 19. 1980. **Isotype:** China. Yunnan: Cheli (=Jinghong), alt. 1 100 m, 1936-09-??, C. W. Wang 75810.

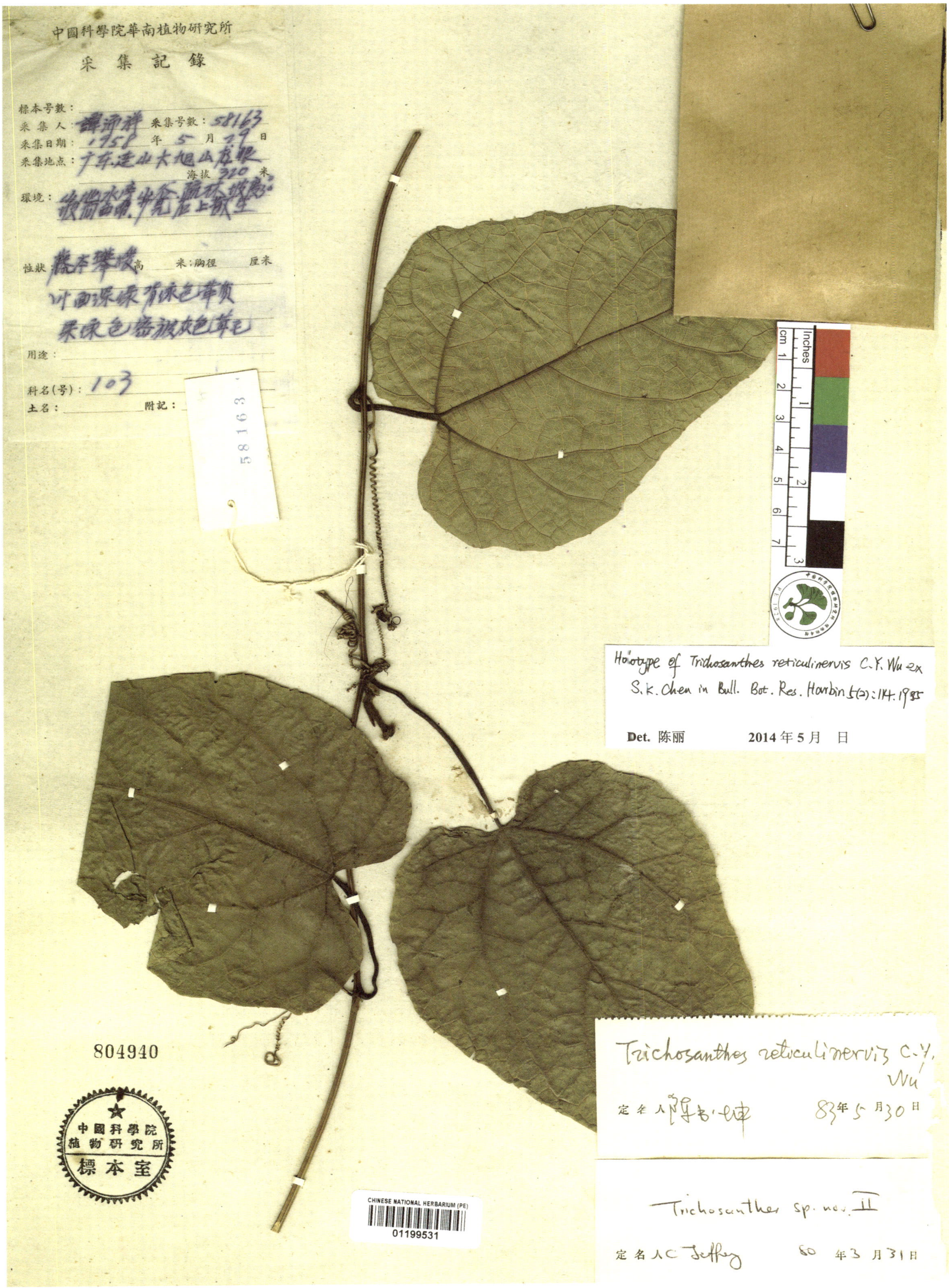

两广栝楼 ***Trichosanthes reticulinervis*** C. Y. Wu ex S. K. Chen in Bull. Bot. Res., Harbin 5(2): 114, f. 1. 1985. **Holotye:** China. Guangdong: Lianshan, alt. 320 m, 1958-05-29, P. C. Tam 58163.

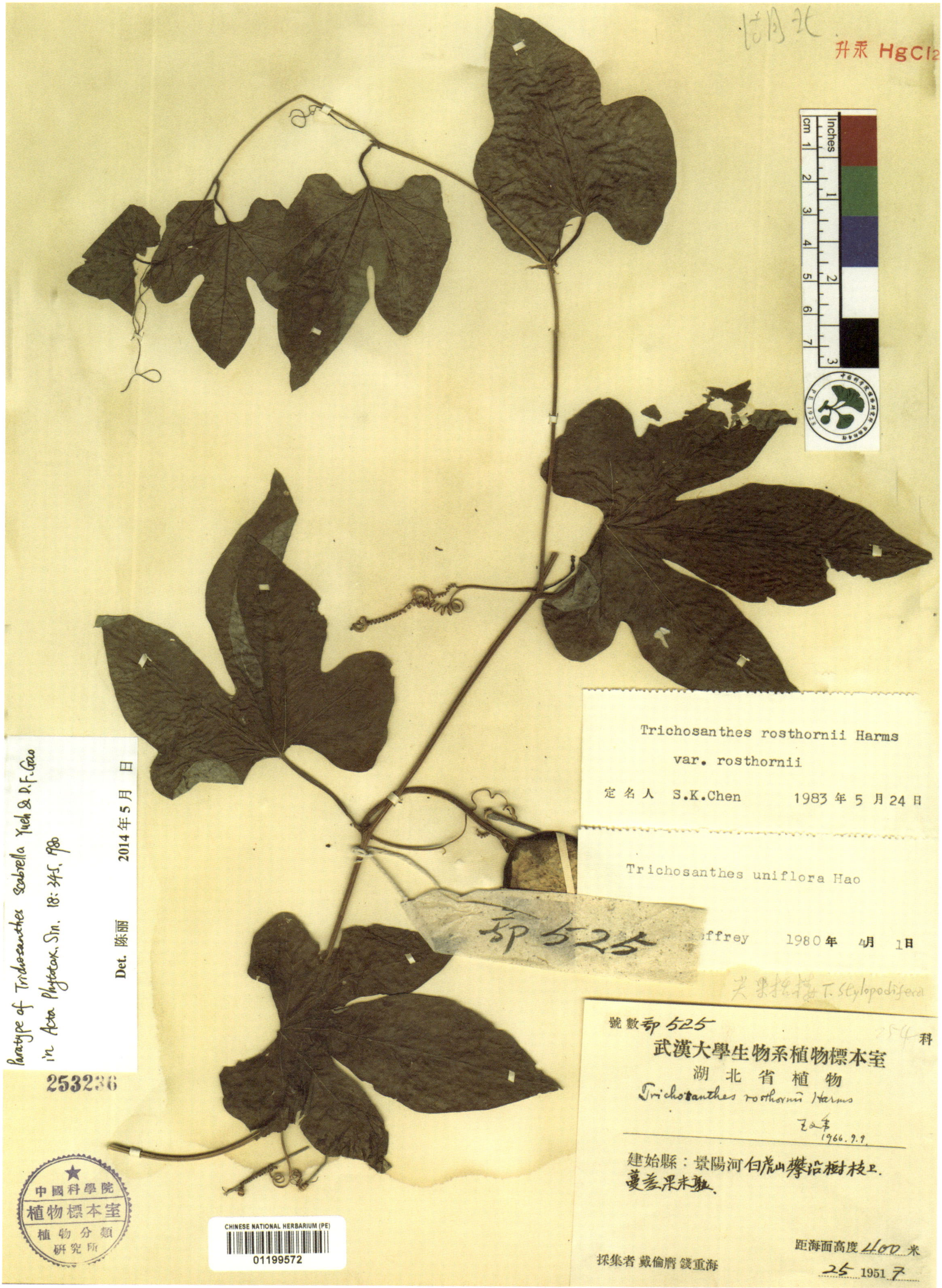

糙子栝楼 ***Trichosanthes scabrella*** C. H. Yueh & D. F. Gao in Acta Phytotax. Sin. 18(3): 345, f. 4, pl. 6: 11. 1980.
Paratype: China. Hubei: Jianshi, alt. 400 m, 1951-07-25, L. Y. Dai & C. H. Qian (Hubei) 525.

丝毛栝楼 ***Trichosanthes sericeifolia*** C. Y. Cheng & C. H. Yueh in Acta Phytotax. Sin. 18(3): 346, pl. 5: 6. 1980.

Holotype: China. Guizhou: Wangmo, 1960-04-27, Z. S. Zhang & Y. T. Chang 2210.

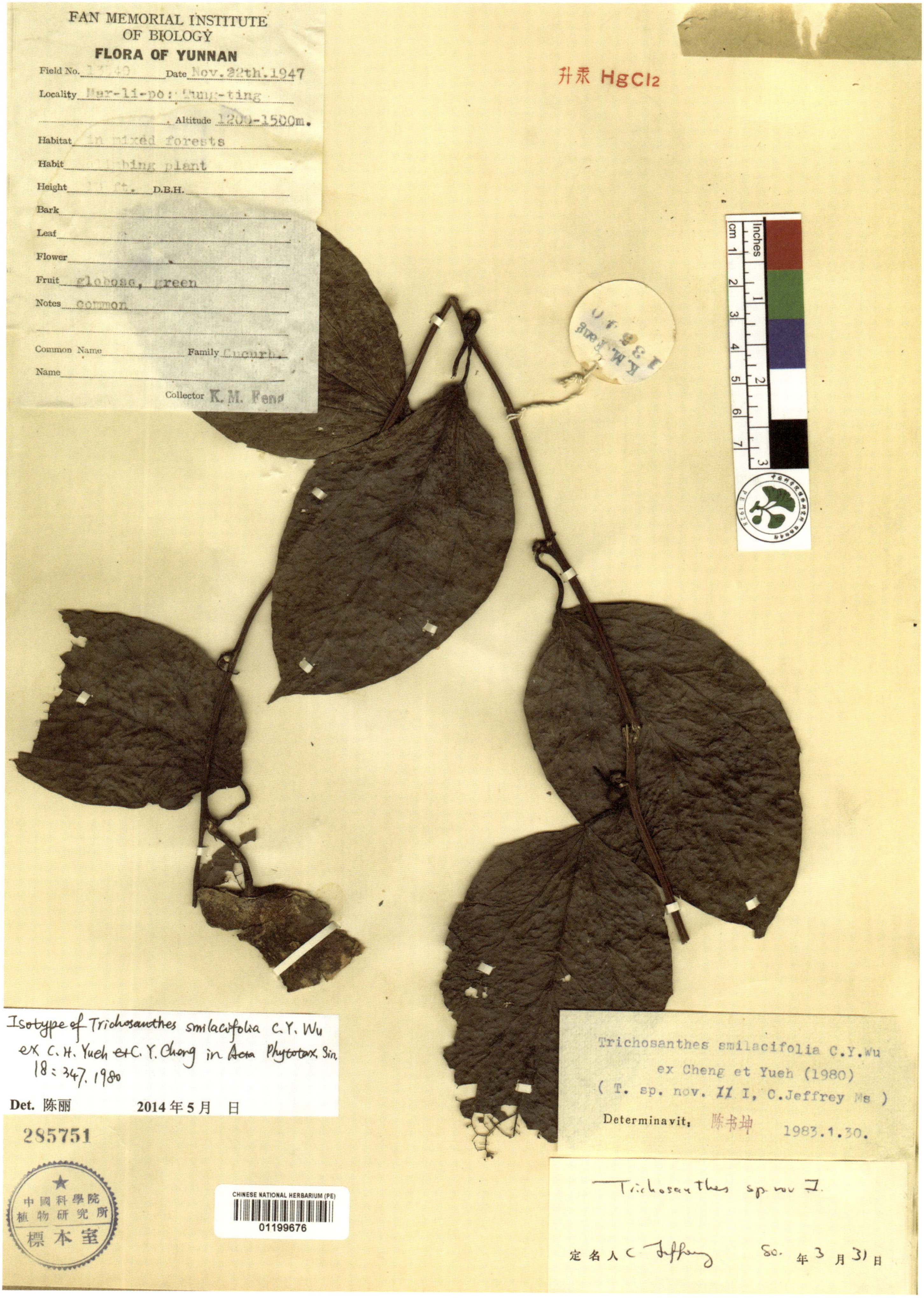

菝葜叶栝楼 ***Trichosanthes smilacifolia*** C. Y. Wu ex C. H. Yueh & C. Y. Cheng in Acta Phytotax. Sin. 18(3): 347, f. 5B, pl. 6: 13. 1980. **Isotype:** China. Yunnan: Malipo, alt. 1 200~1 500 m, 1947-11-22, K. M. Feng 13540.

粉花栝楼 ***Trichosanthes subrosea*** C. Y. Cheng & C. H. Yueh in Acta Phytotax. Sin. 18(3): 349, pl. 5: 7, 6: 15. 1980.
Holotype: China. Yunnan: Gongshan, 1938-07-26, T. T. Yu 19429.

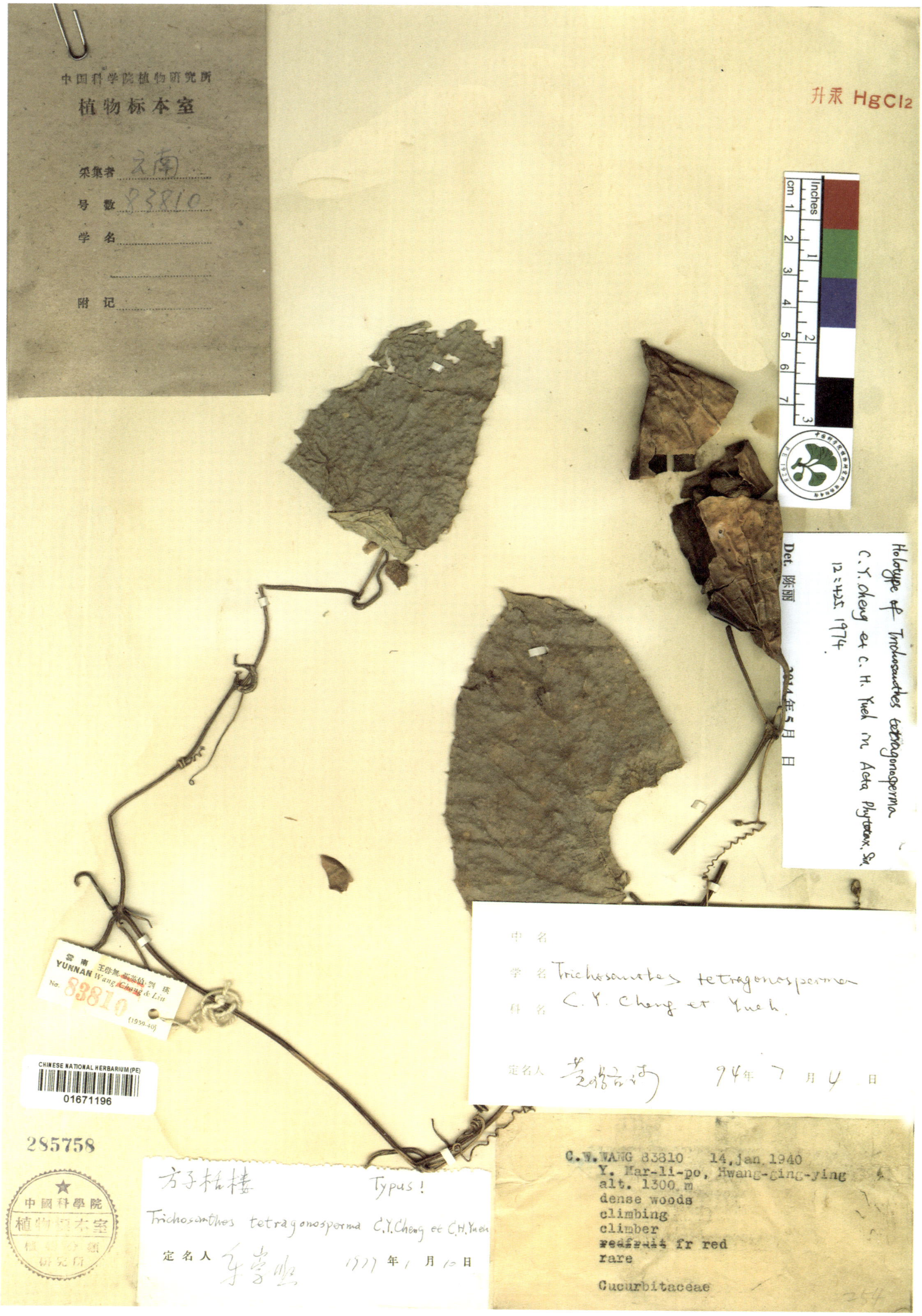

方子栝楼 ***Trichosanthes tetragonosperma*** C. Y. Cheng & C. H. Yueh in Acta Phytotax. Sin. 18(3): 425, f. 7, pl. 88. 1980. **Holotype:** China. Yunnan: Malipo, alt. 1 300 m, 1940-01-14, C. W. Wang 83810.

顶毛栝楼 ***Trichosanthes trichocarpa*** C. Y. Wu ex C. H. Yueh & C. Y. Cheng in Acta Phytotax. Sin. 18(3): 340, pl. 5: 1, 6: 6. 1980. **Isotype:** China. Yunnan: Mianning (=Lincang), alt. 2 400 m, 1938-10-04, T. T. Yu 17861.

Campanulaceae

桔梗科

jiegengke

北方沙参 ***Adenophora borealis*** D. Y. Hong & Y. Z. Zhao, Fl. Reip. Pop. Sin. 73(2): 187, pl. 21: 3-5. 1983. **Holotype:** China. Hebei: Zhangbei, Daqingshan, alt. 1 750 m, 1959-08-17, Anonymous 3634.

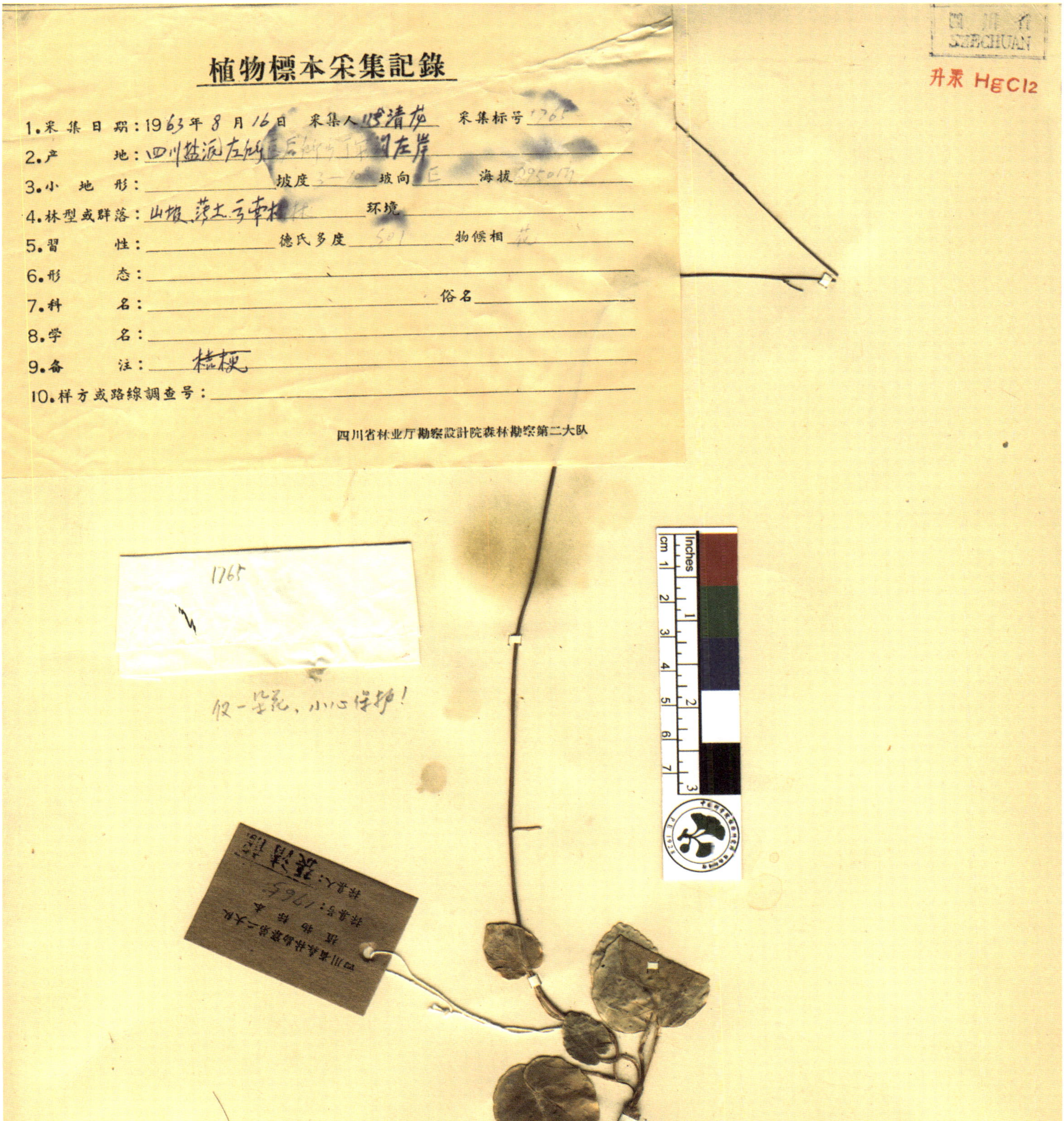

短花盘沙参 ***Adenophora brevidiscifera*** D. Y. Hong, Fl. Reip. Pop. Sin. 73(2): 184, pl. 16: 1-3. 1983. **Holotype:** China. Sichuan: Yanyuan, alt. 2 950 m, 1963-08-16, Q. L. Zhang 1765.

心叶沙参 ***Adenophora cordifolia*** D. Y. Hong, Fl. Reip. Pop. Sin. 73(2): 185, pl. 16: 4-6. 1983. **Holotype:** China. Henan: Song Xian, alt. 2 025 m, 1959-08-15, Anonymous 34908.

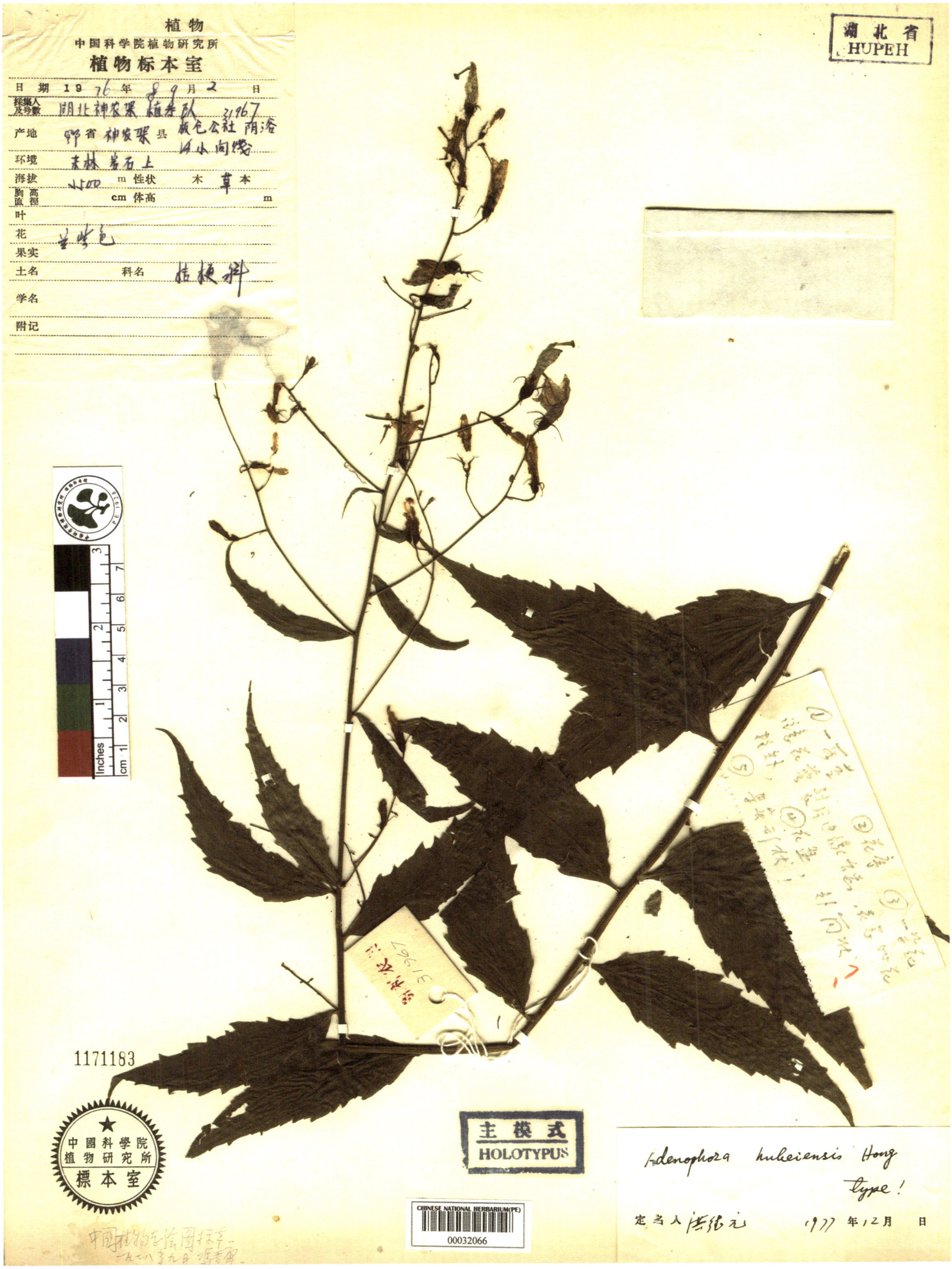

鄂西沙参 ***Adenophora hubeiensis*** D. Y. Hong, Fl. Reip. Pop. Sin. 73(2): 186, pl. 20: 7-10. 1983. **Holotype:** China. Hubei: Shennongjia, alt. 2 500 m, 1976-09-02, Shennongjia Pl. Exped. 31967.

裂叶沙参 ***Adenophora lobophylla*** D. Y. Hong, Fl. Reip. Pop. Sin. 73(2): 186, pl. 17: 5-8. 1983. **Holotype:** China. Sichuan: Dajin, alt. 2 400 m, 1958-08-17, H. Li 78384.

湖北沙参 ***Adenophora longipedicellata*** D. Y. Hong, Fl. Reip. Pop. Sin. 73(2): 185, pl. 19: 6-7. 1983. **Holotype:** China. Sichuan: Yaan, alt. 750 m, 1963-08-20, K. C. Kuan & W. T. Wang 2503.

长萼沙参 ***Adenophora longisepala*** P. C. Tsoong in Contr. Inst. Bot., Nat. Acad. Peiping 3(3): 74, pl. 9. 1935. **Holotype:** China. Sichuan: Emei, Emeishan, alt. 3 050~3 355 m, 1928-08-15, W. P. Fang 2999.

宁夏沙参 ***Adenophora ningxianica*** D. Y. Hong ex S. Ge & D. Y. Hong in Novon 9(1): 46. 1999. **Holotype:** China. Ningxia: Ala Mt. (=Helanshan), alt. 1 600 m, 1933-08-28, Y. Y. Pai 0120.

沼沙参 ***Adenophora palustris*** Kom. in Acta Horti Petrop. 18: 426. 1901. **Isotype:** D. P. R. Korea. Precise locality not known, 1897-08-14, PE Herb. Bar Code No. 00032060.

细叶沙参 ***Adenophora paniculata*** Nannf. in Acta Horti Gothob. 5: 19, pl. 7-9. 1929. **Isotype:** China. Shanxi: Yuanchu (=Yuanqu), alt. 1 800 m, 1924-07-21, H. Smith 6651.

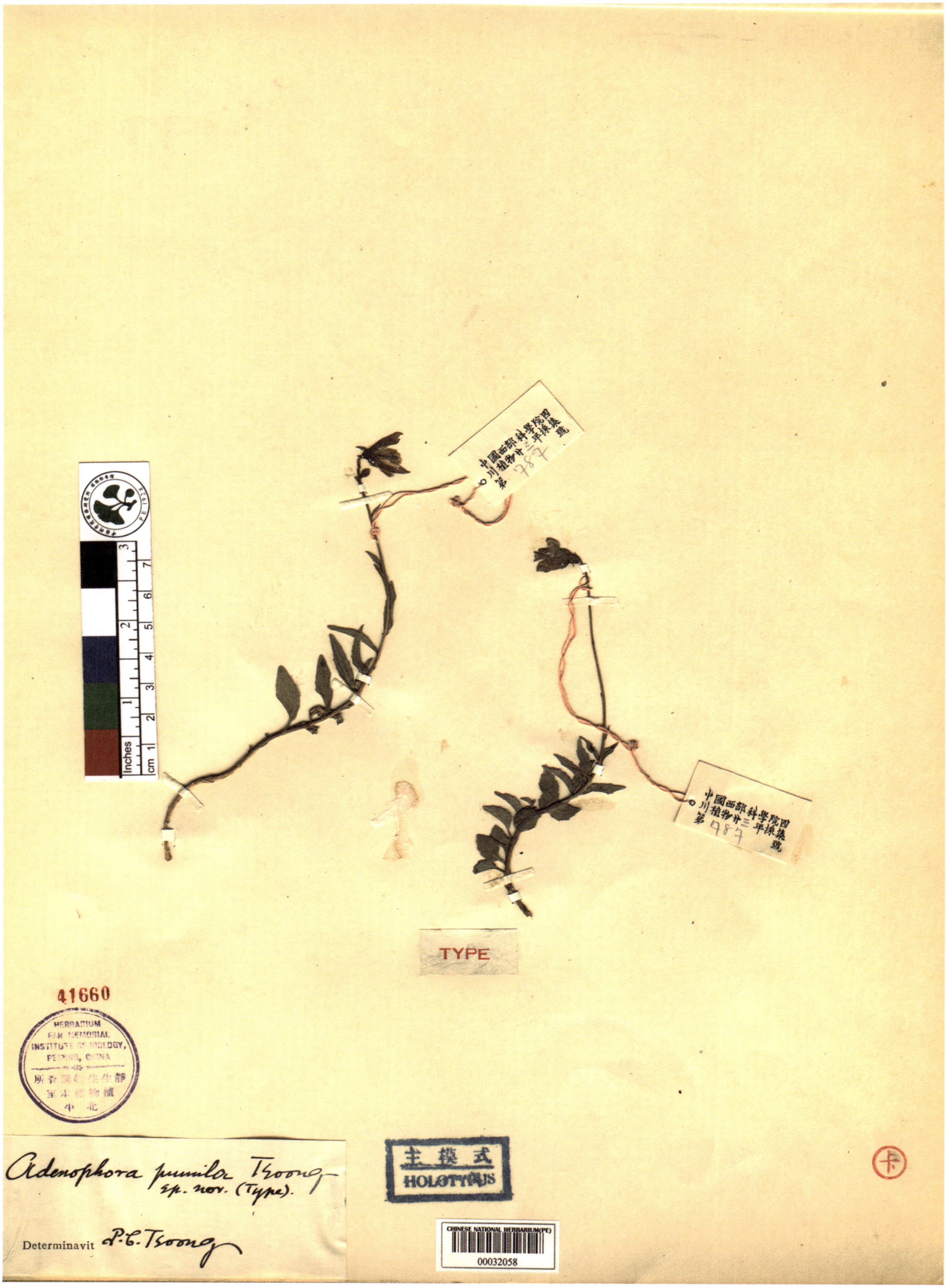

矮沙参 ***Adenophora pumila*** P. C. Tsoong in Contr. Inst. Bot., Nat. Acad. Peiping 3(3): 76, f. 2, pl. 10: 2. 1935. **Holotype:** China. Sichuan: Kangding, 1934-07-18, C. S. Liou 787.

糙沙参 ***Adenophora scabridula*** Nannf. in Acta Horti Gothob. 5: 20, pl. 10. 1929. **Isotype:** China. Shanxi: Chieh-hsiu (=Yuncheng), alt. 800~900 m, 1924-09-28, H. Smith 7714.

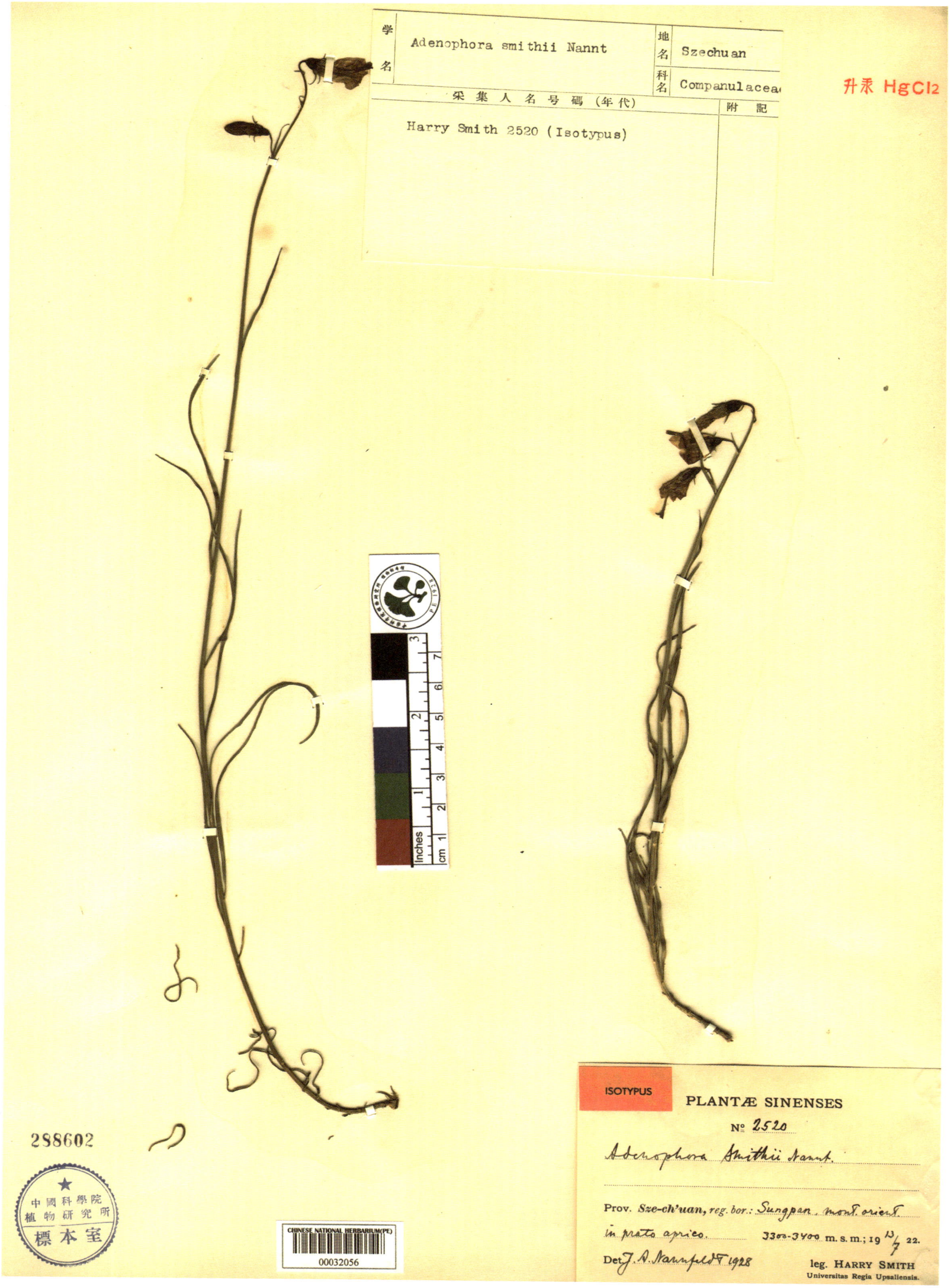

史氏沙参 ***Adenophora smithii*** Nannf. in Acta Horti Gothob. 5: 21, pl. 11: a-c. 1929. **Isotype:** China. Sichuan: Songpan, alt. 3 300~3 400 m, 1922-07-13, H. Smith 2520.

皱波状沙参 ***Adenophora smithii*** Nannf. f. ***crispa*** Nannf. in Acta Horti Gothob. 5(2): 22, pl. 11: d-e. 1929. **Isotype:** China. Sichuan: Sungpan, alt. 3 300~3 400 m, 1922-07-13, H. Smith 2515.

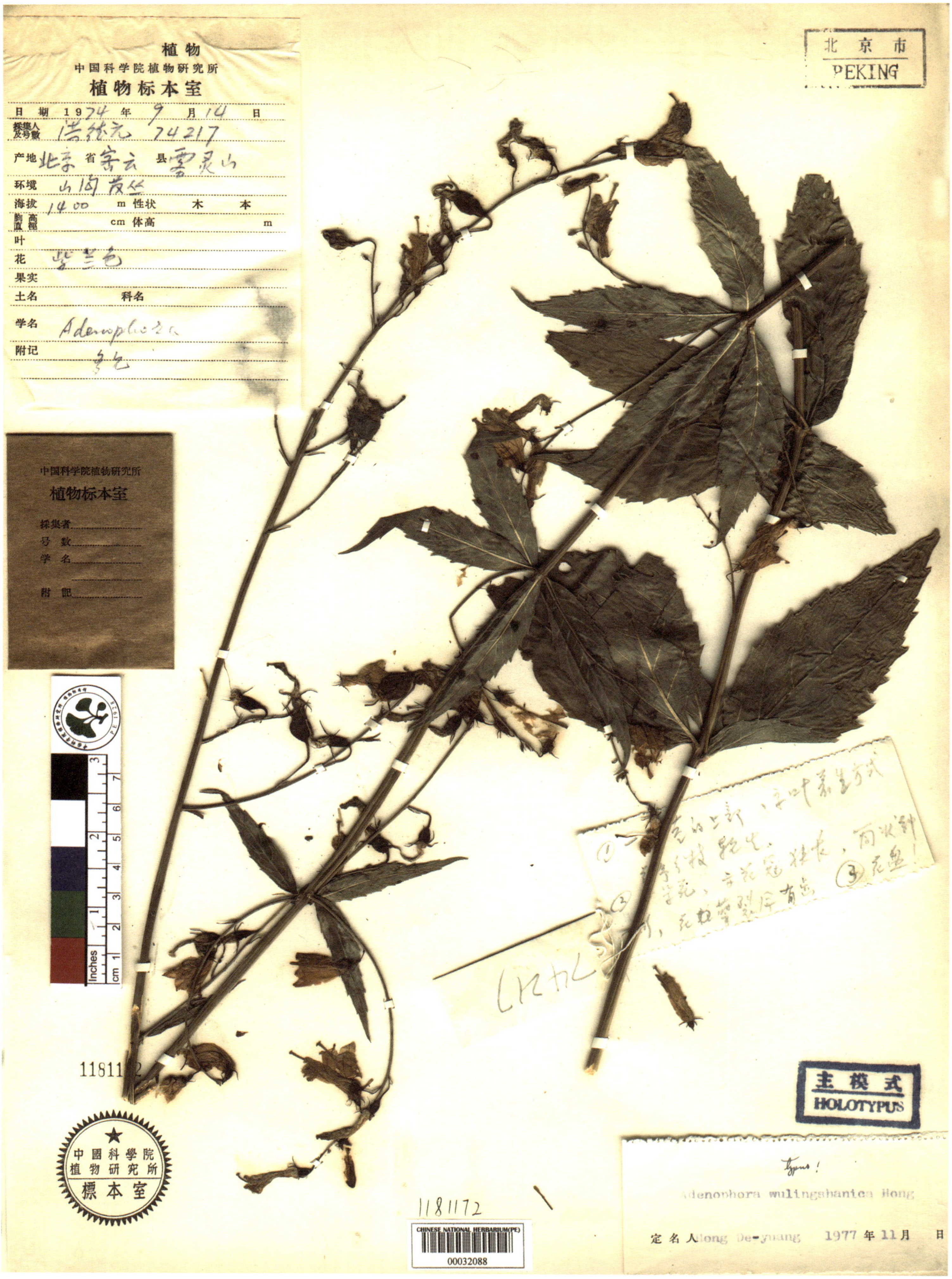

雾灵沙参 ***Adenophora wulingshanica*** D. Y. Hong, Fl. Reip. Pop. Sin. 73(2): 187, pl. 21: 1-2. 1983. **Holotype:** China. Beijing: Miyun, Wulingshan, alt. 1 400 m, 1974-09-14, D. Y. Hong 74217.

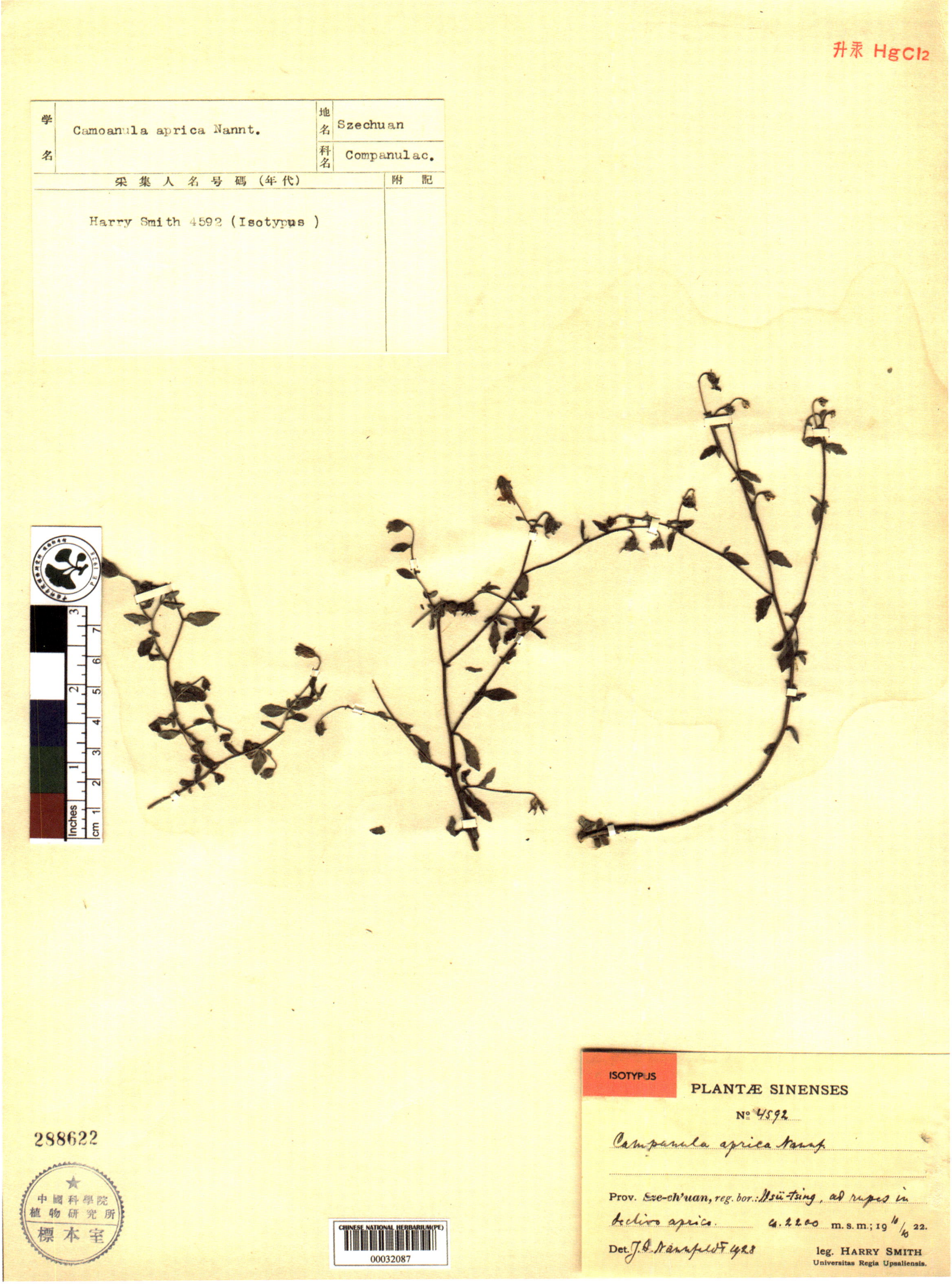

阳生风铃草 ***Campanula aprica*** Nannf. in Acta Horti Gothob. 5: 23, pl. 13: a. 1930. **Isotype:** China. Sichuan: Hsu-tsing, alt. 2 200 m, 1922-10-10, H. Smith 4592.

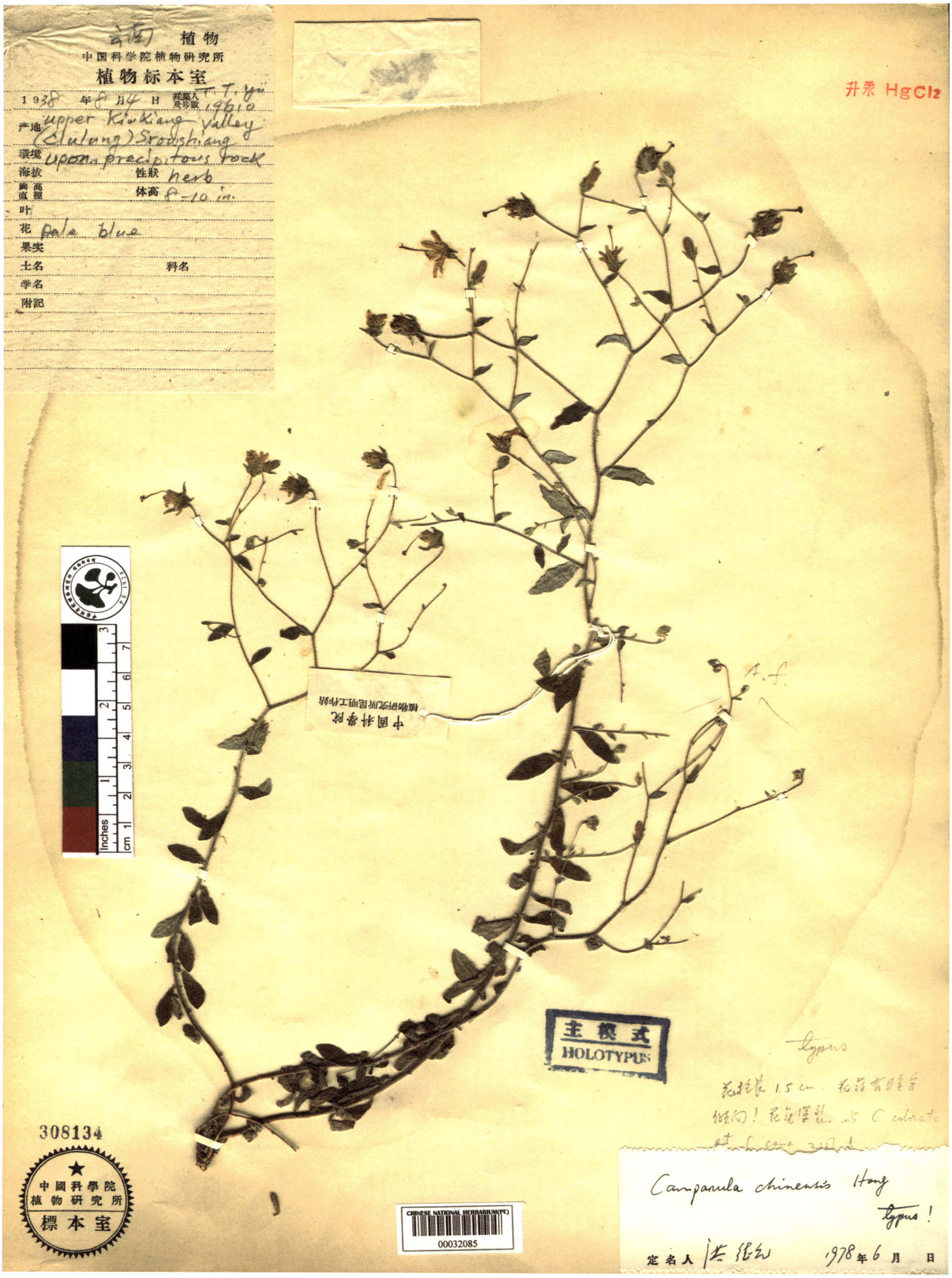

长柱风铃草 ***Campanula chinensis*** D. Y. Hong in Acta Phytotax. Sin. 18(2): 247, f. 2: 6-7. 1980. **Holotype:** China. Yunnan: Gongshan, alt. 2 400 m, 1938-08-04, T. T. Yu 19610.

大青山风铃草 ***Campanula glomerata*** L. subsp. ***daqingshanica*** D. Y. Hong & Y. Z. Zhao, Fl. Reip. Pop. Sin. 73(2): 84. 1983. **Isotype:** China. Nei Mongol: Daqingshan, 1965-07-17, HIMC 1963rd Class-4th Section-81.

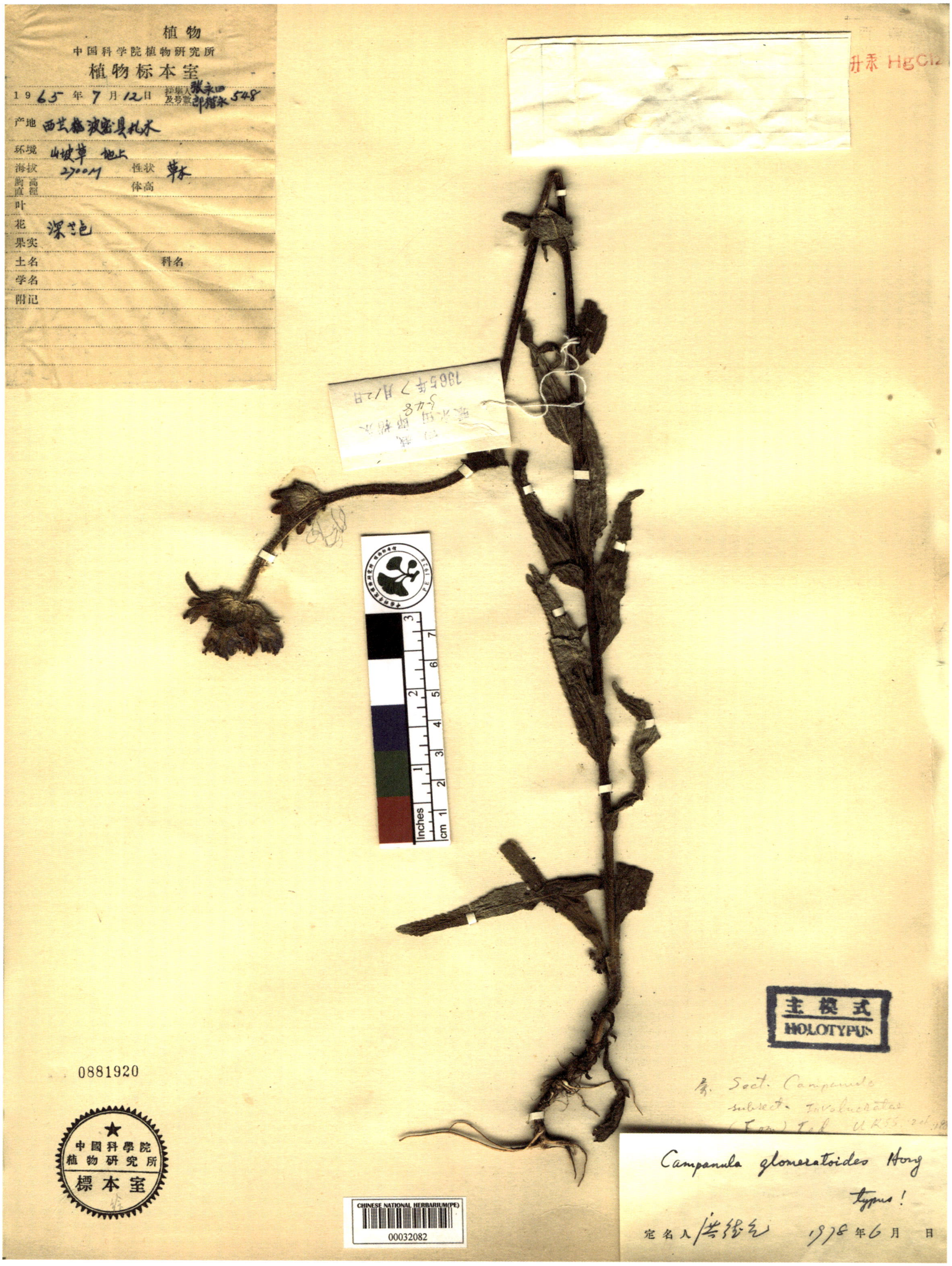

头花风铃草 ***Campanula glomeratoides*** D. Y. Hong in Acta Phytotax. Sin. 18(2): 247, f. 2: 3-5. 1980. **Holotype:** China. Xizang: Bomi, alt. 2 700 m, 1965-07-12, Y. T. Chang & K. Y. Lang 548.

白毛风铃草 *Campanula leucotricha* C. Y. Wu in Rep. Stud. Pl. Trop. Subtrop. Reg. Yunnan 1: 58, pl. 13: 1-4. 1965.
Isotype: China. Yunnan: Binchuan, alt. 3 300 m, 1940-09-28, R. C. Ching 24926.

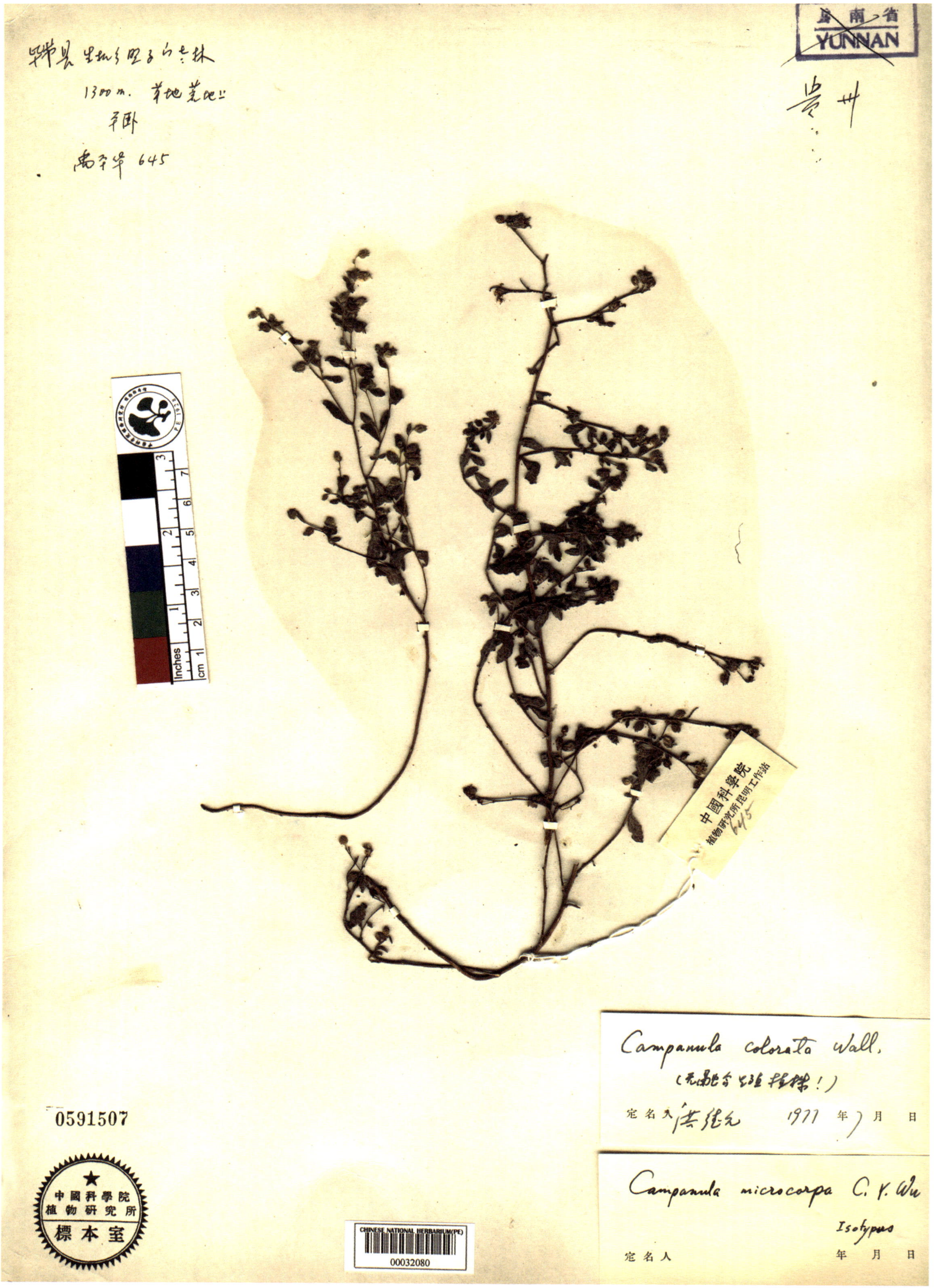

小果风铃草 ***Campanula microcarpa*** C. Y. Wu in Rep. Stud. Pl. Trop. Subtrop. Reg. Yunnan 1: 60, pl. 27: 1. 1965.
Isotype: China. Guizhou: Bijie, alt. 1 300 m, 1957-08-06, P. H. Yu 645.

肾叶风铃草 ***Campanula nephrophylla*** C. Y. Wu in Rep. Stud. Pl. Trop. Subtrop. Reg. Yunnan 1: 60, pl. 13: 5-7. 1965.
Isotype: China. Yunnan: Zhongdian (=Shangri-La), alt. 3 800 m, 1937-08-17, T. T. Yu 12754.

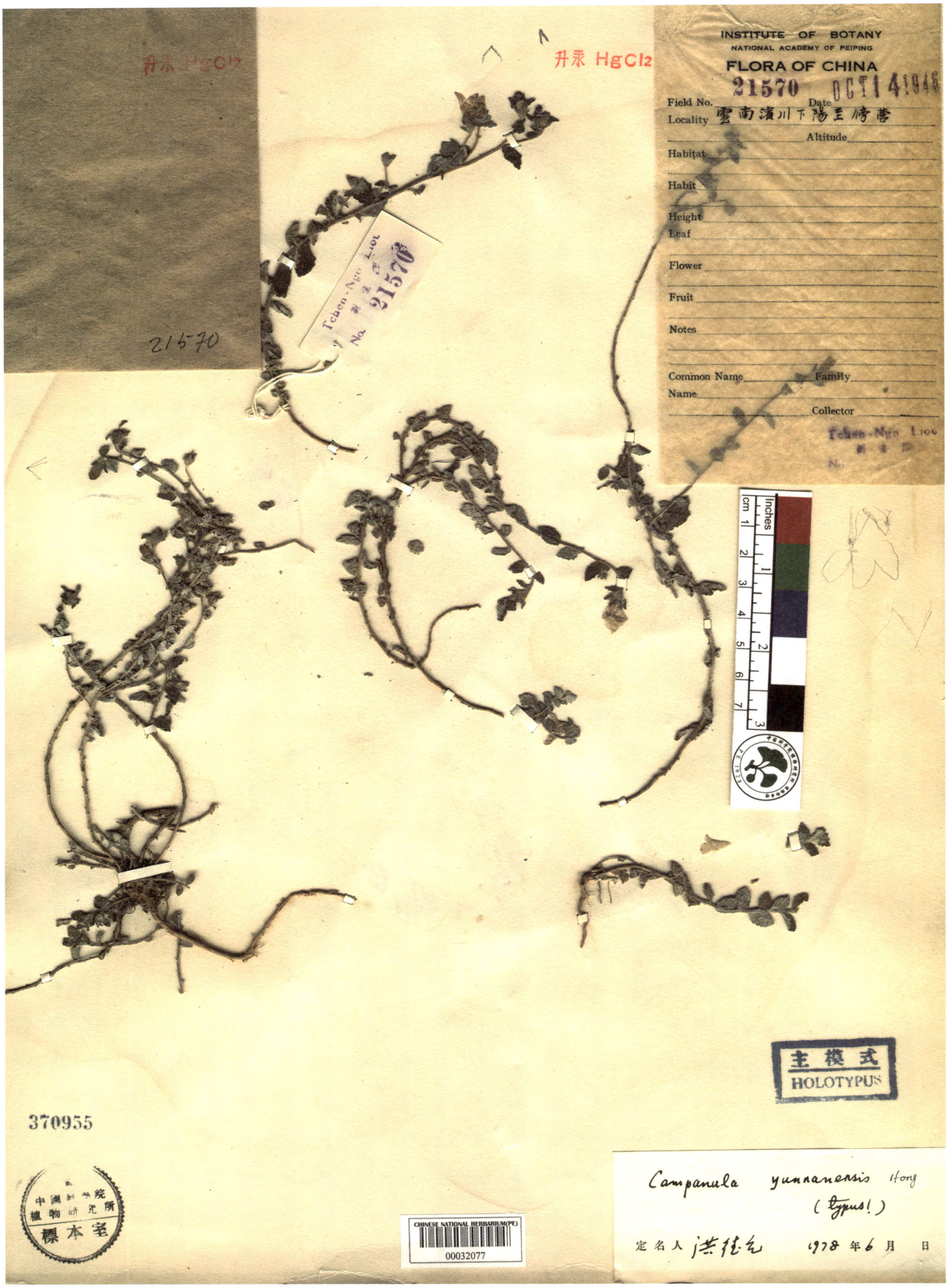

云南风铃草 ***Campanula yunnanensis*** D. Y. Hong, Fl. Reip. Pop. Sin. 73(2): 184, pl. 14: 7-9. 1983. **Holotype:** China. Yunnan: Binchuan, 1946-10-14, T. N. Liou 21570.

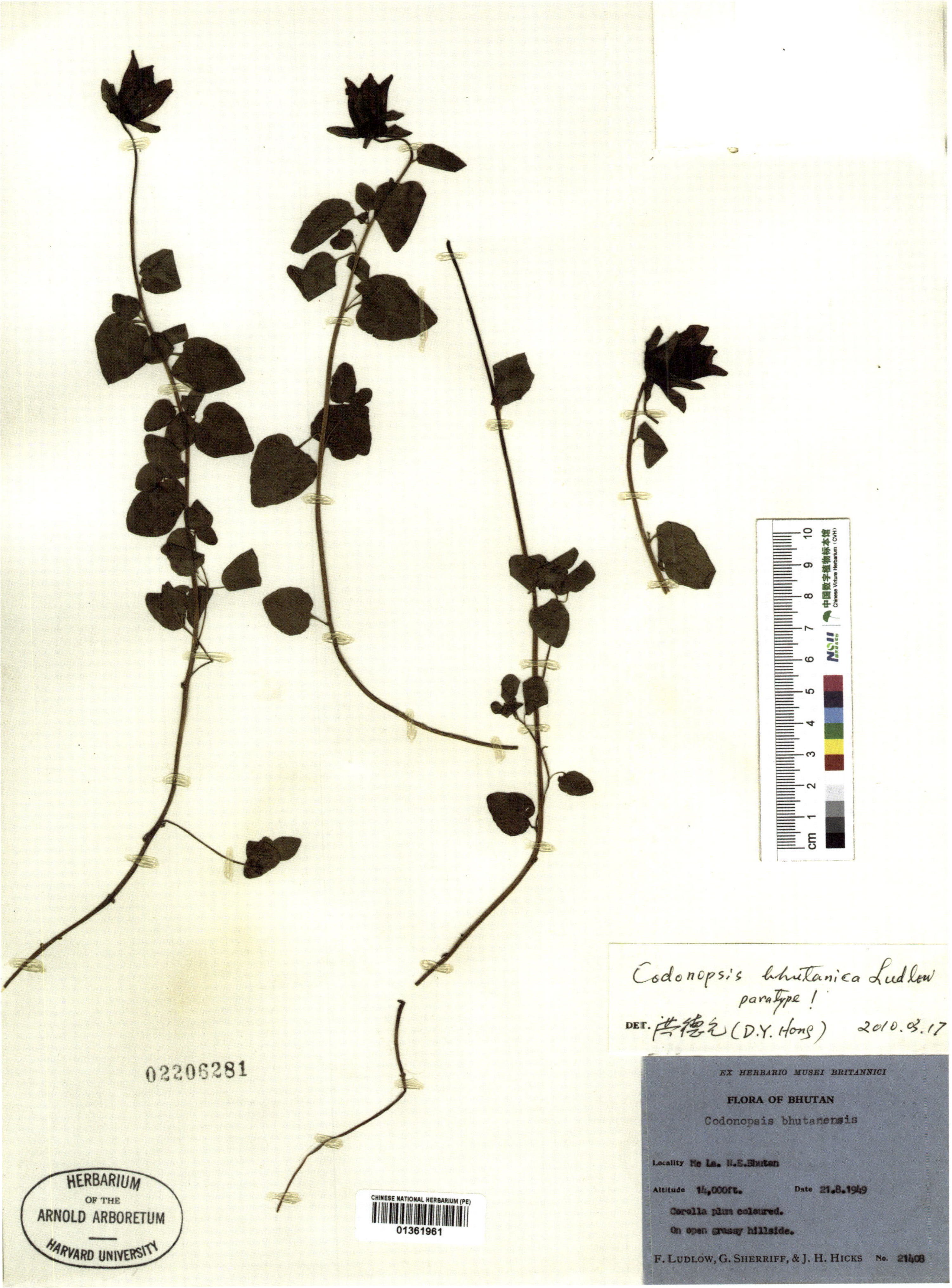

不丹党参 ***Codonopsis bhutanica*** Ludlow in J. Roy. Hort. Soc. 97: 127. 1972. **Paratype:** Bhutan. Me La, alt. 4 270 m, 1949-08-21, F. Ludlow, G. Sherriff & J. H. Hicks 21408.

绿钟臭参 ***Codonopsis chlorocodon*** C. Y. Wu in Rep. Stud. Pl. Trop. Subtrop. Reg. Yunnan 1: 82, pl. 30: 2. 1965.
Isotype: China. Yunnan: Dêqên, alt. 3 400 m, 1937-08-09, T. T. Yu 9461.

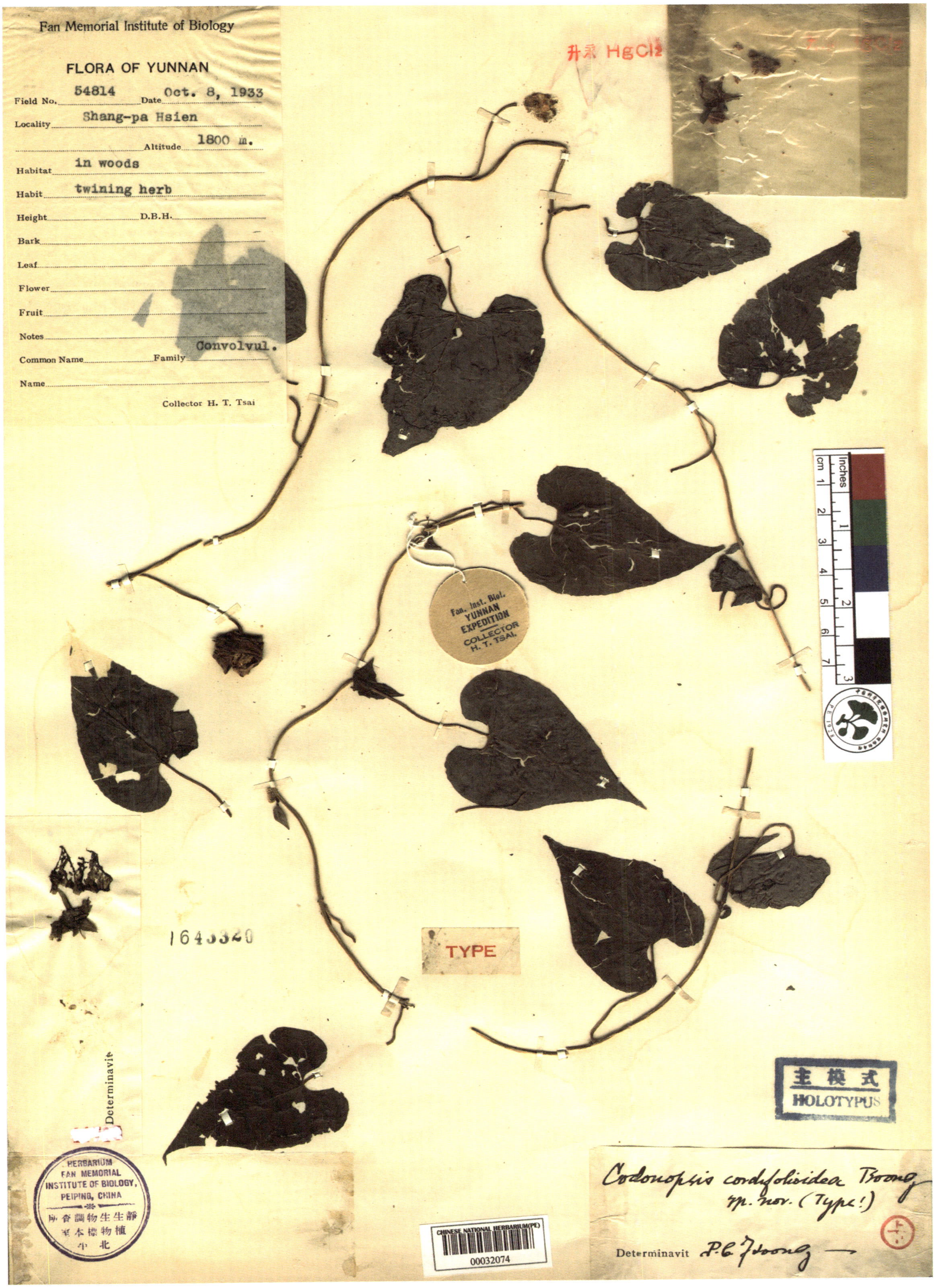

心叶党参 ***Codonopsis cordifolioidea*** P. C. Tsoong in Contr. Inst. Bot., Nat. Acad. Peiping 3(3): 93, f. 7, pl. 12. 1935.
Holotype: China. Yunnan: Shangpa (=Fugong), alt. 1 800 m, 1933-10-08, H. T. Tsai 54814.

三角叶党参 ***Codonopsis deltoidea*** Chipp. in J. Linn. Soc., Bot. 38: 387. 1908. **Syntype:** China. Sichuan: Emei, Emeishan, Wilson 3988.

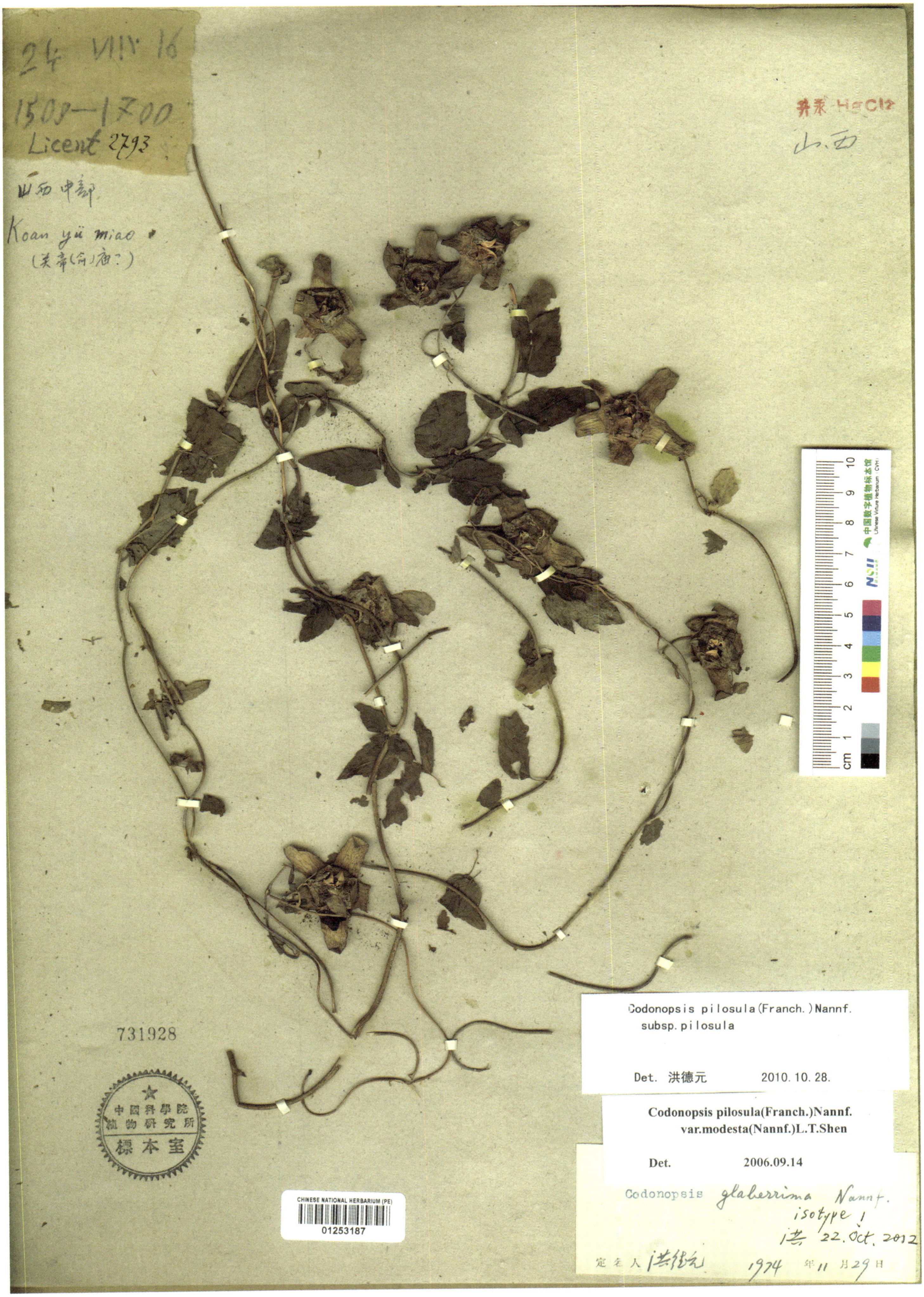

无毛党参 ***Codonopsis glaberrima*** Nannf. in Svensk. Bot. Tidskr. 34(4): 387. 1940. **Isotype:** China. Sanxi: C Sanxi, Precise locality not known, Guan Yu Miao, alt. 1 500~1 700 m, 1916-08-24, Licent 2793.

贡山臭参 ***Codonopsis gombalana*** C. Y. Wu in Rep. Stud. Pl. Trop. Subtrop. Reg. Yunnan 1: 81, pl. 17. 1965. **Isotype:** China. Yunnan: Gongshan, 1940-10-09, K. M. Feng 8295.

川鄂党参 ***Codonopsis henryi*** Oliv. in Hook. Icon. Pl. 20(3): pl. 1967. 1891. **Isotype:** China. Hubei: Fang Xian, (1885-1888)-??-??, A. Henry 6651.

光萼党参 ***Codonopsis levicalyx*** L. D. Shen in Acta Phytotax. Sin. 13(3): 55. 1975. **Holotype:** China. Sichuan: Nanping, alt. 2 900 m, 1964-10-13, X. Y. Tang, J. Z. Wu & W. X. Wang 64017.

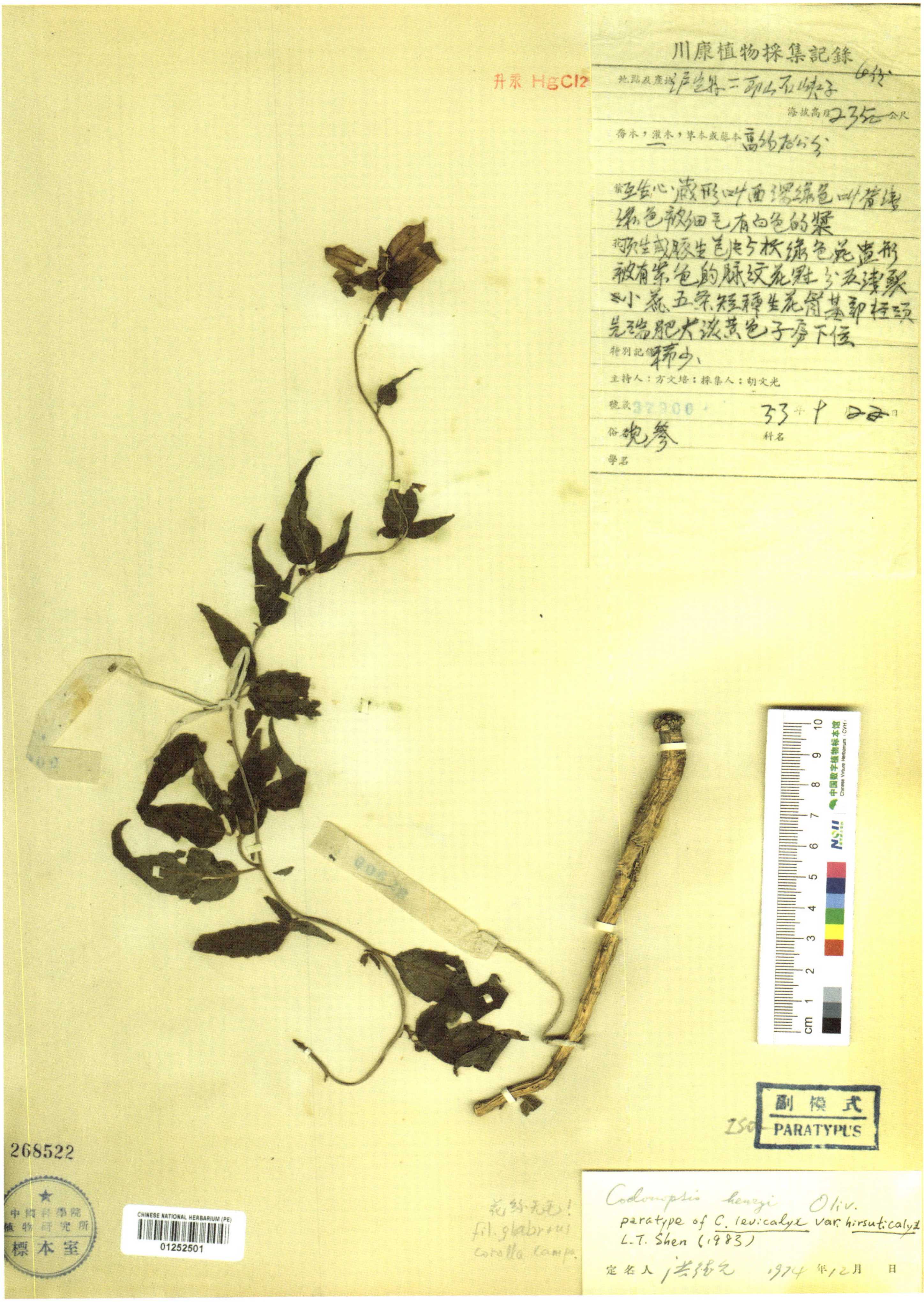

线党参 ***Codonopsis levicalyx*** L. D. Shen var. ***hirsuticalyx*** L. T. Shen, Fl. Reip. Pop. Sin. 73(2): 183. 1975. **Isoparatype:** China. Sichuan: Luding, alt. 2 350 m, 1953-09-22, W. K. Hu 37900.

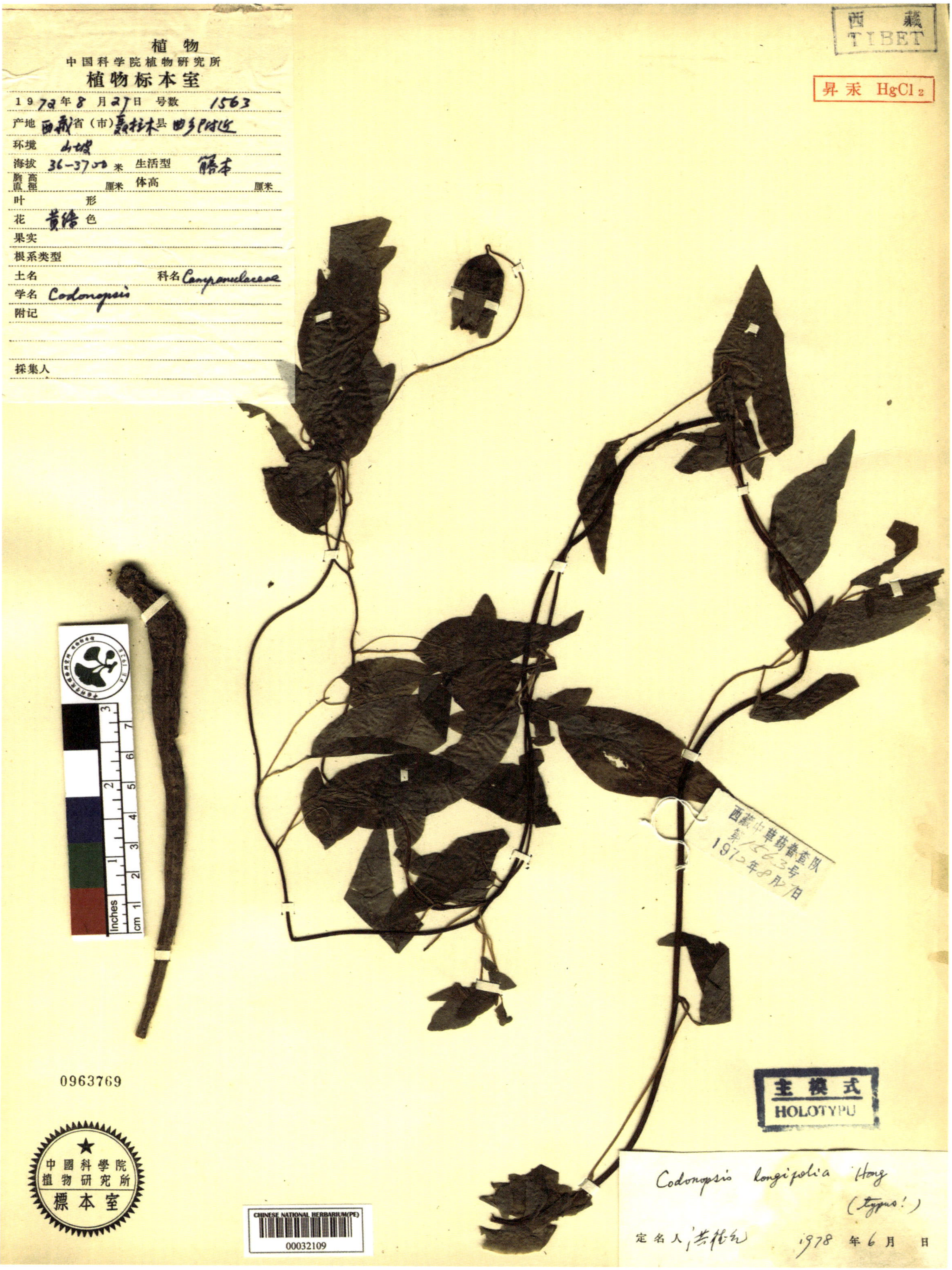

长叶党参 ***Codonopsis longifolia*** D. Y. Hong Acta Phytotax. Sin. 18(2): 245, f. 1: 4. 1980. **Holotype:** China. Xizang: Nyalam, alt. 3 600~3 700 m, 1972-08-27, Xizang Med. Pl. Exped. 1563.

素花党参 ***Codonopsis modesta*** Nannf. in Acta Horti Gothob. 5: 26. 1929. **Isotype:** China. Sichuan: N Sichuan, Chun-che, alt. 3 200 m, 1922-08-24, H. Smith 4304.

川党参 ***Codonopsis tangshen*** Oliv. in Hook. Icon. Pl. 20: pl. 1966. 1891. **Isotype:** China. Hubei: Hsingshan (=Xinshan), A. Henry 6468.

管花党参 ***Codonopsis tubulosa*** Kom. in Acta Horti Petrop. 29: 112, t. 2: 3. 1908. **Isotype:** China. Yunnan: Mengzi, alt. 2 440 m, A. Henry 10167.

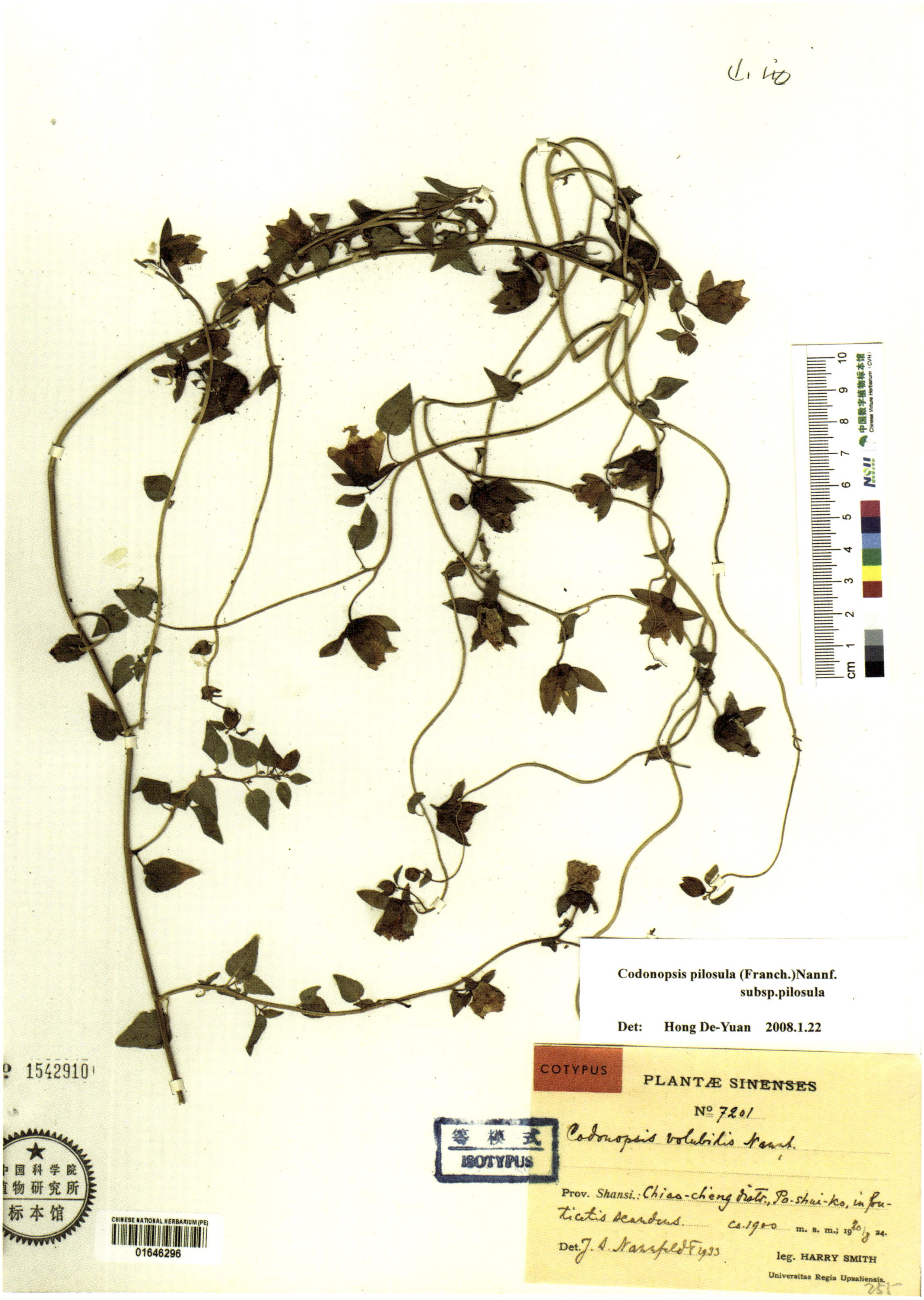

缠绕党参 ***Codonopsis volubilis*** Nannf. in Svensk. Bot. Tidskr. 34(4): 388, pl. 5. 1940. **Isotype:** China. Sanxi: Jiaocheng, alt. 1 900 m, 1924-08-20, H. Smith 7201.

西藏党参 ***Codonopsis xizangensis*** D. Y. Hong in Acta Phytotax. Sin. 18(2): 246, f. 1: 1-3. 1980. **Isotype:** China. Xizang: Cona, alt. 3 700 m, 1975-07-17, C. Y. Wu & al. 75-907.

束花蓝钟花 ***Cyananthus fasciculatus*** Marq. in Bull. Misc. Inform. Kew. 1924(6): 247. 1924. **Isotype:** China. Yunnan: Lijiang, alt. 3 600 m, 1922-10-??, G. Forrest 22485.

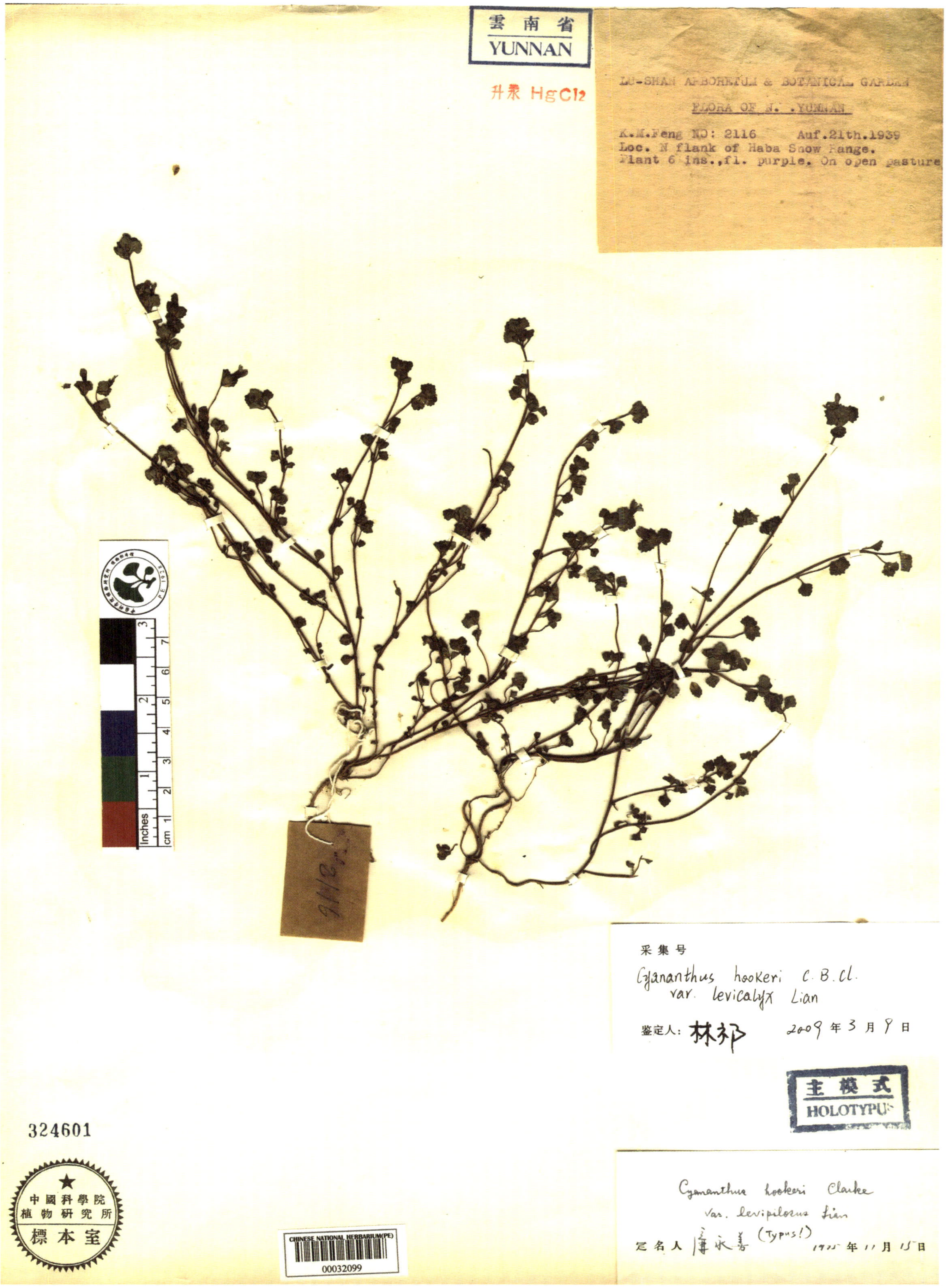

光萼蓝钟花 ***Cyananthus hookeri*** C. B. Clarke var. ***levicalyx*** Y. S. Lian, Fl. Reip. Pop. Sin. 73(2): 183. 1983. **Holotype:** China. Yunnan: Zhongdian (=Shangri-La), 1939-08-21, K. M. Feng 2116.

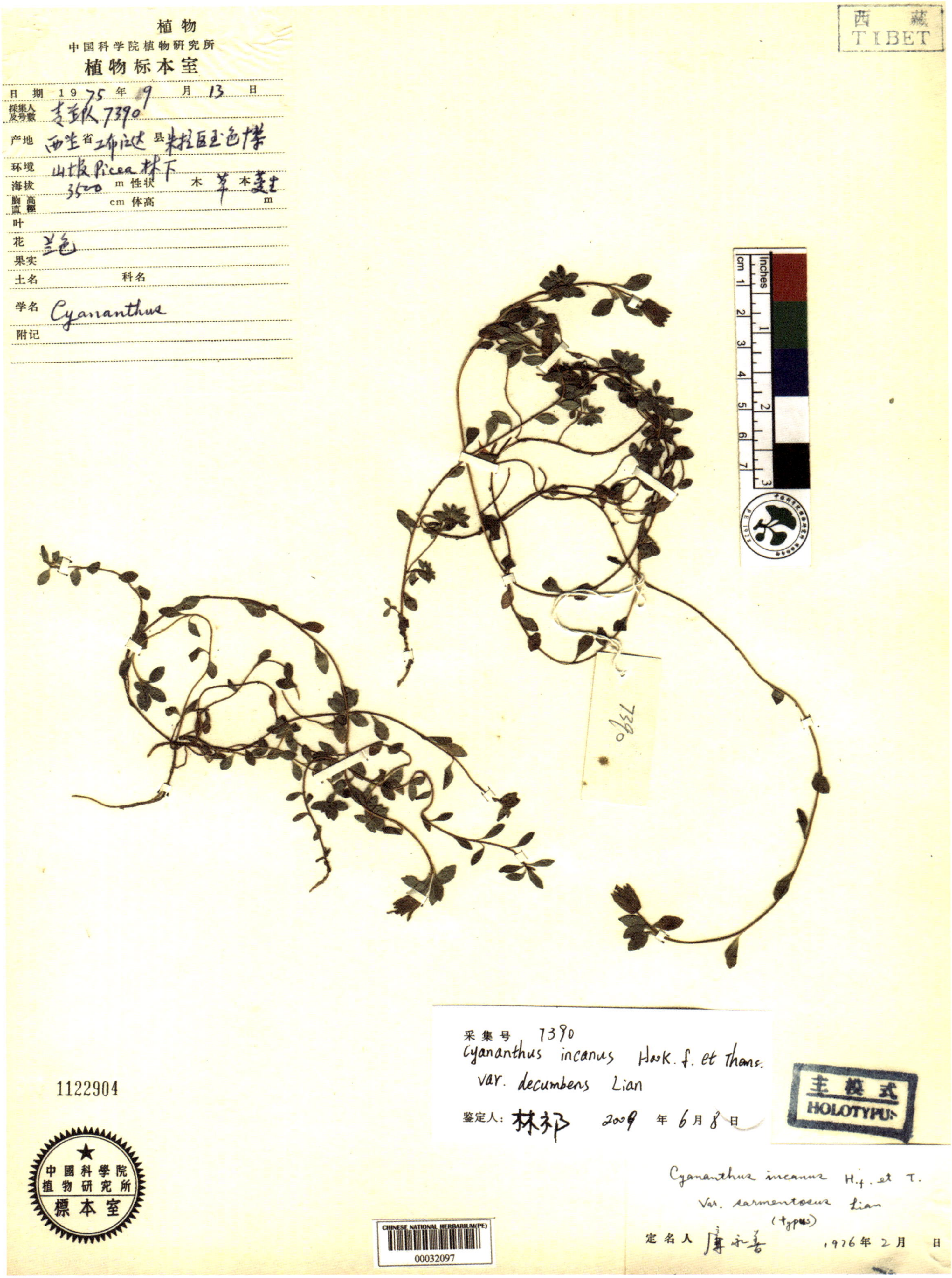

蔓茎蓝钟花 ***Cyananthus incanus*** Hook. f. & Thoms. var. ***decumbens*** Y. S. Lian in Acta Phytotax. Sin. 17(3): 122. 1979. **Holotype:** China. Xizang: Gongbo'gyamda, alt. 3 500 m, 1975-09-13, Qinghai-Xizang Exped. 7390.

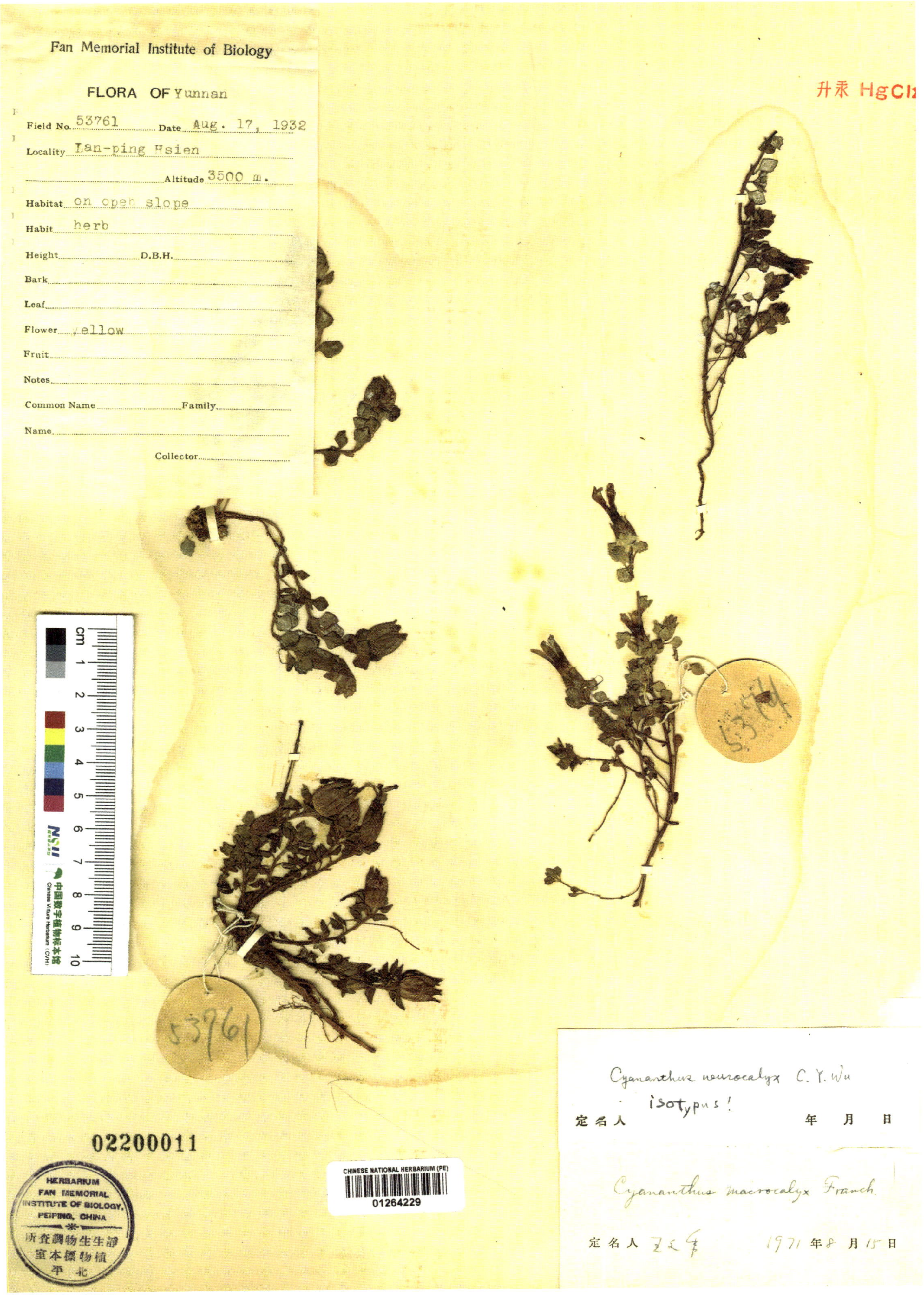

脉萼蓝钟花 ***Cyananthus neurocalyx*** C. Y. Wu, Yunnan Trop. & Subtrop. Fl. Res. Rep. 1: 86, pl. 31: 3. 1965. **Isotype:** China. Yunnan: Lanping, alt. 3 500 m. 1932-08-17, H. T. Tsai 53761.

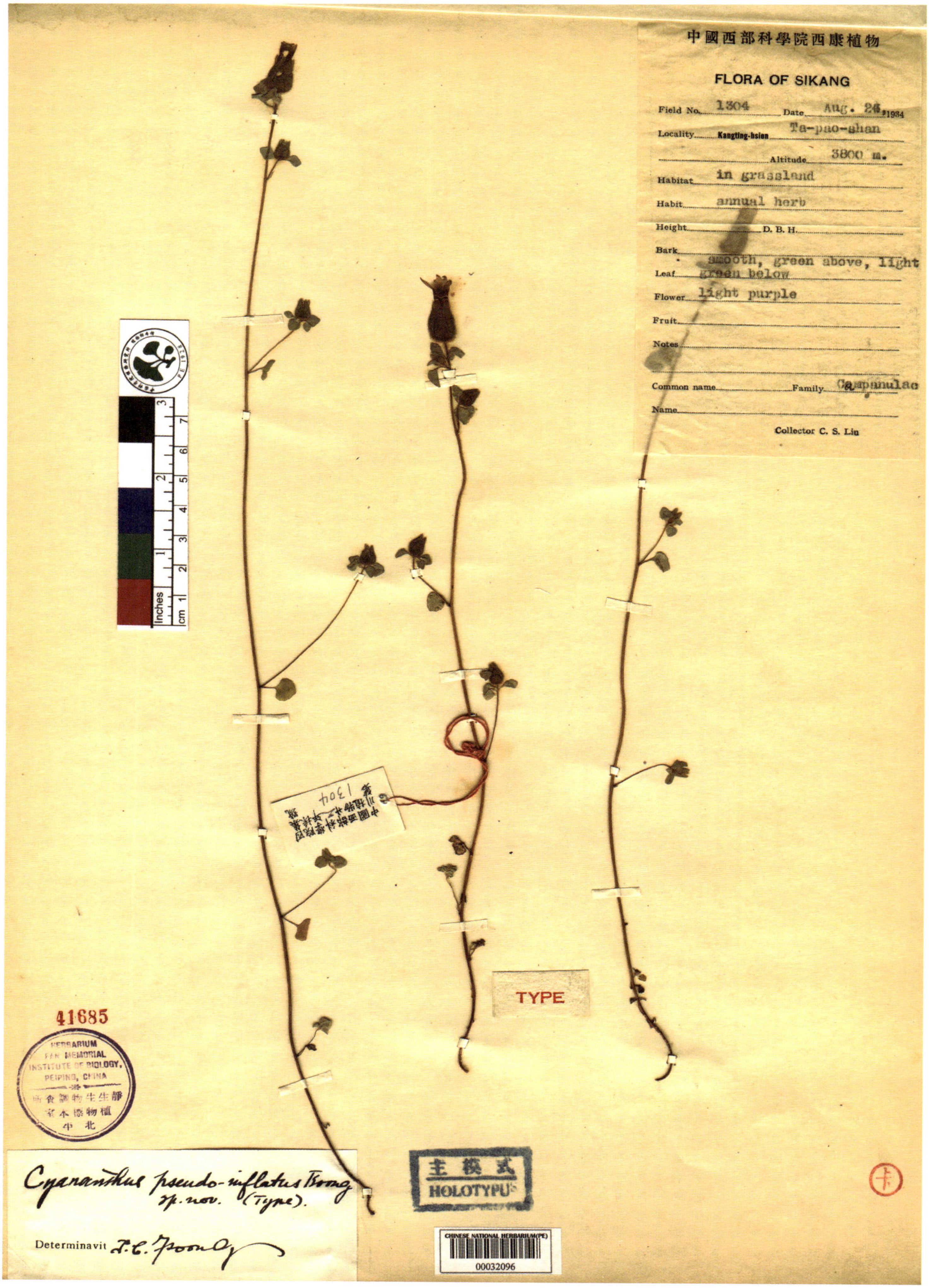

短毛蓝钟花 ***Cyananthus pseudo-inflatus*** P. C. Tsoong in Contr. Inst. Bot., Nat. Acad. Peiping 3(3): 109. 1935. **Holotype:** China. Sichuan: Kangding, alt. 3 800 m, 1934-08-27, C. S. Liu 1304.

绢毛蓝钟花 ***Cyananthus sericeus*** Y. S. Lian in Acta Phytotax. Sin. 17(3): 122, f. 1. 1979. **Holotype:** China. Xizang: Cona, alt. 3 500~3 600 m, 1975-09-10, Qinghai-Xizang Exped. 751932.

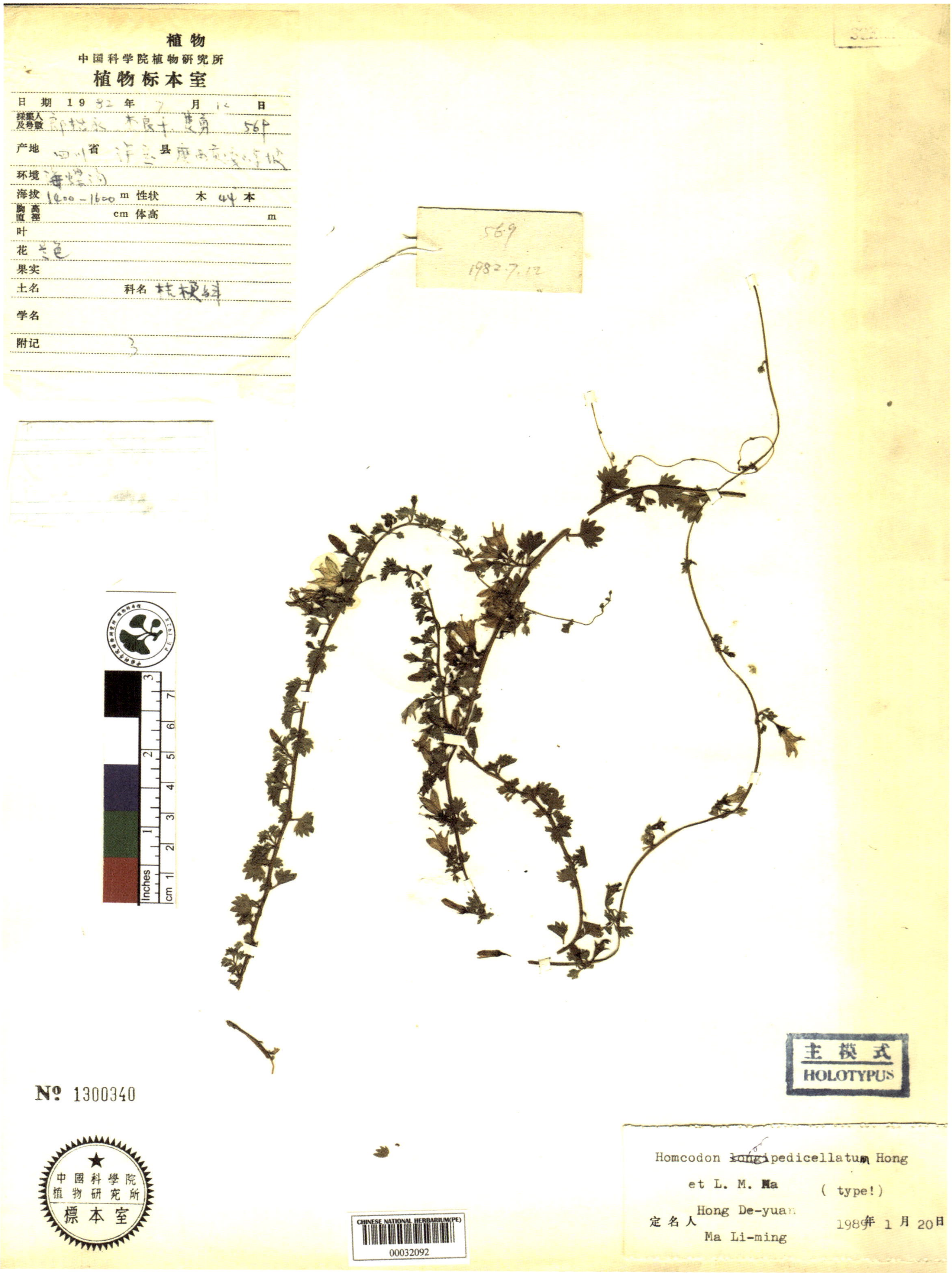

长梗同钟花 ***Homocodon pedicellatus*** D. Y. Hong & L. M. Ma in Acta Phytotax. Sin. 29(3): 268, f. 1 1991. **Holotype:** China. Sichuan: Luding, alt. 1 400~1 600 m, 1982-07-12, K. Y. Lang, L. Q. Li & Y. Fei 569.

毛细钟花 ***Leptocodon hirsutus*** D. Y. Hong in Acta Phytotax. Sin. 18(2): 246, f. 2: 1-2. 1980. **Holotype:** China. Xizang: Zayü, alt. 2 500 m, 1973-08-09, Qinghai-Xizang Exped. 73-1014.

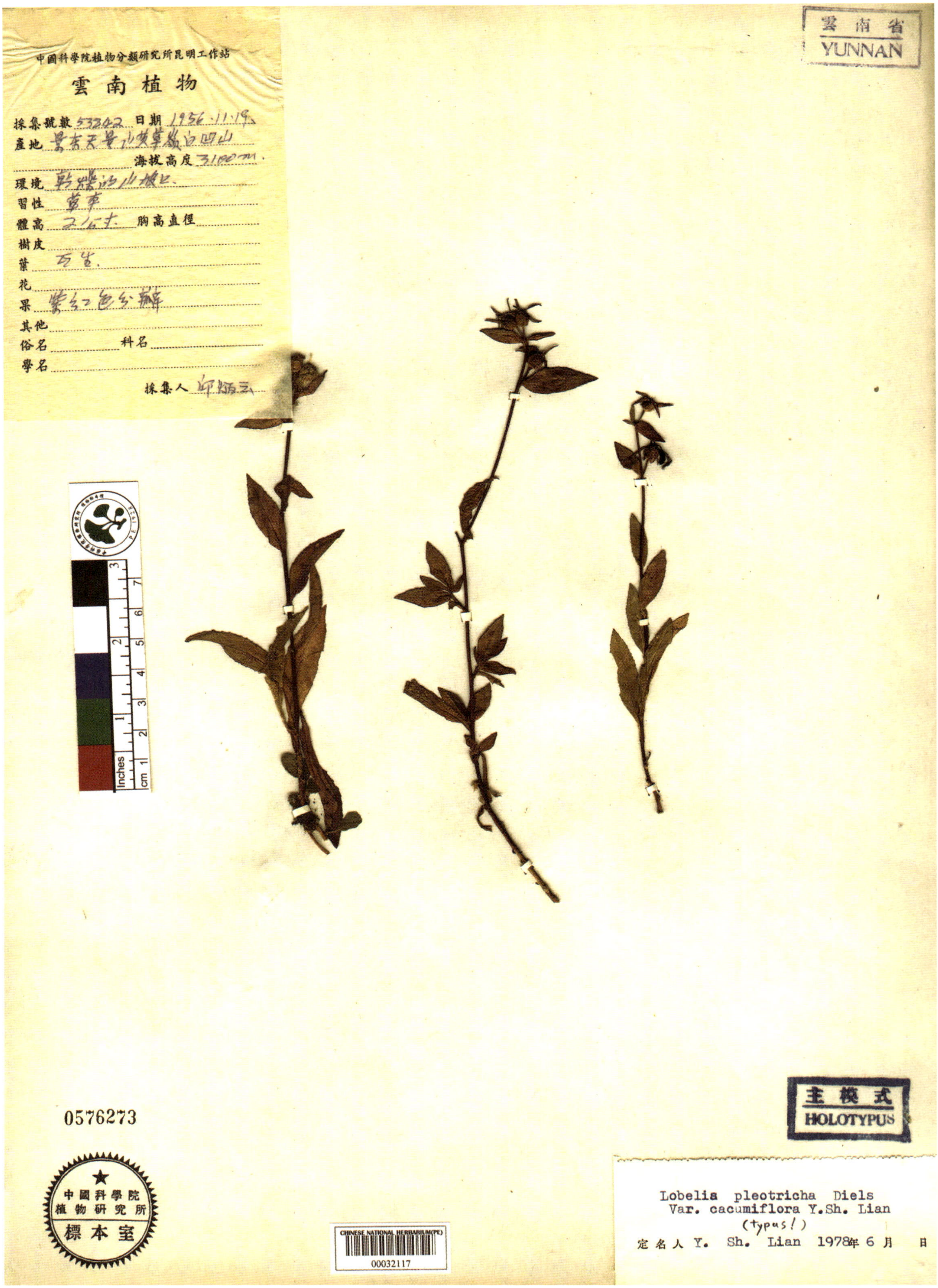

少花山梗菜 ***Lobelia pleotricha*** Diels var. ***cacumiflora*** Y. S. Lian, Fl. Reip. Pop. Sin. 73(2): 186. 1983. **Holotype:** Chian. Yunnan: Jingdong, alt. 3 100 m, 1956-11-19, B. Y. Qiu 53842.

短萼紫锤草 ***Pratia brevisepala*** Y. S. Lian, Fl. Reip. Pop. Sin. 73(2): 189, pl. 26. 1983. **Holotype:** Chian. Yunnan: Xichou, alt. 1 500~1 600 m, 1947-09-20, K. M. Feng 11936.

峨眉紫锤草 ***Pratia fangiana*** E. Wimm. in Repert. Spec. Nov. Regni Veg. 38: 3. 1935. **Isotype:** China. Sichuan: Emei, Emeishan, alt. 2 593~2 745 m, 1928-08-12, W. P. Fang 2853.

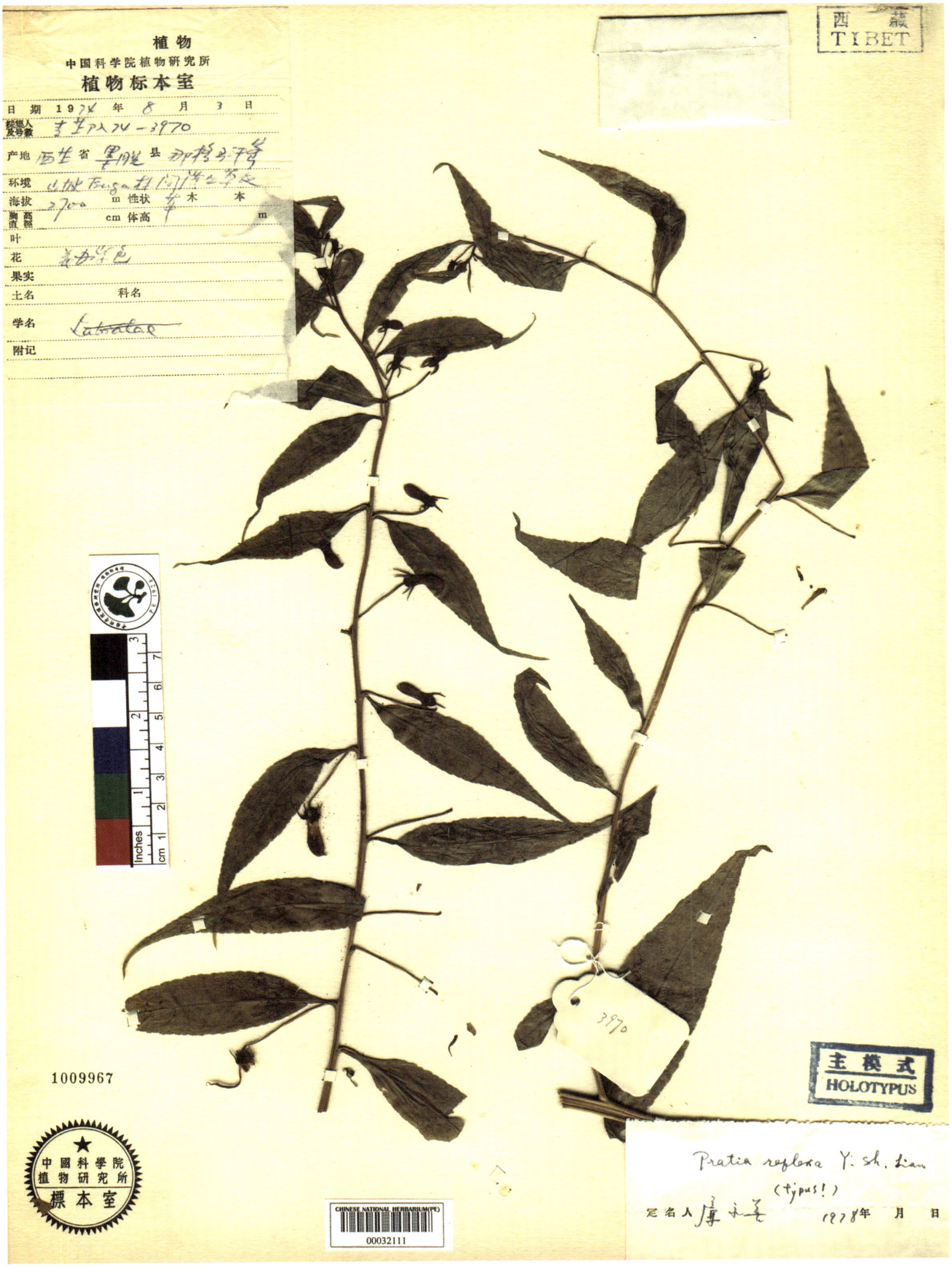

西藏紫锤草 ***Pratia reflexa*** Y. S. Lian in Acta Phytotax. Sin. 17(3): 123, f. 2. 1979. **Holotype:** Chian. Xizang: Mêdcg, alt. 2 700 m, 1974-08-03, Qinghai-Xizang Exped. 74-3970.

Compositae (Asteraceae)

菊科

juke

下白亚菊 ***Ajania hypoleuca*** Y. Ling ex C. Shih in Acta Phytotax. Sin. 32(4): 366. 1994. **Holotype:** China. Chongqing: Tongnan, alt. 488~915 m, 1928-07-22, W. P. Fang 1453.

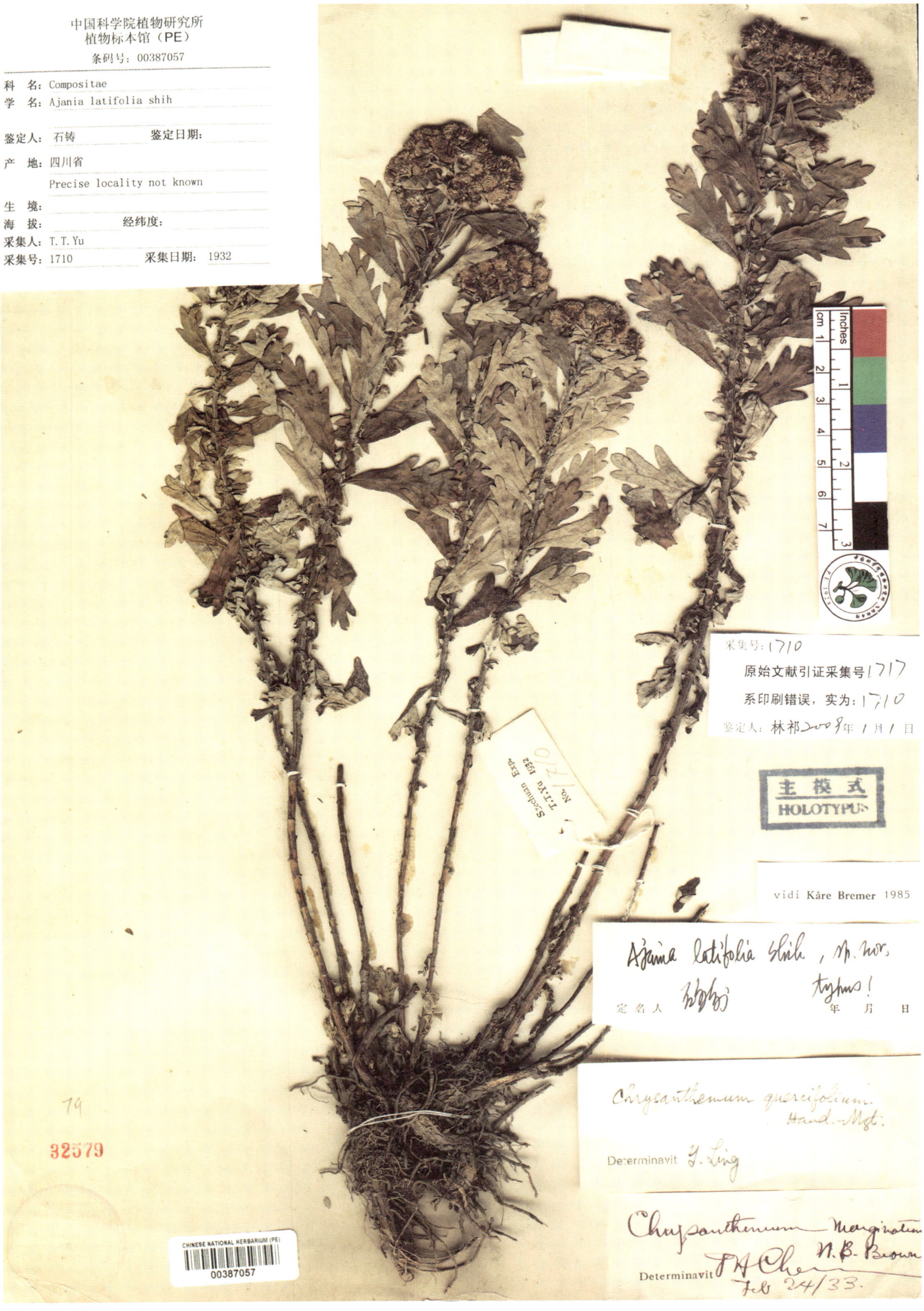

宽叶亚菊 ***Ajania latifolia*** C. Shih in Bull.Bot. Lab. N. E.. Forest. Inst., Harbin 6: 12. 1980. **Holotype:** China. Sichuan: Yanbian, 1932-??-??, T. T. Yu 1710.

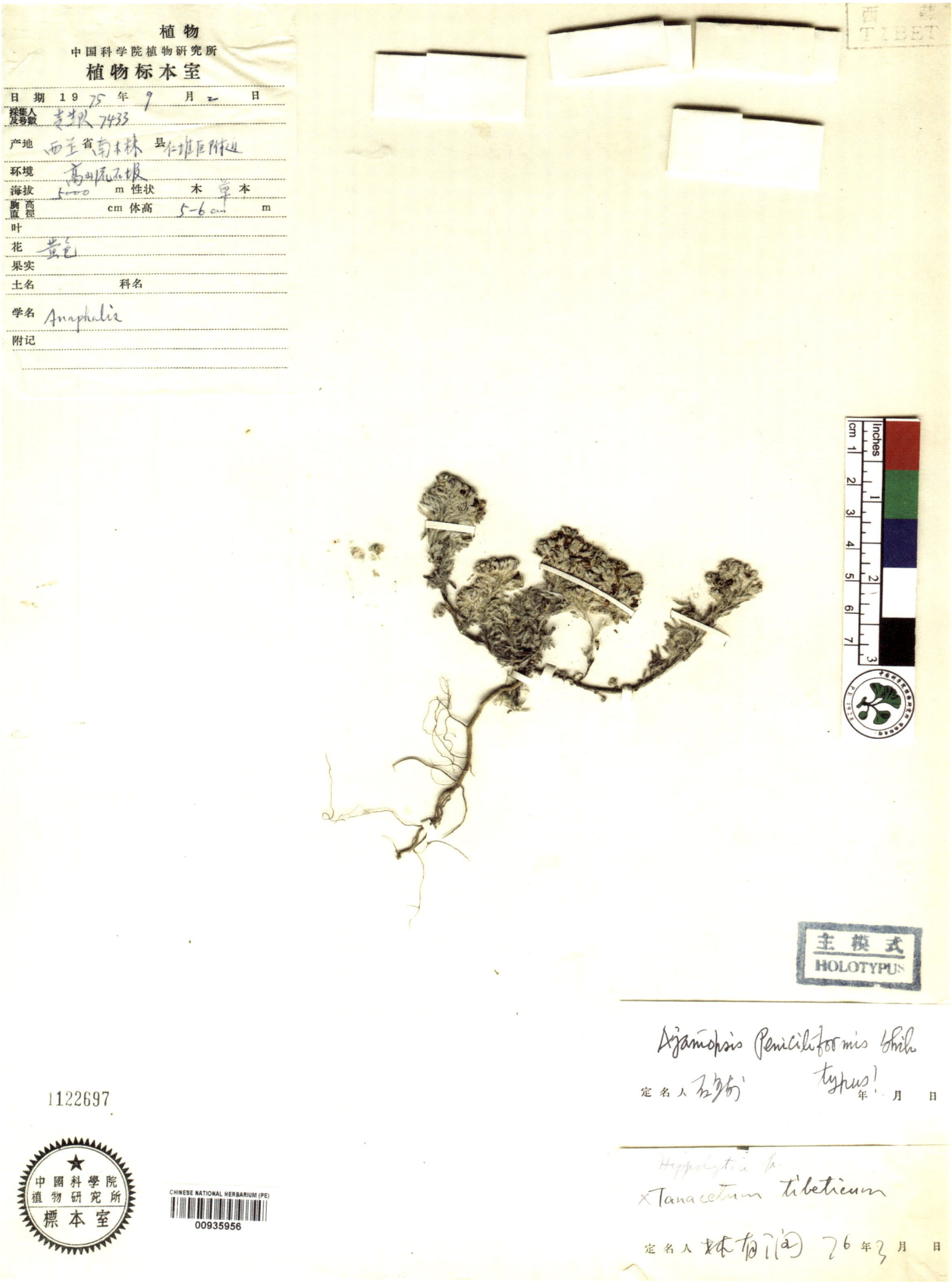

画笔菊 ***Ajaniopsis penicilliformis*** C. Shih in Acta Phytotax. Sin. 16(2): 87, f. 1. 1978. **Holotype:** China. Xizang: Nanmulin, alt. 5 000 m,1975-09-02, Qinghai-Xizang Exped. 7433.

巴塘香青 ***Anaphalis batangensis*** Y. L. Chen in Acta Phytotax. Sin. 28(6): 488. 1990. **Holotype:** China. Sichuan: Batang, alt. 4 000~4 200 m,1983-07-29, K. Y. Lang, L. Q. Li & Y. Fei 2477.

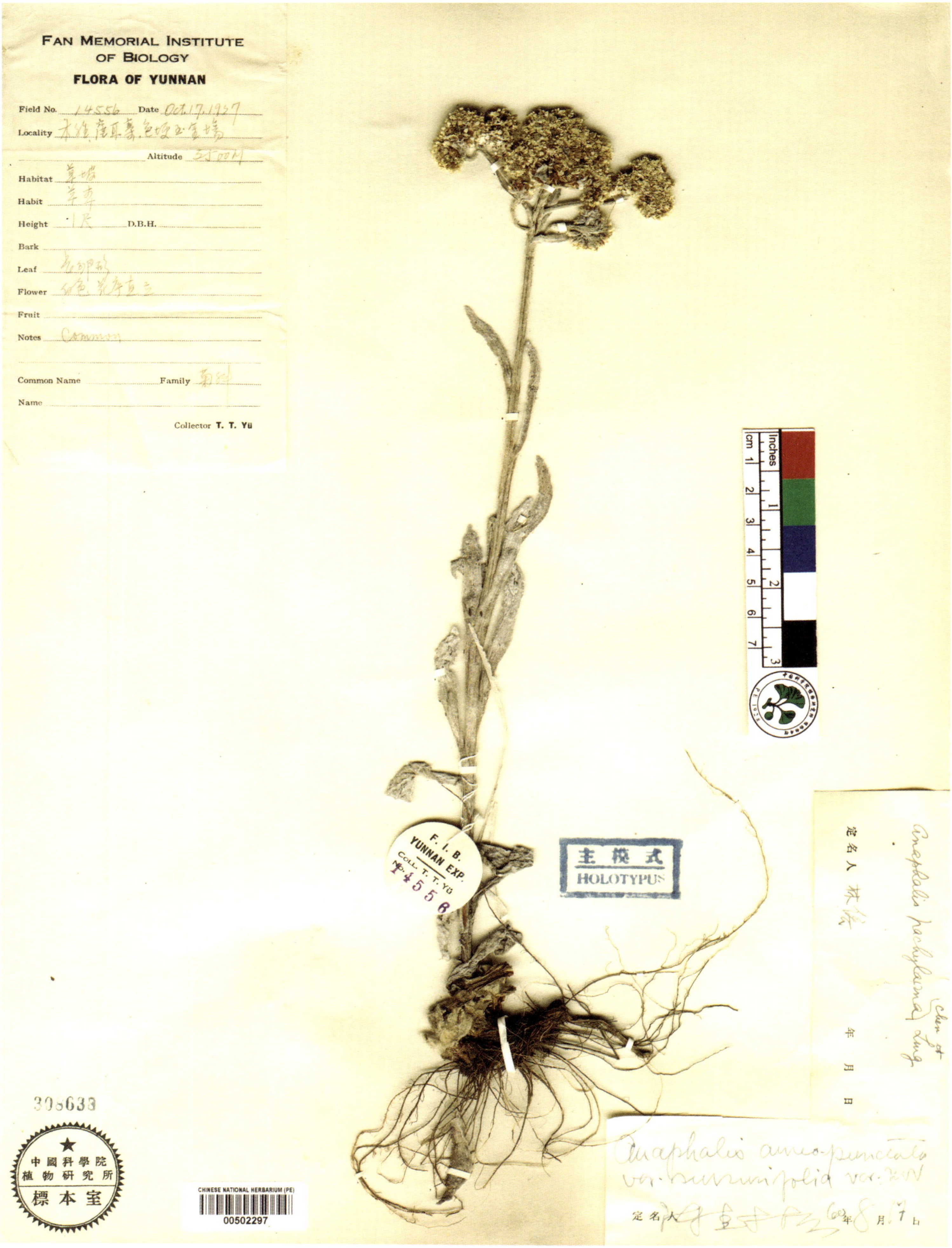

厚衣香青 ***Anaphalis pachylaena*** F. H. Chen & Y. Ling in Acta Phytotax. Sin. 11(1): 106. 1966. **Holotype:** China. Sichuan: Muli, alt. 3 500 m, 1937-10-17, T. T. Yu 14556.

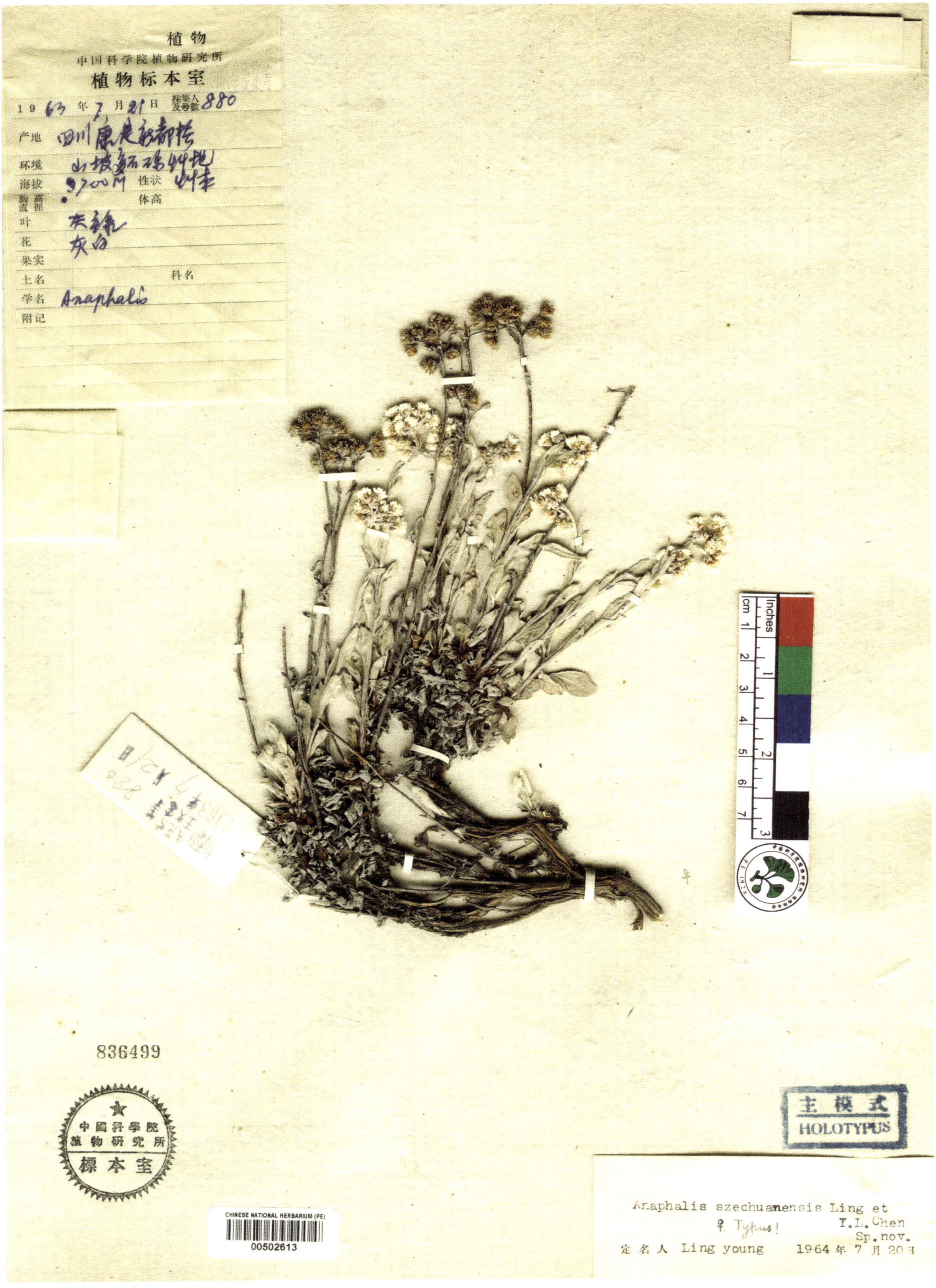

四川香青 ***Anaphalis szechuanensis*** Y. Ling & Y. L. Chen in Acta Phytotax. Sin. 11(1): 109. 1966. **Holotype:** China. Sichuan: Kangding, alt. 3 700 m, 1963-07-21, K. C. Kuan & W. T. Wang 880.

二郎山蒿 ***Artemisia erlangshanensis*** Y. Ling ex Y. R. Ling in Bull. Bot. Res., Harbin 4(2): 23, f. 6. 1984. **Holotype:** China. Sichuan: Luding, alt. 3 050 m, 1963-08-23, K. C. Kuan & W. T. Wang 1837.

江孜蒿 ***Artemisia gyangzeensis*** Y. Ling & Y. R. Ling in Acta Phytotax. Sin. 18 (4): 510, f. 8. 1980. **Holotype:** China. Xizang: Gyangzê, alt. 3 900 m, 1953-07-12, P. C. Tsoong 5704.

四耳蒿 ***Artemisia quadriauriculata*** F. H. Chen in Bull. Fan Mem. Inst. Biol., Bot. 5(2): 69. 1934. **Lectotype** (designated by Q. Lin & Z. R. Yang in Bull. Bot. Res., Harbin 30: 130. 2010.): China. Beijing: Eastern Tomb, 1930-09-??, S. T. Tsai 50605.

大叶小舌紫菀 ***Aster albescens*** (DC.) Wall. ex Hand.-Mazz. var. ***megaphylla*** Y. Ling, Fl. Reip. Pop. Sin. 74: 185, 358. 1985. **Holotype:** China. Sichuan: Mao Xian, 1952-??-??, Z. He & Z. L. Zhou 13318.

狭叶紫菀 ***Aster angustifolius*** C. C. Chang in Bull. Fan Mem. Inst. Biol., Bot. 6(2): 43. 1935. **Holotype:** China. Zhejiang: Precise locality not known, 1924-??-??, R. C. Ching 2266.

堇舌紫菀 ***Aster ionoglossus*** Y. Ling ex Y. L. Chen, S. Yun Liang & K. Y. Pan in Acta Phytotax. Sin. 19(1): 87, f. 1: 1-6. 1981. **Holotype:** China. Xizang: Yadong, alt. 3 310 m, 1960-07-24, G. X. Fu 966.

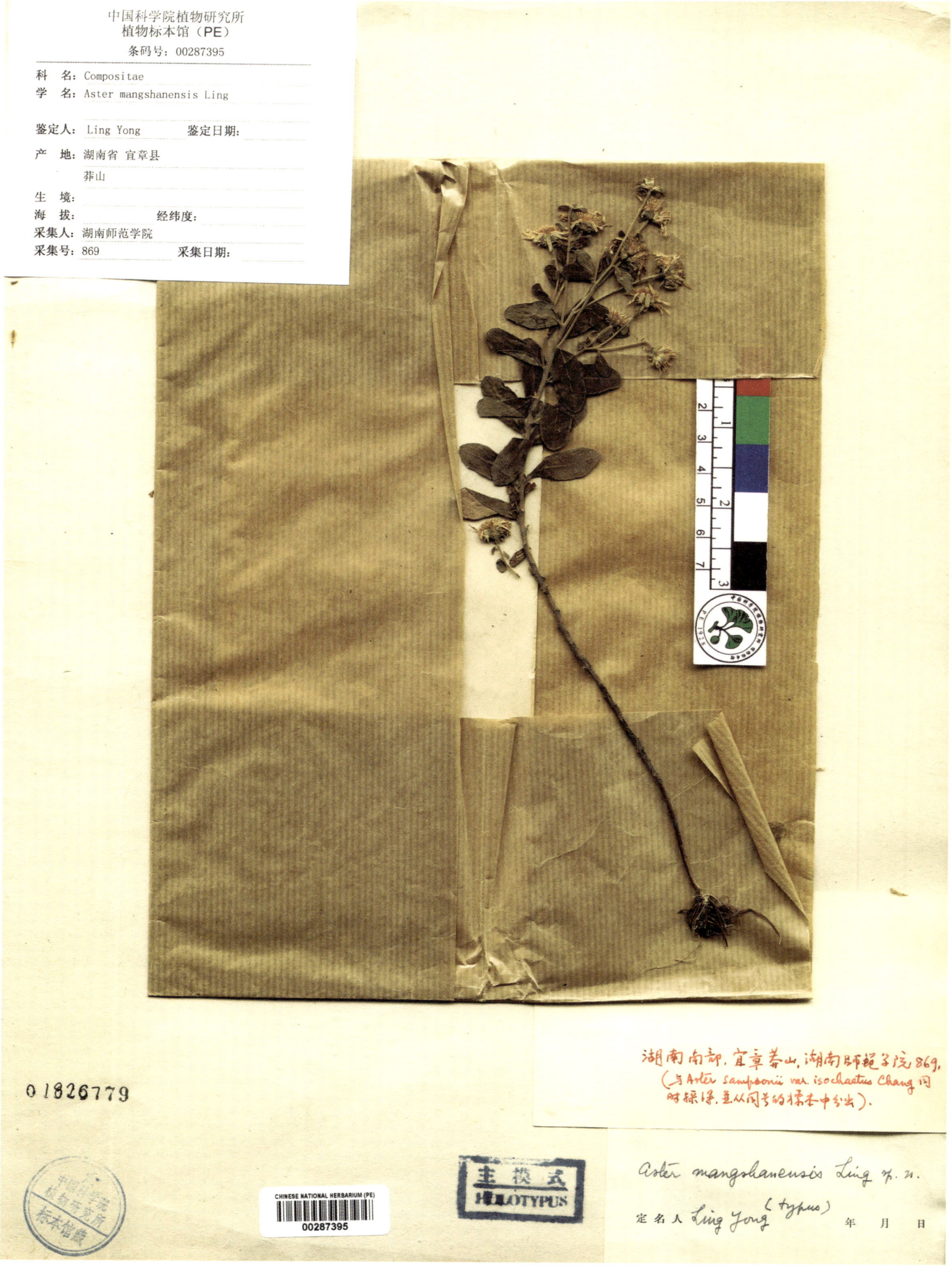

莽山紫菀 ***Aster mangshanensis*** Y. Ling, Fl. Reip. Pop. Sin. 74: 355, pl. 41: 1-4. 1985. **Holotype:** China. Hunan: Yizhang, Mangshan, HNNU Exped. 869b.

大花紫菀 ***Aster megalanthus*** Y. Ling, Fl. Reip. Pop. Sin. 74: 359. 1985. **Holotype:** China. Sichuan: Zhegushan, alt. 4 000 m, 1957-08-16, H. Li 23795.

墨脱紫菀 ***Aster motuoensis*** Y. L. Chen in Bull. Bot. Res., Harbin 8(3): 12, pl. 2. 1988. **Holotype:** China. Xizang: Mêdog, alt. 1 100 m , 1982-12-14, B. S. Li & S. Z. Cheng 02181.

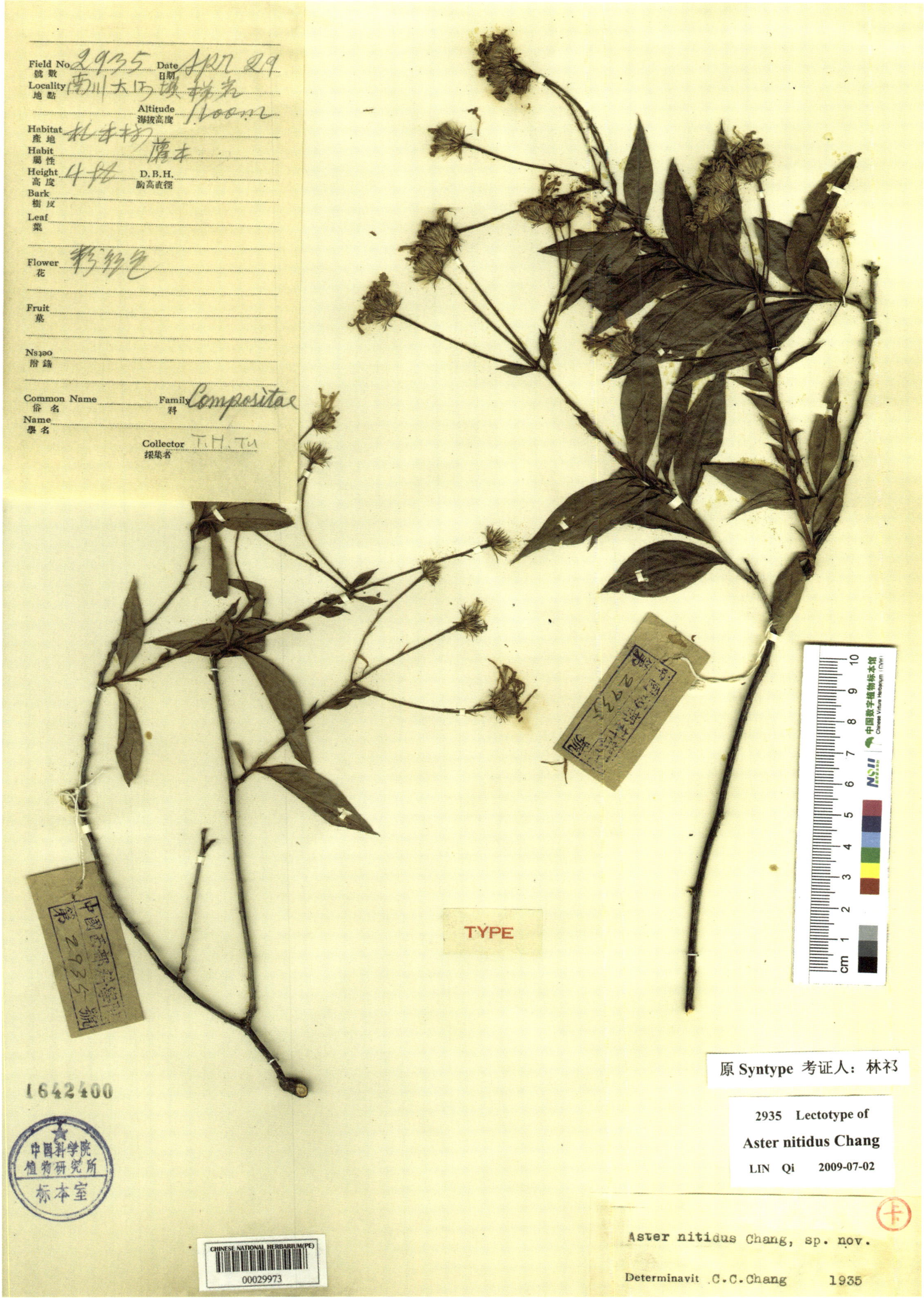

亮叶紫菀 ***Aster nitidus*** C. C. Chang in Bull. Fan Mem. Inst. Biol., Bot. 6(2): 47. 1935. **Lectotype** (designated by Q. Lin & Z. R. Yang in Bull. Bot. Res., Harbin 30: 130. 2010.): China. Chongqing: Nanchuan, alt. 1 100 m, 1932-04-29, T. H. Tu 2935.

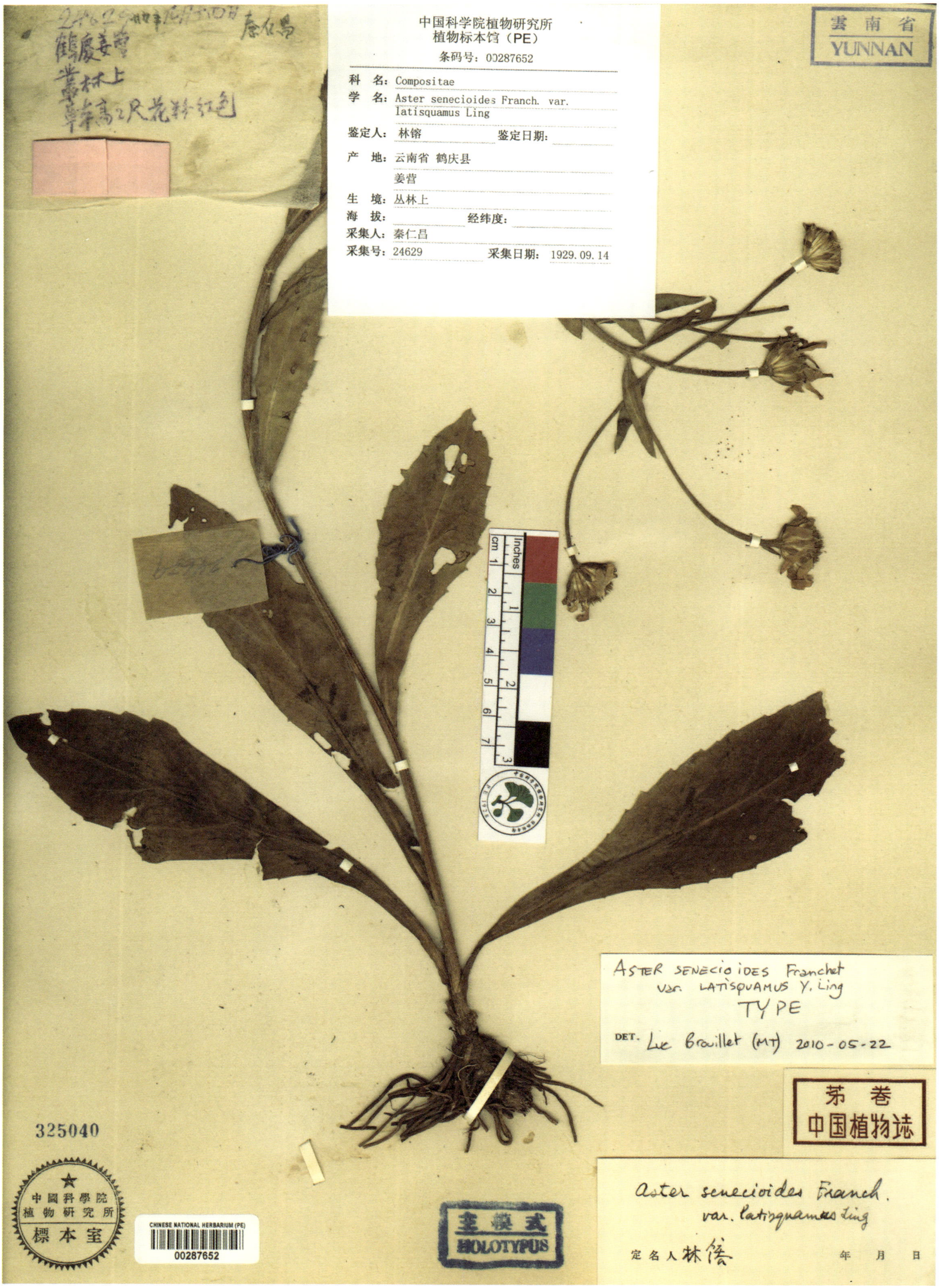

阔苞狗舌紫菀 ***Aster senecioides*** Franch. var. ***latisquamus*** Y. Ling, Fl. Reip. Pop. Sin. 74: 252, 360. 1985. **Holotype:** China. Yunnan: Heqing, 1940-09-14, R. C. Ching 24629.

德钦紫菀 ***Aster techinensis*** Y. Ling, Fl. Reip. Pop. Sin. 74: 359, pl. 56: 1-3. 1985. **Holotype:** China. Yunnan: Dêqên, alt. 3 900 m, 1937-08-24, T. T. Yu 9828.

仙白草 ***Aster turbinatus*** S. Moore var. ***chekiangensis*** C. Ling ex Y. Ling, Fl. Reip. Pop. Sin. 74: 359. 1985. **Holotype:** China. Zhejiang: Yongjia, 1973-08-25, C. Ling 731511.

毡毛紫菀 ***Aster velutinosus*** Y. Ling, Fl. Reip. Pop. Sin. 74: 359. 1985. **Holotype:** China. Guangxi: Gechang, alt. 200 m, 1955-06-20, Guangxi Exped. 446.

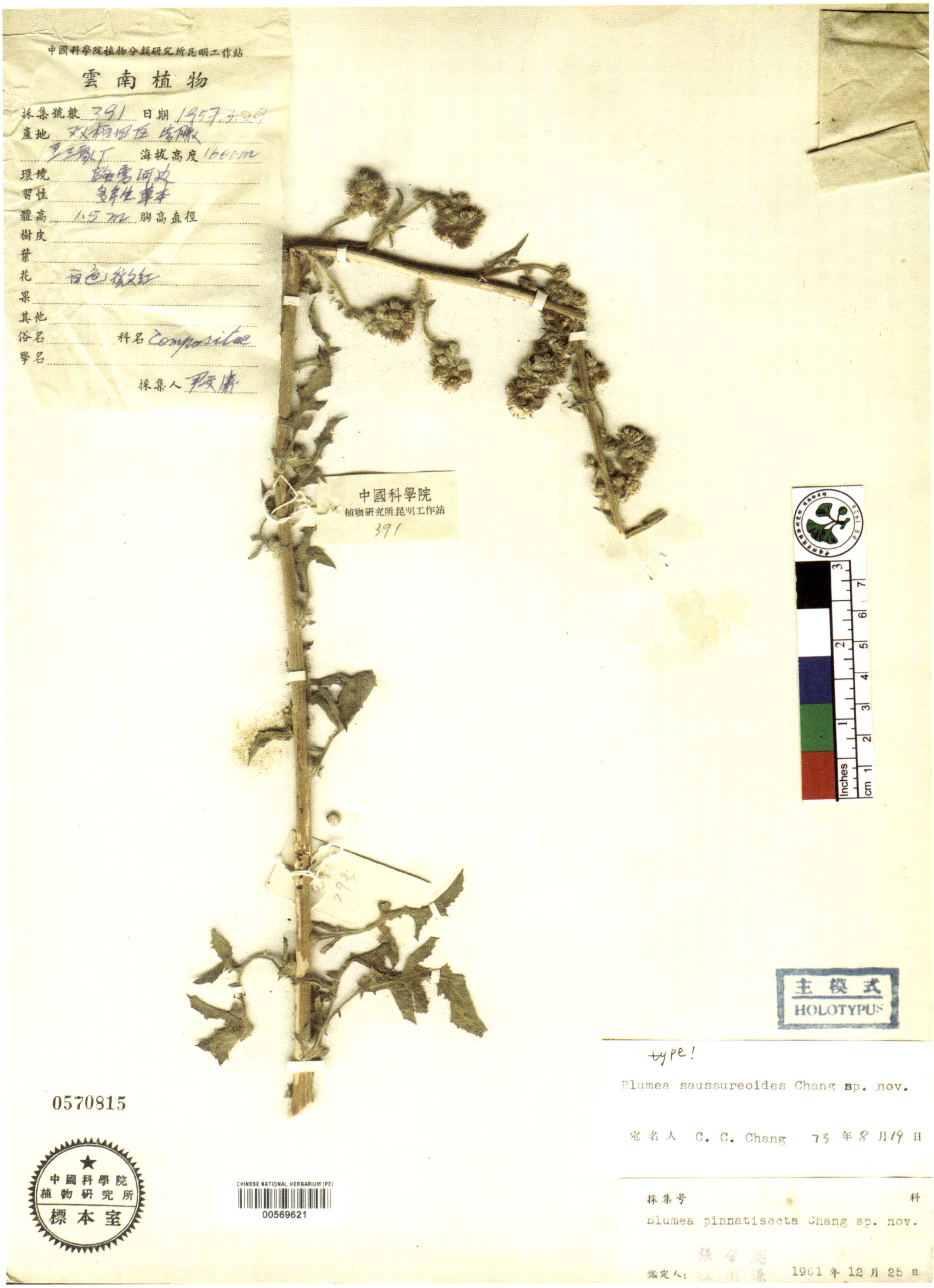

全裂艾纳香 ***Blumea saussureoides*** C. C. Chang & Y. Q. Tseng in Acta Phytotax. Sin. 16(3): 84. 1978. **Holotype:** China.Yunnan: Shuangbai, alt. 1 600 m, 1957-03-29, W. Q. Yin 391.

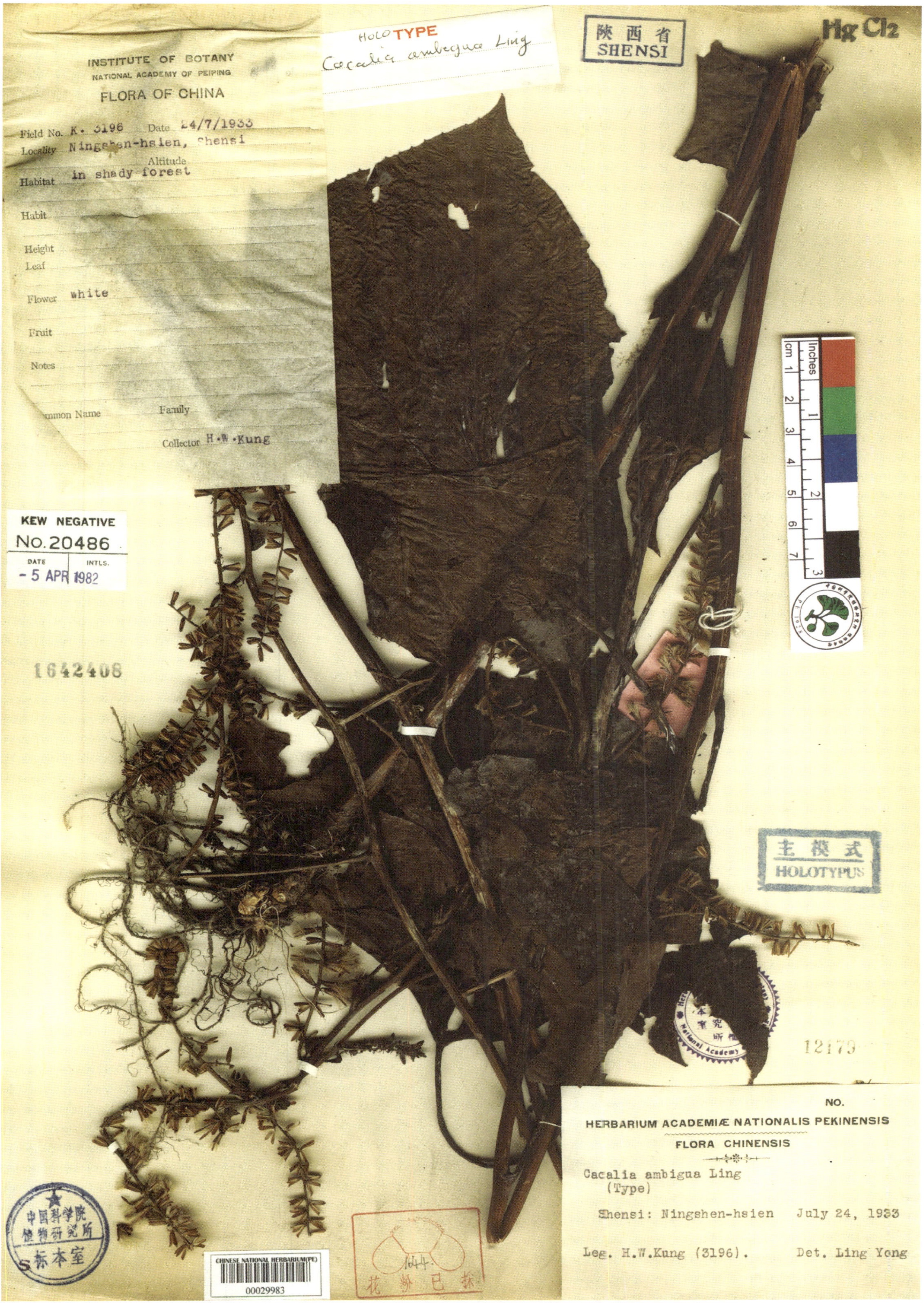

两似蟹甲草 ***Cacalia ambigua*** Y. Ling in Contr. Inst. Bot. Nat. Acad. Peiping 2: 528, pl. 22. 1934. **Holotype:** China. Shaanxi: Ningshan, 1933-07-24, H. W. Kung 3196.

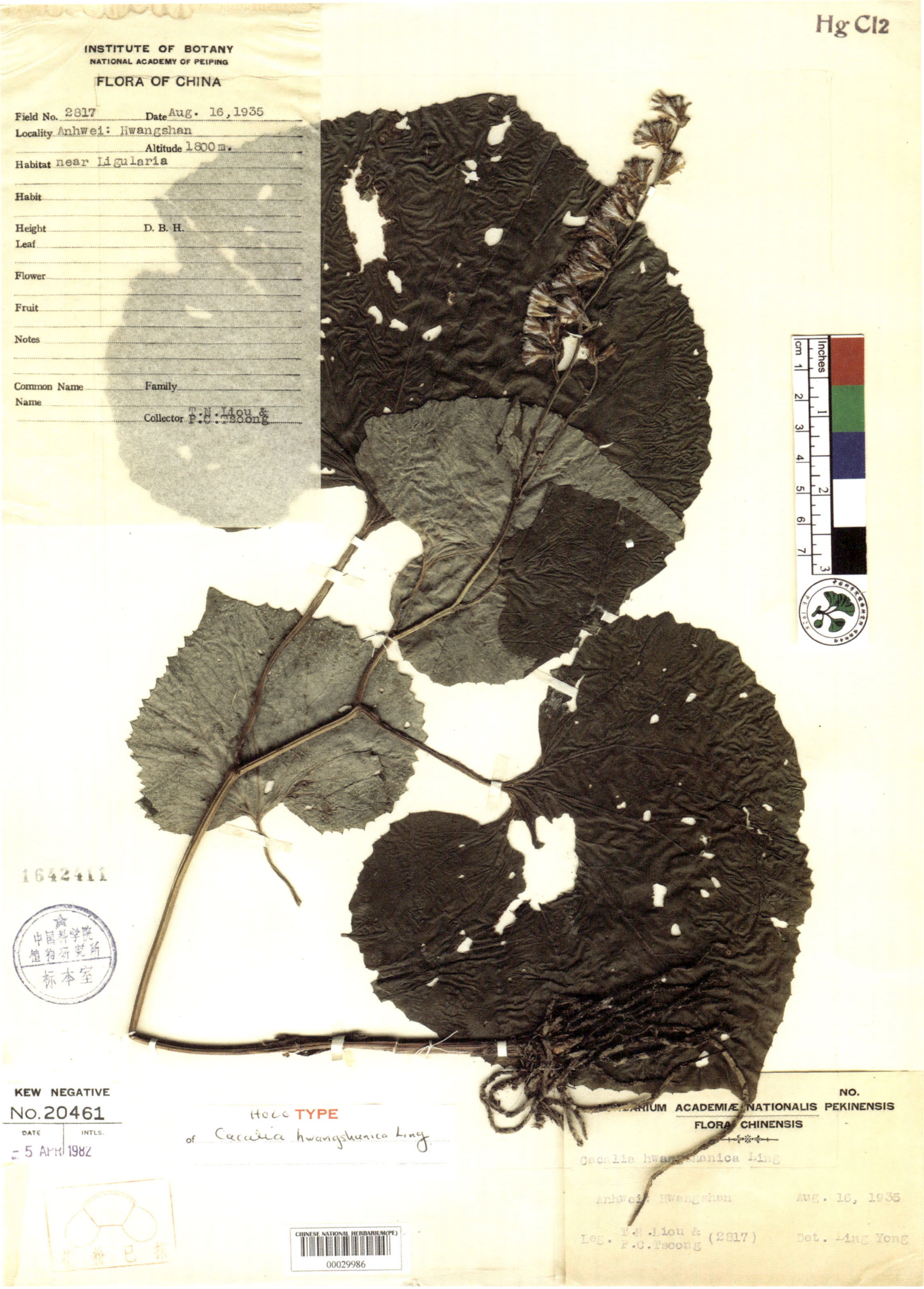

黄山蟹甲草 ***Cacalia hwangshanica*** Y. Ling in Contr. Inst. Bot. Nat. Acad. Peiping 5: 11, pl. 3. 1937. **Holotype:** China. Anhui: Huangshan, alt. 1 800 m, 1935-08-16, T. N. Liou & P. C. Tsoong 2817.

中华蟹甲草 *Cacalia sinica* Y. Ling in Contr. Inst. Bot. Nat. Acad. Peiping 5: 7, f. 1. 1937. **Holotype:** China. Henan: Lushi, alt. 970 m, 1935-08-12, K. M. Liou 5015.

心叶天名精 ***Carpesium cordatum*** F. H. Chen & C. M. Hu in Acta Phytotax. Sin. 12(4): 497, pl. 96. 1974. **Holotype:** China. Yunnan: Lancang, alt. 3 500 m, 1939-08-31, T. T. Yu 22597.

葶茎天名精 ***Carpesium scapiforme*** F. H. Chen & C. M. Hu in Acta Phytotax. Sin. 12(4): 497. 1974. **Holotype:** China. Yunnan: Weixi, alt. 3 200 m, 1935-07-??, C. W. Wang 68038.

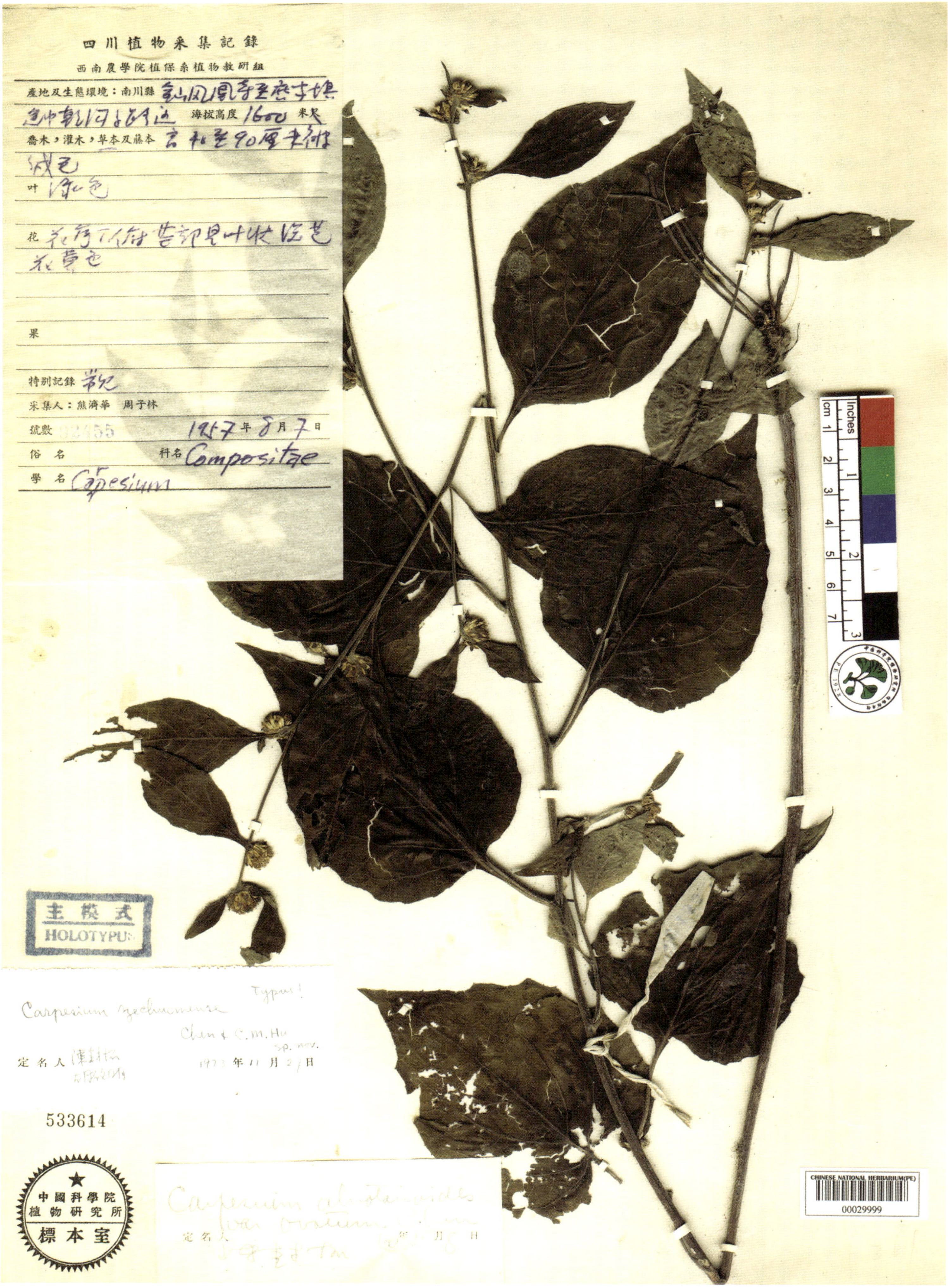

四川天名精 ***Carpesium szechuanense*** F. H. Chen & C. M. Hu in Acta Phytotax. Sin. 12(4): 499, pl. 99. 1974. **Holotype:** China. Chongqing: Nanchuan, alt. 1 600 m, 1957-08-07, C. H. Hsiung & Z. L. Zhou 92455.

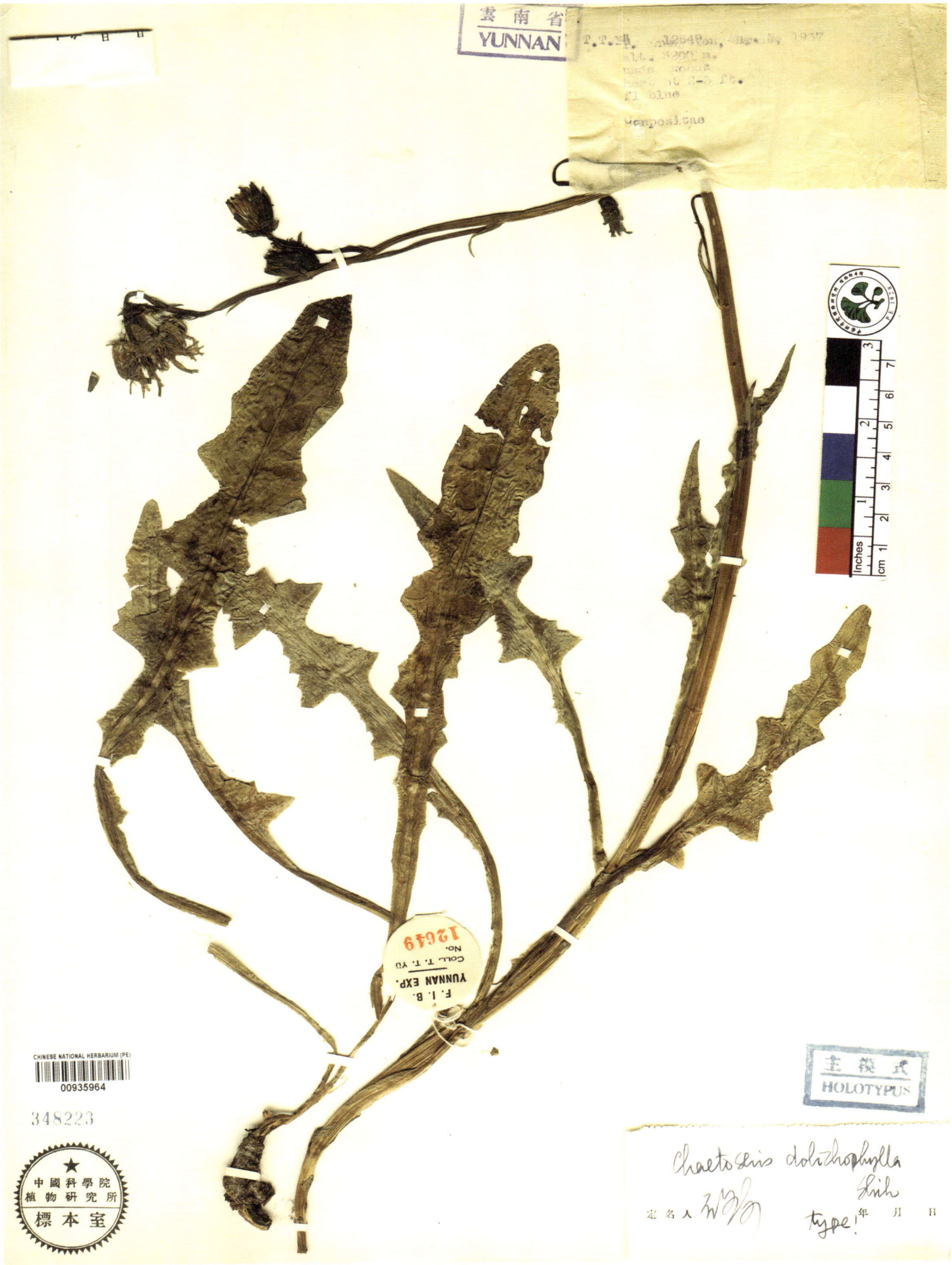

长叶毛鳞菊 ***Chaetoseris dolichophylla*** C. Shih in Acta Phytotax. Sin. 29(5): 401. 1991. **Holotype:** China. Yunnan: Zhongdian (=Shangri-La), alt. 3 200 m, 1937-08-05, T. T. Yu 12649.

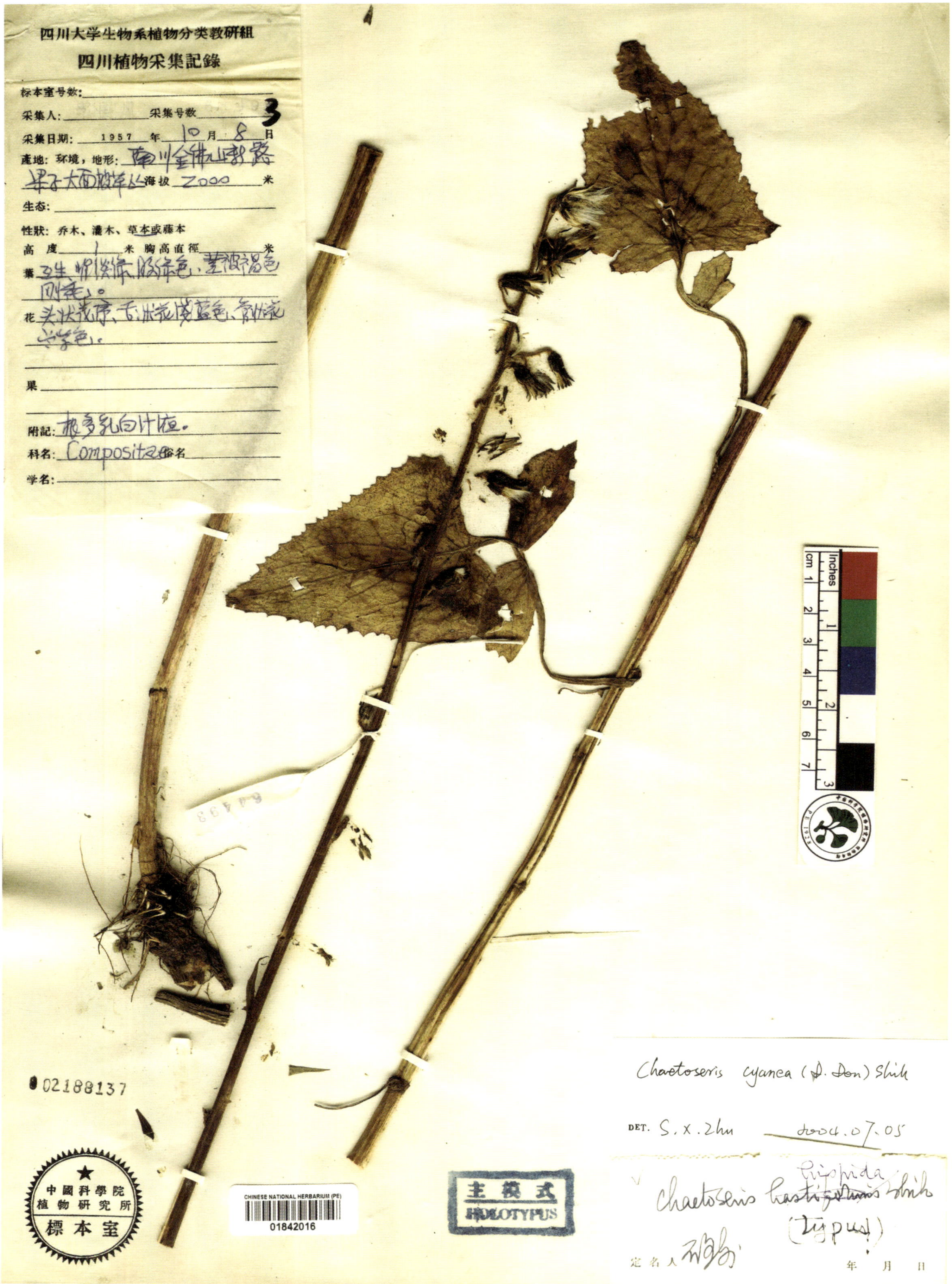

粗毛毛鳞菊 ***Chaetoseris hispida*** C. Shih in Acta Phytotax. Sin. 29(5): 406, f. 1: 8. 1991. **Holotype:** China. Chongqing: Nanchuan, alt. 2 000 m, 1957-10-08, G. F. Li 64493.

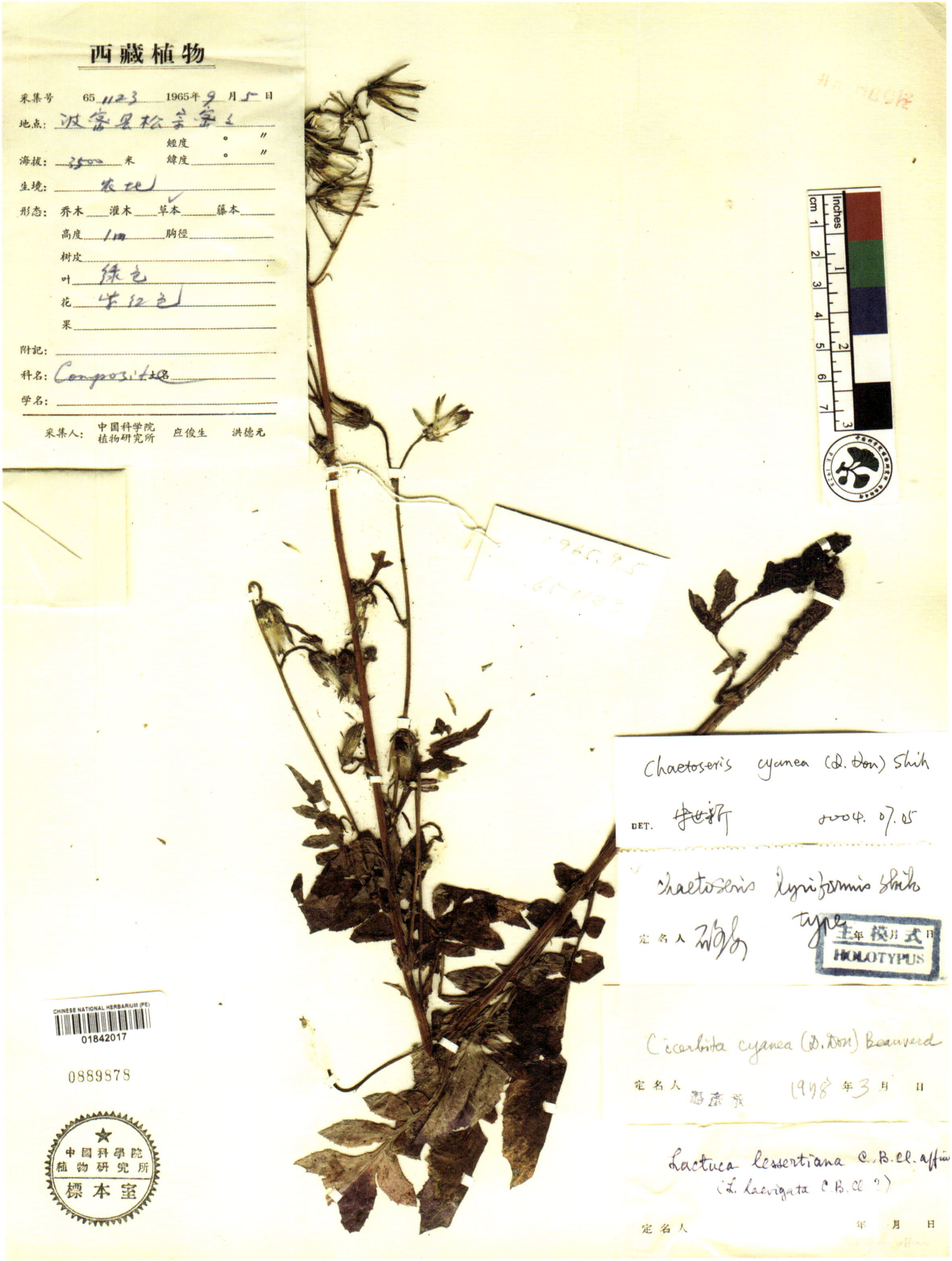

大头叶毛鳞菊 ***Chaetoseris lyriformis*** C. Shih in Acta Phytotax. Sin. 29(5): 405. 1991. **Holotype:** China. Xizang: Bomi, alt. 3 500 m, 1965-09-05, T. S. Ying & D. Y. Hong 1123.

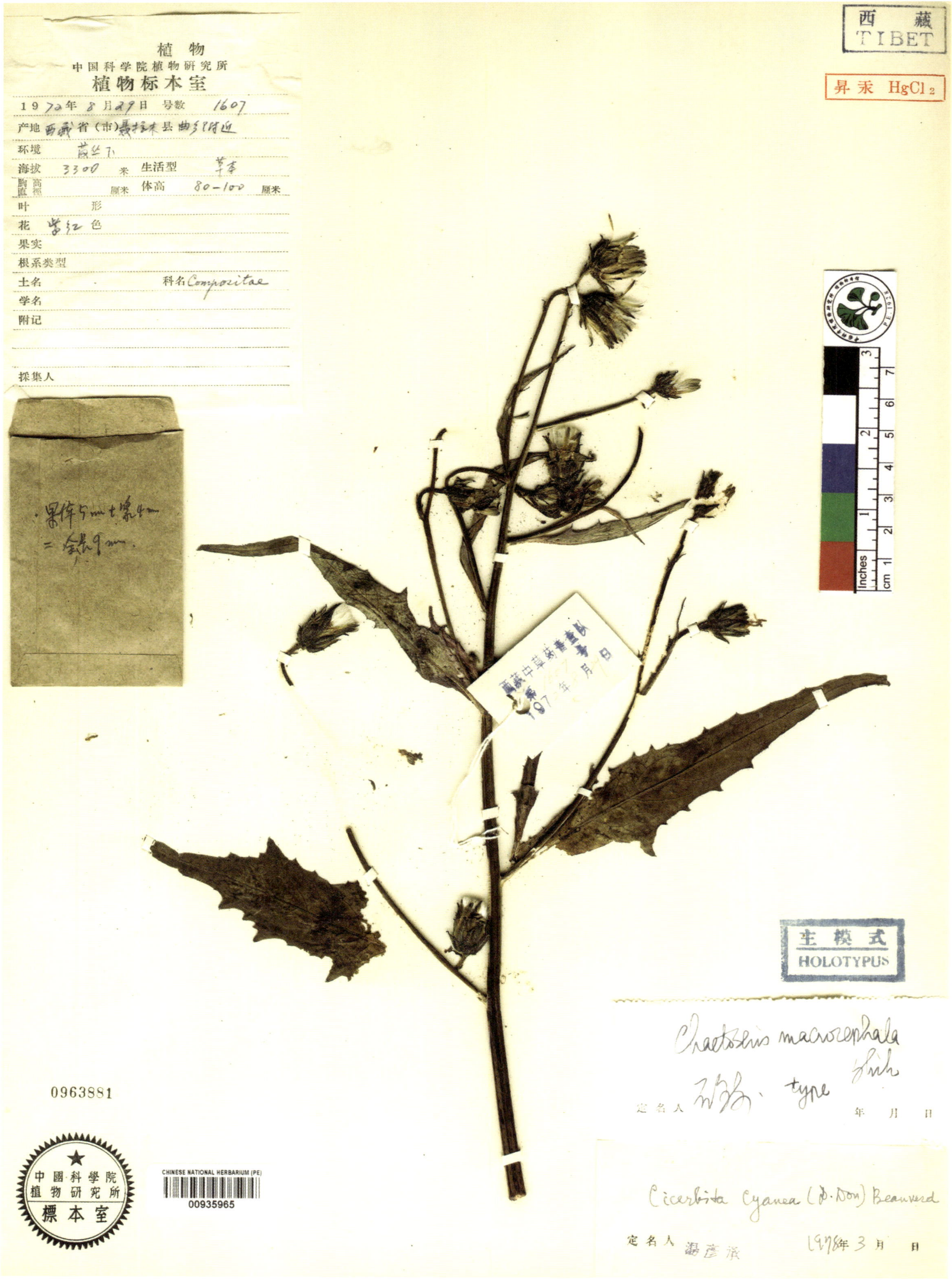

大头毛鳞菊 ***Chaetoseris macrocephala*** C. Shih in Acta Phytotax. Sin. 29(5): 404. 1991. **Holotype**：Xizang: Nyalam, alt. 3 300 m, 1972-08-29, Xizang Med. Pl. Exped. 1607.

菱裂毛鳞菊 ***Chaetoseris rhombiformis*** C. Shin in Acta Phytotax. Sin. 29(5): 409, f. 1: 3. 1991. **Holotype:** China. Yunnan: Eryuan, 1940-07-17, R. C. Ching 23310.

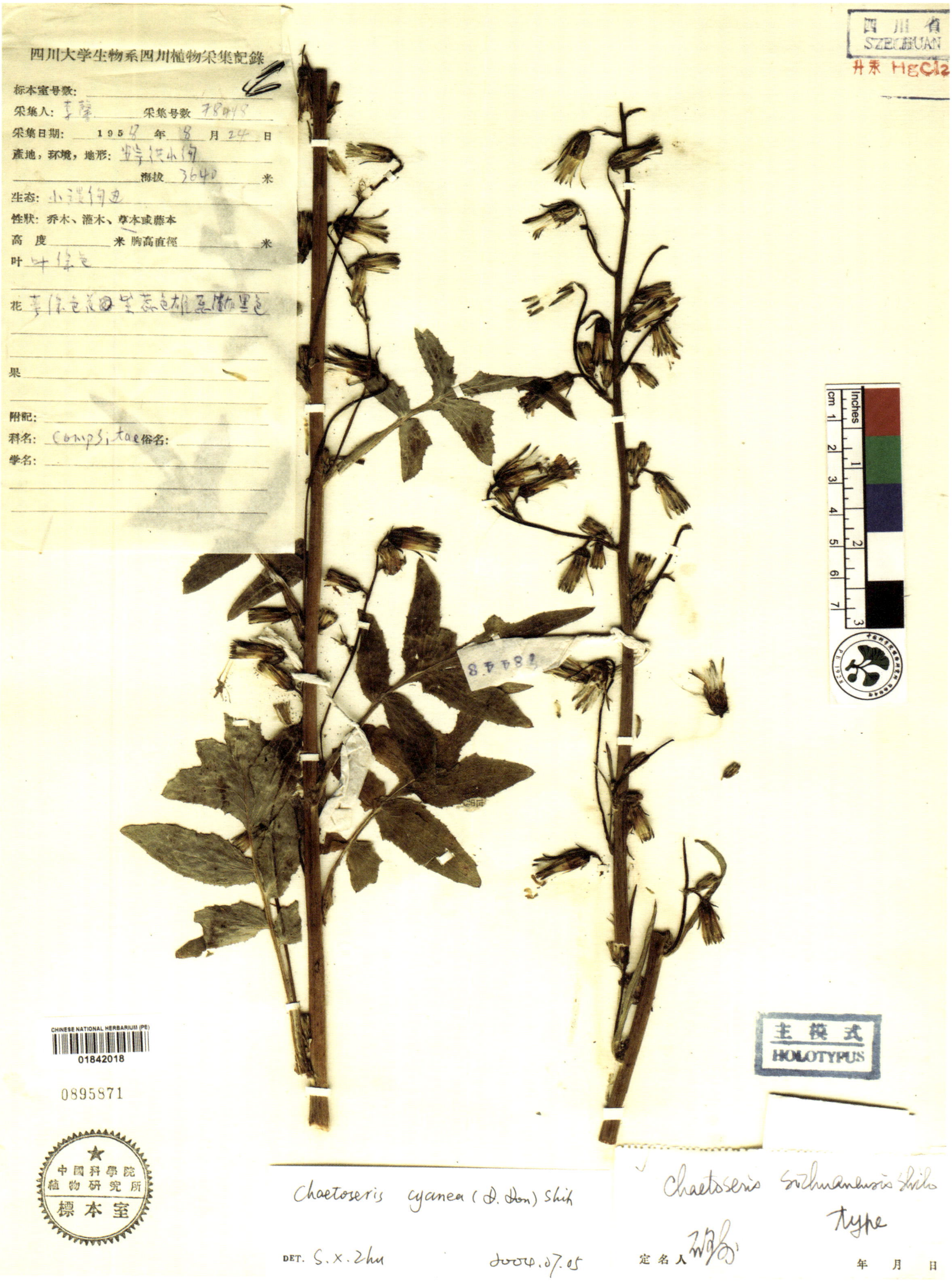

四川毛鳞菊 ***Chaetoseris sichuanensis*** C. Shih in Acta Phytotax. Sin. 29(5): 408. 1991. **Holotype:** Sichuan: Mianning, alt. 3 640 m, 1958-08-24, H. Li 78448.

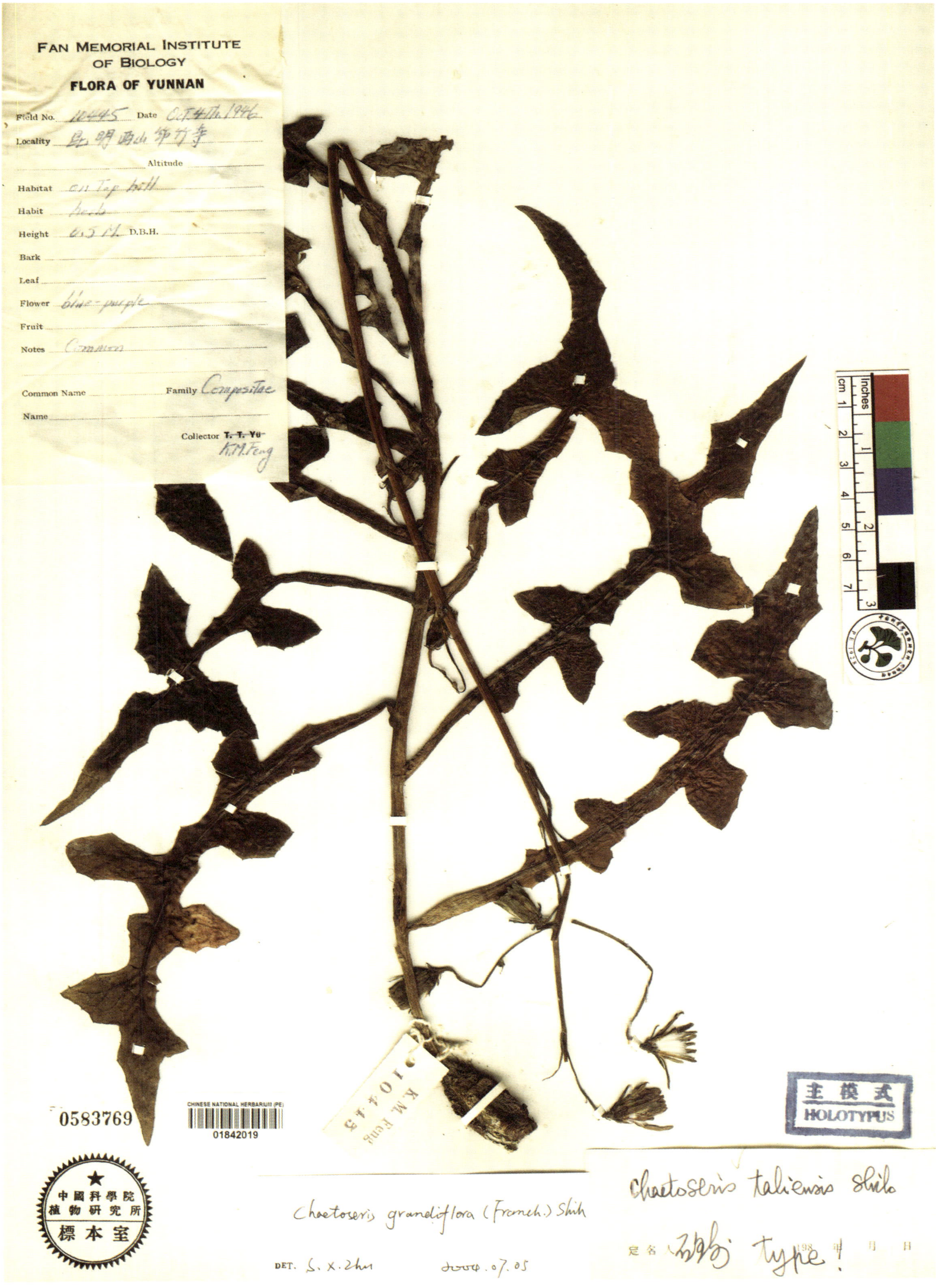

戟裂毛鳞菊 ***Chaetoseris taliensis*** C. Shih in Acta Phytotax. Sin. 29(5): 402, f. 1: 9. 1991. **Holotype：** China. Yunnan: Kunming, 1946-10-04, K. M. Feng 10445.

太行菊 ***Chrysanthemum taihangense*** Y. Ling in Contr. Bot. Surv. N. W. China 1(2): 22. 1939. **Holotype:** China. Shanxi: Jincheng, 1921-09-10, K. G. Tseng 3828.

羽苞蓟 ***Cirsium pinnatibracteatum*** Y. Ling in Contr. Inst. Bot., Nat. Acad. Peiping 3(4): 148. 1935. **Lectotype** (designated by Q. Lin & Z. R. Yang in Bull. Bot. Res., Harbin 30: 130. 2010.): China. Hebei: Fuping, alt. 1 785 m, 1934-08-28, K. M. Liou 3469.

观光蓟 ***Cirsium tsoongianum*** Y. Ling in Contr. Bot. Surv. N.W. China 1(1): 35. 1939. **Holotype:** China. Zhejiang: Linan, Tianmushan, 1929-10-13, K. K. Tsoong D420.

丝毛刺头菊 ***Cousinia lasiophylla*** C. Shih in Bull. Bot. Res., Harbin. 4(2): 59. 1984. **Holotype:** China. Xinjiang: Wuqia, alt. 3 000 m, 1978-07-29, Xinjiang Exped. 2135.

硬苞刺头菊 ***Cousinia sclerolepis*** C. Shih in Bull. Bot. Res., Harbin. 4(2): 60, photo. 1. 1984. **Holotype:** China. Xinjiang: Wuqia, alt. 3 200 m, 1978-07-29, Xinjiang Exped. 1766.

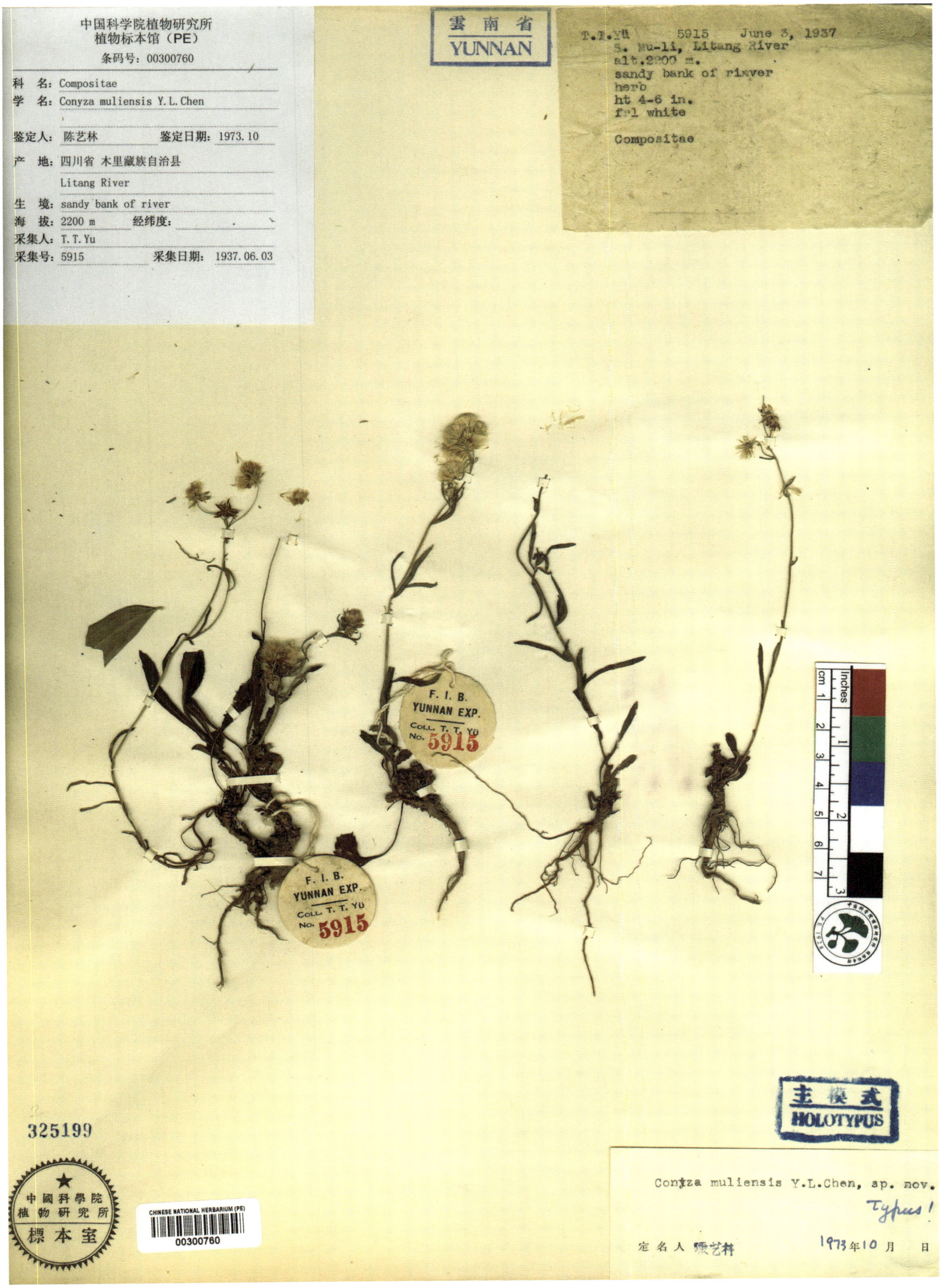

木里白酒草 ***Conyza muliensis*** Y. L. Chen, Fl. Reip. Pop. Sin. 74: 361, pl. 86: 7-11. 1985. **Holotype:** China. Sichuan: Muli, alt. 2 200 m, 1937-06-03, T. T. Yu 5915.

短缨垂头菊 ***Cremanthodium brachychaetum*** C. C. Chang in Acta Phytotax. Sin. 1(3-4): 322. 1951. **Holotype:** China. Yunnan: Weixi, alt. 3 500 m, 1935-07-??, C. W. Wang 64621.

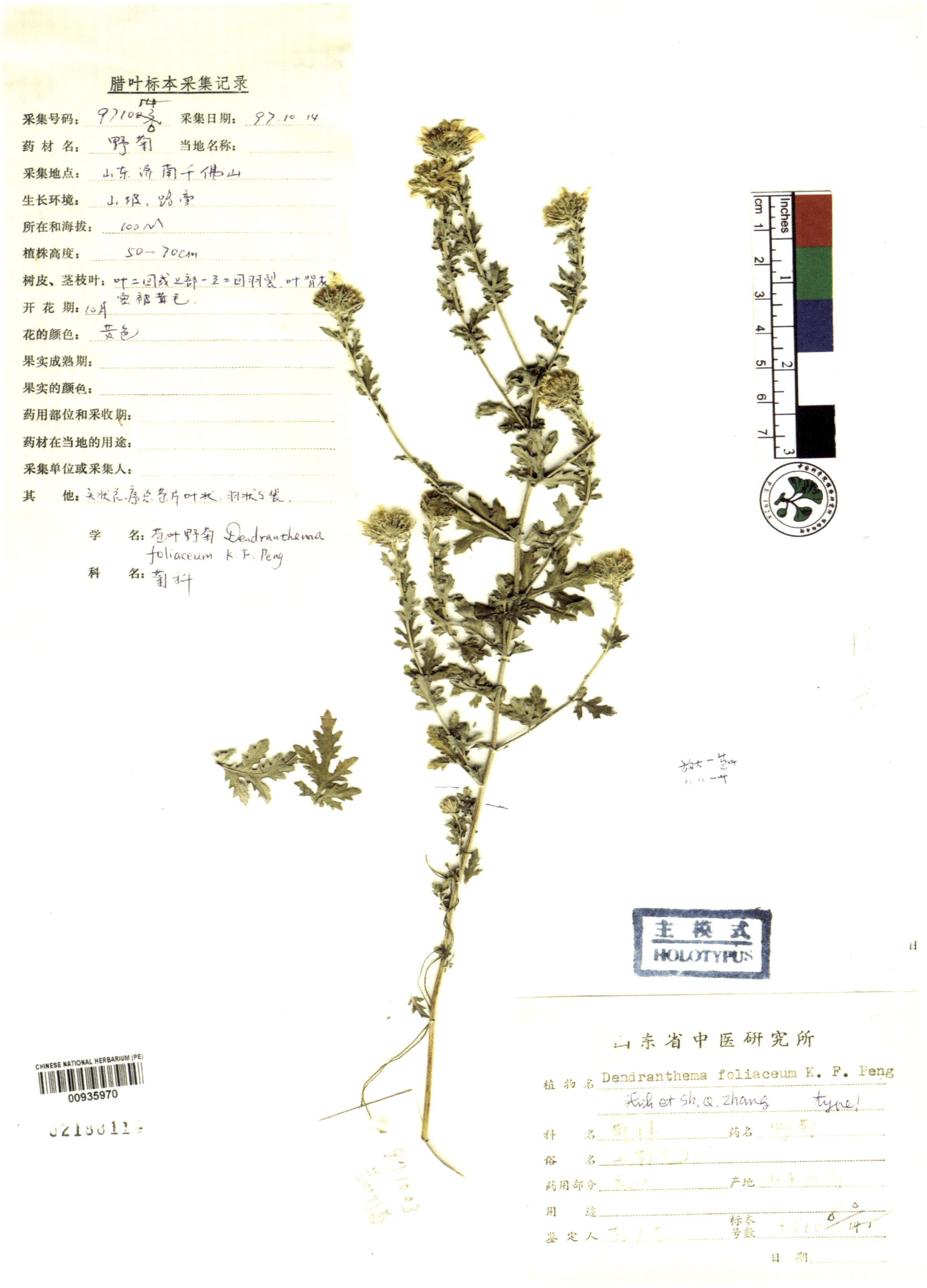

裂苞菊 ***Dendranthema foliaceum*** G. F. Peng, C. Shih & S. Q. Zhang in Acta Phytotax. Sin. 37(6): 600, f. 1: 1-4. 1999.
Holotype: China. Shandong: Jinan, alt. 100 m, 1997-10-14, G. F. Peng 97-1003.

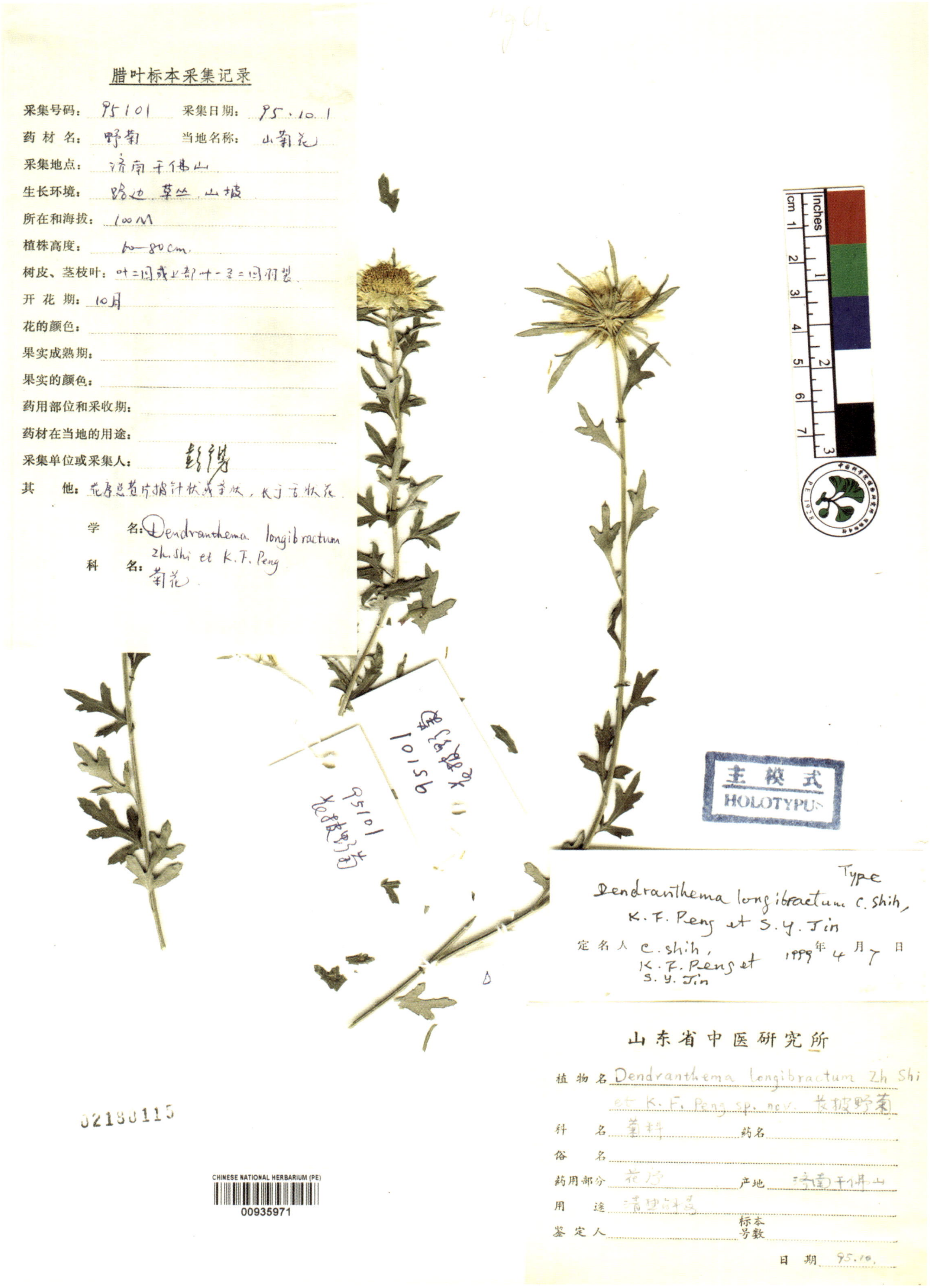

线苞菊 ***Dendranthema longibracteatum*** C. Shih, G. F. Peng & S. Y. Jin in Acta Phytotax. Sin. 37: 598, f. 1: 1-5. 1999.
Holotype: China. Shandong: Jinan, alt. 100 m, 1995-10-01, G. F. Peng 95101.

美叶多罗菊 ***Dolomiaea calophylla*** Y. Ling in Acta Phytotax. Sin. 10(1): 88, pl. 18. 1965. **Holotype:** China. Xizang: Lhazê, 1952-08-24, P. C. Tsoong 6121.

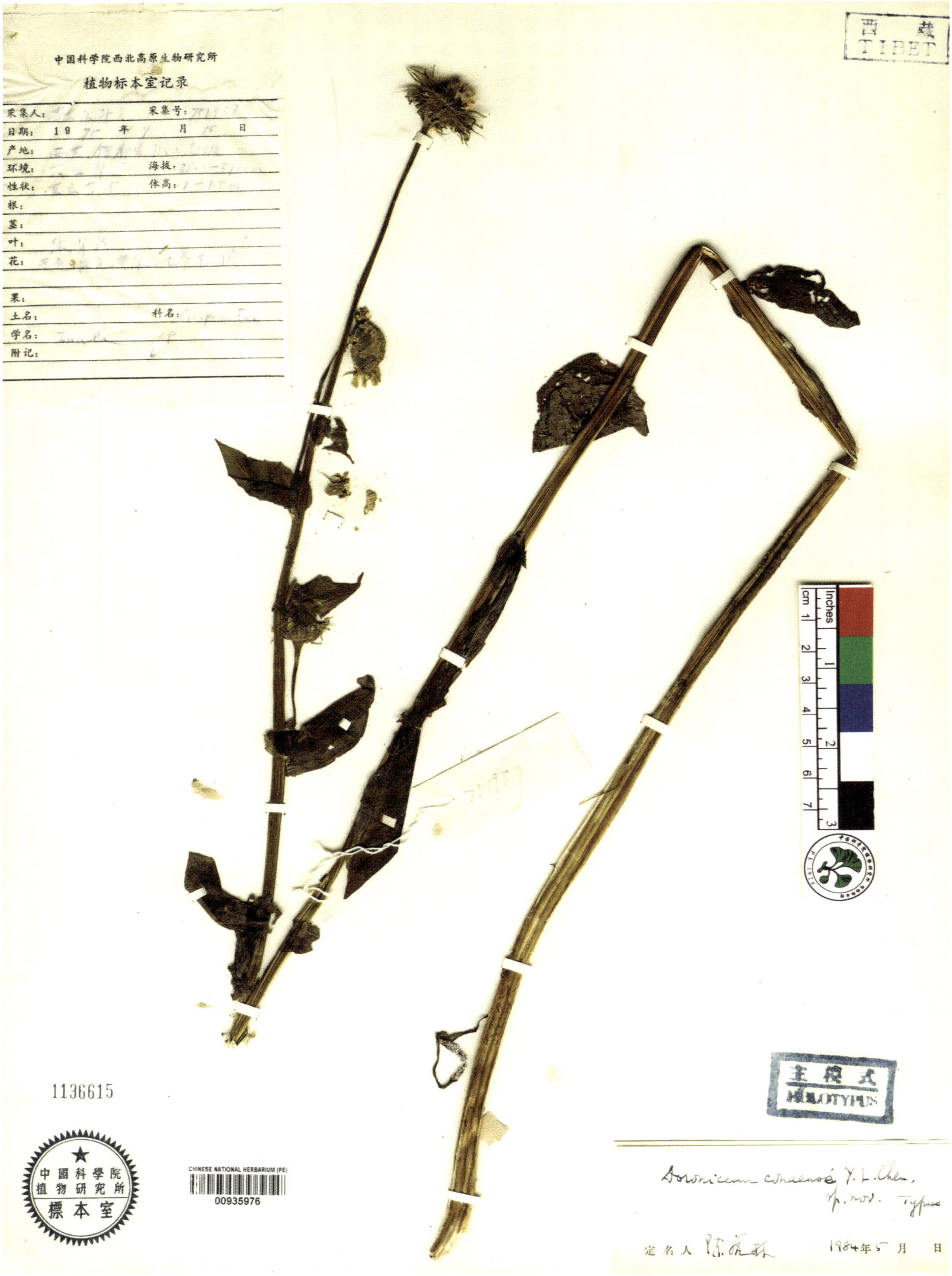

错那多榔菊 ***Doronicum conaense*** Y. L. Chen in Acta Phytotax. Sin. 36 (1): 75, f. 2. 1998. **Holotype:** China. Xizang: Cona, alt. 3 800~3 900 m, 1975-09-10, Qinghai-Xizang Exped. 751937.

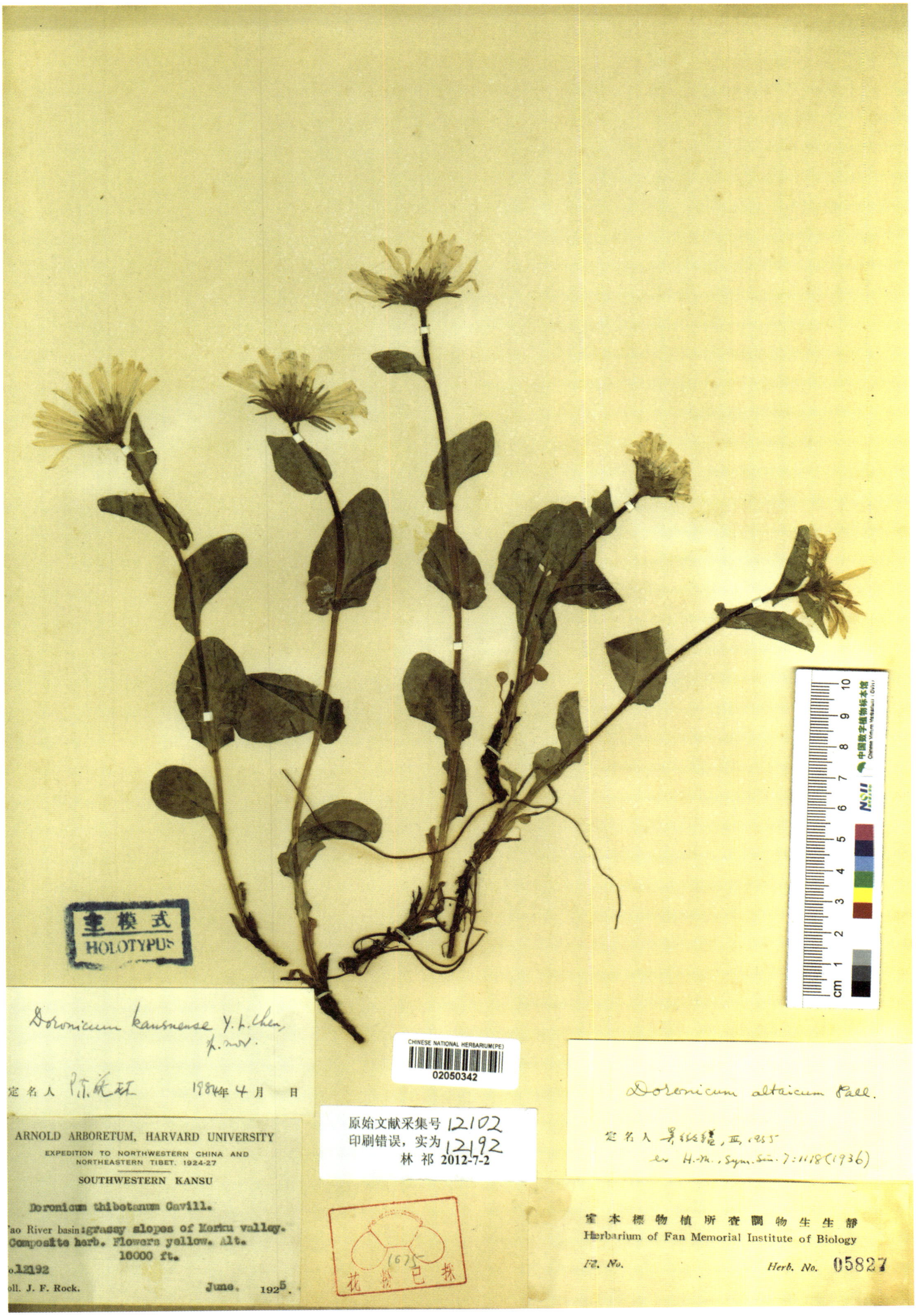

甘肃多榔菊 ***Doronicum kansuense*** Y. L. Chen in Acta Phytotax. Sin. 36(1): 73, f. 1. 1998. **Holotype:** China. Gansu: Tao River basin, alt. 3 050 m, 1925-06-05, J. F. Rock. 12192.

俅江飞蓬 ***Erigeron kiukiangensis*** Y. Ling & Y. L. Chen in Acta Phytotax. Sin. 11(4): 412, pl. 56: 3. 1973. **Holotype:** China. Yunnan: Gongshan, alt. 1 900 m, 1938-07-28, T. T. Yu 19498.

贡山飞蓬 ***Erigeron kunshanensis*** Y. Ling & Y. L. Chen in Acta Phytotax. Sin. 11(4): 417, pl. 57: 7. 1973. **Holotype:** China. Yunnan: Gongshan, alt. 3 700~3 800 m, 1940-09-20, K. M. Feng 7847.

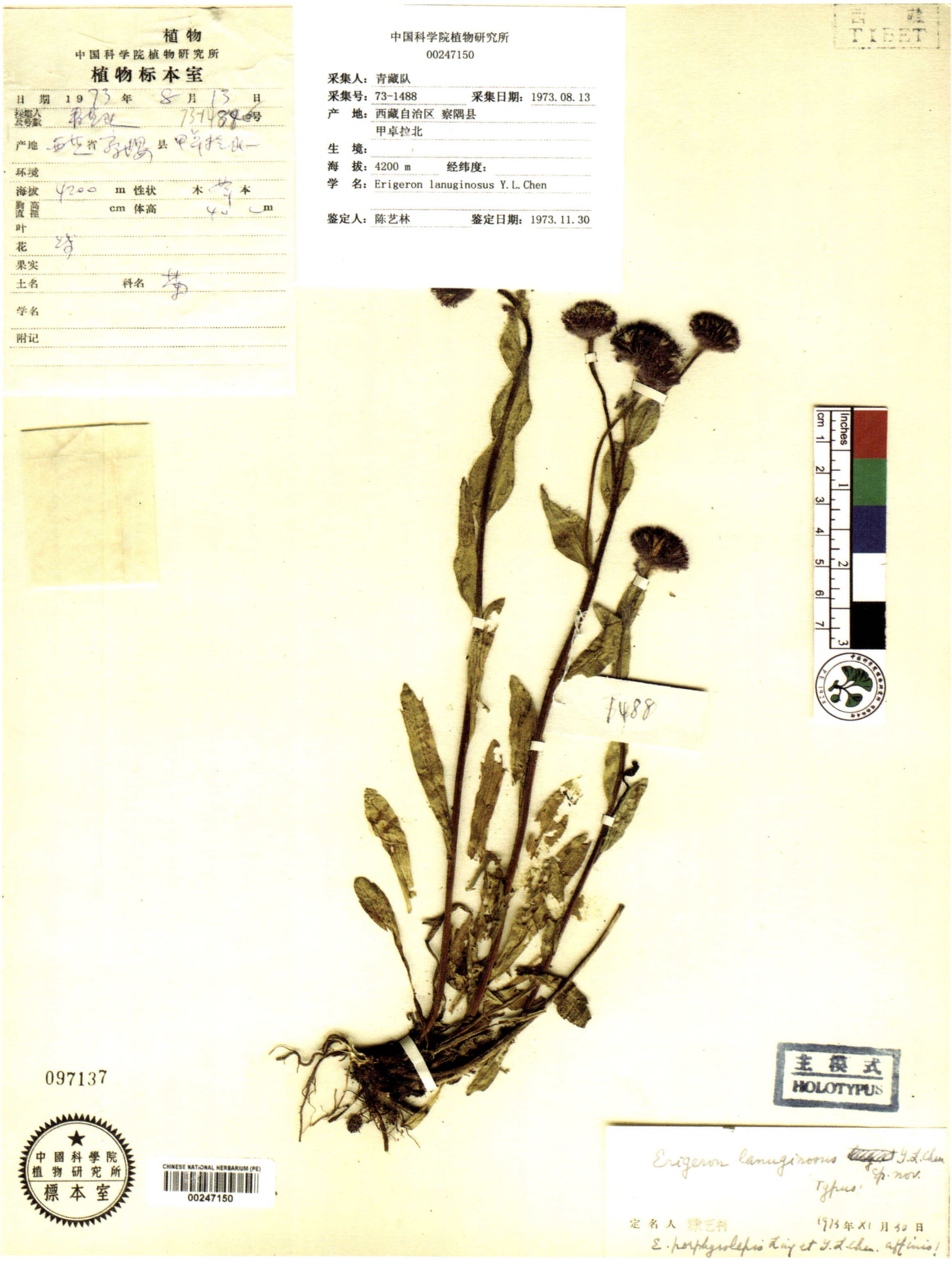

棉毛飞蓬 ***Erigeron lanuginosus*** Y. L. Chen in Acta Phytotax. Sin. 19(1): 89, f. 3: 1-5. 1981. **Holotype:** China. Xizang: Zayü, alt. 4 200 m, 1973-08-13,Qinghai-Xizang Exped. 1488.

白舌飞蓬 ***Erigeron leucoglossus*** Y. Ling & Y. L. Chen in Acta Phytotax. Sin. 11(4): 411, pl. 55: 2. 1973. **Holotype:** China. Xizang: Nyingchi, alt. 3 350 m, 1965-08-07, Y. T. Chang & K. Y. Lang 1356.

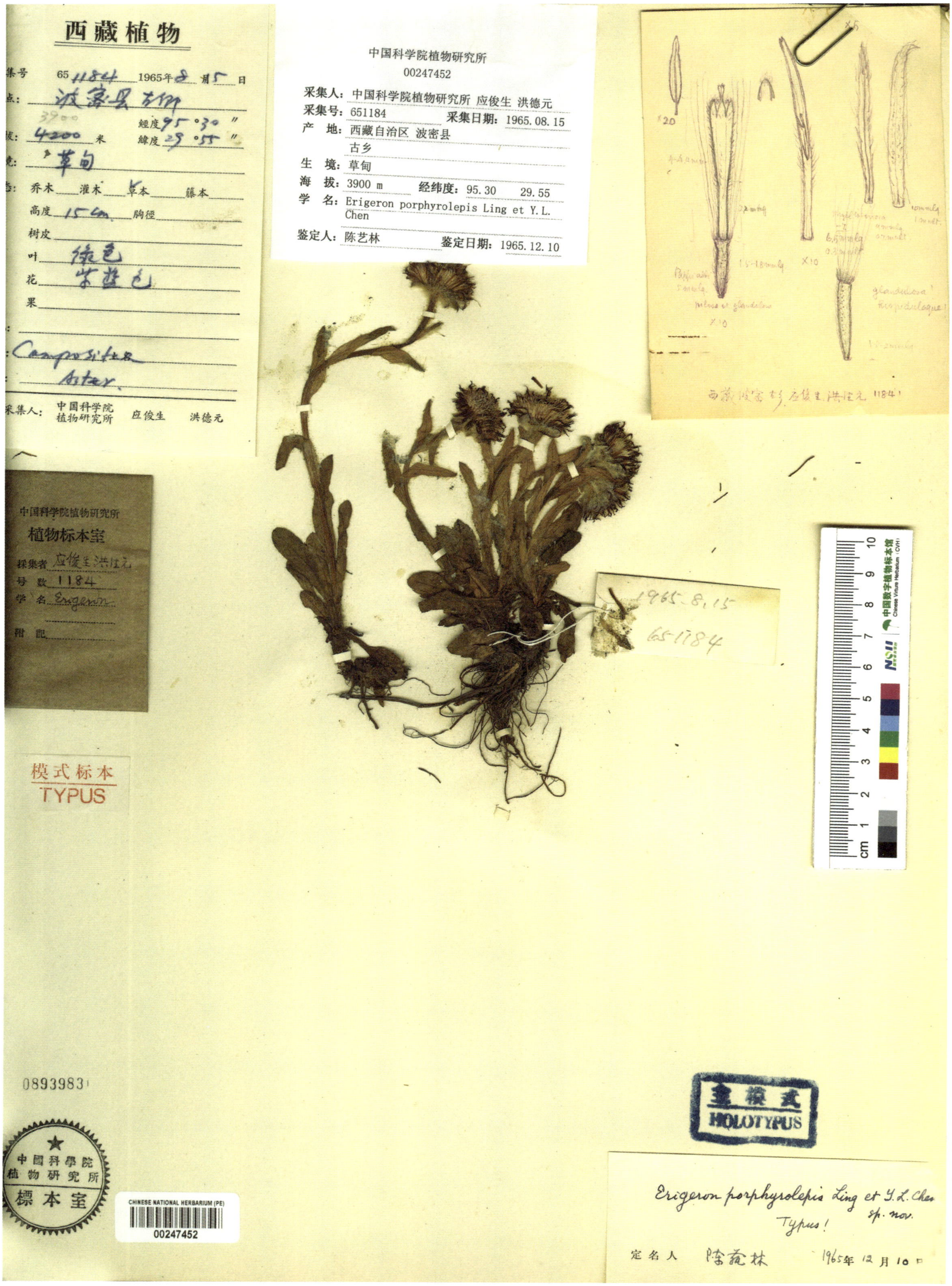

紫苞飞蓬 ***Erigeron porphyrolepis*** Y. Ling & Y. L. Chen in Acta Phytotax. Sin. 11(4): 416. 1973. **Holotype:** China. Xizang: Bomi, alt. 3 900 m, 1965-08-15, T. S. Ying & D. Y. Hong 651184.

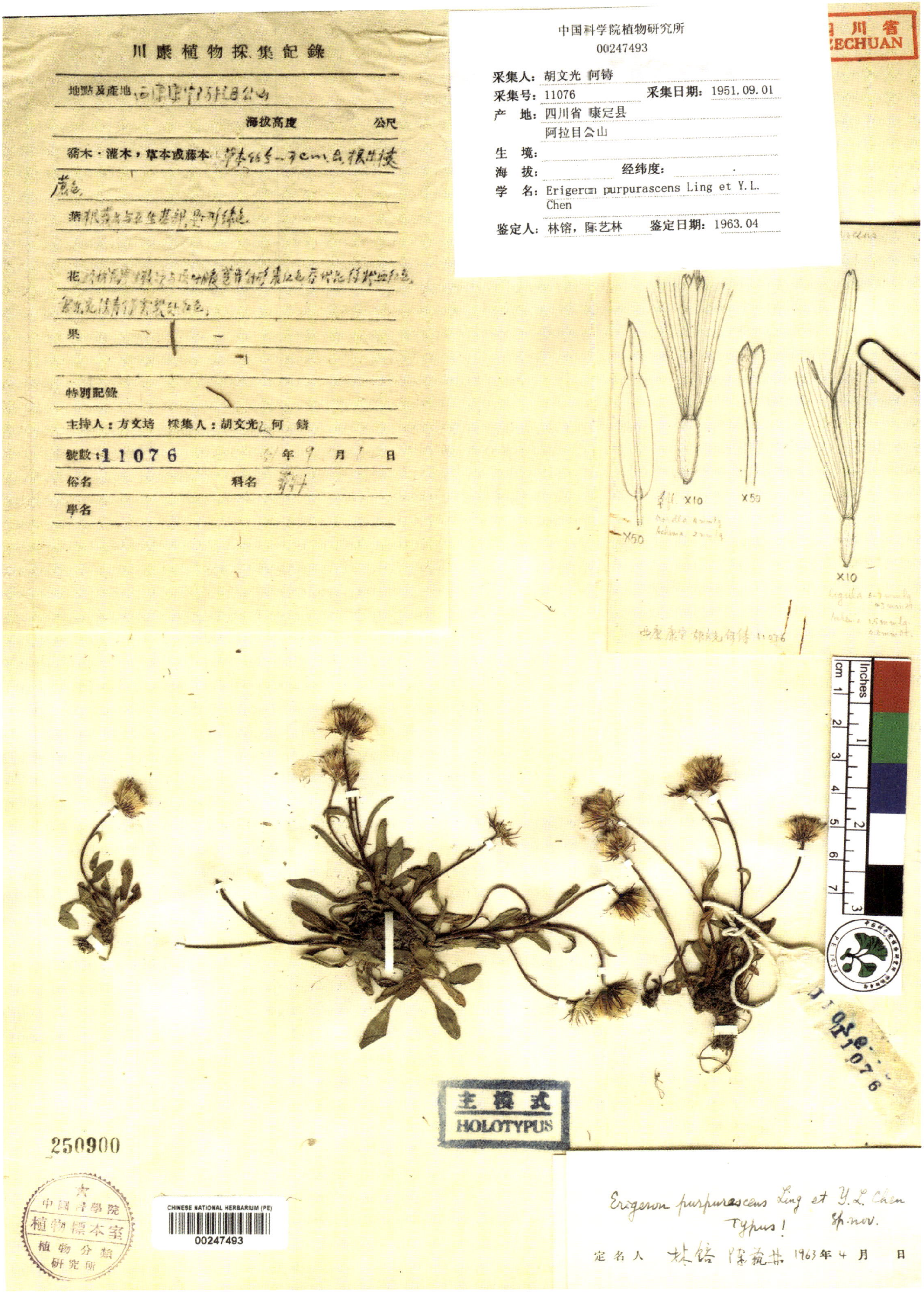

紫茎飞蓬 ***Erigeron purpurascens*** Y. Ling & Y. L. Chen in Acta Phytotax. Sin. 11(4): 419, pl. 57. 6. 1973. **Holotype:** China. Sichuan: Kangding, 1951-09-01, W. K. Hu & Z. He 11076.

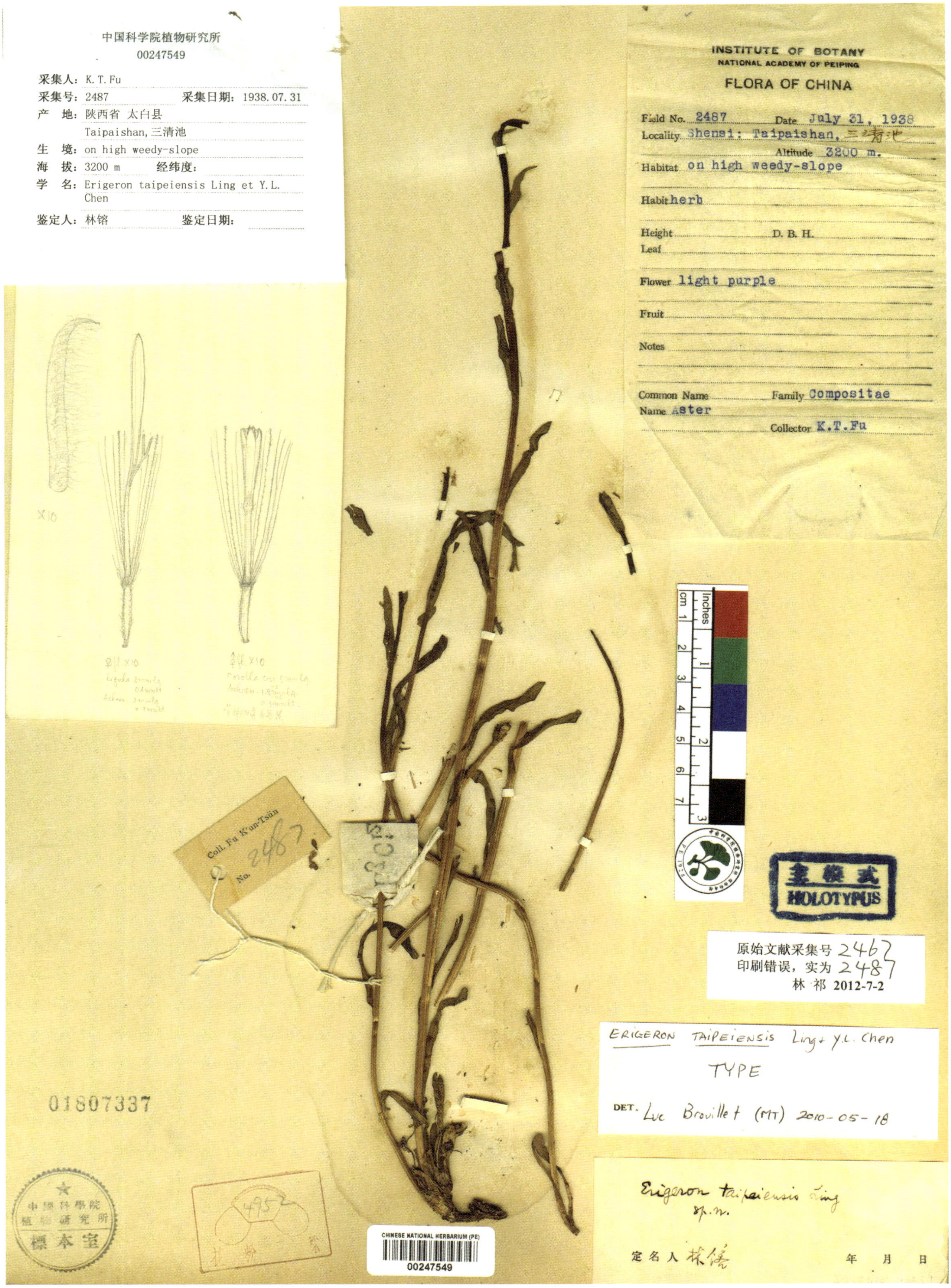

太白山飞蓬 ***Erigeron taipeiensis*** Y. Ling & Y. L. Chen in Acta Phytotax. Sin. 11(4): 406, pl. 55: 1. 1973. **Holotype:** China. Shaanxi: Taibai, Taibaishan, alt. 3 200 m, 1938-07-31, K. T. Fu 2487.

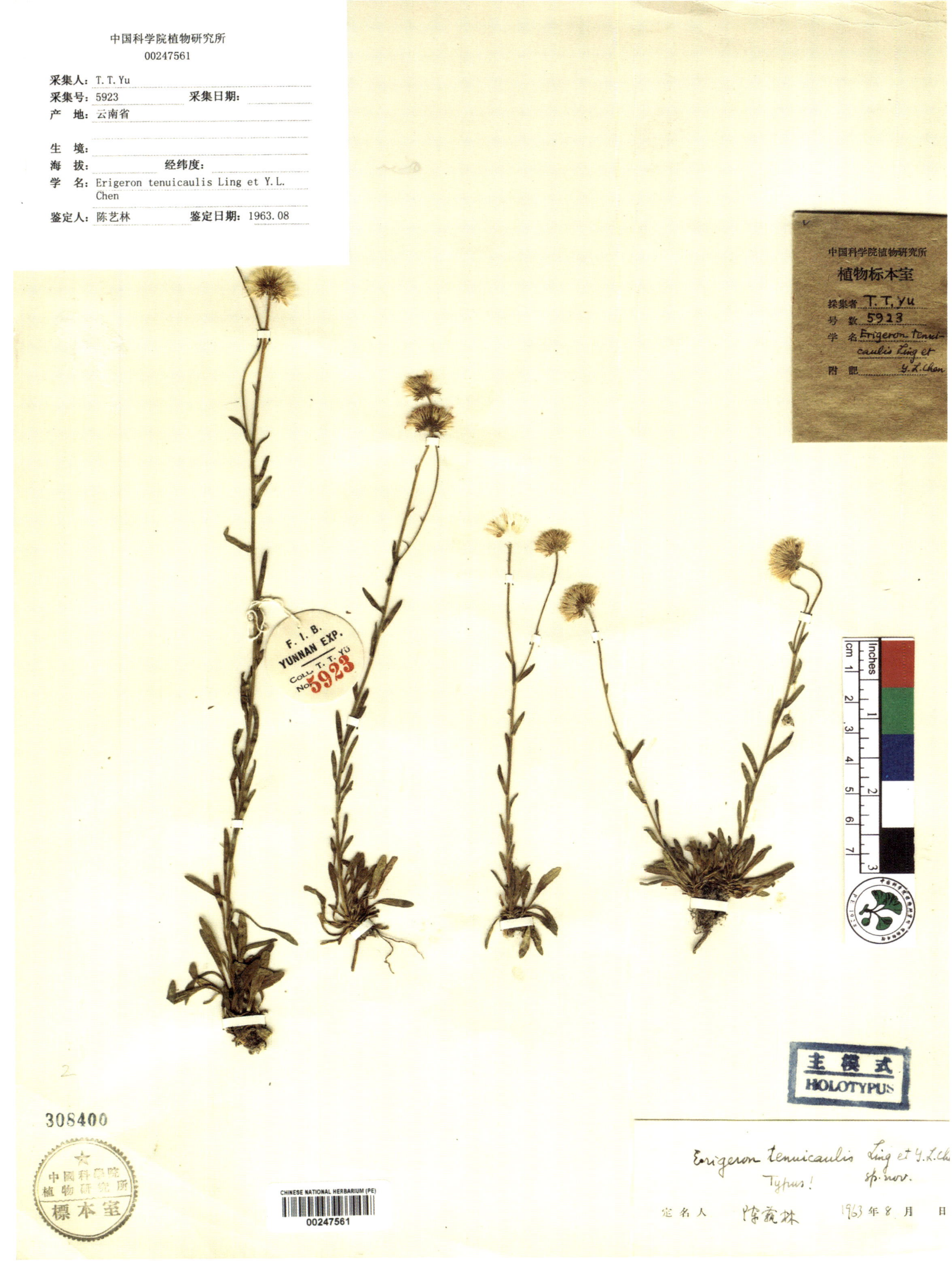

细茎飞蓬 ***Erigeron tenuicaulis*** Y. Ling & Y. L. Chen in Acta Phytotax. Sin. 11(4): 418, pl. 56: 4. 1973. **Holotype:** China. Sichuan: Muli, alt. 2 200 m, 1937-06-03, T. T. Yu 5923.

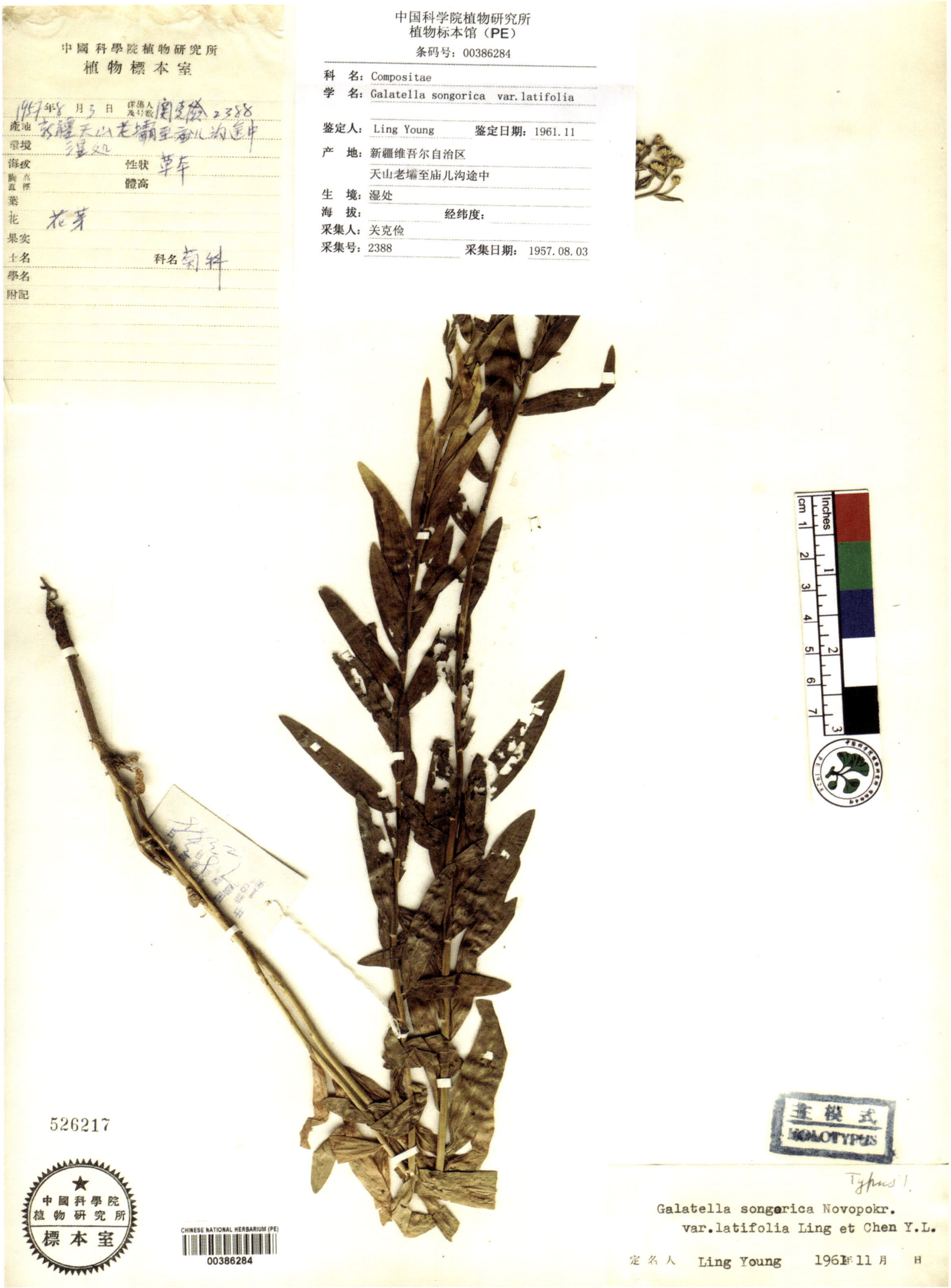

宽叶新疆乳菀 ***Galatella songorica*** Novopokr. var. ***latifolia*** Y. Ling & Y. L. Chen, Fl. Reip. Pop. Sin. 361. **Holotype:** China. Xinjiang: Tianshan, 1957-08-03, K. C. Kuan 2388.

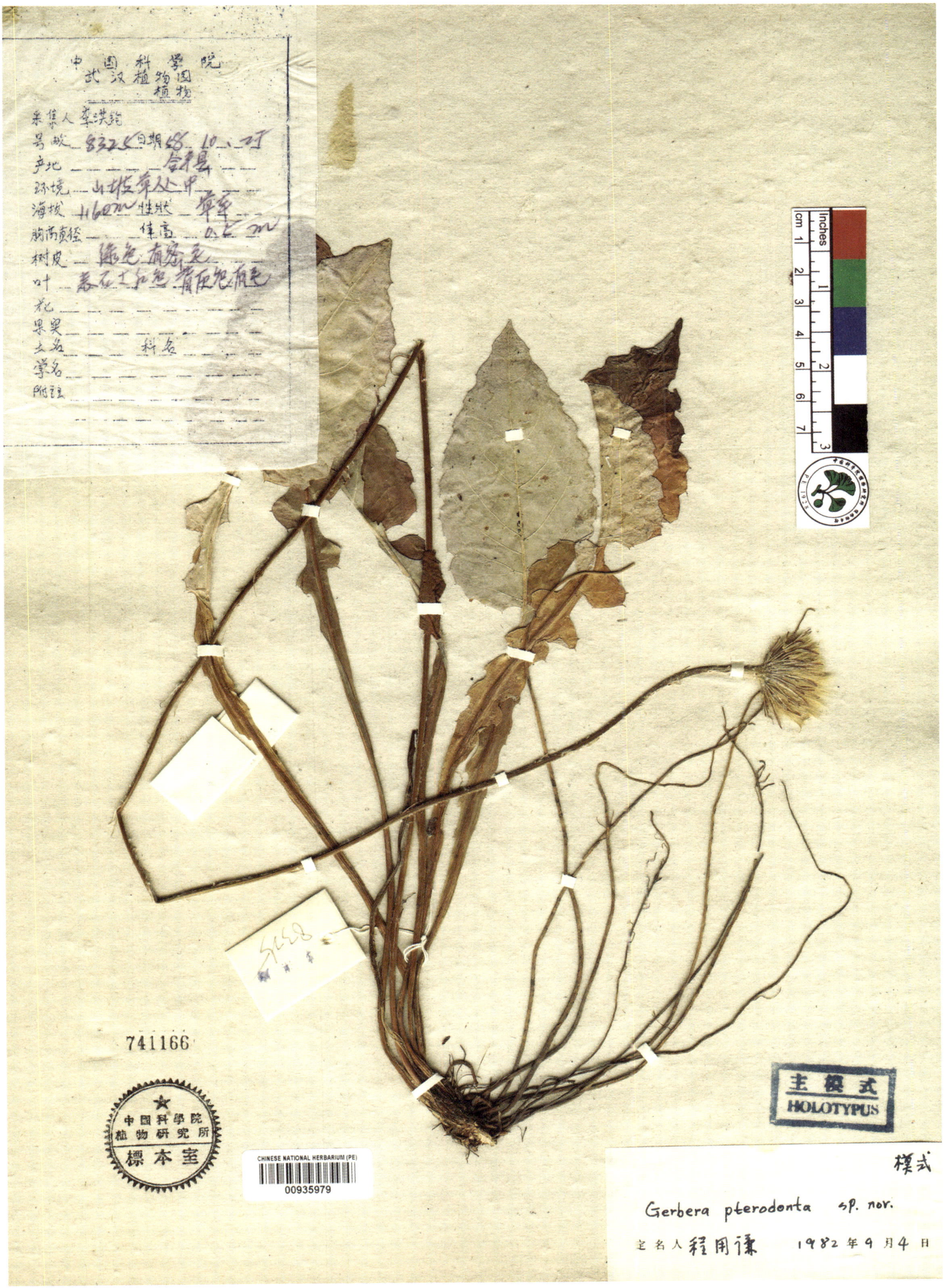

翼齿大丁草 ***Gerbera pterodonta*** Y. C. Tseng in Acta Bot. Austr. Sin. 3: 9, p..1: 3. 1986. **Holotype:** China. Hubei: Hefeng, alt. 1 160 m, 1958-10-27, H. J. Li 8325.

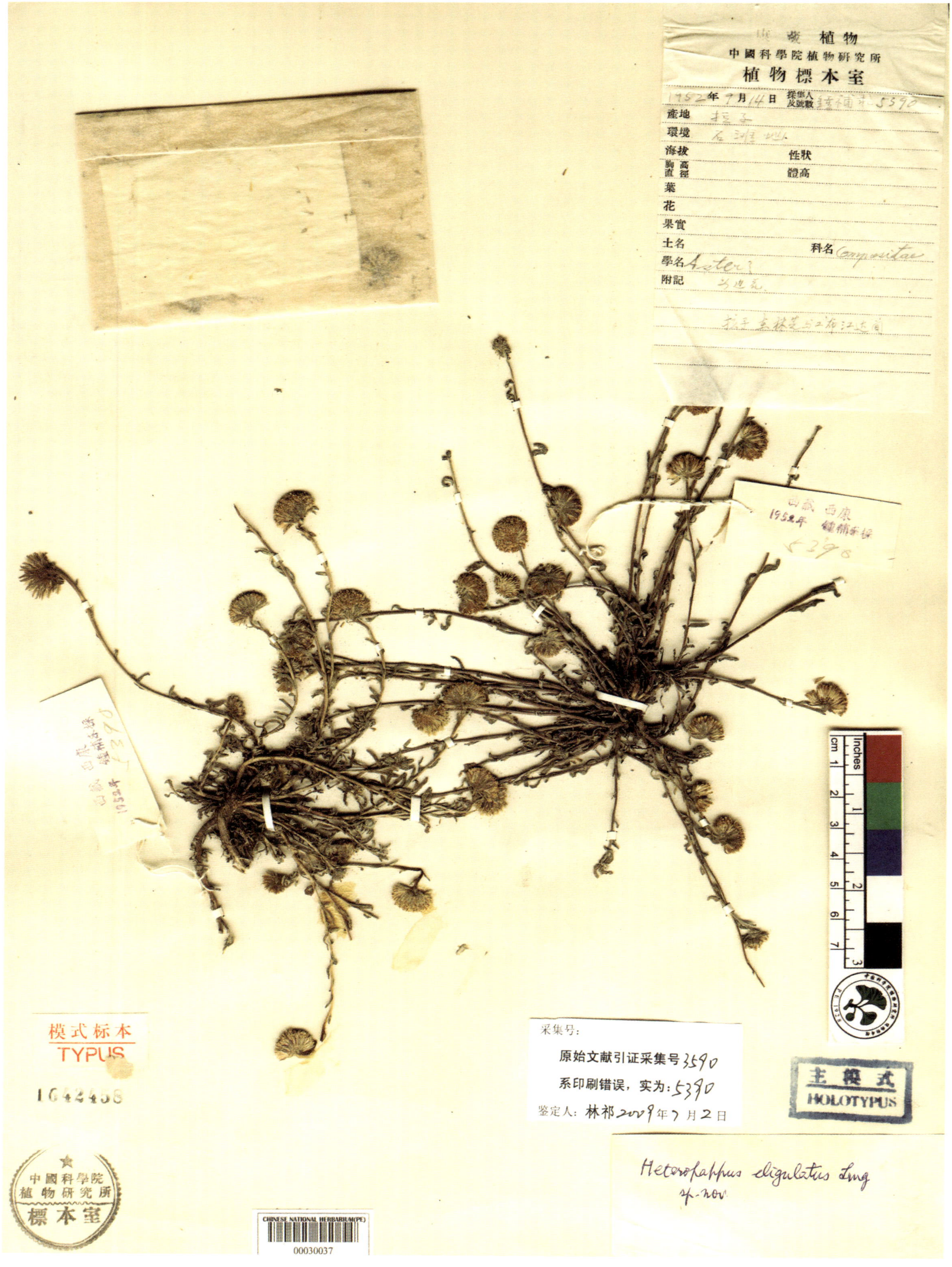

无舌狗娃花 ***Heteropappus eligulatus*** Y. Ling in Acta Phytotax. Sin. 19: 85. 1981. **Holotype:** China. Xizang: Lhazê, 1952-09-14, P. C. Tsoong 5390.

软叶苓菊 ***Jurinea flaccida*** C. Shih in Bull. Bot. Res., Harbin 4(2): 61. 1984. **Holotype:** China. Xinjiang: Zhaosu, alt. 1 200 m, 1965-05-31, T. Y. Zhou 650631.

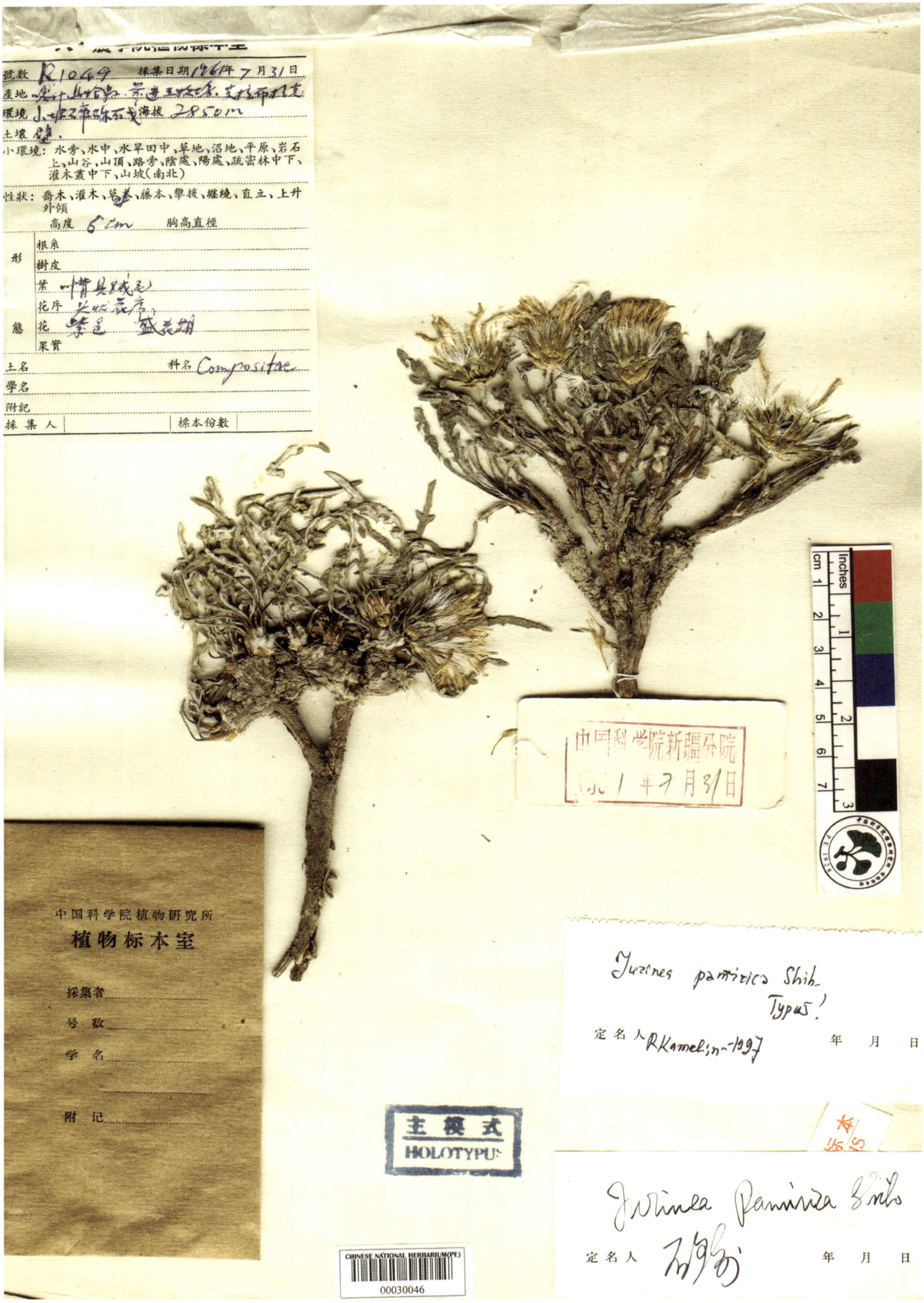

帕米尔苓菊 ***Jurinea pamirica*** C. Shih in Bull. Bot. Res., Harbin 4(2): 63, photo. 3. 1984. **Holotype:** China. Xinjiang: Wuqia, alt. 2 850 m, 1961-07-31, XJA Exped. 1049.

花葶苓菊 ***Jurinea scapiformis*** C. Shih in Bull Bot. Res., Harbin 4(2): 62, photo. 2. 1984. **Holotype:** China. Xinjiang: Zhaosu, alt. 2 000 m, 1974-07-30, XJA Exped. Zh-7400462.

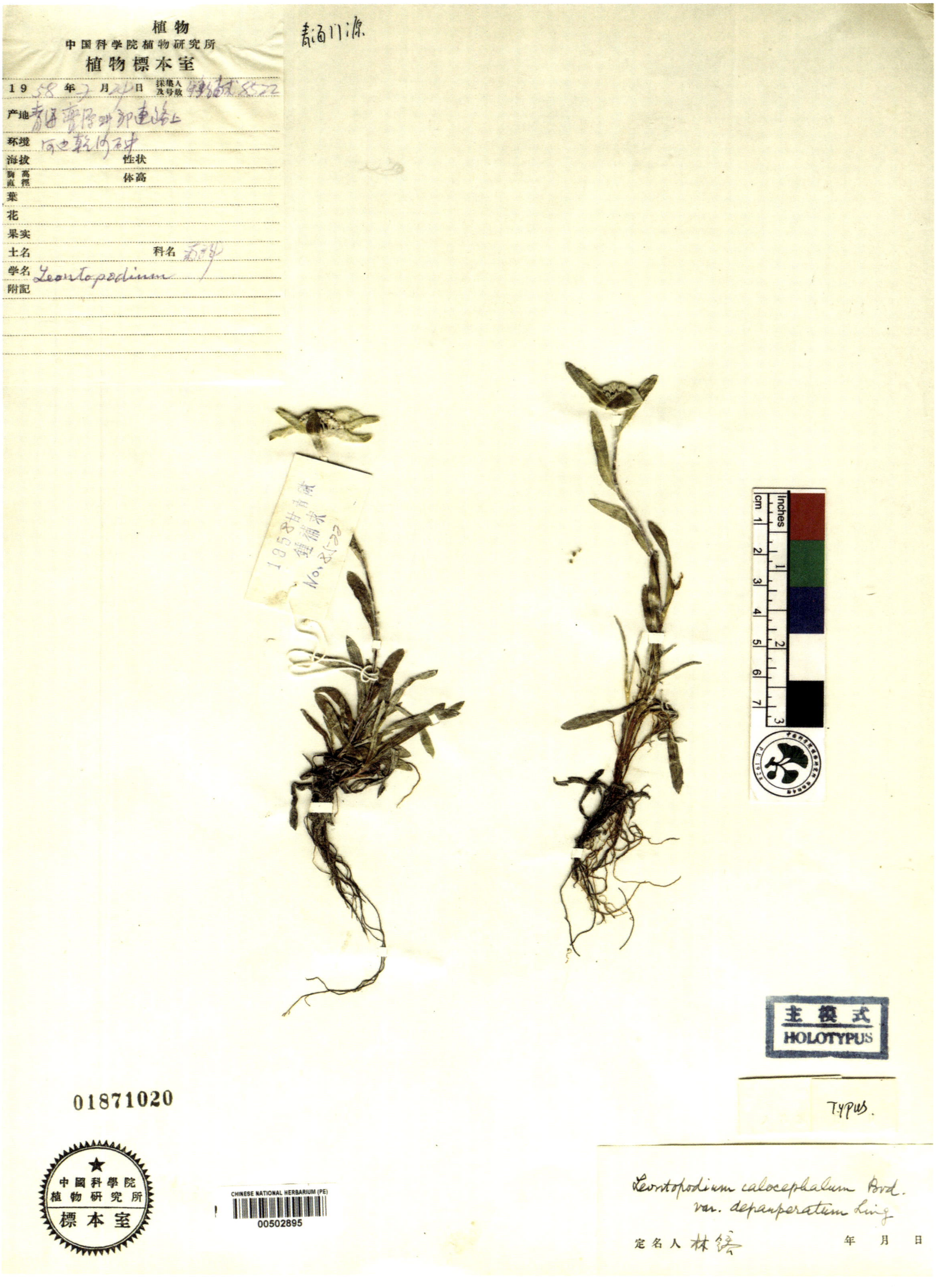

疏苞美头火绒草 ***Leontopodium calocephalum*** (Franch.) Beauv. var. ***depauperatum*** Y. Ling in Acta Phytotax. Sin.10(2): 177. 1965. **Holotype:** China. Qinghai: Menyuan, 1958-07-24, P. C. Tsoong 8522.

梵净火绒草 *Leontopodium fangingense* Y. Ling in Acta Phytotax. Sin. 10(2): 175. 1965. **Holotype:** China. Guizhou: Fanjingshan, 1928-07-28, P. T. Tsoong 1021.

矮小珠峰火绒草 ***Leontopodium himalayanum*** DC. var. ***pumillum*** Y. Ling in Acta Phytotax. Sin. 10(2): 176. 1965.
Holotype: China. Xizang: Pagri, alt. 4 130 m, 1953-07-20, P. C. Tsoong 5749a.

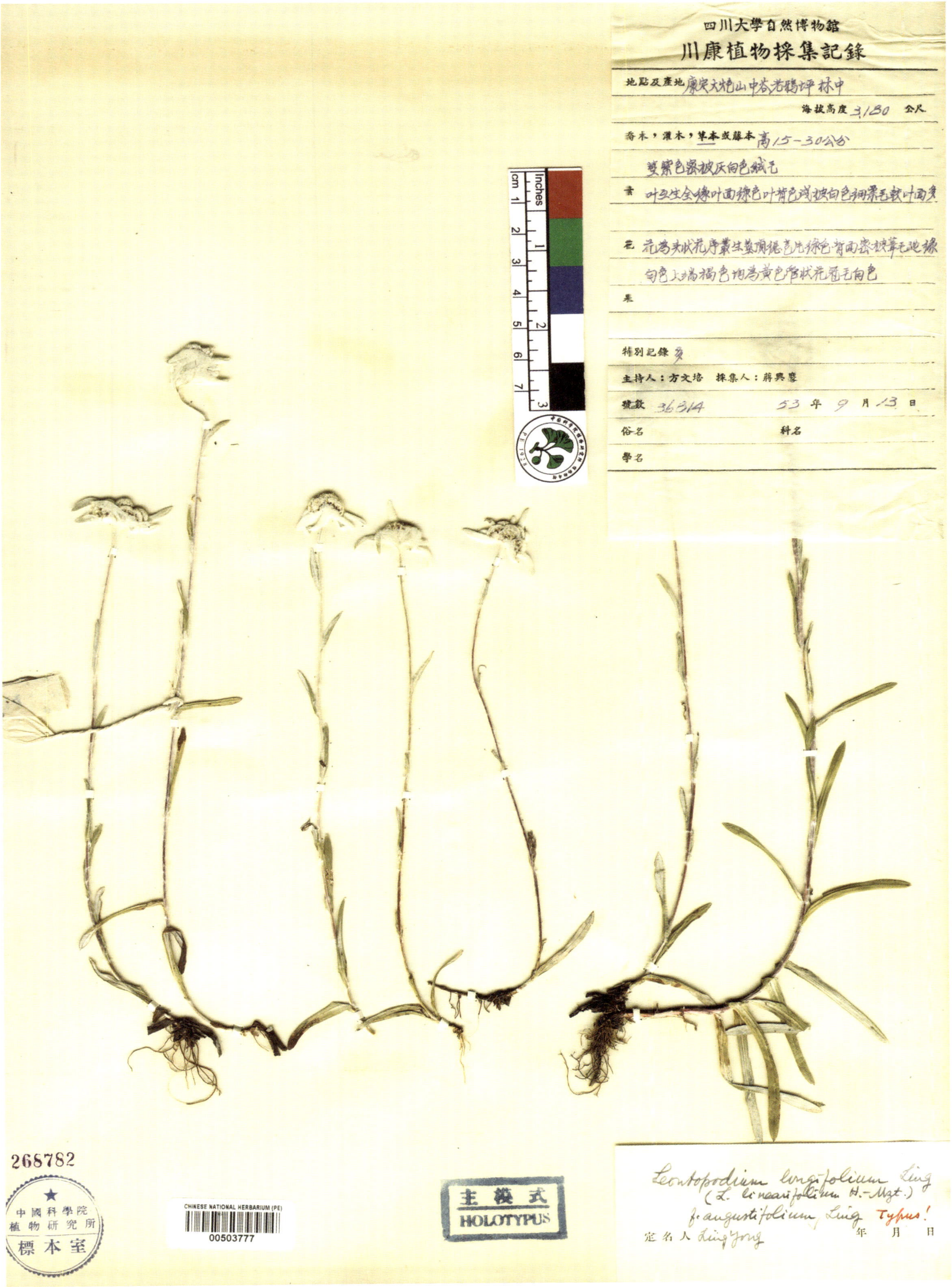

长叶火绒草 ***Leontopodium longifolium*** Y. Ling in Acta Phytotax. Sin.10 (2): 177. 1965. **Holotype:** China. Sichuan: Kangding, alt. 3 180 m, 1953-09-13, H. L. Tsiang 36814.

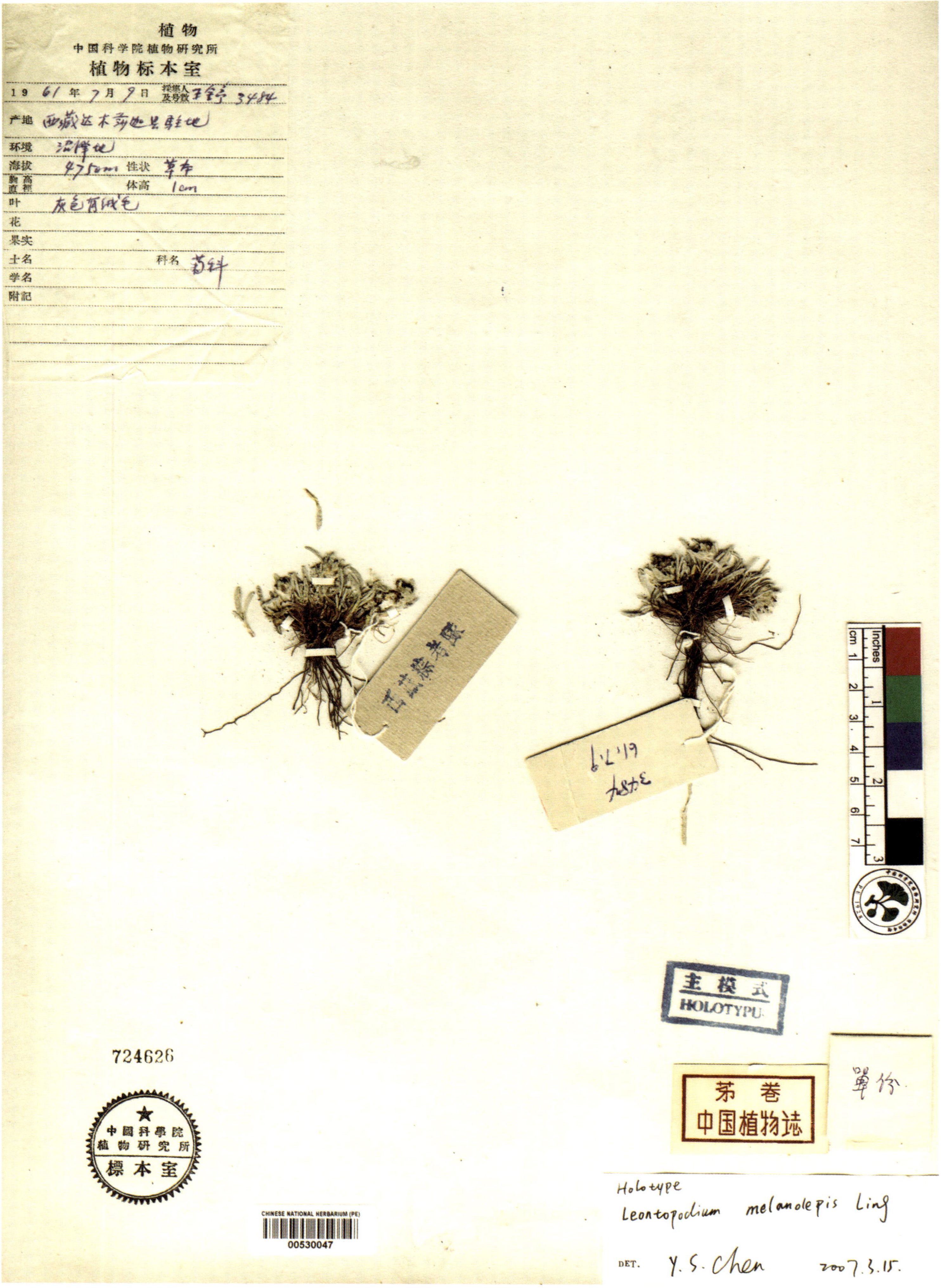

黑苞火绒草 ***Leontopodium melanolepis*** Y. Ling in Acta Phytotax. Sin.10(2): 176. 1965. **Holotype:** China. Xizang: Sa'gya, alt. 4 750 m. 1961-07-09, C. T. Wang 3484.

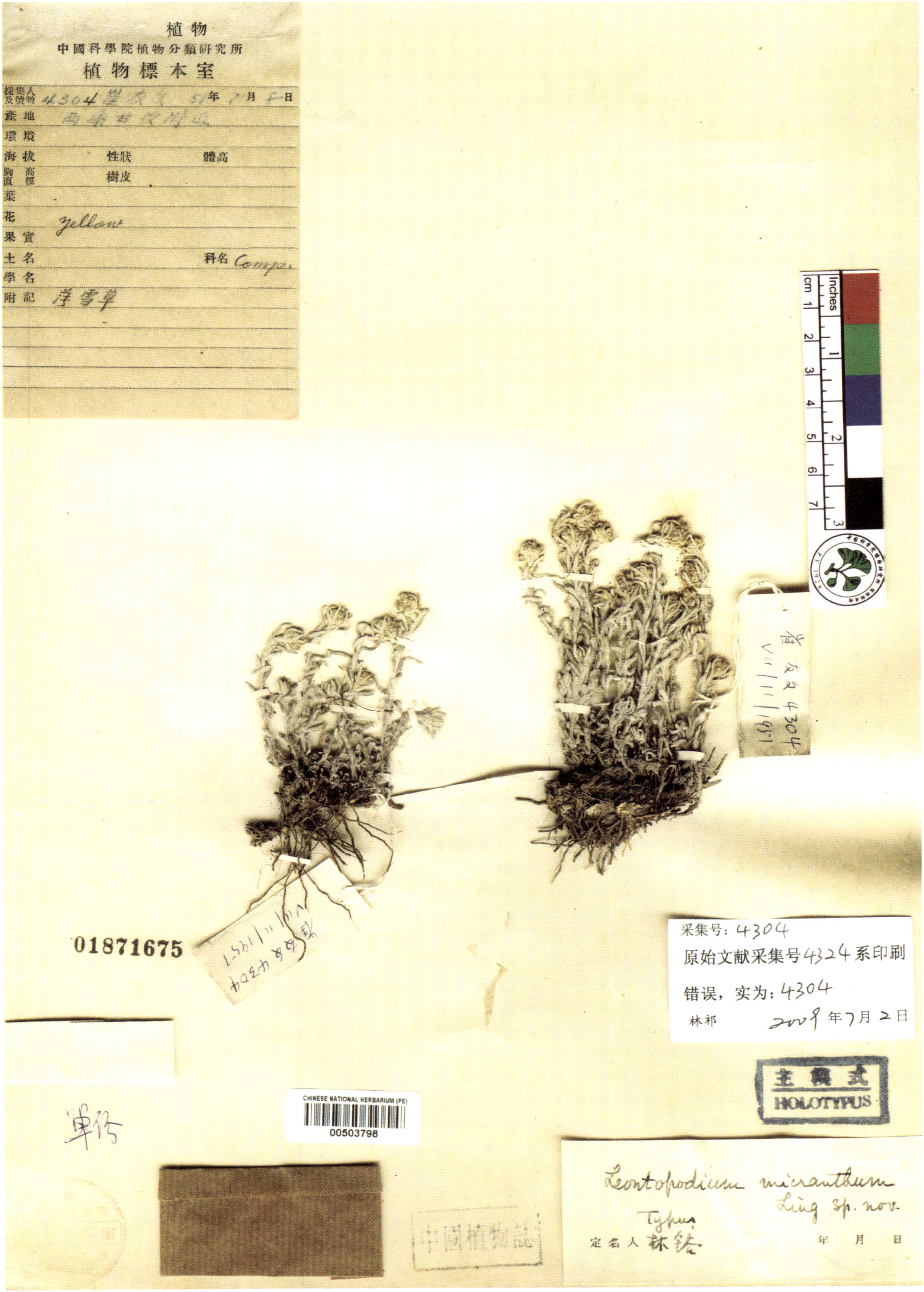

小花火绒草 ***Leontopodium micranthum*** Y. Ling in Acta Phytotax. Sin.10(2): 174. 1965. **Holotype:** China. Sichuan: Garzê, alt. 4 000 m, 1957-07-08, Y. W. Tsue 4304.

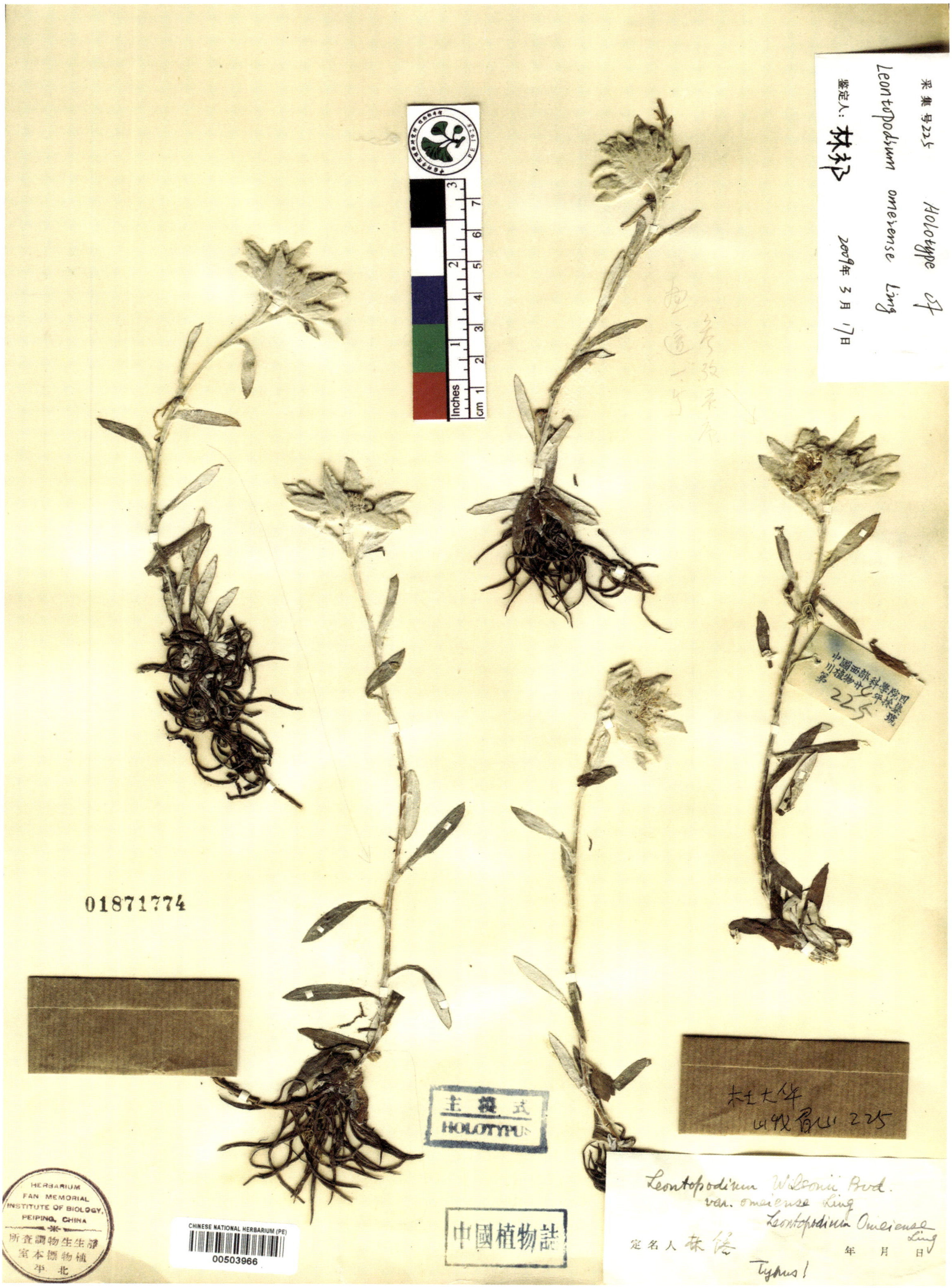

峨眉火绒草 ***Leontopodium omeiense*** Y. Ling in Acta Phytotax. Sin.10(2): 172. 1965. **Holotype:** China. Sichuan: Emei, Emaishan, alt. 1 930 m, 1935-06-10, T. H. Tu 225.

细小木茎火绒草 ***Leontopodium stoechas*** Hand.-Mazz. var. ***minus*** Y. Ling in Acta Phytotax. Sin. 10(2): 174. 1965.
Holotype: China. Sichuan: Daofu, alt. 3 200 m, 1934-09-18, H. Smith 12220.

木茎艾叶火绒草 ***Leontopodium stracheyi*** × ***artemisiifolium*** Y. Ling in Acta Phytotax. Sin.10(2): 172. 1965. **Holotype:** China. Sichuan: Kangding, alt. 3 400 m, 1953-08-29, H. L. Tsiang 36641.

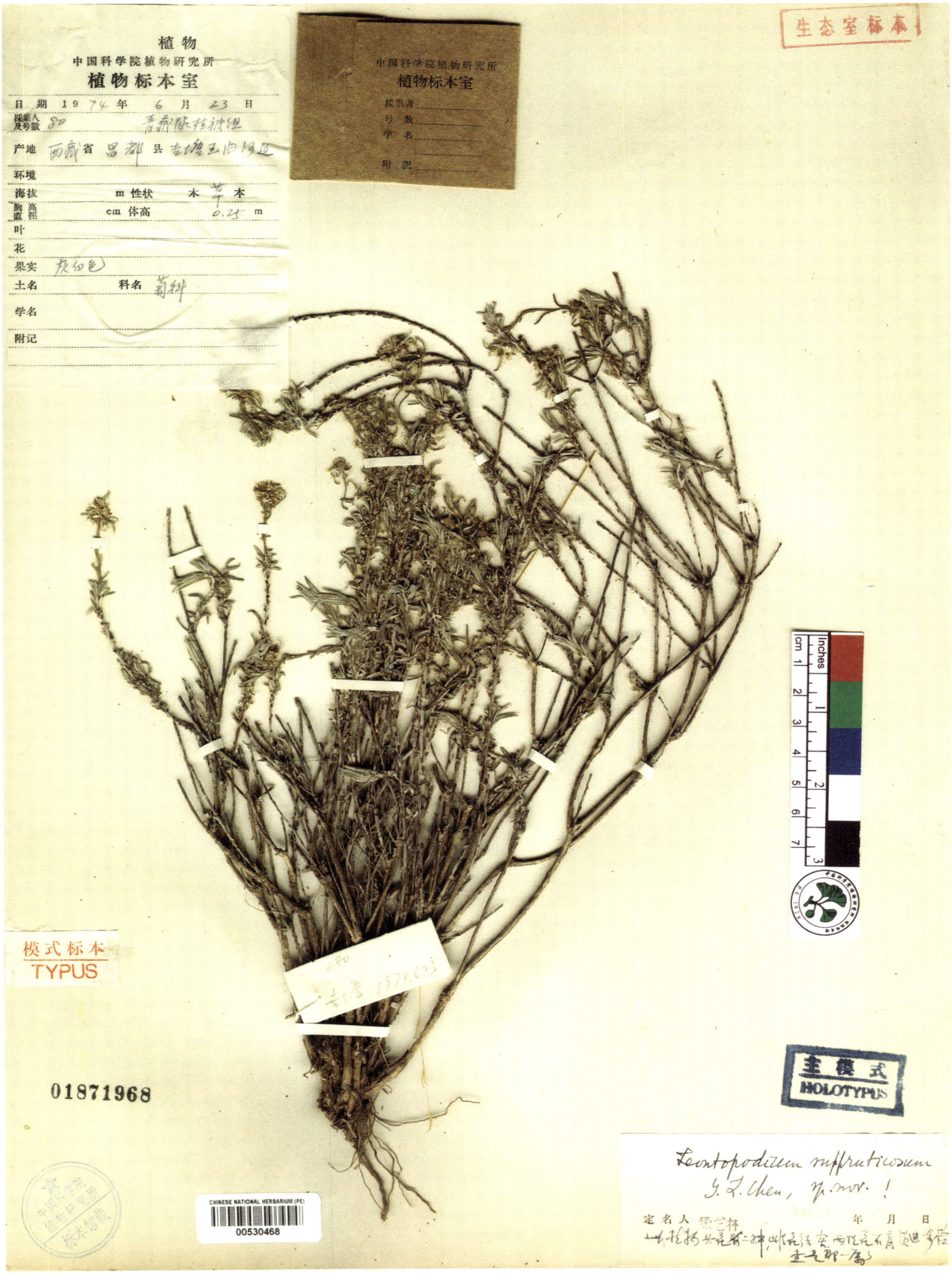

亚灌木火绒草 ***Leontopodium suffruticosum*** Y. L. Chen in Acta Phytotax. Sin. 19(1): 90, f. 4: 1-9. 1981. **Holotype:** China. Xizang: Qamdo, 1974-06-23, Qinghai-Xizang Veg. Exped. 80.

狭舌橐吾 ***Ligularia angustiligulata*** C. C. Chang in Acta Phytotax. Sin. 1(3-4): 316. 1951. **Holotype:** China. Yunnan: Che-tse-lo (=Bijiang), alt. 4 000 m, 1934-08-18, H. T. Tsai 58004.

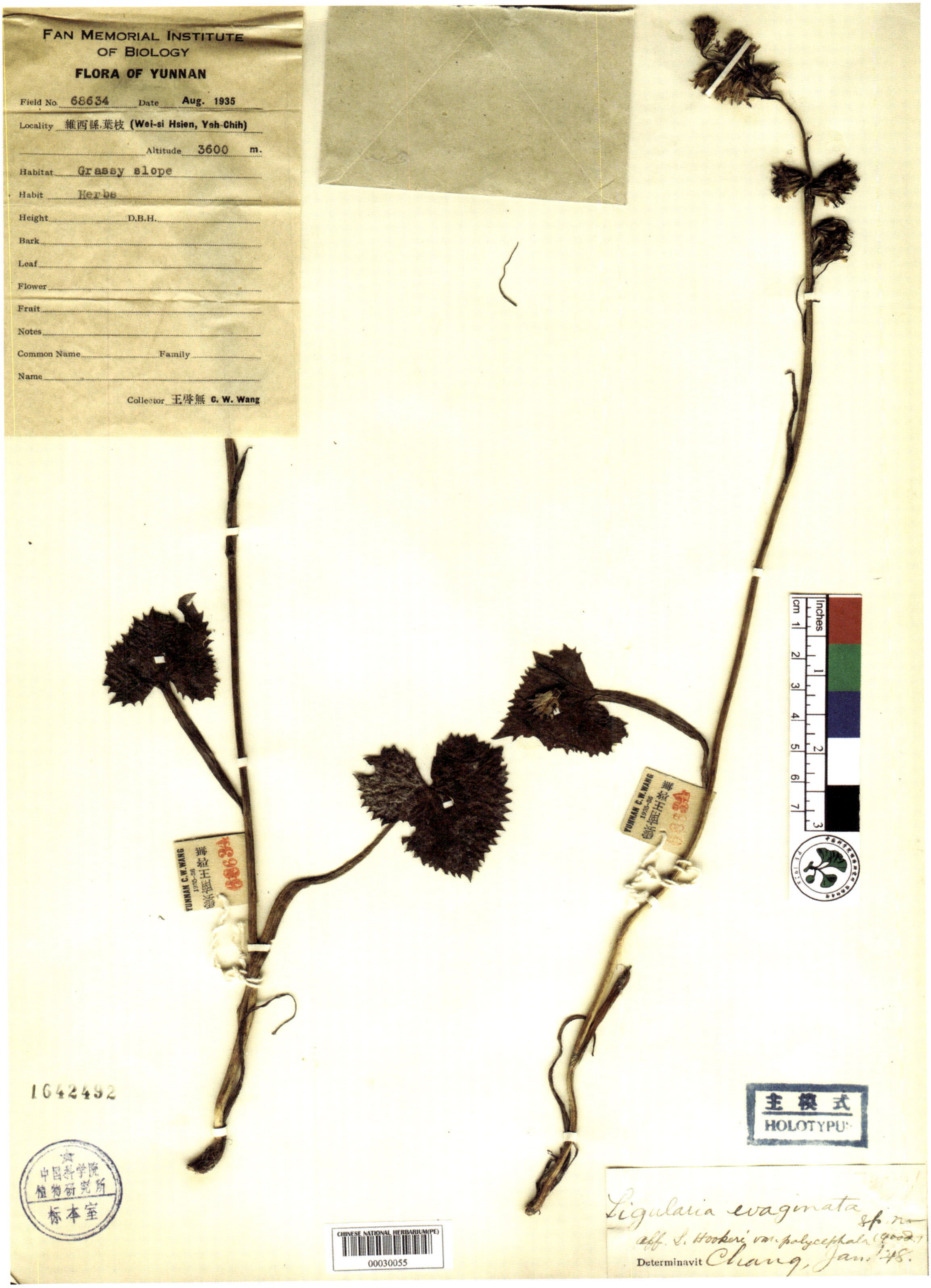

维西橐吾 ***Ligularia evaginata*** C. C. Chang in Acta Phytotax. Sin. 1(3-4): 320. 1951. **Holotype:** China. Yunnan: Weixi, alt. 3 600 m, 1935-08-??, C.W. Wang 68634.

异叶橐吾 ***Ligularia heterophylla*** C. C. Chang in Acta Phytotax. Sin. 1(3-4): 314. 1951. **Holotype**: China. Yunnan: Weixi, alt. 2 900 m, 1934-10-12, H. T. Tsai 59771.

岷县橐吾 ***Ligularia ianthochaeta*** C. C. Chang in Acta Phytotax. Sin. 1: 321. 1951. **Holotype:** China. Gansu: Min Xian, Lianhuashan, alt. 2 400 m, 1950-08-??, Anonymous 383.

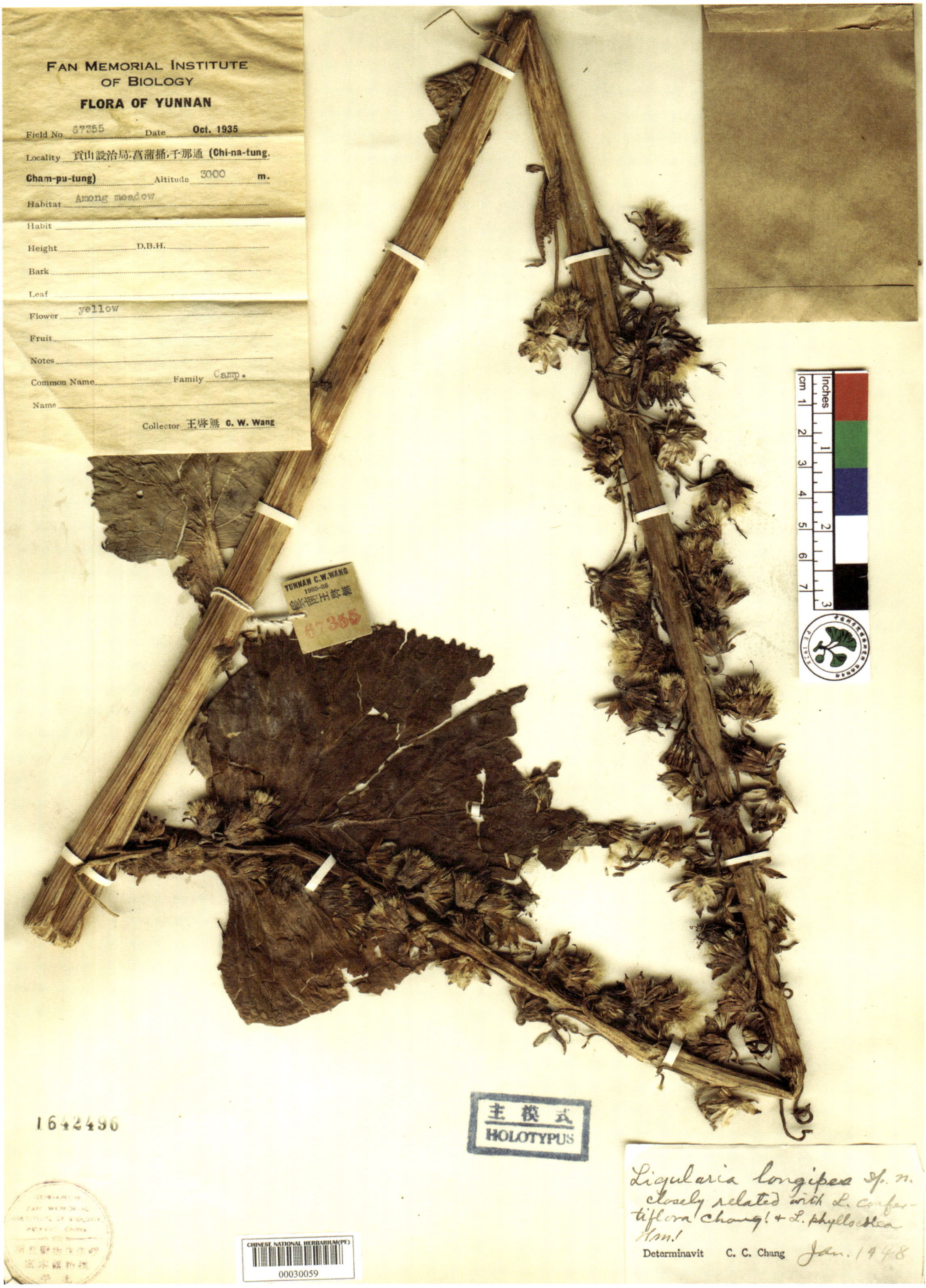

长柄橐吾 ***Ligularia longipes*** C. C. Chang in Acta Phytotax. Sin. 1(3-4): 319. 1951. **Holotype:** China. Yunnan: Gongshan, alt. 3 000 m, 1935-10-??, C. W. Wang 67355.

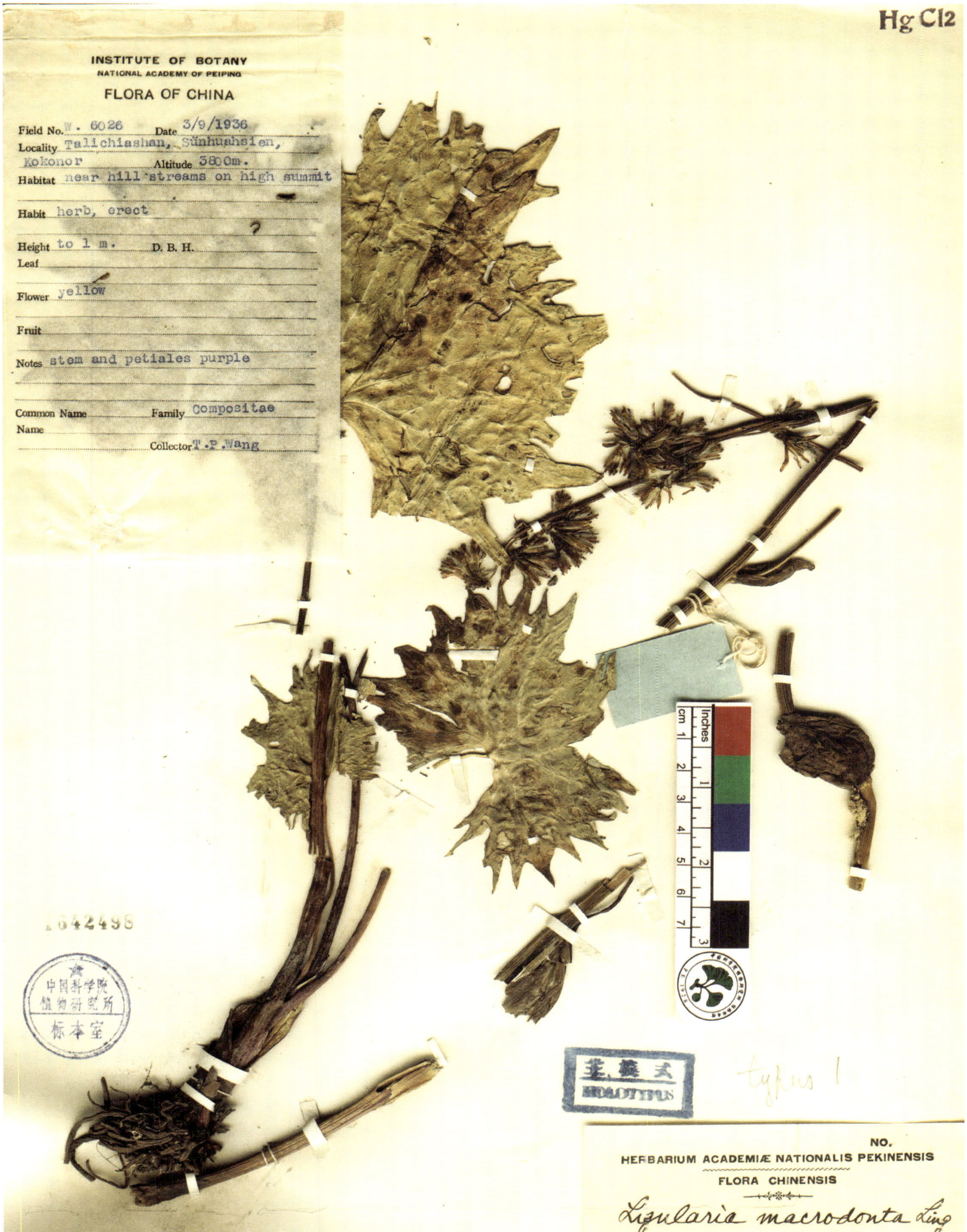

大齿橐吾 ***Ligularia macrodonta*** Y. Ling in Contr. Inst. Bot. Nat. Acad. Peiping 5(1): 2, pl. 2. 1937. **Holotype:** China. Qinghai: Xunhua, alt. 3 800 m, 1936-09-03, T. P. Wang 6026.

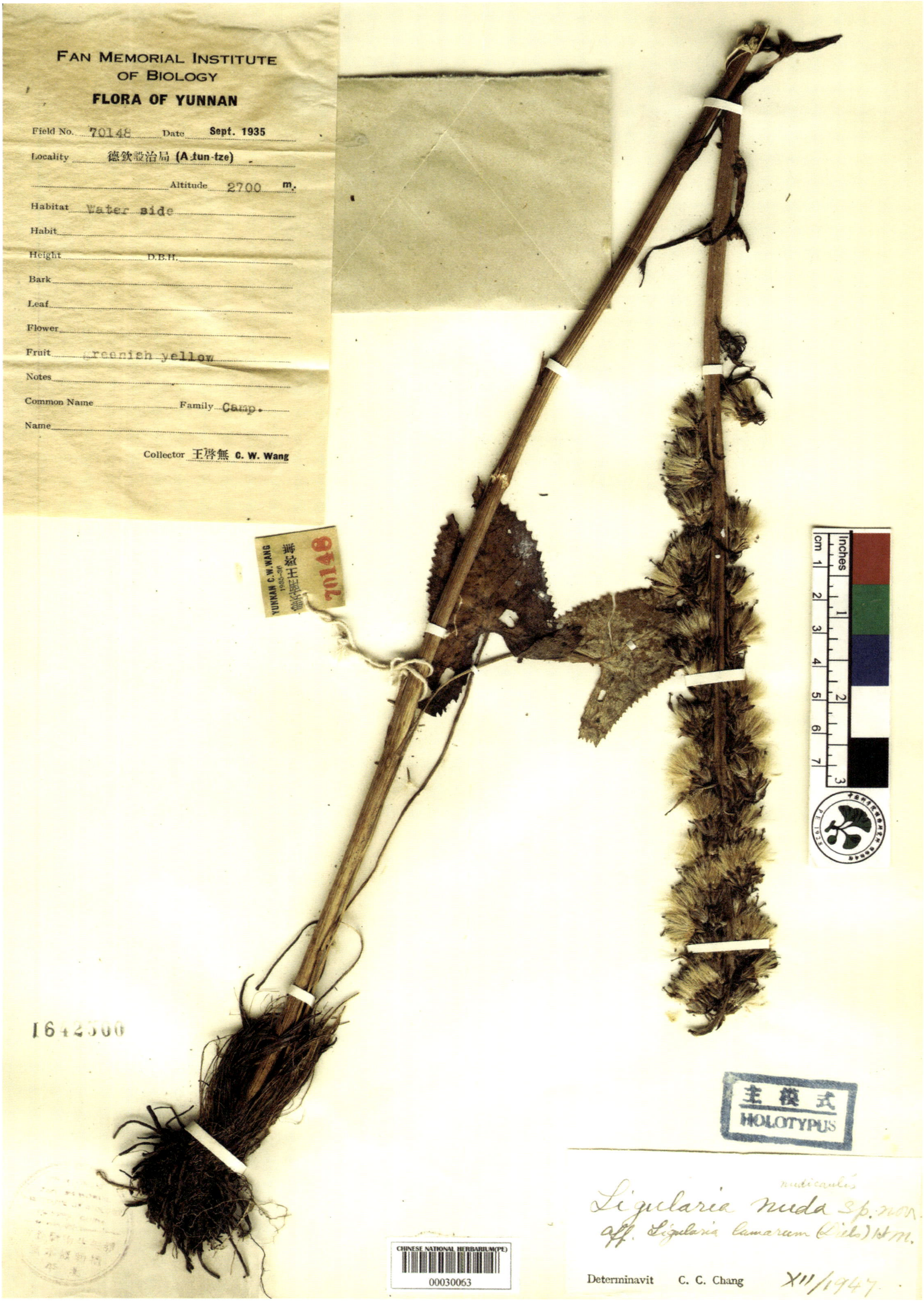

裸茎橐吾 ***Ligularia nudicaulis*** C. C. Chang in Acta Phytotax. Sin. 1(3-4): 317. 1951. **Holotype:** China. Yunnan: Dêqên, alt. 2 700 m, 1935-09-??, C. W. Wang 70148.

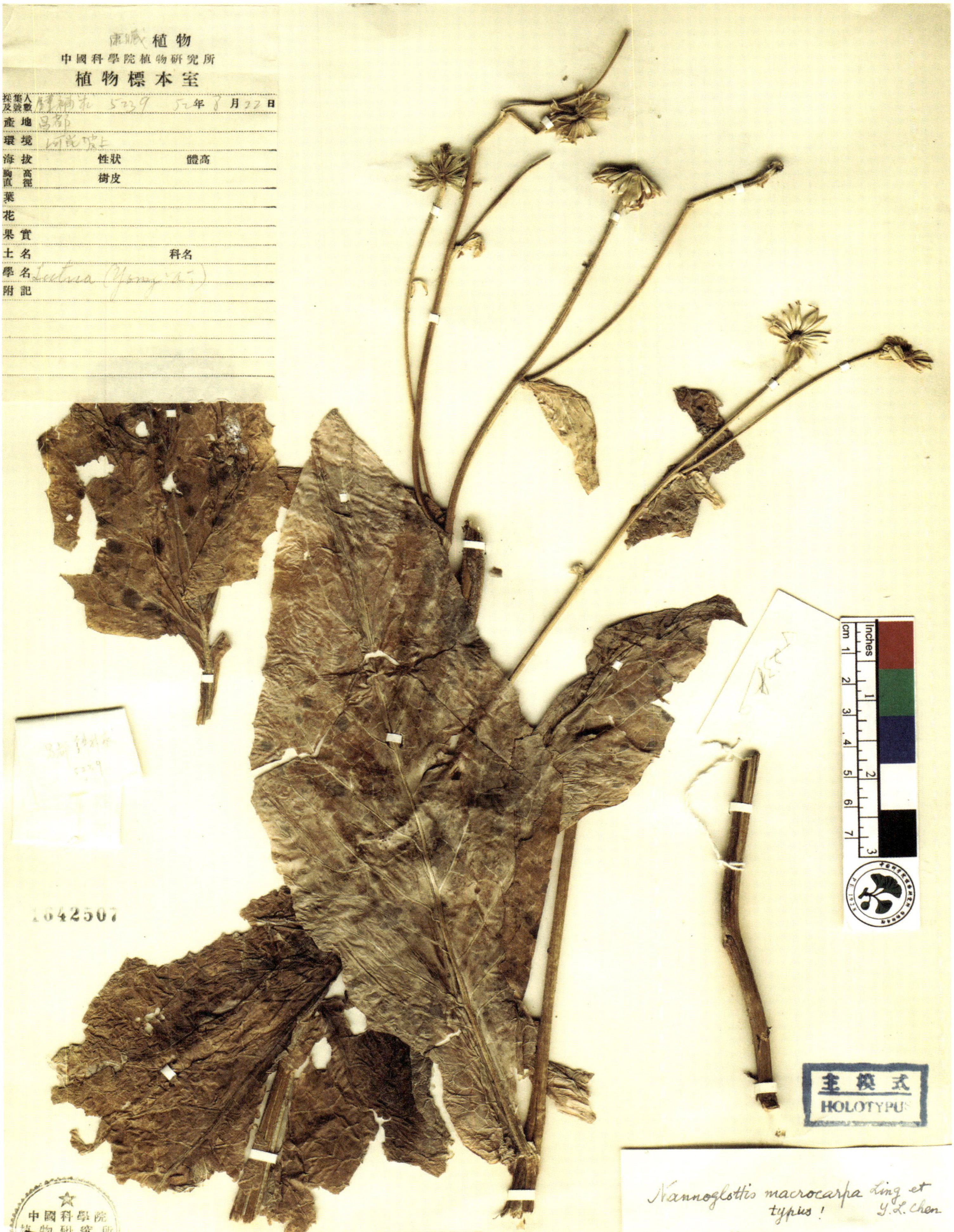

大果毛冠菊 ***Nannoglottis macrocarpa*** Y. Ling & Y. L. Chen in Acta Phytotax. Sin. 10(1): 99, pl. 20. 1965. **Holotype:** China. Xizang: Qamdo, 1952-08-22, P. C. Tsoong 5239.

西藏栉叶蒿 ***Neopallasia tibetica*** Y. R. Ling in Acta Phytotax. Sin. 18(1): 88. 1980. **Holotype:** China. Xizang: Tongpu (=Qamdo), 1951-08-13, Y. W. Tsui 5286.

南川紫菊 ***Notoseris porphyrolepis*** C. Shih in Acta Phytotax. Sin. 25(3): 201, pl. 2: 2, 3: 7. 1987. **Holotype:** China. Chongqing: Nanchuan, alt. 1 850 m,1957-09-29, C. H. Hsiung & Z. L. Zhou 93702.

光苞紫菊 ***Notoseris psilolepis*** C. Shih in Acta Phytotax. Sin. 25(3): 197, f. 2, pl. 3: 3. 1987. **Holotype:** China. Chongqing: Nanchuan, alt. 1 500 m,1957-09-17, C. H. Hsiung & Z. L. Zhou 93525.

大同蝟菊 ***Olgaea echinantha*** Y. Ling in Contr. Inst. Bot. Nat. Acad. Peiping. 3(4): 137. 1935. **Holotype:** China. Shanxi: Datong, alt. 1 433 m, 1934-08-06, T. P. Wang 2253.

戟叶假福王草 ***Paraprenanthes hastata*** C. Shih in Acta Phytotax. Sin. 33(2): 192, f. 6. 1995. **Holotype:** China. Chongqing: Beipei, Jinyunshan, 1992-06-15, C. X. Yang 3934.

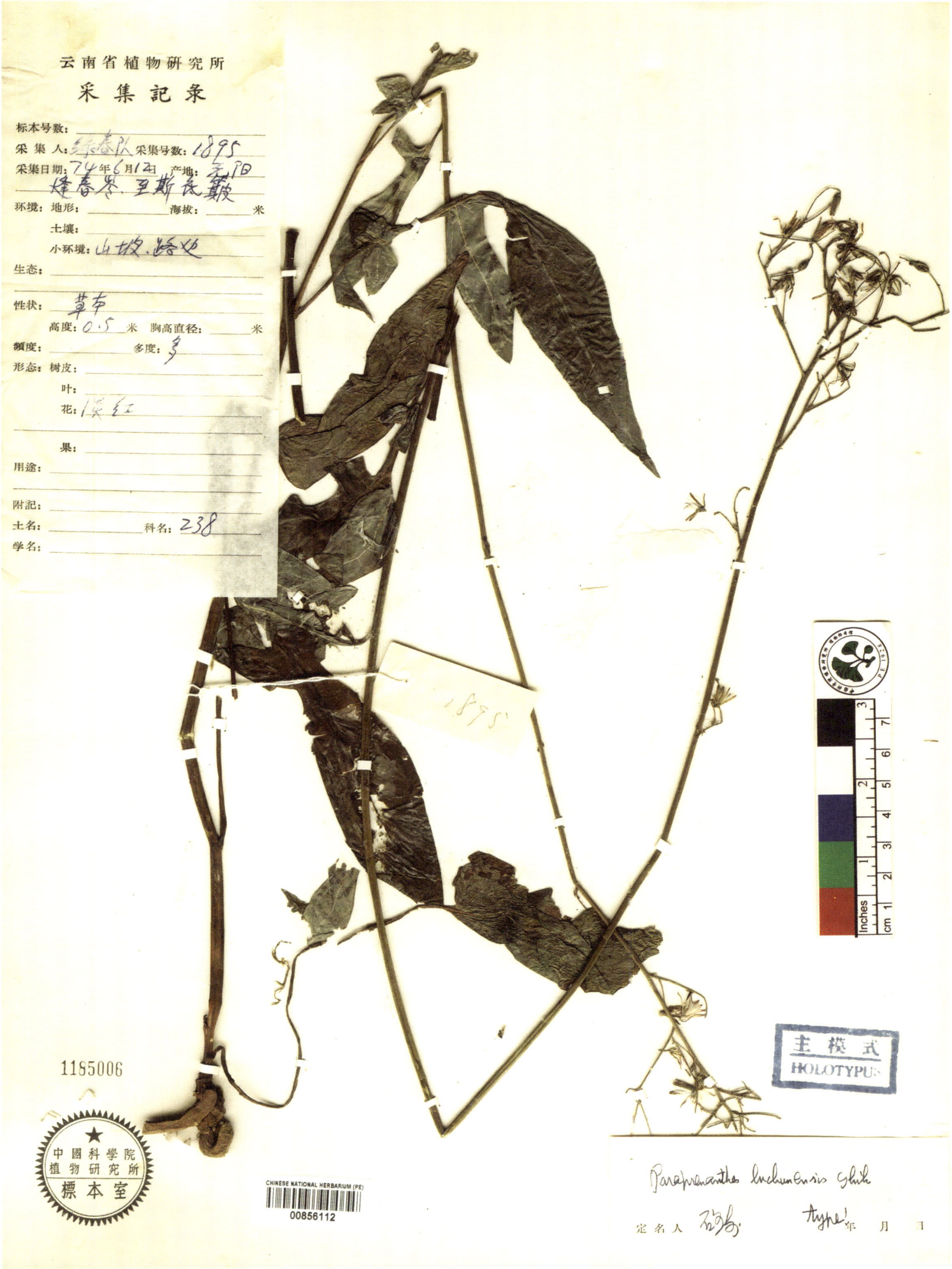

绿春假福王草 ***Paraprenanthes luchunensis*** C. Shih in Acta Phytotax. Sin. 33(2): 194. 1995. **Holotype:** China. Yunnan: Luchun, alt. 1 200 m, 1974-06-12, Luchun Exped. 1895.

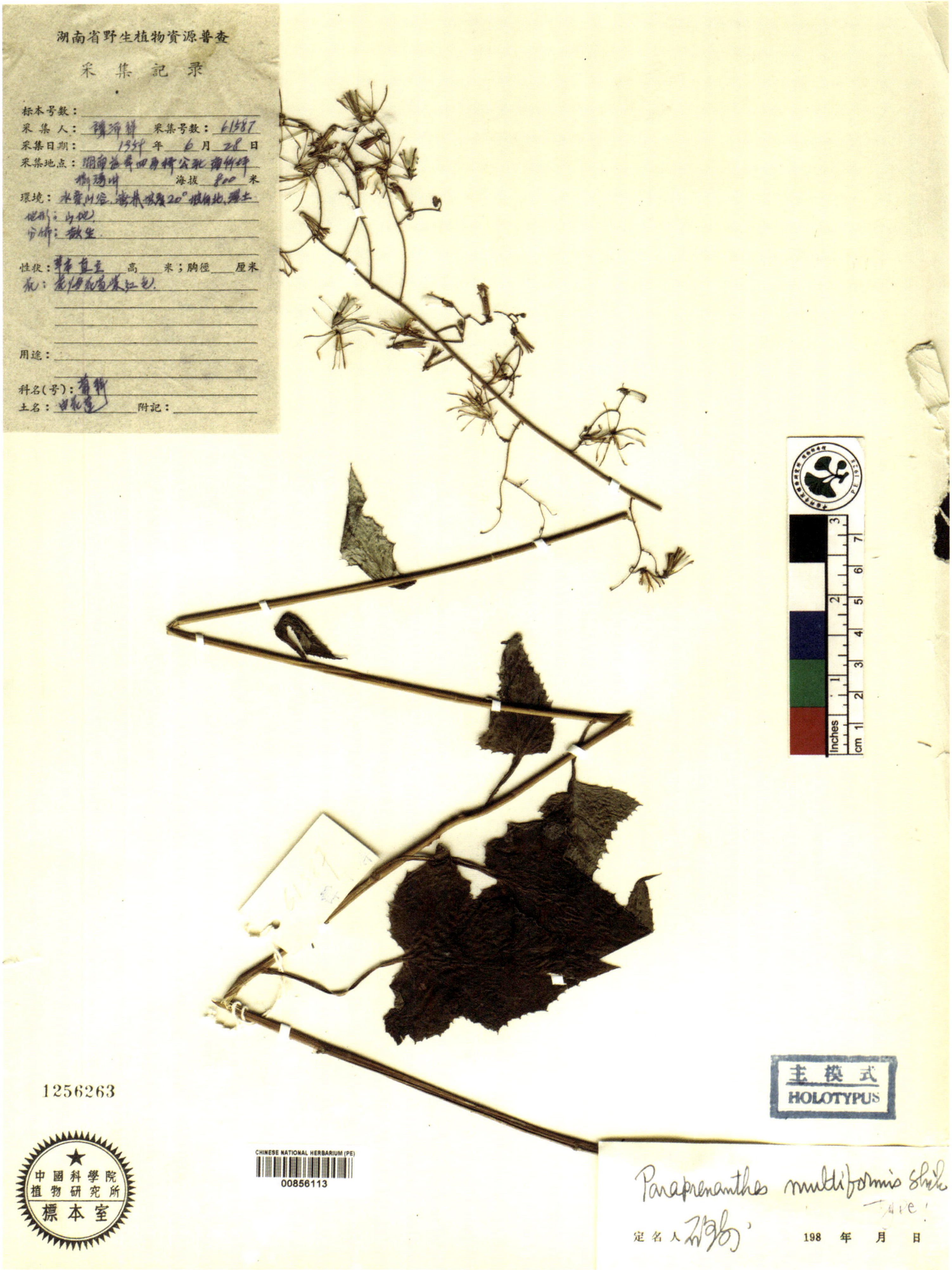

三裂假福王草 ***Paraprenanthes multiformis*** C. Shih in Acta Phytotax. Sin. 26(6): 420. 1988. **Holotype:** China. Hunan: Dao Xian, alt. 800 m, 1959-06-28, P. C. Tam 61587.

林生假福王草 ***Paraprenanthes sylvicola*** C. Shih in Acta Phytotax. Sin. 26(6): 419. 1988. **Holotype:** China. Chongqing: Nanchuan, alt. 1 750 m, 1957-08-14, C. H. Hsiung & Z. L. Zhou 92685.

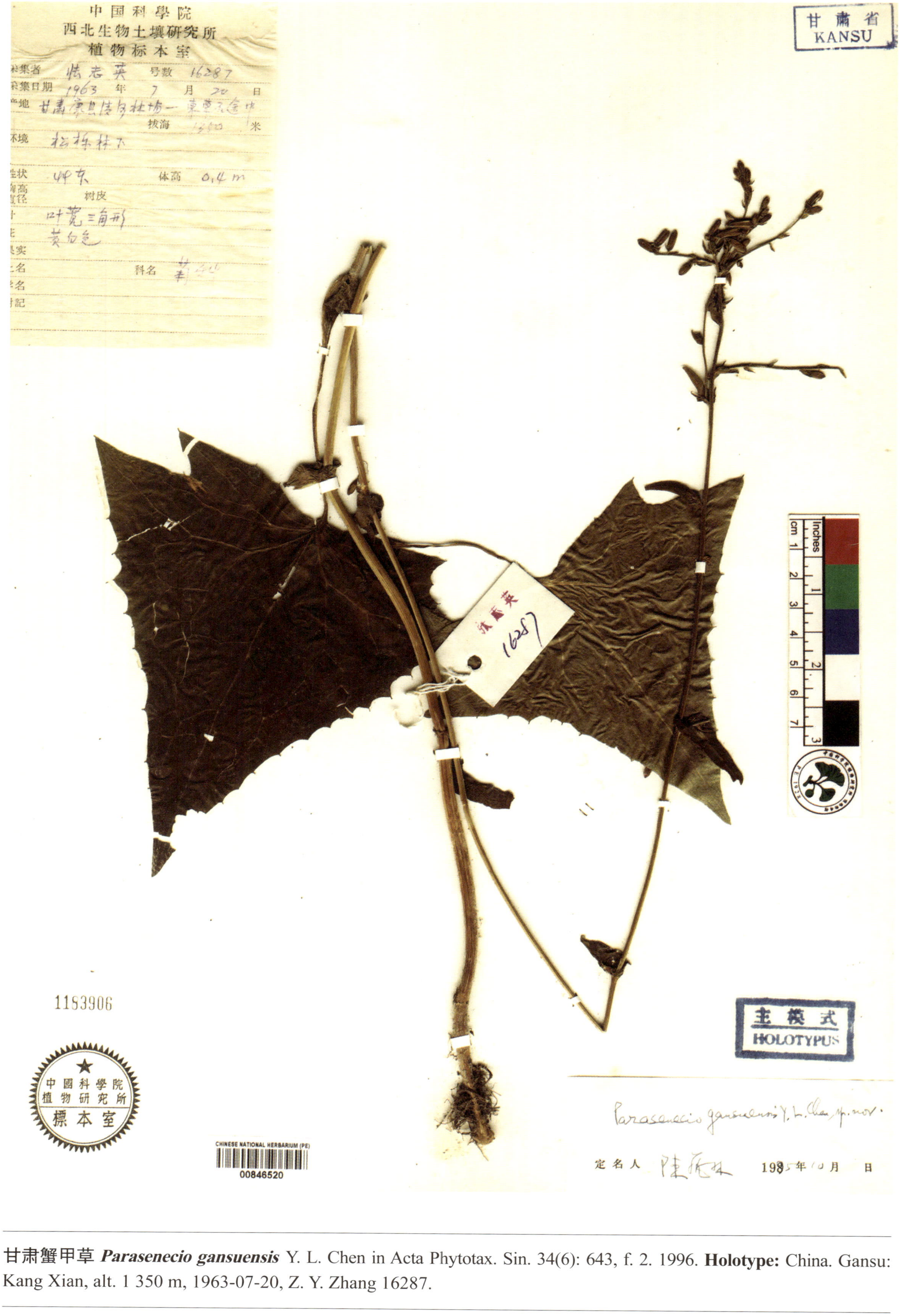

甘肃蟹甲草 ***Parasenecio gansuensis*** Y. L. Chen in Acta Phytotax. Sin. 34(6): 643, f. 2. 1996. **Holotype:** China. Gansu: Kang Xian, alt. 1 350 m, 1963-07-20, Z. Y. Zhang 16287.

戟状蟹甲草 ***Parasenecio hastiformis*** Y. L. Chen in Acta Phytotax. Sin 34(6): 641, f. 1. 1996. **Holotype:** China. Yunnan: Lijiang, alt. 3 000~3 500 m, 1939-09-18, R. C. Ching 30626.

九龙蟹甲草 ***Parasenecio jiulongensis*** Y. L. Chen in Acta Phytotax. Sin. 34(6): 645, f. 3. 1996. **Holotype:** China. Sichuan: Jiulong, 1960-10-15, T. S. Ying 4823.

茂汶蟹甲草 ***Parasenecio maowenensis*** Y. L. Chen in Acta Phytotax. Sin. 34(6): 645, f. 4. 1996. **Holotype:** China. Sichuan: Maowen, alt. 2 750 m, 1975-08-17, Sichuan Exped. 11049.

宝兴风毛菊 ***Saussurea baoxingensis*** Y. S. Chen in Nordic J. Bot. 28: 761, f. 1. 2010. **Holotype:** China. Sichuan: Baoxing, alt. 4 000 m, 1936-08-12, K. L. Chu 3585.

漂亮风毛菊 ***Saussurea bella*** Y. Ling in Contr. Inst. Bot. Nat. Acad. Peiping 6(2): 87. 1949. **Holotype:** China. Qinghai: Gonghe, alt. 3 600 m, 1930-08-26, K. S. Hao 1019.

波密风毛菊 ***Saussurea bomiensis*** Y. L. Chen & S. Y. Liang in Acta Phytotax. Sin. 19 (1): 101, f. 10: 6-11. 1981. **Holotype:** China. Xizang: Bomi, alt. 4 100 m, 1965-08-02, T. S. Ying & D. Y. Hong 650835.

匙叶风毛菊 ***Saussurea cochlearifolia*** Y. L. Chen & S. Y. Liang in Acta Phytotax. Sin. 19(1): 104. 1981. **Holotype:** China. Xizang: Yadong, 1975-09-02, Qinghai-Xizang Veg. Exped. 7690.

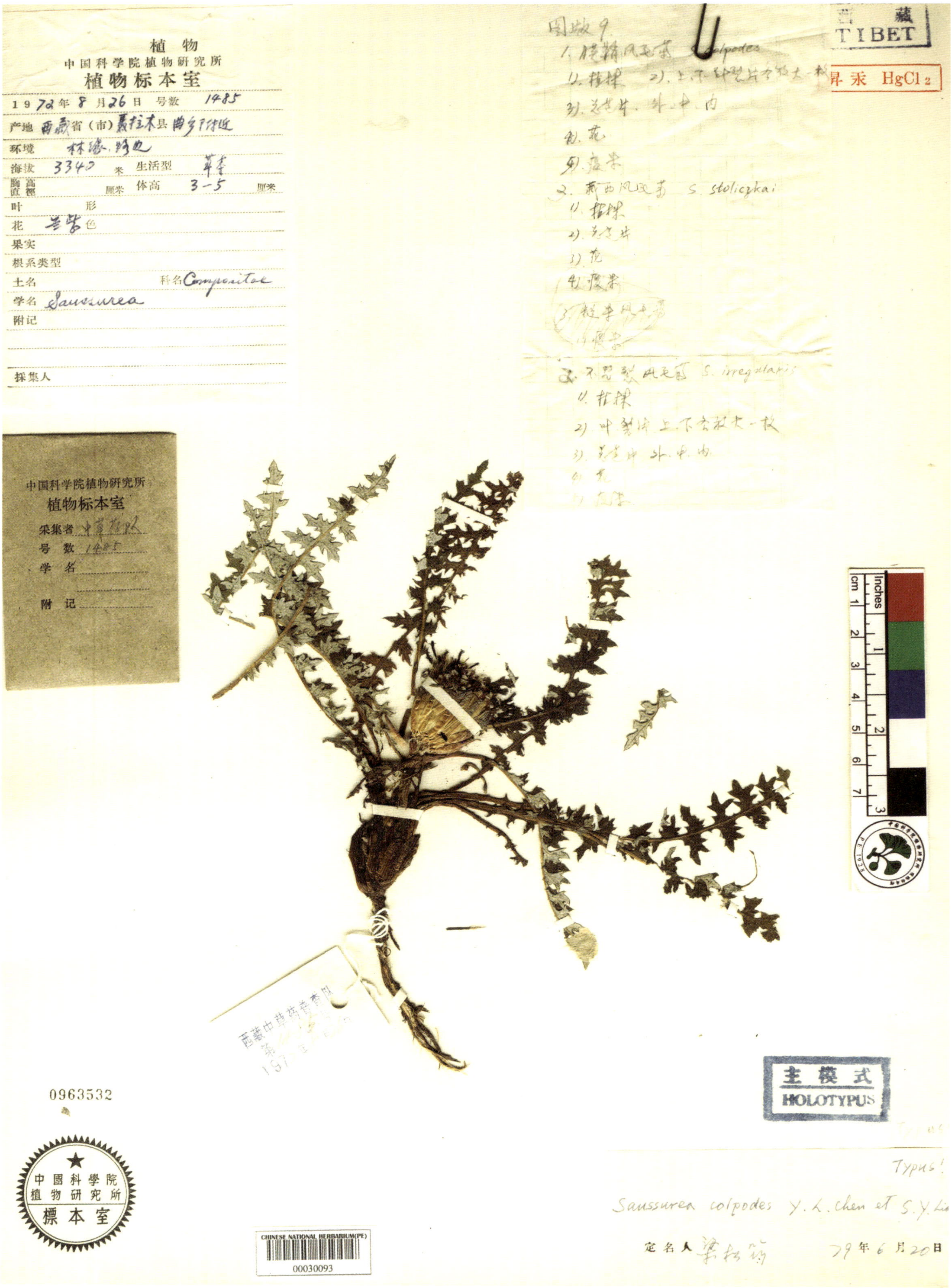

鞘基风毛菊 ***Saussurea colpodes*** Y. L. Chen & S. Y. Liang in Acta Phytotax. Sin. 19(1): 104. 1981. **Holotype:** China. Xizang: Nyalam, alt. 3 340 m, 1972-08-26, Xizang Med. Pl. Exped.1485.

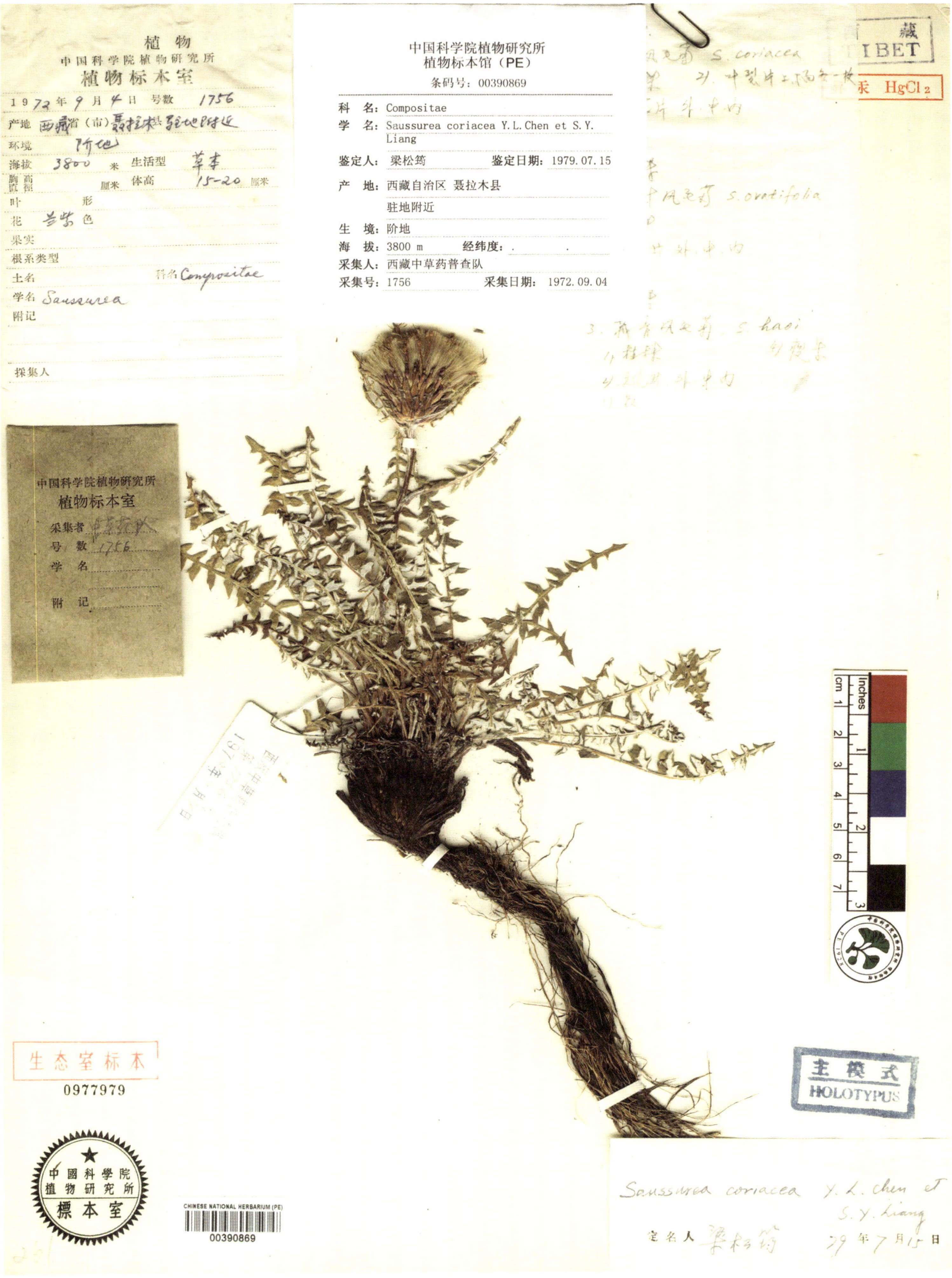

革苞风毛菊 ***Saussurea coriacea*** Y. L. Chen & S. Y. Liang in Acta Phytotax. Sin. 19(1): 101, f. 11: 1-6. 1981. **Holotype:** China. Xizang: Nyalam, alt. 3 800 m, 1972-09-04, Xizang Med. Pl. Exped. 1756.

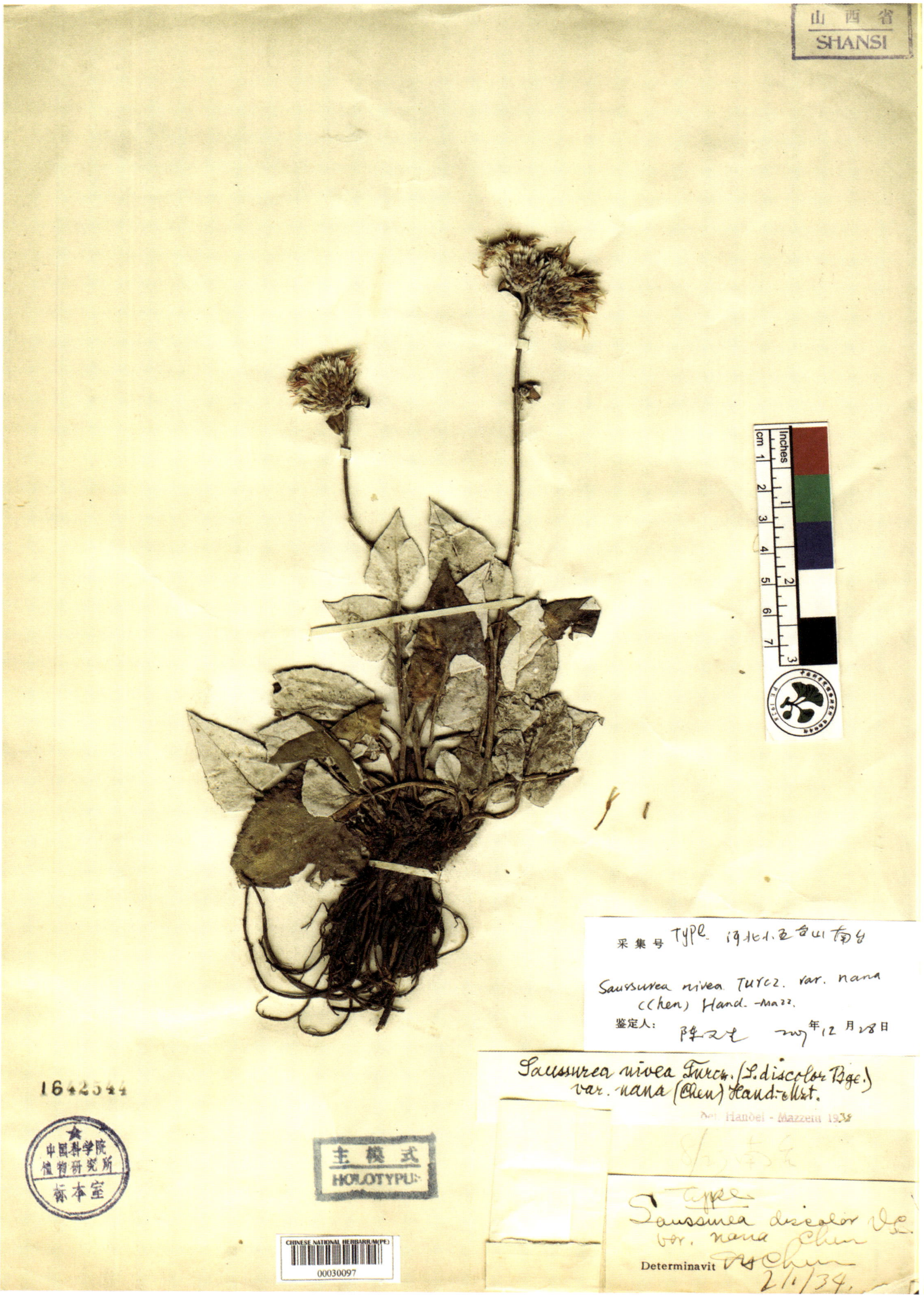

矮生风毛菊 ***Saussurea discolor*** DC. var. ***nana*** F. H. Chen in Bull. Fan Mem. Inst. Biol., Bot. 5(2): 86. 1934. **Holotype:** China. Hebei: Yu Xian, Xiaowutaishan, 1923-08-23, C. W. Wang 3.

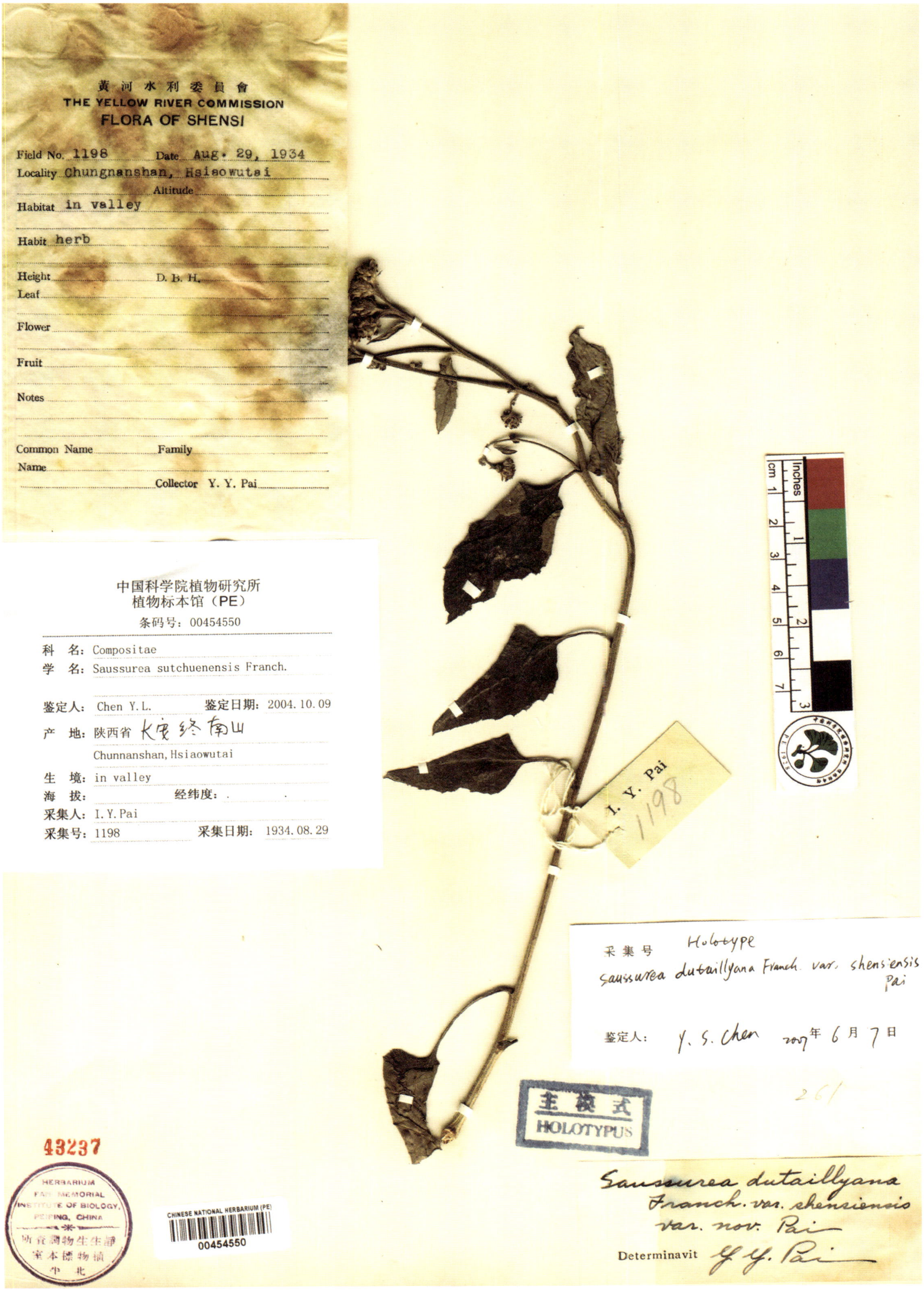

陕西风毛菊 ***Saussurea dutaillyana*** Franch. var. ***shensiensis*** Y. Y. Pai in Contr. Inst Bot. Nat. Acad. Peiping 3(5): 296. 1935.
Holotype: China. Shaanxi: Zhongnanshan, 1934-08-29, Y. Y. Pai 1198.

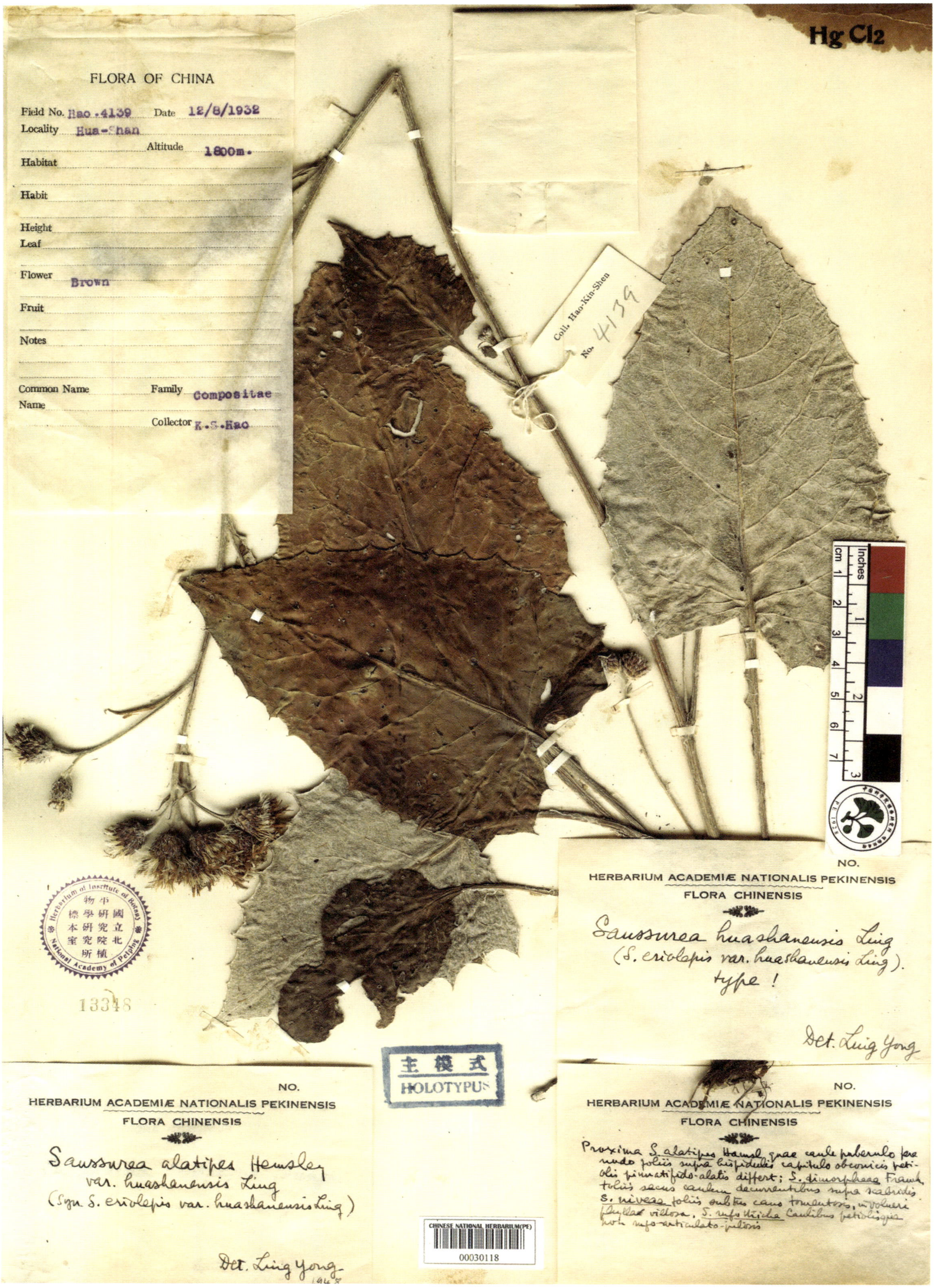

华山风毛菊 ***Saussurea eriolepis*** Bunge var. ***huashanensis*** Y. Ling in Contr. Inst. Bot. Nat. Acad. Peiping 3(4): 163. 1935. **Holotype:** China. Shaanxi: Huayin, Huashan, alt. 1 800 m, 1932-08-12, K. S. Hao 4139.

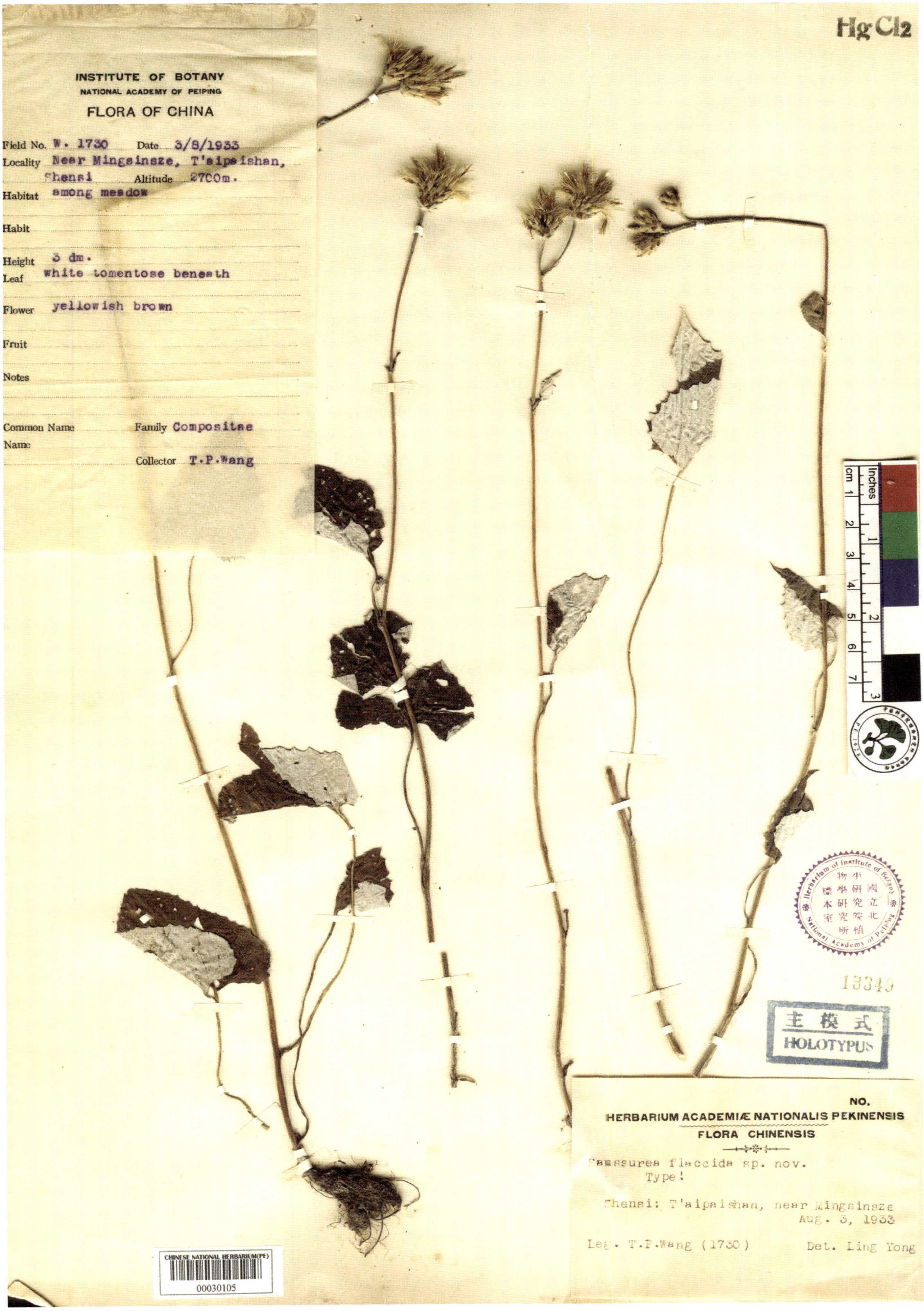

萎软风毛菊 ***Saussurea flaccida*** Y. Ling in Contr. Inst. Bot. Nat. Acad. Peiping 3(4): 165. 1935. **Holotype:** China. Shaanxi: Taibai, Taibaishan, alt. 2 700 m, 1933-08-03, T. P. Wang 1730.

黄绿风毛菊 ***Saussurea flavo-virens*** Y. L. Chen & S. Y. Liang in Acta Phytotax. Sin. 19(1): 105. 1981. **Holotype:** China. Xizang: Yadong, alt. 4 200 m, 1974-09-12, Qinghai-Xizang Exped. 74-2352B.

硕首雪兔子 ***Saussurea grandiceps*** S. W. Liu in Acta Biol. Plateau Sin.3: 69. 1984. **Holotype:** China. Xizang: Saga, alt. 5 000 m, 1975-08-13, Qinghai-Xizang Exped. 7257.

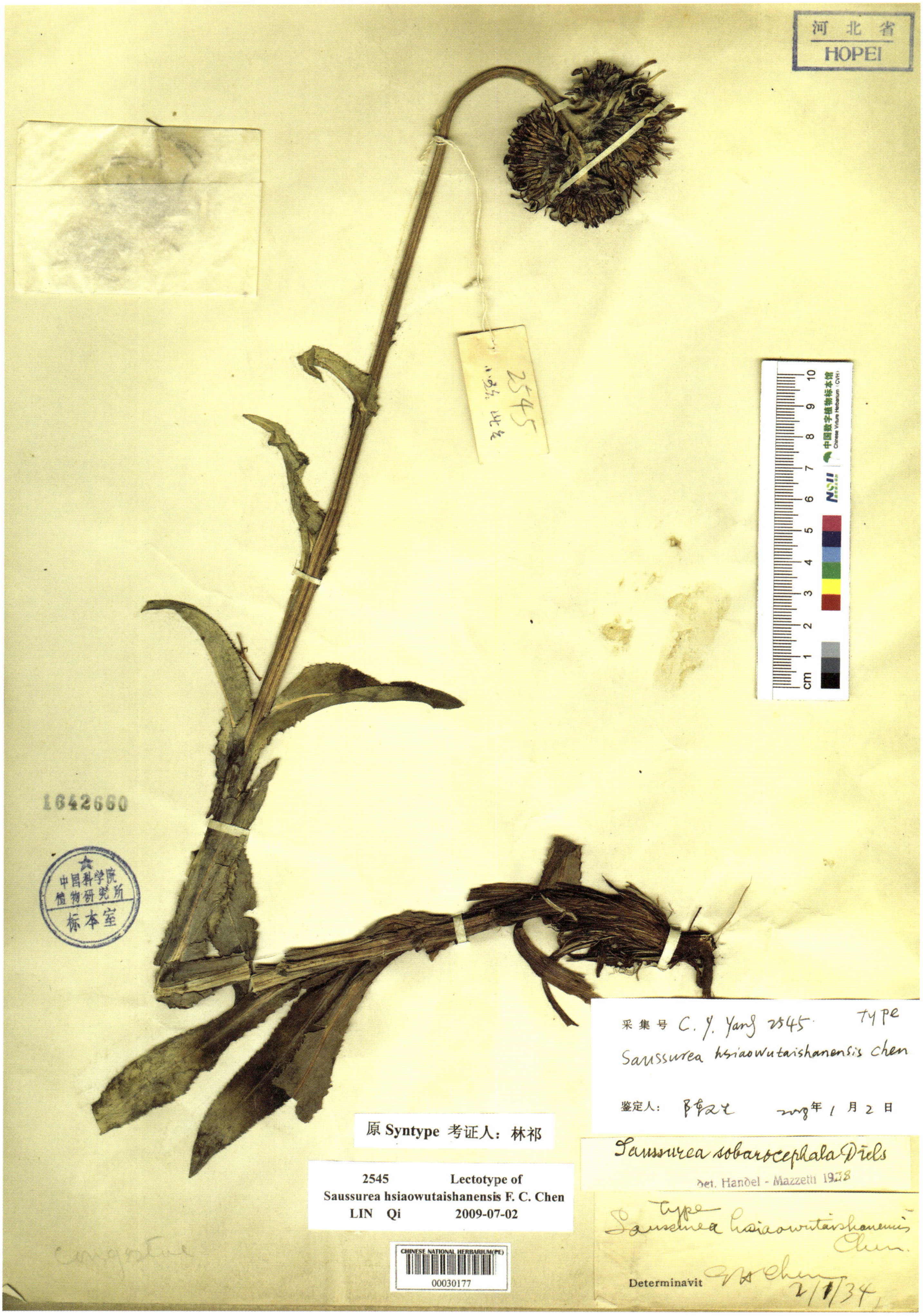

小五台山风毛菊 ***Saussurea hsiaowutaishanensis*** Chen in Bull. Fan Mem. Inst. Biol., Bot. 5(2): 85. 1934. **Lectotype** (designated by Q. Lin & Z. R. Yang in Bull. Bot. Res., Harbin 30: 130. 2010.): China. Hebei: Yu Xian, 1932-07-26, C. W. Wang 2545.

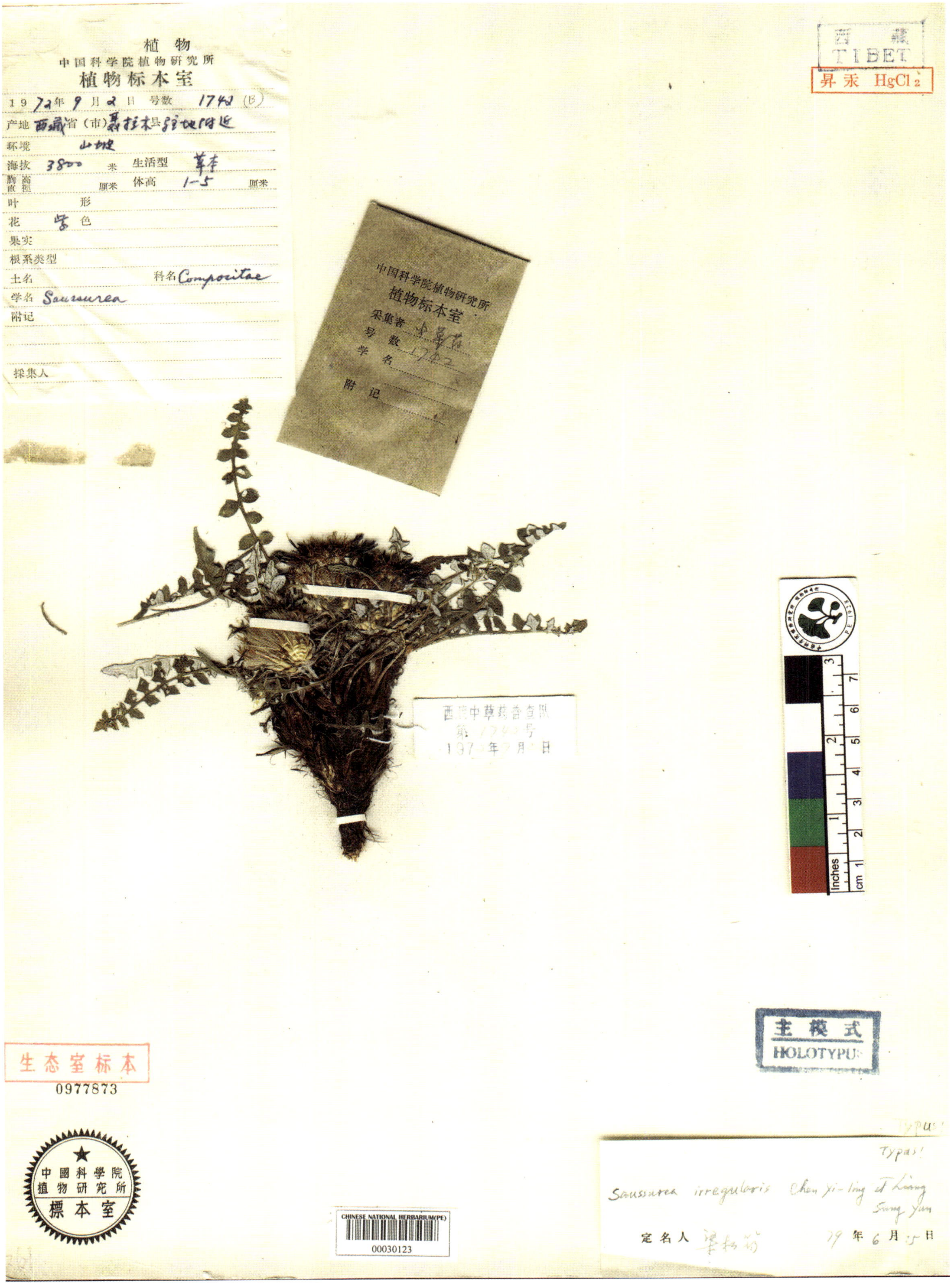

异裂风毛菊 ***Saussurea irregularis*** Y. L. Chen & S. Y. Liang in Acta Phytotax Sin. 19(1): 106. 1981. **Holotype:** China. Xizang: Nyalam, alt. 3 800 m, 1972-09-02, Xizang Med. Pl. Exped. 1742B.

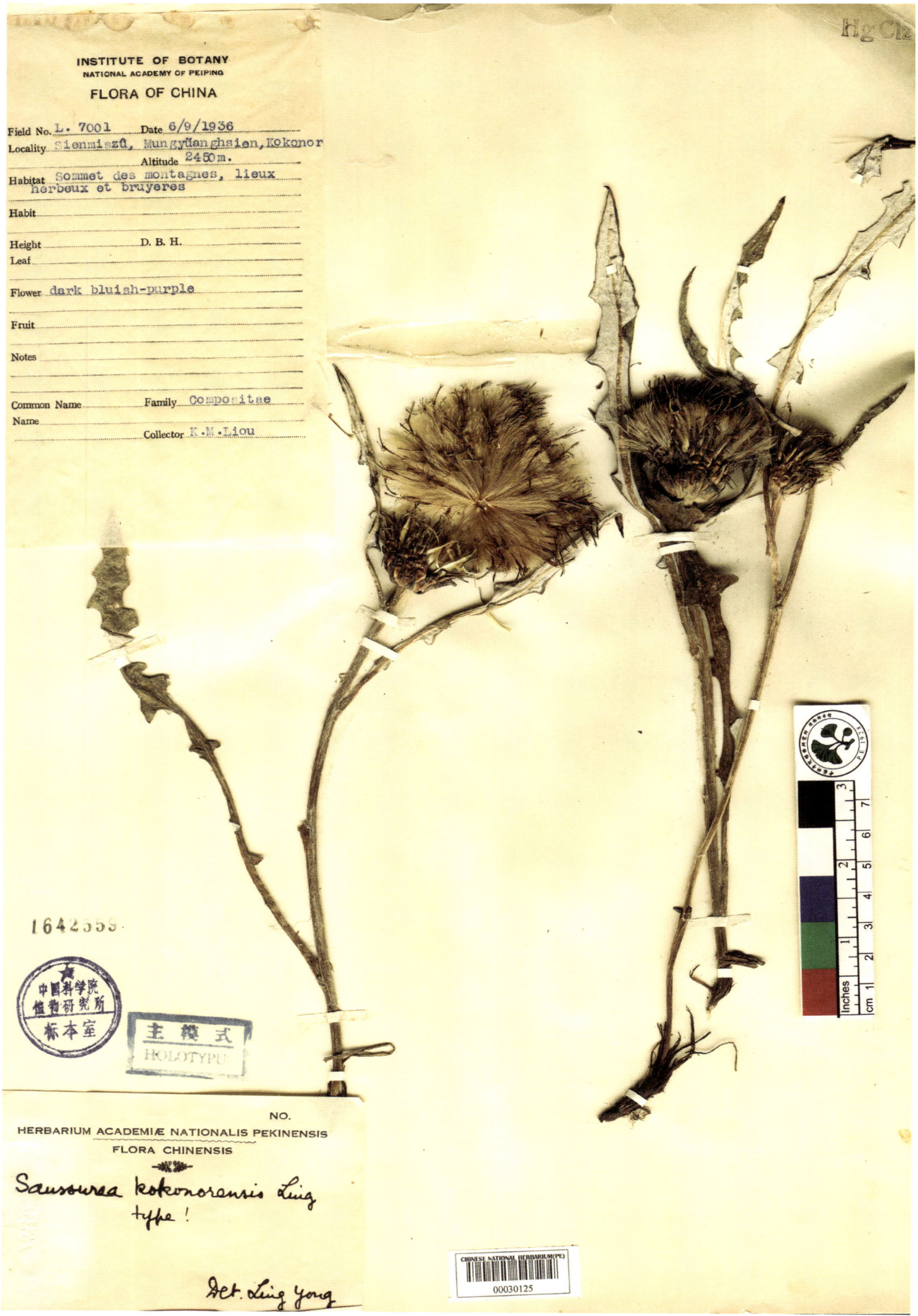

青海风毛菊 ***Saussurea kokonorensis*** Y. Ling in Contr. Inst. Bot. Nat. Acad. Peiping 6(2): 90. 1949. **Holotype:** Qinghai: Huangyuan, alt. 2 450 m, 1936-09-06, K. M. Liou 7001.

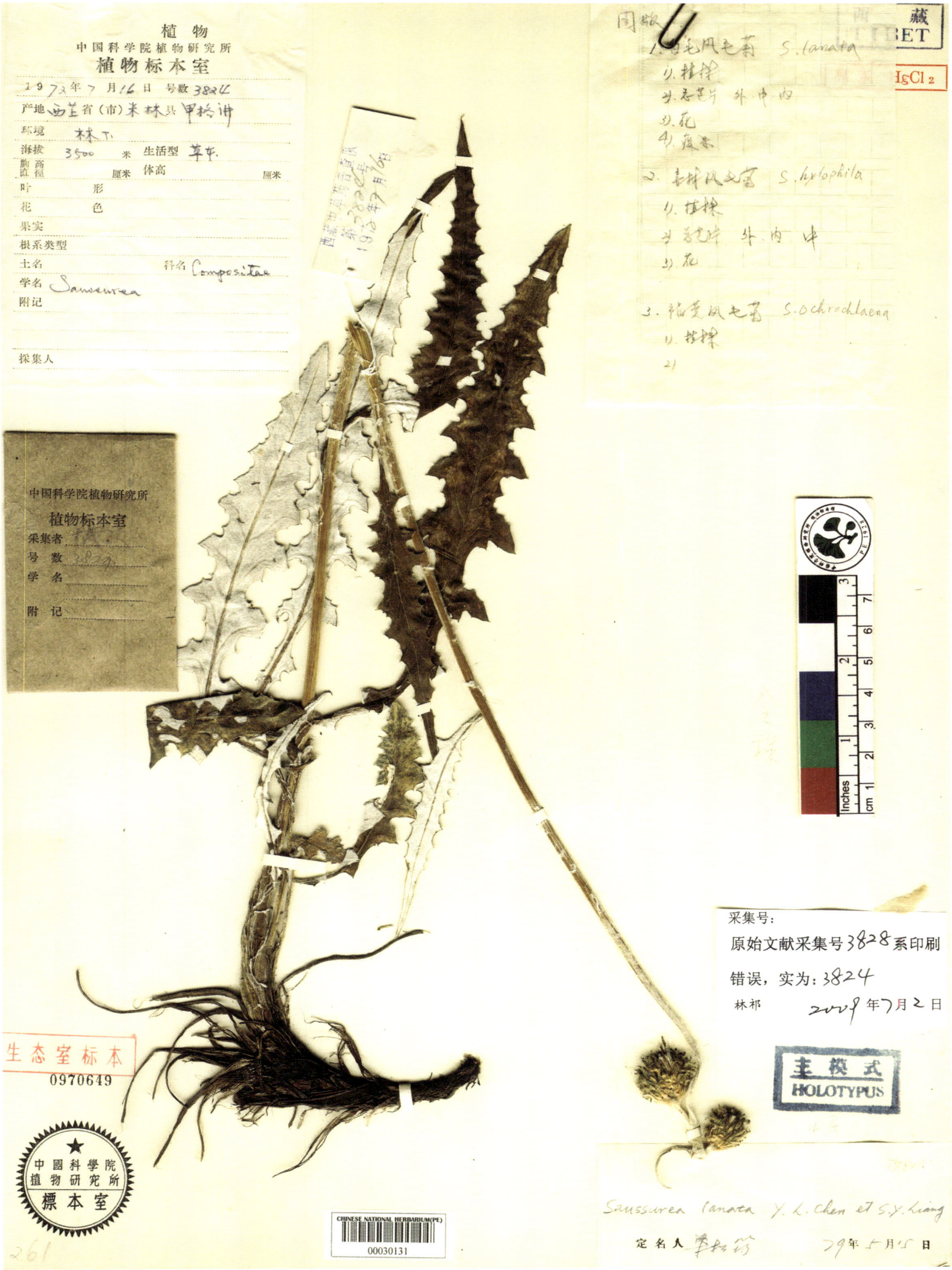

白毛风毛菊 ***Saussurea lanata*** Y. L. Chen & S. Y. Liang in Acta Phytotax. Sin. 19(1): 96. 1981. **Holotype:** China. Xizang: Mainling, alt. 3 500 m, 1972-07-16, Xizang Med. Pl. Exped. 3824.

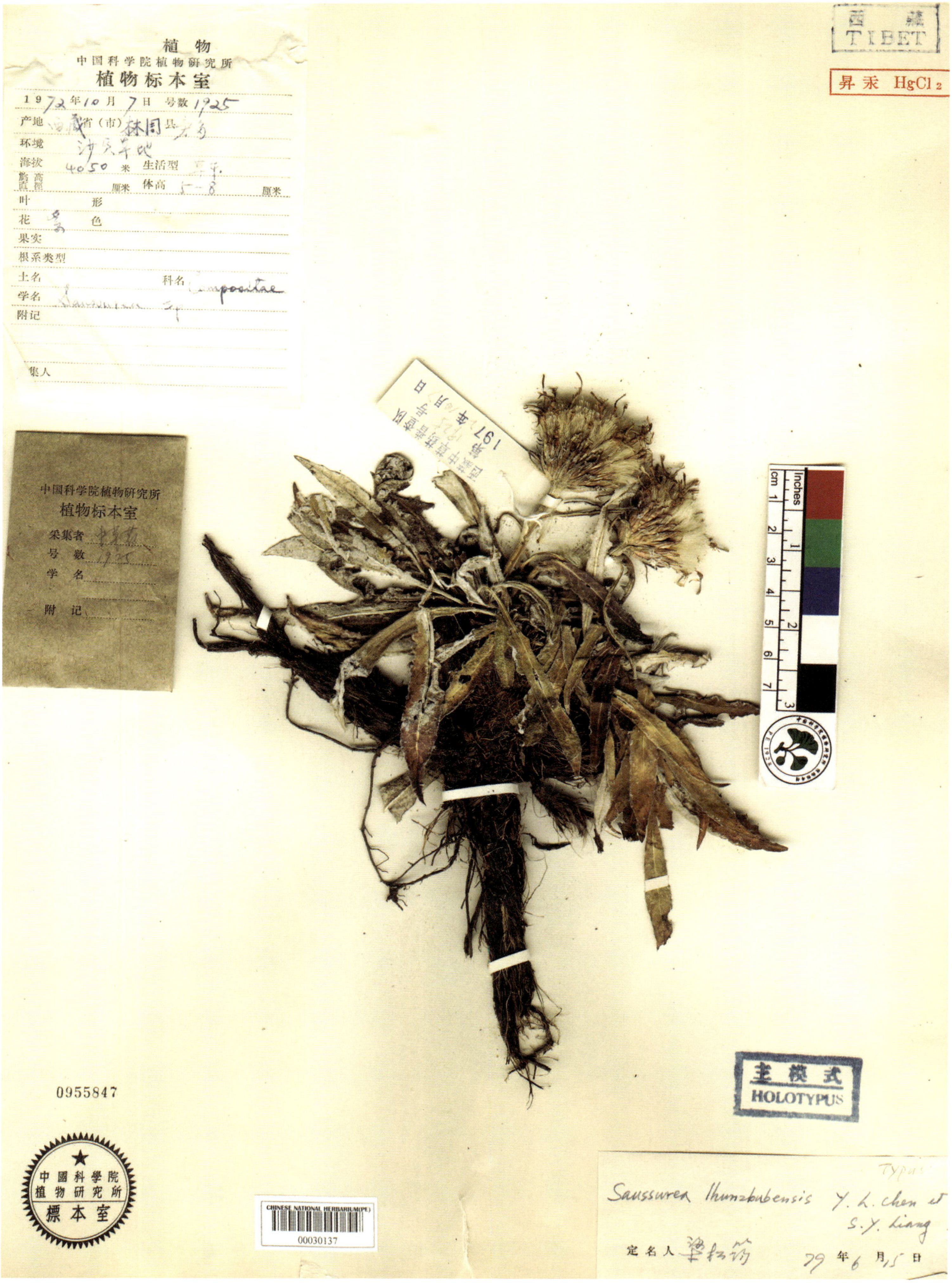

林周风毛菊 ***Saussurea lhunzhubensis*** Y. L. Chen & S. Y. Liang in Acta Phytotax. Sin. 19(1): 100, f. 10: 1-5. 1981.
Holotype: Xizang: Lhünzhub, alt. 4 050 m, 1972-10-07, Xizang Med. Pl. Exped. 1925.

刘氏风毛菊 ***Saussurea lioui*** Y. Ling in Contr. Inst. Bot. Nat. Acad. Peiping 3(4): 149. 1935. **Holotype:** China. Xinjiang: Bogda Shan, alt. 3 600 m, 1931-08-22, T. N. Liou 3589.

钻状风毛菊 ***Saussurea nematolepis*** Y. Ling in Contr. Inst. Bot., Nat. Acad. Peiping 6(2): 67. 1949. **Lectotype** (designated by Q. Lin & Z. R. Yang in Bull. Bot. Res., Harbin 30: 130. 2010.): China. Sichuan: Songpan, alt. 1 500 m, 1937-10-24, K. T. Fu 2235.

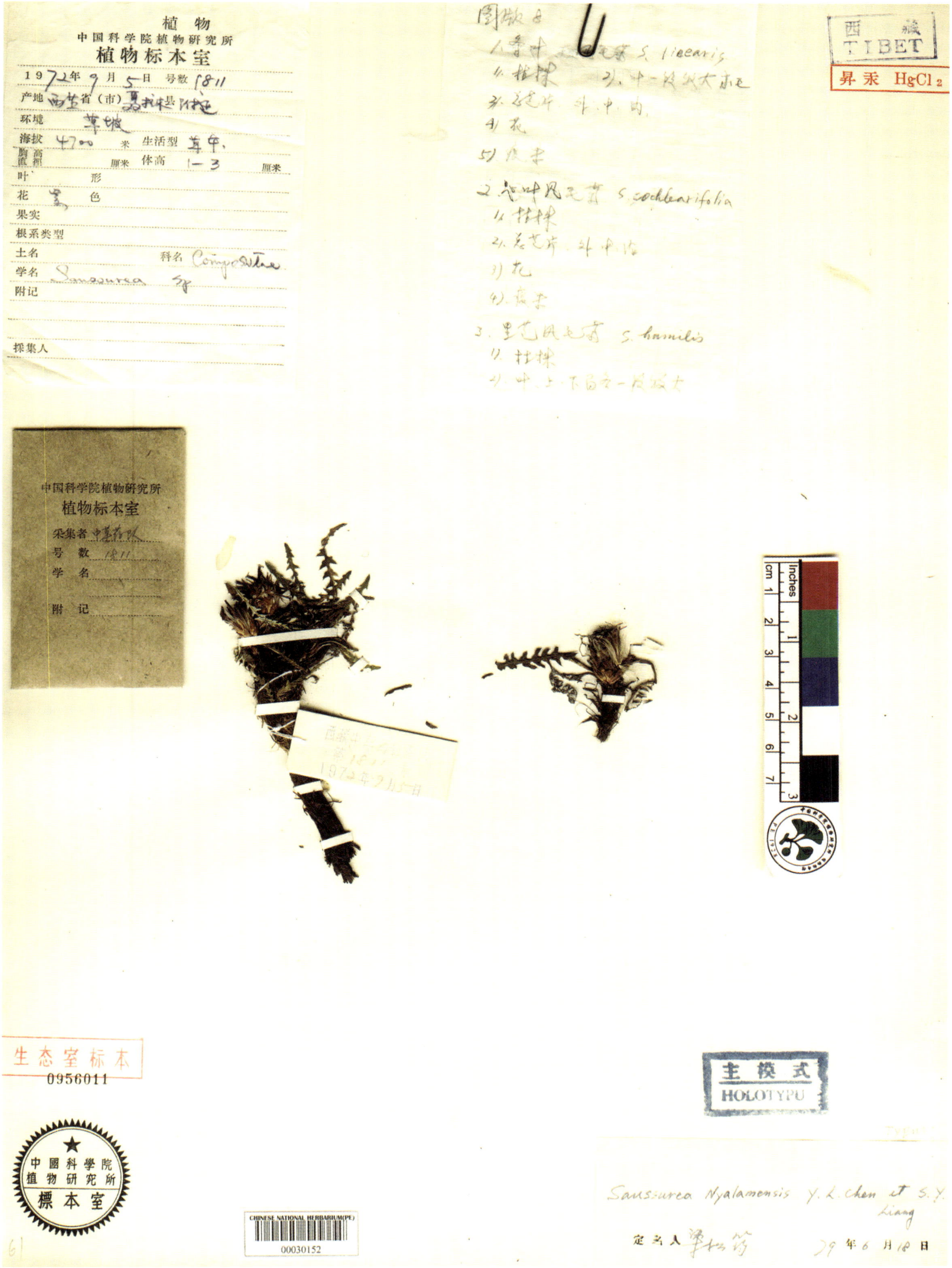

聂拉木风毛菊 ***Saussurea nyalamensis*** Y. L. Chen & S. Y. Liang in Acta Phytotax. Sin. 19(1): 103, f. 12: 6-11. 1981.
Holotype: China. Xizang: Nyalam, alt. 4 700 m, 1972-09-05, Xizang Med. Pl. Exped. 1811.

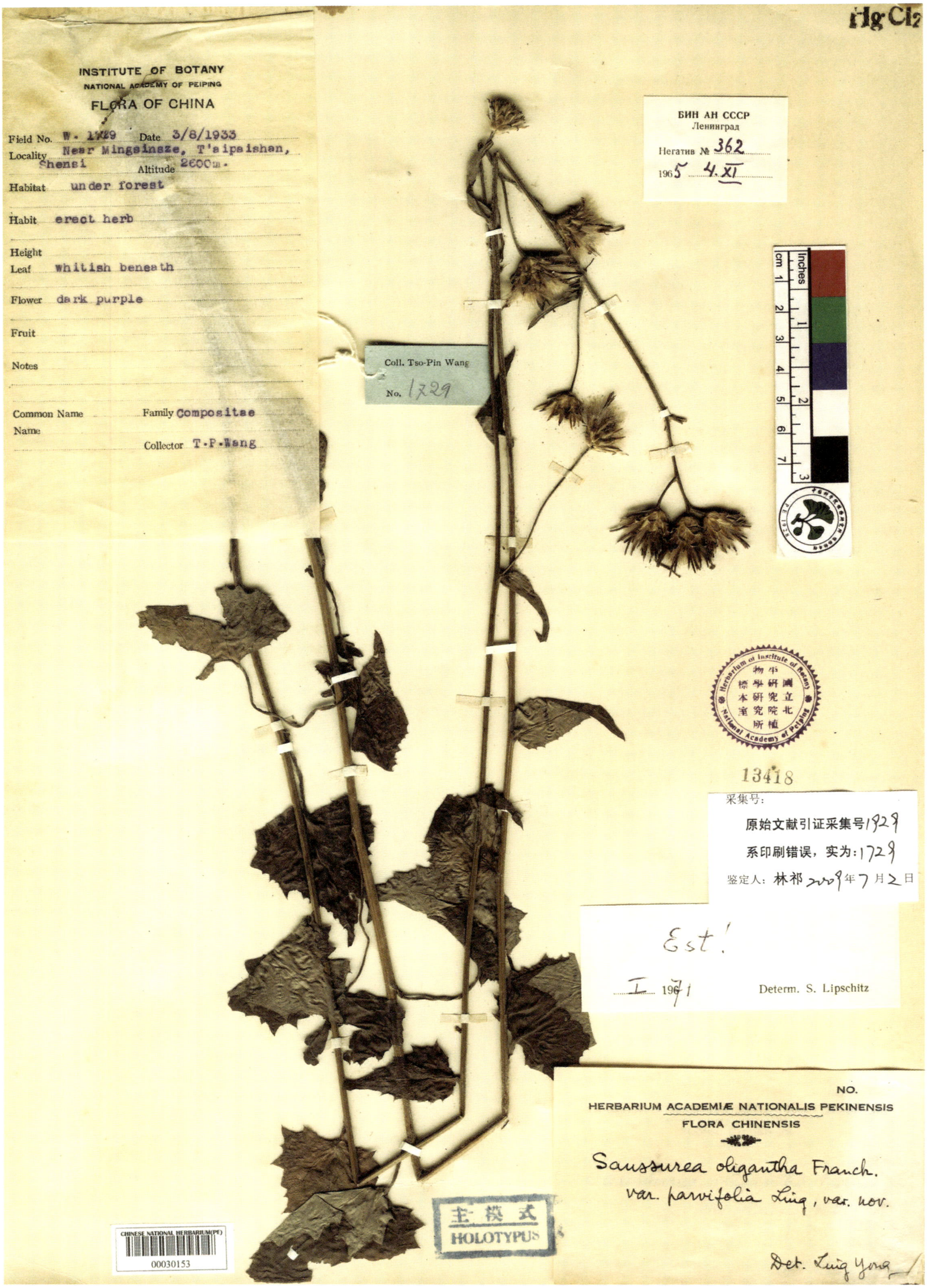

小叶风毛菊 ***Saussurea oligantha*** Franch. var. ***parvifolia*** Y. Ling in Contr. Inst. Bot. Nat. Acad. Peiping 6(2): 81. 1949.
Holotype: China. Shaanxi: Taibai, Taibaishan, alt. 2 600 m, 1933-08-03, T. P. Wang 1729.

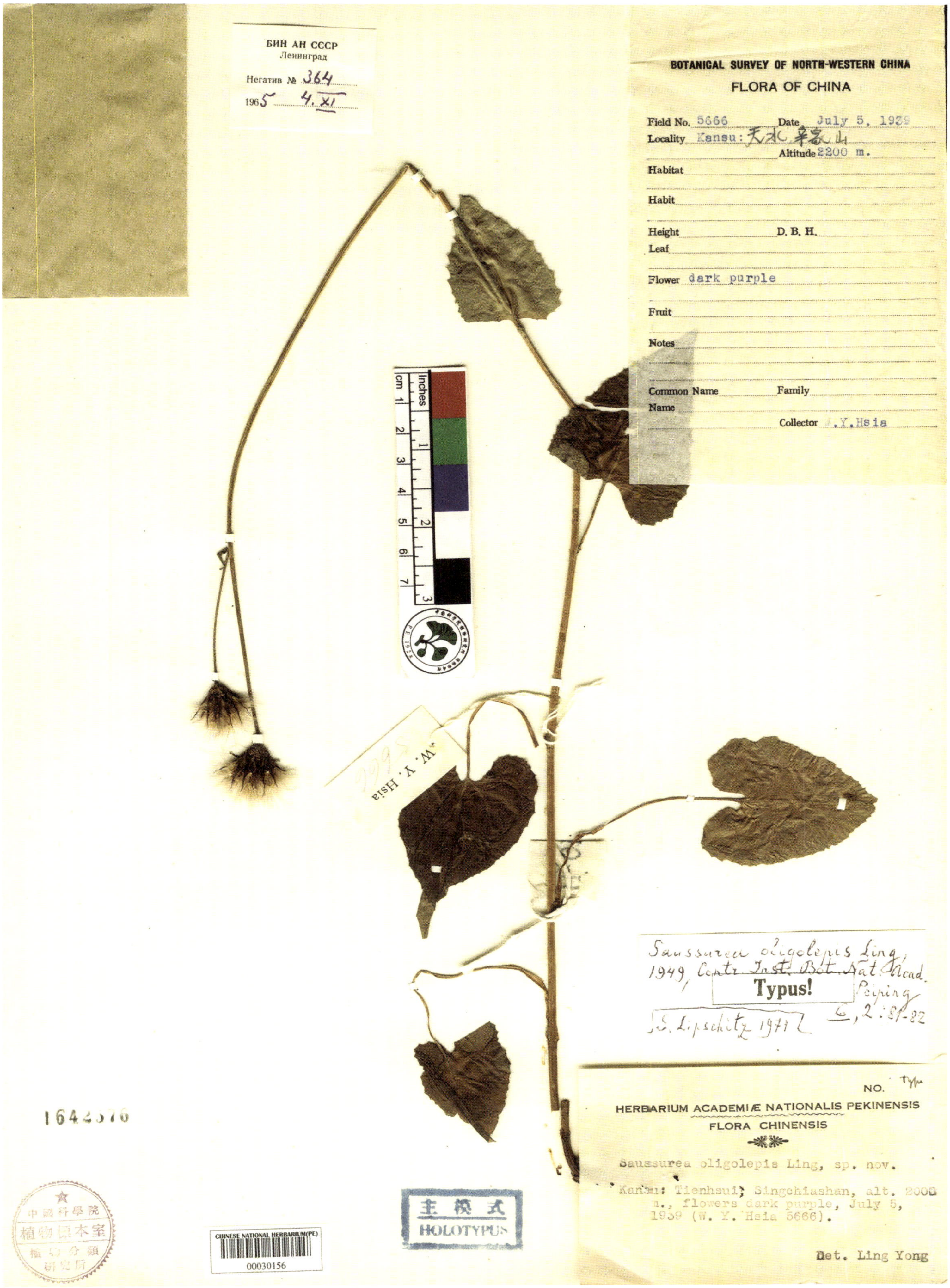

苞尾风毛菊 ***Saussurea oligolepis*** Y. Ling in Contr. Inst. Bot. Nat. Acad. Peiping 6(2): 81. 1949. **Holotype:** China. Gansu: Tianshui, alt. 2 200 m, 1939-07-05, W. Y. Hsia 5666.

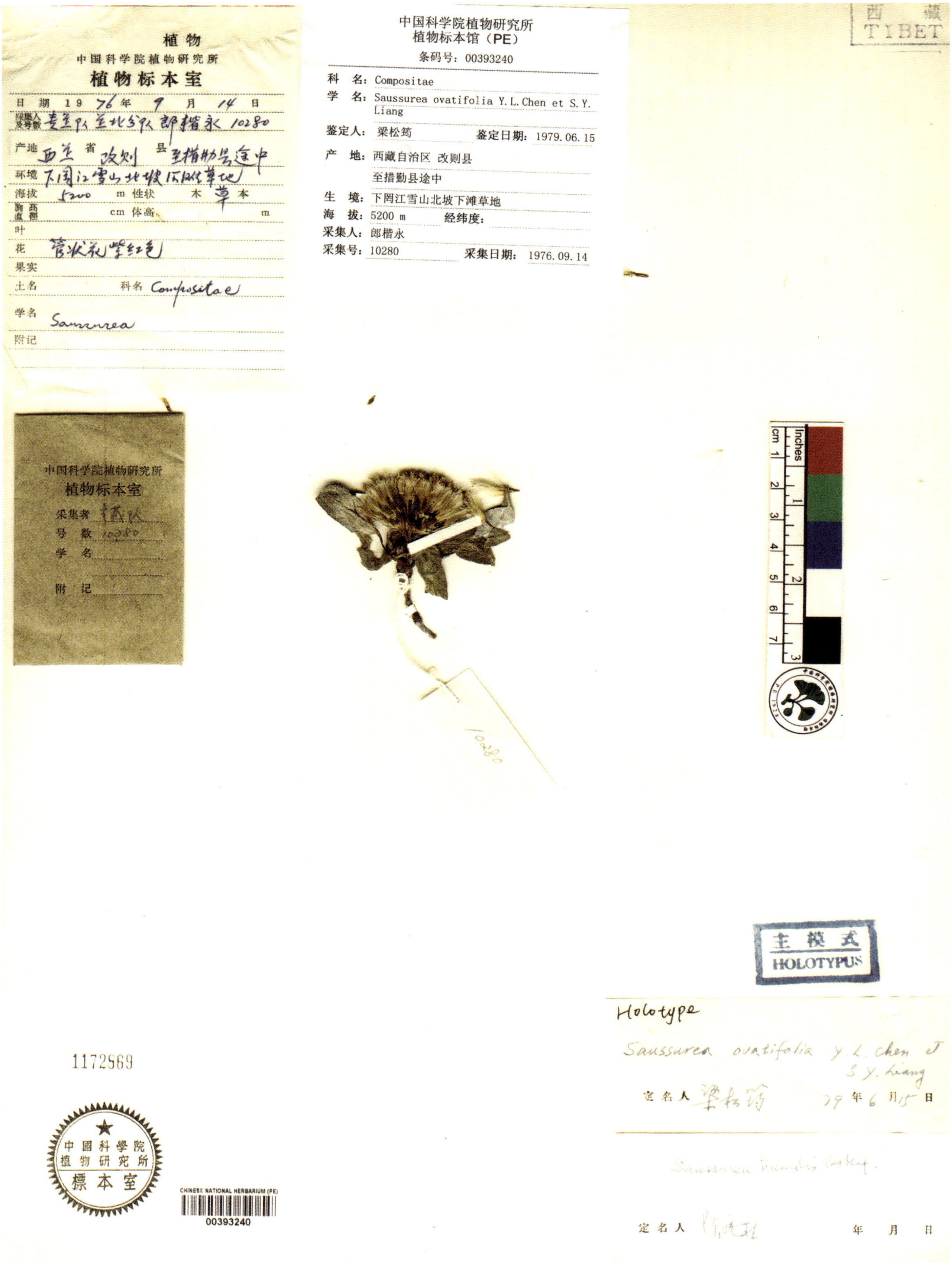

卵叶风毛菊 ***Saussurea ovatifolia*** Y. L. Chen & S. Y. Liang in Acta Phytotax. Sin. 19(1): 102, f. 11: 7-11. 1981. **Holotype:** China. Xizang: Gêrzê, alt. 5 200 m, 1976-09-14, K. Y. Lang 10280.

糠秕毛风毛菊 ***Saussurea paleacea*** Y. L. Chen & S. Y. Liang in Acta Phytotax. Sin. 19(1): 99, f. 9: 6-10. 1981. **Holotype:** China. Xizang: Qamdo, alt. 4 300~4 400 m, 1976-08-10, Qinghai-Xizang Exped. 12742.

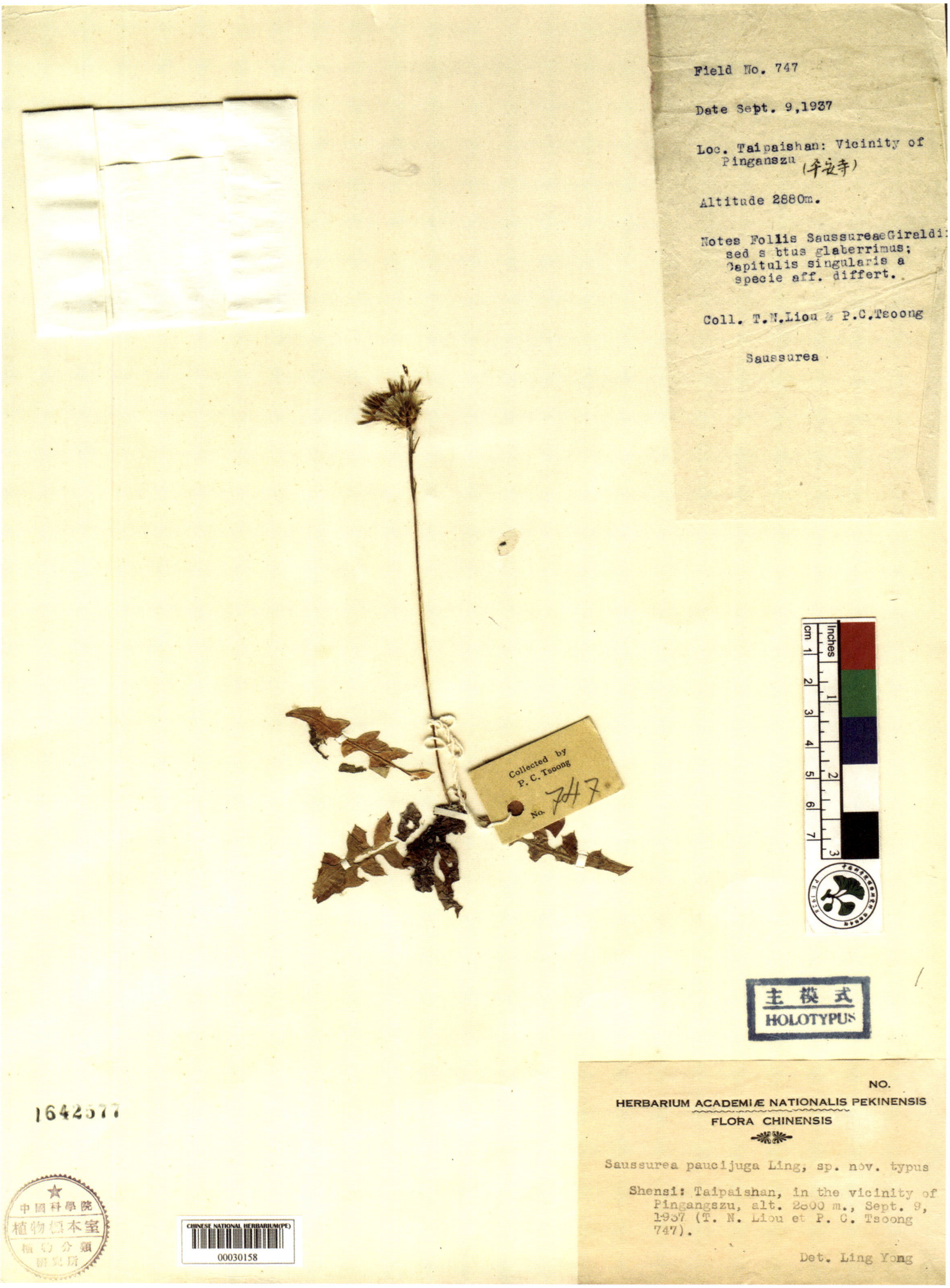

深裂风毛菊 ***Saussurea paucijuga*** Y. Ling in Contr. Inst. Bot. Nat. Acad. Peiping 6(2): 88. 1949. **Holotype:** China. Shaanxi: Taibai, Taibaishan, alt. 2 880 m, 1937-09-09, T. N. Liou & P. C. Tsoong 747.

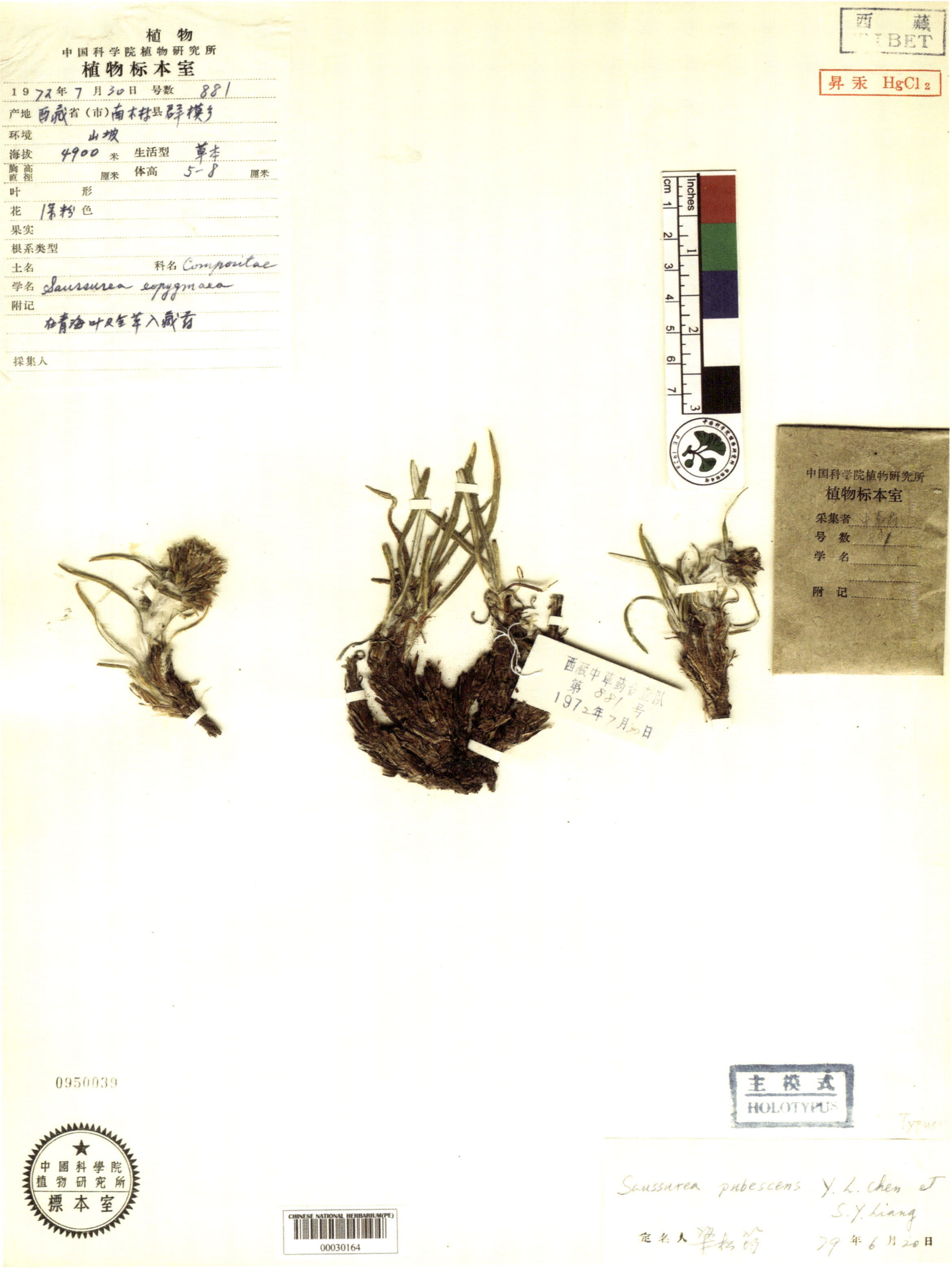

毛果风毛菊 ***Saussurea pubescens*** Y. L. Chen & S. Y. Liang in Acta Phytotax. Sin. 19(1): 95. 1981. **Holotype:** China. Xizang: Namling, alt. 4 900 m, 1972-07-30, Xizang Med. Pl. Exped. 881.

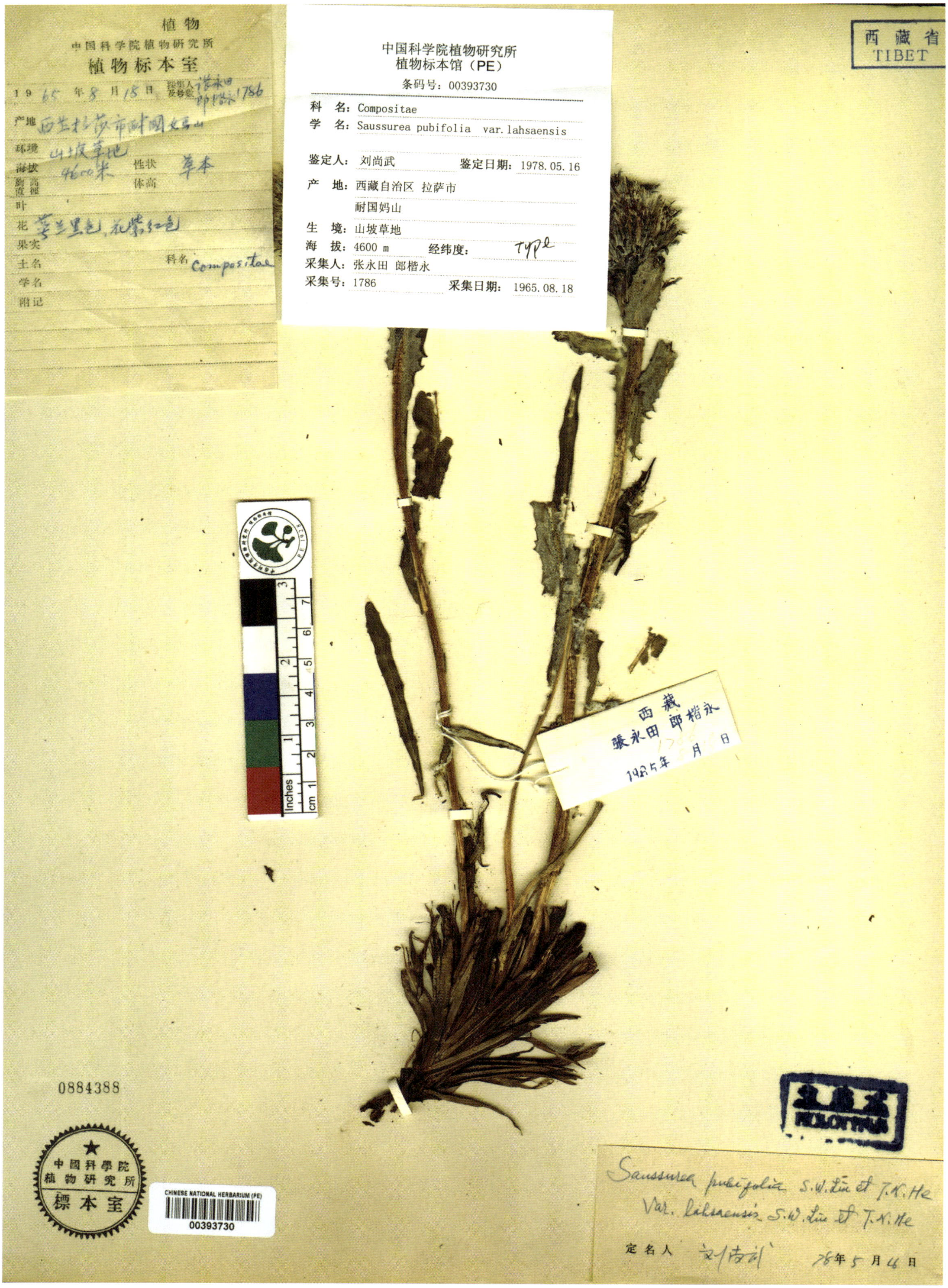

小苞雪莲 ***Saussurea pubifolia*** S. W. Liu var. ***lhasaensis*** S. W. Liu in Acta Biol. Plateau Sin. 3: 71, pl. 5: 2. 1984.
Holotype: China. Xizang: Lhasa, alt. 4 600 m, 1965-08-18, Y. T. Chang & K. Y. Lang 1786.

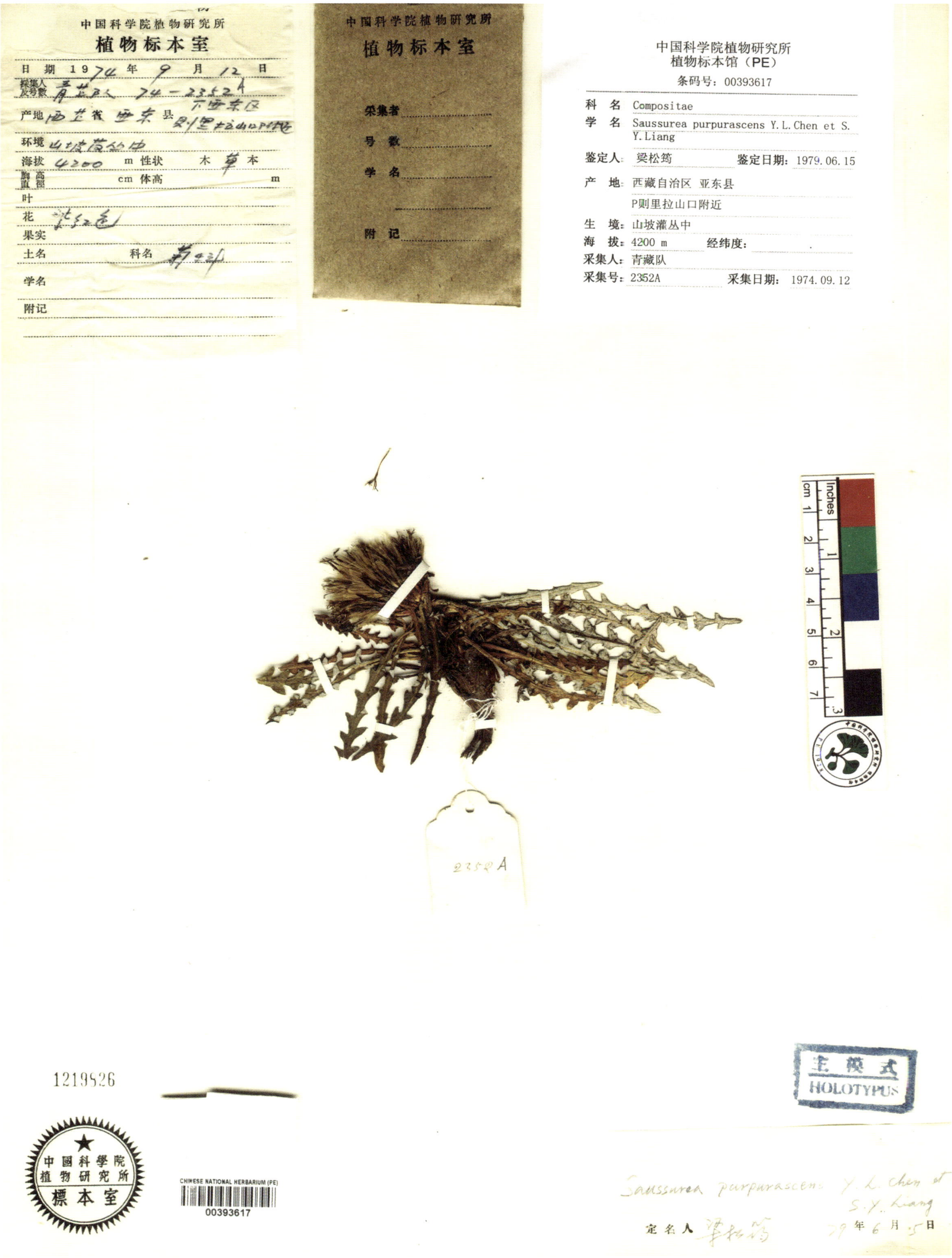

紫红苞风毛菊 ***Saussurea purpurascens*** Y. L. Chen & S. Y. Liang in Acta Phytotax. Sin 19(1): 105. 1981. **Holotype:** China. Xizang: Yadong, alt. 4 200 m, 1974-09-12, Qinghai-Xizang Exped. 74-2352A.

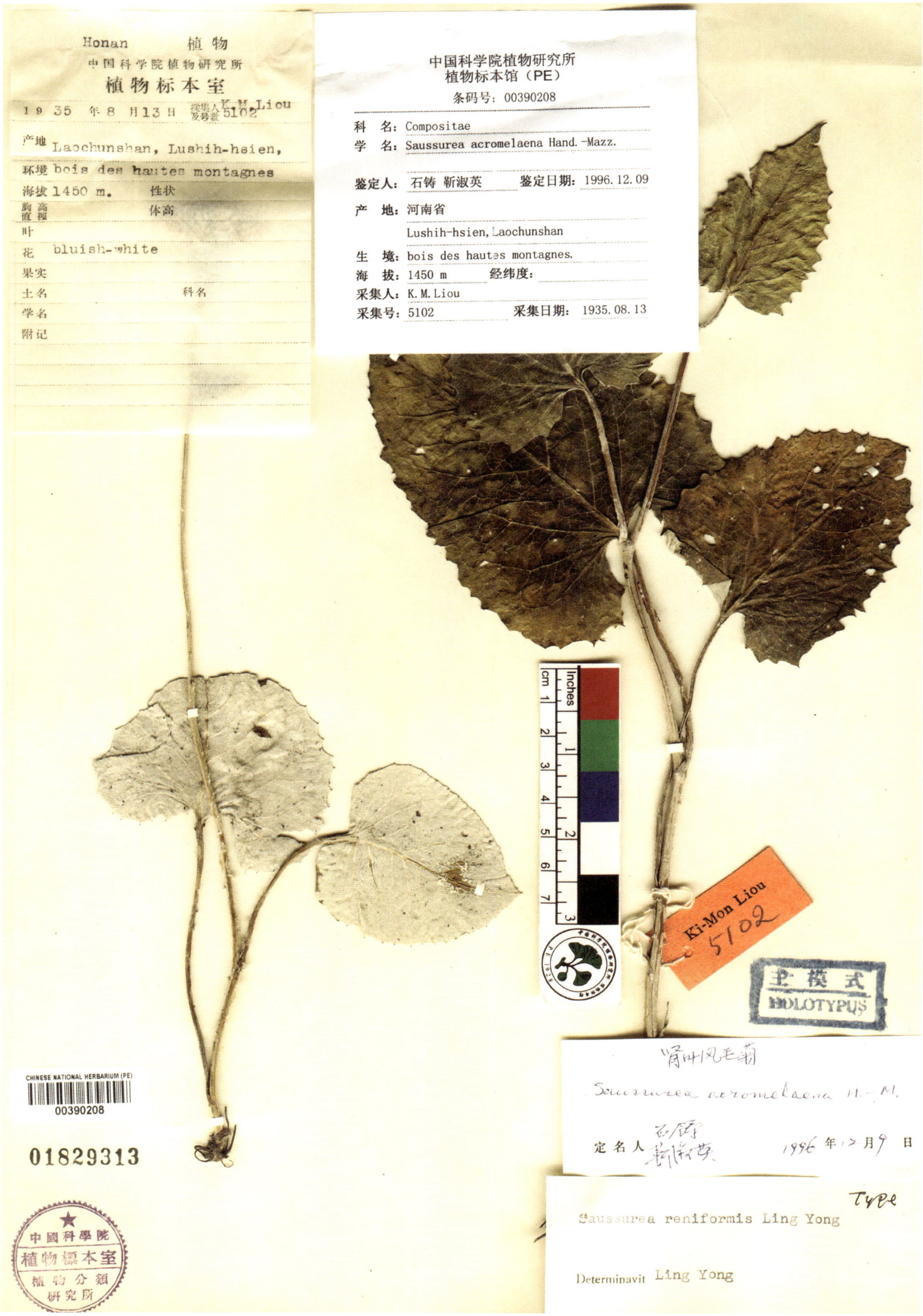

肾叶风毛菊 ***Saussurea reniformis*** Y. Ling in Contr. Inst. Bot. Nat. Acad. Peiping 6(2): 77. 1949. **Holotype:** China. Henan: Lushi, alt. 1 450 m, 1935-08-13, K. M. Liou 5102.

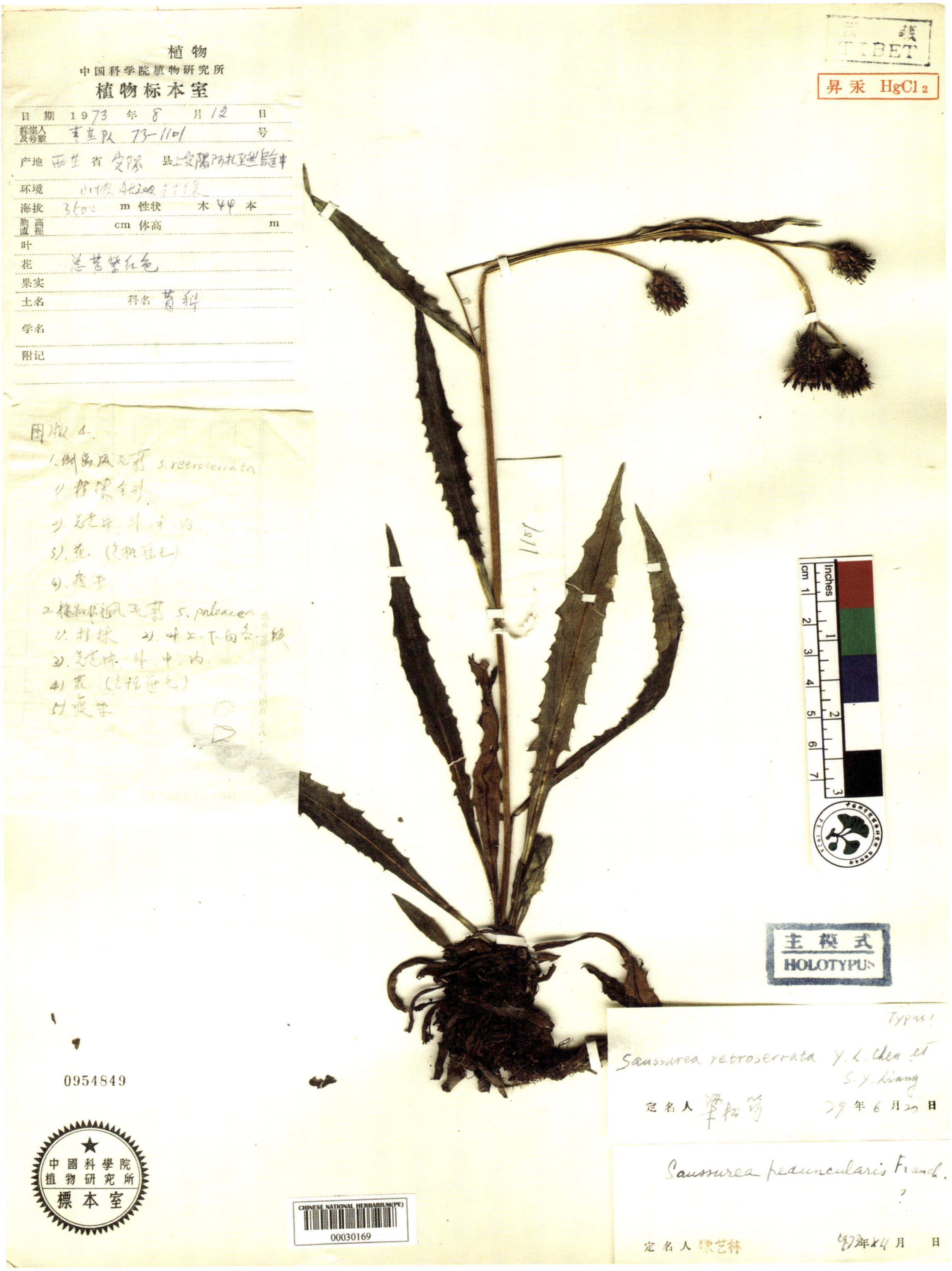

倒齿风毛菊 ***Saussurea retroserrata*** Y. L. Chen & S. Y. Liang in Acta. Phytotax. Sin. 19(1): 97, f. 9: 1-5. 1981. **Holotype:** China. Xizang: Zayü, alt. 3 500 m, 1973-08-12, Qinghai-Xizang Exped. 73-1101.

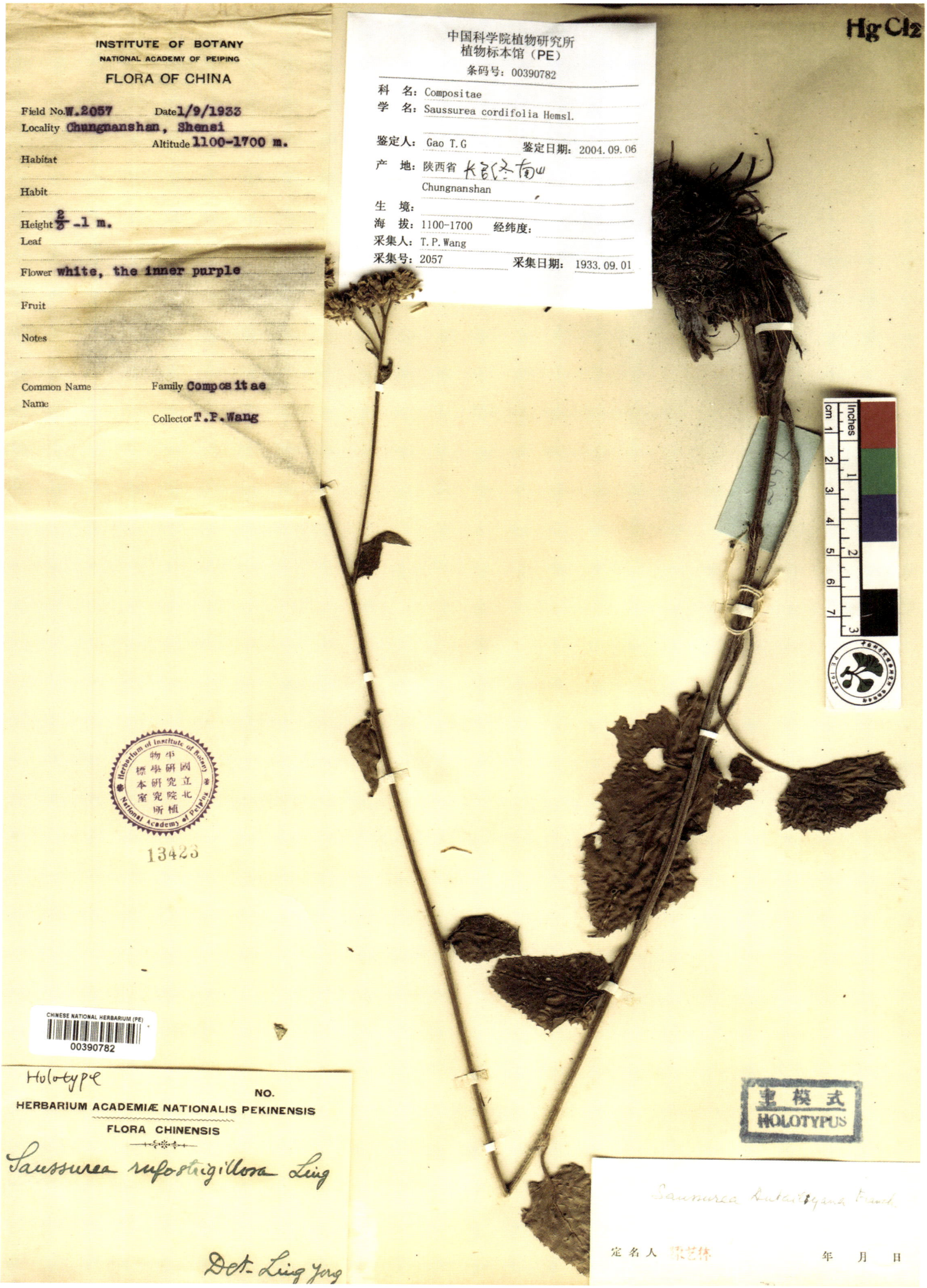

红短糙毛风毛菊 ***Saussurea rufostrigillosa*** Y. Ling in Contr. Inst. Bot. Natl. Acad. Peiping 3(4): 168. 1935. **Holotype:** China. Shaanxi: Changan, Zhongnanshan, alt. 1 100~1 700 m, 1933-09-01, T. P. Wang 2057.

大头红短糙毛风毛菊 ***Saussurea rufostrigillosa*** Y. Ling var. ***macrocephala*** Y. Ling in Contr. Inst. Bot. Nat. Acad. Peiping 6(2): 75. 1949. **Holotype:** China. Henan: Lushi, alt. 1 450 m, 1935-08-14, K. M. Liou 5118.

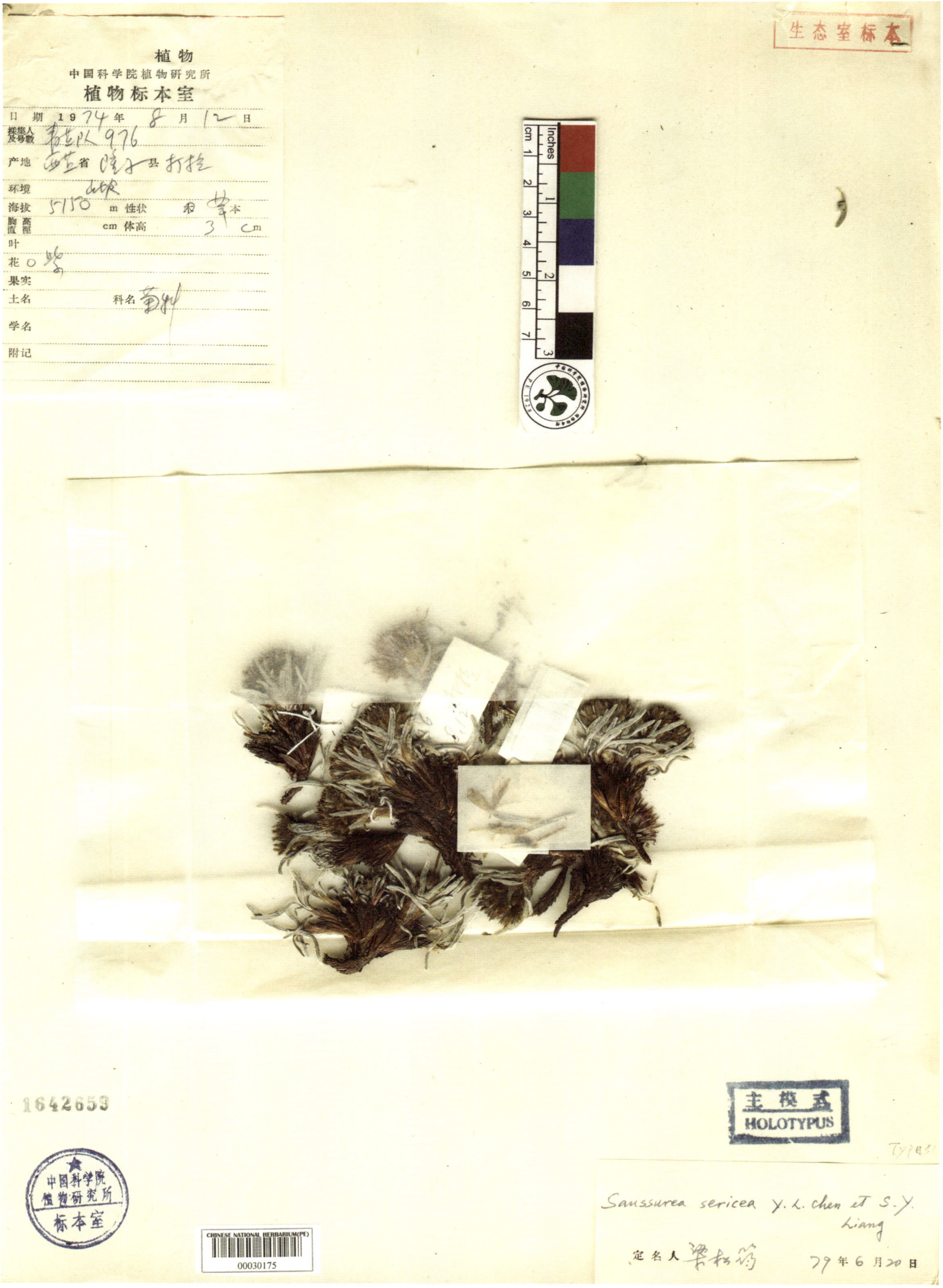

绢毛风毛菊 ***Saussurea sericea*** Y. L. Chen & S. Y. Liang in Acta Phytotax. Sin. 19(1): 96. 1981. **Holotype:** China. Xizang: Lhünzë, alt. 5 150 m, 1974-08-12, Qinghai-Xizang Exped. 976.

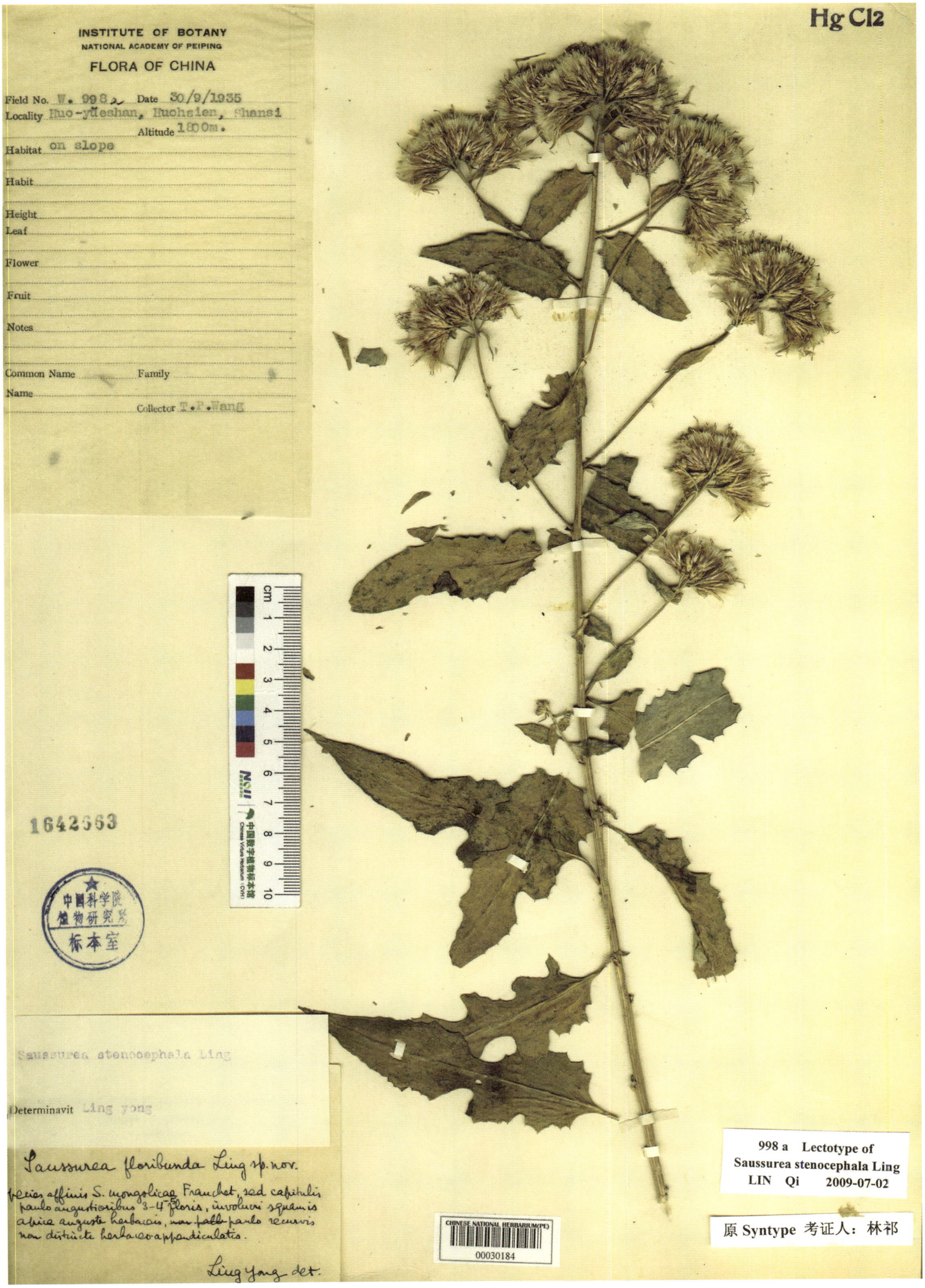

狭头风毛菊 ***Saussurea stenocephala*** Y. Ling in Contr. Inst. Bot., Nat. Acad. Peiping 6(2): 75. 1949. **Lectotype** (designated by Q. Lin & Z. R. Yang in Bull. Bot. Res., Harbin 30: 130. 2010.): China. Shaanxi: Hu Xian, alt. 1 800 m, 1935-09-30, T. P. Wang 998a.

娇柔风毛菊 ***Saussurea tenella*** Y. Ling in Contr. Inst. Bot. Nat. Acad. Peiping 6(2): 85. 1949. **Holotype:** China. Shaanxi: Taibai, Taibaishan, 1938-08-05, T. N. Liou & P. C. Tsoong 2984.

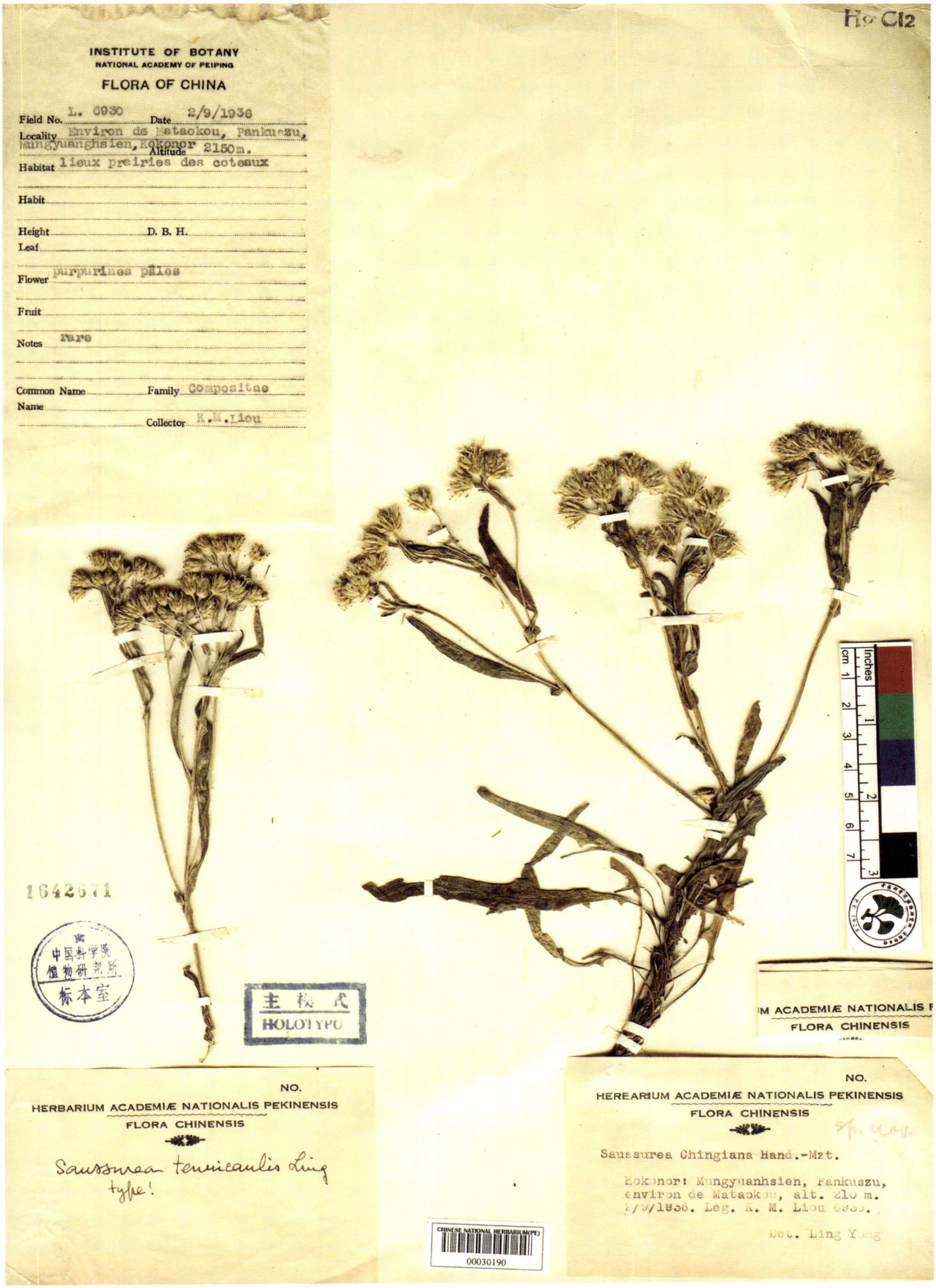

细茎风毛菊 ***Saussurea tenuicaulis*** Y. Ling in Contr. Inst. Bot. Nat. Acad. Peiping 6(2): 66. 1949. **Holotype:** China. Qinghai: Mungyuang, alt. 2 150 m, 1936-09-02, K. M. Liou 6930.

东陵风毛菊 ***Saussurea tunglingensis*** F. H. Chen in Bull. Fan Mem. Inst. Biol., Bot. 5(2): 85. 1934. **Holotype:** China. Hebei: Zunhua, 1930-??-??, H. F. Chow 40772.

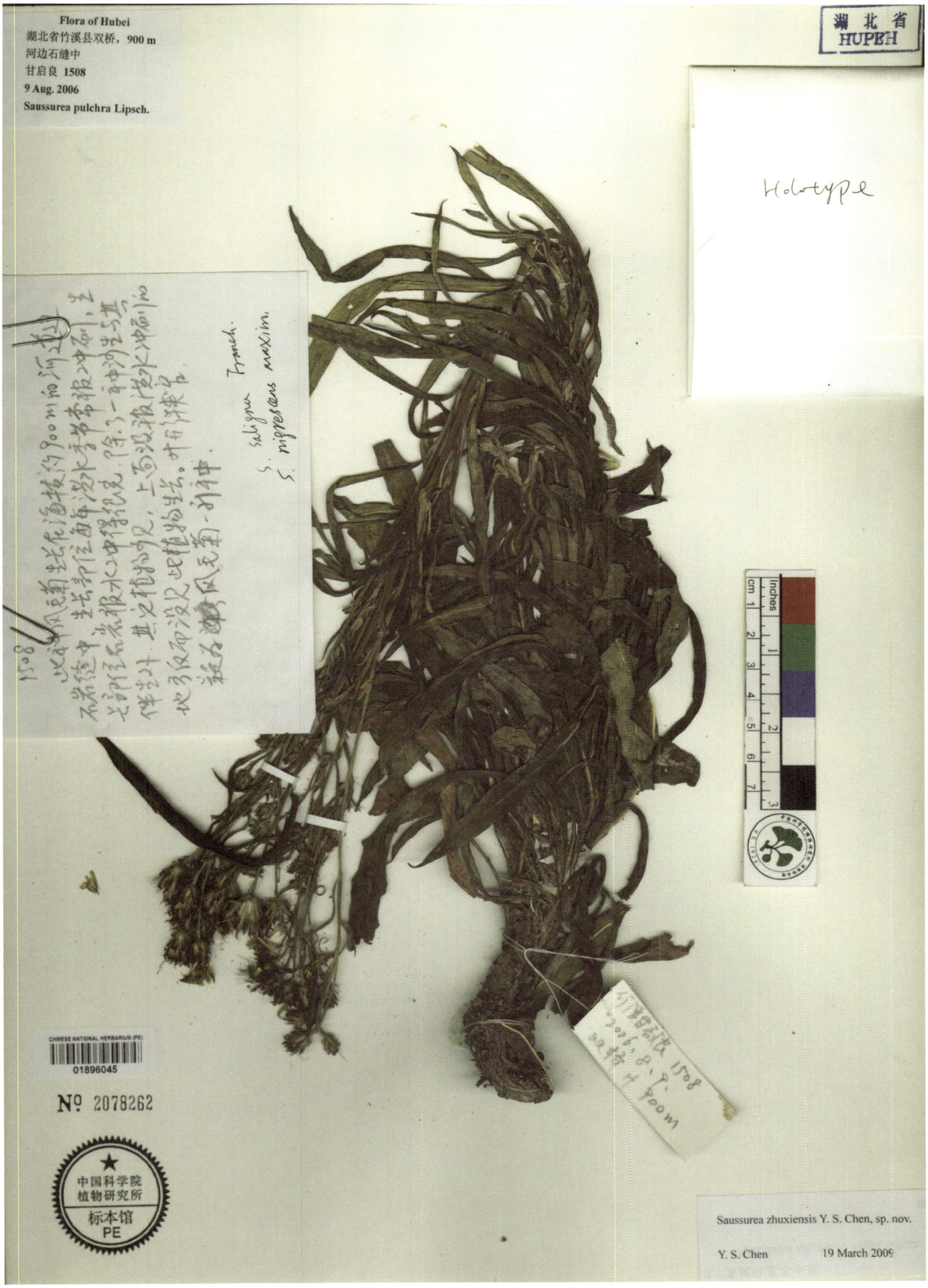

竹溪风毛菊 ***Saussurea zhuxiensis*** Y. S. Chen & Q. L. Gan in J. Syst. Evol. 49(2): 160. 2011. **Holotype:** China. Hubei: Zhuxi, alt. 900 m, 2006-08-09, Q. L. Gan 1508.

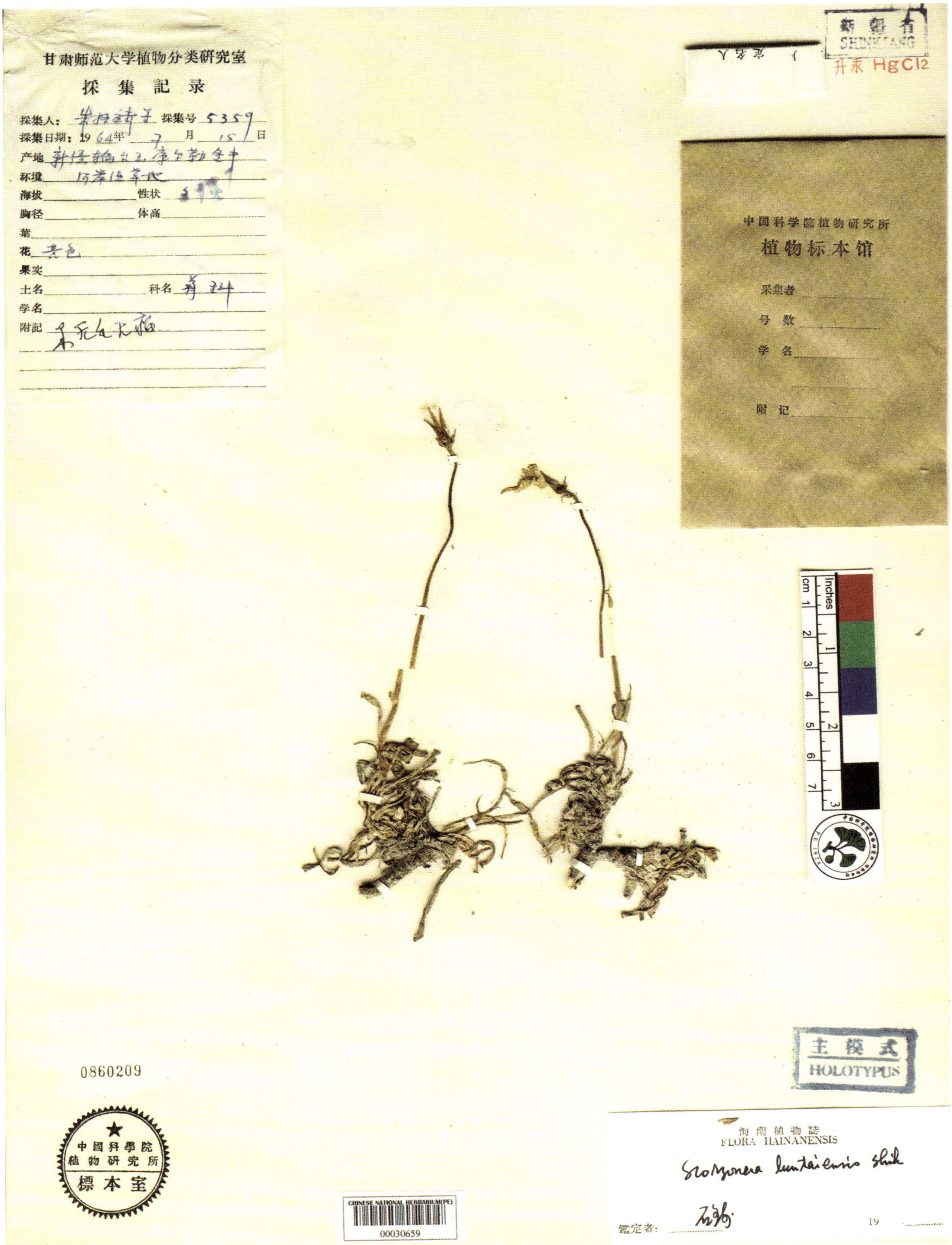

轮台鸦葱 ***Scorzonera luntaiensis*** C. Shih in Acta Phytotax. Sin. 33(2): 197. 1995. **Holotype:** China. Xinjiang: Luntai, 1964-07-15, G. L. Zhu & al. 5359.

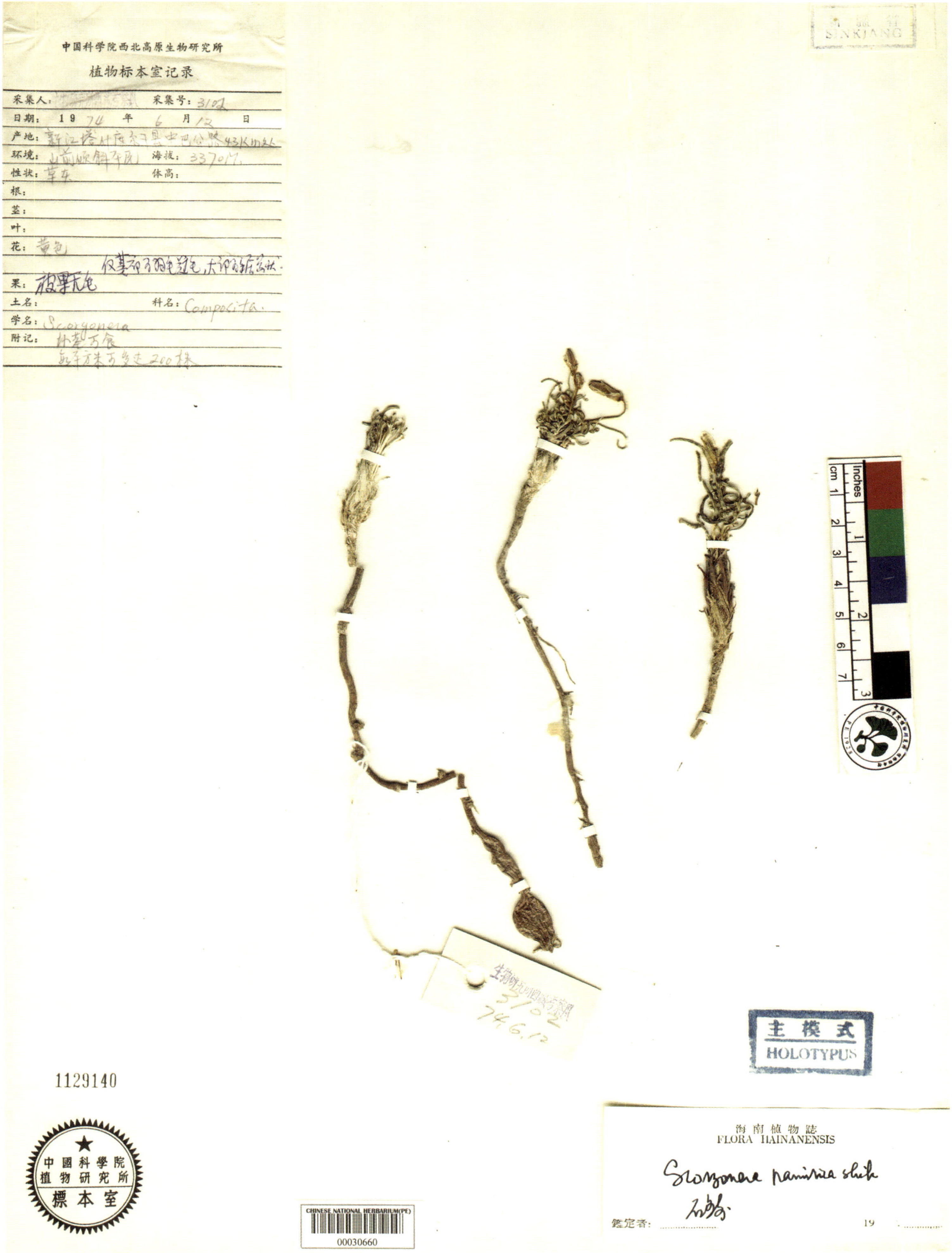

帕米尔鸦葱 ***Scorzonera pamirica*** C. Shih in Acta Phytotax. Sin. 25(1): 48, pl. 1: 4. 1987. **Holotype:** China. Xinjiang: Taxkorgan, alt. 3 370 m, 1974-06-12, Xizang Exped. 3102.

单叶千里光 ***Senecio actinotus*** Hand.-Mazz. f. ***simplicifolius*** Y. Ling in Contr. Inst. Bot. Nat. Acad. Peiping 5(1): 21. 1937. **Holotype:** China. Hunan: Precise locality not known, P. T. Tsoong 1175.

少花千里光 ***Senecio alata*** Wall. ex DC. var. ***oligocephalus*** Y. L. Chen & K. Y. Pan in Acta Phytotax. Sin. 19(1): 94. 1981. **Holotype:** China. Xizang: Cona, alt. 2 900 m, 1975-09-02, Qinghai-Xizang Exped. 751801.

稻城千里光 ***Senecio daochengensis*** Y. L. Chen in Acta Phytotax. Sin. 26(1): 56, pl. 1: 3. 1988. **Holotype:** China. Sichuan: Daocheng, alt. 4 800 m, 1973-08-20, Sichuan Veg. Exped. 3877.

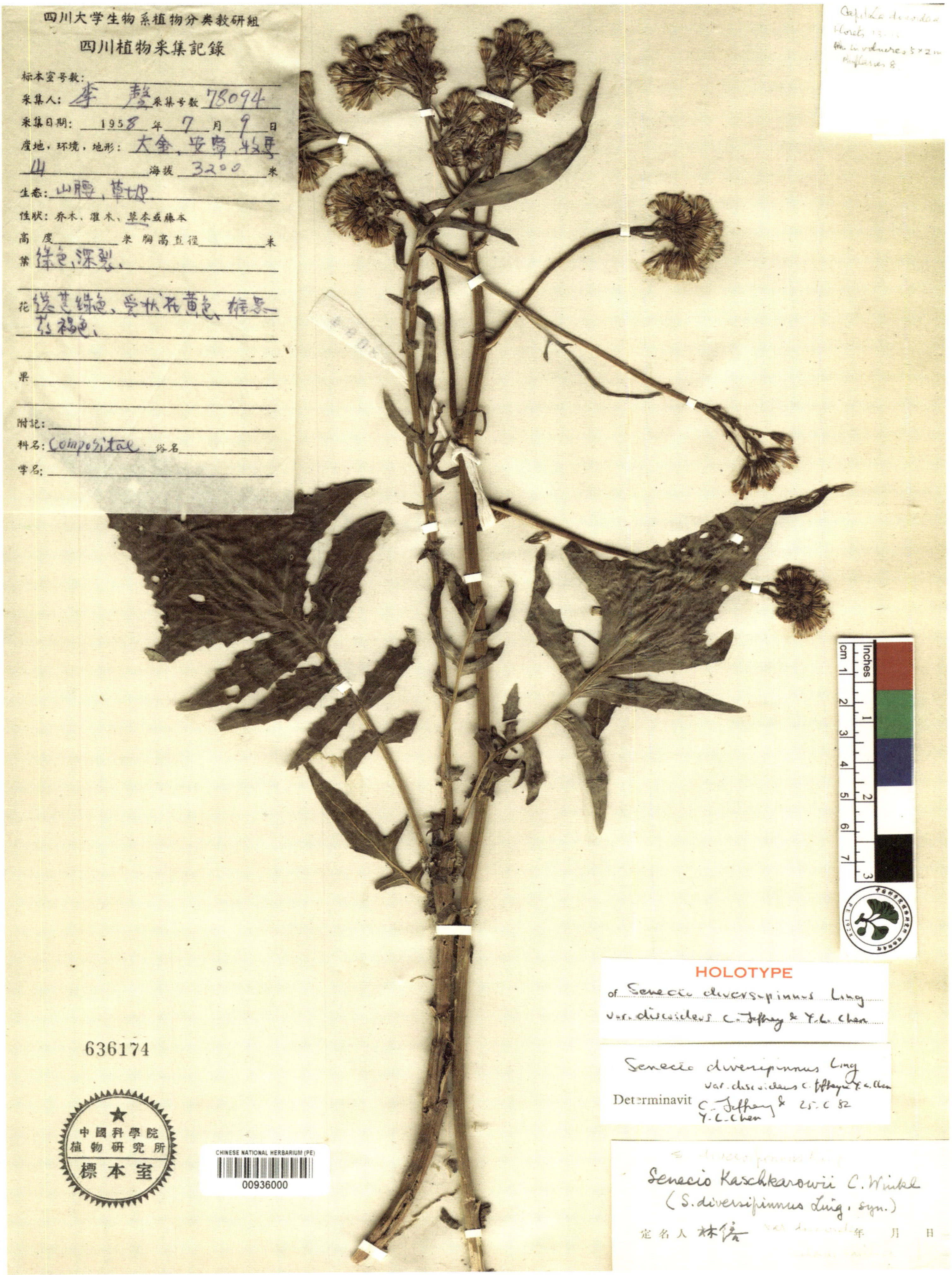

无舌异羽千里光 ***Senecio diversipinnus*** Y. Ling var. ***discoideus*** C. Jeffrey & Y. L. Chen in Kew Bull. 39(2): 400. 1984.
Holotype: China. Sichuan: Dajin, alt. 3 200 m, 1958-07-09, H. Li 78094.

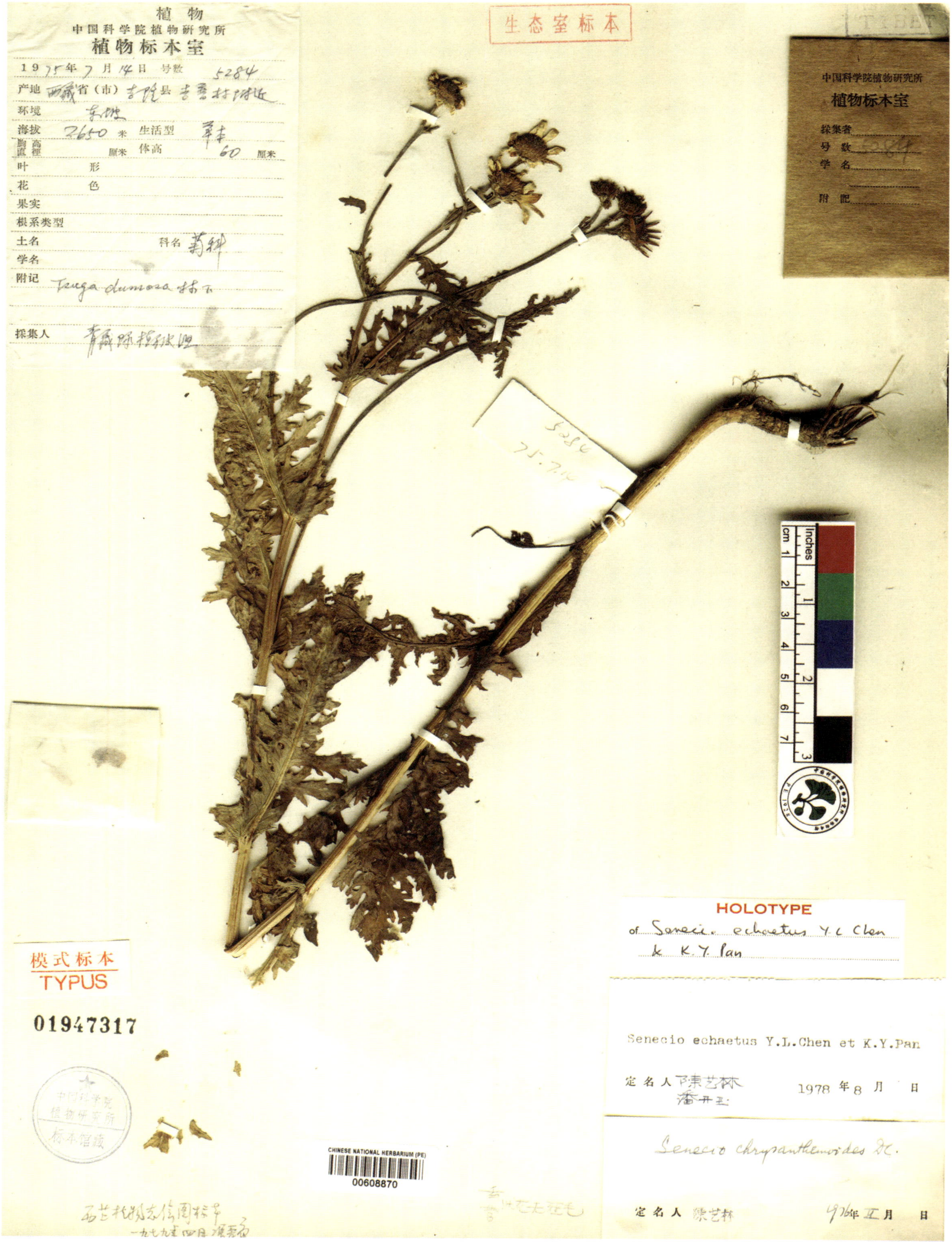

无缨千里光 ***Senecio echaetus*** Y. L. Chen & K. Y. Pan in Acta Phytotax. Sin. 19(1): 94, f. 8. 1981. **Holotype:** China. Xizang: Gyirong, alt. 2 650 m, 1975-07-14, Qinghai-Xizang Veg. Exped. 5284.

闽千里光 ***Senecio fukienensis*** Y. Ling ex C. Jeffrey & Y. L. Chen in Kew Bull. 39(2): 419, f. 29. 1984. **Holotype:** China. Fujian: Liencheng, H. C. Chao 1756.

褐柄合耳菊 ***Senecio fulvipes*** Y. Ling in Contr. Inst. Bot. Nat. Acad. Peiping 5(1): 27, f. 6, pl. 8. 1937. **Holotype:** China. Hunan: Xupu, 1929-08-08, S. S. Sin 564.

吉隆千里光 *Senecio gyirongensis* Y. L. Chen & K. Y. Pan in Acta Phytotax. Sin. 19(1): 92, f. 5. 1981. **Holotype:** China. Xizang: Gyirong, alt. 3 500 m, 1972-06-30, Xizang Med. Pl. Exped. 715.

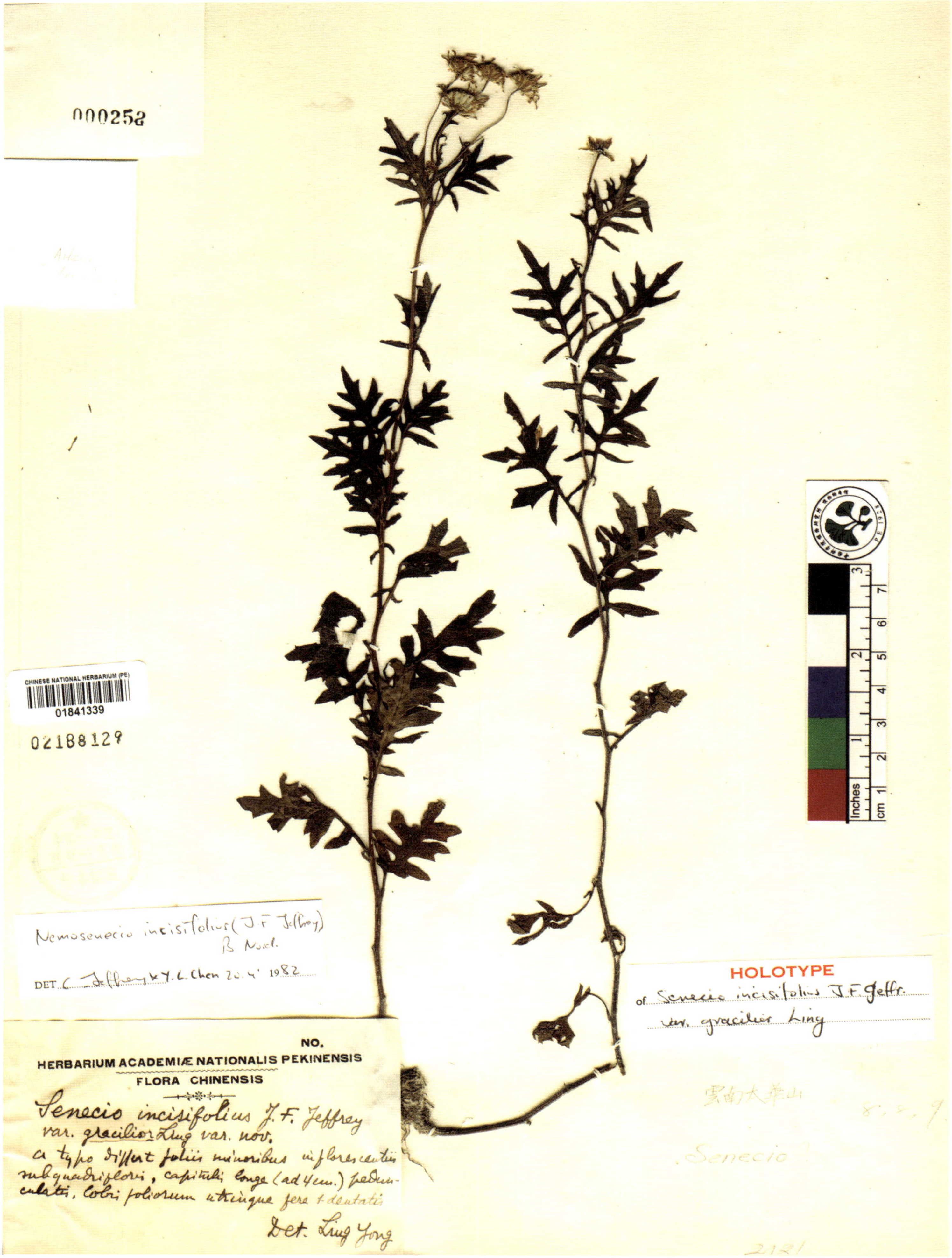

纤细千里光 ***Senecio incisifolius*** J. F. Jeffrey var. ***gracilior*** Y. Ling in Contr. Inst. Bot. Nat. Acad. Peiping 5(1): 21. 1937. **Holotype:** China. Yunnan: Kunming, alt. 2 200 m, 1919-08-09, K. K. Tsoong 2121.

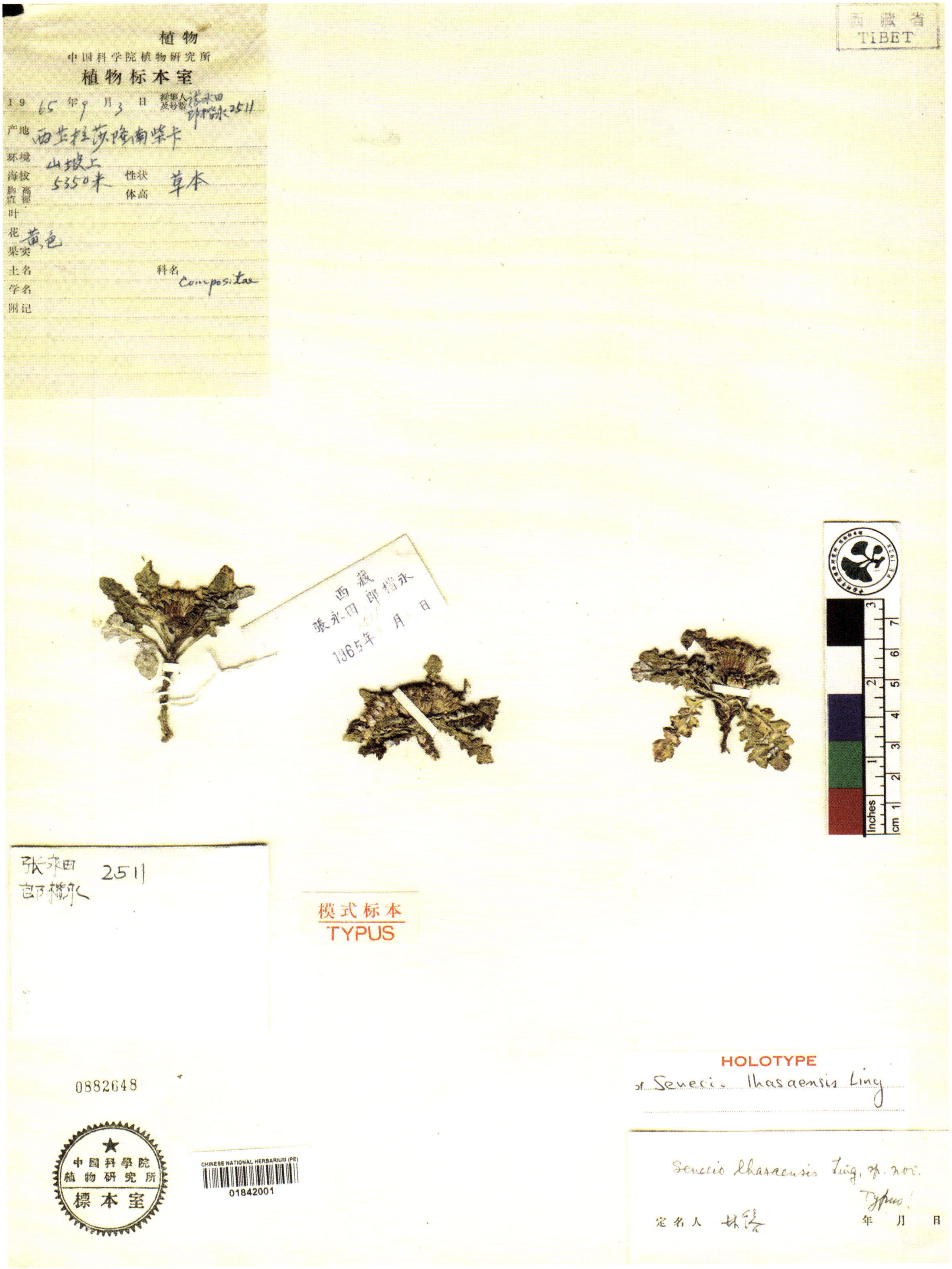

拉萨千里光 ***Senecio lhasaensis*** Y. Ling in Acta Phytotax. Sin. 19(1): 90. 1981. **Holotype:** China. Xizang: Lhasa, alt. 5 350 m, 1965-09-03, Y. T. Chang & K. Y. Lang 2511.

凉山千里光 *Senecio liangshanensis* C. Jeffrey & Y. L. Chen in Kew Bull. 39(2): 374, f. 25. 1984. **Holotype:** China. Sichuan: Le-po (=Leibo), alt. 2 600 m, 1934-08-14, T. T. Yu 3745.

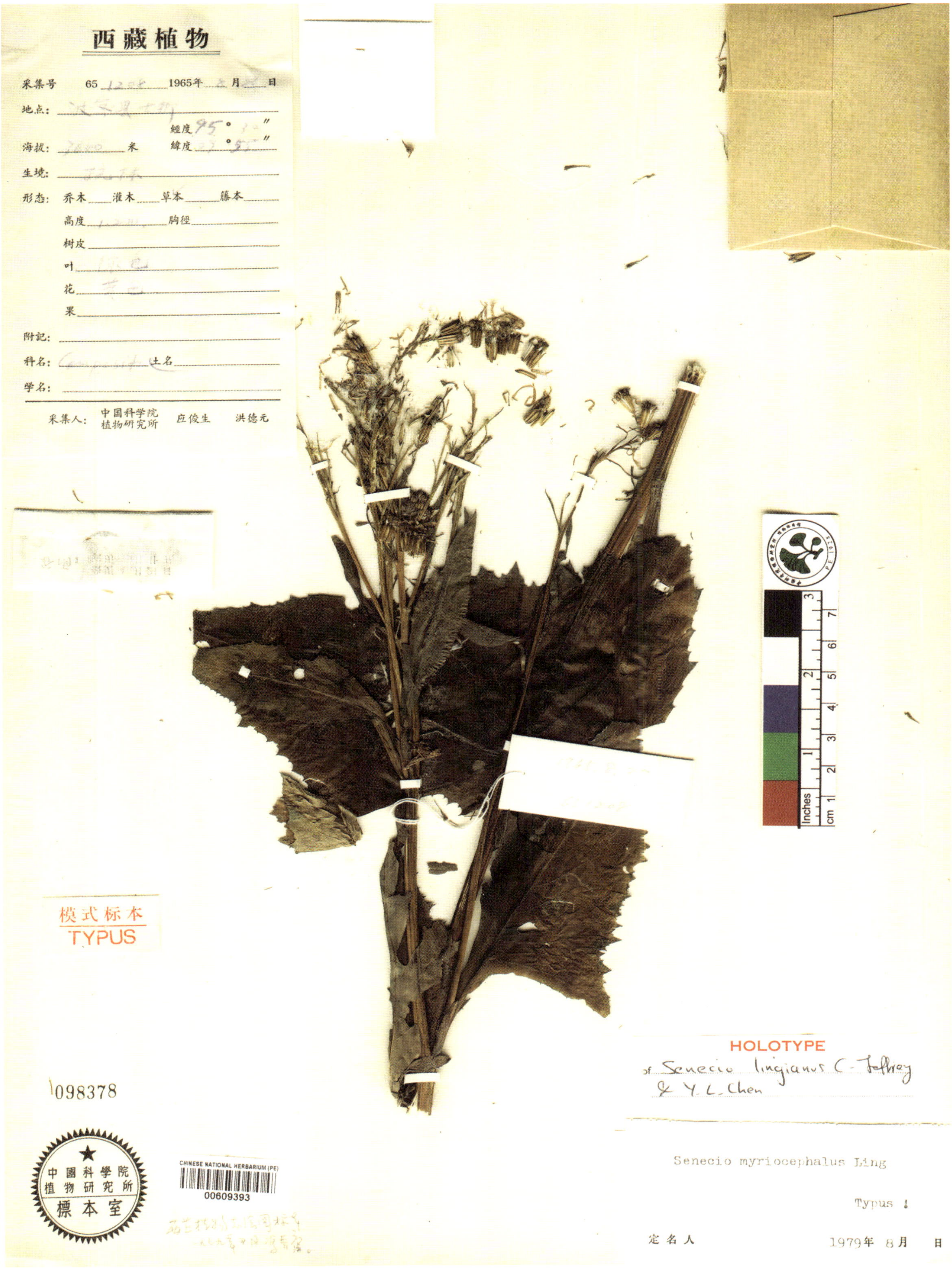

君范千里光 ***Senecio lingianus*** C. Jeffrey & Y. L. Chen in Kew Bull. 39(2): 379. 1984. **Holotype:** China. Xizang: Bomi, alt. 3 600 m, 1965-08-20, T. S. Ying & D. Y. Hong 1208.

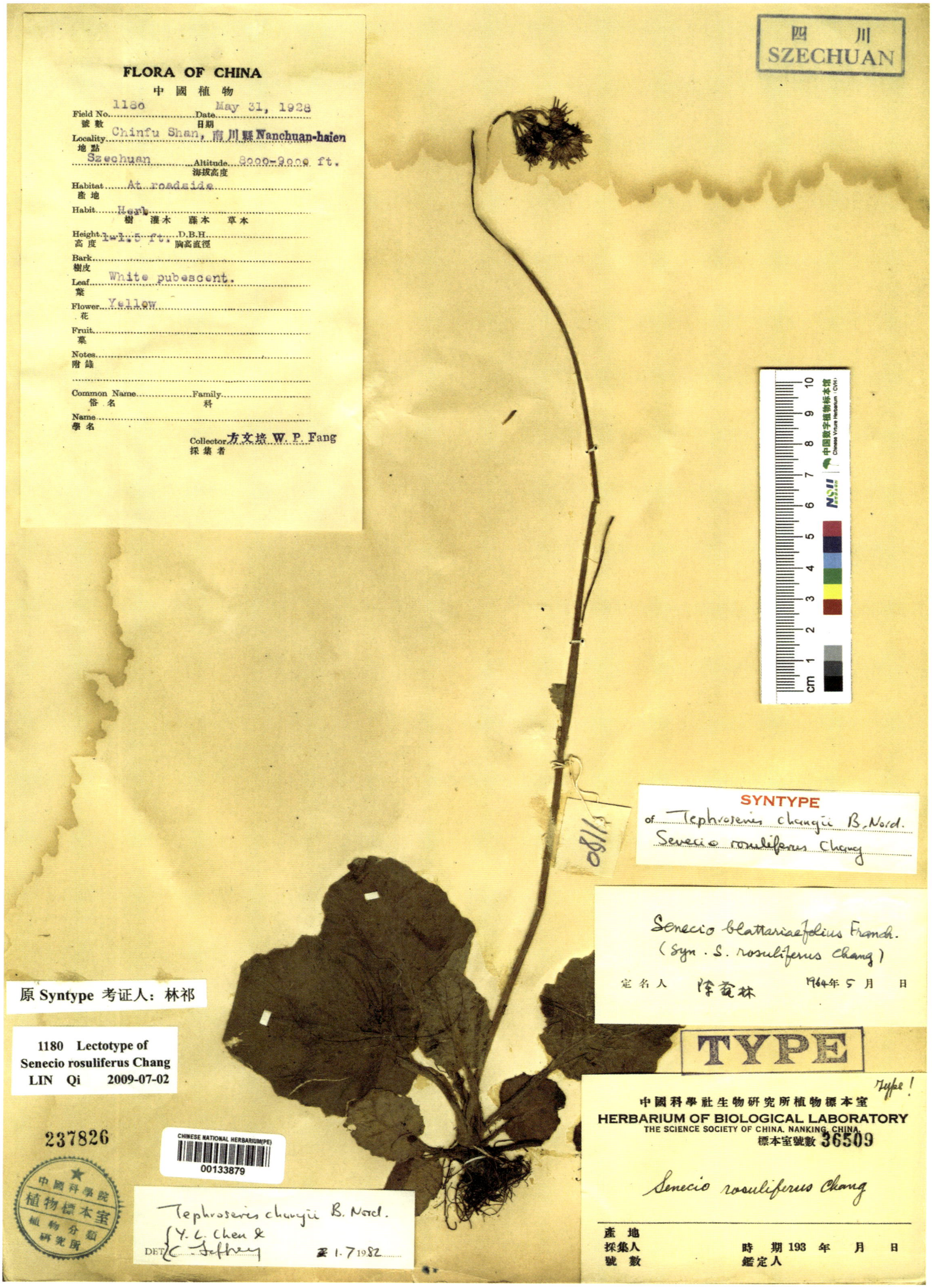

莲座狗舌草 ***Senecio rosuliferus*** C. C. Chang in Bull. Fan Mem. Inst. Biol., Bot. 6(2): 58. 1935. **Lectotype** (designated by Q. Lin & Z. R. Yang in Bull. Bot. Res., Harbin 30: 131. 2010.): China. Chongqing: Nanchuan, alt. 2 440~2 745 m, 1928-05-31, W. P. Fang 1180.

莛状千里光 ***Senecio scapiformis*** Y. L. Chen & K. Y. Pan in Acta Phytotax. Sin 19(1): 93, f. 6. 1981. **Holotype:** China. Xizang: Nyalam, alt. 3 750 m, 1966-06-15, Y. T. Chang & K. Y. Lang 4231.

钟氏千里光 ***Senecio tsoongianus*** Y. Ling in Contr. Inst. Bot. Nat. Acad. Peiping 5(1): 26, pl. 7. 1937. **Holotype:** China. Yunnan: Bingchuan, alt. 2 500 m, 1919-09-08, K. K. Tsoong 2498.

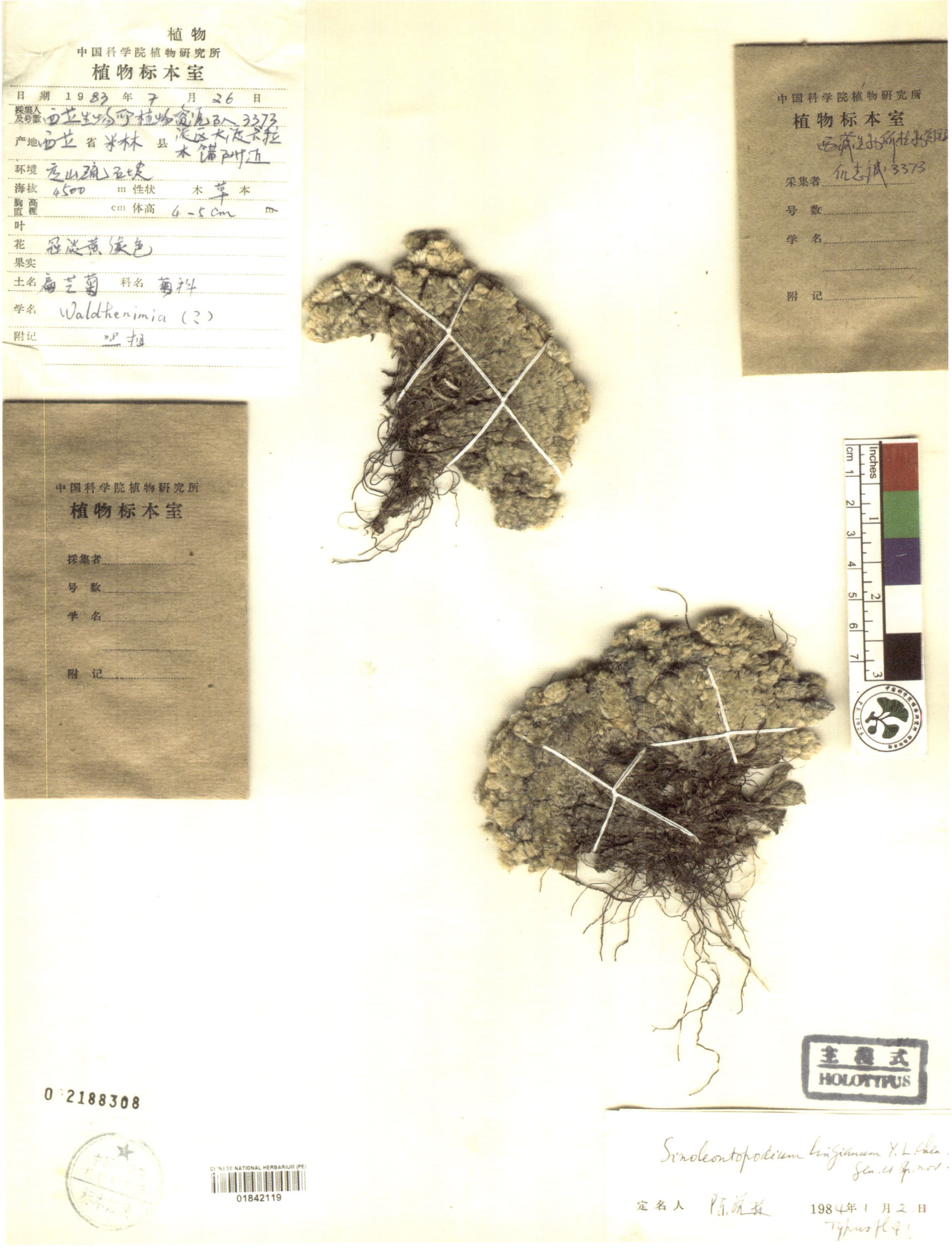

君范菊 ***Sinoleontopodium lingianum*** Y. L. Chan in Acta Phytotax. Sin. 23(6): 458, f. 1. 1985; Y. S. Chen & Q. E. Yang in Novon 19: 24. 2009. **Holotype:** China. Xizang: Mainling, alt. 4 500 m, 1983-07-26, Xizang (Pl. Resource, Biol. Inst.) Exped. 3373.

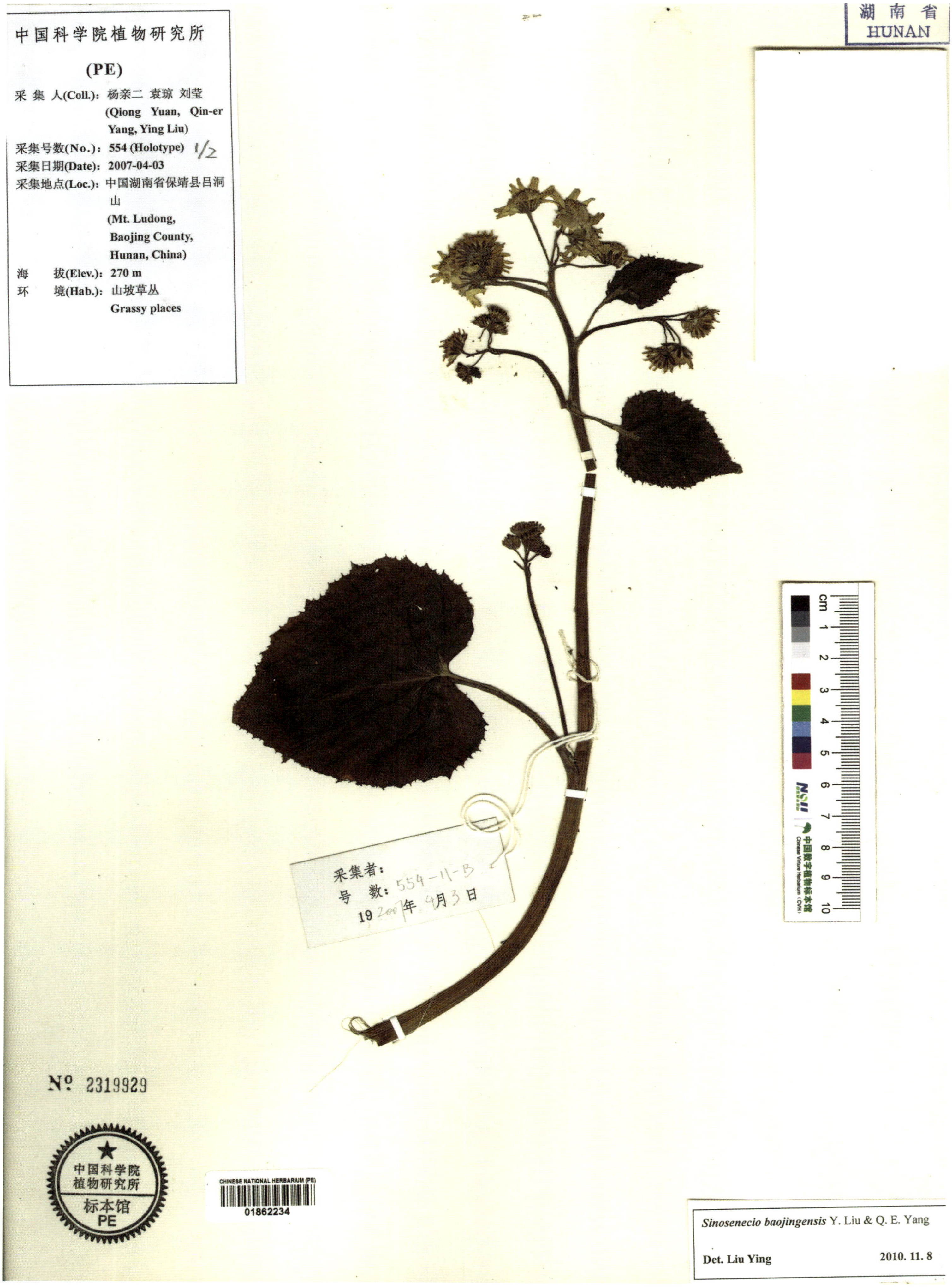

保靖蒲儿根 ***Sinosenecio baojingensis*** Y. Liu & Q. E. Yang in Bot. Stud. 50(1): 107, f. 1 & 2. 2009. **Holotype:** China. Hunan: Baojing, alt. 270 m, 2007-04-03, Q. E. Yang, Q. Yuan & Y. Liu 554.

植夫华千里光 ***Sinosenecio fangiauus*** Y. L. Chen in Acta Phytotax. Sin. 26(1): 52, f. 3. 1988. **Holotype:** China. Sichuan: Mao Xian, 1952-??-??, Z. He & Z. L. Zhou 12931.

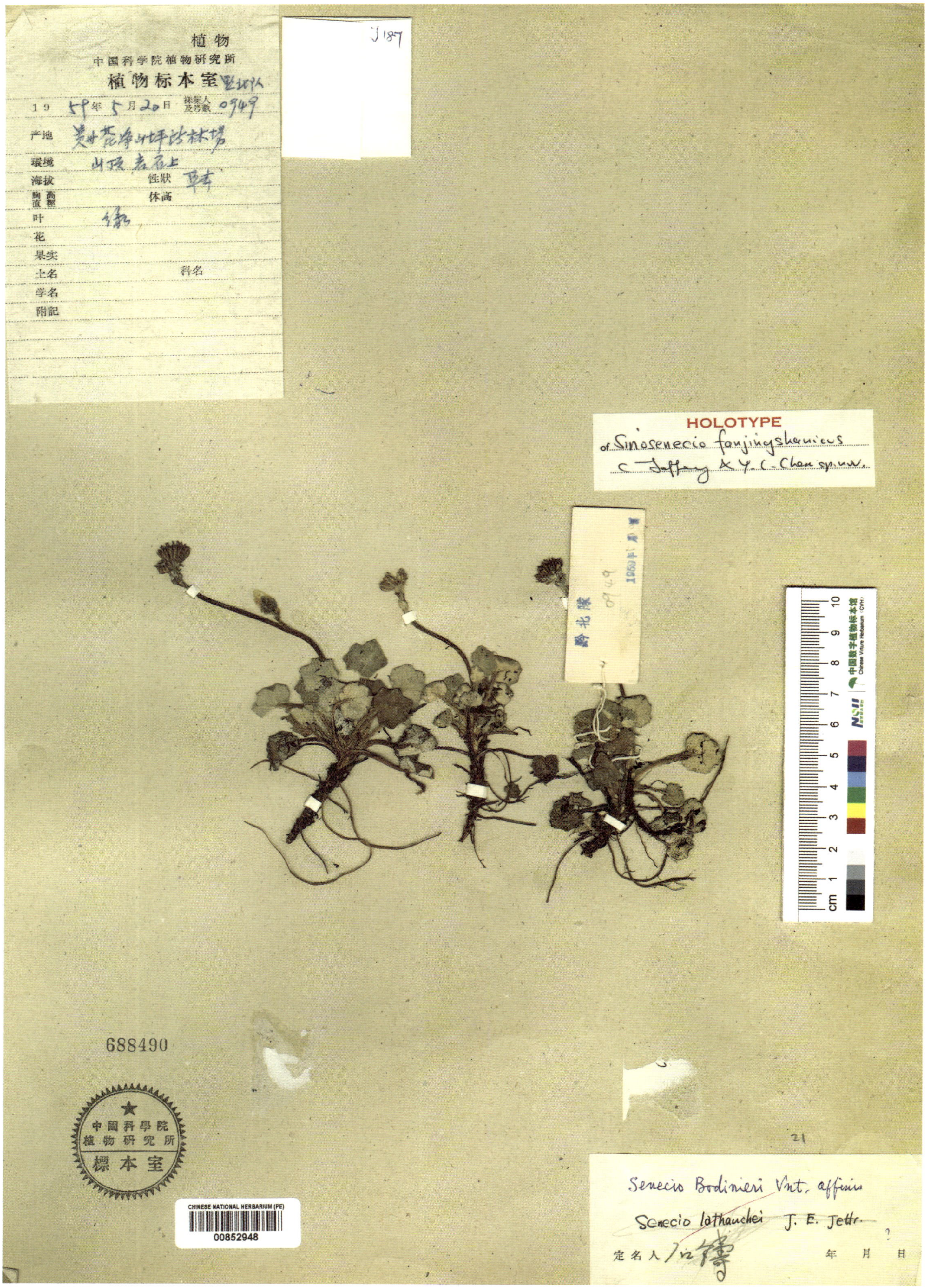

梵净山蒲儿根 *Sinosenecio fanjingshanicus* C. Jeffrey & & Y. L. Chen in Kew Bull. 39(2): 248. 1984. **Holotype:** China. Guizhou: Fanjingshan, 1959-05-20, N Guizhou Exped. 0949.

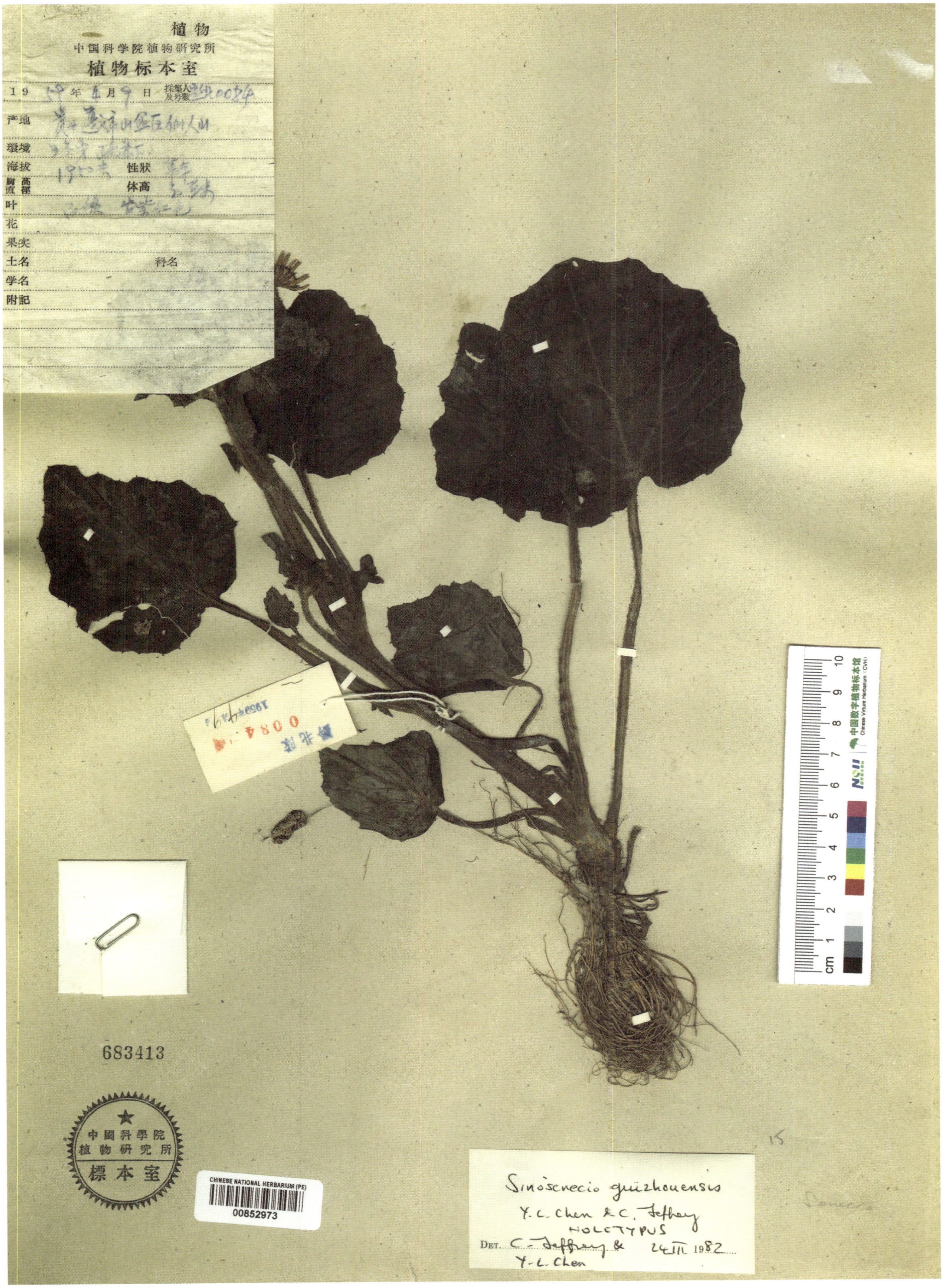

黔蒲儿根 *Sinosenecio guizhouensis* Y. C. Chen & C. Jeffrey in Kew Bull. 39(2): 240, f. 3. 1984. **Holotype:** China. Guizhou: Zunyi, alt. 1 950 m, 1959-04-09, N Guizhou Exped. 0084.

吉首蒲儿根 ***Sinosenecio jishouensis*** D. G. Zhang, Y. Liu & Q. E. Yang in Bot. Stud. 49: 287, f. 1 & 2. 2008. **Holotype:** China. Hunan: Jishou, alt. 230 m, 2007-04-02, Q. E. Yang, Q. Yuan & Y. Liu 544.

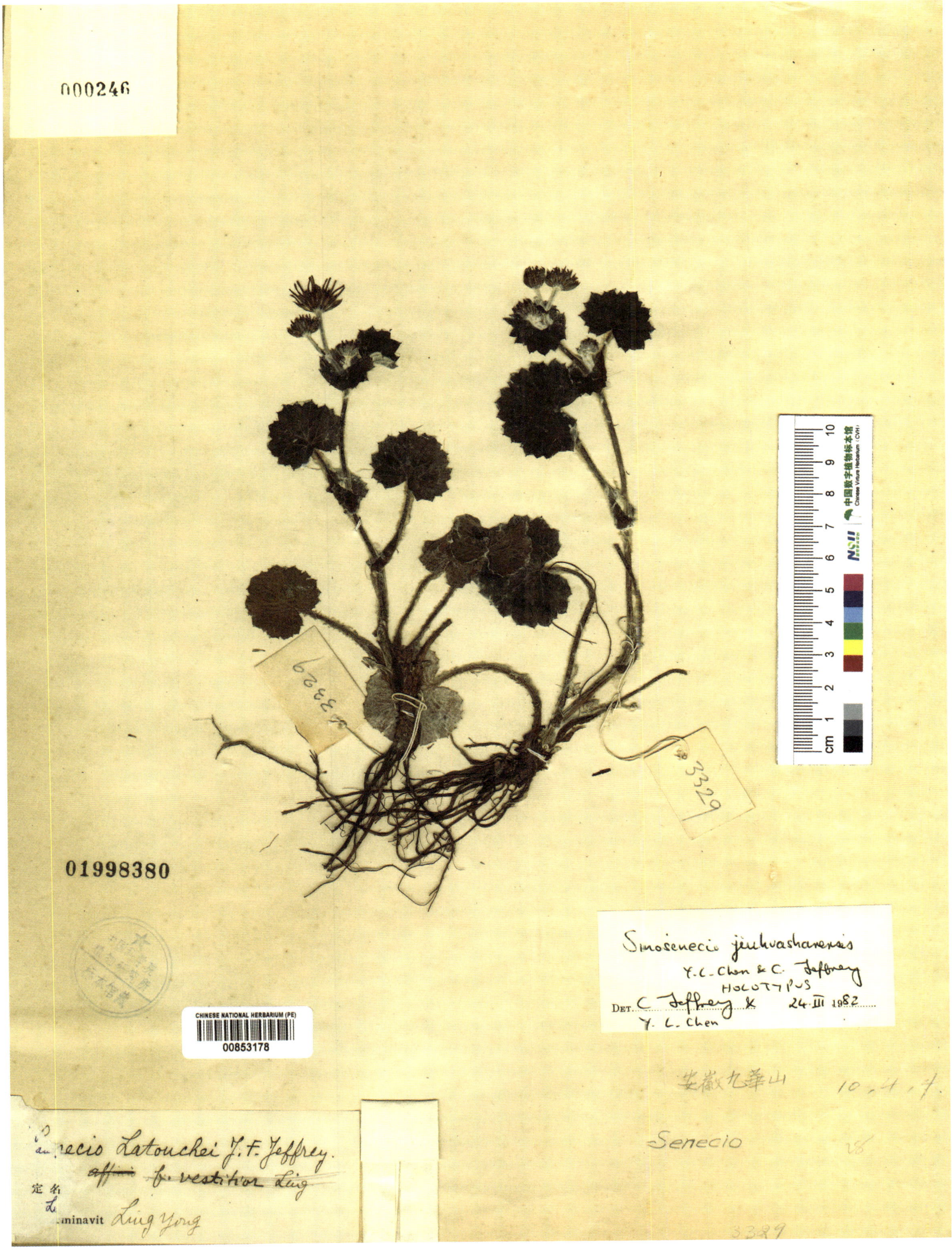

九华蒲儿根 ***Sinosenecio jiuhuashanicus*** C. Jerfren & Y. L. Chen in Kew Bull. 39(2): 257, f. 8. 1984. **Holotype:** China. Anhui: Qingyang, Jiuhuashan, 1921-04-04, K. K. Tsoong 3329.

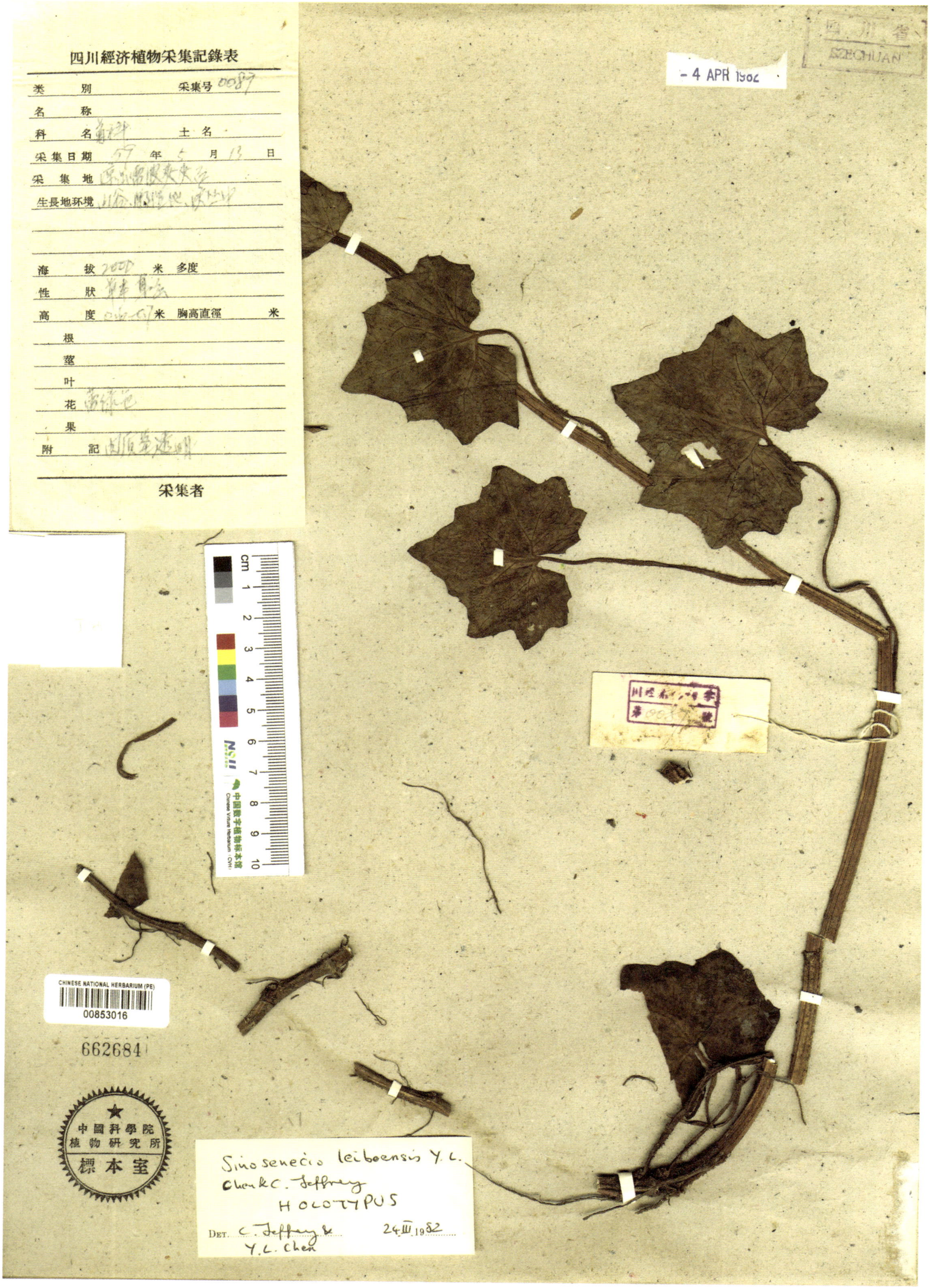

雷波蒲儿根 ***Sinosenecio leiboensis*** Y. L. Chen & C. Jeffrey in Kew Bull. 39(2): 242, f. 5. 1984. **Holotype:** China. Sichuan: Leibo, alt. 2 000 m, 1959-05-13, Sichuan Econ. Pl. Exped. 0087.

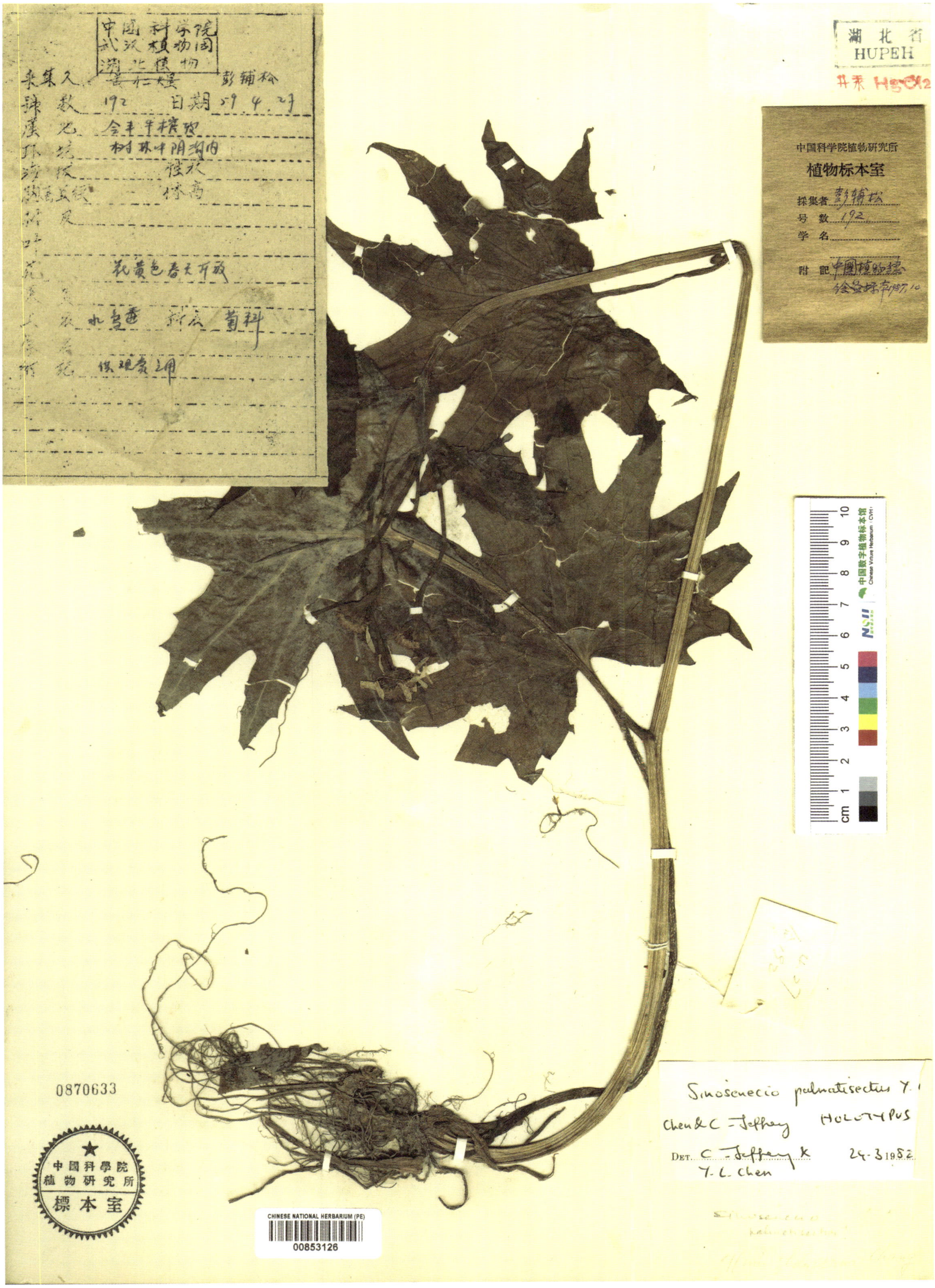

鄂西蒲儿根 ***Sinosenecio palmatisectus*** Y. L. Chen & C. Jeffrey in Kew Bull. 39(2): 242, f. 4. 1984. **Holotype:** China. Hubei: Hefeng, 1959-04-27, R. H. Huang 192.

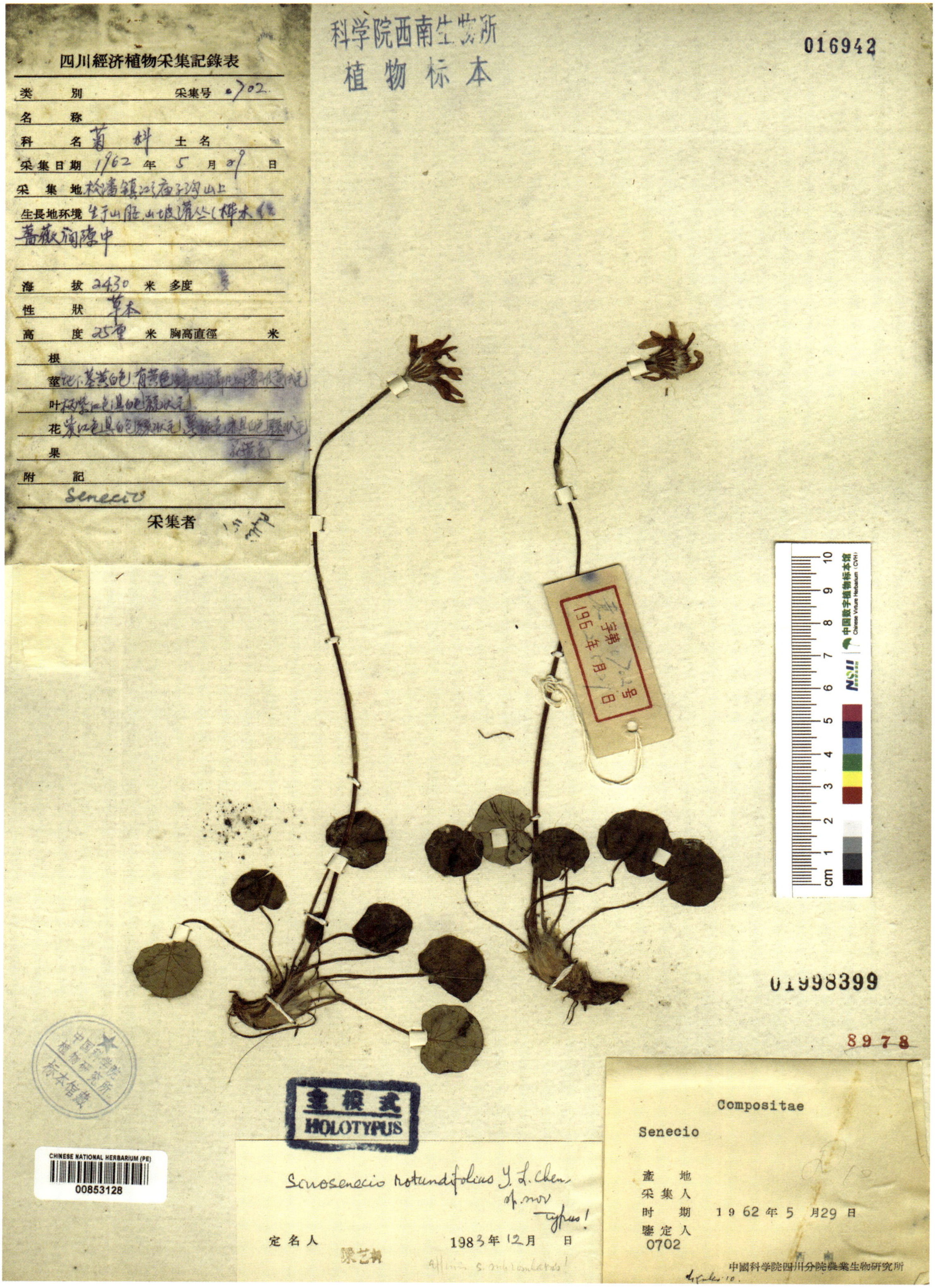

圆叶华千里光 ***Sinosenecio rotundifolius*** Y. L. Chen in Acta Phytotax. Sin. 26(1): 53, f. 4. 1988. **Holotype:** China. Sichuan: Songpan, alt. 2 430 m, 1962-05-29, Sichuan Econ. Pl. Exped. 0702.

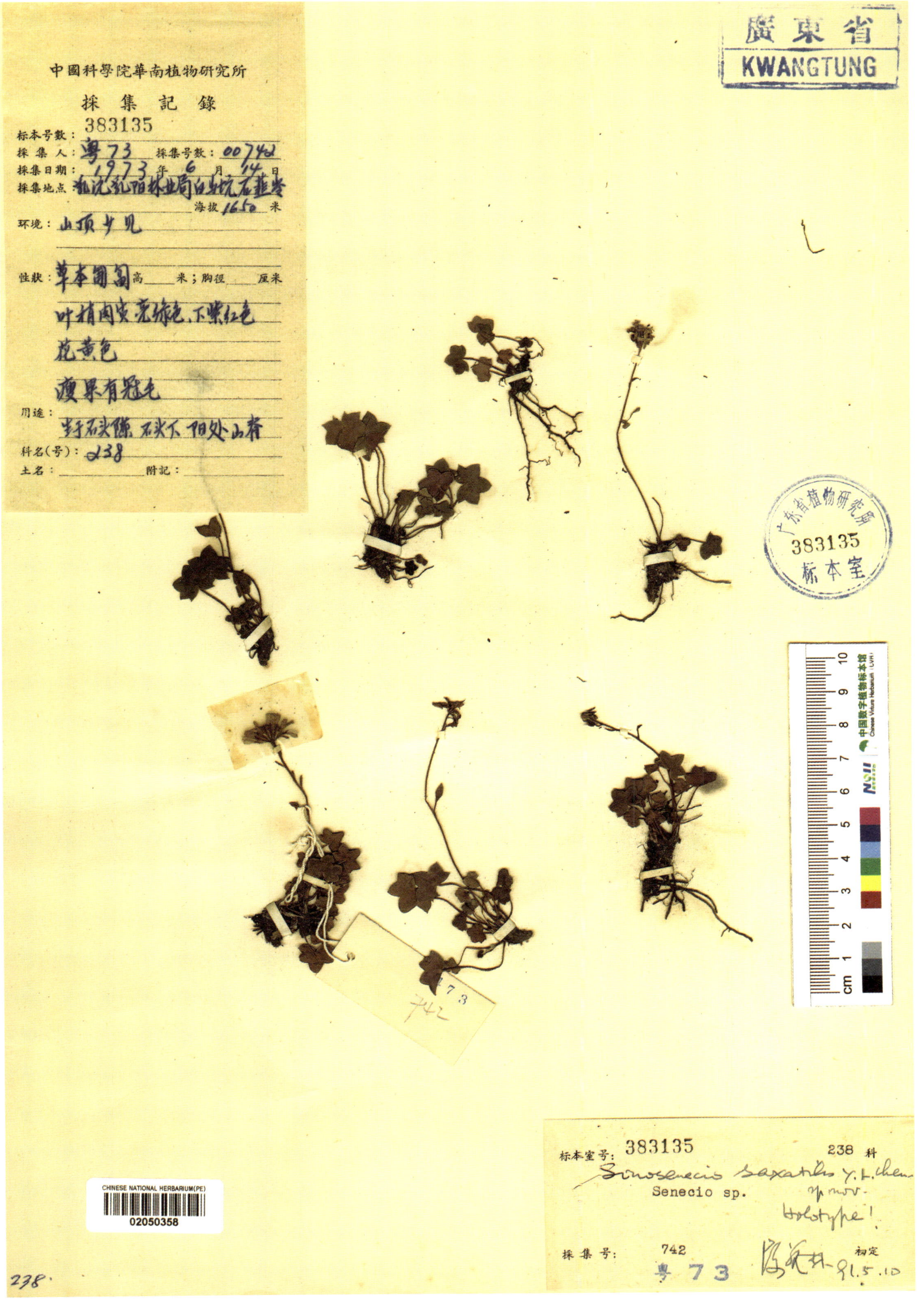

岩生华千里光 ***Sinosenecio saxatilis*** Y. L. Chen in Acta Phytotax. Sin. 33(1): 76, f. 1. 1995. **Holotype:** China. Guangdong: Ruyuan, alt. 1 650 m, 1973-06-14, Guangdong-73 Exped. 00742.

革叶蒲儿根 ***Sinosenecio subcoriaceus*** Y. C. Chen & C. Jeffrey in Kew Bull. 39: 232, f. 2. 1984. **Holotype:** China. Chongqing: Nanchuan, alt. 1 450 m, 1957-05-03, C. H. Hsiung & Z. L. Zhou 90662.

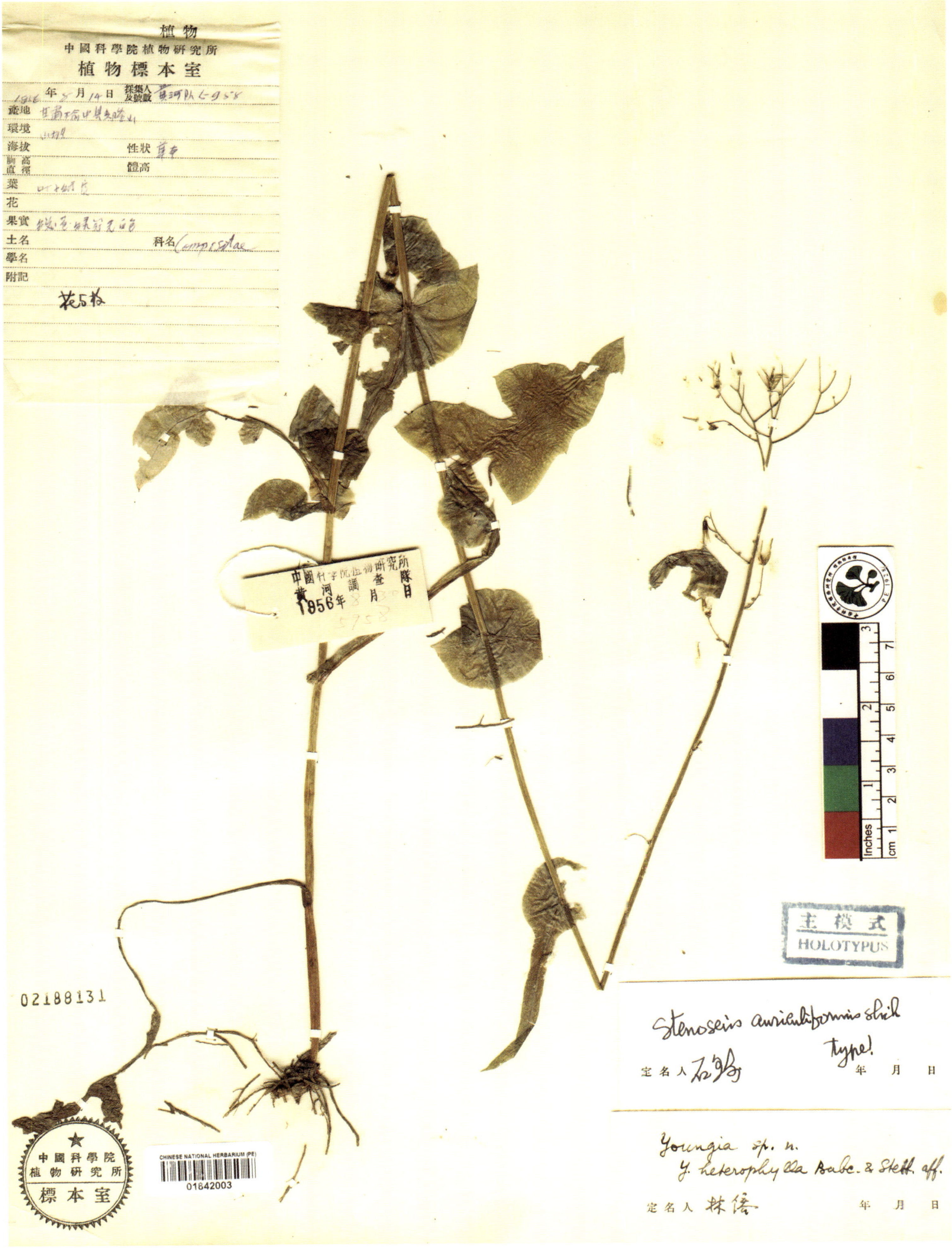

耳叶细莴苣 ***Stenoseris auriculiformis*** C. Shih in Acta Phytotax. Sin. 33(2): 195. 1995. **Holotype:** China. Gansu: Yuzhong, 1956-08-14, Yellow River Exped. 5958.

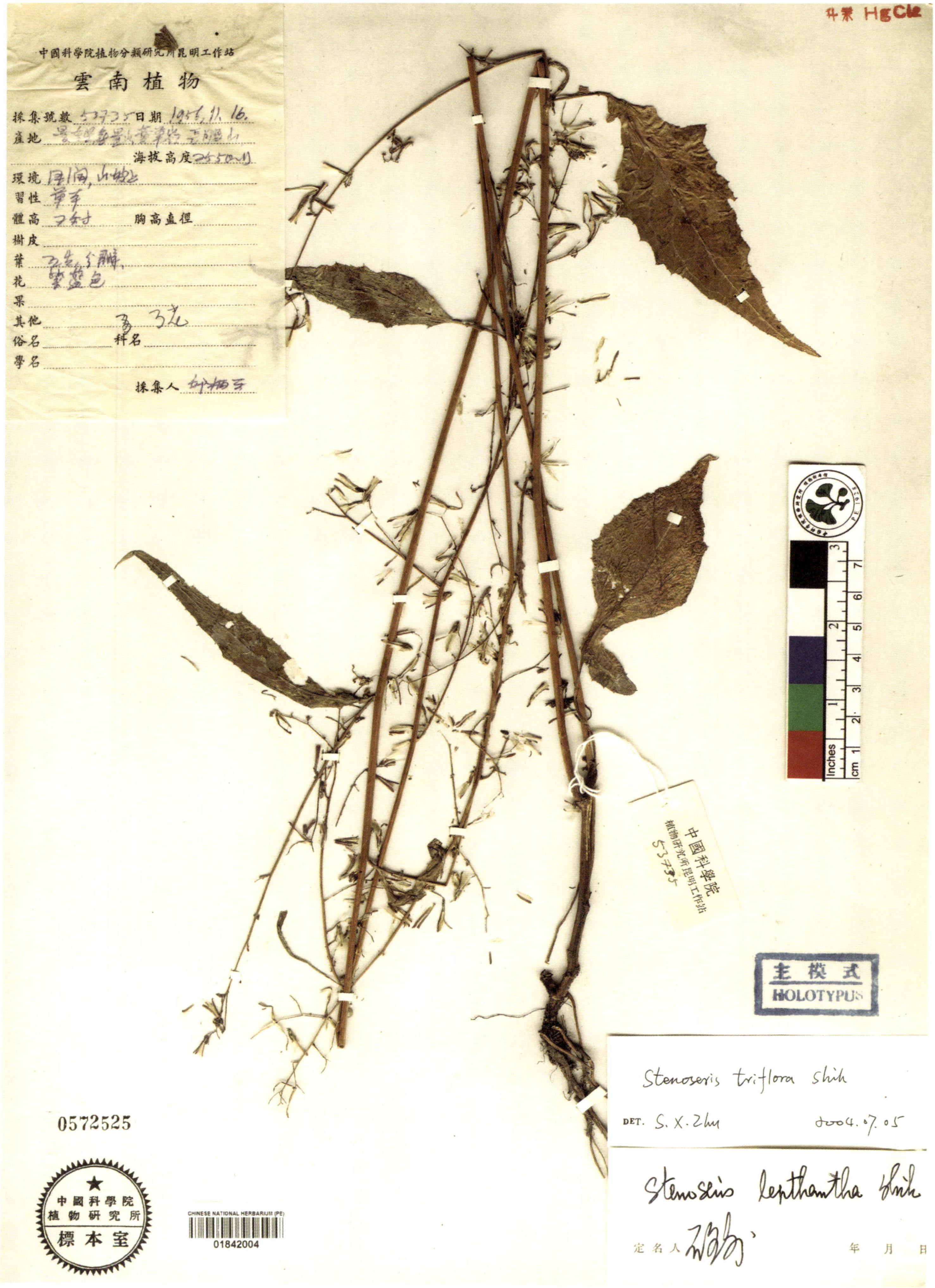

景东细莴苣 ***Stenoseris leptantha*** C. Shih in Acta Phytotax. Sin. 29(5): 414. 1991. **Holotype:** China. Yunnan: Jingdong, alt. 2 550 m, 1956-11-16, B. Y. Qiu 53735.

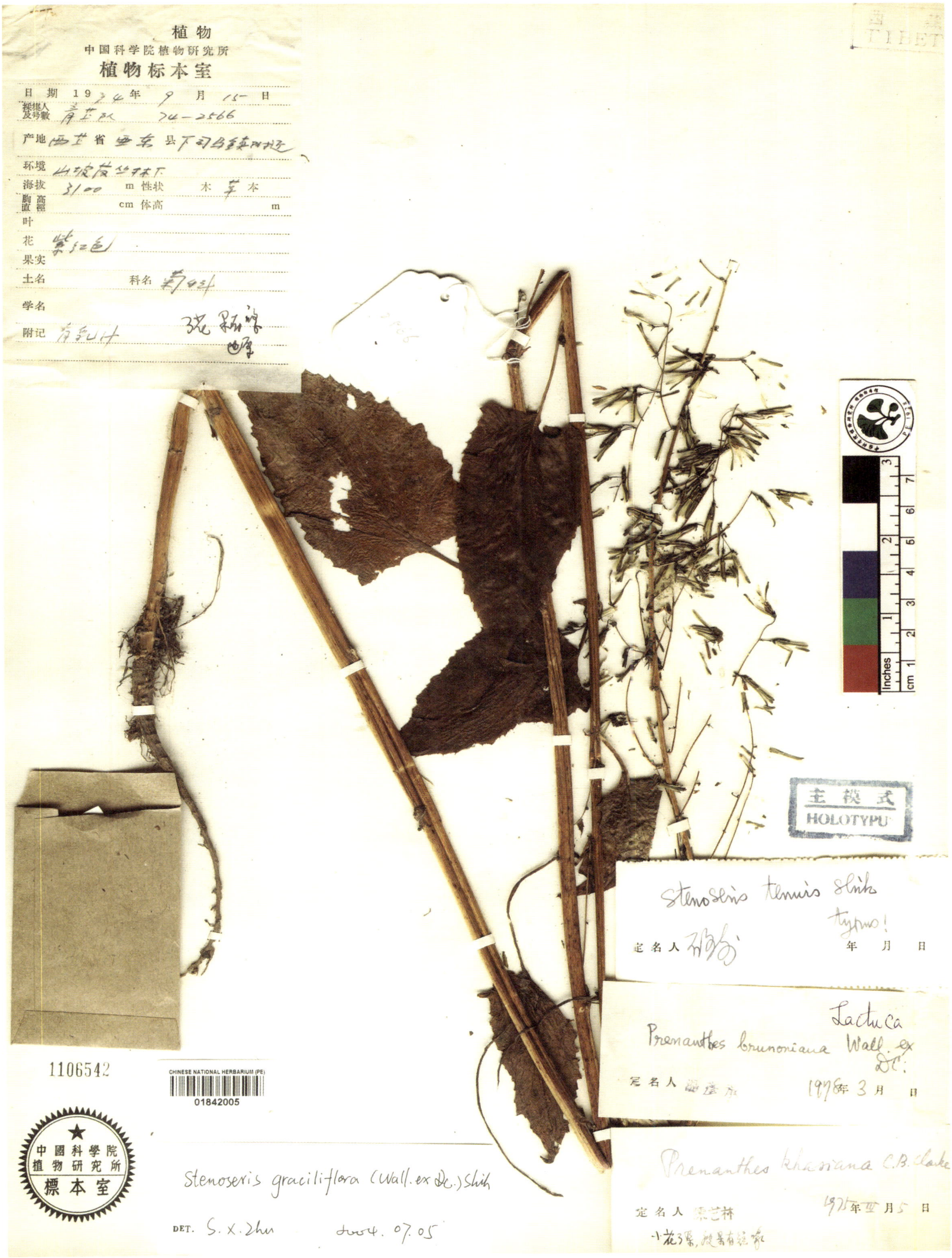

全叶细莴苣 ***Stenoseris tenuis*** C. Shih in Acta Phytotax. Sin. 29(5): 412. 1991. **Holotype:** China. Xizang: Yadong, alt. 3 100 m, 1974-09-15, Qinghai-Xizang Exped. 74-2566.

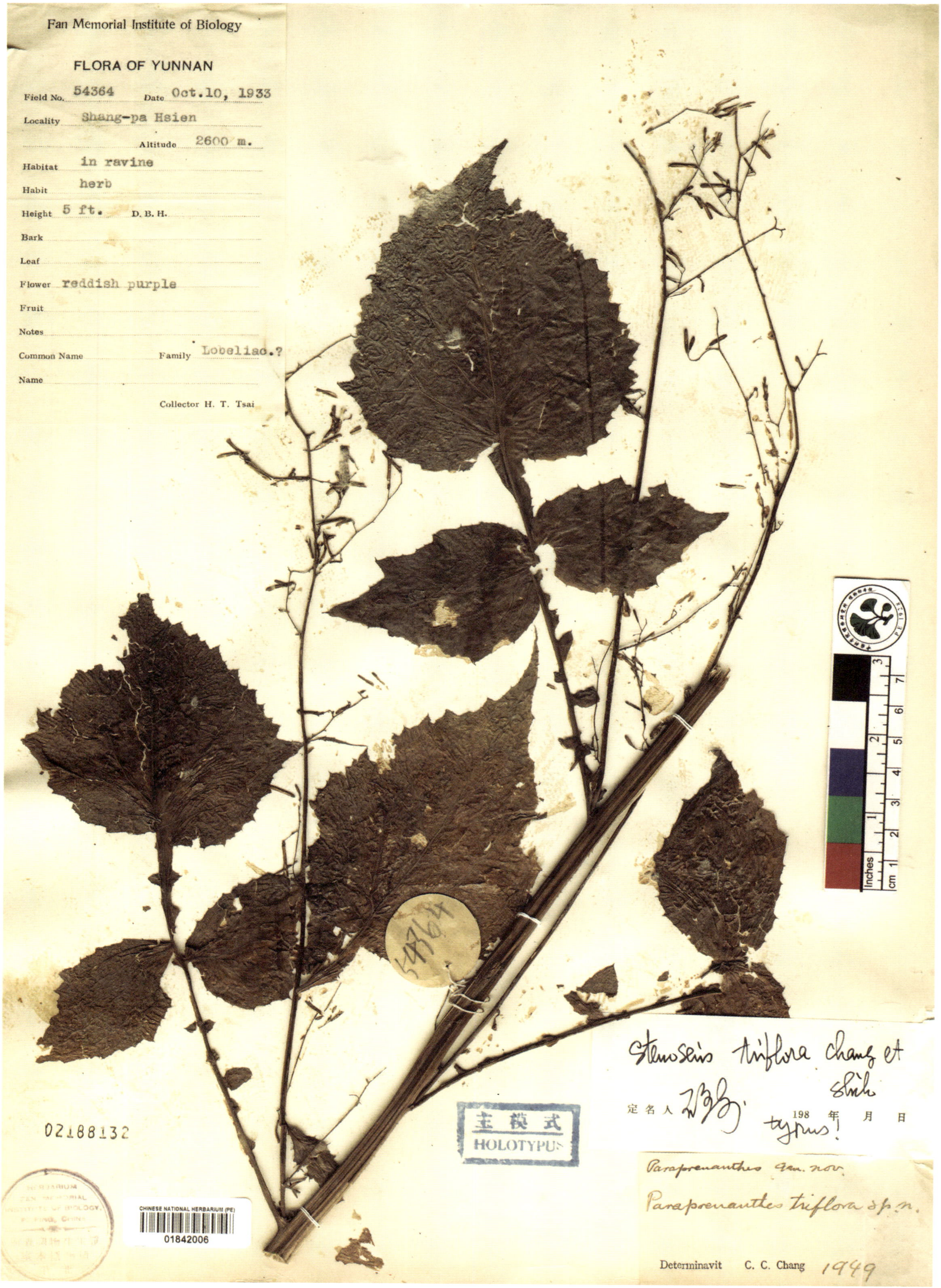

柿齿细莴苣 ***Stenoseris triflora*** C. C. Chang & C. Shih in Acta Phytotax. Sin. 29(5): 413. 1991. **Holotype:** China. Yunnan: Shangpa (=Fugong), alt. 2 600 m, 1933-10-10, H. T. Tsai 54364.

滇南合耳菊 ***Synotis austroyunnanensis*** C. Jeffey & Y. L. Chen in Kew Bull. 39(2): 296, f. 11. 1984. **Holotype:** China. Yunnan: Xichou, alt. 1 000 m, 1939-11-07, C. W. Wang 81288.

子农合耳菊 ***Synotis chingiana*** C. Jeffrey & Y. L. Chen in Kew Bull. 39(2): 315, f. 18. 1984. **Holotype:** China. Yunnan: Yangbi, 1940-10-28, R. C. Ching 25320.

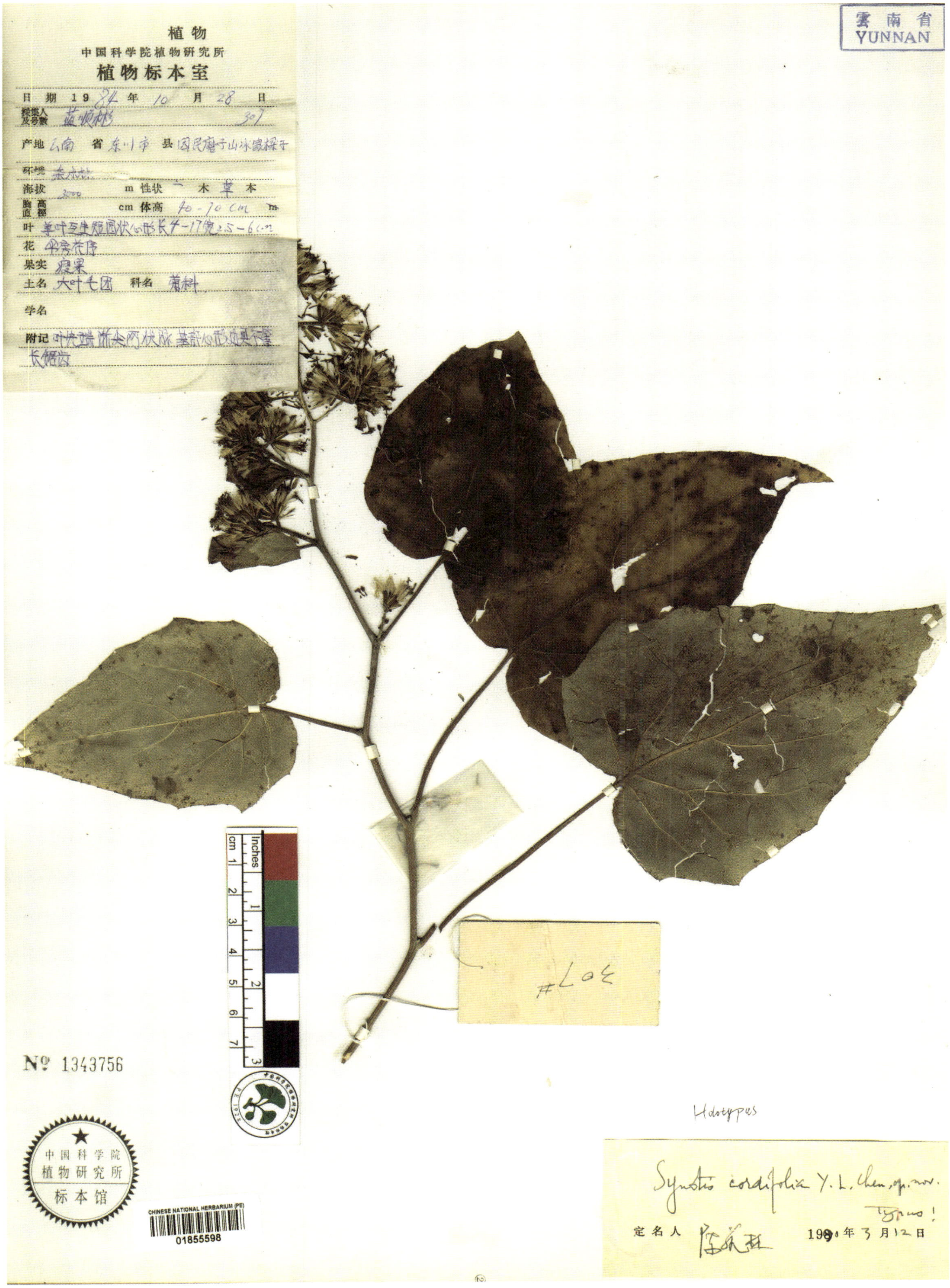

心叶尾药菊 ***Synotis cordifolia*** Y. L. Chen in Acta Phytotax. Sin. 33(1): 79, f. 3. 1995. **Holotype:** China. Yunnan: Dongchuan, alt. 3 000 m, 1984-10-28, S. B. Lan 307.

大苗山合耳菊 ***Synotis damiaoshanica*** C. Jeffrey & Y. L. Chen in Kew Bull. 39(2): 298, f. 12. 1984. **Holotype:** China. Guangxi: Damiaoshan (=Rongshui), alt. 1 200~1 500 m, 1958-10-09, S. H. Chun 16788.

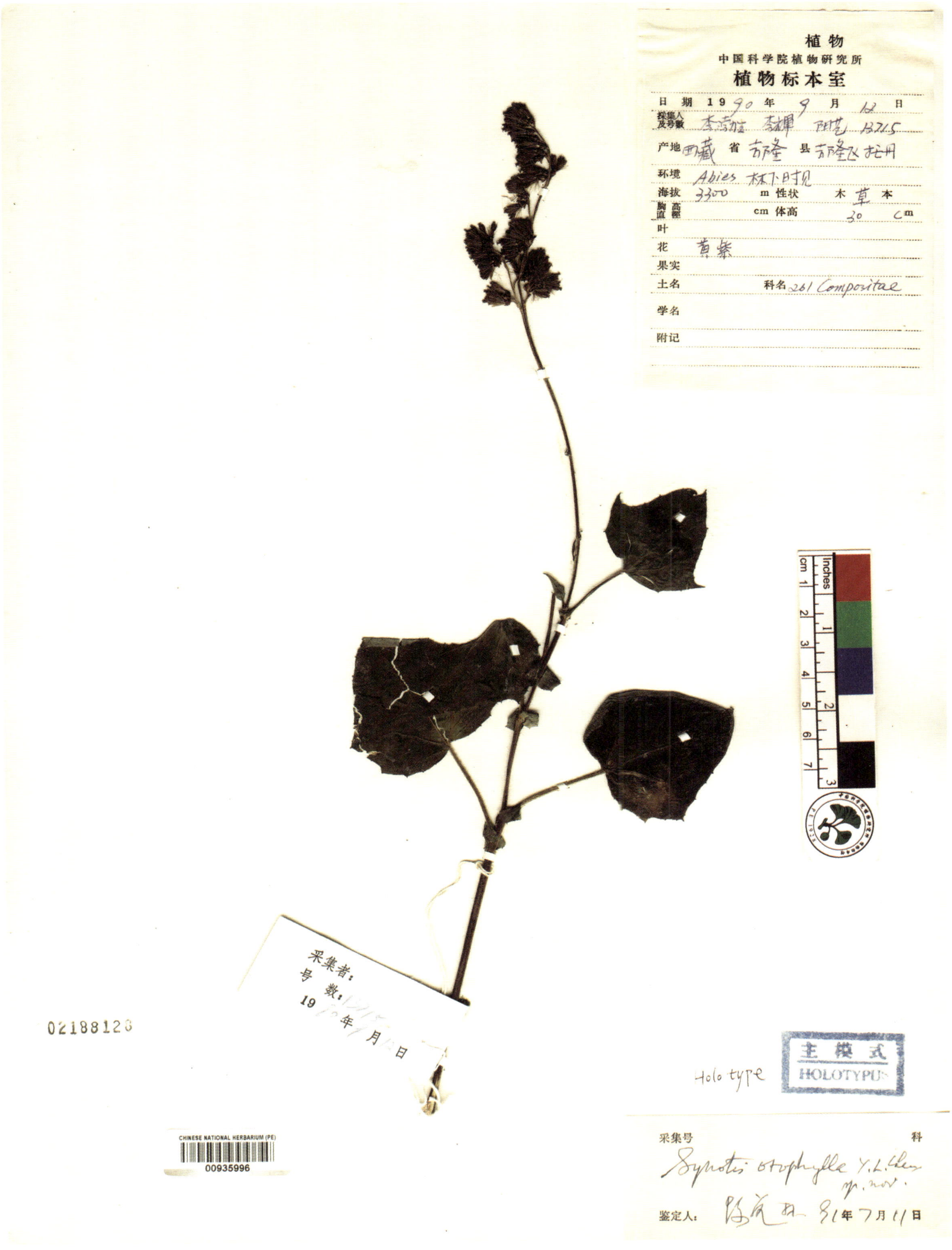

耳柄尾药菊 ***Synotis otophylla*** Y. L. Chen in Acta Phytotax. Sin. 33(1): 81, f. 4. 1995. **Holotype:** China. Xizang: Gyirong, alt. 3 300 m, 1990-09-12, B. S. Li, H. Li & Y. Yang 13715.

肾叶尾药菊 ***Synotis reniformis*** Y. L. Chen in Acta Phytotax. Sin. 34(6): 648, f. 5. 1996. **Holotype:** China. Yunnan: Qiaojia, alt. 3 000 m, 1959-07-30, Y. Y. Hu, D. Z. Li & G. P. Chen 597048.

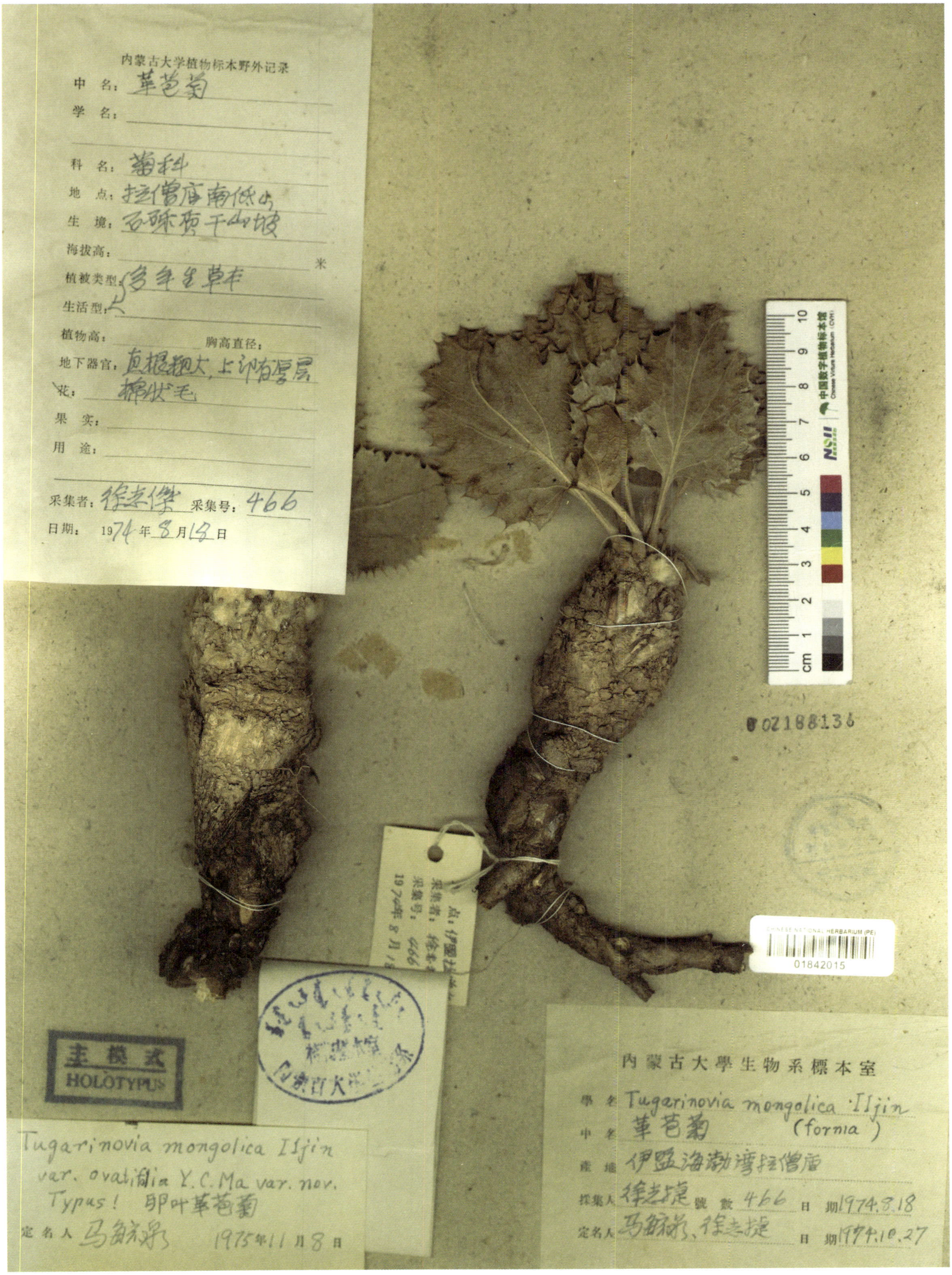

卵叶革苞菊 ***Tugarinovia mongolica*** Iljin var. ***ovatifolia*** Y. Ling & Y. C. Ma, Fl. Reip. Pop. Sin. 75: 248. 1979. **Holotype:** China. Nei Mongol: Ih Ju Meng, 1974-08-18, Z. J. Xu 466.

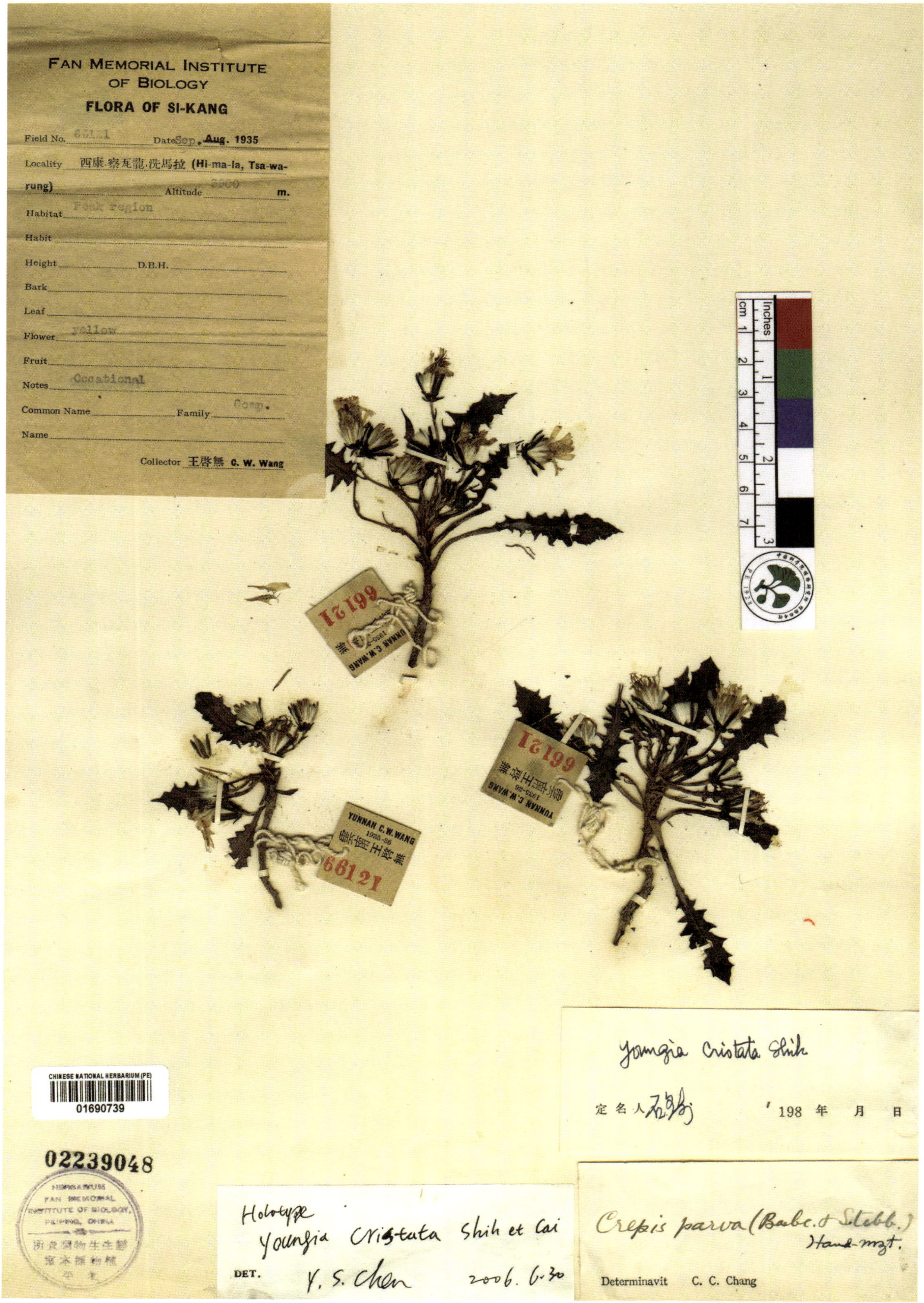

尖裂黄鹌菜 ***Youngia cristata*** C. Shih & C. Q. Cai in Acta Phytotax. Sin. 33(2): 186. 1995. **Holotype:** China. Xizang: Tsa-wa-rong (=Zayü), alt. 3 900 m, 1935-09-??, C. W. Wang 66121.

康定黄鹌菜 ***Youngia kangdingensis*** C. Shih in Acta Phytotax. Sin. 33(2): 186. 1995. **Holotype:** China. Sichuan: Kangding, alt. 3 300 m, 1982-07-26, K. Y. Lang, L. Q. Li & Y. Fei 650.

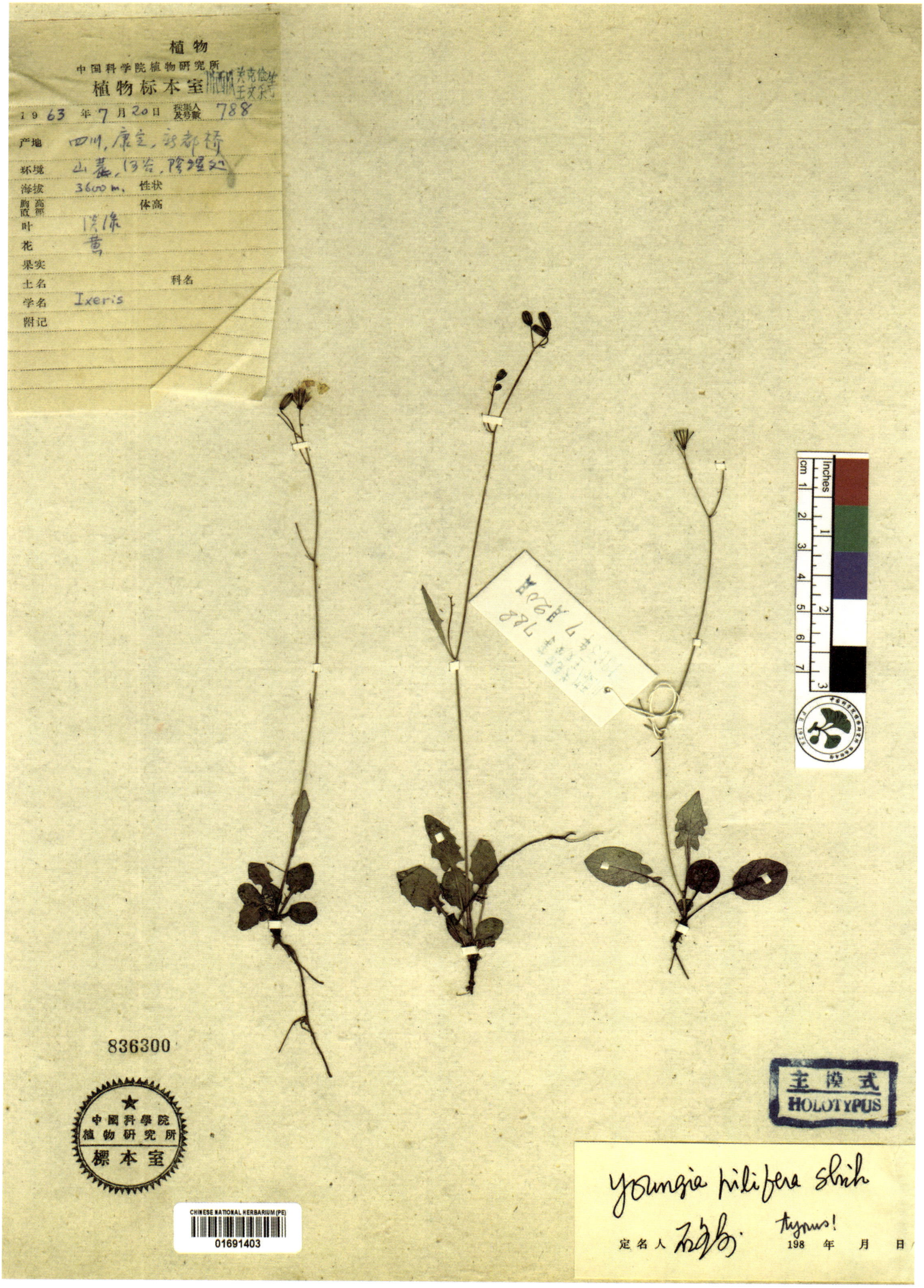

糙毛黄鹌菜 ***Youngia pilifera*** C. Shih in Acta Phytotax. Sin. 33(2): 183, f. 1: 3-4. 1995. **Holotype:** China. Sichuan: Kangding, alt. 3 600 m, 1963-07-20, K. C. Kuan & W. T. Wang 788.

Index to Scientific Names ／拉丁学名索引

Index to Chinese Names / 中名索引

5 画

9 画

10 画

11 画

12 画

17 画

18 画

19 画

Authors and Addresses ／作者及工作单位地址

BAN Qin, CHEN Shurong, DU Yufen, FU Lianzhong, LIN Qi, MA Xintang, WANG Zhongtao, YANG Zhirong
China National Herbarium (PE), Institute of Botany, Chinese Academy of Sciences, Xiangshan, Beijing 100093, Beijing.

CHEN Yali, HE Shanshan, JING Xuan, LIN Yun, LIU Wenqun, WANG Mingqiong, WU Huibing, YUN Yingxia
Hunan Medication Vestibule School, Hunan Food and Drug Vocational College, Changsha 410208, Hunan.

GAO Dai, ZHANG Xiaobing, ZHAO Huijuan
Department of Biology, Taiyuan Normal University, Taiyuan 030031, Shanxi.

班　勤　陈淑荣　杜玉芬　傅连中　林　祁　马欣堂　王忠涛　杨志荣
邮政编码：100093，北京市，香山，中国科学院植物研究所 国家植物标本馆（PE）

陈雅丽　何珊珊　敬　璇　林　云　刘文群　王明琼　吴慧冰　云玦霞
邮政编码：410208，湖南省，长沙市，湖南食品药品职业学院，湖南省医药技工学校

高　玳　张小冰　赵慧娟
邮政编码：030031，山西省，太原市，太原师范学院 生物系